UTB 2706

Eine Arbeitsgemeinschaft der Verlage

Böhlau Verlag · Köln · Weimar · Wien
Verlag Barbara Budrich · Opladen · Farmington Hills
facultas.wuv · Wien
Wilhelm Fink · München
A. Francke Verlag · Tübingen und Basel
Haupt Verlag · Bern · Stuttgart · Wien
Julius Klinkhardt Verlagsbuchhandlung · Bad Heilbrunn
Lucius & Lucius Verlagsgesellschaft · Stuttgart
Mohr Siebeck · Tübingen
Orell Füssli Verlag · Zürich
Ernst Reinhardt Verlag · München · Basel
Ferdinand Schöningh · Paderborn · München · Wien · Zürich
Eugen Ulmer Verlag · Stuttgart
UVK Verlagsgesellschaft · Konstanz
Vandenhoeck & Ruprecht · Göttingen
vdf Hochschulverlag AG an der ETH Zürich

Grundwissen der Ökonomik
Betriebswirtschaftslehre

Herausgegeben von

F. X. Bea, Tübingen
M. Schweitzer, Tübingen

Birgit Friedl

Kostenmanagement

mit 195 Abbildungen

Lucius & Lucius · Stuttgart

Anschrift der Autorin:
Prof. Dr. Birgit Friedl
Christian-Albrechts-Universität zu Kiel
Institut für Betriebswirtschaftslehre
Olshausenstr. 40
24098 Kiel

Bibliografische Information der Deutschen Nationalbibliothek

Die Deutsche Nationalbibliothek verzeichnet diese Publikation in der Deutschen Nationalbibliografie; detaillierte bibliografische Daten sind im Internet über http://dnb.d-nb.de abrufbar.

ISBN 978-3-8282-0480-5 (Lucius & Lucius)
© Lucius & Lucius Verlagsgesellschaft mbH Stuttgart 2009
Gerokstr. 51, D-70184 Stuttgart
www.luciusverlag.com

Druck und Einband: F. Pustet, Regensburg
Printed in Germany

UTB-Bestellnummer: 978-3-8252-2706-7

Vorwort der Herausgeber

Für die Studierenden im Anfänger- wie im Fortgeschrittenenstadium ist es erfahrungsgemäß eine große Hilfe, wenn ihnen ein Teilgebiet eines Faches in einer knappen, systematisch aufbereiteten und leicht fasslichen Form dargeboten wird. Gleichzeitig müssen sie die Gewissheit haben, dass die wichtigsten Inhalte in einer Weise abgedeckt sind, die den jeweiligen Prüfungserfordernissen Rechnung trägt.

Diesem Ziel dienen die Uni-Taschenbücher (UTB), die wir in der Reihe "Grundwissen der Ökonomik: Betriebswirtschaftslehre" bei der "Lucius & Lucius" Verlagsgesellschaft mbH, Stuttgart herausgeben. Die Themen der einzelnen Bände sind so gewählt, dass davon der gesamte Wissensbereich der modernen Betriebswirtschaftslehre erfasst wird.

Als Autoren konnten Hochschullehrer gewonnen werden, die dank der Verschiedenheit von Alter, Herkunft und Wissenschaftsauffassung die Gewähr dafür bieten, dass der Charakter der Reihe von keiner bestimmten Schulrichtung geprägt, sondern ein getreues Abbild der Wissenschaftsvielfalt in der Betriebswirtschaftslehre geboten wird.

Eine Besonderheit der Reihe besteht im Übrigen darin, dass Bände, bei denen es sich vom Gegenstand her anbietet, durch Arbeitsbücher ergänzt werden. Diese Studienhilfen dienen vor allem der Vertiefung theoretischer Erörterungen, der Einübung von Wissen und der Anwendung des Erlernten auf praktische Fälle. Außerdem sind sie ein nützliches Instrument für eine wirksame Lernkontrolle. Mit diesem Konzept ist zugleich die Chance verbunden, die Tätigkeit von Dozenten didaktisch zu unterstützen und sie von Arbeiten zu befreien, deren Erledigung zwangsläufig zu Lasten vordringlicher Aufgaben ginge.

Abschließend sei noch darauf hingewiesen, dass Teil der Reihe eine "Allgemeine Betriebswirtschaftslehre" in drei Bänden ist, die, von einem Expertenteam verfasst, die Klammer um die einzelnen Titel bildet. Die positive Aufnahme, die diese am Markt gefunden hat, führte bereits nach kurzer Zeit zu zahlreichen Neuauflagen. Gelegenheiten, die von Autoren und Herausgebern immer wieder für Erweiterungen und Verbesserungen genutzt werden.

Tübingen, Juni 2009

F. X. Bea
M. Schweitzer

Vorwort

Die Problemstellung des Kostenmanagements kann vereinfachend folgendermaßen beschrieben werden: Wie können die Kosten, die bei der Erstellung des Leistungsprogramms der Unternehmung anfallen, zielorientiert gestaltet werden? Die Betriebswirtschaftslehre beschäftigt sich seit ihren Anfängen unter wechselnden Bezeichnungen immer wieder intensiv mit dieser Problemstellung. Insbesondere seit den 1990er Jahren sind zahlreiche Bücher zum Kostenmanagement erschienen. Den Schwerpunkt dieser Veröffentlichungen bilden entweder konkrete Maßnahmen zur Kostengestaltung oder Instrumente zur Unterstützung von Projekten zur Erarbeitung von Kostensenkungsmaßnahmen. Wird Kostenmanagement als Daueraufgabe verstanden, stehen jedoch vor allem die folgenden Fragen im Vordergrund:

1. Wie können Kostensenkungspotentiale und Ineffizienzen erkannt werden?
2. Wie können Maßnahmen zur Kostengestaltung konzipiert und umgesetzt werden?
3. Wie kann sichergestellt werden, dass kontinuierlich nach Kostensenkungspotentialen und Ineffizienzen gesucht wird und die erforderlichen Maßnahmen zur Kostengestaltung konzipiert und umgesetzt werden?
4. Wie ist vorzugehen, damit Ineffizienzen gar nicht erst entstehen?

Um diese Fragen beantworten zu können, ist die Literatur zu Fragen der Kostengestaltung aus verschiedenen Disziplinen ausgewertet worden. Ausgewählte Antworten auf diese Fragen werden in dem vorliegenden Buch dargestellt und erläutert. Die Ausführungen sind in vier Teile gegliedert.

Im **ersten Teil** wird gezeigt, welche Anforderungen die Unternehmungspolitik sowie die Unternehmungs- und Umweltbedingungen an die Kostensituation der Unternehmung stellen. Anhand dieser Anforderungen werden die Ansätze zur Lösung der Problemstellung aus den bekannten Konzeptionen des Kostenmanagements überprüft. Die führungsbezogene Konzeption des Kostenmanagements entspricht den herausgearbeiteten Anforderungen am besten. Im zweiten Kapital werden deshalb die Aufgaben des Kostenmanagements erläutert, die aus dem Lösungsansatz dieser Konzeption folgen.

Kosten der Unternehmung können bei der Neugestaltung der betrieblichen Rahmenbedingungen und durch ihre nachträgliche Anpassung beeinflusst werden. Es sind die Produkte, die Prozesse und die Potentiale, aber auch die Lieferanten und Kunden der Unternehmung, die diese Rahmenbedingungen bilden. Weiterhin sind zur Gestaltung der Kosten bei der Leistungserstellung und -verwertung innerhalb der bestehenden Rahmenbedingungen Ineffizienzen zu vermeiden und bestehende Ineffizienzen abzubauen. Mit der Rationalisierung und der kontinuierlichen Verbesserung werden zwei dieser vier Handlungsfelder des Kostenmanagements im **zweiten Teil** des Buches beleuchtet.

Der **dritte Teil** beschäftigt sich mit einzelnen Gestaltungsbereichen des Kostenmanagements. Das sind Ausschnitte des Kostenmanagements der Unternehmung, die nach den Kosteneinflussgrößen abgegrenzt werden, über die spezifische Kostenkategorien beeinflusst werden sollen. Bei diesen Kosteneinflussgrößen kann es sich um Merkmale der Prozesse bei der Leistungserstellung und -verwertung, die Merkmale der Produkte der Unternehmung oder aber auch um Bestimmungsgrößen der Kosten im Einflussbereich der Kunden und Lieferanten handeln. Für diese Gestaltungsbereiche werden die Aufgaben und Instrumente des Kostenmanagements bei der Rationalisierung und der kontinuierlichen Verbesserung inhaltlich konkretisiert.

Im **vierten Teil** werden zunächst die produktions- und kostentheoretischen Grundlagen der Kostengestaltung erläutert. Da es vor allem die Mitarbeiter sind, die durch ihre Entscheidungs- und Ausführungshandlungen die Kosten der Unternehmung bestimmen, ist die Einflussnahme auf die Entscheidungs- und Ausführungshandlungen der Mitarbeiter ein zentraler Ansatzpunkt für die Gestaltung der Kosten. In diesem letzten Teil werden deshalb auch Aussagen der Motivationstheorie und der Kreativitätsforschung erläutert, die das Kostenmanagement bei der Ausübung seiner Aufgaben nutzen kann.

Bei der Arbeit an diesem Buch bin ich von meinen Mitarbeiterinnen und Mitarbeitern sehr engagiert unterstützt worden. Bedanken möchte ich mich vor allem bei Dipl. oec. troph. Hille Rowehl, Dipl.-Kffr. Rommy Zwilling und meinen Wissenschaftlichen Hilfskräften Monika Bukowski, Holger Gerken, Stefanie Pelz und Bastian Quast.

Kiel, Mai 2009   Birgit Friedl

Inhaltsübersicht

Teil 1: Grundlagen des Kostenmanagements

1 Kostenmanagement als Führungsaufgabe..**1**
  1.1 Konzeptionelle Grundlagen des Kostenmanagements...........................1
  1.2 Anforderungen an das Kostenmanagement 8
  1.3 Kostenmanagement nach der führungsbezogenen Konzeption 35

2 Aufgaben des Kostenmanagements...**47**
  2.1 Abgrenzung des Aufgabenbereichs 47
  2.2 Sachbezogene Aufgaben des Kostenmanagements 50
  2.3 Strukturbezogene Aufgaben des Kostenmanagements 66
  2.4 Personenbezogene Aufgaben des Kostenmanagements......................79

Teil 2: Handlungsfelder des Kostenmanagements

3 Rationalisierung als Handlungsfeld **97**
  3.1 Grundlagen der Rationalisierung..97
  3.2 Vorbereitende und begleitende Aktivitäten....................................107
  3.3 Planung und Realisation von Rationalisierungsmaßnahmen 125

4 Kontinuierliche Verbesserung als Handlungsfeld.................................**141**
  4.1 Grundlagen der kontinuierlichen Verbesserung 141
  4.2 Institutionalisierung der kontinuierlichen Verbesserung.....................147
  4.3 Kaizen Costing zur Planung und Kontrolle von Vorgaben 167
  4.4 Instrumente der kontinuierlichen Verbesserung...............................174

Teil 3: Gestaltungsbereiche des Kostenmanagements

5 Prozessorientiertes Kostenmanagement **203**
  5.1 Abgrenzung des prozessorientierten Kostenmanagments....................203
  5.2 Prozessinnovationen zur zielorientierten Kostengestaltung 213
  5.3 Prozessverbesserung im Gemeinkostenbereich...............................225
  5.4 Prozessoptimierung durch kontinuierliche Verbesserung....................256

6 Produktorientiertes Kostenmanagement **265**
  6.1 Abgrenzung des produktorientierten Kostenmanagements 265
  6.2 Kostenorientierte Produktplanung...270
  6.3 Produkt-Kaizen 335
  6.4 Wertanalyse als Instrument des Produkt-Kaizen...............................338

7   Potentialorientiertes Kostenmanagement...357

7.1   Abgrenzung des potentialorientierten Kostenmanagements..................357

7.2   Schlanke Zulieferung als Ansatz des Kostenmanagements bei der
Beschaffung von Material 364

7.3   TPM als Ansatz des Kostenmanagements während der Betriebsphase
von Betriebsmitteln 394

Teil 4: Theoretische Grundlagen des Kostenmanagements

8   Produktions- und kostentheoretische Grundlagen des Kostenmanagements...404

8.1   Effizienz in der aktivitätsanalytischen Produktionstheorie....................404

8.2   Kostentheoretische Fundierung der Gestaltungsparameter des
Kostenmanagements...411

9   Verhaltenstheoretische Grundlagen des Kostenmanagements.......................425

9.1   Motivationstheorien zur Herleitung von Einflussgrößen der Leistung...425

9.2   Theorien zur Herleitung von Einflussgrößen der Kreativität 449

Inhaltsverzeichnis

Teil 1: Grundlagen des Kostenmanagements

1 Kostenmanagement als Führungsaufgabe...1
  1.1 Konzeptionelle Grundlagen des Kostenmanagements...........................1
    1.1.1 Komponenten einer Konzeption für das Kostenmanagement 1
    1.1.2 Abgrenzung konzeptioneller Ansätze des Kostenmanagements 3
      1.1.2.1 Konzeptionen nach der Problemstellung....................3
      1.1.2.2 Konzeptionen nach dem Problemlösungsansatz 6
  1.2 Anforderungen an das Kostenmanagement 8
    1.2.1 Gründe für die Notwendigkeit der Effizienzgestaltung.................8
      1.2.1.1 Permanente Effizienzgestaltung...............................9
      1.2.1.2 Ereignisbezogene Effizienzgestaltung 13
    1.2.2 Ineffizienzen als Gestaltungspotential des Kostenmanagements...17
      1.2.2.1 Formen der Ineffizienz.....................................17
      1.2.2.2 Handlungsfelder der Effizienzgestaltung 22
    1.2.3 Gründe für Ineffizienzen.......................................26
      1.2.3.1 Barrieren...26
      1.2.3.2 Differenzierung und Dezentralisierung....................32
      1.2.3.3 Weitere Gründe für Ineffizienzen 34
  1.3 Kostenmanagement nach der führungsbezogenen Konzeption 35
    1.3.1 Abgrenzung des Kostenmanagements............................35
      1.3.1.1 Ziele des Kostenmanagements 35
      1.3.1.2 Lösungsansatz des Kostenmanagements 36
    1.3.2 Begriff des Kostenmanagements................................38
    1.3.3 Gestaltungsbereiche des Kostenmanagements 38
      1.3.3.1 Gestaltungsobjekte des Kostenmanagements.................39
      1.3.3.2 Gestaltungsparameter des Kostenmanagements..............44

2 Aufgaben des Kostenmanagements...47
  2.1 Abgrenzung des Aufgabenbereichs 47
  2.2 Sachbezogene Aufgaben des Kostenmanagements 50
    2.2.1 Suche nach Rationalisierungspotentialen 50
    2.2.2 Planung von Vorgaben...55
      2.2.2.1 Arten von Vorgaben.......................................55
      2.2.2.2 Ansätze der Planung kostenbezogener Vorgaben 59
    2.2.3 Kontrolle von Vorgaben 61
      2.2.3.1 Kontrolle und Kontrollformen.............................61
      2.2.3.2 Kontrollen bei der Effizienzgestaltung 63

2.3 Strukturbezogene Aufgaben des Kostenmanagements 66
   2.3.1 Einflussnahme auf die Unternehmungskultur.............................66
      2.3.1.1 Kostenkultur als Teil der Unternehmungskultur 66
      2.3.1.2 Strategien für den Kulturwandel 71
   2.3.2 Ausrichten der Unternehmungsorganisation 73
      2.3.2.1 Abgrenzung von Verantwortungsbereichen...................74
      2.3.2.2 Verrechnung interner Leistungen................................77
2.4 Personenbezogene Aufgaben des Kostenmanagements..........................79
   2.4.1 Obligatorische Aufgaben 79
   2.4.2 Fakultative Aufgaben...86
      2.4.2.1 Schaffen von Akzeptanz für die Effizienzgestaltung 86
      2.4.2.2 Sichern von Fachkenntnissen................................90
      2.4.2.3 Beeinflussen des Leistungsverhaltens.......................91
      2.4.2.4 Fördern der Kreativität.....................................93

Teil 2: Handlungsfelder des Kostenmanagements

3 Rationalisierung als Handlungsfeld **97**
3.1 Grundlagen der Rationalisierung...97
   3.1.1 Rationalisierungsziele und ihre Umsetzung 97
      3.1.1.1 Ziele der Rationalisierung................................97
      3.1.1.2 Strategien der Rationalisierung...........................98
   3.1.2 Ablauf von Rationalisierungsprojekten...........................101
      3.1.2.1 Phasen im Rationalisierungsprozess 101
      3.1.2.2 Rationalisierung als Projekt 103
3.2 Vorbereitende und begleitende Aktivitäten....................................107
   3.2.1 Initialisieren der Rationalisierung 107
      3.2.1.1 Prozess des Initialisierens 107
      3.2.1.2 Promotoren als Erfolgsfaktoren der Rationalisierung ...109
   3.2.2 Aktivieren der Beteiligten und Betroffenen 111
      3.2.2.1 Abgrenzung des Aktivierens...............................111
      3.2.2.2 Akzeptanzförderung durch Prozessgestaltung 113
      3.2.2.3 Kommunikation zur Akzeptanzförderung.....................116
   3.2.3 Aufgaben des Managements von Rationalisierungsprojekten.....121
      3.2.3.1 Sachbezogene Aufgaben 121
      3.2.3.2 Personenbezogene Aufgaben 123

3.3 Planung und Realisation von Rationalisierungsmaßnahmen 125

    3.3.1 Konzipieren der Rationalisierungsmaßnahmen 125

    3.3.2 Umsetzen der Rationalisierungsmaßnahmen 133

        3.3.2.1 Teilphasen der Umsetzung 133

        3.3.2.2 Gestaltung der mitarbeiterbezogenen Auswirkungen 134

    3.3.3 Verstetigen der Rationalisierung 137

4 Kontinuierliche Verbesserung als Handlungsfeld 141

4.1 Grundlagen der kontinuierlichen Verbesserung 141

    4.1.1 Abgrenzung der kontinuierlichen Verbesserung 141

    4.1.2 Beeinflussung des Verbesserungsverhaltens der Mitarbeiter 143

        4.1.2.1 Barrieren einer aktiven Mitwirkung der Mitarbeiter 143

        4.1.2.2 Strategien zur Beeinflussung des Verbesserungs-
                verhaltens 145

4.2 Institutionalisierung der kontinuierlichen Verbesserung 147

    4.2.1 Qualitätszirkel für das gruppenorientierte Kaizen 147

        4.2.1.1 Abgrenzung von Qualitätszirkeln 147

        4.2.1.2 Aufbauorganisation von Qualitätszirkeln 148

        4.2.1.3 Ablauforganisation von Qualitätszirkeln 151

    4.2.2 Vorschlagswesen für das personenorientierte Kaizen 154

        4.2.2.1 Abgrenzung zum traditionellen Vorschlagswesen 154

        4.2.2.2 Organisation des betrieblichen Vorschlagswesens 158

    4.2.3 Prämiensysteme für die kontinuierliche Verbesserung 161

        4.2.3.1 Zulässigkeiten von Verbesserungsvorschlägen 161

        4.2.3.2 Struktur des Prämiensystems 163

4.3 Kaizen Costing zur Planung und Kontrolle von Vorgaben 167

    4.3.1 Abgrenzung der Kaizen Cost 167

    4.3.2 Planung der Kaizen Cost 168

    4.3.3 Kontrolle der Kaizen Cost 172

4.4 Instrumente der kontinuierlichen Verbesserung 174

    4.4.1 Überblick über die Instrumente 174

    4.4.2 Phasenübergreifende Instrumente 176

    4.4.3 Instrumente für die Problemfeststellung 182

        4.4.3.1 Affinitätsdiagramm 182

        4.4.3.2 Ursache-Wirkungs-Diagramm 183

        4.4.3.3 Beziehungsdiagramm 187

4.4.4 Instrumente für die Ideenermittlung 190

    4.4.4.1 Systematisches Diagramm 191

    4.4.4.2 Matrixdatenanalyse 193

4.4.5 Instrumente für die Umsetzung 200

Teil 3: Gestaltungsbereiche des Kostenmanagements

5 Prozessorientiertes Kostenmanagement 203

5.1 Abgrenzung des prozessorientierten Kostenmanagments 203

    5.1.1 Begriff des prozessorientierten Kostenmanagements 203

    5.1.2 Merkmale des prozessorientierten Kostenmanagements 204

        5.1.2.1 Prozesswert als Gestaltungsobjekt 204

        5.1.2.2 Prozessmerkmale als Gestaltungsparameter 205

    5.1.3 Handlungsfelder des prozessorientierten Kostenmanagements ... 211

5.2 Prozessinnovationen zur zielorientierten Effizienzgestaltung 213

    5.2.1 Kennzeichnung von Prozessinnovationen 213

        5.2.1.1 Merkmale von Prozessinnovationen 213

        5.2.1.2 Voraussetzungen für Prozessinnovationen 215

    5.2.2 Ablauf einer Prozessinnovation 218

        5.2.2.1 Träger einer Prozessinnovation 218

        5.2.2.2 Phasen des Business Reengineering 219

5.3 Prozessverbesserung im Gemeinkostenbereich 225

    5.3.1 Bedeutung der Prozessverbesserung im Gemeinkostenbereich ... 225

    5.3.2 Gemeinkostenwertanalyse 227

        5.3.2.1 Abgrenzung der Gemeinkostenwertanalyse 227

        5.3.2.2 Prozess der Gemeinkostenwertanalyse 228

    5.3.3 Zero-Base-Budgeting 233

        5.3.3.1 Grundgedanke des Zero-Base-Budgeting 233

        5.3.3.2 Prozess des Zero-Base-Budgeting 236

    5.3.4 Benchmarking 245

        5.3.4.1 Merkmale des Benchmarking 245

        5.3.4.2 Formen des Benchmarking 247

        5.3.4.3 Prozess des Benchmarking 251

    5.3.5 Vergleichende Analyse der Verfahren zur Prozessverbesserung 256

5.4 Prozessoptimierung durch kontinuierliche Verbesserung 256

    5.4.1 Abgrenzung des Prozess-Kaizen 256

    5.4.2 Elemente des House of Gemba 260

6   Produktorientiertes Kostenmanagement 265

6.1   Abgrenzung des produktorientierten Kostenmanagements 265

    6.1.1   Begriff des produktorientierten Kostenmanagements 265

    6.1.2   Merkmale des produktorientierten Kostenmanagements 266

        6.1.2.1   Produktwert als Gestaltungsobjekt.............................266

        6.1.2.2   Produktmerkmale als Gestaltungsparameter 268

    6.1.3   Handlungsfelder des produktorientierten Kostenmanagements ..269

6.2   Kostenorientierte Produktplanung..270

    6.2.1   Abgrenzung der kostenorientierten Produktplanung..................270

        6.2.1.1   Phasen der Produktplanung.......................................270

        6.2.1.2   Merkmale der kostenorientierten Produktplanung 272

    6.2.2   Prozess der Produktkostenplanung und -steuerung...................274

        6.2.2.1   Kennzeichnung der Produktkostenplanung..................274

        6.2.2.2   Aufgaben der Produktkostensteuerung 276

    6.2.3   Target Costing zur Planung von Produktkostenvorgaben 277

        6.2.3.1   Abgrenzung des Target Costing.................................277

        6.2.3.2   Planung der originären Produktkostenvorgaben 280

        6.2.3.3   Planung der Funktionenkostenvorgaben 285

        6.2.3.4   Planung der Komponentenkostenvorgaben..................291

    6.2.4   Instrumente der kostenorientierten Produktplanung...................299

        6.2.4.1   QFD zur Planung der Funktionalität und Qualität 299

        6.2.4.2   Instrumente der kostenorientierten Konstruktion..........309

        6.2.4.3   Instrumente der Produktkostenkontrolle 316

    6.2.5   Beeinflussung des Verhaltens der Beteiligten...........................327

        6.2.5.1   Notwendigkeit der Verhaltensbeeinflussung................327

        6.2.5.2   Abbau von Willens- und Wissensbarrieren..................329

6.3   Produkt-Kaizen 335

    6.3.1   Abgrenzung des Produkt-Kaizen 335

    6.3.2   Organisation des Produkt-Kaizen 336

6.4   Wertanalyse als Instrument des Produkt-Kaizen 338

    6.4.1   Wertanalyse in der Unternehmung..338

        6.4.1.1   Wertanalyse als Wertgestaltung und -verbesserung......338

        6.4.1.2   Organisation der Wertanalyse 338

    6.4.2   Merkmale der Wertanalyse 340

        6.4.2.1   Funktionsorientierte Vorgehensweise 341

        6.4.2.2   Systematischer Ablauf 343

        6.4.2.3   Weitere Merkmale 344

6.4.3   Ausgewählte Phasen des Wertanalyse-Arbeitsplanes..................346

      6.4.3.1   Teilschritte der Analyse 346

      6.4.3.2   Teilschritte der Zielbildung...353

      6.4.3.3   Teilschritte bei der Alternativensuche und Bewertung .355

7   Potentialorientiertes Kostenmanagement..357

7.1   Abgrenzung des potentialorientierten Kostenmanagements..................357

    7.1.1   Begriff des potentialorientierten Kostenmanagements..............357

    7.1.2   Merkmale des potentialorientierten Kostenmanagements..........358

      7.1.2.1   Total Cost of Ownership als Gestaltungsobjekt............358

      7.1.2.2   Gestaltungsparameter im Lebenszyklus von Produk-
              tionsfaktoren 360

    7.1.3   Gestaltungsbereiche des potentialorientierten Kostenmanage-
         ments..361

7.2   Schlanke Zulieferung als Ansatz des Kostenmanagements bei der
     Beschaffung von Material 364

    7.2.1   Gestaltung der Lieferantenstruktur...364

      7.2.1.1   Merkmale der Lieferantenstruktur 364

      7.2.1.2   Reduktion der Lieferantenzahl für eine Komponente ...365

      7.2.1.3   Modular Sourcing 368

      7.2.1.4   Verwendung von Gleich- und Wiederverwendungs-
              teilen 369

    7.2.2   Gestaltung der Lieferantenbeziehungen 372

      7.2.2.1   Einbeziehung der Lieferanten in die Produktplanung ...372

      7.2.2.2   Auswahl der Lieferanten 374

      7.2.2.3   Förderung des kooperativen Verhaltens der
              Lieferanten 377

      7.2.2.4   Gegenseitiger Informationsaustausch...........................379

    7.2.3   Unternehmungsübergreifendes Kostenmanagement 381

      7.2.3.1   Abgrenzung des unternehmungsübergreifenden
              Kostenmanagements 381

      7.2.3.2   Unternehmungsübergreifende kostenorientierte
              Produktplanung...382

            7.2.3.2.1   Target Costing als disziplinierende Maß-
                      nahme...382

            7.2.3.2.2   Ein- und mehrstufiges Target Costing..........383

            7.2.3.2.3   Fördernde Maßnahmen 385

7.2.3.3 Unternehmungsübergreifendes Kaizen 390

7.2.3.4 Kostenorientierte Gestaltung der Schnittstelle zum
Lieferanten 391

7.3 TPM als Ansatz des Kostenmanagements während der Betriebsphase
von Betriebsmitteln 394

7.3.1 Abgrenzung des Total Productive Maintenance (TPM).............394

7.3.2 Elemente des TPM-Konzeptes...398

Teil 4: Theoretische Grundlagen des Kostenmanagements

8 Produktions- und kostentheoretische Grundlagen des Kostenmanagements...404

8.1 Effizienz in der aktivitätsanalytischen Produktionstheorie....................404

8.1.1 Grundlagen der aktivitätsanalytischen Produktionstheorie 404

8.1.2 Kennzeichnung effizienter Aktivitäten....................................407

8.2 Kostentheoretische Fundierung der Gestaltungsparameter des
Kostenmanagements...411

8.2.1 Arten von Kosteneinflussgrößen...411

8.2.2 Systeme der Einflussgrößen auf die Stückkosten.....................412

8.2.3 Systeme von Einflussgrößen auf die relative Kostenposition......418

9 Verhaltenstheoretische Grundlagen des Kostenmanagements 425

9.1 Motivationstheorien zur Herleitung von Einflussgrößen der Leistung...425

9.1.1 Grundlagen der Motivationstheorie 425

9.1.1.1 Zentrale Begriffe der Motivationstheorie....................425

9.1.1.2 Fragestellungen der Motivationstheorie......................427

9.1.2 Inhaltstheorien der Motivation..430

9.1.3 Prozesstheorien der Motivation 434

9.1.3.1 Erwartungs-Valenz-Theorien....................................435

9.1.3.2 Zielsetzungstheorien 442

9.1.4 Herleitung von Parametern der Leistungsbeeinflussung 447

9.2 Theorien zur Herleitung von Einflussgrößen der Kreativität 449

9.2.1 Ansätze der Kreativitätsforschung 449

9.2.2 Komponentenorientierte Konzeption der Kreativität 450

9.2.2.1 Einflussgrößen auf die Kreativität..............................450

9.2.2.2 Phasen im Prozess der kreativen Problemlösung 452

9.2.2.3 Einfluss der Motivation auf die Kreativität..................453

Literaturverzeichnis..459

Stichwortverzeichnis 491

Teil 1: Grundlagen des Kostenmanagements

1 Kostenmanagement als Führungsaufgabe

1.1 Konzeptionelle Grundlagen des Kostenmanagements

1.1.1 Komponenten einer Konzeption für das Kostenmanagement

In der deutschsprachigen betriebswirtschaftlichen Literatur findet sich der **Begriff** „Kostenmanagement" erstmals 1982 im Zusammenhang mit der Rationalisierung im Verwaltungsbereich der Unternehmung (Jehle (1982); Wegmann (1982)). Durchgesetzt hat sich dieser Begriff erst mit den Veröffentlichungen zu den japanischen Techniken des Kostenmanagements während der 1990er Jahre. Bis zu diesem Zeitpunkt werden folgende Bezeichnungen verwendet:

- Kostengestaltung (vgl. Lorentz (1932), S. 15; Henzel (1936), S. 139),
- Kostenpolitik (vgl. Müller-Lindenberg (1976), S. 11; Adam (1997), S. 104),
- Kostenbeeinflussung (vgl. Schönfeld (1970), Sp. 934),
- Kostensteuerung (vgl. Gälweiler (1977), S. 70 ff.),
- Kostensenkung (vgl. Mellerowicz (1966), S. 466) sowie
- Rationalisierung (vgl. Haberstock (1981), Sp. 1087 f.).

Eine **allgemein akzeptierte Auffassung** zum Gegenstand des Kostenmanagements hat sich noch **nicht etabliert**. Es gibt Autoren, die Kostenmanagement mit der Kostenrechnung gleichsetzen (vgl. Atkinson u.a. (2007), S. 84 f.), andere Autoren betonen, dass die Kostenrechnung gerade nicht den Gegenstand des Kostenmanagements bildet (vgl. Horngren/Foster/Datar (2000), S. 3). Vielfach werden dem Kostenmanagement bekannte Aufgaben und Instrumente der Kostensenkung enumerativ zugeordnet (vgl. z. B. Burger (1999)). Vereinzelt wird hervorgehoben, dass eine Kostenkultur geschaffen werden muss (vgl. Shields/Young (1992), S. 22; Cooper (1995), S. 111). Einen Überblick über Auffassungen zum Kostenmanagement zeigt Abb. 1.1.

Voraussetzung für die inhaltliche Abgrenzung des Kostenmanagements ist u. a. die Festlegung einer **Problemstellung**. Für eine Problemstellung kann es alternative Lösungsansätze geben, ebenso können mit der Lösung dieser Problemstellung verschiedene Unternehmungsziele verfolgt werden. Die eindeutige Abgrenzung des Kostenmanagements verlangt, dass neben der Problemstellung auch der gewählte **Lösungsansatz** und die mit der Lösung der Problemstellung verfolgten **Ziele** festgelegt werden (vgl. Schweitzer/Friedl (1999), S. 275). Ein Aussagensystem zur zielorientierten Lösung einer spezifischen Problemstellung, zu den Aufgaben und ihrer Institutionalisierung sowie den Instrumenten zur Umsetzung dieser Lösung ist eine Konzeption.

Informationsversorgung der Unternehmungsführung	Brinker (1992), S. 3: "Its [cost management] ultimate purpose is to supply the information that companies need to provide the value, quality, and timeliness that customers demand."
	Bellis-Jones (1992), S. 101: "Cost management identifies the factors that drive costs."
	Fröhling (1994a), S. 77: Unter Kostenmanagement ist die "empfängerorientierte Erfassung, Sammlung, Aufbereitung und Weiterleitung von operativ und strategisch unternehmensproblemrelevant erscheinenden Kosten-, Leistungs- und Erlösinformationen" zu verstehen.
	Hansen/Mowen (2003), S. 2: "Cost management identifies, collects, measures, classifies, and reports information that is useful to managers for determining the cost of products, customers, and suppliers, and other relevant objects and for planning, controlling, making continuous improvements, and decision making."
	Horngren/Sundem/Stratton (1999), S. 144: A cost-management system "identifies how management's decisions affect costs, by first measuring the resources used in performing the organization's activities and then assessing the effects on costs of changes in those actvities."
	Horváth/Brokemper (1998), S. 587: Strategieorientiertes Kostenmanagement ist die "Unterstützung des strategischen Planungs- und Kontrollprozesses mit bewerteten kunden- bzw. marktorientierten Produkt- und Prozeßinformationen über den Ressourcenverbrauch."
Kostengestaltung	Brede (1993), S. 344: "Unter Kostenmanagement versteht man Methoden der nachhaltigen Kostenbeeinflussung und -senkung."
	Cooper (1995), S. 90 f.: "Their [cost management] objectives include accurate product costs and the creation of pressures to reduce and control costs."
	Dellmann/Franz (1994), S. 17: "Kostenmanagement umfasst die Gesamtheit aller Steuerungsmassnahmen, die der frühzeitigen und antizipativen Beeinflussung von Kostenstruktur und Kostenverhalten sowie der Senkung des Kostenniveaus dienen."
	Drury (2000), S. 889: "Cost management consists of those actions that are taken by managers to reduce costs."
	Fischer (2002), Sp. 1090: Als Kostenmanagement "wäre somit die Gesamtheit aller Steuerungsmaßnahmen durch das Management von Unternehmen zu bezeichnen, die der zielorientierten, antizipativen Beeinflussung des Niveaus sowie der Strukturen und Verläufe von Kosten ... dient."
	Freedman (1993), S. 263: "managing costs is a proactive, business philosophy embedded in the culture and operational style of an organization".
	Kajüter (2000), S. 11: "Kostenmanagement bedeutet die bewußte Beeinflussung der Kosten mit dem Ziel, die Wirtschaftlichkeit der Unternehmung zu erhöhen."
	Männel (1992), S. 289: "Das Kostenmanagement umfasst ein Bündel von Strategien und Maßnahmen bis hin zu spezifischen Instrumenten".
	Streitferdt (1994), Sp. 1216 f.: "Unter Kostenmanagement versteht man die Gesamtheit der Maßnahmen, die in einem Betrieb mit der Absicht ergriffen werden, die Kosten unter Berücksichtigung der gesamtbetrieblichen Zielsetzung vorteilhaft zu gestalten."
	Reiß/Corsten (1992), S. 1478: "Kostenmanagement bezeichnet eine Gestaltung der Programme, Potentiale und Prozesse in einer Unternehmung nach Kostenkriterien."
	Roolfs (1996), S. 135: Dem Kostenmanagement kommt die Aufgabe einer zielorientierten "Gestaltung und Lenkung der unternehmungsspezifischen Kosten unter Berücksichtigung leistungsbezogener Vorgaben mittels der Verwendung adäquater kostenbezogener Informationen" zu.
	Yoshikawa u.a. (1993), S. 13: "Cost management involves initiating and making decisions which will improve the cost-effectiveness of an organization."

Abb. 1.1: Kostenmanagement in der Literatur

1.1.2 Abgrenzung konzeptioneller Ansätze des Kostenmanagements

1.1.2.1 Konzeptionen nach der Problemstellung

Den verschiedenen Konzeptionen des Kostenmanagements liegt als **spezifische Problemstellung** entweder die Versorgung der Unternehmungsführung mit Informationen zu den Kosten der Unternehmung oder die Kostengestaltung zugrunde (vgl. Abb. 1.1). Nach diesen Problemstellungen werden die kostenrechnungs- und die gestaltungsorientierten Konzeptionen des Kostenmanagements unterschieden (vgl. Konle (2003), S. 14). Abb. 1.2 gibt einen Überblick über die Konzeptionen des Kostenmanagements, die in der Literatur diskutiert werden.

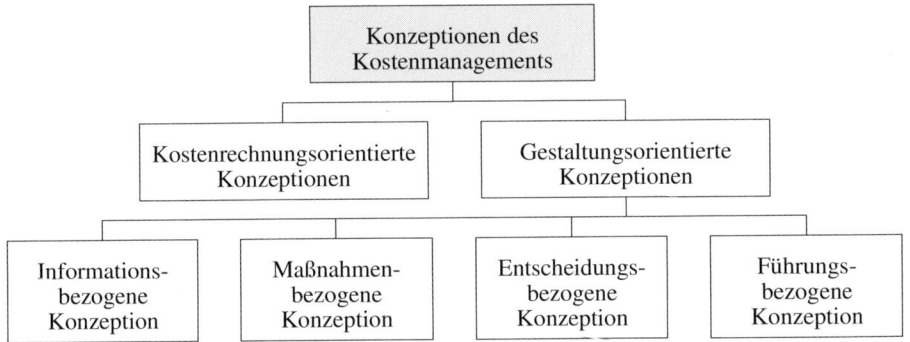

Abb. 1.2: Konzeptionelle Ansätze des Kostenmanagements

(1) Kostenrechnungsorientierte Konzeptionen

In der US-amerikanischen Literatur und einigen deutschsprachigen Beiträgen bildet die Versorgung der Unternehmungsführung mit Kosteninformationen für Planungs- und Steuerungsprobleme, die durch die traditionelle Kostenrechnung nicht unterstützt werden, die **spezifische Problemstellung** des Kostenmanagements. Der Unternehmungsführung sollen

- Informationen über den Ressourcenverbrauch, den ein Bezugsobjekt (z. B. Produkte, Kunden, Prozesse) verursacht hat, sowie
- Informationen zur Identifikation von Kosteneinflussgrößen

für die mittel- und langfristige Planung und Steuerung bereitgestellt werden. Die kostenrechnungsorientierte Konzeption ist die Reaktion auf die Grenzen der traditionellen Systeme der Kostenrechnung, wie sie von den Vertretern prozessorientierter Systeme der Kostenrechnung identifiziert worden sind (zu diesen Grenzen vgl. Friedl (2004a), S. 389 ff.). Der **Problemlösungsansatz** wird deshalb häufig in den prozessorientierten Systemen der Kostenrechnung gesehen.

In der deutschsprachigen Betriebswirtschaftslehre wird die Gestaltung von Informationssystemen dem **Controlling** zugeordnet (vgl. z. B. Reichmann (1995), S. 8 f.;

Hahn/Hungenberg (2001), S. 278; Horváth (2009), S. 295). Die kostenrechnungs-orientierte Konzeption des Kostenmanagements wird hier deshalb nicht weiter betrachtet.

(2) Gestaltungsorientierte Konzeptionen

Als Problemstellung gestaltungsorientierter Konzeptionen des Kostenmanagements werden in der **Literatur**

– die Gestaltung der Kosten, und zwar in der Form
  - der Minderung der Kosten (vgl. Mellerowicz (1966), S. 465; Schönfeld (1970), Sp. 934),
  - der Minimierung der Kosten (vgl. Adam (1997), S. 104) oder
  - der Minderung der Stückkosten (vgl. Lorentz (1932), S. 1), bzw.
– die Erhöhung der Wirtschaftlichkeit (vgl. Kajüter (2000), S. 11)

genannt. In der **Wirtschaftspraxis** wird mit dem Kostenmanagement u. a. die Senkung der Kosten oder die Optimierung der Kostenstruktur angestrebt (vgl. Kajüter (2005), S. 85; PriceWaterhouseCoupers (2007), S. 9). Für diese Problemstellung finden sich in der englischsprachigen Literatur Bezeichnungen wie z. B. „Cost Cutting", „Cost Reduction", „Cost Containment" und „Cost Avoidance".

Kosten können gesenkt werden, indem z. B. die Mengen reduziert, die Qualität verringert, die Lieferzeit verlängert, der Service vermindert oder Budgets (z. B. für Forschung und Entwicklung, Werbung) gekürzt werden. Aber diese Maßnahmen haben nicht nur eine Senkung der Kosten zur Folge, sondern auch einen Rückgang der Erlöse oder der zukünftigen Ertragskraft der Unternehmung. Eine Kostensenkung ist damit keine hinreichende Bedingung für die Erreichung der Unternehmungsziele, wie z. B. der Erhöhung des Unternehmungswertes. Weiterhin wird bei dieser Problemstellung nicht berücksichtigt, dass auch die Verbesserung einer vom Kunden erwünschten Leistung (z. B. Menge, Qualität, Lieferzeit, Service) bei gleichbleibenden oder in geringerem Maße steigenden Kosten oder ein Mengenwachstum ohne Anstieg der fixen Kosten zur Erreichung der Unternehmungsziele beiträgt. Die **Gestaltung der Kosten** ist damit nicht als Problemstellung des Kostenmanagements geeignet.

Die **Wirtschaftlichkeit** ist definiert als Verhältnis aus der Leistung und dem zu ihrer Erstellung erforderlichen Mitteleinsatz.

Um die Leistung und den Mitteleinsatz zu erfassen, können Mengen- oder Wertgrößen herangezogen werden (vgl. Kosiol (1972), S. 20 f.). Bei der Verwendung von **Mengengrößen** ergibt sich die Produktivität.

Die **Produktivität**, die auch als technische Ergiebigkeit, technische Wirtschaftlichkeit oder Technizität bezeichnet wird, ist wie folgt definiert:

$$\text{Produktivität} = \frac{\text{Ausbringungsgütermenge}}{\text{Einsatzgütermenge}}.$$

Die Produktivität kann u. a. auch durch eine Senkung der Einsatzgütermengen zulasten der Qualität oder der Lieferzeit gesteigert werden. Eine Erhöhung der Produktivität ist deshalb keine hinreichende Bedingung für die Realisation der Unternehmungsziele. Die Argumente, die gegen die Gestaltung der Kosten als Problemstellung des Kostenmanagements sprechen, gelten damit weitgehend auch für die Produktivität. Durch die rein mengenmäßige Betrachtung des Mitteleinsatzes wird zudem der Einfluss der Einsatzgüterpreise auf die Kosten ausgeblendet. Die **Gestaltung der Produktivität** eignet sich deshalb ebenfalls nur begrenzt als Problemstellung des Kostenmanagements.

Die Verwendung von **Wertgrößen** zur Erfassung von Leistung und Mitteleinsatz führt zur wertmäßigen Wirtschaftlichkeit. Andere Bezeichnungen sind „wertmäßige Ergiebigkeit" oder „Ökonomität" (vgl. Kosiol (1972), S. 21). Für die Berechnung dieser Kennzahl können die Wertgrößen des externen oder des internen Rechnungswesens herangezogen werden.

Damit kann die **wertmäßige Wirtschaftlichkeit** wie folgt bestimmt werden:

$$\text{Wertmäßige Wirtschaftlichkeit}_{\text{intern}} = \frac{\text{Erlös}}{\text{Kosten}} \text{ bzw.}$$

$$\text{Wertmäßige Wirtschaftlichkeit}_{\text{extern}} = \frac{\text{Ertrag}}{\text{Aufwand}}.$$

Die **Gestaltung der wertmäßigen Wirtschaftlichkeit** eignet sich aus zwei Gründen nicht als Problemstellung des Kostenmanagements:

(1) In einer Unternehmung werden auch Leistungen erstellt, die keine direkte Wirkung auf den Erlös bzw. den Ertrag der Unternehmung haben und auch durch die Ausbringungsmenge nicht vollständig erfasst werden können (z. B. Instandhaltungsabteilung).

(2) Der Erlös und der Ertrag der Unternehmung hängen auch von der Marktnachfrage und der Absatzpolitik ab. Das kann dazu führen, dass eine sich kontinuierlich verschlechternde Kostenposition durch eine erfolgreiche Absatzpolitik oder eine konjunkturell bedingt hohe Marktnachfrage kompensiert wird und dadurch unerkannt bleibt.

Um diesen Schwächen der wertmäßigen Wirtschaftlichkeit zu begegnen, werden **interne Leistungen** eingeführt. Dabei handelt es sich um Leistungen, die für andere Bereiche der Unternehmung erbracht werden und damit nur mittelbar zur Erstellung und Verwertung der Marktleistung beitragen. Mit der internen Leistung kann die Wirt-

schaftlichkeit in die Effizienz und die Effektivität gespalten werden (vgl. Dellmann/
Pedell (1994), S. 25 ff.):

$$\text{Wirtschaftlichkeit} = \frac{\text{interne Leistung}}{\text{Mitteleinsatz}} \times \frac{\text{Marktleistung}}{\text{interne Leistung}}$$

$$= \text{Effizienz} \times \text{Effektivität}.$$

Die **Effizienz** ist inputbezogen und ein Maß für die Ergiebigkeit der eingesetzten Mittel bei der Leistungserstellung. Die **Effektivität** ist outputbezogen und bringt die Wirksamkeit einer internen Leistung für die Marktleistung der Unternehmung zum Ausdruck.

> Definiert ist die **Effizienz** als das Verhältnis aus der internen Leistung und dem zu ihrer Erstellung erforderlichen Mitteleinsatz.

Die **Gestaltung der Effizienz** ist keine hinreichende Bedingung für eine Verbesserung der Wirtschaftlichkeit, da die Effektivitätswirkungen vernachlässigt werden. So erhöht beispielsweise eine Verbesserung der internen Leistung bei gleichbleibendem Mitteleinsatz die Effizienz, sie verringert jedoch die Effektivität, wenn es nicht gelingt, die Verbesserung der internen Leistung in eine Marktleistung umzusetzen. Dieser Fall liegt z. B. vor, wenn ein Produkt bei gleichbleibenden Kosten um eine Funktion erweitert wird, die jedoch nicht zur Befriedigung von Kundenbedürfnissen beiträgt.

> Die **Problemstellung** der gestaltungsorientierten Konzeptionen des Kostenmanagements wird hier deshalb wie folgt präzisiert: Gestaltung der Effizienz zur Verbesserung der Wirtschaftlichkeit.

1.1.2.2 Konzeptionen nach dem Problemlösungsansatz

Nach dem Problemlösungsansatz werden folgende gestaltungsorientierte Konzeptionen des Kostenmanagements abgegrenzt (in Anlehnung an Konle (2003), S. 14):

- die informationsbezogene,
- die maßnahmenbezogene,
- die entscheidungsbezogene sowie
- die führungsbezogene Konzeption.

> Nach der **informationsbezogenen Konzeption** bildet die Versorgung der Unternehmungsführung mit Informationen und Methoden zur Gestaltung der Effizienz den Lösungsansatz des Kostenmanagements.

Anders als in der kostenrechnungsorientierten Konzeption des Kostenmanagements, der die Versorgung der Unternehmungsführung mit Informationen für die strategische und taktische Planung und Steuerung als spezifische Problemstellung zugrunde liegt, bildet die Informationsversorgung in der informationsbezogenen Konzeption den Lösungsansatz für das Problem der Kostengestaltung. Die kostenrechnungsorientierte und die informationsbezogene Konzeption des Kostenmanagements unterscheiden sich damit im Zweck, der mit der Informationsversorgung verfolgt wird.

> Die **maßnahmenbezogene Konzeption** des Kostenmanagements sieht vor, dass die Effizienz durch die Planung und Steuerung spezieller Maßnahmen zielorientiert gestaltet und gesichert wird.

Lange Zeit bildeten die Maßnahmen zur Effizienzgestaltung in der Produktion den Schwerpunkt der Beiträge zu dieser Konzeption. Themen waren u. a. die Fertigungsorganisation (z. B. Fertigungssegmentierung), die Automatisierung, die Entlohnung (z. B. Einführung der leistungsorientierten Entlohnung) und Arbeitszeitgestaltung, die Standardisierung und die Just-in-Time-Produktion. Weiterhin hatten sie auch Instrumente zur Erarbeitung dieser Maßnahmen zum Gegenstand, wie z. B. die Wertanalyse. Durch die Effizienzgestaltung in der Produktion ist der Anteil der Verwaltungsgemeinkosten an den Gesamtkosten kontinuierlich gestiegen. Diese Entwicklung hat dazu geführt, dass ab den 1970er Jahren auch die Effizienzgestaltung im Verwaltungsbereich der Unternehmung thematisiert wurde.

> Die **entscheidungsbezogene Konzeption** sieht als Problemlösungsansatz die Ausrichtung von Entscheidungen an einem übergeordneten Erfolgsziel durch die Planung, Durchsetzung, Kontrolle und Sicherung von Kostenvorgaben für eine vorgegebene Leistung vor.

Eine entscheidungsbezogene Konzeption ist das **Total Cost Management**, wie es in der japanischen Literatur diskutiert wird. Es hat die Planung und Kontrolle von Kostenvorgaben für die Produktentwicklung (Target Costing) sowie die Kostensicherung und -senkung während der Marktphase des Produktes (Kaizen Costing) zum Inhalt (vgl. Monden (1989), S. 16 f.).

> Nach der **führungsbezogenen Konzeption** soll die Effizienz über die Beeinflussung des Verhaltens der Träger von Entscheidungs- und Ausführungsaufgaben in der Unternehmung gestaltet werden.

Diese Konzeptionen beruhen auf dem Gedanken, dass es die Entscheidungen und Ausführungshandlungen der Mitarbeiter auf allen Hierarchieebenen und in allen Bereichen sind, welche die Effizienz in der Unternehmung determinieren. Ihr Verhalten ist deshalb in die Richtung der angestrebten Steigerung der Effizienz zu lenken. Die **Lö-

sung des Effizienzgestaltungsproblems wird im Rahmen dieser Konzeptionen u. a. auch in der Personalentwicklung, der Motivierung sowie einer Reihe organisatorischer Maßnahmen gesehen (vgl. Shields/Young (1992), S. 22 f.; Cooper (1998), S. 133).

Um die verschiedenen Problemlösungsansätze beurteilen zu können, werden im folgenden Abschnitt Anforderungen an die Effizientgestaltung bzw. das Kostenmanagement erörtert.

1.2 Anforderungen an das Kostenmanagement

1.2.1 Gründe für die Notwendigkeit der Effizienzgestaltung

Abb. 1.3 zeigt, dass die Ziele in denn verschiedenen Betriebsarten nicht die gleichen Inhalte aufweisen (vgl. hierzu auch Bea/Haas (2001), S. 73 ff.). In allen Betriebsarten werden jedoch Ziele verfolgt, die Kosten zum Inhalt haben oder Kosten und Leistungen als Bestandteile aufweisen. Die Gestaltung der Effizienz ist damit in allen Betriebsarten zur Sicherung und Steigerung der Zielerreichung unverzichtbar. Unter speziellen Bedingungen kommt der kontinuierlichen Gestaltung und Sicherung der Effizienz besondere Bedeutung zu. Darüber hinaus können es außergewöhnliche Ereignisse notwendig machen, die Effizienz in einem begrenzten Zeitraum deutlich und nachhaltig zu erhöhen.

Betriebsarten	Zielinhalte
Erwerbswirtschaftliche private Unternehmungen[1]	• Langfristige Überlebensfähigkeit • Unternehmungswert • Kapitalrentabilität • Periodenerfolg ...

Non-Profit-Organisationen[2]	• Leistungsziele
	  – Leistungswirkungsziele (Wirkungen bei den verschiedenen Anspruchsgruppen)
	  – Leistungserbringungsziele (zu erbringender Output konkreter Leistungseinheiten)
	• Kostendeckung bzw. Erzielung von Gewinnen für die leistungszielbezogene Verwendung

Öffentliche Unternehmungen[3]	• Bedarfsdeckung • Kostenminimierung • Erzielung von Gewinnen für die gemeinwirtschaftliche Verwendung
Öffentliche Verwaltung[4]	• Bedarfsdeckung • Haushaltsausgleich

1) Franz/Kajüter (1997), S. 484; 2) Berens/Karlowitsch/Mertes (2000), S. 23 f.; Streim (2002), Sp. 1299 f.; Eichhorn (1993), Sp. 2930 f.; 4) Budäus (1993), Sp. 1438

Abb. 1.3: Ziele verschiedener Betriebsarten

1.2.1.1 Permanente Effizienzgestaltung

Als Gründe für eine permanente Effizienzgestaltung werden genannt:
- die Entwicklungen auf den Märkten,
- das Schaffen von Wettbewerbsvorteilen und
- das Verfolgen wertorientierter Ziele.

(1) Entwicklungen auf den Märkten

Die Notwendigkeit des Kostenmanagements wird vielfach mit folgenden Entwicklungen auf den Märkten begründet (vgl. z. B. Franz/Kajüter (2002), S. 4 ff.):
- die Erhöhung der Wettbewerbsintensität auf den Absatzmärkten,
- die Zunahme der Kundenanforderungen sowie
- der Preisanstieg auf den Beschaffungsmärkten.

Die Erhöhung der **Wettbewerbsintensität** auf den Absatzmärkten resultiert u. a. aus der Liberalisierung der Märkte in einigen Branchen (z. B. Telekommunikation, Banken und Versicherungen), der Sättigung der Absatzmärkte sowie dem Eintritt neuer Wettbewerber aus Niedriglohnländern (vgl. Günther (1997), S. 99). Die Unternehmungen reagieren auf die gestiegene Wettbewerbsintensität, indem die Absatzpreise gesenkt oder die Produktvielfalt, die Produktqualität oder der Innovationsgrad des Produktionsprogramms erhöht werden. Darüber hinaus fordern die **Kunden** zunehmend technisch verbesserte Produkte, akzeptieren jedoch keine Preissteigerungen gegenüber den Vorgängerprodukten (vgl. Wesselhöft (2003), S. 9). Periodische Lohnerhöhungen, permanente Preissteigerungen bei Rohstoffen (z. B. Rohöl), Wechselkursschwankungen sowie erhöhte Anforderungen an die Qualität der Einsatzgüter führen zu **steigenden Lohn-, Gehalts- und Materialkosten**. Sinkenden Absatzpreisen stehen damit steigende Einsatzgüterpreise gegenüber. Die Konsequenz dieser Entwicklung sind abnehmende Erfolge. Diesem Trend muss durch die kontinuierliche Senkung der Kosten für die Erstellung der vom Kunden geforderten Leistung begegnet werden (vgl. Franz/Kajüter (2002), S. 4 f.).

Durch die Entwicklung auf den Absatzmärkten hat sich der Anteil der Vorleistungs- und Folgekosten an den Kosten erhöht, die ein Produkt während seines Lebenszyklus verursacht. Als Gründe können u. a. die Verlängerung der Entwicklungszeiten für die Produkte, der Einarbeitungszeiten der Mitarbeiter und der Gewährleistungsfristen sowie die Verpflichtung zur Rücknahme der Produkte am Ende ihrer Nutzungsdauer genannt werden (vgl. Schehl (1994), S. 214 ff.). Bei einem Anstieg der Vorleistungs- und Folgekosten kann ein vorgegebenes Produktlebenszyklusergebnis nur erreicht werden, wenn der Überschuss der Erlöse des Produktes über seine Kosten während des Marktzyklus erhöht wird. Da die Preise für die Produkte nicht beliebig angepasst werden können, verlangt eine Erhöhung dieses Überschusses neben einer Absatzmengensteigerung vor allem eine Senkung der laufenden Kosten. Die laufenden Kosten und die Folgekosten können vor allem durch zusätzliche Aktivitäten während der Produktentwicklung gesenkt werden (vgl. Shields/Young (1991), S. 39). Notwendig ist deshalb die **frühzeitige Kostengestaltung**.

(2) Schaffen von Wettbewerbsvorteilen

Strategien legen u. a. fest, wie die Stärken und Schwächen der Unternehmung genutzt werden, um die Wettbewerbsposition zu verbessern (vgl. Lorange (1980), S. 18 f.). Ein Parameter bei der Gestaltung der Wettbewerbsposition eines Geschäftsfeldes sind die Kosten, die durch die Leistung verursacht werden (vgl. Grundy (1996), S. 60). Folgende Strategietypen sehen zur Schaffung von Wettbewerbsvorteilen die Gestaltung der Kosten der Unternehmung vor (vgl. Cooper (1998), S. 38 f.):

– die Kostenstrategie,

– die Differenzierungsstrategie und

– die Konfrontationsstrategie.

> Mit einer **Kostenstrategie** wird ein Wettbewerbsvorteil durch die Schaffung eines dauerhaften Kostenvorteils gegenüber allen tatsächlichen und potentiellen Wettbewerbern angestrebt.

Bezieht sich die Kostenstrategie auf den Kernmarkt und nicht nur auf eine Marktnische, wird sie als **Kostenführerschaftsstrategie** bezeichnet (vgl. Porter (1990), S. 63 ff., (1992), S. 31 ff.).

> Eine **Differenzierungsstrategie** verlangt die Gestaltung eines Leistungsprogramms, das durch eine nicht preisbedingte Einmaligkeit für den Abnehmer einen höheren Wert besitzt als das Leistungsprogramm der tatsächlichen und potentiellen Wettbewerber (vgl. Porter (1990), S. 65 f., (1992), S. 34 f.).

Der höhere Wert der Leistung wird durch einen Preiszuschlag vergütet. Dem höheren Preis stehen jedoch Mehrkosten gegenüber, die durch die Differenzierung verursacht werden. Die Kosten der Unternehmung sind bei der Umsetzung einer Differenzierungsstrategie so zu gestalten, dass **keine Kostennachteile** gegenüber den Wettbewerbern auftreten (vgl. Porter (1990), S. 35). Die Kosten- und die Differenzierungsstrategie verlangen damit, dass eine durch den Wettbewerb spezifizierte Kostensituation geschaffen und dauerhaft gesichert wird.

> Die **Konfrontationsstrategie** sieht vor, qualitativ hochwertige Produkte mit hoher Funktionalität zu niedrigen Kosten zu produzieren, und sie kontinuierlich in einer dieser Dimensionen (Funktion, Qualität, Preis) in einer für die Kunden wahrnehmbaren Form zu verbessern (vgl. Cooper (1995), S. 30 ff.).

Die von der Konfrontationsstrategie vorgesehene kontinuierliche Verbesserung von Funktionalität, Qualität und Kosten fordert, dass die Effizienzziele regelmäßig nach oben korrigiert werden. Die **Senkung der Kosten** wird damit zur **Daueraufgabe**.

(3) Verfolgen wertorientierter Ziele

Traditionell haben die Ziele der Unternehmung **Gewinngrößen aus dem Rechnungswesen** zum Inhalt. Beispiele für diese Ziele sind der Periodengewinn als Überschuss der Erträge über die Aufwendungen oder der Erlöse über die Kosten, die Gesamtkapitalrentabilität ROI (Return on Investment) und die Eigenkapitalrentabilität ROE (Return on Equity). Eigenkapitalgeber entscheiden über eine Kapitalanlage nicht auf der Basis einer rechnungswesenorientierten Gewinngröße, sondern auf der Grundlage der erzielbaren Verzinsung des eingesetzten Kapitals. Sie erwarten von der Anlage des Kapitals eine Mindestverzinsung. Ihre Höhe wird bestimmt durch die Verzinsung einer risikofreien Anlage auf dem Kapitalmarkt und einer Risikoprämie für die Übernahme des Risikos, das mit der Anlage des Kapitals in der Unternehmung verbunden ist. Eine Unternehmung ist aus der Sicht eines Eigenkapitalgebers deshalb nur dann erfolgreich, wenn die Verzinsung der Kapitalanlage die erwartete Mindestverzinsung übersteigt (vgl. Bühner (1990a), S. 14 ff.). In diesem Fall erhöht sich das Vermögen der Eigenkapitalgeber. Es verringert sich, wenn die erwartete Mindestverzinsung nicht erreicht wird. Abb. 1.4 verdeutlicht diese Zusammenhänge (in Anlehnung an Bühner/Weinberger (1991), S. 187 ff.).

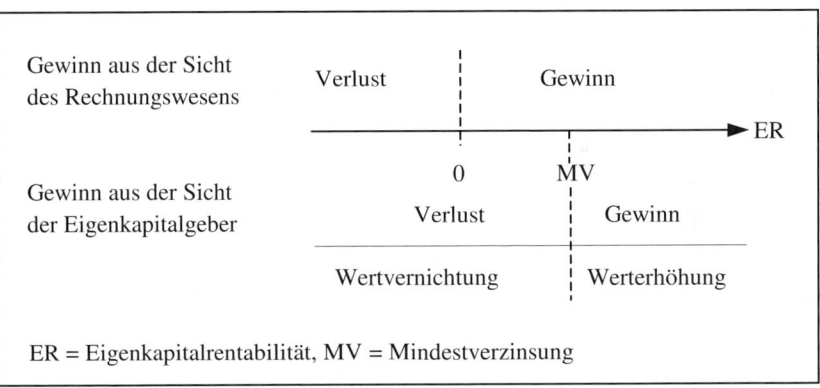

Abb. 1.4: Gewinn und Verlust aus der Sicht des Rechnungswesens und der Eigenkapitalgeber

Wertorientierte Ziele haben den Eigenkapitalwert (Shareholder Value) zum Inhalt (in Anlehnung an Hahn/Hungenberg (2001), S. 13 ff.). Bei dem Eigenkapitalwert handelt es sich um den Marktwert des Eigenkapitals der Unternehmung (vgl. Ballwieser (2002), Sp. 1745).

Zur **Messung des Eigenkapitalwertes** wird die Methode des Discounted Cash Flow herangezogen (vgl. Rappaport (1995), S. 54). Der Discounted Cash Flow einer Investition ist der Kapitalwert der während des Planungszeitraumes erzielten Cash Flows. Der Eigenkapitalwert kann ermittelt werden nach

- dem Eigenkapitalansatz (Equity Approach) oder
- dem Gesamtkapitalansatz (Entity Aproach).

Der **Eigenkapitalansatz** zeichnet sich dadurch aus, dass der Marktwert des Eigenkapitals (EW) direkt aus den prognostizierten Zahlungen an die Eigenkapitalgeber während der Planungsperiode und der von den Eigenkapitalgebern geforderten Mindestrendite berechnet wird, d.h., der Flow to Equity (FTE) wird mit dem Eigenkapitalkostensatz (k_e) abdiskontiert (vgl. Ballwieser (2002), Sp. 1747):

$$EW = \sum_{t=1}^{T} \frac{FTE_t}{(1 + k_e)^t} .$$

Beim **Gesamtkapitalansatz** wird zuerst der Unternehmungswert bestimmt, d. h. der Marktwert des Gesamtkapitals. Der Marktwert des Eigenkapitals ergibt sich anschließend als Differenz zwischen dem Unternehmungswert und dem Marktwert des Fremdkapitals (vgl. Rappaport (1995), S. 54). Der Unternehmungswert wird als Kapitalwert aus dem Free Cash Flow (vgl. Mandl/Rabel (2002), Sp. 2011) und dem gewogenen durchschnittlichen Kapitalkostensatz berechnet. Der durchschnittliche gewogene Kapitalkostensatz wird als gewogenes Mittel aus dem Eigenkapitalkostensatz mit dem Fremdkapitalkostensatz ermittelt. Gewichtet werden die Kapitalkostensätze mit dem jeweiligen Kapitalanteil (vgl. Ballwieser (2002), Sp. 1748).

Aus der Bestimmungsgleichung für den Eigenkapitalwert nach dem Gesamtkapitalansatz sind Werttreiber hergeleitet worden (vgl. Rappaport (1995), S. 75), d. h. Einflussgrößen auf den Eigenkapitalwert. Werttreiber sind u. a. die Kapitalkosten und die **Kosten** für Personal- und Sachressourcen zur Erstellung und Verwertung der Produkte, die über den Free Cash Flow Einfluss auf den Eigenkapitalwert haben. Für die Erreichung der verfolgten Wertziele sind diese Kosten **zielorientiert zu gestalten** (vgl. Coenenberg/Salfeld (2003), S. 161 ff., 179 ff.).

Der Übergang von rechnungswesen- zu wertorientierten Unternehmungszielen hat folgende **Konsequenzen**:

(1) die Erwartungen der Eigenkapitalgeber bilden die Basis der Zielplanung und

(2) die langfristigen ökonomischen Wirkungen der Alternativen sind in die Entscheidungsfindung einzubeziehen.

Um einen Eigenkapitalwert zu schaffen, müssen mindestens Erfolge in Höhe der von den Eigenkapitalgebern erwarteten Mindestverzinsung erzielt werden. Die während einer Planungsperiode anzustrebenden Erfolgsziele können deshalb nicht unter Berücksichtigung interessenbezogener Beurteilungskriterien ausgehandelt werden. Sie sind durch die Mindestverzinsung vorgegeben, die von den Eigenkapitalgebern erwartet wird (vgl. Bühner (1990a), S. 1 ff.). Die **Effizienz- und Effektivitätsziele** der Unternehmung unterliegen damit den Anforderungen der Eigenkapitalgeber.

Die rechnungswesenorientierten Ziele, wie z. B. der ROI, motivieren dazu, die ökonomischen Wirkungen von Entscheidungen zu vernachlässigen, die erst nach dem Abrechnungszeitraum auftreten (vgl. Kaplan/Norton (1997), S. 262). Es werden deshalb Maßnahmen zur Kostensenkung ergriffen, die vor allem **kurzfristig zur Steigerung der Zielerreichung** führen. In der Unternehmungspraxis werden bei fallenden Gewinnen deshalb vorzugsweise folgende Maßnahmen ergriffen (vgl. Kajüter (2000), S. 3; Hus (2004), S. 1):

- der Abbau von Personal sowie
- die Reduktion von Budgets für Weiterbildung, Forschung und Entwicklung.

Ein **Personalkostenabbau** in einem größeren Umfang, der entweder als alleinige Maßnahme oder im Zusammenhang mit Umstrukturierungsmaßnahmen die Verbesserung der Wettbewerbsposition zum Ziel hat, wird als Downsizing bezeichnet (vgl. Kieser (2002), S. 143). Das Downsizing wirkt sich ungünstig auf die Motivation der Mitarbeiter und die Innovationstätigkeit und damit auf die Wettbewerbsfähigkeit der Unternehmung aus (vgl. Amabile/Conti (1999), S. 637; Marr/Steiner (2003), S. 52 ff., 248 ff.). **Kürzungen der Budgets** für Weiterbildung sowie Forschung und Entwicklung führen zwar kurzfristig zu einer Verringerung der Kosten; mittel- und langfristig schwächen sie die Wettbewerbsposition der Unternehmung, so dass diesen Kostensenkungen ein Rückgang der Erlöse in nachfolgenden Abrechnungsperioden gegenübersteht. Diese Maßnahmen bewirken damit zwar eine verbesserte Erreichung kurzfristiger Erfolgs- und Rentabilitätsziele, aber nicht unbedingt auch eine Wertsteigerung (vgl. Wileman (2008), S. 9 f.). Wertorientierte Ziele verlangen nach Maßnahmen, deren Kostenwirkungen nicht durch mittel- oder langfristige Erlöswirkungen kompensiert werden (vgl. Grundy (1996), S. 67).

1.2.1.2 Ereignisbezogene Effizienzgestaltung

Außergewöhnliche Ereignisse, die nach einer weitreichenden und nachhaltigen Steigerung der Effizienz verlangen, sind u. a.
- Unternehmungszusammenschlüsse und
- Unternehmungskrisen.

(1) Unternehmungszusammenschlüsse

Ein Unternehmungszusammenschluss ist eine Verbindung von Unternehmungen zum Zwecke der Zusammenarbeit, die mit einer Einschränkung oder der Aufgabe der Selbstständigkeit mindestens einer der beteiligten Unternehmungen verbunden ist (vgl. Schubert/Küting (1981), S. 10 ff.). Mit Unternehmungszusammenschlüssen werden

Ziele wie z. B. die Sicherung der Überlebensfähigkeit oder die Erhöhung der Rentabilität verfolgt (vgl. Schubert/Küting (1981), S. 16 ff.). Zur Erreichung dieser Ziele tragen Unternehmungszusammenschlüsse u. a. über die Realisation von Synergieeffekten bei (vgl. Bühner (1990b), S. 6 f.). **Synergieeffekte** sind diejenigen Zielbeiträge der Zusammenarbeit, die über die Summe der Zielbeiträge der beteiligten Unternehmungen bei getrennter Aufgabenerfüllung hinausgehen (vgl. Zelewski (1999), S. 113).

Unter **Synergien** kann die Gesamtheit der Ursachen von Synergieeffekten verstanden werden. Es handelt sich um die Faktoren, die dazu führen, dass die Zielwirkungen bei Zusammenarbeit größer sind als die Summe der Zielwirkungen bei getrennter Aufgabenerfüllung.

Nach den Zielen, auf die sich die Synergieeffekte beziehen, werden finanzwirtschaftliche, kosten- und leistungsbezogene Synergien unterschieden (vgl. Schmalenbach-Gesellschaft (1992), S. 968 ff.). Zu den **kostenbezogenen Synergien** können gezählt werden (vgl. Abb. 1.5):

– Economies of Scale,

– Economies of Scope und

– Kosten senkende Innovationen.

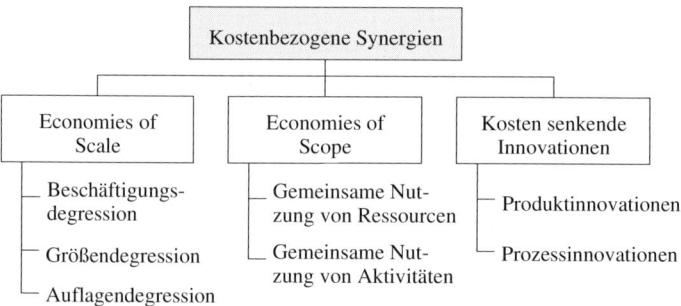

Abb. 1.5: Kostenbezogene Synergien

Economies of Scale bewirken ein Sinken der Stückkosten bei zunehmender Ausbringungsmenge (vgl. Kräkel (2002), Sp. 1912).

Die Stückkostensenkungen folgen aus der Beschäftigungs-, der Größen- oder der Auflagendegression (vgl. Abschnitt 8.2.2).

Sind die Kosten der gemeinsamen Produktion zweier Produkte geringer als die Summe der Produktionskosten jedes Produktes bei getrennter Produktion, liegen **Economies of Scope** vor (vgl. Bühner (1993), S. 143).

Sie werden erzielt, wenn Ressourcen von mehreren Produkten gemeinsam genutzt bzw. Aktivitäten für mehrere Produkte gemeinsam ausgeführt werden. Als Beispiele für die **Kostenwirkungen** von Economies of Scope können genannt werden (vgl. z. B. auch Zelewski (1999), S. 116 f.):

- die Senkung der Entwicklungskosten, wenn die Ergebnisse der Entwicklung für mehrere Produkte genutzt werden können;
- die Reduktion der Kosten für Marktforschung, wenn die Produkte auf demselben Markt angeboten werden;
- die Verringerung der Materialbereitstellungskosten für Materialarten, die in mehrere Produktarten eingehen.

Unternehmungszusammenschlüsse können dazu führen, dass jede Unternehmung am Wissen der jeweils anderen Unternehmung partizipiert. Dadurch können **Kosten senkende Produkt- oder Prozessinnovationen** ausgelöst werden, die bei der Leistungserbringung zu Kostensenkungen führen (vgl. Biberacher (2003), S. 70 ff.).

Synergien, die durch Unternehmungszusammenschlüsse und -kooperationen entstehen, sind zunächst nur **Kostensenkungspotentiale** (vgl. Bühner (2002), Sp. 45). Um die Kostensenkungen zu realisieren, müssen die Synergien identifiziert sowie entsprechende Anpassungsmaßnahmen geplant, durchgesetzt und realisiert werden (vgl. Biberacher (2003), S. 195 ff.).

(2) Bewältigen von Unternehmungskrisen

Eine **Unternehmungskrise** liegt vor, wenn die Ergebnisentwicklung bei unveränderter Fortführung der Tätigkeiten den Bestand der Unternehmung gefährden würde (vgl. Hauschildt (2004), Sp. 1468 f.).

Ursache einer Krise kann ein genereller bzw. konjunkturell bedingter Nachfragerückgang in der Branche oder die mangelnde Anpassung der Unternehmung an veränderte Wettbewerbsbedingungen sein (vgl. Hungenberg/Wulf (2004), Sp. 1469 f.).

Der **Turnaround** ist eine Folge von Maßnahmen, um die den Bestand der Unternehmung gefährdende Ergebnisentwicklung aufzuhalten, umzukehren und nachhaltig zu verbessern (vgl. Kelber (2004), S. 97).

Der **Prozess des Turnaround** kann in folgende Phasen gegliedert werden (vgl. Pearce II/Robbins (1993), S. 622 f.):

- die Krisendiagnose,
- die Krisenbewältigung und
- die Erholung.

Die **Krisendiagnose** umfasst folgende Aufgaben (vgl. Bibeault (1982), S. 95 ff.):

- die Analyse der Überlebensfähigkeit der Unternehmung und
- die Planung des Turnaround-Konzeptes.

Die **Analyse der Überlebensfähigkeit** ist die Grundlage der Entscheidung, ob ein Turnaround eingeleitet oder eine andere Strategie zum Umgang mit der Krise ergriffen werden soll, wie z. B. die Liquidation der Unternehmung. Bei einem **Turnaround-Konzept** handelt es sich um ein Maßnahmenprogramm zur Krisenbewältigung. Es ist ein Globalplan, durch den die Kontinuität und Konsistenz der in den nachfolgenden Phasen des Turnaround-Prozesses zu planenden Maßnahmen gesichert werden sollen (vgl. Tscheulin/Römer (2003), S. 72 f.). Um bei der Krisenbewältigung Fehlentscheidungen zu vermeiden, sollte das Turnaround-Konzept Aussagen zur künftigen Ausrichtung der Unternehmung enthalten (vgl. Coenenberg/Fischer (1993), S. 4 f.).

Die **Krisenbewältigung** wird in zwei Teilphasen gegliedert:
– die Abwendung der akuten Existenzgefährdung und
– die Stabilisierung der Unternehmung.

Ziel der ersten Teilphase ist es, die Zahlungsunfähigkeit bzw. die Überschuldung und damit die drohende Insolvenz zu verhindern. Bei drohender Zahlungsunfähigkeit sind zur **Abwendung der akuten Existenzgefährdung** kurzfristig wirksame Maßnahmen zu ergreifen, durch die Einnahmen vorgezogen, zusätzliche Einnahmen generiert, Ausgaben gesenkt oder verschoben werden können (vgl. Hauschildt (2004), Sp. 713). Einer drohenden Überschuldung ist mit unmittelbar wirksamen Maßnahmen zur Eindämmung von Verlustquellen oder zur Steigerung des Verhältnisses zwischen Eigen- und Fremdkapital zu begegnen. Beispiele für diese Maßnahmen sind die Liquidation bzw. die Veräußerung von Geschäftsfeldern, die Mittelfreisetzung im Anlage- und Umlaufvermögen und die Beschaffung von Eigen- oder Fremdkapital (vgl. Bibeault (1982), S. 264 ff.). In der Teilphase der **Stabilisierung** haben nicht mehr Liquiditäts- bzw. Verlustabbauziele die höchste Priorität, sondern Rentabilitätsziele und es wird von einem kurzfristigen zu einem mittelfristigen Planungszeitraum übergegangen. Die Maßnahmen zielen auf die Steigerung der Effizienz der Leistungserbringung sowie die Stärkung der Ertragskraft, z. B. durch die Elimination von Produkten, Marktsegmenten und Vertriebskanälen, welche nicht die geforderte Mindestrentabilität erreichen, sowie Kooperationen und Akquisitionen (vgl. Bibeault (1982), S. 264 ff.).

Ziel der **Erholung** ist die nachhaltige Verbesserung der Rentabilität. Aufgaben in dieser Phase sind die Festlegung einer Turnaround-Strategie sowie die Planung und Steuerung von Maßnahmen zur Umsetzung dieser Strategie. Nach dem Inhalt dieser Strategie werden der leistungs- und der strategieorientierte Turnaround unterschieden (vgl. Hofer (1980), S. 20). Beim **leistungsorientierten Turnaround** wird die bisherige Unternehmungsstrategie auf einem niedrigeren Niveau weiterverfolgt. Ertrags- und Effizienzsteigerungen sowie der Abbau von Kapazitäten bilden bei dieser Strategie die Säulen der nachhaltigen Verbesserung der Rentabilität. Der **strategieorientierte Turnaround** basiert dagegen auf einer strategischen Neuausrichtung der Unternehmung. Die Eignung einer Turnaround-Strategie hängt u. a. von der Ursache der Krise ab (vgl. Barker III/Duhaime (1997), S. 34).

Während des Turnaround-Prozesses können die Anspruchsgruppen (z. B. Banken, Lieferanten, Kunden, Mitarbeiter) krisenverstärkende Gegenmaßnahmen auslösen, wie z. B. die Verweigerung weiterer Kredite durch Banken, die Abwanderung von Kunden, die Verschlechterung der Beschaffungskonditionen und das Ausscheiden wichtiger Mitarbeiter. Weiterhin haben Krisen einen ungünstigen Einfluss auf das Mitarbeiterverhalten, wie z. B. die Verringerung der Motivation, Widerstände gegen das Turnaround-Konzept sowie der Verlust der Glaubwürdigkeit von Führungskräften (vgl. Arogyawasamy/Barker/Yasai-Ardekani (1995), S. 499 f.). Parallel zum Turnaround-Prozess ist deshalb eine **Krisenkommunikation** notwendig, d. h. die Übermittlung von Informationen über die Liquiditäts- und die Rentabilitätsentwicklung der Unternehmung sowie über die Inhalte und Wirkungen der Maßnahmen des Turnaround-Konzeptes an die Anspruchsgruppen.

Die erste Teilphase der Krisenbewältigung sieht Kostensenkungen und den Abbau von Kapazitäten vor. Die Bedeutung dieser Maßnahmen war Gegenstand zahlreicher empirischer Studien. Robbins/Pearce II kommen zu dem Ergebnis, dass diese Maßnahmen für den Erfolg des Turnaround entscheidend seien (vgl. Robbins/Pearce II (1992), S. 304). Nachfolgende Studien haben ergeben, dass Kostensenkungen und der Abbau von Kapazitäten die Folge der fortgesetzten Verschlechterung der Unternehmungssituation und keine Determinante des Erfolgs des Turnarounds seien (vgl. Baker III/Mone (1994), S. 401 f.; Castrogiovanni/Bruton (2000), S. 32). Dem **Kostenmanagement** kommt im Prozess des Turnaround dennoch hohe Bedeutung zu: (1) Durch die negative Unternehmungsentwicklung können sich Kostensenkungspotentiale gebildet haben, die dringend aufzulösen sind. (2) Kostensenkungen, die kurzfristig zu einer Verbesserung des Unternehmungsergebnisses führen, können das Vertrauen der Anspruchsgruppen in den Erfolg des Turnaround stärken und ihre Bereitschaft fördern, diesen Prozess zu unterstützen (vgl. Castrogiovanni/Bruton (2000), S. 26 f.). (3) Da die Notwendigkeit überzeugend vermittelt werden kann, ist der Widerstand gegen tief greifende Kostensenkungsprogramme in Krisensituationen geringer (vgl. Bungard (1996), S. 259; Krüger (2007), Sp. 198). In einem Turnaround-Prozess lassen sich deshalb auch Kostensenkungsprogramme umsetzen, die ansonsten nicht durchsetzbar wären.

1.2.2 Ineffizienzen als Gestaltungspotential des Kostenmanagements

1.2.2.1 Formen der Ineffizienz

Die Diskussion der Notwendigkeit des Kostenmanagements hat verdeutlicht, wie die Effizienz zu gestalten ist, wenn der Entwicklung auf den Märkten erfolgreich begegnet, Wettbewerbsvorteile geschaffen oder der Unternehmungswert erhöht werden sollen. Hinzu kommt, dass verschiedene Ereignisse im Leben einer Unternehmung in einem begrenzten Zeitraum deutliche Kostensenkungen ohne Schwächung der Ertragskraft der Unternehmung notwendig machen. Abb. 1.6 fasst diese **Anforderungen an die Effizienzgestaltung** zusammen. Eine Konzeption des Kostenmanagements muss diesen Anforderungen an die Effizienzgestaltung genügen.

Unternehmungs- und Umweltsituation	Anforderungen an die Effizienzgestaltung
Steigende Wettbewerbsintensität bei steigenden Einsatzgüterpreisen	Kontinuierliche Senkung der Kosten zur Erstellung der vom Kunden geforderten Leistung Gestalten der Kosten der Produkte während der Entwicklung
Schaffen von Wettbewerbsvorteilen	**Kostenstrategie:** Schaffen eines dauerhaften Kostenvorteils gegenüber den Wettbewerbern **Differenzierungsstrategie:** Vermeiden eines differenzierungsbedingten Kostennachteils gegenüber den Wettbewerbern **Konfrontationsstrategie:** Kostensenkung als Daueraufgabe
Verfolgen wertorientierter Unternehmungsziele	Erwartungen der Eigenkapitalgeber als Determinante der notwendigen Kostensenkung Kostensenkungen, die mittel- und langfristig nicht durch Erlössenkungen kompensiert werden
Umsetzen von Unternehmungszusammenschlüssen	Identifikation und Realisation synergiebedingter Kostensenkungspotentiale innerhalb eines begrenzten Zeitraums
Bewältigen von Unternehmungskrisen	Umfangreiche Kostensenkungen innerhalb eines begrenzten Zeitraums ohne Schwächung der Ertragskraft

Abb. 1.6: Anforderungen an die Effizienzgestaltung

Potentiale für die Effizienzgestaltung gibt es nur im Umfang der in der Unternehmung vorhandenen Ineffizienzen. Es können drei Formen der Ineffizienz unterschieden werden (vgl. Abb. 1.7):

– die ausführungsbedingte Ineffizienz,

– die kundenbedingte Ineffizienz und

– die strukturbedingte Ineffizienz.

(1) Ausführungsbedingte Ineffizienz

Die ausführungsbedingte Ineffizienz ist definiert als Differenz der für eine Ausbringungsgütermenge tatsächlich angefallenen Kosten und der Kosten der bei den **gegebenen betrieblichen Rahmenbedingungen** effizienten Aktivität. Eine Aktivität ist dabei eine realisierbare Kombination von Einsatzgütermengen, die bei Anwendung eines Produktionsverfahrens zu bestimmten Mengen definierter Ausbringungsgüter führt. Eine Aktivität ist **effizient**, wenn sie technisch und wertmäßig effizient ist. Eine Aktivität ist technisch effizient, wenn es nicht möglich ist, die Menge eines Einsatzgutes zu reduzieren, ohne dass die Menge eines Ausbringungsgutes verringert oder die Menge eines anderen Einsatzgutes erhöht werden muss. Eine Aktivität ist wertmäßig effizient, wenn es nicht möglich ist, bei unveränderten Einsatzgüterpreisen die Ausbringungsmenge mit einer anderen technisch effizienten Aktivität zu realisieren, ohne dass die Kosten steigen (vgl. Abschnitt 8.1).

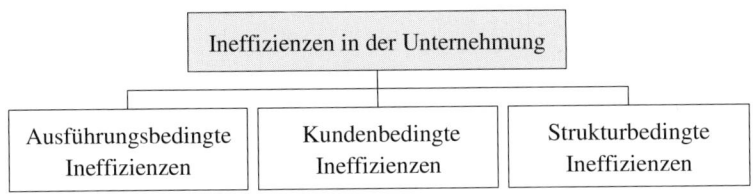

Abb. 1.7: Formen der Ineffizienz

> Die **ausführungsbedingte Ineffizienz** ist der bewertete Mehrverbrauch (bewertete Minderleistung) gegenüber derjenigen Aktivität, die unter den gegebenen betrieblichen Rahmenbedingungen technisch und wertmäßig effizient ist.

Beispiel 1.1: Ausführungsbedingte Ineffizienz

In einer Unternehmung gibt es die Produktionsprozesse P_1 und P_2, die in Abb. 1.8 dargestellt sind. Ausführungsbedingte Ineffizienzen in Höhe der Differenz zwischen den Einsatzgütermengen r_B und r_A entstehen, wenn zur Realisation der Ausbringungsmenge x_1 Aktivität B und nicht die effiziente Aktivität A gewählt wird. Wird die Aktivität A gewählt, entstehen ausführungsbedingte Ineffizienzen in Höhe der Differenz zwischen r_C und r_A, wenn durch eine nicht plangemäße Umsetzung der Entscheidung Ausschuss entsteht.

Ausführungsbedingte Ineffizienzen treten zum einen auf, wenn bei den operativen Entscheidungen eine andere als die effiziente Aktivität gewählt wird. Gegenstand **operativer Entscheidungen** sind die Leistungsmengen, die Mengenrelationen bei den substituierbaren Einsatzgütern, die Verfahrenswahl und der Ablauf der Leistungserstellung. Zum anderen kommt es zu ausführungsbedingten Ineffizienzen, wenn die gewählten Alternativen operativer Entscheidungen nicht plangemäß realisiert werden oder widrige Umstände die Realisation behindern (vgl. Wollnik (1989), Sp. 1381 f.). Erscheinungsformen der ausführungsbedingten Ineffizienz sind z. B. Ausschuss, Nacharbeit, unnötig aufwendige Produktionsverfahren sowie störungsbedingte Wartezeiten. Das Ausmaß ausführungsbedingter Ineffizienz kann durch einen Soll-Ist-Vergleich der Kosten auf der Grundlage einer Grenzplankostenrechnung ermittelt werden (vgl. z. B. Friedl (2004), S. 277 ff.).

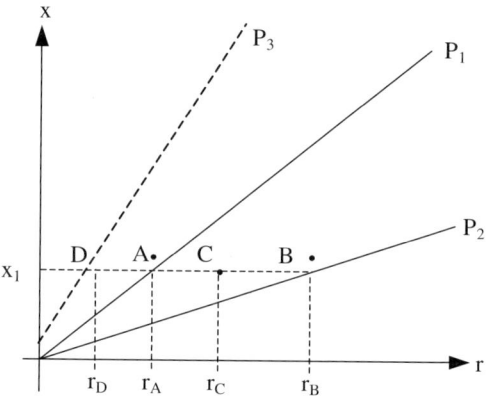

Abb. 1.8: Ausführungsbedingte Ineffizienz

Als **Ursachen** für Fehlentscheidungen oder die nicht plangemäße Realisation von Entscheidungen werden u. a. genannt (vgl. Leibenstein (1978a), S. 353 ff.):

– die begrenzte Verfügbarkeit von Produktionsfaktoren und

– lückenhafte Kenntnisse über die effizienten Aktivitäten.

Die begrenzte **Verfügbarkeit von Produktionsfaktoren** kann die Handlungsmöglichkeiten während der Ausführung einschränken, so dass die effiziente Aktivität nicht realisiert werden kann. Als Beispiele für diese Handlungszwänge können genannt werden: sachliche oder personelle Engpässe, qualitative, quantitative oder zeitliche Fehllieferungen von Material, Ausfall von Mitarbeitern oder Maschinen.

Die minimale Einsatzgütermenge zur Erbringung einer bestimmten Leistung ist allenfalls bei Bauteilen bekannt. Bei Rohstoffen können schwierig zu lösende Verschnittprobleme auftreten. Der für die Erbringung einer Leistung erforderliche Arbeitseinsatz hängt u. a. von der Reihenfolge der Handlungselemente, der Auswahl der Hilfsmittel, der Anordnung der Hilfsmittel und Materialien, der Arbeitsgeschwindigkeit und der Anzahl der von einem Mitarbeiter zu bedienenden Maschinen ab. Für den Verbrauch von Hilfsstoffen können die Intensität, die Raumtemperatur, die Luftfeuchtigkeit usw. maßgebend sein. Durch die Vielzahl der wirksamen Einflussgrößen, die u. U. nicht einmal vollständig bekannt sind, ist die Bestimmung der **effizienten Aktivität** ein komplexes Problem.

(2) Kundenbedingte Ineffizienz

Bei der kundenbedingten Ineffizienz werden Leistungen erbracht, denen **kein Bedarf eines Kunden** gegenübersteht. Die Gestaltung der Rahmenbedingungen zur Elimination dieser Leistungen bewirkt eine Verringerung des Mitteleinsatzes bei unveränderter Marktleistung (Erlös, Ertrag). Beispiele für kundenbedingte Ineffizienzen sind die quantitative oder qualitative Überproduktion sowie die Ausführung von Lager-, Rüst- und innerbetrieblichen Transportprozessen. Der Abbau kundenbedingter Ineffizienzen bildet den Schwerpunkt des Toyota-Produktionssystems bzw. des japanischen Kaizen (vgl. Liker (2008), S. 57).

> Unter der **kundenbedingten Ineffizienz** wird der bewertete Einsatzgüterverbrauch für die Erbringung nicht wertschöpfender Leistungen verstanden, d. h. von Leistungen, mit denen kein Wert für die Kunden geschaffen wird.

(3) Strukturbedingte Ineffizienz

Bei dieser Form der Ineffizienz ist es durch die **Gestaltung der betrieblichen Rahmenbedingungen** möglich, neue Produktionsverfahren einzuführen oder bestehende anzupassen, so dass neue effiziente Aktivitäten realisierbar sind. Die Wirkung angepasster Produktionsverfahren kann auch darin bestehen, dass ausführungsbedingte Ineffizienzen reduziert werden, die regelmäßig auftreten. Die strukturbedingten Ineffizienzen sind erfahrungsgemäß sehr viel bedeutsamer als die ausführungsbedingten (vgl. Skinner (1987), S. 18). Strukturbedingte Ineffizienzen sind die Folge von Fehlern bei der Planung und Umsetzung von Entscheidungen über die betrieblichen Rahmenbedingungen oder von fehlenden Initiativen zur Anpassung dieser Rahmenbedingungen.

> Die **strukturbezogene Ineffizienz** ist der bewertete Mehrverbrauch (die bewertete Minderleistung) bei der Deckung eines vorgegebenen Bedarfs gegenüber der Aktivität zur Deckung dieses Bedarfs, die bei einer grundsätzlich realisierbaren Veränderung der betrieblichen Rahmenbedingungen effizient wäre.

Beispiel 1.2: Strukturbedingte Ineffizienz

In der Unternehmung aus Beispiel 1.1 entsteht bei der Produktion eines Produktes durch die nicht montagegerechte Konstruktion regelmäßig Ausschuss. Für die Ausbringungsmenge x_1 des Produktes wird deshalb häufig die Einsatzgütermenge r_C benötigt (vgl. Abb. 1.8). Durch die Veränderung des Produktes kann dieser Ausschuss vermieden werden, so dass die effiziente Aktivität A realisiert werden kann.

Nach einer Erweiterungsinvestition steht eine moderne Produktionsanlage zur Verfügung, mit welcher der Produktionsprozess P_3 realisiert werden kann (vgl. Abb. 1.8). Die effiziente Aktivität zur Realisation der Ausbringungsmenge x_1 ist damit nicht länger Aktivität A, sondern Aktivität D.

> Die **betrieblichen Rahmenbedingungen** sind die Gesamtheit der Produkte, der Programme, der Potentiale, der Prozesse, der Märkte und der immateriellen Vermögenswerte der Unternehmung.

Produkte sind die absatzbestimmten Güter der Unternehmung. In Industrieunternehmungen zählen hierzu neben den Sachgütern auch die begleitenden Dienstleistungen (z. B. Schulungen). Das **Programm** der Unternehmung wird durch die Art und die Menge ihrer Produkte bestimmt. Bezieht sich das Programm auf einen Unternehmungsbereich, umfasst es die Gesamtheit seiner Leistungen. Dabei kann es sich um Zwischenprodukte oder interne Dienstleistungen handeln. Ein **Prozess** ist eine wiederholbare Folge von Aktivitäten mit messbarem Input und messbarem Output, die einen Wert für interne oder externe Kunden erzeugt. Zu den **Märkten** zählen der Absatz- und der Beschaffungsmarkt. Beim Absatzmarkt handelt es sich um die potentiellen und aktuellen Kunden, denen das Programm der Unternehmung angeboten wird. Der Beschaffungsmarkt umfasst alle aktuellen und potentiellen Lieferanten für das bereitzustellende Potential. Immaterielle Vermögenswerte bzw. **Intangibles** sind das nicht monetäre immaterielle Nutzungspotential zur Sicherung und Verbesserung der Stellung der Unternehmung am Markt (in Anlehnung an Lev (2001), S. 5; Kilger (1993), S. 136). Es umfasst u. a. das Wissen der Mitarbeiter, den Kundenstamm und die Kundenbeziehungen, die Anzahl und das Potential von Partnerschaften und das Image der Unternehmung (vgl. Stoi (2003), S. 175 f., Servatius (2003), S. 155).

1.2.2.2 Handlungsfelder der Effizienzgestaltung

Die Gestaltung der Effizienz erstreckt sich auf das Vermeiden und den Abbau
– ausführungsbedingter Ineffizienzen,
– kundenbedingter Ineffizienzen sowie
– strukturbedingter Ineffizienzen.

Auf dieser Grundlage können die folgenden **Handlungsfelder der Effizienzgestaltung** abgegrenzt werden (vgl. Abb. 1.9):
– das Schaffen einer effizienten Leistungserstellung durch
  • das Sichern einer effizienten Leistungserbringung und
  • die kontinuierliche Verbesserung sowie
– das Schaffen effizienter Rahmenbedingungen durch
  • die Neugestaltung und
  • die Rationalisierung von Rahmenbedingungen.

(1) Schaffen einer effizienten Leistungserstellung

Beim **Schaffen einer effizienten Leistungserstellung** handelt es sich um die Effizienzgestaltung bei gegebenen Rahmenbedingungen.

Dieses Handlungsfeld umfasst das Vermeiden und Abbauen ausführungs- und kundenbedingter Ineffizienzen. Das Vermeiden ausführungsbedingter Ineffizienzen vollzieht sich durch **das Sichern einer effizienten Leistungserbringung**, die sich auf die operativen Entscheidungen und ihre Realisation durch Ausführen der zugehörigen Arbeitsaufgaben erstreckt. Lückenhafte Kenntnisse über die effizienten Alternativen operativer Entscheidungen oder über die effiziente Ausführung der Arbeitsaufgaben sowie qualitativ unzureichende Produktionsfaktoren können zu Ineffizienzen führen. Der Abbau dieser Ineffizienzen bei den gegebenen Rahmenbedingungen ist der Gegenstand der **kontinuierlichen Verbesserung.** Sie umfasst die von jedem Mitarbeiter in der Unternehmung getragene ständige Verbesserung der Arbeit im jeweils eigenen Arbeitsumfeld in kleinen und kleinsten Schritten (vgl. Abschnitt 4.1.1).

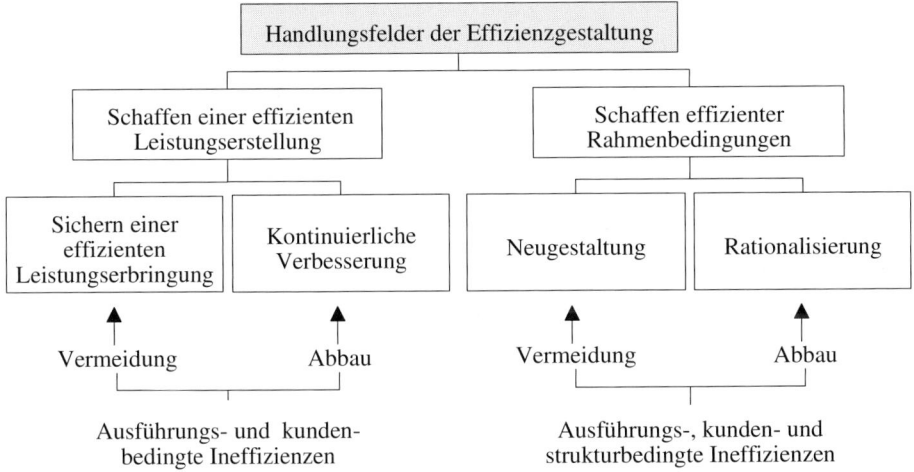

Abb. 1.9: Handlungsfelder der Effizienzgestaltung

(2) Schaffen effizienter Rahmenbedingungen

Das Schaffen effizienter Rahmenbedingungen erstreckt sich nicht nur auf die Planung von Maßnahmen zur Gestaltung der Rahmenbedingungen, sondern auch auf ihre Durchsetzung und Realisation (vgl. Glaser (1989), Sp. 1967). Die Realisation betrieblicher Rahmenbedingungen umfasst die Umsetzung der Pläne und die Leistungserbringung unter den neuen bzw. veränderten Rahmenbedingungen. In diesem Handlungsfeld werden das Vermeiden und Abbauen ausführungs-, kunden- und strukturbedingter Ineffizienzen zusammengefasst. Das Vermeiden dieser Formen der Ineffizienz vollzieht sich bei der **Neugestaltung** betrieblicher Rahmenbedingungen (vgl. Wileman (2008), S. 55), während der Abbau die Aufgabe der **Rationalisierung** ist. Abb. 1.10 gibt einen zusammenfassenden Überblick über dieses Handlungsfeld.

Mittel- und langfristige Entscheidungen zur **Neugestaltung von Rahmenbedingungen** der Unternehmung werden z. B. durch erwartete bzw. bereits eingetretene Nachfrageänderungen, Kapazitäts- oder Qualitätsprobleme ausgelöst. Als Beispiele für diese Entscheidungen können genannt werden: die Entwicklung eines neuen Produktes, die Einrichtung eines neuen Distributionskanals und die Erschließung eines neuen Marktes, Betriebserweiterungen und die Einführung eines Qualitätssicherungssystems. Während der **mehrjährigen Geltungsdauer** der Entscheidungen zur Neugestaltung der Rahmenbedingungen können sich die Ziele der Entscheidung oder das Entscheidungsfeld (Alternativen, Umweltzustand, Zielwirkungen der Alternativen) verändern, so dass die Rahmenbedingungen nicht länger effizient sind, d. h. ausführungs-, kunden- oder systembedingte Ineffizienzen auftreten (in Anlehnung an Schweitzer (1994), S. 731). Verursacht werden können diese Ineffizienzen durch Akquisitionen, Änderungen der Einsatzgüterpreise; die Novellierung von Gesetzen, Richtlinien und Verordnungen; den Wandel von Bedürfnissen der Kunden, das Auftreten neuer Wettbewerber sowie durch technischen Fortschritt. Die Anpassung der Entscheidungen über die betrieblichen Rahmenbedingungen an interne oder externe Veränderungen ist Gegenstand der Rationalisierung. Sie erstreckt sich auf alle ökonomischen, technischen, ökologischen und sozialen Ziele der Unternehmung (in Anlehnung an Schweitzer (1994), S. 730 ff.; Pfeiffer (1993), Sp. 3639). Im Folgenden wird mit der Rationalisierung zur **Sicherung der Effizienz betrieblicher Rahmenbedingungen** nur ein Teilbereich der Rationalisierung betrachtet.

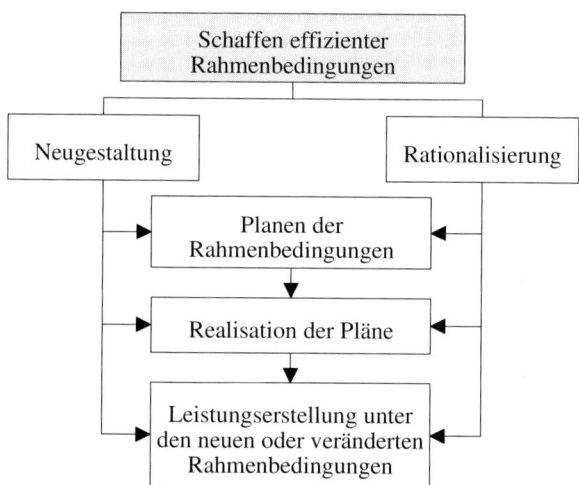

Abb. 1.10: Schaffen effizienter Rahmenbedingungen

> **Rationalisierung** ist die Korrektur mittel- und langfristiger Entscheidungen während ihrer Geltungsdauer, so dass die betrieblichen Rahmenbedingungen nach einer Veränderung der Ziele oder des Entscheidungsfeldes wieder effizient sind (in Anlehnung an Picot (1979), S. 1145).

Die Rationalisierung im Handlungsfeld der Effizienzgestaltung wird durch eine Initiative ausgelöst. Allgemein wird unter einer **Initiative** die Anregung für einen Entscheidungsprozess verstanden (vgl. Hauschildt (1969), Sp. 734). Voraussetzungen einer Initiative für einen Rationalisierungsprozess sind ausführungs-, kunden- oder strukturbedingte Ineffizienzen, das Wahrnehmen dieser Ineffizienzen, die Rationalisierungsbereitschaft und eine positive Einschätzung der Rationalisierungsfähigkeit (vgl. Gebert (2002), S. 88; Hauschildt/Salomo (2007), S. 308 ff.). Wahrgenommen werden können Ineffizienzen im Rahmen einer kontinuierlichen Suche oder bei drohenden bzw. bereits eingetretenen Zielabweichungen.

> Das **Rationalisierungspotential** sind die Ineffizienzen, die durch die Anpassung bereits umgesetzter mittel- oder langfristiger Entscheidungen über betriebliche Rahmenbedingungen während ihres Geltungszeitraumes an geänderte Unternehmungs- und Umweltbedingungen abgebaut werden können.

Nach dem Umfang des Rationalisierungsobjektes werden

- die punktuelle Rationalisierung und
- die Systemrationalisierung

abgegrenzt. Bei der **punktuellen Rationalisierung** handelt es sich um die Anpassung einzelner Entscheidungen in einem Verantwortungsbereich. Die gemeinsame Anpassung aller Entscheidungen, die ein System determinieren, bildet den Gegenstand der **Systemrationalisierung** (vgl. Schneider (1996), Sp. 1775). Sie zeichnet sich durch folgende Merkmale aus: (1) Es werden Rahmenbedingungen mehrerer Unternehmungsbereiche angepasst und nicht nur die einzelner Untereinheiten. (2) Die Veränderungen sind innovativ und weitreichend in ihren Wirkungen. (3) Personen vieler Unternehmungsbereiche sind an der Anpassung der Entscheidungen beteiligt und in ihren Interessen erheblich betroffen. (4) Die Anpassung hat weitreichende Konsequenzen für Beteiligte und Betoffene (in Anlehnung an Gabele (1992), Sp. 2197).

Das **Gestalten betrieblicher Rahmenbedingungen** geht über Routineaufgaben hinaus und erfordert

- Innovationen oder
- einen Wandel.

Innovationen sind qualitativ neuartige Produkte oder Verfahren, die eine Unternehmung erstmalig in den Markt oder in die Prozesse der Verwaltung oder der Leistungserstellung und -verwertung einführt (vgl. Hauschildt (1992), Sp. 1092). Zu ihnen zählen nicht nur technische, sondern auch soziale und organisatorische Neuerungen (vgl. Brockhoff (1999), S. 37). Bei der Gestaltung betrieblicher Rahmenbedingungen sind Innovationen zu generieren, die prinzipiell geeignet erscheinen, die ausführungs-, kunden- und systembedingten Ineffizienzen zu vermeiden. Innovationen werden in Prozessen generiert, die von der Kreativität der Beteiligten getragen werden (vgl. Hauschildt/Salomo (2007), S. 402 ff.).

Unter einem **Wandel** werden Veränderungen verstanden, die für die Mitarbeiter auf breiter Basis weitreichende Konsequenzen haben. Diese Konsequenzen ergeben sich daraus, dass die Mitarbeiter Träger dieser Veränderungen sind oder von den Auswirkungen der Veränderungen betroffen sind (vgl. Krüger (2006a), S. 24). Objekte des Wandels können generell Strukturen, Prozesse und Systeme, Strategien, personelle Fähigkeiten oder Werte und Überzeugungen sein. Nach diesen Objekten werden die Restrukturierung, die Reorientierung, die Revitalisierung und die Remodellierung als Formen des Wandels abgegrenzt (vgl. Krüger (2006b), S. 53 f.). Formen des Wandels bei der Gestaltung der Rahmenbedingungen sind:

– die **Restrukturierung**: begrenzte Veränderung einzelner Prozesse und Potentiale

– die **Revitalisierung**: Änderung der personellen Fähigkeiten (z. B. Stimulierung der Kreativität, verstärkte Partizipation, Übertragung von Eigenverantwortung).

1.2.3 Gründe für Ineffizienzen

Als Gründe dafür, dass bestehende Ineffizienzen nicht erkannt, verzögert, unvollständig oder überhaupt nicht abgebaut werden, können genannt werden:

– Barrieren der Beteiligten oder Betroffenen,

– Differenzierung und Dezentralisierung von Entscheidungen,

– lückenhafte Informationsversorgung,

– mangelnde Kundenorientierung sowie

– fehlende Motivation oder fehlendes Kostenbewusstsein der Mitarbeiter.

1.2.3.1 Barrieren

Durch die Neuartigkeit der Problemlösung und die Konsequenzen, die sie für die Mitarbeiter haben, treten bei der **Gestaltung der betrieblichen Rahmenbedingungen** Barrieren auf (vgl. Jehle (1982), S. 65), die dazu führen können, dass die angestrebte Effizienz nicht oder nur verzögert erreicht wird oder die Neugestaltung bzw. Rationalisierung der betrieblichen Rahmenbedingungen gänzlich unterbleibt (vgl. Neider/ Zimmermann (1992), S. 374). Die **kontinuierliche Verbesserung** sieht vor, dass die Mitarbeiter ihr jeweils eigenes Arbeitsumfeld aktiv gestalten. Die erwarteten Konsequenzen dieser Gestaltung können Barrieren auslösen, die der kontinuierlichen Verbesserung entgegenstehen.

> Eine **Barriere** ist ein Tatbestand, der die Gestaltung der Effizienz verzögern, beeinträchtigen oder sogar verhindern kann (vgl. Witte (1998), S. 13).

Nach der Beeinflussbarkeit durch die Unternehmungsführung und den Ursachen können mehrere Arten von Barrieren unterschieden werden. Abb. 1.11 nennt diese Barrieren und ihre Ursachen (vgl. Schewe/Schaecke/Nentwig (2004), S. 3 ff.). Nachfolgend sollen ausschließlich die beeinflussbaren Barrieren betrachtet werden.

Ursache \ Beeinflussbarkeit	Nicht beeinflussbare Barrieren	Beeinflussbare Barrieren
Systembedingte Barrieren	**Externe systembedingte Barrieren** Gesellschaftliche, juristische und technische Rahmenbedingungen	**Interne systembedingte Barrieren** Merkmale der Unternehmungskultur, der Unternehmungsgrundsätze oder des Führungssystems
Personenbedingte Barrieren	**Externe personenbedingte Barrieren** Einstellungen, Normen und Werte der Gesellschaft	**Interne personenbedingte Barrieren** Fähigkeiten und Einstellungen des einzelnen Individuums in der Unternehmung

Abb. 1.11: Systematik der Barrieren

Systembedingte Barrieren sind Merkmale der Unternehmungskultur, der Unternehmungsgrundsätze und des Führungssystems, die bei Mitarbeitern ein Verhalten auslösen können, das die Effizienzgestaltung behindert oder sogar verhindert.

Beispiele für diese Merkmale sind eine überbordende Bürokratie, fehlende Partizipation und falsche Anreize (vgl. Schewe/Schaecke/Nentwig (2004), S. 4). Im traditionellen Vorschlagswesen finden sich zahlreiche systembedingte Barrieren, die der Schaffung einer effizienten Leistungserstellung entgegenstehen. Mit der Einführung des Vorgesetztenmodells wurden diese Barrieren abgebaut (vgl. Abschnitt 4.2.2).

Personenbedingte Barrieren sind die mangelnde Bereitschaft oder fehlende Fähigkeiten der Beteiligten oder der Betroffenen zur Effizienzgestaltung. Abb. 1.12 gibt einen Überblick über die personenbedingten Barrieren. Die verschiedenen Barrieren stehen dabei nicht isoliert nebeneinander, sondern beeinflussen sich wechselseitig (vgl. Nieder/Zimmermann (1992), S. 385 f.).

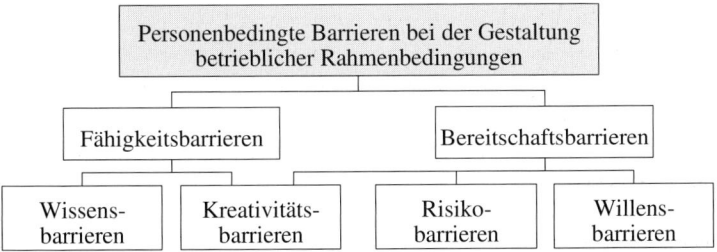

Abb. 1.12: Barrieren bei der Gestaltung betrieblicher Bedingungen

Zu den **Beteiligten** gehören die Personen, die an der Effizienzgestaltung mitwirken. Die **Betroffenen** sind die Mitarbeiter, auf die sich die Maßnahmen der Effizienzgestaltung unmittelbar auswirken.

Es handelt sich hierbei um keine eindeutige und starre Abgrenzung. Eine Person kann beiden Gruppen gleichzeitig angehören. Ebenso kann sich ihre Zuordnung zu den Gruppen im Prozess der Effizienzgestaltung verändern.

Barrieren sind zunächst nur **Störpotentiale**. Werden sie nicht überwunden, kommt es zu Widerständen.

> Bei **Widerständen** handelt es sich um ein Verhalten von Beteiligten oder Betroffenen, das Maßnahmen zur Effizienzgestaltung verhindert, verzögert, verformt oder verändert (vgl. Hauschildt/Salomo (2007), S. 182 f., 190 f.), so dass die angestrebte Steigerung der Effizienz überhaupt nicht, in vermindertem Umfang oder nur verzögert erreicht wird.

Träger des Widerstandes finden sich in allen Mitarbeitergruppen, auch unter den Führungskräften (vgl. Palmer/Dunford/Akin (2009), S. 169 f.). Widerstand tritt nicht nur als destruktive Opposition auf, sondern kann auch konstruktiv sein. **Destruktive Opposition** wird verdeckt praktiziert und zielt auf das Verhindern, Verzögern oder Verformen der Maßnahmen zur Effizienzgestaltung. Abb. 1.13 nennt Beispiele für Erscheinungsformen destruktiven Widerstandes. Die **konstruktive Opposition** wird artikuliert und als nützlich angesehen. Sie äußert sich darin, dass Alternativen zu den geplanten Maßnahmen zur Effizienzgestaltung vorgeschlagen werden und zweckdienliche Informationen zu den Prämissen und Wirkungen der Maßnahmen übermittelt werden. Ziel der konstruktiven Opposition ist eine Veränderung der geplanten Maßnahmen (vgl. Hauschildt (1999), S. 9 f.).

(1) Risikobarrieren

Die Neugestaltung und Rationalisierung betrieblicher Rahmenbedingungen können für Beteiligte und Betroffene **materielle oder ideele Nachteile** zur Folge haben (vgl. Franz (2002), S. 418). Die Ankündigung oder die Erwartung einer Veränderung betrieblicher Rahmenbedingungen löst bei den Mitarbeitern deshalb Befürchtungen aus, dass die Befriedigung ihrer arbeitsbedingten Bedürfnisse beeinträchtigt wird (vgl. Marr/Kötting (1992), Sp. 829). Abb. 1.14 nennt Beispiele für personalwirksame Folgen einer Gestaltung betrieblicher Rahmenbedingungen, die Gegenstand dieser Befürchtungen sein können. Diese Befürchtungen, die auch durch die kontinuierliche Verbesserung ausgelöst werden können, werden als Risikobarrieren bezeichnet.

> **Risikobarrieren** sind Ängste der Mitarbeiter vor einer materiellen oder ideellen Verschlechterung der eigenen Arbeitssituation durch die Effizienzgestaltung (vgl. Thom (1996a), S. 45 f.; Deppe (1991), S. 661).

Opponent	Erscheinungsformen destruktiver Opposition
Beteiligte	– Verringerung der Leistung beim Generieren von Alternativen für Rationalisierungsmaßnahmen – Unwahrheitsgemäße oder unvollständige Berichterstattung über die Wirkungen der Rationalisierungsmaßnahmen gegenüber der Instanz – Verringerung der Leistung bei der Realisation der Rationalisierungsmaßnahmen
Betroffene	– Durchführung von Maßnahmen mit negativen Auswirkungen auf den Ruf der Unternehmung als Lieferant, Kunde und in der Öffentlichkeit (z. B. Streik, Demonstration) – Reduzierung der Leistung und damit das Verursachen ausführungsbedingter Ineffizienzen – Sabotage

Abb. 1.13: Erscheinungsformen destruktiver Opposition

Personalwirksame Folgen der Gestaltung betrieblicher Rahmenbedingungen
• Verlust des Arbeitsplatzes, Arbeitslosigkeit oder Wechsel der Arbeitsstelle • Verschlechterung der wirtschaftlichen Situation durch Arbeitszeitverkürzung oder Abbau von Überstunden • Örtliche Versetzung mit längeren Fahrzeiten zur Arbeitsstelle oder Umzug • Qualitative Versetzung mit veränderten Anforderungen und Qualifizierungsnotwendigkeit (Überforderung) • Veränderung der Anforderungen mit Qualifizierungsnotwendigkeit (Überforderung) • Veralten von Qualifikationen • Abbau oder Verlust der Kontrolle über die eigene Arbeit, d. h. des Einflusses auf das Arbeitsergebnis • Verschlechterung der physischen Arbeitsbedingungen oder der Arbeitssicherheit • Systemgegebene Möglichkeiten zur Überwachung der Arbeitnehmer bei Einsatz neuer Arbeitstechniken • Verlust von Einfluss und Macht • Minderung des sozialen Status und Ansehens • Verschlechterung der interpersonellen Beziehungen zu Vorgesetzten und Kollegen

Abb. 1.14: Personalwirksame Folgen der Gestaltung betrieblicher Rahmenbedingungen

Risikobarrieren lösen bei den Mitarbeitern Reaktanz aus, d. h. eine Handlungsintention bzw. individuelle Ziele, die auf die Abwehr der erwarteten Verschlechterung der persönlichen Situation gerichtet ist. Sie äußert sich in Widerständen gegen diese Veränderungen und ihre Ergebnisse (vgl. Schanz (2000), S. 275 ff.; Wiendieck (1992), Sp. 91). **Erscheinungsformen des Widerstandes** aufgrund von Risikobarrieren sind

– die nicht vollständige bzw. nicht wahrheitsgemäße Berichterstattung über Rationalisierungspotentiale,

– das Unterlassen von Initiativen zur Rationalisierung und

– die Planung suboptimaler Rahmenbedingungen.

Bei der kontinuierlichen Verbesserung können Risikobarrieren zur Verweigerung der aktiven Mitarbeit bei der Erarbeitung von Verbesserungsmaßnahmen führen.

(2) Wissensbarrieren

Die Effizienzgestaltung kann innovative Problemlösungen erfordern. Die Erarbeitung und Umsetzung dieser Maßnahmen kann neue Anforderungen an die Aufgabenerfüllung stellen und weitreichende Veränderungen der Arbeitsabläufe und -inhalte zur Folge haben. Der Anpassung betrieblicher Rahmenbedingungen können deshalb Wissensbarrieren der Betroffenen entgegenstehen (vgl. Witte (1998), S. 14).

> Sind die Mitarbeiter tatsächlich oder vermeintlich nicht in der Lage, die Anforderungen der Planung und Umsetzung von Maßnahmen zur Effizienzgestaltung oder der Leistungserstellung und -verwertung unter den veränderten Rahmenbedingungen zu bewältigen, liegen **Wissensbarrieren** vor.

(3) Willensbarrieren

> **Willensbarrieren**, d. h. das Nicht-Wollen, gehen auf die negative Einstellung der Mitarbeiter gegenüber den Maßnahmen der Effizienzgestaltung zurück (in Anlehnung an Witte (1998), S. 13 f.).

Die **Ursachen** einer negativen Einstellung gegenüber einer Veränderung sind vielfältig (vgl. Palmer/Dunford/Akin (2009), S. 162 ff.):

- die fehlende Bereitschaft, einen vertrauten Zustand zu verändern,
- die Unsicherheit hinsichtlich der Art der Konsequenzen der Effizienzgestaltung,
- die Unvereinbarkeit der Maßnahmen der Effizienzgestaltung mit der Unternehmungskultur,
- das Gefühl einer Verletzung des Vertrauensverhältnisses zwischen Arbeitgeber und Arbeitnehmer,
- die fehlende Einsicht in die Notwendigkeit der Effizienzgestaltung,
- unklare Vorstellungen über die Effizienzgestaltung,
- das Gefühl, dass die Maßnahmen zur Effizienzgestaltung unangemessen sind oder zum falschen Zeitpunkt vorgenommen werden,
- die Überforderung der Fähigkeit zur Veränderung,
- die persönlichen Lebensumstände der Mitarbeiter,
- Bedenken ethischer Art,
- die Erfahrungen mit früheren Vorhaben zur Effizienzgestaltung und
- die Unzufriedenheit mit der Art, wie die Effizienzgestaltung durchgeführt wird.

Viele Ursachen dieser negativen Einstellung haben ihren Grund in dem unzureichenden Informationsstand der Beteiligten und Betroffenen. Diese **Barrieren aus Un-**

kenntnis werden deshalb vielfach als eigenständige Form des Widerstandes abgegrenzt (vgl. z. B. Mohr/Woehe/Diebold (1998), S. 41). Hinzu kommen die Bequemlichkeit und die Trägheit einzelner Beteiligter oder Betroffener. Willensbarrieren behindern die Planung und Umsetzung der Veränderung, aber auch die Leistungserbringung unter den veränderten Rahmenbedingungen (vgl. Rosenstiel (1998), S. 34, 44 f.).

(4) Kreativitätsbarrieren

Zur Effizienzgestaltung sind u. a. Problemlösungsideen zu generieren. Nach der geforderten Neuartigkeit der Lösungsideen können zwei **Arten von Problemen** der Effizienzgestaltung unterschieden werden (vgl. Klein/Scholl (2004), S. 139):

1. **Probleme aus dem Erfahrungsbereich der Mitarbeiter**
    Diese Probleme sind nicht neuartig, sondern stammen aus dem unmittelbaren Erfahrungsbereich der Mitarbeiter, die über Vorstellungen zu den Problemgrenzen, Restriktionen und grundlegenden Wirkungszusammenhängen verfügen. Probleme, die dieser Gruppe angehören, werden im Rahmen der kontinuierlichen Verbesserung oder in vielen Rationalisierungsprozessen (z. B. Prozessverbesserung) bearbeitet. Sie verlangen eine systematisch-analytische Vorgehensweise, um die Wirkungszusammenhänge zu erkennen und daraus Maßnahmen herzuleiten, die für die Problemlösung geeignet erscheinen (vgl. Klein/Scholl (2004), S. 144 f.).

2. **Innovative Probleme**
    Probleme dieser Art zeichnen sich durch hohe Komplexität und Neuartigkeit aus. Es liegen deshalb keine Vorstellungen über mögliche Lösungsansätze, Restriktionen und Problemgrenzen vor, d. h., es müssen grundsätzlich neue Handlungsstrategien entwickelt werden. Innovative Probleme treten bei der Neugestaltung betrieblicher Rahmenbedingungen (z. B. Produktplanung) und einigen Rationalisierungsprojekten (z. B. Prozessinnovation) auf. Für die Bearbeitung innovativer Probleme bei der Gestaltung betrieblicher Rahmenbedingungen ist Kreativität eine unabdingbare Voraussetzung.

Kreativitätsbarrieren verhindern oder behindern das Generieren der zur Gestaltung effizienter Rahmenbedingungen notwendigen Innovationen (vgl. Kroy (1984), S. 71; Jehle (1986), S. 95 ff.).

Sie können ihre **Ursachen** in fehlender Qualifikation der Mitarbeiter, ungünstigen Arbeitsbedingungen, im Anreizsystem und in der Unternehmungskultur sowie in unzureichender Information und Kommunikation haben (vgl. Staudt/Mühlemeyer (1995), Sp. 1204). Die kreative Leistung von Mitarbeitern kann durch sozio-emotionale Hilfestellungen, klare Vorgaben, die kontinuierliche Beobachtung mit Feedback, die Anerkennung erbrachter Leistungen, Partizipation sowie die Bereitschaft der Führung zur Mitwirkung bei der Lösung von Problemen positiv beeinflusst werden (vgl. Amabile u. a. (2003), S. 27 ff.). Kreativitätsbarrieren können damit auch aus dem Führungsverhalten resultieren.

1.2.3.2 Differenzierung und Dezentralisierung

Die Entscheidungen der Unternehmung werden in sachlich und zeitlich abgegrenzte Teilentscheidungen **differenziert**, die mehr oder weniger isoliert in verschiedenen Verantwortungsbereichen der Unternehmung bzw. zeitlich sukzessive getroffen werden. Die abgegrenzten Teilentscheidungen können durch Sachinterdependenzen verbunden sein (vgl. Friedl (2003), S. 22 f.).

> Unter **Sachinterdependenzen** werden die Abhängigkeiten der Zielwirkungen einer Entscheidung von anderen Entscheidungen verstanden.

Sachinterdependenzen treten nicht nur zwischen Entscheidungen verschiedener Verantwortungsbereiche in einer Unternehmung auf, sondern auch zwischen Entscheidungen der Unternehmung, seiner Lieferanten und Kunden. Aufgrund von Sachinterdependenzen kann eine Entscheidung in einem anderen Verantwortungsbereich bei einem Lieferanten oder Abnehmer Wirkungen haben, die zu einer Verringerung der Wirtschaftlichkeit in der Unternehmung führen. Die Differenzierung von Entscheidungen bei unzureichender **Koordination** kann deshalb Ursache von Ineffizienzen sein. Auf die unternehmungsinterne und -übergreifende Differenzierung als Ursache von Ineffizienzen weist auch Porter hin, wenn er von der Verknüpfung (unternehmungsinterne und -übergreifende Koordination) als Kosteneinflussgrößen spricht (vgl. Porter (1992), S. 109 ff.; Abschnitt 8.2.3).

Beispiel 1.3: Ineffiziente Rahmenbedingungen durch Differenzierung

Die Entscheidung der Produktentwicklung für die Materialart mit den niedrigeren Materialeinzelkosten kann zur Folge haben, dass in der Produktion ein aufwendigeres Fertigungsverfahren gewählt werden muss, das eine Zunahme der Fertigungsgemeinkosten bewirkt, die über der erzielten Einsparung bei den Materialeinzelkosten liegt. Die Koordination erfordert in diesem Beispiel die Abstimmung eines Produktentwurfs mit den Gegebenheiten des Produktionsbereichs (Design to Manufacturing, Design to Assembly).

Die durch die Differenzierung gebildeten Teilentscheidungen werden vielfach nicht zentral von der Unternehmungsführung getroffen, sondern **dezentral** auf nachgeordneten Ebenen der Führungshierarchie. Die Entscheidungsträger in den Verantwortungsbereichen verfolgen individuelle Ziele, die in einer konfliktären Beziehung zu den Unternehmungszielen stehen können. Diese Ziele können organisatorisch bedingt sein, wie z. B. das Versorgungssicherungsziel eines Beschaffungsmanagers oder das Deckungsbeitragsziel eines Profit Center-Leiters. Individuelle Ziele können auch aus den subjektiven Präferenzen der Entscheidungsträger folgen, wie z. B. die technischen Ziele eines Konstrukteurs oder das Streben nach einer Reduzierung des Arbeitseinsatzes (vgl. Wagenhofer (1995), S. 124 f.). Bei der Dezentralisation von Teilentscheidungen verfügen die Entscheidungsträger in den Verantwortungsbereichen unter spezifischen Bedingungen über Handlungsspielräume, um

– die Entscheidungen in den Verantwortungsbereichen und

– die Berichterstattung an die Unternehmungsführung

an ihren individuellen Zielen auszurichten (vgl. Ewert/Wagenhofer (2003), S. 457 ff.). Die Berichte aus den Verantwortungsbereichen dienen als Grundlage zentraler Entscheidungen der Unternehmungsführung über die Verteilung knapper Ressourcen (z. B. Investitionsmittel) auf die Verantwortungsbereiche oder über Vorgaben, wie z. B. Budgets und Bereichsziele. Damit liegen sowohl dezentralen Entscheidungen als auch verschiedenen zentralen Entscheidungen nicht die Unternehmungsziele zugrunde, sondern die individuellen Ziel der Entscheidungsträger in den Verantwortungsbereichen. Besteht zwischen den individuellen Zielen der Entscheidungsträger in den Verantwortungsbereichen und den Unternehmungszielen ein **Zielkonflikt**, entstehen Ineffizienzen (vgl. Reding/Dogs (1986), S. 30 f.).

Verhaltensinterdependenzen sind die Abhängigkeiten der Unternehmungszielwirkungen zentraler und dezentraler Entscheidungen von den individuellen Zielen der Entscheidungsträger in den Verantwortungsbereichen.

Sie treten bei Entscheidungsdezentralisation unter folgenden **Bedingungen** auf (vgl. Ewert (1992), S. 279 f.):

– Die dezentralen Entscheidungsträger verfolgen individuelle Ziele, die zu den Unternehmungszielen in einer konfliktären Beziehung stehen können.

– Die Informationen sind asymmetrisch verteilt, d. h. die Unternehmungsführung verfügt nicht über dieselben Informationen wie die dezentralen Entscheidungsträger in den Verantwortungsbereichen.

– Die Fähigkeit der Unternehmungsführung zur Aufnahme, Speicherung, Verarbeitung und Übermittlung von Informationen ist begrenzt oder die Informationsübermittlung verursacht Kosten.

Beispiel 1.4: Ineffizienzen durch Dezentralisation

Die Entscheidung über die technischen Merkmale eines Produktes (z. B. Wirkprinzip, Material) werden an Entwicklungsteams im FuE-Bereich delegiert. Mitarbeiter im FuE-Bereich geben technischen Zielen (individuelle Ziele) vielfach den Vorrang vor ökonomischen Zielen (Unternehmungsziele). Durch ihre Ausbildung und die zunehmende Spezialisierung bei der Gestaltung komplexer Produkte haben die Mitarbeiter im FuE-Bereich Informationsvorteile gegenüber der Unternehmungsführung. Die Entscheidungsträger im FuE-Bereich verfügen damit über Freiräume, um ihre individuellen Ziele zu realisieren. Dadurch kommt es u. a. zu Overengineering, bei dem ein Produkt Merkmale aufweist, die keine Bedürfnisse der Kunden befriedigen. Das Produkt weist damit kundenbedingte Ineffizienzen auf.

1.2.3.3 Weitere Gründe für Ineffizienzen

Informationen werden u. a. für die Identifikation von Rationalisierungspotentialen benötigt. Ein Weg zur Identifikation von Rationalisierungspotentialen ist die systematische Suche nach Weiterentwicklungen, die zur Verbesserung der Effizienz genutzt werden können. Diese Suche setzt voraus, dass bestimmte Datenquellen regelmäßig ausgewertet werden. Rationalisierungspotentiale können aber auch durch die vergleichende Analyse Effizienz beeinflussender Faktoren identifiziert werden. Der inner- oder zwischenbetriebliche Vergleich verlangt Informationen über die Werte dieser Faktoren in der Unternehmung und beim Vergleichspartner. Werden diese Informationen nicht bereitgestellt, bleiben Ineffizienzen unerkannt und Initiativen zur Rationalisierung unterbleiben (vgl. Kajüter (1997), S. 90 f.).

Beispiele für kundenbedingte Ineffizienzen sind Produkte mit Funktionen oder Qualitäten, die keine Bedürfnisse des Kunden decken, Maschinen mit quantitativen oder qualitativen Kapazitäten, die für die Erstellung des geplanten Leistungsprogramms nicht erforderlich sind, sowie überqualifizierte Mitarbeiter. Eine Ursache ineffizienter Rahmenbedingungen ist deshalb auch die fehlende Ausrichtung der Gestaltung der Produkte, Programme, Potentiale, Prozesse, Märkte und immateriellen Vermögenswerte am Bedarf der Kunden, d. h. mangelnde **Kundenorientierung**. Von Relevanz ist hierbei nicht nur der Bedarf der externen Kunden auf dem Absatzmarkt, sondern auch der Bedarf innerbetrieblicher Aufgabenträger an Leistungen anderer Verantwortungsbereiche. Insbesondere im Verwaltungsbereich wird die Ursache ineffizienter Rahmenbedingungen vielfach in der fehlende Kundenorientierung gesehen.

Arbeitsverträge definieren die zu erbringende Arbeitsleistung nur unvollständig. Regelungslücken sind durch die Führung situationsbezogen zu schließen. Die Mitarbeiter verfolgen ihre individuellen Ziele, die zu den Unternehmungszielen in einer konfliktären Beziehung stehen können, wie z. B. die Reduzierung des eigenen Arbeitseinsatzes. Bei unzureichender Führung durch die Vorgesetzten verfügen die Mitarbeiter über Spielräume zur Realisation ihrer individuellen Ziele (vgl. Leibenstein (1978a), S. 354). Fehlende **Motivation** zur Erreichung der Unternehmungsziele und fehlendes **Kostenbewusstsein** äußern sich in einer Minderleistung der Mitarbeiter, aber auch in Mehrkosten durch innerbetriebliche Konkurrenzkämpfe, Unehrlichkeit und den Umstand, dass Mitarbeiter ihren Prestige-, Selbstdarstellungs- und Repräsentationsbedürfnissen nachgehen (vgl. Pentzek (1991), S. 261 ff.).

1.3 Kostenmanagement nach der führungsbezogenen Konzeption

1.3.1 Abgrenzung des Kostenmanagements

1.3.1.1 Ziele des Kostenmanagements

Die Problemstellung des Kostenmanagements ist die Gestaltung der Effizienz zur Verbesserung der Wirtschaftlichkeit (vgl. Abschnitt 1.1.2.1). Die anzustrebende Wirtschaftlichkeit kann durch das **Wirtschaftlichkeitsprinzip** vorgegeben werden. Es handelt sich bei diesem Prinzip um die Grundmaxime jeder Entscheidung über knappe Mittel mit alternativen Handlungsmöglichkeiten. Für dieses Prinzip finden sich in der betriebswirtschaftlichen Literatur die folgenden Formulierungen (vgl. Bohr (1981), Sp. 1795 ff.):

– Minimumprinzip
Zur Erreichung einer bestimmten Leistung ist diejenige Handlungsalternative zu wählen, die den minimalen Mitteleinsatz erfordert.

– Maximumprinzip
Bei gegebenen Mitteln ist diejenige Handlungsalternative zu wählen, welche die Leistung maximiert.

An diesen Formulierungen des Wirtschaftlichkeitsprinzips wird kritisiert, dass sie entweder gegebene Mittel oder eine vorgegebene Leistung voraussetzen. In der betrieblichen Realität treten jedoch regelmäßig Situationen auf, in denen weder der Mitteleinsatz noch die Leistung festliegen (vgl. Müller-Merbach (1982), S. 633). Zudem ist auch der für eine vorgegebene Leistung minimale Mitteleinsatz bzw. die mit gegebenen Mitteln maximal erzielbare Leistung meist nicht bekannt (vgl. Leibenstein (1978a), S. 354). Es sind deshalb häufig die **vermuteten Ineffizienzen**, die das Wirtschaftlichkeitsziel determinieren. Vermutungen über Ineffizienzen können aus Kostensenkungsideen, Erfahrungen oder dem Vergleich mit anderen Unternehmungen resultieren. Wird die Wirtschaftlichkeit nur im Umfang dieser Vermutungen verbessert, können keine Wettbewerbsvorteile geschaffen, Unternehmungsziele, die durch Erwartungen von Kapitalgebern bestimmt werden, nicht erreicht und Unternehmungskrisen nicht bewältigt werden.

Um das Wirtschaftlichkeitsziel zu definieren, wird das generelle Extremumprinzip als **allgemeinere Formulierung des Wirtschaftlichkeitsprinzips** herangezogen.

Das **generelle Extremumprinzip** besagt, dass der Mitteleinsatz und die Leistung so aufeinander abzustimmen sind, dass der durch sie gestaltete ökonomische Prozess optimiert wird. Das Optimalitätskriterium und der Prozess sind dabei problemindividuell zu definieren (vgl. Müller-Merbach (1982), S. 633 f.).

Wie jeder andere Aufgabenbereich der Unternehmung ist auch das Kostenmanagement an den Zielen der Unternehmung auszurichten (vgl. Franz/Kajüter (1997),

S. 484). Bei der gewählten Problemstellung ist als Optimalitätskriterium deshalb das Unternehmungsziel (z. B. Gewinn, Rentabilität, Shareholder Value) zu verwenden.

> Das **Ziel des Kostenmanagements** ist ein Wirtschaftlichkeitsziel, dessen Ausmaß aus den Unternehmungszielen hergeleitet wird.

Zur unternehmungszielorientierten Verbesserung der Wirtschaftlichkeit gestaltet das Kostenmanagement die Effizienz. Sie ist das Gestaltungsobjekt des Kostenmanagements. Maßnahmen zur Gestaltung der Effizienz können zulasten der **Effektivität** gehen, die gemeinsam mit der Effizienz die Wirtschaftlichkeit determiniert (vgl. Abb. 1.15). So kann das Material aus einer kostengünstigeren Bezugsquelle die Qualität des Produktes vermindern oder der Abbau von Beständen die Lieferbereitschaft verringern. Die Effizienzgestaltung kann deshalb nur im Rahmen der vorgegebenen Effektivität zu einer Verbesserung der Wirtschaftlichkeit beitragen. Der Handlungsspielraum des Kostenmanagements wird deshalb durch Restriktionen begrenzt, welche die zur Realisation des Unternehmungszieles angestrebte Effektivität vorgeben.

> **Effektivitätsbezogene Restriktionen** begrenzen den Handlungsspielraum der Effizienzgestaltung, um die zur Unternehmungszielerreichung geforderte Effektivität zu sichern. Sie können sich auf die Marktleistung oder die interne Leistung beziehen.

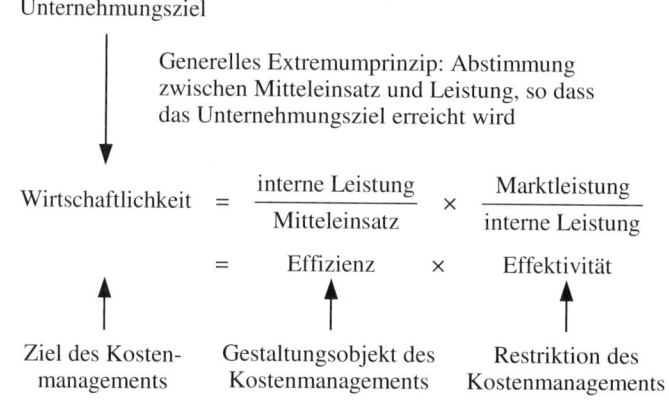

Abb. 1.15: Ziele und Restriktionen des Kostenmanagements

1.3.1.2 Lösungsansatz des Kostenmanagements

Abb. 1.16 gibt die in der Literatur genannten Problemlösungsansätze für die Effizienzgestaltung wieder. Sie zeigen die Vorgehensweise des Kostenmanagements bei der Effizienzgestaltung zur zielorientierten Verbesserung der Wirtschaftlichkeit.

Konzeption	Problemlösungsansatz
Informationsbezogene Konzeption	Versorgung der Unternehmungsführung mit Informationen und Methoden zur Gestaltung der Effizienz
Maßnahmenbezogene Konzeption	Planung und Steuerung von Maßnahmen zur Gestaltung der Effizienz
Entscheidungsbezogene Konzeption	Planung, Durchsetzung und Kontrolle von Kostenvorgaben, um die Entscheidungen in der Unternehmung an den Erfordernissen der Effizienzgestaltung auszurichten
Führungsbezogene Konzeption	Beeinflussung des Verhaltens der Träger von Entscheidungs- und Ausführungshandlungen in der Unternehmung, um es in die Richtung einer zielorientierten Veränderung der Effizienz zu lenken

Abb. 1.16: Lösungsansätze des Kostenmanagements in der Literatur

Wird das Kostenmanagement auf der Grundlage der **informationsbezogenen Konzeption** abgegrenzt, bildet es einen Aufgabenbereich des Controlling. Nach der **maßnahmenbezogenen Konzeption** entspricht das Kostenmanagement der Rationalisierung. Ineffizienzen, die bei der Neuplanung der betrieblichen Rahmenbedingungen und durch das Schaffen einer effizienten Leistungserstellung erschlossen werden können, finden in dieser Konzeption keine Berücksichtigung. In diesen Konzeptionen ist z. B. die Anwendung der Wertanalyse auf Produkte im Marktzyklus (vgl. Abschnitt 6.3) von Bedeutung, nicht jedoch die kostenorientierte Produktgestaltung im Entstehungszyklus (vgl. Abschnitt 6.2). Die **entscheidungsbezogene Konzeption** sieht vor, dass sich die Kostengestaltung auf alle Entscheidungen der Unternehmung erstreckt. Ein nach dieser Konzeption abgegrenztes Kostenmanagement blendet die Ineffizienzen aus, die durch Barrieren bei der Realisation von Entscheidungen über die Rahmenbedingungen und bei der Leistungserbringung in allen Bereichen der Unternehmung entstehen.

Die Problemlösungsansätze der informations-, der maßnahmen- und der entscheidungsbezogenen Konzeption vernachlässigen die personenbezogenen Aspekte der Effizienzgestaltung. Im Vordergrund steht die Lösung von Sachproblemen der Effizienzgestaltung, insbesondere die Planung und Kontrolle von Kostenvorgaben, die Planung von Maßnahmen zur Effizienzgestaltung sowie Planungs- und Kontrollinstrumente. Da es die Menschen in der Unternehmung sind, deren Handeln die Kosten determinieren, kann durch den Problemlösungsansatz dieser drei Konzeptionen ein bedeutender Teil der Ineffizienzen in einer Unternehmung nicht erschlossen werden. Becker empfiehlt daher, nicht von Kostenmanagement, sondern von **Kostenpolitik** zu sprechen (vgl. Becker (1993), S. 11).

Um den Entwicklungen auf den Märkten erfolgreich begegnen, Wettbewerbsvorteile schaffen und den Unternehmungswert steigern zu können, kann das Kostenmanagement in einer Unternehmung nicht einer Konzeption folgen, die von vornherein Handlungsfelder der Effizienzgestaltung aus der Betrachtung ausschließt. Eine Konzeption, deren Problemlösungsansatz sich auf alle Handlungsfelder der Effizienzgestaltung erstreckt und auch die personenbezogen Aspekte einbezieht, ist der Problemlösungsansatz der **führungsbezogenen** Konzeption, nach der es sich beim Kostenmanagement um einen Aufgabenbereich der Unternehmungsführung handelt.

> Der **Problemlösungsansatz** des Kostenmanagements ist die Einflussnahme auf das Verhalten der Träger von Entscheidungs- und Ausführungshandlungen in der Unternehmung, um es zielorientiert zu lenken.

1.3.2 Begriff des Kostenmanagements

Bei Abgrenzung nach der führungsbezogenen Konzeption ist das Kostenmanagement ein Aufgabenbereich der Unternehmungsführung, der wie folgt definiert werden kann:

> **Kostenmanagement** ist die Gestaltung der Effizienz durch die Einflussnahme auf das Verhalten der Träger von Entscheidungs- und Ausführungshandlungen zur zielorientierten Veränderung der Wirtschaftlichkeit.

Nach dieser Konzeption weist das Kostenmanagement folgende **Merkmale** auf:
– die Gestaltung der Effizienz zur Verbesserung der Wirtschaftlichkeit als spezifische Problemstellung,
– das Unternehmungsziel als Ziel des Kostenmanagements und
– die Einflussnahme auf das Verhalten der Träger von Entscheidungs- und Ausführungshandlungen als Problemlösungsansatz.

1.3.3 Gestaltungsbereiche des Kostenmanagements

Für die Zwecke der Darstellung und Forschung, aber auch für das Setzen von Schwerpunkten der Effizienzgestaltung in der Unternehmungspraxis wird das Kostenmanagement in **Gestaltungsbereiche** gegliedert. Das sind überschaubare Ausschnitte (vgl. Reiß/Corsten (1992), S. 1479) der zielorientierten Gestaltung der Effizienz. Die Gestaltungsbereiche werden nach
– dem Gestaltungsobjekt und
– den Gestaltungsparametern

abgegrenzt. Durch das Gestaltungsobjekt wird der Aspekt festgelegt, der zielorientiert gestaltet werden soll. Mit den Gestaltungsparametern werden die Einflussgrößen bestimmt, über die auf das Gestaltungsobjekt eingewirkt werden soll.

1.3.3.1 Gestaltungsobjekte des Kostenmanagements

> Das **Gestaltungsobjekt** des Kostenmanagements ist der Sachverhalt, der über die Einflussnahme auf das Verhalten der Träger von Entscheidungs- und Ausführungshandlungen zielorientiert gestaltet werden soll.

Das Gestaltungsobjekt des Kostenmanagements ist zunächst die **Effizienz**, d. h. das Verhältnis aus der Leistung und dem hierzu erforderlichen Mitteleinsatz. Sind die Art, der Zeitpunkt und die Qualität der Leistung durch effektivitätsbezogene Restriktionen vollständig definiert, kann die Effizienzgestaltung auf die Gestaltung der Kosten zur Erzeugung einer bestimmten Leistungsmenge begrenzt werden, d. h. auf die Gestaltung des Kostenniveaus.

> Die mengenmäßig Leistung, die von einer Unternehmung oder einem Teilbereich der Unternehmung in einer Periode erbracht wird, ist die **Beschäftigung** (vgl. Kilger (1993), S. 140).

Die Beschäftigung kann konstant sein, trendmäßig zu- bzw. abnehmen oder mehr oder weniger stark schwanken. Um zu vermeiden, dass die Effizienz bei Veränderungen der Beschäftigung sinkt, kann es notwendig sein, das Kostenverhalten oder die Kostenstruktur zu gestalten. Bei artmäßig, zeitlich und qualitativ definierter Leistung treten an die Stelle der Effizienz als **Gestaltungsobjekte** des Kostenmanagements

– das Kostenniveau,

– das Kostenverhalten oder

– die Kostenstruktur

(vgl. Reiß/Corsten (1990), S. 390). Nach diesen Gestaltungsobjekten werden das Kostenniveau-, das Kostenverlaufs- und das Kostenstrukturmanagement als Gestaltungsbereiche des Kostenmanagements abgegrenzt (vgl. Reiß/Corsten (1992), S. 1479). Sie eignen sich in folgenden Situationen als Schwerpunkte des Kostenmanagements: Bei konstanter Beschäftigung reicht es zur Gestaltung der Effizienz aus, das Kostenniveau zu senken. Nimmt die Beschäftigung trendmäßig zu oder ab, ist zur Sicherung der Effizienz das Kostenverhalten zu gestalten. Bei schwankender oder sinkender Beschäftigung kann die Zielerreichung die Gestaltung der Kostenstruktur erforderlich machen (vgl. Abb. 1.17).

(1) Kostenniveau

> Das **Kostenniveau** bezeichnet die Höhe der Kosten einer nach
> – dem Bezugsobjekt,
> – dem Zurechnungszeitraum und
> – der Kostenart
> präzise abgegrenzten Kostenkategorie.

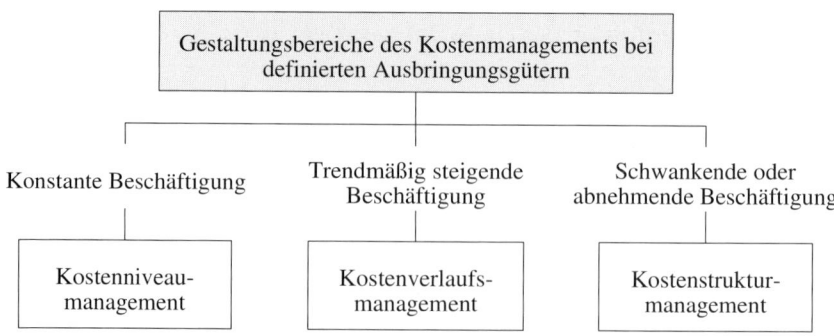

Abb. 1.17: Gestaltungsbereiche des Kostenmanagements bei definierten Ausbringungsgütern

Ein **Bezugsobjekt** ist ein Sachverhalt, für den Kosten angefallen sind. Nach dem Bezugsobjekt werden u. a. die Kosten der Unternehmung, eines Unternehmungsbereiches (Funktion, Division, Kostenstelle, Prozess), einer Produktgruppe, eines Produktes, einer Produkteinheit, eines Auftrags oder einer Losgröße unterschieden (vgl. Kosiol (1964), S. 28). Wird der **Zurechnungszeitraum** herangezogen, werden die Periodenkosten (Jahr, Quartal, Monat), die Kosten einer Lebenszyklusphase (Vorleistungskosten, laufende Kosten, Folgekosten) und die Lebenszykluskosten getrennt. Nach den verbrauchten Einsatzgütern werden die **Kostenarten** unterschieden, wie z. B. die Material- und Stoffkosten, die Personalkosten, die Dienstleistungskosten, die Informationskosten sowie die Kosten für Steuern. Die Kostenkategorie kann sich auf eine Kostenart oder wie z. B. bei den Herstellkosten auf mehrere Kostenarten gemeinsam beziehen. Abb. 1.18 nennt Beispiele für Kostenkategorien.

Herstellkosten einer Produkteinheit	Herstellkosten, die bei der Produktion einer Einheit eines Produktes anfallen
Periodenkosten der Unternehmung	Kosten, die in der Unternehmung während einer Periode anfallen
Periodenherstellkosten des Produktes	Herstellkosten, die für die in der Periode hergestellte Menge eines Produktes anfallen
Lebenszykluskosten des Produktes	Kosten, die in der Entstehungs- und Nachsorgephase sowie für die während der Marktphase hergestellte Menge eines Produktes in der Unternehmung anfallen

Abb. 1.18: Beispiele für Kostenkategorien

(2) Kostenverlauf

Der **Kostenverlauf** beschreibt das Verhalten der Kosten bei Beschäftigungsänderungen.

Nach der Abhängigkeit der Kosten von der Beschäftigung werden abgegrenzt:

– die fixen Kosten und

– die variablen Kosten.

> **Variabel** sind Kosten, deren Höhe sich bei Variation der Beschäftigung verändert (vgl. Heinen (1983), S. 154).

Nach der **Art des Kostenverlaufs** werden folgende Kategorien variabler Kosten unterschieden (vgl. Schmalenbach (1928), S. 8 f. und (1963), S. 47 ff.): proportionale, progressive (überproportionale), degressive (unterproportionale) und regressive Kosten. Fixe Kosten fallen vor allem für Potentialfaktoren (z. B. Gebäude, Maschinen, Arbeitskräfte) an. Diese Faktoren verfügen über eine bestimmte Kapazität. Diese begrenzt ein **Intervall**, in dem die Beschäftigung variieren kann, ohne dass der Potentialfaktorbestand verändert werden muss (vgl. Heinen (1983), S. 512 f.).

> Die **fixen Kosten** sind bei Beschäftigungsänderungen innerhalb eines Intervalls konstant. Die fixen Stückkosten sinken innerhalb dieses Intervalls mit zunehmender Beschäftigung.

Nach der Breite dieses Intervalls werden die fixen Kosten in

– die absolut fixen und

– die sprungfixen Kosten

untergliedert (vgl. Schmalenbach (1928), S. 25). Verändert sich die Beschäftigung innerhalb des Intervalls, so sind die Kosten **absolut fix. Sprungfixe Kosten** treten auf, wenn die Beschäftigung die Intervallgrenze übersteigt. Die fixen Kosten sind bei einem Beschäftigungsanstieg bis zur Kapazitätsgrenze konstant. Eine weitere Erhöhung der Beschäftigung erfordert eine Kapazitätserweiterung, die zu einem sprunghaften Anstieg der fixen Kosten führt. Bei einem weiteren Beschäftigungszuwachs sind die fixen Kosten wieder konstant (vgl. Heinen (1993), S. 513). Erfordert eine Beschäftigungszunahme z. B., dass eine weitere Lagerhalle angemietet wird, haben die Mietkosten den Charakter sprungfixer Kosten.

Bewirken ein Beschäftigungsrückgang oder Maßnahmen der Potential-, der Prozessoder Produktgestaltung eine Abnahme des Kapazitätsbedarfs, so können u. U. Kapazitäten abgebaut werden. Der **Abbau von Kapazitäten** ist mit einem gewissen Zeitbedarf verbunden, der folgende Komponenten umfasst:

– die Erkenntnisverzögerung,

– die Handlungsverzögerung und

– die Wirkungsverzögerung.

Die **Erkenntnisverzögerung** ist der Zeitraum von der Abnahme des Kapazitätsbedarfs bis zum Erkennen der Handlungsnotwendigkeit durch das Management. Die Planung und Realisation der Maßnahmen zum Kapazitätsabbau verursachen eine

Handlungsverzögerung. Die **Wirkungsverzögerung** erstreckt sich von der Durchsetzung der Anpassungsmaßnahmen bis zum Eintritt der Kostensenkung (vgl. Nink (2002), S. 32). Als Gründe für die Wirkungsverzögerung können genannt werden: Kündigungsfristen der Kauf-, Miet- und Arbeitsverträge für die Produktionsfaktoren, die begrenzte Teilbarkeit der Potentialfaktoren und der Verzicht auf einen Kapazitätsabbau, wenn eine Beschäftigungszunahme erwartet wird, sowie ungenaue Vorstellungen über den Kapazitätsbedarf bei verschiedenen Beschäftigungsgraden. Diese Verzögerungen, die analog auch bei steigender Beschäftigung auftreten können, sind für Kostenremanenzen verantwortlich (vgl. Kilger (1958), S. 102 ff.). Kostenremanenzen treten vor allem bei sprungfixen Kosten auf. Langfristige Verträge können jedoch auch bei variablen Kosten zu Kostenremanenzen führen.

> Als **Kostenremanenz** wird die Erscheinung bezeichnet, dass sich variable und sprungfixe Kosten bei einer Veränderung der Beschäftigung nicht sofort, sondern erst mit Verzögerung anpassen (vgl. Busse von Colbe (1958), Sp. 3460).

Der Verlauf der variablen Kosten und der kurzfristig veränderbaren fixen Kosten ist für die Erreichung des **kurzfristigen Erfolgszieles** von Bedeutung, wenn eine Veränderung der Beschäftigung erwartet oder geplant wird. Bei einer **Zunahme der Beschäftigung** ist ein proportionaler oder degressiver Verlauf der variablen Kosten von Vorteil, da er ein gleichbleibendes bzw. sinkendes Niveau der variablen Stückkosten sichert (vgl. Reiß/Corsten (1992), S. 1481). Bei einem progressiven Verlauf der variablen Kosten führt eine Beschäftigungszunahme zu steigenden variablen Stückkosten und damit abnehmenden Stückdeckungsbeiträgen des Produktes. Der Periodendeckungsbeitrag des Produktes steigt unter diesen Bedingungen unterproportional und nimmt sogar absolut ab, sobald die variablen Stückkosten den Preis des Produktes übersteigen (vgl. Männel (1995), S. 32).

Bei einer **Beschäftigungsabnahme** verändern sich die fixen Kosten zunächst nicht. Den durch den Beschäftigungsrückgang verringerten Periodendeckungsbeiträgen stehen damit fixe Kosten in unveränderter Höhe gegenüber, d. h. der Erfolg geht zurück. Erst wenn die durch den Beschäftigungsrückgang frei werdenden Kapazitäten abgebaut werden, nehmen die fixen Kosten sprunghaft ab. Kostenremanenzen verstärken den Erfolgsrückgang bei einer Abnahme der Beschäftigung. Es sind deshalb Maßnahmen zu ergreifen, durch die Erkenntnis-, Handlungs- und Wirkungsverzögerungen bei der Anpassung sprungfixer Kosten vermieden oder zumindest verkürzt werden können (vgl. Busse von Colbe (1958), Sp. 3463).

> Die Gestaltung des **Kostenverlaufs** zielt auf
> – die Sicherung des Niveaus der variablen Stückkosten bei einer Beschäftigungszunahme durch das Vermeiden progressiver variabler Kosten und
> – den Abbau von Kostenremanenzen bei einer Beschäftigungsabnahme.

(3) Kostenstruktur

> Unter der **Kostenstruktur** wird generell die Zusammensetzung der Gesamtkosten aus verschiedenen Kostenkategorien verstanden.

Die Kostenkategorien können nach der Zurechenbarkeit zu einem Bezugsobjekt (Einzel- und Gemeinkosten) oder nach der Flexibilität abgegrenzt werden, d. h. der Fähigkeit zur Anpassung bei einem Beschäftigungsrückgang. Nach der Flexibilität werden Leistungs- und Bereitschaftskosten unterschieden.

> **Leistungskosten** verändern sich bei einer Variation der Beschäftigung automatisch. **Bereitschaftskosten** entstehen für die Vorhaltung einer Produktions-, Absatz-, Lagerungs- oder auch Führungs- und Verwaltungsbereitschaft und werden aufgrund von Erwartungen und Planungen vordisponiert. Sie sind von der tatsächlichen Leistung unabhängig (vgl. Riebel (1974), Sp. 1144 f.).

Die Gestaltung des Verhältnisses zwischen Einzel- und Gemeinkosten ist bisher kaum behandelt worden (zu einer Ausnahme vgl. Trost/Wuttke (1997)). Im Mittelpunkt des Interesses steht das **Verhältnis zwischen Leistungs- und Bereitschaftskosten**, da die Flexibilität der Kosten bei Erlösunsicherheit das Beschäftigungsrisiko determiniert (vgl. Backhaus/Funke (1997), S. 30).

> Unter dem **Beschäftigungsrisiko** wird die Gefahr einer Abweichung vom angestrebten Erfolgsziel der Unternehmung verstanden, die bei Erlösunsicherheit durch die Bereitschaftskosten entsteht (vgl. Funke (1995), S. 60 ff.).

Nach der **Abbaufähigkeit** können folgende Kategorien von Bereitschaftskosten unterschieden werden (vgl. Oecking (1994), S. 78 f.):
- die Kosten der Betriebsbereitschaft,
- die budgetierten Kosten und
- die beschäftigungsabhängig disponierbaren Kosten.

Kosten der Betriebsbereitschaft fallen zur Sicherung der aktuellen und der zukünftigen Fähigkeit der Unternehmung zur Realisation des geplanten Leistungsprogramms an. Sie können nicht abgebaut werden. **Budgetierte Kosten** entstehen in Bereichen, deren Beschäftigung von der Auslastung der Produktion unabhängig ist, wie z. B. Public Relation und Controlling. Diese Kosten können durch den Abbau interner Leistungen oder effizienzsteigernde Maßnahmen gesenkt werden. **Beschäftigungsabhängig disponierbare Kosten** entstehen in Bereichen, deren Beschäftigung von den Produktionsmengen abhängig ist (z. B. Produktion, Beschaffung, Logistik). Diese Kosten können durch die Anpassung der Kapazitäten an Beschäftigungsänderungen verändert werden. Dem Abbau von Bereitschaftskosten stehen jedoch folgende **Hemmnisse** entgegen (vgl. Süverkrüpp (1968), S. 94 ff.):

– die unternehmungspolitischen Erfordernisse,
– die technisch-organisatorische Anpassungsfähigkeit der Unternehmung,
– der rechtliche Verpflichtungsrahmen sowie
– der psychologisch-gesellschaftliche Bedingungsrahmen.

Unternehmungspolitische Erfordernisse sind die quantitativen, qualitativen und zeitlichen Merkmale des aktuellen und des geplanten Leistungsprogramms und der damit verbundene Einsatzgüterbedarf. Die **technisch-organisatorische Anpassungsfähigkeit** der Unternehmung wird u. a. durch die begrenzte Teilbarkeit der Potentialgüter und ihre Einsatzvielfalt eingeschränkt. Wird ein Potentialgut für die Erstellung verschiedenartiger Leistungen eingesetzt, kann es nicht abgebaut werden, solange mindestens eine dieser Leistungen erstellt werden soll. Zu dem **rechtlichen Verpflichtungsrahmen** zählen gesetzliche, tarif- und einzelvertragliche Regelungen, wie z. B. Auflagen im Bereich des Umweltschutzes und Kündigungsfristen, die einem Abbau der Bereitschaftskosten entgegenstehen. Die **psychologisch-gesellschaftlichen** Einflussgrößen haben ihre Ursache in unerwünschten Nebenwirkungen des Abbaus von Bereitschaftskosten, z. B. der Entlassung bewährter Mitarbeiter.

Die Gestaltung der **Kostenstruktur** zielt auf die Flexibilisierung der Bereitschaftskosten zur Verringerung des Beschäftigungsrisikos. Das verlangt
– die Erhöhung des Anteils der Leistungskosten,
– die Senkung der Kosten der Betriebsbereitschaft sowie
– die Beseitigung von Hemmnissen des Abbaus von Bereitschaftskosten.

Kostenhöhe, Kostenverlauf und Kostenstruktur sind die Merkmale der **Kostensituation** der Unternehmung (vgl. Kajüter (2000), S. 117). Sie sind nicht unabhängig voneinander. So kann eine Verringerung des Anteils der Bereitschaftskosten eine Erhöhung der Gesamtkosten zur Folge haben. Auch kann es sein, dass die Vermeidung eines progressiven Kostenverlaufs eine Kapazitätsanpassung notwendig macht, die den Anteil der Bereitschaftskosten an den Gesamtkosten erhöht (vgl. Gälweiler (1977), S. 69 f.). Die drei Merkmale der Kostensituation sollten deshalb nicht isoliert gestaltet werden (vgl. Konle (2002), S. 18).

1.3.3.2 Gestaltungsparameter des Kostenmanagements

Kosten können nicht unmittelbar gestaltet werden, sondern nur mittelbar über die Veränderung der Ausprägung von Kosteneinflussgrößen (vgl. hierzu Abschnitt 8.2).

Gestaltungsparameter des Kostenmanagements sind alle Kosteneinflussgrößen, deren Ausprägung zum Zweck der Effizienzgestaltung zielorientiert verändert werden kann.

Nach den **Elementen eines Leistungserstellungssystems** werden folgende Arten von Kosteneinflussgrößen abgegrenzt (vgl. Kern (1990); Corsten (2007), S. 25 f.):

- die Kosten beeinflussenden Produktmerkmale (z. B. Produktfunktionen, Werkstoffe, Fertigungsverfahren, Teilezahl, Oberflächenart),
- die Kosten beeinflussenden Programm-Merkmale (z. B. Anzahl der Produkte und Varianten, Produktionsmengen, Fertigungs- und Leistungstiefe),
- die Kosten beeinflussenden Potentialmerkmale (z. B. Qualität, Kapazität, Flexibilität der Potentialgüter, Anzahl der Lieferanten, Bestellmengen und -zeitpunkte) und
- die Kosten beeinflussenden Prozessmerkmale (z. B. Anzahl der Prozesse, Prozessvollzug, Reihenfolge der Prozesse, Ort der Prozessausführung).

Die Auffassung, dass die Elemente eines Leistungserstellungssystems die Gestaltungsparameter des Kostenmanagements sind, ist in der Literatur weit verbreitet (vgl. Kajüter (2000), S. 161). Dabei wird jedoch übersehen, dass der Wertschöpfungsprozess nicht mit der Fertigstellung der Produkte endet. Die Leistungsverwertung, die sich an die Leistungserstellung anschließt, wirkt sich ebenfalls auf die Kosten der Unternehmung aus. Die Berücksichtigung des Leistungsverwertungsprozesses führt zur Abgrenzung der **Kosten beeinflussenden Marktmerkmale** als weitere Klasse von Gestaltungsparametern des Kostenmanagements, zu der u. a. die Kundenstruktur (vgl. Homburg/Demmler (1995), S. 25) sowie die Anzahl und die Art der Vertriebskanäle (vgl. Porter (1992), S. 116) zählen.

Kilger nennt als Entscheidungen mit Einfluss auf die Kosten der Unternehmung neben den Entscheidungen über die Elemente eines Leistungserstellungssystems auch Entscheidungen über den Aufbau **immaterieller Vermögenswerte**, die er als zeitungebundene Nutzungspotentiale bezeichnet (vgl. Kilger (1993), S. 135 f.). Es sind mehrere Systematiken für immaterielle Vermögenswert vorgeschlagen worden (zu einem Überblick vgl. Kaufmann/Schneider (2004), S. 376 f.). Sehr detailliert ist die Systematik des Arbeitskreises „Immaterielle Werte im Rechnungswesen" der Schmalenbach-Gesellschaft, die sieben Kategorien immaterieller Vermögenswerte unterscheidet (vgl. Schmalenbach-Gesellschaft (2001), S. 990 f.):

- das Innovationskapital (z. B. Software, Patente, ungeschützte Rezepturen),
- das Human Capital (z. B. Wissen der Mitarbeiter, Betriebsklima),
- das Customer Capital (z. B. Kundenlisten, Kundenzufriedenheit, Marken, Abnahmeverträge),
- das Supplier Capital (z. B. Verträge über den Bezug knapper Ressourcen),
- das Investor Capital (z. B. günstiges Rating),
- das Process Capital (z. B. funktionierendes Vertriebsnetz, hochwertige Qualitätssicherung) sowie
- das Location Capital (z. B. günstige Verkehrsanbindung, Steuervorteile).

Beispiele für die Kosten beeinflussenden **Merkmale immaterieller Vermögenswerte** sind der Zuwachs und die Verbreitung von Wissen (vgl. Porter (1992), S. 106 ff.) und das Kostenbewusstsein der Mitarbeiter (vgl. Shank/Govindarajan (1995), S. 38).

Über die Preise der Einsatzgüter und die Transaktionskosten hängen die Kosten der Unternehmung mittelbar auch von den Kosteneinflussgrößen der Lieferanten und Kunden ab. Über Kooperationen kann das Entscheidungs- und Ausführungsverhalten bei den Lieferanten bzw. Kunden beeinflusst werden. Auf diesem Weg werden die **Kosteneinflussgrößen bei den Lieferanten bzw. Kunden** zu Gestaltungsparametern des Kostenmanagements der Unternehmung.

Durch die sieben Klassen der Gestaltungsparameter können **Gestaltungsbereiche des Kostenmanagements** abgegrenzt werden. Diese haben jeweils die zielorientierte Effizienzgestaltung durch die Veränderung der Gestaltungsparameter einer Klasse zum Gegenstand. Zu diesen Gestaltungsbereichen des Kostenmanagements zählen: das programmorientierte, das prozessorientierte (vgl. Kapitel 5), das produktorientierte (vgl. Kapitel 6), das potentialorientierte (vgl. Kapitel 7) und das marktorientierte Kostenmanagement sowie das Kostenmanagement immaterieller Vermögenswerte und das unternehmungsübergreifende Kostenmanagement (vgl. Abschnitt 7.2.3).

2 Aufgaben des Kostenmanagements

2.1 Abgrenzung des Aufgabenbereichs

Nach der **führungsbezogenen Konzeption** wird die Effizienz durch die Einflussnahme auf das Verhalten der Träger von Entscheidungs- und Ausführungshandlungen zielorientiert gestaltet. Die Aufgaben zur Einflussnahme auf das Handeln anderer Personen werden u. a. in folgende Bereiche gegliedert (in Anlehnung an Wild (1981), S. 32; Bleicher (1995), S. 24 f.; Krüger (2007), Sp. 198; Abb. 2.1):

- die sachbezogenen Aufgaben,
- die personenbezogenen Aufgaben und
- die strukturbezogenen Aufgaben.

Sachbezogene Aufgaben	Strukturbezogene Aufgaben	Personenbezogene Aufgaben

– Suche nach Rationalisierungspotentialen
– Planen von Vorgaben
– Durchsetzen von Vorgaben
– Sichern von Vorgaben
– Kontrolle von Vorgaben
	– Schaffen einer Kostenkultur
	– Ausrichten der Unternehmungsorganisation
	– ...
		– Obligatorische Aufgaben
		– Fakultative Aufgaben
		  • Schaffen von Akzeptanz
		  • Sichern von Fachkenntnissen
		  • Beeinflussen des Leistungsverhaltens
		  • Fördern der Kreativität

Abb. 2.1: Aufgaben des Kostenmanagements

(1) Sachbezogene Aufgaben des Kostenmanagements

Nach der Zielsetzungstheorie (vgl. Abschnitt 9.1.3.2) wirken Ziele auf die Richtung, die Intensität und die Ausdauer des Handelns von Aufgabenträgern. Durch die **Vorgabe geeigneter Ziele** kann das Handeln an den Wirtschaftlichkeitszielen ausgerichtet werden. Vorgaben werden für die Neuplanung und die Rationalisierung der Rahmenbedingungen, die Sicherung einer effizienten Leistungserstellung und die kontinuierliche Verbesserung geplant, durchgesetzt und kontrolliert. Rationalisierungsvorhaben werden nicht routinemäßig durchgeführt, sondern durch Initiativen zum Abbau von Ineffizienzen ausgelöst. Voraussetzung der Rationalisierung ist deshalb die permanente oder ereignisbezogene **Suche nach Rationalisierungspotentialen**.

> Die **sachbezogenen Aufgaben** des Kostenmanagements umfassen neben dem Initiieren von Rationalisierungsvorhaben vor allem die Planung, Durchsetzung, Kontrolle und Sicherung von Vorgaben für die Träger der Effizienzgestaltung.

Das Schaffen effizienter Rahmenbedingungen und einer effizienten Leistungserstellung vollziehen sich in Planungs-, Umsetzungs- und Ausführungsprozessen. Diese Prozesse werden von der Planung, Durchsetzung und Kontrolle der Vorgaben begleitet. Abb. 2.2 verdeutlicht den Zusammenhang zwischen der Effizienzgestaltung und den sachbezogenen Aufgaben des Kostenmanagements.

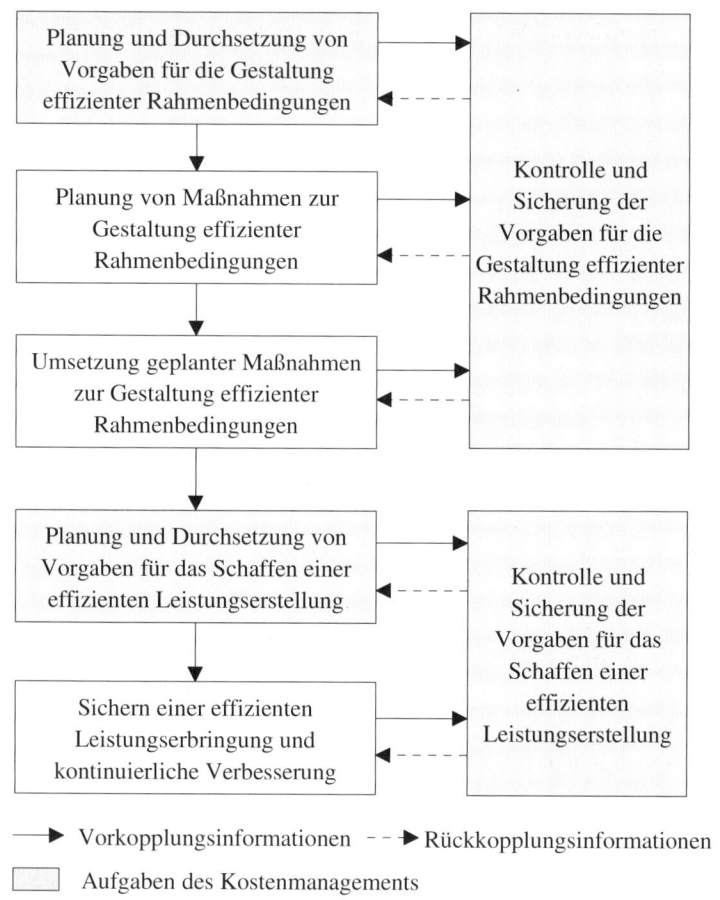

Abb. 2.2: Sachbezogene Aufgaben des Kostenmanagements

Durch die **Planung** werden Vorgaben in Abstimmung mit den Zielen des Kostenmanagements festgelegt, welche die Träger der Effizienzgestaltung während des Planungszeitraumes zu realisieren haben. Aufgaben der **Durchsetzung** geplanter Vorgaben sind das Schaffen der Voraussetzungen für die Realisation der Vorgaben sowie das hierzu erforderliche Vorbereiten der Aufgabenträger. Die Durchsetzung ist immer dann von Bedeutung, wenn die Vorgaben nicht von denjenigen umgesetzt werden, die sie auch geplant haben (vgl. Wild (1981), S. 42; Wollnik (1989), Sp. 1382). Die **Kontrolle** umfasst das Ermitteln realisierter oder erwarteter Abweichungen von den Vorgaben und die Analyse der Ursachen dieser Abweichungen (in Anlehnung an Schweitzer (2005), S. 75; Küpper (2008), S. 211). Bei Abweichungen von den Vorgabegrößen schließt sich an die Kontrolle die **Sicherung** an. Sie umfasst Aktivitäten, die auf die Abwendung erwarteter oder den Abbau eingetretener Abweichungen zielen. Die Aktivitäten können die Anpassung von Maßnahmenplänen (z. B. Korrektur eines Produktentwurfs) oder der effektivitätsorientierten Restriktionen betreffen (z. B. Veränderungen bei den Produktmerkmalen, die der Produktentwicklung zusammen mit Produktkostenzielen vorgegeben werden).

(2) Strukturbezogene Aufgaben des Kostenmanagements

Der durch die Unternehmungskultur, die Unternehmungsgrundsätze und das Führungssystem geschaffene institutionelle Rahmen der Unternehmung kann eine **systembedingte Barriere** der Effizienzgestaltung sein, weil z. B. die Kostenverantwortung unklar oder nicht umfassend genug zugewiesen worden ist, falsche Anreize gewährt werden, steigenden Kosten nicht die erforderliche Aufmerksamkeit zukommt, keine ambitionierten Kostenziele verfolgt werden oder das Kostenbewusstsein fehlt (vgl. KPMG (2007), S. 4 ff).

> Gegenstand der **strukturbezogenen Aufgaben des Kostenmanagements** ist es, bestehende systembedingte Barrieren der Effizienzgestaltung abzubauen bzw. das Entstehen neuer Barrieren bei der Gestaltung des institutionellen Rahmens zu vermeiden.

(3) Personenbezogene Aufgaben des Kostenmanagements

Der Realisation von Vorgaben können **personenbedingte Barrieren** entgegenstehen. Gegenstand der personenbezogenen Aufgaben des Kostenmanagements ist es, diese Barrieren zu überwinden und die Realisation der Vorgaben sowie die Wahrnehmung sich bietender Chancen für die Effizienzgestaltung zu sichern.

> Die **personenbezogenen** Aufgaben des Kostenmanagements betreffen die Optimierung der Bedingungen der Mitarbeiter für die Ausrichtung der Aufgabenerfüllung an den Vorgaben innerhalb der gegebenen Strukturen (in Anlehnung an Steiger (2008a), S. 114 ff.).

Die Notwendigkeit personenbezogener Aufgaben folgt nicht nur aus der Existenz personenbedingter Barrieren, die in den Handlungsfeldern des Kostenmanagements die Gestaltung der Effizienz verzögern, beeinträchtigen oder verhindern können. Der **Gesetzgeber** macht vor allem im Betriebsverfassungsgesetz, im Gesetz über Sprecherausschüsse der leitenden Angestellten und im Kündigungsschutzgesetz Vorschriften zu den Rechten der Mitarbeiter bei der Gestaltung der betrieblichen Rahmenbedingungen. Bei den personenbezogenen Aufgaben sind deshalb

– obligatorische und
– fakultative

zu unterscheiden. Die Wahrnehmung der **obligatorischen** Aufgaben ist vom Gesetzgeber vorgeschrieben. Die **fakultativen** zielen darauf, die personenbedingten Barrieren der Effizientgestaltung zu überwinden. Der Effizienzgestaltung stehen Willens-,

Risiko-, Wissens- und Kreativitätsbarrieren entgegen. Damit diese Barrieren der Effizienzgestaltung überwunden werden können, erstrecken sich die fakultativen Aufgaben auf die folgenden vier Bereiche (in Anlehnung an Franz/Kajüter (2007), Sp. 977):

- das Schaffen von Akzeptanz,
- das Sichern von Fachkenntnissen,
- das Fördern der Kreativität und
- das Beeinflussen des Leistungsverhaltens.

2.2 Sachbezogene Aufgaben des Kostenmanagements

2.2.1 Suche nach Rationalisierungspotentialen

Nach der Form der Suche nach Rationalisierungspotentialen werden unterschieden:

- die passiv-reaktive Rationalisierung und
- die aktiv-antizipative Rationalisierung.

Die **passiv-reaktive Rationalisierung** wird ausgelöst, wenn Abweichungen von den Zielen erwartet werden bzw. bereits eingetreten sind. Die Initiative für ein Rationalisierungsvorhaben basiert auf einer ereignisbezogenen Suche nach Rationalisierungspotentialen. Die **aktiv-antizipative Rationalisierung** ist durch die kontinuierliche oder zumindest die regelmäßige Suche nach erwarteten oder tatsächlichen Rationalisierungspotentialen gekennzeichnet (vgl. Marr/Hofmann (1992), Sp. 2146). Bei der kontinuierlichen Suche nach Rationalisierungspotentialen wird nach Veränderungen unternehmungsinterner oder -externer Bedingungen gesucht, die Einfluss auf die Ziele oder das Entscheidungsfeld von Entscheidungen über die Rahmenbedingungen während ihres Geltungszeitraums haben. Sie kann in der Form einer Prämissenkontrolle durchgeführt werden. Für die umfassende und systematische Suche nach Rationalisierungspotentialen, die in größeren Zeitabständen regelmäßig oder ereignisbezogen durchgeführt wird, sind verschiedene Methoden vorgeschlagen worden: die Einflussgrößenanalyse für die Rationalisierung auf der taktischen Ebene der Planungshierarchie (vgl. Abschnitt 3.3.1) und die Wertkettenanalyse.

Die **Wertkettenanalyse** unterstützt die strategische Kostenanalyse, mit der Rationalisierungspotentiale zur Schaffung dauerhafter Kostenvorteile gegenüber den Wettbewerbern identifiziert werden sollen. Die Wertkettenanalyse basiert auf der Erkenntnis, dass die Kosten der Unternehmung durch die Struktur der Wertkette und die Kosteneinflussgrößen der Wertaktivitäten (vgl. Abschnitt 8.2.3) determiniert werden.

Die **Wertkettenanalyse** ist die Analyse der Kostenunterschiede zu Wettbewerbern durch den Vergleich der Struktur der Wertkette und der Einflussgrößen auf die Kosten der Wertaktivitäten als Grundlage für die Planung von Maßnahmen zur Schaffung eines dauerhaften Kostenvorteils.

Die **Wertkette** ist die Folge der Aktivitäten, die in einer Unternehmung zur Erstellung und Verwertung seiner Produkte ausgeführt werden (in Anlehnung an Gutschelhofer (2002), Sp. 2122). Die Aktivitäten in einer Wertkette lassen sich in neun generische Kategorien gliedern (vgl. Abb. 2.3). Die **primären Aktivitäten** dienen der Leistungserstellung und -verwertung und lassen sich direkt aus der Marktaufgabe herleiten. **Unterstützende Aktivitäten** erbringen Dienstleitungen für die primären Aktivitäten oder für die gesamte Wertkette (vgl. Porter (1992), S. 66 ff.).

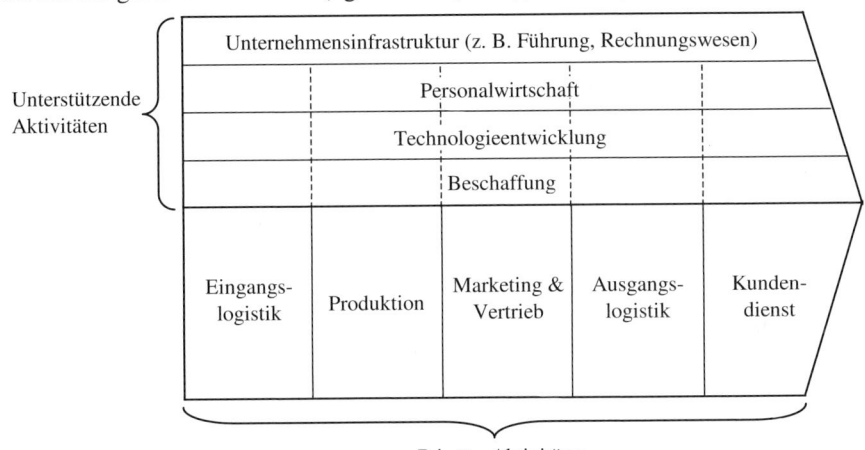

Abb. 2.3: Generische Kategorien von Aktivitäten in der Wertkette

Der **Prozess der Wertkettenanalyse** kann in zwei Phasen gegliedert werden: die Vorbereitung und die Analyse. Jede Phase gliedert sich in mehrere Schritte. Abb. 2.4 gibt einen Überblick über diese Schritte.

(1) Vorbereitung

Zur Abgrenzung der Wertaktivitäten im **ersten Schritt** der Vorbereitungsphase werden zunächst die neun generischen Kategorien von Aktivitäten weiter untergliedert. Beispielsweise kann die Aktivität „Marketing & Vertrieb" in folgende Teilaktivitäten gegliedert werden: Marketing-Management, Werbung, Verkaufsverwaltung, Außendienst, technische Literatur und Verkaufsförderung. Als Teilaktivitäten der primären Aktivität „Produktion" können die Teilefertigung, die Komponentenfertigung, die Montage, die Feinabstimmung und Erprobung, die Instandhaltung und der Betrieb der Anlagen abgegrenzt werden (vgl. Porter (1992), S. 74 f.). Die abgegrenzten Teilaktivitäten werden weiter untergliedert und anschließend zu Einheiten kombiniert, die eigenständig und strategisch relevant sind (vgl. Porter (1992), S. 73).

> Eine **Wertaktivität** ist eine eigenständig gestaltbare und strategisch relevante Einheit von Teilaktivitäten.

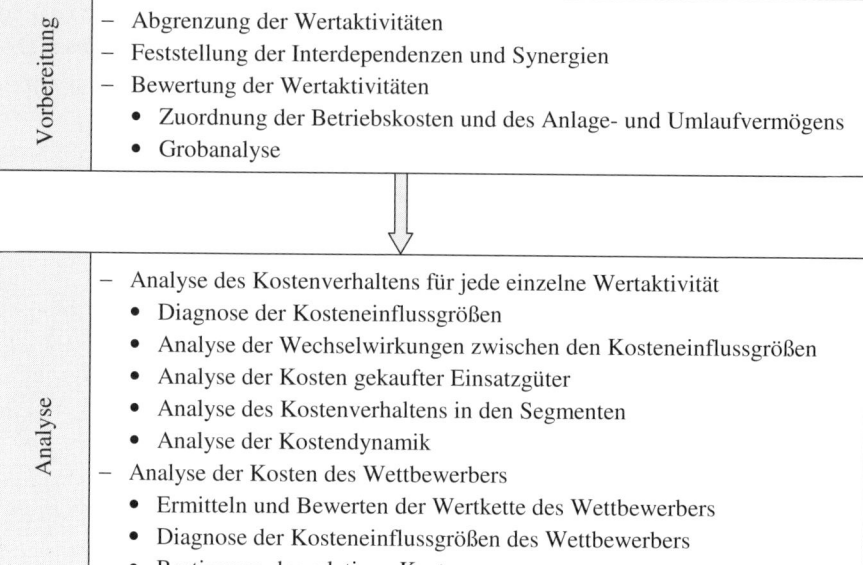

Abb. 2.4: Prozess der Wertkettenanalyse

Eigenständig gestaltbar sind Aktivitäten, wenn Entscheidungen über diese Aktivitäten andere Aktivitäten nicht tangieren. Das verlangt, dass eine Wertaktivität mit eigenen Potentialgütern ausgeführt wird, d. h. von Potentialgütern, die nicht auch für die Ausführung weiterer Wertaktivitäten eingesetzt werden. Weiterhin setzt die Eigenständigkeit einen selbständigen Beitrag zum Kundennutzen voraus, d. h. einen Beitrag zum Kundennutzen, der ohne Unterstützung durch andere Wertaktivitäten geschaffen wird (vgl. Porter (1992), S. 73). **Strategisch relevant** ist eine Einheit von Teilaktivitäten, wenn sie eine Quelle von Kostenvorteilen gegenüber den Wettbewerbern ist. Hierzu muss sie mindestens eines der folgenden vier Merkmale aufweisen (vgl. Porter (1992), S. 96 f.):

– einen hohen oder wachsenden Anteil an den Gesamtkosten,

– ein spezifisches Kostenverhalten,

– die gemeinsame Ausführung durch mehrere Unternehmungsbereiche oder

– die Ausführung in einer von den Wettbewerbern abweichenden Form.

In einem **zweiten Schritt** sind die zwischen den Aktivitäten bestehenden kostenwirksamen Interdependenzen und Synergien festzustellen. Zwischen zwei Wertaktivitäten bestehen kostenwirksame Interdependenzen, wenn die Kosten der einen Wertaktivität von der art- oder mengenmäßigen Ausführung der anderen Wertaktivität abhängt. Sie treten auf, wenn der Output der Wertaktivität den Input einer anderen Wertaktivität bildet, d. h., wenn zwischen den Wertaktivitäten Lieferbeziehungen bestehen. Interdependenzen treten nicht nur zwischen den Wertaktivitäten der Wertkette einer Unternehmung auf, sondern auch zwischen dieser und den Wertketten der Lieferanten und Abnehmer (vgl. Porter (1992), S. 76 ff.). Weiterhin sind die Synergien zwischen den Wertaktivitäten aufzudecken, die getrennt in verschiedenen Unternehmungsbereichen ausgeführt werden. Synergien bewirken bei gemeinsamer Ausführung Kostensenkungen (vgl. Porter (1992), S. 112 f.).

Im **dritten** Schritt werden die Wertaktivitäten bewertet. Hierzu werden ihnen zum einen die Betriebskosten zugerechnet, die sie verursacht haben. Zu den Betriebskosten zählen die Personalkosten und die Kosten für die verbrauchten Repetiergüter. Zum anderen werden den Wertaktivitäten Teile des Anlage- und des Umlaufvermögens zugeordnet. Die Vermögensteile werden jeweils derjenigen Wertaktivität zugeordnet, die den Einsatz erforderlich macht, die ihren Umfang zielorientiert gestaltet oder am stärksten beeinflusst. Danach wird ein Fließband der Montage, der Einsatzgüterbestand der Materialbeschaffung und der Bestand an Zwischenprodukten der Fertigungssteuerung zugeordnet. Für die Bewertung des Anlage- und Umlaufvermögens können der Buchwert, der Wiederbeschaffungswert, die Kapitalkosten oder die Abschreibungen herangezogen werden. Für die Auswahl der Methode zur Bewertung der Wertaktivitäten sind Branchenmerkmale und die Möglichkeiten der Datenerhebung maßgebend (vgl. Porter (1992), S. 97 ff.).

Die Vorbereitungsphase schließt mit einer **Grobanalyse** der zugeordneten Betriebskosten und des zugeordneten Vermögens ab, um erste Kostensenkungspotentiale erkennen zu können. Hierzu werden die Kosten für

– die direkten,
– die indirekten und
– die qualitätssichernden Tätigkeiten

der Wertaktivität ermittelt und getrennt ausgewiesen. Die direkten Aktivitäten dienen unmittelbar der Leistungserstellung und -verwertung (z. B. Montage, Teilebearbeitung, Außendienst). Die indirekten Aktivitäten, zu denen z. B. die Instandhaltung, die Terminplanung und die Verkaufsverwaltung zählen, schaffen die Voraussetzungen für die Ausführung der direkten Aktivitäten. Als Beispiele qualitätssichernder Aktivitäten können die Überwachung, die Qualitätskontrolle, die Anpassung und Überarbeitung genannt werden (vgl. Porter (1992), S. 71, 99 ff.).

(2) Analyse

In dieser zweiten Phase des Prozesses der Wertkettenanalyse wird zunächst das Kostenverhalten untersucht. Hierzu werden in einem **ersten Schritt** für jede einzelne Wertaktivität die Einflussgrößen der Betriebskosten, der Umschlagshäufigkeit des Umlaufvermögens und der Auslastung des Anlagevermögens ermittelt und ihre Wirkungen quantifiziert (vgl. Porter (1992), S. 119 f.). Für die **Diagnose der Kostenein-flussgrößen** werden vier Verfahren vorgeschlagen: die intuitive Erfassung, die Zeit-reihenanalyse, der Betriebsvergleich und die Expertenbefragung (vgl. Porter (1992), S. 124 f.).

Hängen die Betriebskosten und die Nutzung des eingesetzten Vermögens von mehre-ren Einflussgrößen ab, sind ihre **Wechselwirkungen** festzustellen. Zu untersuchen ist, ob sich die Wirkungen der Kosteneinflussgrößen verstärken oder neutralisieren (vgl. Porter (1992), S. 121 ff.).

Analysiert wird weiterhin das Verhalten der **Kosten gekaufter Einsatzgüter**. Zu den Einsatzgütern zählen nicht nur die von außen bezogenen Repetiergüter (z. B. Rohstof-fe, Dienstleistungen), sondern auch die gekauften Betriebsmittel (z. B. gemietete Bü-roräume, Maschinen). Die Höhe der Kosten der Einsatzgüter hängt ab vom Niveau der Einsatzgüterpreise, dem Auslastungsgrad durch eine Wertaktivität und von ihren Wir-kungen auf die Kosten anderer Aktivitäten. Es können drei Arten von Einflussgrößen auf die Einsatzgüterpreise unterschieden werden: die Bestimmungsgrößen der Ver-handlungsmacht (z. B. Betriebsgröße), die Maßnahmen der Kooperation und Integra-tion sowie die Einflussgrößen auf die Kosten des Lieferanten. Bei der Gestaltung der Einflussgrößen der Einsatzgüterpreise sind stets auch die Auswirkungen auf den Aus-lastungsgrad und die Kosten anderer Aktivitäten zu berücksichtigen (vgl. Porter (1992), S. 125 ff.).

Ein Unternehmungsbereich kann verschiedene Produkte bzw. Produktgruppen herstel-len, verschiedene Kundengruppen bedienen, auf mehreren geographisch abgegrenzten Märkten tätig sein oder über mehrere Vertriebskanäle verfügen. Es ist zu untersuchen, ob die verschiedenartigen Produkte bzw. Vertriebsleistungen durch dieselben Aktivi-täten erstellt werden und diese bei jedem Produkt bzw. bei jeder Absatzleistung das-selbe Kostenverhalten aufweisen. Werden Unterschiede in den Aktivitäten oder ihrem Kostenverhalten erkannt, sollten Segmente gebildet werden. Ein **Segment** umfasst da-bei alle Aktivitäten bei der Herstellung eines spezifischen Produktes, beim Absatz an eine abgegrenzte Kundengruppe, über einen bestimmten Vertriebskanal oder in einer einzelnen Region. Für jedes Segment werden anschließend Wertaktivitäten definiert und deren Kostenverhalten getrennt analysiert (vgl. Porter (1992), S. 131 ff.).

Kostenvorteile können auch dadurch erzielt werden, dass die Unternehmung früher als ihre Wettbewerber auf Veränderungen reagiert, die Kostensteigerungen oder eine Veränderung der Kostenstruktur zur Folge haben. Um derartige Chancen identifizie-ren zu können, sieht die Wertkettenanalyse auch die Analyse der Kostendynamik vor (vgl. Porter (1992), S. 133 ff.). Unter **Kostendynamik** wird die Entwicklung der Hö-he der Kosten einer Wertaktivität und ihres Anteils an den Gesamtkosten der Unter-nehmung im Zeitablauf verstanden, die unabhängig von Maßnahmen der Kostenge-staltung erwartet wird.

Für die Analyse der Kosten des Wettbewerbers im **zweiten Schritt** der Analysephase sind die Wertaktivitäten in der Wertkette des Lieferanten abzugrenzen und zu bewerten sowie die Kosteneinflussgrößen zu diagnostizieren. Die Bereitstellung und Auswertung rechnungswesenbezogener Informationen über die Wettbewerber ist Aufgabe des strategischen Management Accounting. Dieser Bereich des Rechnungswesens informiert über die Höhe und die Entwicklung von Kosten, Preisen, Produktionsmengen, Marktanteilen, Cash Flow sowie über die Ressourcen der Unternehmung und bei den Wettbewerbern (vgl. Simmonds (1986), S. 17). Gegliedert wird das strategische Management Accounting in die strategische Kostenrechnung, das Brand Value Accounting und das Competitor Accounting, dem drei Aufgabenbereiche zugeordnet sind (vgl. Guilding/Cravens/Tayles (2000), S. 123):

– die Schätzung der Kosten der Wettbewerber,

– die Überwachung der Wettbewerbsposition der Wettbewerber sowie

– die Bewertung der Wettbewerber auf der Basis publizierter Jahresabschlüsse.

Der Schwerpunkt der Auseinandersetzung mit dem **Competitior Accounting** liegt derzeit auf der Diskussion von Notwendigkeit und Umfang dieser Aufgaben (vgl. Hoffjan (2003), S. 384 ff.). Zu den Instrumenten des Competitor Accounting finden sich in der Literatur nur wenige Hinweise. Ward nennt eine Vielzahl von Quellen, aus denen Informationen über die Wettbewerber gewonnen werden können (vgl. Ward (1992), S. 166). Im Beitrag von Jones wird über die Ergebnisse einer Fallstudie zur Analyse der Kosten von Wettbewerbern berichtet (vgl. Jones (1988), S. 33 ff.).

Zur Bestimmung der **relativen Kosten** werden die Ergebnisse der Analyse des Verhaltens der Unternehmungskosten und der Kosten des Wettbewerbers gegenübergestellt. Zweck dieses Vergleichs ist es, für jede einzelne Wertaktivität die Unterschiede in der Höhe und im Verhalten der Kosten der Unternehmung und des Wettbewerbers festzustellen.

Der **letzte Schritt** der Analyse besteht in der Identifikation von **Quellen festgestellter Kostenunterschiede** gegenüber Wettbewerbern. Aufgabe dieses Analyseschrittes ist es, die Kostenunterschiede gegenüber dem Wettbewerber mit Abweichungen bei den Kosteneinflussgrößen und Unterschieden in der Struktur der Wertkette zu erklären. Die Ergebnisse dieser Analyse bilden die Grundlage für die Planung von Maßnahmen zur Kostensenkung (vgl. Porter (1992), S. 137 ff.).

2.2.2 Planung von Vorgaben

2.2.2.1 Arten von Vorgaben

Vorgaben werden für einzelne Projekte zur Gestaltung der Rahmenbedingungen (z. B. Produkte, Betriebserweiterungen), aber auch für die verschiedenen Verantwortungsbereiche geplant, um dort Rationalisierungsprojekte auszulösen oder zur Schaffung einer effizienten Leistungserbringung zu motivieren. Für die Einflussnahme auf das Verhalten der Aufgabenträger in den verschiedenen Handlungsfeldern stehen dem Kostenmanagement mehrere **Arten von Vorgaben** zur Verfügung (in Anlehnung an Laux/ Liermann (2003), S. 151 ff.). Abb. 2.5 gibt einen Überblick über diese Vorgaben.

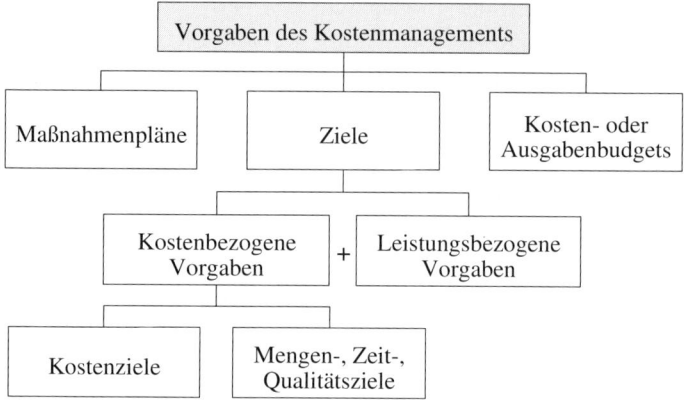

Abb. 2.5: Arten von Vorgaben des Kostenmanagements

Ein **Maßnahmenplan** ist der Entwurf einer Entscheidung über Maßnahmen für das Erreichen der Ziele des Kostenmanagements (in Anlehnung an Schweitzer (2005), S. 18).

Durch Pläne werden den Handlungsträgern Maßnahmen zur Effizienzgestaltung vorgegeben. Die Handlungsträger haben diese Pläne anschließend zu präzisieren und zu realisieren. Beispiele für diese Pläne sind die Maßnahmenprogramme, die im Rahmen eines **Rationalisierungsvorhabens** von Projektteams erarbeitet und anschließend den Verantwortungsbereichen zur Realisation vorgegeben werden.

Ein **Budget** ist eine schriftlich festgelegte monetäre Plangröße, die einem Verantwortungsbereich zur Umsetzung übergeordneter Pläne für eine Periode vorgegeben wird (in Anlehnung an Wild (1974b), S. 325).

Zur Effizienzgestaltung werden inputbezogene Budgets eingesetzt. Sie geben die Ressourcen vor, die einem Verantwortungsbereich für die effiziente Umsetzung der übergeordneten Pläne während des Geltungszeitraumes zur Verfügung stehen. Zu ihnen zählen die Kosten- und Ausgabenbudgets. Budgets sind Vorgaben für das **Sichern einer effizienten Leistungserbringung**. Als Beispiele für Budgets können zum einen die Kostenstellenpläne der flexiblen Plankostenrechnung genannt werden und zum anderen die Ergebnisse der Analyse-Phase im Prozess des Zero Base-Budgeting (vgl. Abschnitt 5.3.3).

> Bei einem **Ziel** handelt es sich um eine schriftlich festgelegte Plangröße, die einem Verantwortungsbereich für eine Periode zur Ausrichtung seiner Handlungen an dem Ziel des Kostenmanagements vorgegeben wird.

Durch Pläne gibt das Kostenmanagement den Verantwortungsbereichen Maßnahmen zur Effizienzgestaltung vor. Budgets haben die Wirkungen vorliegender Pläne zur Effizienzgestaltung zum Inhalt. Da Ziele unabhängig von geplanten Maßnahmen vorgegeben werden, gelangen sie in allen Handlungsfeldern der Effizienzgestaltung zur Anwendung, in denen Maßnahmenpläne erst erarbeitet werden müssen. Diese Handlungsfelder sind die **Gestaltung der Rahmenbedingungen** sowie die **kontinuierliche Verbesserung**. Ziele lassen den Trägern der Effizienzgestaltung umfangreichere Handlungsspielräume als Pläne und Budgets. Diese Freiräume können für eine Effizienzsteigerung zu Lasten der Effektivität genutzt werden. Um das Erreichen der angestrebten Wirtschaftlichkeit zu sichern, weisen Ziele, die vom Kostenmanagement zur Einflussnahme auf das Entscheidungs- und Ausführungshandeln vorgegeben werden, zwei Bestandteile auf (vgl. Abschnitt 1.3.1.1):

- eine leistungsbezogene Vorgabe und
- eine kostenbezogene Vorgabe.

Die **leistungsbezogenen Vorgaben** sind die effektivitätsbezogenen Restriktionen, die den Handlungsspielraum der Gestaltung effizienter Rahmenbedingungen und der kontinuierlichen Verbesserung zur Sicherung der angestrebten Effektivität begrenzen. Sie sind in den Unternehmungsplänen festgeschrieben. Aufgabe des Kostenmanagements ist nicht die Planung der leistungsbezogenen Vorgaben, sondern nur ihre Präzisierung für einzelne Vorhaben zur Neugestaltung oder Rationalisierung der betrieblichen Rahmenbedingungen bzw. für die kontinuierliche Verbesserung. Ein Beispiel für eine leistungsbezogene Vorgabe sind die Produktfunktionen, die dem FuE-Bereich zusammen mit Produktkostenzielen zur kostenorientierten Entwicklung vorgegeben werden.

Kostenbezogene Vorgaben werden vom Kostenmanagement geplant und den Aufgabenträgern vorgegeben. Mögliche Inhalte der **kostenbezogenen Vorgaben** sind

- Kostengrößen und
- nicht monetäre Größen, d. h. eine Mengen-, Zeit- oder Qualitätsgrößen.

Kostenvorgaben sind nach dem Bezugsobjekt, dem Geltungszeitraum und der Kostenart präzise abgegrenzt. Das **Ausmaß** einer Kostenvorgabe kann in der Form eines Kostenniveaus, eines Kostensenkungsbetrags oder einer Kostensenkungsrate angegeben werden. Als Beispiel können die Kostenvorgaben für die Produktentwicklung aus dem Target Costing (vgl. Abschnitt 6.2.3) genannt werden.

Für das Schaffen einer effizienten Leistungserstellung sind **Kostenvorgaben** aus folgenden Gründen **nicht geeignet** (in Anlehnung an Horváth/Lamla (1995), S. 79 f.):

- fehlende Echtzeit-Rückkopplung,
- unzureichende Akzeptanz von Kostenvorgaben bei den Ausführungsträgern,
- begrenzte Auswertbarkeit von Kostengrößen sowie
- geringe Beeinflussbarkeit der Kosten durch die Ausführungsträger.

Die Kostenwirkungen von Aktivitäten können nicht unmittelbar beobachtet werden, sondern müssen auf der Basis von Preisen sowie Mengen- und Zeitgrößen berechnet werden. Bei Kostendaten kann es deshalb keine **Echtzeit-Rückkopplung** geben, d. h., Informationen über die Kostenwirkungen von Aktivitäten können nur zeitlich verzögert bereitgestellt werden. Aufgrund der zeitlichen Distanz und der Tatsache, dass sich mehrere Kosteneinflussgrößen gleichzeitig verändern können, kann kein unmittelbar erkennbarer Zusammenhang zwischen den ausgeführten Aktivitäten und den resultierenden Kosten hergestellt werden. Dadurch bleiben Lerneffekte aus. Nach dem Job Characteristic-Modell hat die fehlende Echtzeit-Rückkopplung zudem einen negativen Einfluss auf die intrinsische Motivation der Mitarbeiter (vgl. Abschnitt 9.1.2).

Bei der Erfassung und Verrechnung von Kosten gibt es eine Vielzahl von Freiräumen, die rechnungszielorientiert zu schließen sind und zu Manipulationen genutzt werden können (vgl. Schweitzer/Küpper (2003), S. 711 f.). Als Beispiel für diese Freiräume kann die Gemeinkostenverrechnung genannt werden. Hinzu kommt, dass den Aufgabenträgern im Leistungserstellungsprozess vielfach die Kenntnisse zur sachgemäßen Interpretation von Kostendaten fehlen. Manipulierbarkeit und Interpretationsschwierigkeiten führen dazu, dass Kostenvorgaben nur auf **geringe Akzeptanz** stoßen.

Die **begrenzte Auswertbarkeit** von Kostendaten folgt aus der Tatsache, dass sie hoch verdichtet sind. Auch in sehr differenzierten Systemen der Kostenrechnung, wie z. B. der flexiblen Plankostenrechnung, können Kostenabweichungen nur auf einige wenige, vorab festgelegte Kosteneinflussgrößen zurückgeführt werden.

Die Aufgabenträger im Leistungserstellungsprozess haben keinen **Einfluss** auf die Art und den Umfang der Potentialgüter, sondern nur auf den Umfang ihrer Nutzung. Durch das Schaffen einer effizienten Leistungserstellung kann deshalb in der Regel zunächst nur eine Veränderung der Nutzung von Potentialgütern erreicht werden. Erst wenn der Bedarf an Potentialgütern in einem Umfang gesenkt worden ist, dass Kapazitäten abgebaut werden können, sind umfangreichere Kostenveränderungen möglich. Diese müssen durch Entscheidungen übergeordneter Instanzen über die Potentialgüter und ihre Umsetzung realisiert werden.

Aufgrund der begrenzten Eignung werden für das Schaffen einer effizienten Leistungserstellung keine Kostengrößen vorgegeben, sondern Mengen-, Zeit- oder Qualitätsgrößen. Abb. 2.6 zeigt Beispiele für diese Größen aus den verschiedenen Funktionsbereichen der Unternehmung (vgl. Horváth/Lamla (1995), S. 82; Kajüter (2000),

S. 111). Verwendung finden diese Kennzahlen vor allem bei der **kontinuierlichen Verbesserung** (vgl. Abschnitt 5.4).

Bereich \ Dimension	Zeitkennzahlen	Qualitätskennzahlen	Mengenkennzahlen
Entwicklung	Entwicklungszeiten	Anzahl der Konstruktionsänderungen	Anzahl der Gleichteile Anzahl der Prototypen
Beschaffung	Lieferzeit der Lieferanten Liefertreue der Lieferanten	Anzahl fehlerhafter Kaufteile Anzahl verspäteter Lieferungen	Anzahl der Lieferanten Anzahl der Bestellungen Anzahl der zu beschaffenden Einsatzgüter
Fertigung	Ausfallzeiten der Maschinen Durchlaufzeiten Rüstzeit	Anteil der Gut-Teile Höhe des Ausschusses	Höhe der Bestände Anzahl der Zwischenlager
Vertrieb	Eigene Lieferzeit Eigene Liefertreue	Anzahl der Kundenreklamationen Anzahl zurückgerufener Produkte	Anzahl der Kunden Anzahl der Aufträge
Verwaltung	Buchungszeit	Anzahl fehlerhafter Rechnungen	Anzahl der Buchungen

Abb. 2.6: Beispiele für nicht monetäre Vorgabengrößen

2.2.2.2 Ansätze der Planung kostenbezogener Vorgaben

Das Ausmaß der Vorgaben für die verschiedenen Projekte, Verantwortungsbereiche und Abteilungen ist auf einem Niveau festzulegen, das ein Erreichen des Zieles des Kostenmanagements ermöglicht. Aus den Motivationstheorien, die in Abschnitt 9.1 erörtert werden, lassen sich zwei weitere **Anforderungen** an Vorgaben herleiten:

– ein hoher Spezifikationsgrad und

– ein herausforderndes, aber realisierbares Anspruchsniveau.

Für die Planung der Kostenvorgaben stehen folgende **Ansätze** zur Verfügung (in Anlehnung an Atkinson (2002), Sp. 1386 f.):

– der theoriebasierte Ansatz,

– der unternehmungsorientierte Ansatz,

– der verhandlungsorientierte Ansatz,

– der wettbewerberorientierte Ansatz und

– der marktorientierte Ansatz.

Theorien, die zur Planung von Kostenvorgaben herangezogen werden, sind vor allem das Lernkurven- und das Erfahrungskurvenkonzept (vgl. Coenenberg (1970), S. 114 f.; Betz (1995), S. 613 ff.). Bei Anwendung des Erfahrungskurvenkonzeptes zur Planung der Kostenvorgaben wird aus der Lernrate, der kumulierten Produktionsmenge zu Beginn des Planungszeitraumes und den jährlichen Produktionsmengen im Planungszeitraum die zu erzielende durchschnittliche jährliche Kostensenkungsrate zur Realisation des Erfahrungskurveneffektes berechnet (vgl. Abschnitt 8.2.3). Die Lernrate kann die Kostenentwicklung in früheren Perioden oder in der Branche widerspiegeln. Dieser Planungsansatz ergibt damit realisierbare, jedoch nicht unbedingt herausfordernde Kostenvorgaben. Da sie unabhängig von den Zielen ermittelt werden, führen sie nicht in jedem Fall zum Erreichen des Zieles des Kostenmanagements.

Bei der **unternehmungsorientierten Planung** werden die Kostenvorgaben aus vermuteten Ineffizienzen hergeleitet. Für die Schätzung des Umfangs der Ineffizienzen werden zwei Vorgehensweisen vorgeschlagen:

– die systematische Suche nach Ineffizienzen sowie
– die Auswertung von Erfahrungen.

Zur **systematischen Suche** nach kundenbedingten Ineffizienzen werden alle Leistungen, die in einem Unternehmungsbereich erbracht werden, darauf hin überprüft, ob ihnen ein Bedarf gegenübersteht und der Nutzen dieser Leistung ihre Kosten rechtfertigt. Diese Vorgehensweise liegt z. B. der Gemeinkostenwertanalyse zugrunde (vgl. Abschnitt 5.3.2). Weitere Ineffizienzen können durch die Prämissenkontrolle von Entscheidungen über die betrieblichen Rahmenbedingungen oder den Einsatz von Analyseinstrumenten (vgl. Abschnitt 2.2.1) identifiziert werden (vgl. Abschnitt 2.2.3). **Erfahrungen** werden beispielsweise bei der Planung der Zielvorgaben für die Produktentwicklung ausgewertet. Dabei wird die Erkenntnis genutzt, dass bei der Neuentwicklung eines Produktes 50 % und bei einer Anpassungsentwicklung 30 % der Kosten gegenüber dem Vorgängerprodukt eingespart werden können (vgl. VDI (1987), S. 17; Yoshikawa u.a. (1993), S. 46). Die nach diesem Ansatz geplanten Kostenvorgaben sind in der Regel realisierbar, jedoch nicht unbedingt herausfordernd. Da das Ziel des Kostenmanagements keine Berücksichtigung findet, kann mit der Planung der Kostenvorgaben nach dem unternehmungsorientierten Ansatz die Erreichung dieses Zieles nicht sichergestellt werden.

Der **verhandlungsorientierte Ansatz** sieht vor, dass die Kostenvorgabe zwischen der Unternehmungsführung und dem Projektmanager bzw. dem Verantwortungsbereich ausgehandelt wird. Dieser Ansatz kann grundsätzlich zu Kostenvorgaben mit einem herausfordernden, aber realisierbaren Anspruchsniveau führen, die das Erreichen des Zieles des Kostenmanagements ermöglichen. Er ist in der Unternehmungspraxis am weitesten verbreitet.

Merkmal der **wettbewerberorientierten Planung von Kostenvorgaben** ist die Erfassung und Auswertung von Kosten- und Leistungsinformationen anderer Unternehmungsbereiche (z. B. Filialen, Funktionsbereiche anderer Profit Center) oder anderer Unternehmungen. Verfahren, die auf diesem Ansatz der Planung von Kostenvorgaben aufbauen, sind das Benchmarking (vgl. Abschnitt 5.3.4) und das Reverse Engineering (vgl. Abschnitt 6.2.4.2). Die nach diesem Ansatz geplanten Kostenvorgaben sind realisierbar. Ob ihr Anspruchsniveau herausfordernd ist und ausreicht, das Ziel des Kostenmanagements zu realisieren, hängt von dem Kosten- und Leistungsniveau beim Vergleichspartner ab.

Der **marktorientierte Ansatz** eignet sich vor allem zur Planung von Kostenvorgaben für Projekte zur Neugestaltung betrieblicher Rahmenbedingungen (z. B. Produkte, Betriebserweiterungen). Nach diesem Ansatz werden die Kostenvorgaben für das neu zu gestaltende Objekt (z. B. ein Produkt) auf der Basis seiner zulässigen Kosten geplant. Die zulässigen Kosten sind definiert als die Kosten, die für das Bezugsobjekt höchstens anfallen dürfen, wenn das Ziel des Kostenmanagements bei den erwarteten Erlösen erreicht werden soll. Der Marktbezug des Ansatzes resultiert aus der Berücksichtigung der für die geplante Absatzleistung am Markt erzielbaren Erlöse. Ein Verfahren der marktorientierten Kostenplanung ist das Target Costing (vgl. Abschnitt 6.2.3). Mit den Kostenvorgaben des marktorientierten Planungsansatzes können die Ziele des Kostenmanagements erreicht werden. Da in die Planung keine Informationen über die Unternehmungssituation eingehen, bleibt offen, ob die ermittelte Kostenvorgabe überhaupt realisierbar ist.

2.2.3 Kontrolle von Vorgaben

2.2.3.1 Kontrolle und Kontrollformen

> Die **Kontrolle** umfasst die Ermittlung und Analyse realisierter oder erwarteter Abweichungen durch den Vergleich des zu kontrollierenden Wertes mit dem geplanten Wert einer Kontrollgröße.

Kontrollen können durch folgende Merkmale gekennzeichnet werden:
- das Kontrollziel,
- das Kontrollobjekt und
- die Kontrollgröße.

Das **Kontrollziel** ist das Unternehmungs- bzw. Bereichsziel, das durch die Kontrolle gesichert werden soll. Das Kostenmanagement strebt mit der Kontrolle die Sicherung des aus den Unternehmungszielen abgeleiteten Wirtschaftlichkeitszieles an. Die Aktivitäten, deren Zielwirkungen überprüft werden sollen, bilden das **Kontrollobjekt**. Objekte der Kontrollen des Kostenmanagements sind die Planungs- und Ausführungsaktivitäten in den Handlungsfeldern der Effizienzgestaltung, für die Vorgaben geplant worden sind, d. h.

- die Planung und Realisation betrieblicher Rahmenbedingungen bei der Neugestaltung und bei der Rationalisierung,
- die Planung und Realisation einer effizienten Leistungserstellung sowie
- die kontinuierliche Verbesserung.

Kontrollobjekte können grundsätzlich alle Ergebnisse, Prozesse und Verhaltensweisen der Aufgabenträger in diesen Handlungsfeldern sein, von denen Wirkungen auf das Wirtschaftlichkeitsziel ausgehen (vgl. Siegwart (1993), Sp. 2257). Die Größen zur Messung der realisierten oder erwarteten Zielerreichung sind die **Kontrollgrößen**. Dem Kostenmanagement dienen zunächst die monetären und nicht monetären Vorgaben als Kontrollgrößen, jedoch können auch alle Einflussgrößen auf die vorgegebene Größe Kontrollgrößen sein.

Es haben sich verschiedene Kontrollformen herausgebildet. Abb. 2.7 gibt einen Überblick über **Kontrollformen**, die nach dem Kontrollobjekt, der Kontrollgröße sowie dem Kontrollzeitpunkt abgegrenzt sind.

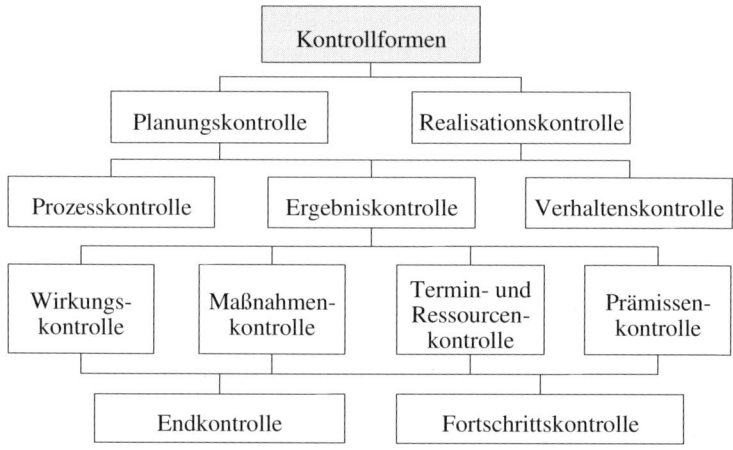

Abb. 2.7: Kontrollformen

Der Plan als Ergebnis der Planung, der Planungsprozess und das Verhalten der Planungsträger sind Objekte der **Planungskontrolle**. Sie ist Bestandteil des Planungsprozesses und findet vor der Durchsetzung statt. Zweck der Planungskontrolle ist es, möglichst frühzeitig Fehlentwicklungen zu erkennen, um sie noch vor der Umsetzung korrigieren zu können. Die **Realisationskontrolle** beginnt nach Abschluss der Planung und endet mit dem Geltungszeitraum des Planes (vgl. Friedl (1990), S. 79 f.). Überprüft werden die Ergebnisse des Realisationsprozesses, die Ausführungsaktivitäten und das Verhalten von Trägern des Realisationsprozesses.

Die **Ergebniskontrolle** bezieht sich auf die verschiedenen Planbestandteile, zu denen die Maßnahmen, ihre Wirkungen auf die Ziele, die Prämissen, Ressourcen und Termine zählen. Bei **Prozesskontrollen** werden die Effizienz, die Ordnungs- und die Zweckmäßigkeit der Planungs- bzw. Realisationsprozesse untersucht, die zu dem Ergebnis geführt haben. Die Betrachtung der Ordnungsmäßigkeit hat den Vergleich zwischen dem tatsächlich angewandten und dem vorgeschriebenen Verfahren zum Inhalt. **Verhaltenskontrollen** überprüfen, ob die Träger der Planungs- bzw. Realisationsaufgaben unter den jeweiligen Bedingungen zielgerecht gehandelt haben (vgl. Horváth (1983), Sp. 628).

Nach der **Kontrollgröße** werden als Erscheinungsformen der Ergebniskontrolle die Wirkungs-, die Maßnahmen-, die Prämissen-, die Ressourcen- und die Terminkontrolle abgegrenzt (in Anlehnung an Franken/Frese (1989), Sp. 891 f.). Kontrollgrößen der **Wirkungskontrolle** sind die Zielgrößen. Bilden Merkmale der geplanten Maßnahmen den Inhalt der Kontrollgrößen, liegt eine **Maßnahmenkontrolle** vor. **Prämissenkontrollen** prüfen die Realitätsnähe bzw. Aktualität der Annahmen, die dem Plan zugrunde liegen. Termine im Planungs- und Realisationsprozess sind die Kontrollgrößen der **Terminkontrolle**. Die Kontrollgrößen der **Ressourcenkontrolle** haben den Verbrauch an personellen und sachlichen Ressourcen im Planungs- bzw. Realisationsprozess zum Inhalt.

Bei der Kontrolle des Realisationsergebnisses kann nach dem Kontrollzeitpunkt die End- und die Planfortschrittskontrolle unterschieden werden. Die **Endkontrolle** wird am Ende des Geltungszeitraumes des Planes durchgeführt, um realisierte Abweichungen festzustellen. Die **Planfortschrittskontrolle** wird parallel zum Realisationsprozess ausgeführt. Mit ihr können Informationen über die erwartete Abweichung gewonnen werden (in Anlehnung an Franken/Frese (1989), Sp. 890 f.). Für kurzfristige Pläne werden Realisationskontrollen, für langfristige Pläne dagegen Planfortschrittskontrollen durchgeführt (vgl. Zettelmeyer (1984), S. 80 f.).

2.2.3.2 Kontrollen bei der Effizienzgestaltung

Funktionen der Kontrolle im Aufgabenbereich des Kostenmanagements sind (in Anlehnung an Laux/Liermann (1986), S. 7):
– die Entscheidungsunterstützung und
– die Verhaltensbeeinflussung.

Durch Kontrollen werden die Entscheidungen über Vorgaben sowie über Maßnahmen zur Effizienzgestaltung durch die Gewinnung von Informationen unterstützt. Diese Informationen werden zum einen benötigt, um die Notwendigkeit weiterer Kostensenkungen beurteilen zu können. Zum anderen eignen sich diese Informationen, um erwartete oder bereits eingetretene Abweichungen von den Vorgabegrößen zu identifizieren, die eine Anpassung der Pläne oder eine Einflussnahme auf das Leistungsverhalten der Mitarbeiter notwendig machen. Durch Kontrollen kann das **Verhalten** der Beteiligten an den Vorgaben ausgerichtet werden. Zum einen führt bereits die Ankündigung von Kontrollen zu einer Veränderung des Leistungsverhaltens der Mitarbeiter (vgl. Kloock (1988), S. 427). Zum anderen kann das Leistungsverhalten durch die Bereitstellung von Rückkopplungsinformationen aus den Kontrollen beeinflusst werden. Nach der Zielsetzungstheorie (vgl. Abschnitt 9.1.3.2) verstärkt die Bereitstellung von Rückkopplungsinformationen die Wirkung von Zielen auf die Leistung. Um die genannten Funktionen zu erfüllen, eignen sich die in Abb. 2.8 genannten Kontrollen.

Phase Handlungsfeld		Planung der Maßnahmen	Realisation der Pläne
Schaffen effizienter Rahmenbedingungen		– Planinhaltskontrolle • Wirkungskontrolle • Maßnahmenkontrolle – Planungsprozesskontrolle	Planfortschrittskontrolle – Ergebniskontrolle – Maßnahmenkontrolle – Terminkontrolle – Prämissenkontrolle
Schaffen einer effizienten Leistungserstellung	Sichern einer effizienten Leistungserbringung	–	Endkontrolle der Ergebnisse
	Kontinuierliche Verbesserung	–	– Endkontrolle der Ergebnisse • Kostenbezogene Vorgaben • Mitwirkung – Prozesskontrolle – Verhaltenskontrolle

Abb. 2.8: Kontrollaufgaben des Kostenmanagements

(1) Planen effizienter Rahmenbedingungen

Die **Planinhaltskontrolle** ist vor allem für die Planung komplexer Probleme von Bedeutung, die in mehrere interdependente Teilprobleme gegliedert sind, um sie in zeitlich parallelen, sich überlappenden oder aufeinanderfolgenden Teilplanungsprozessen zu bearbeiten (vgl. Maune (1980), S. 52). Derartige Probleme treten z. B. bei der Produktentwicklung (vgl. Abschnitt 6.2.1) sowie bei der Prozessinnovation und der Prozessverbesserung (vgl. Abschnitt 5.1.3) auf. Um das Erreichen der Vorgabe zu sichern, werden parallel zum Planungsprozess **Wirkungskontrollen** durchgeführt, d. h., es werden erwartete Abweichungen von den Vorgaben ermittelt und analysiert. Hierzu werden aus den Angaben aller Teilpläne die Wirkungen auf die Vorgabegröße prognostiziert und mit dem Vorgabewert verglichen. **Maßnahmenkontrollen** werden durchgeführt, um die Zulässigkeit der geplanten Maßnahmen zu überprüfen. Untersucht wird, ob die leistungsbezogenen Vorgaben (effektivitätsbezogene Restriktionen) möglicherweise verletzt worden sind. Ein Beispiel für einen Planungsprozess, in dem Planinhaltskontrollen durchgeführt werden, ist die kostenorientierte Produktplanung (vgl. Abschnitt 6.2). Kontrolliert werden neben den Produktkostenzielen auch die Produktqualität, d. h. die Realisation der vorgegebenen Produktfunktionen.

Durch **Planungsprozesskontrollen** kann in Rationalisierungsprozessen die Beachtung gesetzlicher Vorschriften, z. B. die des Betriebsverfassungsgesetzes, gesichert werden. Weitere Richtlinien, auf die sich Planungsprozesskontrollen beziehen können, betreffen den korrekten Planungsablauf beim Einsatz von Methoden des Kostenmanagements, wie z. B. bei der Gemeinkostenwertanalyse.

(2) Realisation der Pläne über die Rahmenbedingungen

Pläne über betriebliche Rahmenbedingungen haben einen langfristigen Geltungszeitraum. Die Kontrolle der Realisationsergebnisse wird deshalb als **Planfortschrittskontrolle** durchgeführt. Durch Planfortschrittskontrollen können bereits während der Umsetzung der Pläne sowie der Leistungserbringung Abweichungen von den verschiedenen Kontrollgrößen aufgedeckt und die Planung und Realisation von Sicherungsmaßnahmen ausgelöst werden (vgl. Zettelmeyer (1984), S. 79 f.).

Die **Wirkungskontrollen** beziehen sich auf die Kostenvorgaben. Wichtige Aspekte der **Maßnahmenkontrollen** sind die Einhaltung der Restriktionen zur Sicherung der Effektivität sowie die Vollständigkeit der Umsetzung der geplanten Maßnahmen. Fixe Kosten können häufig erst nach Ablauf bestimmter Fristen abgebaut werden (z. B. Kündigungsfristen, Vertragslaufzeiten). Diese Fristen schlagen sich in den Plänen als terminierte Maßnahmen nieder. Damit haben auch **Terminkontrollen** im Aufgabenbereich des Kostenmanagements ihre Bedeutung. Während der Planung betrieblicher Rahmenbedingungen werden sukzessive Prämissen gesetzt, auf deren Basis die Produkte, Programme, Potentiale und Prozesse gestaltet werden. Beispiele für Prämissen sind z. B. Absatzzahlen, Preise der Einsatzgüter, Löhne und Gehälter, Art der angebotenen Einsatzgüter und verfügbare Technologien. Aufgabe der **Prämissenkontrolle** ist es, die Richtigkeit der Prämissen während des Realisationsprozesses laufend zu überprüfen (in Anlehnung an Schreyögg/Steinmann (1985), S. 401). Weicht die tatsächliche Situation von den gesetzten Prämissen ab, wird überprüft, ob ein Rationalisierungsprozess initiiert werden muss (vgl. Zettelmeyer (1984), S. 79).

(3) Sichern einer effizienten Leistungserbringung

Die Leistungserbringung umfasst die operative Planung und die Realisation dieser Pläne. Da die Planungskontrolle und auch die Planfortschrittskontrolle bei der kurzfristigen Planung von untergeordneter Bedeutung sind (vgl. Siegwart/Menzl (1978), S. 89; Zettelmeyer (1984), S. 80 f.), steht hier die **Endkontrolle der Realisationsergebnisse** im Vordergrund. Kontrollgrößen sind die Kostenvorgaben.

(4) Kontinuierliche Verbesserung

Die **Endkontrolle der Realisationsergebnisse** der kontinuierlichen Verbesserung erstreckt sich auf die nicht monetären Kennzahlen, die den Trägern der Ausführung vorgegeben werden. Weiterhin kann auch eine Kontrolle der Beteiligung der Mitarbeiter an der kontinuierlichen Verbesserung von Interesse sein. Als Kontrollgrößen eignen sich folgende Kennzahlen (vgl. Anić (2006), S. 84 f.):

– Beteiligungsquote: Verhältnis aus der Zahl eingereichter Vorschläge und der Anzahl aller Beschäftigten

– Einreicherquote: Anteil der Mitarbeiter, die Vorschläge eingereicht haben, an der Anzahl aller Beschäftigten

– Einreicherdichte: Verhältnis der Mitarbeiter, die Vorschläge eingereicht haben, zu der Zahl der eingereichten Vorschläge

– Verteilungsquoten: Beteiligungsquoten abgegrenzter Unternehmungsbereiche

Aus dem institutionellen Rahmen der kontinuierlichen Verbesserung (Qualitätszirkel, betriebliches Vorschlagswesen; vgl. Abschnitt 4.2) können systembedingte Barrieren entstehen, die im Ablauf des Begutachtungsprozesses begründet sind. Identifiziert werden können sie durch **Prozesskontrollen**. Kontrollgrößen der Prozesskontrollen können sein (vgl. Anić (2006), S. 86):

– Durchschnittliche Bearbeitungsdauer eines Vorschlags

– Zeitspanne von der Einreichung des Vorschlags bis zu dem Zeitpunkt der Entscheidung über den Vorschlag

– Zahl der Einsprüche gegen Entscheidungen über die Vorschläge

– Verhältnis der Einsparungen zu den Kosten für die Begutachtung und Prämien

Systembedingte Barrieren können auch im Verhalten der Vorgesetzten begründet sein, so dass auch **Verhaltenskontrollen** angebracht sein können.

2.3 Strukturbezogene Aufgaben des Kostenmanagements

2.3.1 Einflussnahme auf die Unternehmungskultur

2.3.1.1 Kostenkultur als Teil der Unternehmungskultur

> Die **Unternehmungskultur** ist das dynamische Gefüge der von den Mitarbeitern geteilten Wertüberzeugungen, Denkmuster und Verhaltensnormen, die im Laufe der Zeit in einer Unternehmung entstanden sind, und das Verhalten der Mitarbeiter in eine bestimmte Richtung lenken (vgl. Baetge u.a. (2007), S. 186).

Die Unternehmungskultur bietet **Orientierungsmuster** für die Problemerkennung, die Problemlösung, die Bewertung und Legitimation und beeinflussen damit das Entscheiden, Handeln und Verhalten der Unternehmungsangehörigen (vgl. Ebers (1995), Sp. 1674). Diese Orientierungsmuster

- sind das Ergebnis historischer Lernprozesse im Umgang mit Problemen,
- werden von der Mehrzahl der Unternehmungsangehörigen getragen,
- liegen dem täglichen Handeln zugrunde und
- sind nicht direkt wahrnehmbar und können deshalb nicht bewusst gelernt, sondern nur in einem Sozialisationsprozess vermittelt werden

(vgl. Steinmann/Schreyögg (2002), S. 624 f.). Nach der Sichtbarkeit für den Beobachter werden drei **Ebenen der Unternehmungskultur** unterschieden (vgl. Schein (1984), S. 3 f.):

- die Symbole (artifacts),
- die Werte und Normen (espoused beliefs and values) sowie
- die Grundannahmen (basic assumptions).

Unmittelbar wahrnehmbar, jedoch schwierig zu entschlüsseln sind die **Symbole**. Symbole sind mehrdeutig und können ohne Kenntnis der tiefer liegenden Ebenen der Unternehmungskultur nicht gedeutet werden (vgl. Schein (2004), S. 25 ff.). Sie können in folgenden Formen auftreten (vgl. Mayrhofer/Meyer (2004), Sp. 1027):

- sprachliche Medien (z. B. Mythen, Anekdoten, Jargon, Sprachregelungen),
- interaktionale Medien (Rituale, Zeremonien, Tabus, Betriebsklima) oder
- objektivierte Medien (z. B. Statussymbole, Design, Abzeichen, Kleidung).

Werte sind vage Vorstellungen über das in einer Unternehmung Wünschenswerte, die für die konkrete Entscheidung jedoch wenig Hilfestellung bieten. **Normen** sind ungeschriebene Regeln über das Verhalten in bestimmten Situationen. Werte und Normen schlagen sich in Führungsgrundsätzen, Richtlinien, Verboten und Geboten nieder und sind damit teilweise sichtbar. Die Unternehmungsangehörigen sind sich der Werte und Normen bewusst und vermitteln diese an neue Gruppenmitglieder. Die Nichtbeachtung von Regeln, die mit den Grundannahmen übereinstimmen, führt zu Sanktionen, wie z. B. schlechtes Gewissen, Vorwürfe, Ausgrenzung. Mit den Werten und Normen kann das Verhalten in einer Unternehmung nicht vollständig erklärt oder prognostiziert werden (vgl. Steinle, Eggers, ter Hell (1994), S. 131).

Haben sich Werte und Normen wiederholt bewährt, werden sie zu Grundannahmen. **Grundannahmen** bilden die unterste Ebene der Unternehmungskultur. Sie haben die grundlegenden Überzeugungen und Vorstellungen im Unterbewusstsein der Unternehmungsangehörigen zum Inhalt. Sie bestimmen, wie die Unternehmungsangehörigen Sachverhalte wahrnehmen, wie über sie gedacht wird und welche Gefühle sie auslösen. Sie sind selbstverständliche, unbewusste Orientierungspunkte, die von der Mehrzahl der Unternehmungsangehörigen getragen werden. Sie sind nicht sichtbar und nur sehr schwer zu verändern und verleihen dem Denken und Handeln in der Unternehmung eine Richtung. Die Grundannahmen betreffen (vgl. Schein (1984),

S. 6; Schein (2004), S. 138): das Bild von der Umwelt, die Natur von Wahrheit und Wirklichkeit, die Natur der Zeit, die Natur des Raumes, die Natur des Menschen, die Natur menschlichen Handelns und die Natur zwischenmenschlicher Beziehungen.

Beispiel 3.1: Unternehmungskultur

Ein Orientierungsmuster der Unternehmungskultur von General Electric ist die Idee der grenzenlosen Unternehmung. Es ist in den 1990er Jahren unter Jack Welch ausgehend von der Erkenntnis entwickelt worden, dass eine Idee, die sich in einem Bereich bewährt hat, auch in anderen Bereichen erfolgreich genutzt werden kann. Es umfasst die positive Einstellung zur permanenten Suche nach Ideen sowie der Umsetzung der besten Ideen, und zwar unabhängig von ihrer Herkunft. Dieses Orientierungsmuster begünstigt das Generieren immer neuer Ideen und ihre Verbreitung in der Unternehmung, die Weitergabe von Ideen an Lieferanten und Abnehmer, die Überwindung des Not-Invented-Here-Syndroms und stellt sicher, dass die Ideen der Mitarbeiter auf allen Ebenen der Unternehmung Gehör finden. Ein Symbol dieses Orientierungsmusters ist der Slogan „Finding a Better Way Every Day", der auf Plakaten in den Produktionsanlagen und Büros in aller Welt zu lesen war. Ressortegoismus wurde mit Äußerungen sanktioniert, wie z. B. „Na, wenn das kein grenzenloses Verhalten ist" (vgl. Welch (1998), S. 200 ff.).

Die Unternehmungskultur kann eine **systembedingte Barriere** der Effizienzgestaltung sein (vgl. Schreyögg (1995), S. 119). Als Beispiele für Orientierungsmuster einer Unternehmungskultur, die systembedingte Barrieren der Effizienzgestaltung bilden, können genannt werden:

- Not-Invented-Here-Syndrom
  Vorschläge für Maßnahmen zur Effizienzgestaltung werden abgelehnt, da sie von einem Abnehmer, einem Lieferanten oder einem Wettbewerber angeregt worden sind. Wirkungsvolle Instrumente zur Effizienzgestaltung, wie z. B. das Benchmarking und das Reverse Engineering, werden nicht konsequent eingesetzt, da sie auf die Auswertung externer Anregungen zielen.

- Empire Building
  Das Ansehen und der Einfluss eines Bereichsleiters werden an die Höhe seines Budgets und die Zahl der ihm unterstellten Mitarbeiter geknüpft. Bereichsleiter tendieren deshalb zur Erweiterung des Leistungsprogramms ihres Bereichs. Die Bedeutung kundenbedingter Ineffizienzen wird heruntergespielt und der Abbau unterlassen.

- Null-Tarif-Denken
  Im Verständnis der Bereichsleiter verursacht der Verbrauch von Verwaltungsleistungen keine Kosten. Der Bezug und der Verbrauch von Verwaltungsleistungen wird deshalb nicht hinterfragt. Die Verschwendung dieser Leistungen wird nicht erkannt und auch nicht abgebaut.

– Ressortegoismus
Die Bereichsziele werden in den Bereichen höher gewichtet als die Erreichung der Unternehmungsziele. Erfahrungen mit der Umsetzung wirksamer Ideen zur Effizienzgestaltung werden nicht ausgetauscht.

– Selbstherrlichkeit des Managements
Äußerungen der Mitarbeiter zu Ideen für die Effizienzgestaltung werden als Kritik verstanden und ignoriert. Ideen zur Effizienzgestaltung werden von den Mitarbeitern als unerwünscht wahrgenommen und nicht länger geäußert.

Vom **Kostenmanagement** ist eine Unternehmungskultur zu schaffen, welche die Effizienzgestaltung fördert, d. h., das Verhalten der Unternehmungsangehörigen auf die Effizienzgestaltung ausrichtet. Nach der Ausrichtung werden in der Literatur in erster Linie innovationsfreundliche Unternehmungskulturen diskutiert (vgl. Corsten/Gössinger/Schneider (2006), S. 80). Es finden sich jedoch auch einige Beiträge zur Kostenkultur (vgl. Richardson (1988), S. 118 ff.; Shields/Young (1992), S. 23; Kajüter (1997), S. 82; Young (2003), S. 165 ff.; Wileman (2008), S. 17 ff.). Um das Schaffen effizienter Rahmenbedingungen und einer effizienten Leistungserstellung zu fördern, muss das Verhalten der Unternehmungsangehörigen durch

– das permanente Streben nach Verbesserung und

– ein ausgeprägtes Kostenbewusstsein

gekennzeichnet sein (vgl. Shields/Young (1992), S. 22). Das permanente Streben nach Verbesserung dient dem Abbau von Ineffizienzen durch kontinuierliche Verbesserung und Rationalisierung.

Unter **Kostenbewusstsein** kann ein Handlungs- bzw. Entscheidungsmuster verstanden werden, das aus einer hohen Gewichtung der Effizienzziele sowie Kenntnissen über die Kosteneinflussgrößen und die Wirkungsbeziehungen zwischen diesen Einflussgrößen und den Kosten resultiert (vgl. Shields/Young (1994), S. 192).

Verfügen die Unternehmungsangehörigen über ein ausgeprägtes Kostenbewusstsein, werden Ineffizienzen früher erkannt und abgebaut oder entstehen erst gar nicht.

Die **Kostenkultur** ist der Ausschnitt aus den Wertüberzeugungen, Denkmustern und Verhaltensnormen einer Unternehmungskultur, in denen Kostenbewusstsein und permanentes Streben nach Verbesserung verankert sind.

Abb. 2.9 nennt Beispiele zu den Inhalten einer Kostenkultur auf der Ebene der Symbole, der Werte und Normen sowie der Grundannahmen (in Anlehnung an Kieser (1986), S. 47 ff.; Gerpott (2005), S. 147 f.; Richardson (1988), S. 122 f.; Kajüter (1997), S. 89; Young (2003), S. 165 ff.; Balachandran/Balachandran (2005), S. 16; Wileman (2008), S. 17 ff.). Sie beruhen ausschließlich auf Plausibilitätsüberlegungen.

Symbole	Sprachliche Medien	– Anekdote über die Begegnung mit einem Manager, der in einem Abteil der zweiten Klasse zu einem Geschäftstermin unterwegs war – Anekdoten über herausragende Verbesserungsvorschläge
	Interaktionale Medien	– Monatliche Bekanntmachung der drei besten Kostensenkungsideen – Plattformen zur unternehmungsweiten Verbreitung von Kostensenkungsideen
	Objektivierte Medien	– Dienstwagen der Mittelklasse – Ausschließlich an der Zweckmäßigkeit ausgerichtete Büroausstattung auf allen Ebenen der Unternehmungshierarchie
Werte und Normen		– Es herrscht ein intensiver unternehmungsinterner Austausch von Kosteninformationen! – Wenn es der nachhaltigen Effizienzgestaltung dient, werden Kooperationspartner über die Kosten der Unternehmung informiert! – Es wird ein offener Kommunikationsstil zwischen den Unternehmungsbereichen gepflegt! – Vorschläge zur Effizienzgestaltung haben einen hohen Stellenwert im Wertesystem der Unternehmung! – Die kontinuierliche Suche nach Wegen, persönliche Risiken der Effizienzgestaltung für die Mitarbeiter zu vermeiden, hat einen hohen Stellenwert im Wertesystem der Unternehmung! – Verbesserungsvorschläge sind eine Chance zur Verbesserung der eigenen Arbeit! – Vorschläge zur Effizienzgestaltung werden objektiv und zügig beurteilt! – Die Erarbeitung und Umsetzung Erfolg versprechender Verbesserungsvorschläge wird unterstützt! – Die aktive Mitwirkung an der Effizienzgestaltung wird honoriert! – Eine gute Idee für eine Maßnahme zur Kostengestaltung kann auch in anderen Bereichen der Unternehmung umgesetzt werden. Die bereichsübergreifende Umsetzung von Ideen zur Kostengestaltung wird honoriert.
Grundannahmen	Bild von der Umwelt	– Um im Wettbewerb bestehen zu können, muss die Effizienz kontinuierlich und nachhaltig gesteigert werden. – Die Kosten sind nur das Symptom tiefer liegender Probleme. Diese Probleme gilt es zu lösen. – Der Markt setzt für die Kosten eine Obergrenze. – Die Umwelt ist eine Quelle für Chancen und Ideen zur Effizienzgestaltung.
	Natur der Wahrheit und Wirklichkeit	Eine Analyse der Wirkungen auf die Kosten oder die Kosteneinflussgrößen hat hohe Überzeugungskraft.
	Natur der Zeit	Jeder Tag, der bis zum Abbau bestehender Ineffizienzen vergeht, belastet das Unternehmungsergebnis.
	Natur des Raumes	Die Raumgröße ist eine Kosteneinflussgröße und steht nicht für Einfluss und Macht.
	Natur des Menschen	Die Mitarbeiter sind leistungsmotiviert und fähig, Kostensenkungsideen zu generieren und realisieren.
	Natur des menschlichen Handelns	Erfolg hat, wer kontinuierlich Kostensenkungsideen generiert und realisiert, zumindest jedoch Rationalisierungsprozesse initiiert.
	Natur zwischenmenschlicher Beziehungen	Erfolge setzen die bereichsinterne und -übergreifende Zusammenarbeit voraus.

Abb. 2.9: Beispiele für die Inhalte einer Kostenkultur

2.3.1.2 Strategien für den Kulturwandel

Die Unternehmungskultur ist das Ergebnis eines Lernprozesses und wird durch Sozialisationsprozesse vermittelt. Sie ist deshalb grundsätzlich veränderbar. Die Unternehmungskultur ist jedoch nicht direkt wandelbar. Sie muss von den Unternehmungsangehörigen gelernt werden. Ob ein **Wandel der Unternehmungskultur** zielorientiert gesteuert, d. h., eine Kostenkultur geschaffen werden kann, ist umstritten (vgl. Ebers (1995), Sp. 1676). Ein Weg zur Schaffung einer Kostenkultur wird darin gesehen, einen unternehmungskulturellen Lernprozess zielorientiert in Gang zu setzen, seine Entwicklung aber offen zu lassen (vgl. Ulrich (1993), Sp. 4361).

Um diesen Lernprozess auszulösen und aufrechtzuerhalten, stehen für jede **Phasen im Lebenszyklus einer Unternehmung** mehrere Strategien zur Verfügung. In Abb. 2.10 werden die **Strategien** zum Anstoß und zur Aufrechterhaltung eines Lernprozesses, der in einen Kulturwandel mündet, den Phasen im Lebenszyklus der Unternehmung zugeordnet. Die Strategien der frühen Phasen können auch in den nachfolgenden Phasen eingesetzt werden, jedoch eignen sich die Strategien der späten Phasen nicht für den Anstoß von Lernprozessen in den frühen Phasen (vgl. Schein (1995), S. 235 ff., (2004), S. 292 ff.).

Nachdem er ausgelöst ist, läuft der Prozess des kulturellen Wandels in drei Phasen ab (vgl. Schein (2004), S. 319 ff.):
– dem Auftauen,
– dem Verändern und
– dem Stabilisieren.

Gründungs- und Wachstumsphase	– **Schrittweise Anpassung an die Entwicklung der Unternehmung** Durch die Entwicklung der Unternehmung (z. B. Diversifikation, wachsende Komplexität) ändern sich die Ausdrucksformen der Kultur und bringen neue Verhaltensweisen hervor, die auf die Grundannahmen wirken. – **Schrittweise Anpassung an die spezielle Entwicklung einzelner Unternehmungsbereiche** Jeder Unternehmungsbereich wird mit anderen Unternehmungsbedingungen konfrontiert, an die er sich anpasst. Dadurch bildet sich eine Vielzahl von Subkulturen heraus, die auf die Unternehmungskultur wirken. – **Selbsttherapie** Das Management löst einen Prozess aus, in dem die Unternehmungsmitglieder die Stärken und Schwächen der Unternehmungskultur selbst bewerten, und unterstützen sie bei der Anpassung der kulturellen Annahmen, soweit es für das Überleben, die Effizienz und Effektivität der Unternehmung erforderlich ist. – **Förderung von Mischformen innerhalb der Kultur** Unternehmungsinterne Führungskräfte, deren Annahmen besser zu den veränderten Umwelt- und Unternehmungsbedingungen passen, und die von den Unternehmungsmitgliedern akzeptiert sind, werden in Schlüsselpositionen berufen.

Mittlere Phase	**– Systematische Förderung ausgewählter Subkulturen** Die Stärken und Schwächen der Subkulturen werden bewertet. Die Subkultur, die am besten zu den veränderten Unternehmungs- und Umweltbedingungen passt, wird gefördert, indem die Angehörigen der Subkultur in Schlüsselpositionen der Unternehmung berufen werden. **– Technologische Attraktivität** Das Management entscheidet sich bewusst für die Einführung einer neuen Technologie, um einen Kulturwandel auszulösen, wie z. B. Qualitätssicherungskonzepte (z. B. Six Sigma). Diese Strategie eignet sich, um bei kultureller Vielfalt die Wahrnehmung und das Verhalten der Unternehmungsmitglieder zu vereinheitlichen oder bestimmte kulturelle Annahmen zu stärken. **– Durchdringung mit Unternehmungsexternen** Durch die Neu- und Umbesetzung von Schlüsselpositionen in mehreren Unternehmungsbereichen und Ebenen der Führungshierarchie wird die Unternehmungskultur zerstört und ein Prozess zur Entwicklung einer neuen Unternehmungskultur ausgelöst.
Reife und Niedergang	**– Skandale und Entlarvung von Mythen** Diese Strategie greift, wenn das tatsächliche, von den Grundannahmen getragene Verhalten von den kommunizierten Werten und Normen abweicht. Der notwendige Kulturwandel wird ausgelöst, wenn die Grundannahmen die Ursache für einen Skandal sind, der nicht verborgen, vermieden oder geleugnet werden kann. Der für die Initiierung eines Kulturwandels notwendige Skandal kann auch bewusst herbeigeführt werden, indem zur rechten Zeit den richtigen Stellen Informationen übermittelt werden. **– Turnaround** Es handelt sich hierbei um keine eigenständige Strategie, sondern um die Kombination mehrerer Strategien zu einem Programm für den Kulturwandel durch einen starken Change Manager oder ein Change Team. **– Unternehmungszusammenschlüsse** Der Kulturwandel wird durch das Aufeinanderprallen verschiedener Kulturen ausgelöst, die mehr oder weniger unvereinbar sind. **– Zerstörung und Neubelebung** Die Gruppen, die Träger der Unternehmungskultur sind, werden aufgelöst und die Führungskräfte der alten Kultur freigesetzt. Die aus der Reorganisation hervorgehende Unternehmung entwickelt eine neue Unternehmungskultur.

Abb. 2.10: Strategien für den Kulturwandel

Ziel des **Auftauens** ist es, eine von der Mehrzahl der Unternehmungsmitglieder getragene Einsicht in die Notwendigkeit eines Kulturwandels und die Bereitschaft für einen Kulturwandel zu schaffen. Bevor eine Unternehmungskultur verändert werden kann, müssen die Annahmen aufgegeben werden, die in die Prozesse und Strukturen der Unternehmung übernommen worden und Bestandteile der individuellen Identität oder Gruppenidentität sind (vgl. Schein (2004), S. 320 ff.). Das **Verändern** der Unternehmungskultur besteht im Erlernen neuer kultureller Annahmen. Diesem Lernprozess muss ein klar formuliertes Ziel vorgegeben werden (vgl. Kieser (1986), S. 50). Der Lernprozess ist durch verschiedene Qualifizierungsmaßnahmen zu unterstützen und es sind Strukturen zu schaffen, die zu der neuen Art des Handelns, Entscheidens und Verhaltens konform sind (vgl. Schein (2004), S. 332 f.). Abb. 2.11 nennt Beispiele für Maßnahmen zur Förderung eines Lernprozesses, der zu einer Kostenkultur führen kann (vgl. Shields/Young (1992), S. 23; Shields/Young (1994), S. 190 f.). Das **Stabilisieren** setzt ein, wenn sich die neu erlernten kulturellen Annahmen wiederholt bewährt haben und zu Grundannahmen werden (vgl. Schein (2004), S. 328 f.).

- Die Unternehmungsführung demonstriert beharrlich die Bedeutung der Effizienzgestaltung.
- Es werden hervorragend qualifizierte Mitarbeiter zur Sicherung der Prozesssicherheit und Produktqualität eingestellt.
- Der Handlungsspielraum der Mitarbeiter wird durch Partizipation an Entscheidungen, die stärkere Einbindung in das Unternehmungsgeschehen und die Einrichtung autonomer funktionsübergreifender Arbeitsgruppen erweitert.
- Die Fertigkeiten, die Motivation und die Wandlungsfähigkeit werden durch Aus- und Weiterbildung sowie funktionsübergreifende Schulungen gefördert.
- Die Mitarbeiter werden ermutigt, bei der Aufgabenerfüllung und Problembewältigung neue Wege zu gehen.
- Den Mitarbeitern wird Kostenverantwortung übertragen.
- Die Mitarbeiter werden in die Planung der Kostenvorgaben einbezogen.
- Bürokratische Regeln werden abgebaut und ein offener funktionsübergreifender Kommunikationsstil gefördert und gepflegt.
- Die Mitarbeiter werden kontinuierlich über die Entwicklung einiger weniger Erfolgskennzahlen ihres Arbeitsbereichs informiert.
- Es wird ein Anreizsystem gestaltet, das Prämien für erfolgreiche Verbesserungsmaßnahmen oder Fortschritte bei den Erfolgskennzahlen gewährt.
- Die Mitarbeiter werden regelmäßig über die Kosten bei den Wettbewerbern, die Effizienz im eigenen Bereich und in anderen Bereichen informiert.

Abb. 2.11: Maßnahmen zur Schaffung einer Kostenkultur

2.3.2 Ausrichten der Unternehmungsorganisation

Das Kostenmanagement ist Aufgabe der gesamten Unternehmungsführung und bedarf deshalb keiner speziellen Organisation (anders z. B. Franz/Kajüter (2007), Sp. 981 f.). Die **Organisation der Unternehmung** ist jedoch für die Effizienzgestaltung von Bedeutung, da sie

- eine Kosteneinflussgröße ist,
- den institutionellen Rahmen für die Effizienzgestaltung in den verschiedenen Handlungsfeldern schafft und
- einen Einfluss auf das Kostenbewusstsein in der Unternehmung hat.

Die **institutionellen Aspekte des Kostenmanagements** betreffen deshalb nicht die Organisation dieses Aufgabenbereichs, sondern die Ausrichtung der Unternehmungsorganisation an den Erfordernissen der Effizienzgestaltung (in Anlehnung an Brehm/ Hackmann/Jantzen-Homp (2006), S. 212).

Auf die **Organisation als Kosteneinflussgröße** weisen Shields/Young und Hammer/Champy hin. Als Merkmale der Organisation mit Einfluss auf die Kosten werden die Art der horizontalen Gliederung der Unternehmung auf den verschiedenen Hierarchieebenen, die Stellenstruktur (einzelne Mitarbeiter oder Teams als Aufgabenträger) und die Leitungsstruktur genannt (vgl. Shields/Young (1992), S. 24 f., (1995), S. E1-8; Hammer/Champy (1996), S. 71 ff.). Die Gestaltung der Effizienz durch die Einflussnahme auf Entscheidungen über diese Kosteneinflussgrößen wird in Abschnitt 5.2 im Zusammenhang mit der Prozessinnovation betrachtet.

Aufgabe des Kostenmanagements ist es, den **institutionellen Rahmen** für die Effizienzgestaltung zu schaffen. Die organisatorischen Voraussetzungen für die kontinuierliche Verbesserung bilden Qualitätszirkel und ein betriebliches Vorschlagswesen (vgl. Abschnitt 4.2). Die Gestaltung effizienter Rahmenbedingungen verlangt nach einer Projektorganisation (vgl. Abschnitt 3.1.2.2). Diese organisatorischen Voraussetzungen der Effizienzgestaltung werden in den nachfolgenden Kapiteln für jedes Handlungsfeld getrennt erörtert.

Auf das **Kostenbewusstsein** in der Unternehmung kann das Kostenmanagement durch die Abgrenzung geeigneter Verantwortungsbereiche und die Verrechnung der Leistungsverflechtungen zwischen diesen Verantwortungsbereichen Einfluss nehmen (vgl. Young (2003), S. 139 ff.; Wileman (2008), S. 19 f.). Diese Aspekte werden im folgenden Abschnitt vertieft.

2.3.2.1 Abgrenzung von Verantwortungsbereichen

> **Verantwortungsbereiche** sind Unternehmungsbereiche, die interne Leistungen oder Absatzleistungen erstellen, über Entscheidungskompetenzen verfügen und für die Erreichung eines Zieles verantwortlich sind.

Durch die regelmäßige Ermittlung und Analyse des Zielbeitrags gewinnen die Bereichsleiter Kenntnisse über den Einfluss ihrer Tätigkeit auf die Zielerreichung. Aus der hohen Gewichtung des Zieles, für das ein Bereichsleiter verantwortlich ist, den Kenntnissen über die Einflussgrößen auf die Zielerreichung sowie die sie verbindenden Wirkungsbeziehungen entsteht bei dem Bereichsleiter ein **Bewusstsein** für die Zielgröße. Dieses Bewusstsein ist ein Handlungs- und Entscheidungsmuster, das auf die Erhöhung des Zielbeitrags gerichtet ist. Es motiviert Bereichsleiter, die Leistungen ihr Mitarbeiter an dem verfolgten Ziel auszurichten (vgl. Cooper (1998), S. 327 f.).

Nach dem Inhalt und dem Umfang der übertragenen Entscheidungskompetenzen werden verschiedene **Arten von Verantwortungsbereichen** unterschieden, die in Abb. 2.12 abgegrenzt werden (vgl. Anthony/Govindarajan (2007), S. 131 ff.).

Center \ Kriterium	Verantwort-lichkeit	Entscheidungs-kompetenzen	Vorgaben	Beispiel
Cost Center	Produktivität	Ausführung	Input, Output, Investitionen	Fertigungs-bereich
Service Center	Ausgaben, Kosten	Ausführung, Input	Output, Investitionen	Rechtsabteilung, Werbung, FuE
Revenue Center	Erlöse	Ausführung, Output	Input, Investitionen	Vertriebs-abteilung
Profit Center	Erfolg	Ausführung, Input, Output	Investitionen	Division
Investment Center	Rentabilität	Ausführung, Input, Output, Investitionen	Finanzmittel	Division

Abb. 2.12: Arten von Verantwortungsbereichen

Cost Center zeichnen sich durch drei Merkmale aus (vgl. Anthony/Govindarajan (2007), S. 134):
- der Input kann durch Kostengrößen gemessen werden,
- der Output kann quantitativ, jedoch nicht monetär erfasst werden und
- die Standardkosten sind bestimmbar.

Cost Center können im Fertigungsbereich der Unternehmung, teilweise aber auch im Verwaltungsbereich abgegrenzt werden. Da weder der Fertigungs- noch der Verwaltungsbereich am Markt tätig sind, kann der Output nicht monetär über den Umsatz erfasst werden. Die **Standardkosten** sind die unter den gegebenen Bedingungen minimalen Kosten einer abgegrenzten Leistung. Für eine Verwaltungseinheit lassen sie sich unter der Voraussetzung bestimmen, dass der Output in standardisierten Prozessen erstellt wird (vgl. Anthony/Govindarajan (2007), S. 134). Die Verantwortung der Cost Center erstreckt sich auf die Sicherung der Produktivität auf dem Niveau, das durch die Standardkosten vorgegeben ist. Erfasst werden kann der Zielbeitrag durch den Vergleich der Soll- und der Ist-Kosten aus einer flexiblen Plankostenrechnung (zur flexiblen Plankostenrechnung vgl. Friedl (2004), S. 280 ff.).

Um nicht nur Einfluss auf das Bewusstsein für die Kosten, sondern auch auf das Bewusstsein für die Quantität und Qualität der Leistung zu nehmen und damit das Engagement für eine **aggressivere Effizienzgestaltung** zu stärken, sind in einigen japanischen Unternehmungen die Cost Center im Fertigungsbereich in Mikroprofit Center umgewandelt worden (vgl. Cooper/Slagmulder (2006), S. 121 f.).

> Beim Konzept der **Mikroprofit Center** wird der Fertigungsbereich der Unternehmung in kleinere Bereiche gegliedert, denen nicht nur die Verantwortung für die Produktivität, sondern auch für die quantitative und qualitative Leistung übertragen wird (vgl. Cooper (1998), S. 327 f.). Mikroprofit Center sind erfolgsverantwortlich.

Nach der Abhängigkeit des Mikroprofit Center von der Unternehmung werden
- Pseudo-Mikroprofit Center und
- echte Mikroprofit Center

unterschieden (vgl. Cooper (1998), S. 327 f.). **Pseudo-Mikroprofit Center** sind Verantwortungsbereiche im Fertigungsbereich, die ihre Zwischenprodukte ausschließlich an andere Verantwortungsbereiche der Unternehmung liefern. Umsätze werden diesen Verantwortungsbereichen durch die Bewertung der innerbetrieblichen Leistungsverflechtungen mit Verrechnungspreisen zugerechnet (vgl. Cooper (1998), S. 331 ff.).

> **Verrechnungspreise** sind in der Unternehmung selbst festgelegte Wertansätze für Leistungen, die zwischen Verantwortungsbereichen innerhalb der Unternehmung ausgetauscht werden (vgl. z. B. Coenenberg (2003), S. 516).

Das Konzept der Pseudo-Mikroprofit Center weist folgende **Vorteile** auf (vgl. Cooper (1998), S. 332):
- stärkeres Zugehörigkeitsgefühl der Mitarbeiter, da der Beitrag zum Unternehmungserfolg sichtbar wird,
- Motivierung zu leistungsorientiertem Verhalten durch den Wettbewerb zwischen den verschiedenen Pseudo-Mikroprofit Centern, der durch die höhere Transparenz möglich wird, und
- die Verlagerung des Betrachtungsschwerpunktes von der reinen Kostensenkung auf die Effizienzgestaltung über die Verbesserung der internen Leistung.

Das Konzept der **echten Mikroprofit Center** sieht eine Verkleinerung der Unternehmung vor, indem zahlreiche autonome Einheiten gebildet werden. Echte Mikroprofit Center sind unabhängige, teilweise sogar rechtlich selbstständige Einheiten, die für den internen und externen Absatz abgegrenzter Ausschnitte des Produktsortiments der Unternehmung verantwortlich sind (vgl. Cooper (1998), S. 327 f., 356). Die Umsetzung dieses Konzeptes setzt voraus, dass es für die Zwischenprodukte auch unternehmungsexterne Kunden gibt und die Unternehmung bereit ist, die Zwischenprodukte an externe Kunden zu verkaufen. Die Gliederung des Fertigungsbereiches in echte Mikroprofit Center bremst das Wachstum der Bürokratie in der Unternehmung und verbessert die Fähigkeit der Unternehmung zur Anpassung an wechselnde Wettbewerbsbedingungen (vgl. Cooper (1998), S. 328 f.).

> **Service Center** sind Verwaltungseinheiten, deren Leistung nicht quantitativ erfasst werden kann. Standardkosten können deshalb nicht bestimmt werden.

Für Verwaltungseinheiten können keine Standardkosten bestimmt werden, wenn die Leistungserstellungsprozesse nicht repetitiv sind oder neuartige oder nur unpräzise abgegrenzte Aufgabenstellungen übertragen werden und damit der Ablauf des Leistungserstellungsprozesses unbekannt ist (vgl. Picot/Rischmüller (1981), S. 333). Den Service Centern werden **Kosten- oder Ausgabenbudgets** vorgegeben. Diese spiegeln jedoch nicht die Kosten bzw. Ausgaben bei effizienter Leistungserstellung wider (vgl. Anthony/Govindarajan (2007), S. 134 f.).

Revenue Center sind Absatzeinheiten, die primär für die Erlöse verantwortlich sind. Ihre Verantwortung für den Input erstreckt sich nur auf die Kosten des Prozesses der Leistungsverwertung, nicht jedoch auf die Kosten der verwerteten Produkte (vgl. Anthony/Govindarajan (2007), S. 133).

Der Ablauf des Prozesses der Leistungsverwertung hängt von einer Vielzahl externer Faktoren ab und kann nicht standardisiert werden. Damit sind für diese Prozesse keine Standardkosten bestimmbar. Für die Leistungsverwertungsprozesse werden den Revenue Centern Ausgaben- oder Kostenbudgets vorgegeben. Wie auch die Budgets der Service Center spiegeln sie nicht den Input bei effizientem Prozessvollzug wider.

Profit Center sind Verantwortungsbereiche, die sowohl für den Erlös als auch für die Kosten der Leistungserstellung und -verwertung verantwortlich sind, d. h. für den Erfolg. Die Verantwortung der **Investment Center** erstreckt sich nicht nur auf den Erfolg der Leistungserstellung und -verwertung, sondern auch auf das dafür eingesetzte Kapital (vgl. Anthony/Govindarajan (2007), S. 15).

2.3.2.2 Verrechnung interner Leistungen

In den Verantwortungsbereichen fallen nicht nur Kosten für den Verbrauch von Einsatzgütern an, die vom Beschaffungsmarkt bezogen werden. Verbraucht werden auch Leistungen, die in anderen Verantwortungsbereichen der Unternehmung erstellt werden. Bei diesen Leistungen kann es sich um Betriebsstoffe, Bauteile oder Verwaltungsleistungen handeln. Um das **Bewusstsein für die Kosten** zu schärfen, die für den Verbrauch dieser Leistungen anfallen, sollen sie nicht den liefernden Verantwortungsbereichen angelastet, sondern den abnehmenden Verantwortungsbereichen zugerechnet werden (vgl. Johnson (1988), S. 27 f.).

Zwischen dem Leistungsprogramm der Unternehmung und den **Leistungen der Verwaltung** besteht kein Zusammenhang (vgl. Picot (1979), S. 1156). Leiter von Verwaltungseinheiten sind zudem motiviert, das Leistungsprogramm ihres Bereichs mit dem Ziel auszudehnen, ihr Budget und damit ihren Einfluss zu erhöhen (vgl. Anthony/Govindarajan (2007), S. 136. Dieses Verhalten wird auch als „Empire Building" bezeichnet (vgl. Kaplan/Atkinson (1998), S. 302 f.). Es besteht deshalb die Gefahr, dass im Verwaltungsbereich Leistungen erstellt werden, die objektiv nicht nötig sind, wie z. B. früher einmal benötigte Leistungen, auf die inzwischen jedoch verzichtet werden könnte. Durch die Verrechnung der Verwaltungsleistungen auf die abnehmenden Bereiche kann dem „Null-Tarif-Denken" entgegengewirkt werden (vgl. Wegmann (1982), S. 48). Die Nachfrage nach nicht notwendigen Leistungen, die nur bei kostenloser Bereitstellung beansprucht werden, kann eingeschränkt oder vermieden werden (vgl. Sakurai (1997), S. 292) und Entscheidungsträger in den Verantwortungsbereichen können zu einem effizienten Umgang mit den Verwaltungsleistungen motiviert werden (vgl. Picot/Rischmüller (1981), S. 333). Werden die Verwaltungseinheiten nur von den Kosten der tatsächlich beanspruchten Verwaltungsleistungen entlastet, werden die Leiter dieser Bereiche auch motiviert, nicht nachgefragte Verwaltungsleistungen abzubauen. Dem Empire Building kann so entgegengewirkt werden.

Die **Verrechnung der Kosten von Verwaltungsleistungen** setzt jedoch voraus, dass die Verwaltungsleistung

– abgrenzbar und messbar ist,

– auf Veranlassung des abnehmenden Verantwortungsbereiches erstellt wird und

– beim abnehmenden Verantwortungsbereich einen Nutzen erbringt

(vgl. Scherz (1998), S. 165 ff.). Als Beispiele für diese Verwaltungsleistungen werden Schulungen und IV-Leistungen genannt (vgl. Sakurai (1997), S. 285 ff.). Für Verwaltungsleistungen, die diesen Anforderungen genügen, stehen zwei **Verfahren der Kostenverrechnung** zur Verfügung (vgl. Wegmann (1982), S. 47 ff.):

– die Kostenumlage und

– der Verrechnungspreis.

> Bei der **Kostenumlage** werden die gesamten Kosten einer Verwaltungseinheit nachträglich über eine Bezugsgröße möglichst verursachungsgerecht auf die Verantwortungsbereiche verrechnet, die Verwaltungsleistungen bezogen haben.

Die Kosten, die einem Verantwortungsbereich zugerechnet werden, ergeben sich aus:

$$K_{ij} = \frac{K_i}{\sum\limits_{n=1}^{J} b_{in}} \cdot b_{ij} = k_i \cdot b_{ij} \text{ für } i = 1, ..., I \text{ und } j = 1, ..., J$$

wobei K_{ij} = Kosten der Verwaltungsstelle i (i = 1, ..., I), die dem Verantwortungsbereich j (j = 1, ..., J) zugerechnet werden,

K_i = Kosten der Verwaltungsstelle i,

b_{ij} = Leistung, die Verantwortungsbereich j von Verwaltungsstelle i bezieht,

k_i = Kostensatz der Verwaltungsstelle i.

In der Regel sind die Kosten des Verwaltungsbereiches zumindest kurzfristig nicht von der Leistungsmenge abhängig. Reduzieren Verantwortungsbereiche ihre Nachfrage nach Verwaltungsleistungen, werden die Kosten der liefernden Verwaltungseinheit auf eine geringere Menge abgesetzter Verwaltungsleistungen verteilt, d. h., der Kostensatz k_i der Verwaltungseinheit steigt. Die Senkung der verrechneten Verwaltungskosten, die der abnehmende Verantwortungsbereich durch die Reduktion der Nachfrage anstrebt, wird damit nicht realisiert, da sie durch den gestiegenen Kostensatz zumindest teilweise kompensiert wird (vgl. Wagenhofer/Riegler (1994), S. 481). Die Umlage der Verwaltungskosten motiviert die Leiter der Verantwortungsbereiche deshalb nur begrenzt zum Verzicht auf die Inanspruchnahme von Verwaltungsleistungen, die nicht benötigt werden oder nur von sehr geringem Nutzen sind. Der Leiter eines Verwaltungsbereichs wird auch nicht motiviert sein, nicht nachgefragte Verwaltungsleistungen abzubauen, wenn stets die gesamten Verwaltungskosten einer Periode auf die Verantwortungsbereiche verrechnet werden.

Bei der Verrechnung über **Verrechnungspreise** wird ein Preis pro Leistungseinheit ausgehandelt oder vorgegeben. Die durch eine Senkung der Abnahmemenge angestrebte Senkung der verrechneten Verwaltungskosten wird damit in vollem Umfang realisiert. Die Verantwortungsbereiche sind deshalb motiviert, die Nachfrage nach Verwaltungsleistungen zu reduzieren. Die Kosten für Verwaltungsleistungen, die von den Verantwortungsbereichen nicht abgenommen werden, verbleiben bei der liefernden Verwaltungseinheit. Bei der Verrechnung von Verwaltungsleistungen über Verrechnungspreise werden die Verwaltungseinheiten motiviert, nicht nachgefragte Leistungen abzubauen. Die Verrechnung von Verwaltungsleistungen über Verrechnungspreise erhöht in den Verantwortungsbereichen das Bewusstsein für die Kosten von Verwaltungsleistungen. Dieses Verfahren zur Verrechnung der Kosten von Verwaltungsleistungen führt zu einer gründlicheren Analyse der Kosten und des Nutzens der Verwaltungsleistungen sowohl in der Verwaltungseinheit selbst als auch in den Verantwortungsbereichen und damit zu einem effizienteren Umgang mit den Ressourcen für die Erstellung der Verwaltungsleistungen (vgl. Sakurai (1997), S. 294 f.). Bei der Verrechnung von Verwaltungsleistungen über Verrechnungspreise werden nur die Kosten der Verwaltungsleistungen betrachtet, nicht aber ihre langfristigen Wirkungen auf die Unternehmungsziele. Es besteht deshalb die Gefahr, dass zur Erreichung kurzfristiger Kosten- oder Erfolgsziele auf Verwaltungsleistungen verzichtet wird, die für die Erreichung der langfristigen Unternehmungsziele von Bedeutung sind, wie z. B. Schulungen und Software-Entwicklungen (vgl. Picot/Rischmüller (1981), S. 338).

2.4 Personenbezogene Aufgaben des Kostenmanagements

2.4.1 Obligatorische Aufgaben

Die Rationalisierung kann zur Veränderung des Personalbedarfs, zum Einsatz neuer Arbeitstechniken oder zu einer Änderung der Arbeitsorganisation führen. Die Planung und Umsetzung von Rationalisierungsmaßnahmen unterliegt deshalb generell den Mitbestimmungsrechten der Arbeitnehmervertretung nach dem Betriebsverfassungsgesetz (BetrVG) und dem Gesetz über Sprecherausschüsse der leitenden Angestellten (SprAnG). Führt das Rationalisierungsvorhaben zu betriebsbedingten Kündigungen, ergibt sich aus dem Kündigungsschutzgesetz (KSchG) für den Arbeitgeber eine Reihe von Pflichten.

Die **betriebliche Mitbestimmung** ist für die leitenden Angestellten im Gesetz über Sprecherausschüsse der leitenden Angestellten (SprAuG), für alle anderen Arbeitnehmer im Betriebsverfassungsgesetz (BetrVG) geregelt. Sie betrifft die Beteiligung der Arbeitnehmer an Entscheidungen über soziale, personelle und wirtschaftliche Angelegenheiten, von denen sie unmittelbar betroffen sind, durch eine kollektive Interessenvertretung (vgl. Sundermann (1992), Sp. 1344 f.). Organe der kollektiven Interessenvertretung sind der Betriebsrat (§ 1 BetrVG), die Einigungsstelle (§ 76 BetrVG), der Wirtschaftsausschuss (§ 106 BetrVG) und der Sprecherausschuss der leitenden Angestellten (§ 1 SprAuG). Nach § 106 BetrVG ist in Unternehmungen mit in der Regel mehr als 100 ständig beschäftigten Arbeitnehmern der Wirtschaftsausschuss über **Rationalisierungsvorhaben** und die sich daraus ergebenden Auswirkungen auf die Personalplanung unter Vorlage der erforderlichen Unterlagen zu informieren. Darüber hinaus fallen viele Rationalisierungsmaßnahmen und ihre Konsequenzen unter die Mitwirkungs- und Mitbestimmungsrechte des Betriebsrates und des Sprecherausschusses. Weiterhin sind **Entlassungen**, die aus einer Rationalisierungsmaßnahme folgen, ab einer bestimmten Größenordnung der Agentur für Arbeit zu melden. Abb. 2.13 gibt einen Überblick über die gesetzlichen Regelungen, die für Rationalisierungsvorhaben sowie für Maßnahmen in anderen Handlungsfeldern des Kostenmanagements relevant sein können.

Betriebsverfassungsgesetz (BetrVG)		
Gegenstand	Sachverhalte	Rechte
Soziale Angelegenheiten (§ 87 Abs. 1 BetrVG)	Vorübergehende Kürzung oder Verlängerung der betrieblichen Arbeitszeit, Festsetzung leistungsbezogener Entgelte (Anreizsysteme), Grundsätze über das betriebliche Vorschlagswesen	Mitbestimmungsrecht
Gestaltung von Arbeitsplatz, Arbeitsablauf und Arbeitsumgebung (§§ 90 f. BetrVG)	Planung neuer oder Änderung bestehender betrieblicher Bauten, technischer Anlagen, Arbeitsverfahren und Arbeitsabläufe sowie Arbeitsplätze	– Informationsrecht – Beratungsrecht – Initiativrecht bei besonderen Belastungen der Arbeitnehmer (angemessene Maßnahmen zur Abwendung, zur Milderung oder zum Ausgleich der Belastungen)

Personelle Angelegenheiten	Allgemeine personelle Angelegenheiten (§§ 92, 92a BetrVG)	Personalplanung, gegenwärtiger und künftiger Personalbedarf, personelle Maßnahmen, Maßnahmen zur Berufsbildung	– Informationsrecht – Beratungsrecht (Art und Umfang der erforderlichen Maßnahmen, Vermeidung von Härten)
		Vorschlagsrecht zur Sicherung und Förderung der Beschäftigung (z. B. flexible Gestaltung der Arbeitszeit, neue Formen der Arbeitsorganisation, Änderung der Arbeitsverfahren und Arbeitsabläufe, Alternativen zur Ausgliederung der Arbeit)	
	Berufsbildung (§§ 97 II, 98 BetrVG)	– Einführung von Maßnahmen der betrieblichen Berufsbildung, wenn Maßnahmen geplant oder durchgeführt werden, die dazu führen, dass sich die Tätigkeiten der Arbeitnehmer ändern und ihre beruflichen Kenntnisse und Fähigkeiten nicht mehr ausreichen – Durchführung von Maßnahme der betrieblichen Berufsbildung – Auswahl der Teilnehmer an Maßnahmen der betrieblichen Berufsbildung, die vom Arbeitgeber gefördert werden	– Mitbestimmungsrecht
	Personelle Einzelmaßnahmen (§ 99 BetrVG)	Einstellung, Eingruppierung, Umgruppierung und Versetzung	– Informationsrecht[1] – Zustimmungsverweigerungsrecht bei den in § 99 II abschließend aufgeführten Gründen[1]
		Kündigung	Anhörungsrecht
		Ordentliche Kündigung	Widerspruchsrecht bei den in § 102 III abschließend aufgeführten Gründen
Wirtschaftliche Angelegenheiten	Unterrichtung in wirtschaftlichen Angelegenheiten (§ 106 BetrVG)[2]	– Rationalisierungsvorhaben – Fabrikations- und Arbeitsmethoden, insbesondere die Einführung neuer Arbeitsmethoden – Einschränkung oder Stilllegung von Betrieben oder von Betriebsteilen – Verlegung von Betrieben oder Betriebsteilen – Zusammenschluss oder Spaltung von Unternehmungen oder Betrieben – Änderung der Betriebsorganisation oder des Betriebszwecks	Informationsrecht des Wirtschaftsausschusses, der den Betriebsrat zu unterrichten hat

Betriebsänderungen (§§ 111 f. BetrVG)[1]	Geplante Betriebsänderungen, die wesentliche Nachteile für die Belegschaft oder erhebliche Teile der Belegschaft zur Folge haben können; Betriebsveränderungen sind – Einschränkung oder Stilllegung des ganzen Betriebs oder von wesentlichen Betriebsteilen – Verlegung des ganzen Betriebs oder wesentlicher Betriebsteile – Zusammenschluss mit anderen Betrieben oder die Spaltung von Betrieben – Grundlegende Änderungen der Betriebsorganisation, des Betriebszwecks oder der Betriebsanlagen – Einführung grundlegend neuer Arbeitsmethoden und Fertigungsverfahren	– Informationsrecht – Beratungsrecht
	– Interessenausgleich über die Betriebsänderung	Vorschlagsrecht
	– Sozialplan	– Initiativrecht – Mitbestimmungsrecht

Gesetz über Sprecherausschüsse der leitenden Angestellten (SprAuG)		
Arbeitsbedingungen und Beurteilungsgrundsätze (§ 30 SprAuG)	– Gehaltsgestaltung – Allgemeine Arbeitsbedingungen	Informations- und Beratungsrecht
Personelle Maßnahmen (§ 31 SprAuG)	Einstellung, personelle Veränderung	Informationsrecht
	Kündigung	– Anhörungsrecht – Widerspruchsrecht
Wirtschaftliche Angelegenheiten (§ 32 SprAuG)	Wirtschaftliche Angelegenheiten nach § 106 BetrVG	Informationsrecht
	Betriebsänderungen nach § 111 BetrVG, die für die leitenden Angestellten wesentliche Nachteile haben können	Informationsrecht
	Interessenausgleich über die Betriebsänderung	Vorschlagsrecht

Kündigungsschutzgesetz (KSchG)		
Abfindungsanspruch bei betriebsbedingter Kündigung (§ 1a KSchG)	0,5 Monatsverdienste für jedes Jahr des Bestehens des Arbeitsverhältnisses	

Sozialauswahl bei betriebsbedingter Kündigung (§ 1 Abs. 3 KSchG)	Berücksichtigung sozialer Gründe bei der Auswahl der zu kündigenden Mitarbeiter (Dauer der Betriebszugehörigkeit, Lebensalter, Unterhaltspflichten, Schwerbehinderung)	
Anzeigepflicht (§ 17 KSchG)	Entlassung von – mehr als 5 AN in Betrieben mit in der Regel mehr als 20 und weniger als 60 AN) – 10 % der regelmäßig beschäftigten AN, aber mehr als 25 AN in Betrieben mit in der Regel mindestens 60 und weniger als 500 AN – mindestens 30 AN in Betrieben mit in der Regel mindestens 500 AN innerhalb von 30 Tagen	– Anzeigepflicht gegenüber der Agentur für Arbeit – Informationspflicht und Beratungspflicht (Möglichkeiten der Vermeidung oder Einschränkung der Entlassungen und Milderung ihrer Folgen) gegenüber dem Betriebsrat über die Gründe der geplanten Entlassungen, Art und Berufsgruppe der zu entlassenden Arbeitnehmer, Zeitraum, in dem die Entlassungen vorgenommen werden usw.
Entlassungssperre (§ 18 KSchG)	Anzeigepflichtige Entlassungen werden vor Ablauf eines Monats nach Eingang der Anzeige bei der Agentur für Arbeit nur mit ihrer Zustimmung wirksam	

1) Nur in Unternehmungen mit in der Regel mehr als 20 wahlberechtigten Arbeitnehmern
2) Nur in Unternehmungen mit in der Regel mehr als 100 wahlberechtigten Arbeitnehmern
AN Arbeitnehmer

Abb. 2.13: Rechtliche Regelungen zur Rationalisierung

Wie Abb. 2.13 zeigt, sieht der Gesetzgeber bei der Rationalisierung neben Mitbestimmungsrechten eine Vielzahl verschiedener Mitwirkungsrechte der Arbeitnehmervertretungen vor. Diese **Mitbestimmungs- und Mitwirkungsrechte** haben folgende Inhalte (vgl. Hentze (1994), S. 129 ff.):

– **Mitbestimmungsrechte**
Der Betriebsrat kann bei Meinungsverschiedenheiten mit dem Arbeitgeber unter Einschaltung der Einigungsstelle eine verbindliche Regelung herbeiführen.

– **Zustimmungsverweigerungsrechte** bei personellen Einzelmaßnahmen
Der Arbeitgeber hat den Betriebsrat über die geplanten Maßnahmen zu unterrichten. Verweigert der Betriebsrat seine Zustimmung, können die Maßnahmen nicht durchgeführt werden. Der Arbeitgeber kann beim Arbeitsgericht beantragen, die Zustimmung des Betriebsrates zu ersetzen.

– **Widerspruchsrechte** bei ordentlicher Kündigung
Widerspricht der Betriebsrat einer ordentlichen Kündigung und klagt der Betroffene auf Feststellung, muss er auf Verlangen bis zum rechtskräftigen Abschluss des Rechtsstreites unter unveränderten Bedingungen weiterbeschäftigt werden.

- **Informations- und Beratungsrechte**
Der Betriebsrat bzw. der Wirtschaftsausschuss sind unter Vorlage der erforderlichen Unterlagen so frühzeitig über vorgesehene Maßnahmen, die diesem Recht unterliegen, und die daraus resultierenden Auswirkungen für die Arbeitnehmer zu informieren, dass die vom Betriebsrat vorgetragenen Vorschläge und Bedenken bei der Planung noch berücksichtigt werden können. Kommt die Unternehmung ihren Informationspflichten gegenüber dem Betriebsrat nicht nach, können Ansprüche der Arbeitnehmer auf Nachteilsausgleich begründet werden (vgl. Sundermann (1992), Sp. 1358).

- **Initiativrechte**
Der Betriebsrat kann vom Arbeitgeber die Durchführung bestimmter Maßnahmen verlangen.

- **Vorschlagsrechte**
Der Betriebsrat hat das Recht, Vorschläge zur Sicherung und Förderung der Beschäftigung und zum Interessenausgleich bei Betriebsänderungen zu unterbreiten. Die Ablehnung von Vorschlägen zur Beschäftigungssicherung und -förderung müssen vom Arbeitgeber begründet werden. Bei Meinungsverschiedenheiten zwischen Arbeitgeber und Betriebsrat über den Interessenausgleich bei Betriebsänderungen sind Dritte (Vorstand der Bundesagentur für Arbeit, Einigungsstelle) als Vermittler einzuschalten.

- **Anhörungsrechte** bei Kündigungen
Eine Kündigung, die ohne Anhörung des Betriebsrates ausgesprochen wird, ist unwirksam.

Bei Meinungsverschiedenheiten zwischen Arbeitgeber und Betriebsrat über geplante Betriebsänderungen werden Beratungen mit dem Ziel aufgenommen, einen **Interessenausgleich** herbeizuführen. Gegenstand der Verhandlungen sind die Notwendigkeit, die Art und der zeitliche Ablauf der Betriebsänderung, die technisch-organisatorischen und die personellen Maßnahmen sowie die Abgrenzung des betroffenen Personenkreises nach sozialen Gesichtspunkten (vgl. Schmidt (1989), S. 72 ff.).

Maßnahmen zur Abwendung, Milderung oder dem Ausgleich von Nachteilen der Betriebsänderung für die Arbeitnehmer sind Gegenstand des **Sozialplans**. Der klassische Sozialplan hat eine Überbrückungs- und Versorgungsfunktion. Geregelt werden vor allem die Abfindungen bei Entlassung und die Kompensation von Nachteilen bei Versetzung. Dem Sozialplan wird inzwischen zunehmend auch eine Beschäftigungssicherungsfunktion zugewiesen, die darin besteht, den Betroffenen neue, gleichwertige Beschäftigungschancen zu eröffnen oder die Existenzgründung zu ermöglichen. Diese Sozialpläne werden in der Wirtschaftspraxis auch als **Transfersozialpläne** bezeichnet (vgl. Kaba (2001), S. 21 f.). Sie konkretisieren die durchzuführenden Transfermaßnahmen. Das sind Maßnahmen, die der Eingliederung der Betroffenen in den Arbeitsmarkt oder dem Übergang in die Selbstständigkeit dienen. Seit dem 01.01.2004 werden nach § 216a SGB III Transfermaßnahmen finanziell gefördert. Voraussetzungen dieser Förderung sind

- die Durchführung der Transfermaßnahmen vor Ablauf der Kündigungsfrist,
- die Durchführung der Transfermaßnahmen durch einen Dritten,
- die Sicherstellung der Durchführung der Transfermaßnahmen,
- die Anwendung eines Systems zur Sicherung der Qualität der Transfermaßnahmen sowie
- die angemessene Beteiligung des Arbeitgebers an den Kosten der Transfermaßnahmen.

Transfermaßnahmen, die nach § 216a SGB III gefördert werden können, sind

- Profiling
  Arbeitsmarktlich zweckmäßige Maßnahme zur Feststellung der Eingliederungsaussichten (vgl. § 216b SGB III); Maßnahmen, durch welche die Leistungsfähigkeit, die Arbeitsmarktchancen und der Qualifikationsbedarf der Betroffenen festgestellt wird;
- Outplacement-Beratung
  Gezielte Hilfe bei der Bewerbung und Stellensuche, z. B. durch Stellensuche (aktive Ansprache von Unternehmungen, Auswertung von Stellenanzeigen in Zeitungen und im Internet), Beratung zu Stellenangeboten, Bewerbungstraining, Optimierung der Bewerbungsunterlagen;
- Kurzqualifizierung sowie
- Existenzgründerseminare.

Der Transfersozialplan kann den Betroffenen die Möglichkeit eröffnen, für maximal 12 Monate in eine Transfergesellschaft (früher: Beschäftigungsgesellschaft) zu wechseln. Nach § 216b SGB III erhält der Arbeitnehmer während dieser Zeit Transferkurzarbeitergeld. Die Förderung setzt u. a. voraus, dass eine Vermittlung nicht möglich ist und der Betroffene an einem Profiling teilgenommen hat. Die Transfergesellschaft bietet dem Arbeitnehmer Transfermaßnahmen an. Zu diesen zählen mit Ausnahme des Profiling die oben genannten Maßnahmen, Weiterbildungs- und Qualifizierungsmaßnahmen sowie die zeitliche Überlassung der Mitarbeiter an eine andere Unternehmung (zum Zwecke der Erprobung oder Qualifizierung).

Aus den gesetzlichen Regelungen, die für die Rationalisierung relevant sein können, ergeben sich folgende **obligatorische Aufgaben des Kostenmanagements**:

- die Erfassung und Bereitstellung von Informationen über Rationalisierungsvorhaben, insbesondere über die Auswirkungen alternativer Rationalisierungsmaßnahmen auf die Arbeitnehmer,
- die Analyse und Beurteilung der Vorschläge des Betriebsrates und des Sprecherausschusses,
- die Vorbereitung und Durchführung von Verhandlungen mit dem Betriebsrat und dem Sprecherausschuss,
- die Zusammenarbeit mit der Bundesagentur für Arbeit und den Agenturen für Arbeit,

- die Planung, Durchführung und Kontrolle von Transfermaßnahmen bzw. der Übertragung der Durchführung der Transfermaßnahmen an eine entsprechende Dienst-
leistungsunternehmung, wie z. B. Karent, Mypegasus, BAQ-Transfer- und Qualifi-
zierungsgesellschaft mbh, SKP AG;

- die Planung, Realisation und Steuerung von Maßnahmen zur Finanzierung von
Transfermaßnahmen.

2.4.2 Fakultative Aufgaben

2.4.2.1 Schaffen von Akzeptanz für die Effizienzgestaltung

Der Effizienzgestaltung können vielfältige Barrieren entgegenstehen. Abb. 2.14 gibt
einen Überblick über Objekte, gegen die sich diese Barrieren richten, und Träger dieser Barrieren. Damit aus den Barrieren keine destruktive Opposition der Beteiligten
oder Betroffenen entsteht, ist es Aufgabe des Kostenmanagements, Akzeptanz für die
Effizienzgestaltung im Allgemeinen und für die einzelnen Maßnahmen zur Effizienzgestaltung zu schaffen.

Objekte der Barrieren	Träger der Barrieren
Systeme der Effizienzgestaltung, z. B. Systeme zur Planung und Kontrolle von Kostenvorgaben oder zur kontinuierlichen Verbesserung (Qualitätszirkel, Betriebliches Vorschlagswesen)	Träger der Aufgaben innerhalb dieser Systeme; Mitarbeiter, die von den Ergebnissen dieser Systeme betroffen sind
Vorgaben für das Schaffen einer effizienten Leistungserstellung oder effizienter Rahmenbedingungen	Träger der Realisation dieser Vorgaben
Maßnahmen zur Neugestaltung oder Rationalisierung der Rahmenbedingungen	Träger der Umsetzung dieser Maßnahmen; Mitarbeiter, die von diesen Maßnahmen betroffen sind
Leistungserstellungsprozesse, die durch die Effizienzgestaltung verändert worden sind	Träger der Leistungserstellung

Abb. 2.14: Barrieren gegen die Effizienzgestaltung

Unter **Akzeptanz** wird nicht nur die positive Wertschätzung der Effizienzgestaltung verstanden, sondern zusätzlich auch die Bereitschaft zur aktiven Mitwirkung an der Effizienzgestaltung bzw. zur aktiven Anpassung an die durch die Effizienzgestaltung bewirkten Veränderungen (vgl. Wiendieck (1992), Sp. 91 f.).

Akzeptanz für die Effizienzgestaltung wird durch die Einflussnahme auf die Ursachen
der Widerstände von Beteiligten und Betroffenen geschaffen. Zu dieser Einflussnahme
eignen sich die folgenden **Maßnahmen** (vgl. Koch (2004), S. 115 f.):

- die Kommunikation,
- die Partizipation der Betroffenen bei der Planung der Maßnahmen,
- die Motivierung,
- die Gestaltung des Veränderungsprozesses und
- die Qualifizierung der Betroffenen und Beteiligten.

In Abb. 2.15 werden diese Maßnahmen den Ursachen von Widerständen exemplarisch zugeordnet. Vielfach eignet sich zur Einflussnahme auf eine dieser Ursachen auch eine Kombination verschiedener Maßnahmen (zu einer ähnlichen Abbildung vgl. Steiger/Hug (2008), S. 265).

Maßnahmen zur Schaffung von Akzeptanz	Ursache von Widerständen
Kommunikation	− Unsicherheit über die Konsequenzen der Rationalisierung − Ängste vor einer Verschlechterung der Arbeitssituation − Fehlende Einsicht in die Notwendigkeit der Rationalisierung − Unklare Vorstellungen über das Rationalisierungsvorhaben − Verletzung des Vertrauensverhältnisses zwischen Arbeitnehmer und Arbeitgeber − Erfahrungen mit früheren Rationalisierungsvorhaben − Unvereinbarkeit mit der Unternehmungskultur − Ethische Bedenken
Partizipation	− Einschätzung, dass das Rationalisierungsvorhaben nicht zielführend ist oder zur falschen Zeit durchgeführt wird − Unzufriedenheit mit der Art der Durchführung des Rationalisierungsvorhabens
Motivierung	− Mangelnde Bereitschaft zur Veränderung, Bequemlichkeit − Persönliche Lebensumstände der Mitarbeiter
Gestaltung der Veränderungsprozesse	Überforderung der Fähigkeit der Mitarbeiter zur Veränderung
Qualifizierung	Befürchtungen der Beteiligten und Betroffenen bezüglich der geforderten Fähigkeiten und Fertigkeiten

Abb. 2.15: Maßnahmen zur Schaffung von Akzeptanz

(1) Kommunikation

Was unter Kommunikation zu verstehen ist, hängt vom zugrunde liegenden Kommunikationsmodell ab. Unterschieden werden u. a. informations-, sprach- und verhaltenstheoretische Kommunikationsmodelle (vgl. Reichwald (1993), Sp. 2175 ff.). Hier wird von einem **verhaltenstheoretischen Verständnis** ausgegangen, d. h. von der Kommunikation als gegenseitige Verhaltensbeeinflussung durch die Übertragung von Informationen (vgl. Koch (2004), S. 38 ff.).

> **Kommunikation** ist ein Prozess zur zweckgerichteten Übertragung von Informationen zwischen Sender und Empfänger zu einem bestimmten Zeitpunkt in einem bestimmten Kontext mit den Phasen (in Anlehnung an Titscher (1995), Sp. 1312 ff.; Brehm (2002), S. 266):
> – Auswahl der Informationen durch den Sender,
> – Mitteilung der ausgewählten Informationen und
> – Verstehen der übermittelten Informationen.

Kommunikation ist damit nicht auf die Übermittlung von Informationen beschränkt, sondern schließt auch die Informationsverarbeitungs-, Wahrnehmungs- und Interpretationsvorgänge beim Sender und Empfänger ein (vgl. Gebert (1992), Sp. 1111). **Zweck der Kommunikation** ist es, die Beteiligten und Betroffenen in die Lage zu versetzen, die Notwendigkeit der Effizienzgestaltung zu erkennen und realistische Erwartungen über die Auswirkungen der Veränderungen auf ihre persönliche Situation zu bilden.

(2) Partizipation der Betroffenen

> Unter **Partizipation** wird generell die Teilnahme oder Beteiligung betroffener Mitarbeiter an den Entscheidungen einer Instanz verstanden (vgl. Brose/Corsten (1983), S. 26).

Bei der **Teilnahme** an Entscheidungen verfügen die betroffenen Mitarbeiter über Mitwirkungsrechte, d. h. Anhörungs-, Vorschlags- oder Beratungsrechte. Bei der **Beteiligung** haben die betroffenen Mitarbeiter darüber hinaus Mitentscheidungsrechte (vgl. Wagner (2004), Sp. 1115 f.). Die **Entscheidungen** können Vorgaben, den Mitteleinsatz oder komplexe Maßnahmen zum Gegenstand haben (vgl. Schanz (1992), Sp. 1909 ff.). **Betroffen** sind Mitarbeiter, wenn sie die Ergebnisse der Entscheidung befolgen (z. B. inputorientiertes Budget) oder realisieren (z. B. Kostenvorgaben) müssen bzw. wenn die Ergebnisse der Entscheidung ihre persönliche (Arbeits-) Situation beeinflussen (z. B. Rationalisierungsmaßnahmen). Bei der **direkten Partizipation** arbeitet jeder einzelne der betroffenen Mitarbeiter an der Entscheidung mit. Eine **repräsentative Partizipation** ist gegeben, wenn die Mitwirkungs- bzw. Mitbestimmungsrechte der betroffenen Mitarbeiter im Entscheidungsprozess von einem Interessenvertreter ausgeübt werden.

Nach dem Partizipationsgrad, d. h. dem Ausmaß des Einflusses der Betroffenen auf die Entscheidung der Instanz, können folgende **Formen der Partizipation** unterschieden werden (vgl. Hill/Fehlbaum/Ulrich (1994), S. 243 ff., 259):
– die Entscheidungsdiskussion
   Der Vorgesetzte trifft eine vorläufige Entscheidung und legt sie den Betroffenen unter Angabe der verfolgten Ziele, der Prämissen, der berücksichtigten Alternativen und der Alternativenbewertung vor. Die Betroffenen werden durch den Vorge-

setzten motiviert, Bedenken und Einwände vorzubringen sowie neue Alternativen vorzuschlagen. Nach Auswertung der Gruppendiskussion trifft der Vorgesetzte die Entscheidung.

– die Meinungsbildung in der Gruppe
   Den Betroffenen wird vom Vorgesetzten die Problemstellung präsentiert. Sie haben anschließend ihre Ziele zu artikulieren und Lösungsalternativen zu erarbeiten. Die Betroffenen werden damit von Beginn an in den Entscheidungsprozess einbezogen. Die Entscheidung wird durch den Vorgesetzten getroffen.

– die Willensbildung durch die Gruppe
   Der Vorgesetzte gibt die Rahmenbedingungen für die zu treffende Entscheidung vor. Die Gruppe erarbeitet unter Berücksichtigung dieser Rahmenbedingungen eine Problemlösung und entscheidet im Rahmen eines demokratischen Willensbildungsprozesses. Der Vorgesetzte verfügt über ein Vetorecht für den Fall, dass die Gruppenentscheidung die vorgegebenen Rahmenbedingungen verletzt.

Nach der sozialpsychologischen Reaktanztheorie sieht der Betroffene seine Handlungsfreiheit bedroht, wenn die Maßnahmen durch eine Instanz detailliert geplant und anschließend vorgegeben werden. Auf die Bedrohung ihrer Handlungsfreiheit reagieren die Betroffenen mit Reaktanz (vgl. Kirsch/Esser/Gabele (1979), S. 179). Durch die Einbeziehung von Vorschlägen der Betroffenen und ihre Zustimmung kann Widerständen gegen die erarbeitete Lösung vorgebeugt werden (vgl. Vroom/Jago (1991), S. 25). Nach dieser Erklärung ist die Partizipation grundsätzlich geeignet, Widerstände der Betroffenen gegen Veränderungen zu vermindern oder sogar zu verhindern (vgl. Wiendieck (1992), Sp. 26). Darüber hinaus trägt die Partizipation zur Steigerung der **Entscheidungsakzeptanz** bei, indem sie die frühzeitige Offenlegung und Lösung von Zielkonflikten zwischen Instanz und Betroffenen ermöglicht. Der positive Einfluss der Partizipation auf die Akzeptanz von Veränderungen durch die Betroffenen ist durch viele Studien belegt worden (vgl. Gebert (1993), S. 484).

Die Partizipation kann darüber hinaus auch zur Verbesserung der **Entscheidungsqualität** beitragen. Dafür sind folgende Gründe maßgebend (vgl. Vroom/Jago (1991), S. 112): (1) Durch die Einbeziehung der Betroffenen verbreitert sich das Wissensspektrum und der Informationsstand im Entscheidungsprozess. (2) Durch das Zusammenwirken von Instanz und Betroffenen werden mehrere verschiedenartige Lösungsperspektiven in den Entscheidungsprozess eingebracht. Das erlaubt eine gründlichere Untersuchung des Problems und vermeidet Lösungen, die durch die "Tunnelperspektive" des Spezialisten geprägt sind. (3) Partizipation schafft die Voraussetzungen, um über Assoziation zu besseren Lösungen zu gelangen.

(3) Weitere Maßnahmen

Wissensbarrieren können zwei Ursachen haben: (1) Die Mitarbeiter befürchten, dass sie den Anforderungen der Leistungserstellung und -verwertung unter den veränderten Bedingungen nicht gerecht werden. (2) Die Mitarbeiter verfügen tatsächlich nicht über die Fähigkeiten und Fertigkeiten, die zur Leistungserstellung und -verwertung unter den veränderten Bedingungen erforderlich sind. Zur Einflussnahme auf Wissensbarrieren können sich damit kommunikative und **qualifizierende Maßnahmen** eignen.

Unter **Motivierung** wird die Einflussnahme auf das Leistungsverhalten der Beteiligten und Betroffenen verstanden. Sie erstreckt sich auf das Leistungsverhalten der Beteiligten bei der Effizienzgestaltung und das Leistungsverhalten der Betroffenen bei der Leistungserstellung und -verwertung unter den durch die Effizienzgestaltung veränderten Bedingungen.

Es wirkt sich ungünstig auf die Akzeptanz einer Maßnahme zur Effizienzgestaltung und ihrer Ergebnisse aus, wenn der ausgelöste Anpassungsbedarf die Anpassungsfähigkeit der Betroffenen übersteigt. Gestaltet werden kann der **Anpassungsbedarf** durch die zeitliche Lage, die Schrittlänge und die Zeitdauer der Prozesse zur Effizienzgestaltung (vgl. Krüger (2004), Sp. 1609 f).

2.4.2.2 Sichern von Fachkenntnissen

Fachkenntnisse umfassen Fachwissen, Fähigkeiten sowie spezielle Begabungen. Das **Fachwissen** umfasst die in einem Lernprozess verarbeiteten Fakten und Daten. Erst wenn das Fachwissen mit Erfahrung in der Anwendung kombiniert wird, entstehen **Fähigkeiten**. **Begabungen**, wie z. B. geistige und motorische Fähigkeiten sowie die Wahrnehmungsfähigkeit der Aufgabenträger, sind nur mittelbar über die Personalauswahl und den Personaleinsatz gestaltbar. Fachwissen und Fähigkeiten werden dagegen durch Aus- und Weiterbildung, Erfahrung oder die Interaktion mit anderen Experten erworben (vgl. Abb. 2.16).

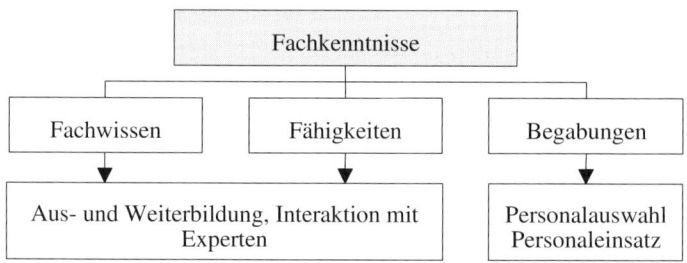

Abb. 2.16: Sichern von Fachkenntnissen

Eine Voraussetzung für die **Effizienzgestaltung** ist, dass die Aufgabenträger über

– Methodenkenntnisse auf dem Gebiet der Effizienzgestaltung (z. B. Wertanalyse, Benchmarking) sowie

– Fachwissen über die zentralen Kosteneinflussgrößen und ihre Wirkungen verfügen. Aufgabe des Kostenmanagements ist es, die benötigten Fachkenntnisse verfügbar zu machen, z. B. durch

– die Planung, Durchsetzung und Kontrolle von Personalentwicklungsprogrammen,

– die Personalzuweisung und

– die Beschaffung externer Kenntnisträger.

Ein **Personalentwicklungsprogramm** ist die Gesamtheit der Maßnahmen zur Erweiterung und Verbesserung der Fachkenntnisse von Aufgabenträgern im Hinblick auf die verfolgten Ziele, wie z. B. Schulungen. Die Zuordnung eines konkreten Mitarbeiters der Unternehmung zu einer Stelle oder einem Projekt bzw. die Zuordnung einer Aufgabe zu einem konkreten Mitarbeiter wird als **Personalzuweisung** bezeichnet. Beispielsweise können die für die Gestaltung effizienter Rahmenbedingungen geforderten Fachkenntnisse über die Personalzuweisung verfügbar gemacht werden, wenn die Projektteams unter der Berücksichtigung des Bedarfs an Fachkenntnissen und der Fachkenntnisse der Mitarbeiter gebildet werden. Die **Beschaffung externer Kenntnisträger** gliedert sich in die Personalbeschaffung und in die Beschaffung von Beratungsleistungen. Durch Berater können vor allem erstmals oder in unregelmäßigen Zeitabständen benötigte Methodenkenntnisse verfügbar gemacht werden.

2.4.2.3 Beeinflussen des Leistungsverhaltens

Unter der **Einflussnahme auf das Leistungsverhalten** werden alle Aktivitäten des Kostenmanagements verstanden, die darauf zielen, die Anstrengungen der Mitarbeiter bei der Schaffung einer effizienten Leistungserstellung und effizienter Rahmenbedingungen zu fördern.

Die **Förderung der Anstrengung** umfasst zum einen die Ausrichtung des Handelns der Mitarbeiter an der Vermeidung und dem Abbau von Ineffizienzen. Zum anderen sollen der Einsatz, die Ausdauer und die Aufmerksamkeit bei den Handlungen zur Vermeidung und zum Abbau von Ineffizienzen verbessert werden. Beeinflusst werden soll das Leistungsverhalten

– der Träger der Leistungserstellung bei

  • dem Vermeiden von Ineffizienzen und

  • dem Abbau von Ineffizienzen durch die Erarbeitung und Umsetzung von Verbesserungsvorschlägen sowie

– der Träger der Gestaltung betrieblicher Rahmenbedingungen bei

  • der Neuplanung und Rationalisierung und

  • dem Umsetzen der geplanten Maßnahmen.

Auf der Grundlage der Parameter der Leistungsbeeinflussung, die in Abschnitt 9.1 aus Motivationstheorien abgeleitet werden, kann die Beeinflussung des Leistungsverhaltens in die folgenden drei **Aufgabenbereiche des Kostenmanagements** gegliedert werden:

- das Gestalten und Implementieren von Anreizsystemen,
- das Schaffen von Arbeitsbedingungen, die der Effizienzgestaltung förderlich sind, sowie
- die Kommunikation mit den Aufgabenträgern.

(1) Gestalten und Implementieren von Anreizsystemen

> **Anreizsysteme** legen die Art, die Höhe und die Modalitäten der Auszahlung einer Belohnung fest, die Begünstigten als Folge einer bestimmten Leistung in Aussicht gestellt und gewährt wird, um sie zu einem bestimmten Verhalten extrinsisch zu motivieren (in Anlehnung an Gerpott/Domsch (1991), S. 1004).

Ein Anreizsystem kann durch folgende **Parameter** beschrieben werden:

- das Anreizziel,
- die Begünstigten,
- die Belohnung,
- die Bemessungsgrundlage,
- die Belohnungsregel sowie
- die Ausschüttungsregel.

Das **Anreizziel** legt das Verhalten fest, zu dem das Anreizsystem die Begünstigten motivieren soll, und ist möglichst präzise aus den verfolgten Zielen herzuleiten. Eine **Belohnung** ist die Gesamtheit der materiellen und immateriellen Zuwendungen, die dem Begünstigen in Aussicht gestellt und gewährt werden (in Anlehnung an Gerpott/Domsch (1991), S. 1004 f.). Als Belohnung eignen sich nur Zuwendungen, die Motive der Begünstigten aktivieren. Die **Bemessungsgrundlage** sind die Kriterien, auf deren Grundlage das Verhalten der Begünstigten beurteilt wird. Die **Belohnungsregel** legt fest, wie die Belohnung für den realisierten Wert der Bemessungsgrundlage bestimmt wird. Die **Ausschüttungsregel** gibt den Zeitplan an, nach dem eine Belohnung als Ganzes oder in Teilen gewährt wird.

(2) Schaffen von Arbeitsbedingungen

Das Schaffen von Arbeitsbedingungen für die Effizienzgestaltung betrifft u. a. das Bilden von Projektteams, die zeitliche Freistellung von Mitarbeitern für Zwecke der Effizienzgestaltung, die Bereitstellung finanzieller und sachlicher Ressourcen sowie die Einrichtung eines Zugangs zu den für die Effizienzgestaltung erforderlichen Informationen. Hierzu zählt auch die Institutionalisierung der Partizipation der Beteiligten an der Planung von Vorgaben und der Betroffenen an der Planung von Kostensenkungsmaßnahmen. Die Arbeitsbedingungen beeinflussen die Leistung in zweifacher

Hinsicht. Zum einen können sie ein **intrinsischer Anreiz** sein. Zum anderen können sie die **Aufgabenerfüllung unterstützen.**

(3) Kommunikation

Sofern Vorgaben nicht partizipativ geplant werden, ist ein Zweck der Kommunikation die Vermittlung der Inhalte der Vorgaben und der mit ihnen verbundenen Erwartungen, um Missverständnissen bei der Effizienzgestaltung entgegenzuwirken (vgl. Laux/ Liermann (2003), S. 156 f.). Zweifel der Beteiligten an der Realisierbarkeit der Vorgaben wirken sich ungünstig auf ihre Anstrengungs- und Konsequenzerwartungen und damit auf ihre Anstrengung aus. Werden die Vorgaben nicht partizipativ geplant, ist der **Nachweis der Realisierbarkeit der Vorgabe** ein Zweck der Kommunikation. Dieser Nachweis kann z. B. über einen Vergleich mit Wettbewerbern oder anderen Unternehmungen geführt werden, wie es das Reverse Engineering und das Benchmarking vorsehen (vgl. Schäfer/Seibt (1998), S. 368), oder durch gut und nachvollziehbar begründete Prognosen der Kosten- und Leistungswirkungen geplanter Maßnahmen. Zum anderen sollen im Handlungsfeld der **kontinuierlichen Verbesserung** die Aufgabenträger durch kommunikative Maßnahmen zur Erarbeitung und Umsetzung von Kostensenkungsvorschlägen ermutigt werden. Bei der Erarbeitung und Umsetzung dieser Vorschläge sollen sie durch die regelmäßige Bereitstellung von Rückkopplungsinformationen unterstützt werden.

2.4.2.4 Fördern der Kreativität

Bei der Bearbeitung innovativer Projekte zur Gestaltung effizienter betrieblicher Rahmenbedingungen, wie z. B. bei der kostenorientierten Produktplanung (vgl. Abschnitt 6.2) und der Prozessinnovation (vgl. Abschnitt 5.2), ist es Aufgabe des Kostenmanagements, Kreativitätsbarrieren abzubauen. Zur Förderung der Kreativität der an der Gestaltung betrieblicher Rahmenbedingungen beteiligter Mitarbeiter lassen sich aus der **komponentenorientierten Konzeption** individueller Kreativität folgende Aussagen herleiten (vgl. Abschnitt 9.2):

1. Es ist sicherzustellen, dass die Beteiligten über die erforderlichen Fachkenntnisse und kreativitätsrelevanten Fertigkeiten verfügen.
2. Es ist ein Arbeitsumfeld zu schaffen, das die Beteiligten motiviert.
3. Extrinsische Anreize können die intrinsische Motivation der Beteiligten verdrängen und damit kreativitätshemmend wirken.

Beeinflusst werden können die in der Unternehmung verfügbaren **Fachkenntnisse und kreativitätsrelevanten Fertigkeiten** durch Schulungs- und Rekrutierungsmaßnahmen (vgl. Locke/Kirkpatrick (1995), S. 120). Die Umsetzung dieser Maßnahmen ist zeitaufwendig und verursacht hohe Kosten. Maßnahmen, die auf eine **Verände-**

rung des Arbeitsumfeldes zur Steigerung der intrinsischen Motivation zielen, sind mit geringerem Aufwand verbunden (vgl. Amabile (1998), S. 77 f.). Als Maßnahmen zur Steigerung der kreativen Leistung über die Gestaltung des Arbeitsumfeldes der Mitarbeiter können genannt werden (vgl. Amabile (1998), S. 81 ff.; Amabile/Kramer (2007), S. 58 ff.):

1. **Personalzuweisung**

   Für ein Projektteam sollten Mitarbeiter ausgewählt werden, die über die erforderlichen Fachkenntnisse und kreativitätsrelevanten Fertigkeiten verfügen. Sie sollten die Aufgaben als anspruchsvoll empfinden, ohne dass es zu einer Überforderung kommt. Zudem sollten die ausgewählten Mitarbeiter an der jeweiligen Aufgabenstellung interessiert sein.

2. **Entscheidungsbefugnisse**

   Dem Projektteam sollten eindeutig definierte Projektziele vorgegeben werden (vgl. Locke/Kirkpatrick (1995), S. 120). Diese Vorgaben sollten möglichst über einen längeren Zeitraum gültig sein, d. h. nur ausnahmsweise angepasst werden. Das Projektteam sollte selbst darüber entscheiden können, wie die Vorgaben im Rahmen der zeitlichen Restriktionen und der vorgegebenen Ausstattung mit Ressourcen erreicht werden sollen. Vorgaben zum Prozess der Zielerreichung sollten auf ein Minimum reduziert werden (vgl. auch Schlicksupp (1991), S. 541). Das Projektteam sollte ermuntert werden, von herkömmlichen Problemlösungen abzuweichen und neue Ideen zu erproben. Zudem sollte das Management den Projektfortschritt in einer von dem Projektteam wahrnehmbaren Form verfolgen (vgl. Sethi/Smith/ Park (2003), S. 8 f.).

3. **Ressourcen**

   Das Projekt ist mit den zur Erreichung der Vorgaben erforderlichen personellen, sachlichen und finanziellen Ressourcen auszustatten, da ansonsten die Kreativität der Beteiligten auf die Beschaffung von Ressourcen gelenkt würde.

4. **Zeitvorgaben**

   Unnötig enge oder nicht realisierbare Zeitvorgaben wirken sich ungünstig auf die Kreativität aus, da sie die Beteiligten zwingen, die Lösungsideen mit den größten Aussichten auf Erfolg zu verfolgen und neuartige, aber risikoreiche Ideen frühzeitig zu verwerfen. Zeitdruck, der aus den Aktivitäten der Konkurrenten oder der Bedeutung der Aufgabe für die Unternehmung oder die Gesellschaft resultiert, kann dagegen positiv auf die Kreativität wirken. Starker Zeitdruck sollte, wann immer es möglich ist, vermieden werden. Das verlangt die Planung vorsichtiger, realistischer Zeitvorgaben. In Situationen mit unvermeidbarem Zeitdruck müssen Bedingungen geschaffen werden, die es den Mitarbeitern ermöglichen, sich einen bedeutenden Teil der Arbeitszeit ohne Unterbrechung durch Anforderungen von außen (z. B. Sitzungen, kurzfristige Änderungen der Projektdefinition) mit ihrer Aufgabe beschäftigen zu können (vgl. Amabile/Hadley/Kramer (2002), S. 61).

5. **Teambildung**

Es genügt nicht, wenn jedes einzelne Mitglied des Projektteams über die erforderliche Qualifikation und Motivation verfügt. Auch die Zusammensetzung des Projektteams sollte bestimmten Anforderungen genügen: (1) Die Teammitglieder teilen die Begeisterung für die gestellte Aufgabe. (2) Sie unterstützen sich gegenseitig, indem neuartige Ideen konstruktiv beurteilt und gegebenenfalls gemeinsam weiterverfolgt werden. (3) Im Projektteam sind verschiedenartige Erfahrungen und Denkstile vertreten, die von jedem Teammitglied anerkannt werden (vgl. Amabile (1988), S. 528). Diese Merkmale eines Projektteams wirken sich nicht nur auf die intrinsische Motivation der Teammitglieder günstig aus, sondern auch auf die Fachkenntnisse und die kreativen Fertigkeiten des gesamten Teams.

6. **Unterstützung durch das Projektmanagement**

Auf die kreative Leistung wirkt es sich positiv aus, wenn sich das Projektteam der Bedeutung bewusst ist, welche die angestrebte Kostensenkung für den Erfolg der Unternehmung hat. Der Projektmanager hat dem Projekt diese Bedeutung zu erläutern (vgl. Amabile/Kramer (2007), S. 60). Kreativitätsfördernd ist es auch, wenn der Projektmanager Fortschritte auch dann wahrnimmt und anerkennt, wenn der Beitrag zur Erreichung der Ziele noch nicht absehbar ist (vgl. Amabile/Kramer (2007), S. 58), wenn er in Phasen ohne erkennbare Fortschritte das Projekt nicht vorschnell abbricht und die Teammitglieder zur Zusammenarbeit und Kommunikation ermutigt.

7. **Unterstützung durch die Unternehmungsführung**

Die Unternehmungsführung hat den Mitgliedern des Projektteams die Bedeutung kreativer Ideen für die Unternehmung zu vermitteln. Das verlangt, dass es neuartige Ideen gerecht, konstruktiv und zeitnah beurteilt und anerkennt. Darüber hinaus hat es die projektübergreifende Weitergabe von Informationen und Zusammenarbeit zu fördern (vgl. Schlicksupp (1991), S. 542). Streitigkeiten zwischen Projektteams, Machtkämpfe, Ressortegoismen und Klatsch hemmen die Kreativität. Die Unternehmungsführung hat deshalb Streitigkeiten zwischen Projektteams oder Unternehmungsbereichen aktiv entgegenzuwirken.

Extrinsische Anreize wirken bei hoher intrinsischer Motivation kreativitätsfördernd, sofern sie entweder die Problemlösungsfähigkeit oder die Arbeitsbedingungen in den Teams verbessern. Andere Anreize, wie z. B. Kostensenkungsprämien, werden als Einschränkung der Selbstbestimmung empfunden und wirken deshalb kreativitätshemmend. Zur Förderung der Kreativität sind deshalb keine formalen Anreizsysteme zu schaffen. Es sind vielmehr regelmäßig Ergebniskontrollen zur Leistungsbeurteilung durchzuführen. Auf der Basis der Ergebnisse sind entweder erbrachte Leistungen anzuerkennen oder unterstützende Maßnahmen zur Verbesserung der Problemlösungsfähigkeit einzuleiten (vgl. Amabile (1988), S. 532).

Aufgaben des Kostenmanagements zur Förderung der Kreativität in Projekten zur innovativen Gestaltung effizienter Rahmenbedingungen sind damit

1. die Verbesserung des Fachwissens und der kreativitätsrelevanten Fertigkeiten der Projektmitarbeiter durch
   - die Personalauswahl und die Personalzuordnung sowie
   - die Qualifizierung der Mitarbeiter,
2. die Gestaltung von Arbeitsbedingungen, die es dem Projektteam ermöglichen, sich bei möglichst geringen äußeren Zwängen auf die Problemlösung konzentrieren zu können,
3. die Anerkennung erbrachter Leistungen und
4. das Gewähren von Anreizen in der Form einer Verbesserung der Problemlösungsfähigkeit oder der Arbeitsbedingungen.

3 Rationalisierung als Handlungsfeld

3.1 Grundlagen der Rationalisierung

3.1.1 Rationalisierungsziele und ihre Umsetzung

3.1.1.1 Ziele der Rationalisierung

Bei der Rationalisierung (vgl. Abschnitt 1.2.2.2) sind **drei Ziele** mit den folgenden Inhalten von Bedeutung (in Anlehnung an Krüger (1995), Sp. 1788; Abb. 3.1):

– die Wirtschaftlichkeit des Rationalisierungsobjektes,

– die Effizienz der Rationalisierung und

– die soziale Effektivität der Rationalisierung.

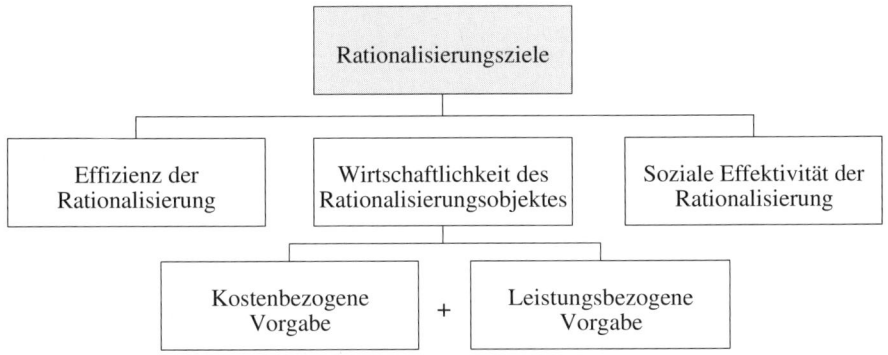

Abb. 3.1: Ziele der Rationalisierung

Das **Wirtschaftlichkeitsziel** der Rationalisierung folgt aus dem Ziel des Kostenmanagements. Zum Ausdruck kommt das Wirtschaftlichkeitsziel in den kosten- und leistungsbezogenen Vorgaben (vgl. Abschnitt 2.2.2.1), die für Rationalisierungsvorhaben geplant werden. Das Rationalisierungsobjekt ist der Ausschnitt der betrieblichen Rahmenbedingungen, der an Unternehmungs- oder Umweltveränderungen angepasst werden soll, um die Effizienz der Rahmenbedingungen wieder herzustellen. Bei der Produktrationalisierung ist das ein Produkt im Marktzyklus, bei der Prozessinnovation die Aufbaustruktur der Unternehmung.

Die **Effizienz der Rationalisierung** bezieht sich auf die Rationalisierungskosten, d. h. die Kosten, die bei der Planung, Realisation, Kontrolle und Sicherung der Rationalisierungsmaßnahmen entstehen. Sie sind von den Kosten zu unterscheiden, die durch die Rationalisierung zielorientiert gestaltet werden sollen, d. h. von den Wirkungen der Rationalisierungsmaßnahmen auf die Kosten der Leistungserstellung und -verwertung. So bilden bei der Produktrationalisierung die Materialkosten des Produktes einen Bestandteil des Wirtschaftlichkeitszieles und die Kosten der Wertanalyse und der Konstruktion zählen zu den Rationalisierungskosten, auf das sich das Effizienzziel der Rationalisierung bezieht.

Die Rationalisierung zeichnet sich durch nachhaltige Auswirkungen auf Arbeitnehmer aus. Rationalisierungsvorhaben stehen deshalb personenbedingte Barrieren entgegen (vgl. Abschnitt 1.2.3.1). Werden diese Barrieren nicht überwunden, kommt es zu Widerständen bei Beteiligten und Betroffenen. Die Sicherung der **sozialen Effektivität** der Rationalisierung umfasst zum einen den Abbau von Barrieren und das Vermeiden destruktiven Widerstandes der Beteiligten und der Betroffenen (vgl. Marr/Kötting (1992), S. 828 f.). Zum anderen erstreckt sich dieses Ziel auf die Erhaltung der Motivation und Loyalität der verbleibenden Mitarbeiter, sofern die Rationalisierung mit einem Personalabbau verbunden ist. Die Sicherung der sozialen Effektivität fordert die Schaffung von Akzeptanz des Rationalisierungsvorhabens und seiner Konsequenzen bei den Beteiligten und Betroffenen.

3.1.1.2 Strategien der Rationalisierung

Eine **Rationalisierungsstrategie** ist die Vorgabe einer Vorgehensweise zur Erreichung der Rationalisierungsziele.

Abb. 3.2 gibt einen Überblick über Rationalisierungsstrategien.

Abgrenzungskriterium	Rationalisierungsstrategien		
Identifizieren von Rationalisierungspotentialen	Passiv-reaktive Rationalisierung		Aktiv-antizipative Rationalisierung
Umfang und Folgen der Anpassungsmaßnahmen	Umbruchstrategie	Evolutionsstrategie	Antizipative Kontinuitätsstrategie
Initiatoren der Rationalisierung	Top-down-Strategie	Bottom-up-Strategie	Gegenstromstrategie

Abb. 3.2: Arten von Rationalisierungsstrategien

(1) Strategien nach dem Identifizieren von Rationalisierungspotentialen

Nach der Suche nach Rationalisierungspotentialen werden die beiden folgenden Rationalisierungsstrategien unterschieden (vgl. Marr/Hofmann (1992), Sp. 2146):

– die passiv-reaktive und

– die aktiv-antizipative Rationalisierung.

Die **passiv-reaktive Rationalisierung** wird ausgelöst, wenn Abweichungen von den Zielen erwartet werden bzw. bereits eingetreten sind. Mit dieser Form der Rationalisierung sind zwei Nachteile verbunden: (1) Es wird u. U. zu spät auf die Veränderungen reagiert, so dass Kostennachteile gegenüber den Wettbewerbern oder (existenzgefährdende) Verluste auftreten. (2) Die Planung und Realisation von Anpassungsmaßnahmen verursachen Kosten. Diese werden umso eher durch die künftigen Kostensenkungen kompensiert, je länger die verbleibende Geltungsdauer der ursprünglichen Entscheidung ist. Aus diesem Grund werden beispielsweise gegen Ende des Marktzyklus keine Maßnahmen ergriffen, um Kostensenkungspotentiale im Entwurf oder im Produktionsprozess eines Produktes zu heben (vgl. Cooper/Slagmulder (2006), S. 120). Das mit Anpassungsmaßnahmen erschließbare Rationalisierungspotential nimmt mit dem Ablauf der Geltungsdauer der ursprünglichen Entscheidungen ab (vgl. Reiß (1989), S. 91). Entscheidungen sollten deshalb frühzeitig an Veränderungen angepasst werden. Das verlangt nach einer **aktiv-antizipativen Rationalisierung**. Sie ist durch die kontinuierliche Suche nach erwarteten oder tatsächlich vorhandenen Rationalisierungspotentialen gekennzeichnet. Von den nach dieser Strategie identifizierten Rationalisierungspotentialen geht noch keine unmittelbare Gefahr für die Zielerreichung aus. Die Notwendigkeit der Rationalisierung und der damit verbundenen Folgen für die Arbeitssituation der Beteiligen und Betroffenen ist deshalb nur schwer vermittelbar. Die Herstellung der sozialen Effektivität der Rationalisierungsvorhaben kann deshalb Probleme bereiten (vgl. Krüger (2006c), S. 133).

(2) Strategien nach dem Umfang und den Folgen der Anpassungsmaßnahmen

Nach diesem Merkmal werden zwei generische Rationalisierungsstrategien unterschieden (vgl. Krüger (1999), S. 868 ff.; Kajüter (2000), S. 128 ff.):
– die Umbruch- und
– die Evolutionsstrategie der Rationalisierung.

Die **Umbruchstrategie** der Rationalisierung zeichnet sich durch die synoptische und eher passiv-reaktive Vorgehensweise bei der Planung und Umsetzung von Rationalisierungsmaßnahmen aus. Sie sieht vor, dass in unregelmäßigen, größeren Zeitabständen umfassende, bereichsübergreifende Rationalisierungsprogramme mit dem Ziel konzipiert und umgesetzt werden, kurzfristig deutliche Effizienzsteigerungen zu erreichen. Der Vorteil der Umbruchstrategie ist die Schnelligkeit, mit der deutliche Effizienzsteigerungen erreicht werden können. Die synoptische Vorgehensweise bei der Planung der Rationalisierungsmaßnahmen erlaubt zudem die Erarbeitung abgestimmter Gesamtlösungen. Diesen Vorteilen steht der Nachteil der begrenzten Planbarkeit großer Veränderungen und der damit einhergehenden Umsetzungsprobleme gegenüber. Da in der Zeit zwischen den Rationalisierungsprojekten nicht systematisch nach Verbesserungen gesucht wird, muss von einer Verringerung der erreichten Effizienz bis zum nächsten Rationalisierungsvorhaben ausgegangen werden (vgl. Imai (1994),

S. 50). Zudem erzeugen größere Veränderungen personenbedingte Barrieren, da sie die Anpassungsfähigkeit der Beteiligten und Betroffenen übersteigen (vgl. Krüger (2004), Sp. 1610).

Der Grundgedanke der **Evolutionsstrategie** der Rationalisierung besteht darin, die Rationalisierungsmaßnahmen inkremental zu planen. Bei diesem Planungsansatz werden permanent, in kurzen, regelmäßigen Zeitabständen punktuelle Rationalisierungsmaßnahmen erarbeitet. Im Mittelpunkt stehen dabei kleinere Anpassungen der Rahmenbedingungen, die in der Summe jedoch zu beachtlichen Effizienzsteigerungen führen können. Positiv zu bewerten ist die Beherrschbarkeit und die höhere Akzeptanz kleinerer Veränderungen. Das Problem der Evolutionsstrategie ist, dass auch eine Vielzahl punktueller Anpassungen nicht für fundamentale Veränderungen mit deutlichen Kostensenkungen ausreicht (vgl. Krüger (2004), Sp. 1610).

Eine Kombination aus der Umbruch- und der Evaluationsstrategie ist die **antizipative Kontinuitätsstrategie**. Sie sieht vor, dass regelmäßig in vorgegebenen Zeitabständen bereichsübergreifend nach Rationalisierungspotentialen gesucht wird, die der Systemrationalisierung bedürfen. In der Zeit zwischen den Vorhaben zur Systemrationalisierung wird bereichsintern kontinuierlich nach Rationalisierungspotentialen gesucht, für die unmittelbar punktuelle Rationalisierungsmaßnahmen erarbeitet werden. Durch die regelmäßige bereichsübergreifende Suche nach Rationalisierungspotentialen kann ein Anpassungsbedarf frühzeitig erkannt werden, d. h. bevor der Erfolg sinkt. Ein Aufstauen des Anpassungsbedarfs kann ebenso vermieden werden wie Zeitdruck bei der Durchführung der Rationalisierungsvorhaben. Darüber hinaus wird in der Zeit zwischen den Vorhaben zur Systemrationalisierung die Effizienz durch punktuelle Rationalisierungsvorhaben gesichert.

(3) Strategien nach den Initiatoren

Nach den **Initiatoren** der Rationalisierung wird zwischen

– der Top-down- und

– der Bottom-up-Strategie

unterschieden. Bei der **Top-down-Strategie** der Rationalisierung geht die Initiative für die Rationalisierung von der Instanz aus. Die Problemerkennung, d. h. die Identifikation eines Rationalisierungspotentials, ist bei dieser Rationalisierungsstrategie eine Aufgabe der Instanz. Als zweckmäßig erweist sich diese Strategie in Unternehmungskrisen und bei der Implementierung von Strategien. Es kann bei dieser Vorgehensweise selten das gesamte Rationalisierungspotential erschlossen werden, da bei der Problemerkennung das Wissen der Mitarbeiter nicht genutzt wird (vgl. Kieser/Hegele (1998), S. 231).

Bei der **Bottom-up-Strategie** der Rationalisierung ist die Problemerkennung eine Aufgabe der Mitarbeiter. Aufgaben der Instanz sind die Auswahl der zu realisierenden

Initiativen und ihre Abstimmung hinsichtlich der angestrebten Unternehmungsziele. Eine Bottom-up-Strategie ist an eine Reihe von Voraussetzungen gebunden (vgl. Bach (2000), S. 251). Diese Voraussetzungen sind:

- das Schaffen von Akzeptanz für die Eigeninitiative bei den Mitarbeitern,
- die Gestaltung eines Anreizsystems für die Initiierung und die Durchführung von Rationalisierungsvorhaben,
- der Aufbau eines transparenten Verfahrens zur objektiven Bewertung von Initiativen durch die Instanz,
- die Unterstützung einer kreativitätsfördernden interdisziplinären Kommunikation zwischen den Mitarbeitern und
- das Schaffen zeitlicher und finanzieller Freiräume für die Mitarbeiter.

Bei der Bottom-up-Strategie besteht die Gefahr, dass die Rationalisierungsvorhaben nicht mit der Unternehmungsstrategie abgestimmt sind, der Schwerpunkt auf der punktuellen Rationalisierung liegt und keine fundamentalen Veränderungen der Rahmenbedingungen mit deutlichen Effizienzsteigerungen vorgenommen werden. Da bei der Top-down-Strategie die Initiative von der Instanz ausgeht, müssen die Beteiligten und Betroffenen von der Notwendigkeit der Rationalisierung überzeugt werden, um die erforderliche Akzeptanz zu schaffen. Der **sozialen Effektivität** kommt bei diesen Rationalisierungsvorhaben deshalb ein stärkeres Gewicht zu als bei der Bottom-up-Strategie, bei der die Notwendigkeit des Rationalisierungsvorhabens von den Beteiligten oder Betroffenen selbst erkannt wird (vgl. Bach (2000), S. 252 f.).

Um die Vorteile der Top-down- und der Bottom-up-Strategie zu nutzen und ihre Nachteile zu vermeiden, sind diese Strategien zu folgender Vorgehensweise zu **kombinieren**: Die Problemerkennung für Rationalisierungsvorhaben ist Aufgabe der Instanz. Die Betroffenen werden anschließend aufgefordert, das durch die Instanz identifizierte Rationalisierungspotential auf der Grundlage einer eigenständigen Problemerkennung zu erweitern oder zu modifizieren. Die Instanz wählt die zu realisierenden Rationalisierungspotentiale aus und initialisiert den Rationalisierungsprozess. Bei dieser Vorgehensweise handelt es sich um eine **Gegenstromstrategie** mit Anstoß von oben.

3.1.2 Ablauf von Rationalisierungsprojekten

3.1.2.1 Phasen im Rationalisierungsprozess

Umfangreiche Rationalisierungsvorhaben, wie z. B. bei der Systemrationalisierung, stellen einen Unternehmungswandel dar. Die in der Literatur zum Change Management dargestellten Prozesse des Unternehmungswandels gehen überwiegend auf das **Drei-Phasen-Modell von Lewin** zurück (z. B. Kotter (1997), S. 37 ff.), das folgende Phasen abgrenzt (vgl. Lewin (1947), S. 34 f.):

- **Auftauen (Unfreeze)**
  In dieser Phase soll die Bereitschaft der Beteiligten und Betroffenen für den Unternehmungswandel geschaffen werden. Hierzu ist auf die Ursachen des Widerstandes Einfluss zu nehmen.
- **Bewegen (Move)**
  Aufgaben dieser Phase sind die Analyse des identifizierten Problems sowie die Planung, Durchsetzung und Realisation von Problemlösungsmaßnahmen.
- **Einfrieren (Freeze)**
  Zweck dieser Phase ist die Verankerung der Veränderungen, um einem Rückfall in alte Verfahrensweisen vorzubeugen.

Die **Instrumente zur Unterstützung von Rationalisierungsvorhaben**, wie z. B. die Wertanalyse, die Gemeinkostenwertanalyse und das Cost Benchmarking, sehen eine Vielzahl von Einzelschritten vor, die zu drei Grundschritten zusammengefasst werden können: Vorbereitung, Analyse und Realisation (vgl. Friedl (2003), S. 320 ff.). Zusammengenommen bilden diese drei Grundschritte die zweite Phase im Drei-Phasen-Modell nach Lewin, d. h. das Bewegen. Wird das Drei-Phasen-Modell des Unternehmungswandels zugrunde gelegt, ergeben sich für den Rationalisierungsprozess die folgenden **Phasen** (in Anlehnung an Krüger (2006b), S. 66 ff.): Initialisieren, Konzipieren, Umsetzen, Verstetigen sowie Aktivieren (vgl. Abb. 3.3).

Aufgabe des **Initialisierens** ist es, den Rationalisierungsbedarf festzustellen. Hierzu ist darüber zu entscheiden, ob ein diagnostiziertes Rationalisierungspotential realisiert, d. h. ein Rationalisierungsvorhaben ausgelöst werden soll. Ergebnis dieser Phase des Rationalisierungsprozesses ist der Rationalisierungsauftrag. Das **Konzipieren** umfasst die Planung der Rationalisierungsmaßnahmen. Gegenstand der **Umsetzung** ist die Realisation, Kontrolle und Anpassung der geplanten Rationalisierungsmaßnahmen. Bereits während der Umsetzung beginnt das **Verstetigen**, das bis zur Initialisierung des nächsten Rationalisierungsvorhabens andauert. In dieser Phase des Rationalisierungsprozesses sind zunächst die erzielten Rationalisierungsergebnisse zu sichern. Damit umfasst das Verstetigen auch das „Einfrieren" im Drei-Phasen-Modell nach Lewin. Zum anderen ist ein Prozess der kontinuierlichen Verbesserung in Gang zu setzen und zu halten, der darauf zielt, die durch die Rationalisierungsmaßnahmen erreichte Effizienzsteigerung zu verbessern. Das Verstetigen bildet die Schnittstelle zwischen der Rationalisierung und der kontinuierlichen Verbesserung. Parallel zu diesen Phasen verläuft die Phase des **Aktivierens**. Diese Phase zielt auf das Schaffen von Akzeptanz für das Rationalisierungsvorhaben bei den Beteiligten und Betroffenen (in Anlehnung an Krüger (2000a), S. 56 ff. 85; Bach (2000), S. 226). Sie entspricht dem „Auftauen" im Drei-Phasen-Modell nach Lewin.

Jede Phase des Rationalisierungsprozesses umfasst eine Vielzahl von Teilaufgaben, die wieder einen Prozess bilden. Die Gliederung in die Phasen Initialisieren, Aktivieren, Konzipieren, Umsetzen und Verstetigen bildet nur eine **logische Folge von Teilprozessen**, die nicht streng linear aufeinanderfolgen. Die Teilprozesse können sich überlappen und im Verlauf des Rationalisierungsprozesses mehrfach ausgeführt werden. Es handelt sich bei dieser Phasengliederung deshalb nur um einen grundsätzlichen Ablauf, der von Unterzyklen und Rückläufen überlagert wird.

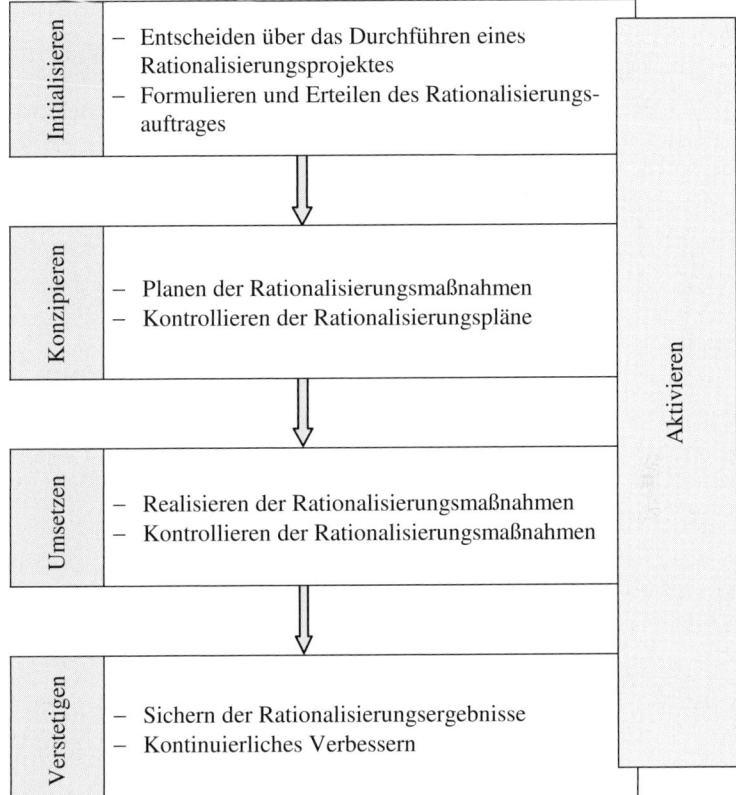

Abb. 3.3: Phasen im Rationalisierungsprozess

3.1.2.2 Rationalisierung als Projekt

Ein **Projekt** ist ein zeitlich befristetes, relativ neuartiges und komplexes Vorhaben, bei dessen Bewältigung Personen verschiedener Unternehmungsbereiche zusammenarbeiten.

Von den routinemäßig durchgeführten Aktivitäten unterscheiden sich Projekte durch vier **Merkmale** (z. B. Frese (2005), S. 512 f.):

– die zeitliche Befristung,

– die relative Neuartigkeit,

– die Komplexität und

– die Interdisziplinarität.

Das Konzipieren und Umsetzen einer Anpassung betrieblicher Rahmenbedingungen an Umwelt- und Unternehmungsänderungen ist ein zeitlich befristetes Vorhaben und keine routinemäßig auszuführende Daueraufgabe. In Unternehmungen werden die betrieblichen Rahmenbedingungen zwar wiederholt angepasst. Die Rationalisierungsvorhaben werden jedoch in verschiedenen Unternehmungsbereichen für unterschiedliche Objekte realisiert und durch immer andere Umwelt- und Unternehmungsänderungen ausgelöst. Rationalisierungsvorhaben wiederholen sich damit nicht identisch, sie erfordern innovative Lösungen und sind deshalb relativ neuartig. An Rationalisierungsvorhaben wirken neben Mitarbeitern des betroffenen Verantwortungsbereiches auch Fachleute anderer Disziplinen mit (z. B. Rechnungswesen, Personalwesen). Bei der Rationalisierung sind Maßnahmen zur Anpassung betrieblicher Rahmenbedingungen unter Berücksichtigung kosten- und leistungsbezogener Vorgaben, personalbedingter Barrieren sowie Regelungen zur betrieblichen Mitbestimmung und zum Kündigungsschutz zu planen und umzusetzen. Die Planung und Umsetzung von Rationalisierungsmaßnahmen sowie das Aktivieren der Betroffenen ist damit eine befristete, relativ neuartige, komplexe und interdisziplinär zu bearbeitende Aufgabe. Diese Phasen der **Rationalisierung** weisen damit die Merkmale eines Projektes auf (vgl. Krüger (1993), Sp. 3559). Das Verstetigen der Anpassung ist dagegen eine Daueraufgabe, die im Zeitraum zwischen zwei Rationalisierungsvorhaben ausgeführt wird. Bis zum Projektende sind die Voraussetzungen für diese Aufgabe zu schaffen (vgl. Brehm/ Hackmann/Jantzen-Homp (2006), S. 228).

Die Komplexität des Rationalisierungsprozesses und sein interdisziplinärer Charakter machen ein Projektmanagement erforderlich. Das Management von Rationalisierungsprojekten beschäftigt sich mit der **Gestaltung und Steuerung des Rationalisierungsprozesses** (vgl. Marr/Steiner (2004), Sp. 1198). Es erstreckt sich auf die Gesamtheit der Aktivitäten zur zielorientierten Einflussnahme auf das Handeln der am Rationalisierungsprozess Beteiligten.

> Das **Projektmanagement** umfasst die Planung und Steuerung aller Aktivitäten in der Konzipierungs-, Umsetzungs- und Aktivierungsphase im Rationalisierungsprozess unter Berücksichtigung der vorgegebenen Projektziele (in Anlehnung an Corsten/Corsten/Gössinger (2008), S. 5 f.).

Das **Projektmanagement der Rationalisierung** verläuft parallel zum Konzipieren und Umsetzen. Es umfasst entsprechend
- das Projektmanagement des Konzipieren sowie
- das Projektmanagement der Umsetzung.

Diese **Untergliederung des Projektmanagements** wird aus zwei Gründen eingeführt: (1) Das Konzipieren besteht aus Planungsaktivitäten, der Umsetzungsprozess aus Ausführungsaktivitäten. Die beiden Teilprozesse im Rationalisierungsprozess stellen damit unterschiedliche Anforderungen an die Projektorganisation und das Projektmanagement (vgl. Huber (1987), S. 224 f.). (2) Die Aktivitäten, die zur Umsetzung der geplanten Rationalisierungsmaßnahmen ausgeführt werden müssen, liegen erst nach Abschluss des Konzipierens fest. Sie können deshalb nicht gemeinsam mit dem Konzipieren geplant werden. Das Projektmanagement des Konzipierens und des Umsetzens sind deshalb zwei aufeinanderfolgende Teilprozesse im Prozess des Managements von Rationalisierungsprojekten. Abb. 3.4 zeigt die Beziehungen zwischen Rationalisierung und Projektmanagement.

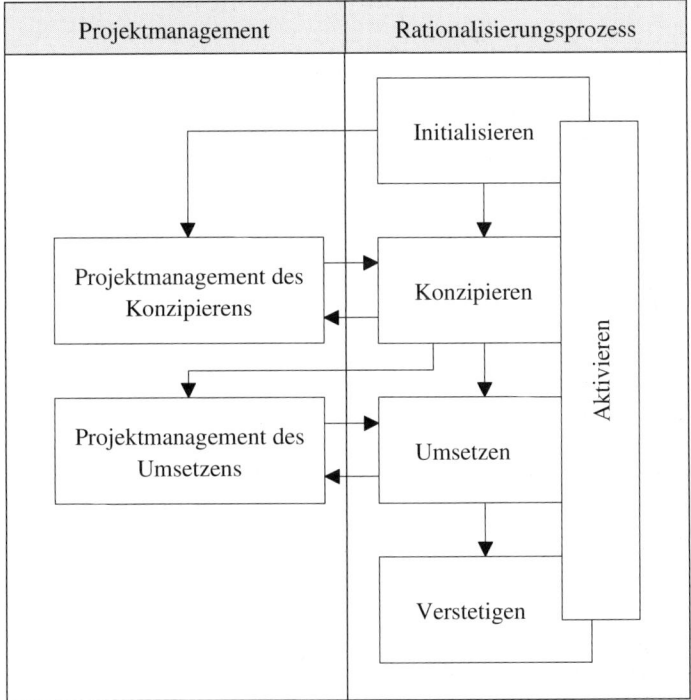

Abb. 3.4: Beziehung zwischen Rationalisierung und Projektmanagement

Die Organisation der meisten Unternehmungen ist für die Bewältigung von Routineaufgaben ausgelegt und nicht für die Durchführung innovativer Aufgaben, die sich auf mehrere Bereiche der Unternehmung erstrecken. Die Rationalisierung kann nicht von einzelnen Stellen oder Abteilungen der Primärorganisation übernommen werden, die das Tagesgeschäft tragen. Für die Rationalisierung wird deshalb eine **Projektorganisation** geschaffen (vgl. Krüger (2005), S. 222). Elemente der Organisation von Rationalisierungsprojekten sind (vgl. Huber (1987), S. 222 f.; Krüger (1993), Sp. 356 ff.):

– der Lenkungsausschuss,
– die Projektleiter,

- das Projektteam,
- der Personalausschuss und
- die Serviceeinheiten.

Im **Lenkungsausschuss** sind die Unternehmungsführung oder Mitglieder der Führungsebene vertreten, die den von der Rationalisierung betroffenen Bereichen unmittelbar übergeordnet ist. Der Lenkungsausschuss erteilt den Rationalisierungsauftrag, gibt die Ressourcen frei und trifft Zwischen- und Abschlussentscheidungen. Er hält die Verbindung zum Betriebsrat und trägt die Verantwortung für das Aktivieren der Beteiligten und Betroffenen. Wird ein komplexer Rationalisierungsauftrag in mehrere Teilprojekte zerlegt, wie z. B. beim Business Reengineering (vgl. Abschnitt 5.2.2), kann als weiteres Leitungsorgan ein **Programmleiter** eingeführt werden. Hierarchisch ist er zwischen dem Lenkungsausschuss und den Projektleitern eingeordnet (vgl. Abb. 3.5). Seine Aufgabe besteht in der vertikalen und horizontalen Koordination der Teilprojekte (vgl. Brehm/Hackmann/Jantzen-Homp (2006), S. 226 ff.).

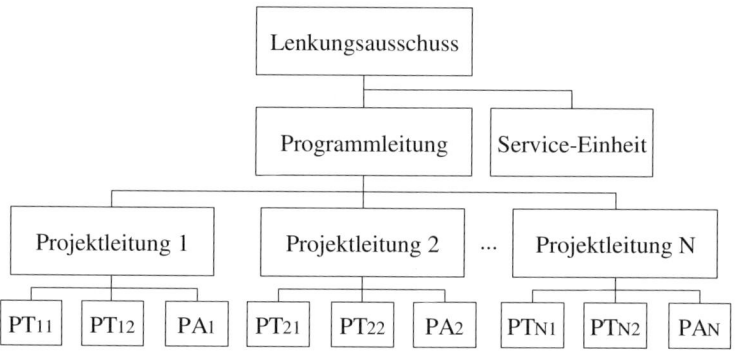

PT = Projektteam; PA = Personalausschuss

Abb. 3.5: Organisation eines Rationalisierungsprojektes

Der Lenkungsausschuss beruft die Projektleiter. Die **Projektleiter** sind dem Lenkungsausschuss unterstellt. Ihnen obliegt das Projektmanagement mit seinen sach- und personenbezogenen Aufgaben (vgl. Abschnitt 3.2.3).

Das Konzipieren und Umsetzen der Rationalisierungsmaßnahmen ist die Aufgabe des **Projektteams**. Das sind zeitlich befristete Organisationseinheiten, die unter der Zuständigkeit der Projektleitung tätig sind. An die Zusammensetzung des Projektteams werden zwei Anforderungen gestellt:

- die Fähigkeit zur Problemlösung und
- die Vertretung aller Interessen.

Die erste **Anforderung** verlangt, dass in den Projektteams alle Fähigkeiten vertreten sind, die zur Lösung des im Projektauftrag beschriebenen Problems erforderlich sind.

Um dieser Anforderung zu genügen, kann es erforderlich sein, neben Mitarbeitern verschiedener Unternehmungsbereiche auch externe Berater zu Teammitgliedern zu machen. Die zweite Anforderung folgt aus dem Ziel, die soziale Effektivität der Rationalisierung zu sichern. Sie fordert vor allem, dass die Betroffenen in den Projektteams vertreten sind. Darüber hinaus sollte die Instanz, die auf das Engste mit dem Untersuchungsobjekt beschäftigt ist, im Projektteam tätig sein (vgl. Anklesaria (2008), S. 46). Gebildet wird ein Projektteam vom jeweiligen Projektleiter.

Um der Bedeutung des Zieles der sozialen Effektivität der Rationalisierung gerecht zu werden, kann es zweckmäßig sein, einen **Personalausschuss** zu bilden. Er ist ebenfalls eine zeitlich begrenzte Organisationseinheit, die dem Projektleiter unterstellt ist. Neben der Planung und Realisation von Maßnahmen zum Aktivieren der Beteiligten und Betroffenen hat der Personalausschuss das Projektteam hinsichtlich der Auswirkungen alternativer Rationalisierungsmaßnahmen auf die Betroffenen zu beraten (vgl. Huber (1987), S. 225).

Die Projektorganisation kann bei entsprechender Projektgröße um **Serviceeinheiten** für die Dokumentation, die Administration, das Controlling, die Kommunikation und die Methodenberatung erweitert werden. Sie erbringen spezielle Dienstleistungen für den Lenkungsausschuss, die Projektleiter, die Projektteams und den Personalausschuss (vgl. Krüger (2005), S. 226).

3.2 Vorbereitende und begleitende Aktivitäten

3.2.1 Initialisieren der Rationalisierung

3.2.1.1 Prozess des Initialisierens

Anlass für das Initialisieren eines Rationalisierungsprojektes ist die Diagnose eines Rationalisierungspotentials. Abb. 3.6 zeigt die Phasen im Prozess des Initialisierens.

(1) Beurteilen des Rationalisierungsvorhabens

Zweck der **Bewertung** des diagnostizierten Rationalisierungspotentials ist die Feststellung, ob die Wirkung der erzielbaren Effizienzsteigerung auf die Unternehmungsziele die Belastungen rechtfertigen, welche ein Rationalisierungsprojekt verursachen würde. Die Rationalisierung erfordert mittel- oder langfristige Entscheidungen über die betrieblichen Rahmenbedingungen. Zur Bewertung des Rationalisierungsbedarfs sollte deshalb eine Investitionsrechnung durchgeführt werden. Voraussetzung für die Bewertung ist die Prognose

– der erzielbaren Effizienzsteigerung und
– der mit der Effizienzsteigerung erzielbaren Erfolgswirkungen während der Geltungsdauer der Rationalisierungsentscheidung sowie
– des einmaligen Rationalisierungsaufwandes.

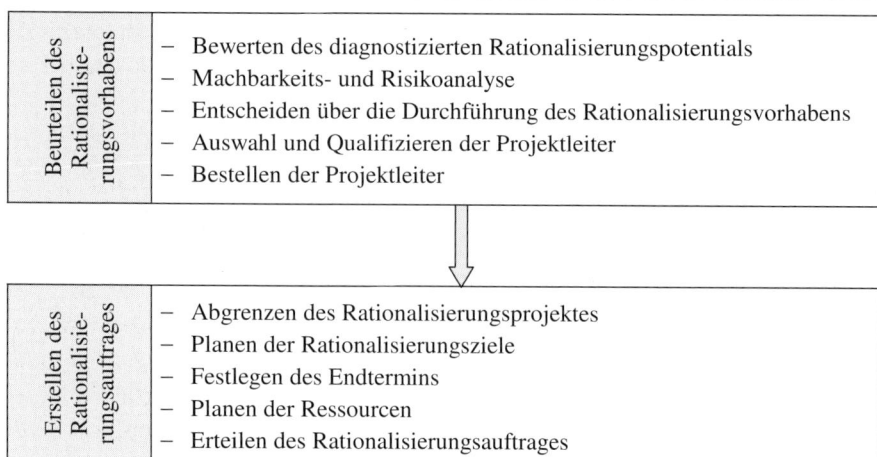

Abb. 3.6: Phasen des Initialisierungsprozesses

Der **Rationalisierungsaufwand** wird zum einen durch das Projekt selbst verursacht, d. h. durch das Konzipieren, Umsetzen, Verstetigen und Aktivieren. Hierzu zählen z. B. die Gehälter für die Beteiligten und die Zahlungen an externe Experten. Rationalisierungsaufwand entsteht aber auch durch die Rationalisierungsmaßnahmen, z. B. durch die Qualifizierung der Betroffenen, Abfindungen und bauliche Veränderungen.

Gegenstand der **Machbarkeits- und Risikoanalyse** sind die Erfolgsfaktoren von Rationalisierungsvorhaben sowie die Ursachen des Risikos einer Abweichung von dem Erfolg, der bei der Bewertung des Rationalisierungspotentials ermittelt worden ist (vgl. Marr/Steiner (2004), Sp. 1199 f.). Ursachen der Risiken eines Rationalisierungsvorhabens sind vor allem eine eingeschränkte Abbaubarkeit der Kosten sowie system- und personenbedingte Barrieren. Erfolgsfaktoren können als Möglichkeiten der Unternehmung verstanden werden, Risiken zu verhindern oder zumindest zu vermindern.

Nach der Bewertung des Rationalisierungspotentials und der Machbarkeits- und Risikoanalyse ist eine **Entscheidung** darüber zu treffen, ob das Rationalisierungsvorhaben durchgeführt werden soll. Ist die Entscheidung über das Rationalisierungsvorhaben getroffen, wird ein Projektleiter ausgewählt und qualifiziert. Gemeinsam mit dem Lenkungsausschuss entwickelt er den Rationalisierungsauftrag.

(2) Entwickeln des Rationalisierungsauftrages

Zur **Abgrenzung des Rationalisierungsprojektes** wird in einem ersten Schritt das Untersuchungsobjekt bestimmt. Das Untersuchungsobjekt ist ein Ausschnitt aus den betrieblichen Rahmenbedingungen. Dieser Ausschnitt kann bestimmte Produkte, Programme, Potentiale, Prozesse, immaterielle Vermögenswerte oder Marktbeziehungen betreffen oder einen spezifisch abgegrenzten Unternehmungsbereich mit seinen Rah-

menbedingungen. Für die Abgrenzung des Rationalisierungsprojektes ist zudem festzulegen, ob es unternehmungsintern oder unternehmungsübergreifend durchgeführt
werden soll, d. h. unter Einbeziehung von Lieferanten oder Kunden.

Generell werden nach den Inhalten drei **Rationalisierungsziele** unterschieden: die Erreichungsziele, die Bewahrungsziele und die Vermeidungsziele. Die Erreichungsziele
geben den Zustand an, der als Ergebnis des Projektes eintreten soll. Die Bewahrungsziele haben Erfolgsfaktoren zum Inhalt, die nicht gefährdet werden dürfen. Die Vermeidungsziele beziehen sich auf unerwünschte Nebenwirkungen des Projektes (vgl.
Huber (1987), S. 220). Bei Rationalisierungsprojekten ist das **Erreichungsziel** die
kostenbezogene Vorgabe (vgl. Abschnitt 2.2.2.1). Bei den **Bewahrungszielen** handelt
es sich um die effektivitätsbezogenen Restriktionen. Die **Vermeidungsziele** präzisieren bei Rationalisierungsprojekten das Ziel der sozialen Effektivität. Beispiele für diese Ziele sind die Vermeidung von Entlassungen oder einer Beschädigung des Unter-
nehmungsimages.

Das Initialisieren endet mit den Entscheidungen über den **Endtermin** und die finanziellen, sachlichen und personellen **Ressourcen**, die zur Durchführung des Projektes
bereitgestellt werden. Der Endtermin ist der Zeitpunkt, bis zu dem der Projektauftrag
erfüllt und das Projektteam aufgelöst sein soll. Sind diese Entscheidungen getroffen,
wird der Rationalisierungsauftrag erteilt.

3.2.1.2 Promotoren als Erfolgsfaktoren der Rationalisierung

Der Abbau personenbedingter Barrieren gegen ein Rationalisierungsvorhaben erfordert den persönlichen, engagierten und nachhaltigen Einsatz bestimmter Personen, die
als Promotoren bezeichnet werden. Das Vorhandensein von Promotoren wird deshalb
als wichtiger **Erfolgsfaktor** von Rationalisierungsprojekten gesehen (vgl. Krüger
(2006c), S. 129).

> **Promotoren** eines Rationalisierungsvorhabens sind Projektbeteiligte, die den Ra-
> tionalisierungsprozess aktiv und intensiv fördern (vgl. Witte (1998), S. 15).

Zur Überwindung von Barrieren werden drei **Typen von Promotoren** benötigt (vgl.
Hauschildt/Chakrabarti (1998), S. 78):

- ein Machtpromotor,
- ein Fachpromotor und
- ein Prozesspromotor.

Der **Machtpromotor** ist in der Lage, die Opposition ranghoher Betroffener zu neutralisieren. Der Machtpromotor verfügt über die hierzu erforderliche Macht. Er muss jedoch kein Mitglied des Topmanagements mit legitimierter Macht sein, wenn er seine
Macht aus anderen Quellen beziehen kann (z. B. Begeisterungsfähigkeit). Der Macht-

promotor beeinflusst die Willensbarrieren der Beteiligten, indem er günstige Rahmenbedingungen für die Projektdurchführung schafft.

Der **Fachpromotor** bringt das erforderliche Fachwissen und die benötigte Kreativität in den Rationalisierungsprozess ein. Vom Fachpromotor gehen fachliche Impulse aus und er generiert innovative Ideen, die er anschließend weiterverfolgt und zu Durchführungsplänen ausarbeitet. Der Beitrag des Fachpromotors besteht in der Einflussnahme auf die Wissensbarrieren der Beteiligten.

Der **Prozesspromotor** verfügt über das für die Projektdurchführung erforderliche Organisations- und Kommunikationsvermögen. Er hat das Wissen darüber, welche Bereiche an der Umsetzung der geplanten Maßnahmen mitwirken müssen, welche Personen die erforderlichen Kompetenzen haben und er verfügt über die nötigen personellen Netzwerke. Er stellt die Verbindung zwischen Fach- und Machtpromotor her. Zudem ist er in der Lage, die geplanten Maßnahmen den an der Umsetzung Beteiligten zu vermitteln und sie von der Notwendigkeit und der Wirksamkeit dieser Maßnahmen zu überzeugen. Der Prozesspromotor treibt die Umsetzung der geplanten Maßnahmen voran, indem er für eine straffe Projektplanung und -steuerung sorgt und die Verbindungen zu den Bereichen herstellt, die zu ihrer Umsetzung beitragen müssen. Als Prozesspromotor kann ein Mitglied des mittleren oder höheren Managements geeignet sein. Der Beitrag des Prozesspromotors kann als Einflussnahme auf die systembedingten Barrieren beschrieben werden.

Die Existenz von zwei bzw. drei Promotoren reicht für die Überwindung von Barrieren nicht aus. Die Promotoren müssen auch eng zusammenarbeiten und sich gegenseitig abstimmen. Die Promotoren müssen in einem Arbeitszusammenhang stehen, der nicht organisatorisch begründet sein muss, sondern auch aus ihrer Überzeugung resultieren kann, dass sie die Aufgabe nur gemeinsam bewältigen können (vgl. Hauschildt/Salomo (2006), S. 169 f.). Je nach Projekttyp eignet sich eine **Zwei-Personen-Konstellation**, in der ein Macht- und ein Fachpromotor gemeinsam im Gespann tätig sind, oder eine **Drei-Personen-Konstellation**, d. h. die Troika aus Macht-, Fach- und Prozesspromotor (vgl. Hauschildt/Kirchmann (1998), S. 93; Abb. 3.7). Die Drei-Personen-Konstellation ist bei innovativen Projekten vorteilhaft (vgl. Lechler (1997), S. 243; (1998), S. 208).

Ohne Machtpromotor, der das Rationalisierungsprojekt zu Beginn ausreichend unterstützen würde, ist das Rationalisierungsvorhaben mit erheblichen **Risiken** behaftet und sollte nicht durchgeführt werden (vgl. Davenport (1993), S. 179 ff.). Ebenso sollte verfahren werden, wenn für das Projektteam keine Mitarbeiter gefunden werden können, die fähig und willens sind, die Rolle des Fachpromotors zu übernehmen (vgl. Lechler (1998), S. 209).

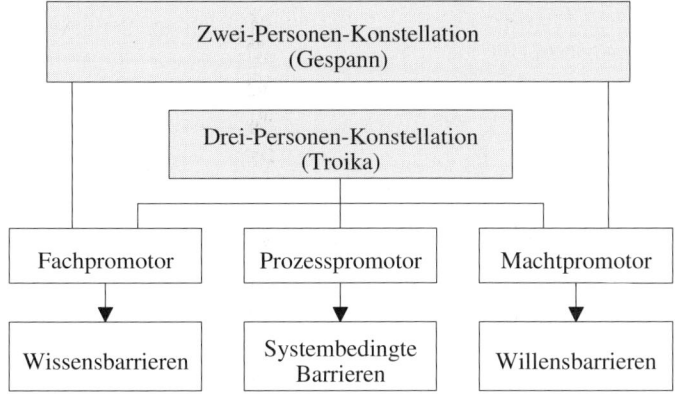

Abb. 3.7: Wirkungen und Konstellationen von Promotoren

3.2.2 Aktivieren der Beteiligten und Betroffenen

3.2.2.1 Abgrenzung des Aktivierens

Zum Kreis der **Betroffenen** der Rationalisierung gehören alle Mitarbeiter, auf die sich die Rationalisierungsmaßnahmen unmittelbar auswirken. Hierzu zählen die Träger sowohl der Ausführungs- als auch der Führungsaufgaben in den anzupassenden Bereichen. Die Rationalisierung kann vielfältige Auswirkungen auf die persönliche Arbeitssituation der Betroffenen haben. Bereits die Ankündigung eines Rationalisierungsvorhabens löst Befürchtungen aus, die personenbedingte Barrieren entstehen lassen (vgl. Abschnitt 1.2.3.1).

Zu den **Beteiligten** zählen alle Personen, die am Konzipieren oder an der Umsetzung der Rationalisierungsmaßnahmen mitarbeiten. Neben Betroffenen zählen zum Kreis der Beteiligten auch Experten, d. h. externe Berater oder Mitarbeiter aus anderen Unternehmungsbereichen, wie z. B. aus dem Personalwesen, der Entwicklung oder dem IT-Bereich. Begreifen die Beteiligten die rationalisierungsbedingten Veränderungen der persönlichen Arbeitssituation von Mitarbeitern oder ihre Folgen (z. B. Verschlechterung des Betriebsklimas) als negativ valent, werden auch sie Willensbarrieren gegen das Rationalisierungsvorhaben entwickeln, selbst wenn sie nicht zum Kreis der Betroffenen zählen.

Damit sich aus den personenbedingten Barrieren nicht destruktive Opposition entwickelt, muss bei den Betroffenen und Beteiligten Akzeptanz für das Rationalisierungsvorhaben geschaffen werden (vgl. Abschnitt 2.4.2.1). Das **Schaffen von Akzeptanz** für das Rationalisierungsvorhaben ist der Zweck des Aktivierens. Diese Phase des Rationalisierungsprozesses beginnt bereits während des Initialisierens und erstreckt sich bis zum Verstetigen der geplanten und umgesetzten Rationalisierungsmaßnahmen.

> Das **Aktivieren** umfasst die Gesamtheit der Aktivitäten zur Schaffung von Akzeptanz für das Rationalisierungsvorhaben bei den Betroffenen und Beteiligten.

Träger des Aktivierens sind neben der Unternehmungsführung auch alle Organisationseinheiten, die für die Planung und Umsetzung von Rationalisierungsvorhaben Vorgaben planen und durchsetzen, d. h. der Lenkungsausschuss, die Projektleiter für die verschiedenen Projektteams sowie die Vorgesetzten der Betroffenen.

Zu den **Aufgaben des Aktivierens** zählen
– die Diagnose der Barrieren,
– die Planung von Maßnahmen zur Förderung der Akzeptanz des Rationalisierungsvorhabens,
– die Durchsetzung und Realisation dieser Maßnahmen sowie
– die Kontrolle und Sicherung ihrer Wirkungen.

Die **Diagnose der Barrieren** bezieht sich sowohl auf die personenbedingten als auch auf die systembedingten Barrieren. Zur Diagnose der personenbedingten Barrieren ist zunächst der Kreis der von Rationalisierungsvorhaben betroffenen Mitarbeiter abzugrenzen. Anschließend sind die erwarteten Auswirkungen für die Betroffenen festzustellen. Weiterhin ist zu prüfen, inwieweit die möglichen Ursachen von Widerständen vorliegen (vgl. Kleist/Maetz (2003), S. 63 f.).

Akzeptanz für ein Rationalisierungsvorhaben kann geschaffen werden, indem Einfluss auf die Ursache von Widerständen genommen wird (vgl. Abschnitt 1.2.3.1). Abb. 3.8 gibt einen Überblick über **Maßnahmen zur Akzeptanzförderung**, die zu planen, zu realisieren, zu kontrollieren und zu sichern sind.

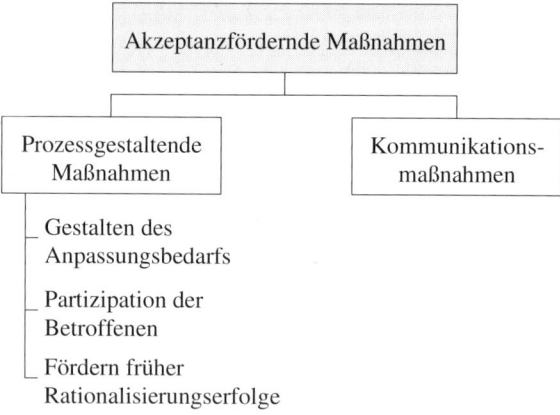

Abb. 3.8: Maßnahmen zur Schaffung von Akzeptanz

3.2.2.2 Akzeptanzförderung durch Prozessgestaltung

Durch **Prozess gestaltende Maßnahmen** wird der Rationalisierungsprozess an die Bedürfnisse und die Anpassungsfähigkeit der Betroffenen und Beteiligten angepasst. Zu diesen Maßnahmen der Akzeptanzförderung zählen

– das Gestalten des Umfangs des Rationalisierungsvorhabens,

– die Partizipation der Betroffenen bei der Planung und Umsetzung der Rationalisierungsmaßnahmen sowie

– das Fördern früher Rationalisierungserfolge.

(1) Umfang eines Rationalisierungsvorhabens

Es wirkt sich ungünstig auf die Akzeptanz eines Rationalisierungsvorhabens und seiner Ergebnisse aus, wenn der ausgelöste Anpassungsbedarf die **Anpassungsfähigkeit** der Betroffenen übersteigt. Auf den Anpassungsbedarf kann über die Gestaltung des Umfangs des Rationalisierungsvorhabens Einfluss genommen werden. Bestimmt wird der Umfang eines Rationalisierungsvorhabens durch folgende Merkmale (vgl. Krüger (2004), Sp. 1609 f):

– die zeitliche Lage,

– die Schrittlänge und

– die Zeitdauer.

Grundsätzliche Alternativen der **zeitlichen Lage** sind die aktiv-antizipierende und die passiv-reaktive Rationalisierung (vgl. Abschnitt 3.1.1.2). Bei der aktiv-antizipierenden Rationalisierung kann u. U. die Notwendigkeit des Rationalisierungsvorhabens (noch) nicht vermittelt werden. Jedoch eröffnet nur diese Form der Rationalisierung Spielräume zur Gestaltung der Schrittlänge und der Zeitdauer der Rationalisierungsvorhaben. Die **Schrittlänge** bestimmt, ob das Rationalisierungsvorhaben in einem großen Schritt oder in mehreren kleinen Schritten durchgeführt wird. Die **Zeitdauer**, die für ein Rationalisierungsvorhaben vorgegeben wird, bestimmt die Länge des Zeitraums von der Initiierung bis zur Realisation der kostenzielbezogenen Vorgabe. Je kürzer die vorgegebene Zeitdauer, desto kürzer ist auch der Zeitraum, der für die Anpassung der Betroffenen zur Verfügung steht. Zeitvorgaben für ein Rationalisierungsvorhaben, die von den Betroffenen als zu kurz wahrgenommen werden, wirken sich ungünstig auf die Akzeptanz aus.

(2) Partizipation der Betroffenen

Bei der Partizipation der Betroffenen handelt es sich um die Teilnahme oder Beteiligung der von der Rationalisierung betroffenen Mitarbeiter an der Planung und Umsetzung der Rationalisierungsmaßnahmen (vgl. Abschnitt 2.4.2.1). Die Partizipation der Betroffenen im Rationalisierungsprozess ist grundsätzlich geeignet, Barrieren zu vermindern oder sogar zu verhindern (vgl. Wiendieck (1992), Sp. 26). Als Gründe für

den positiven **Einfluss der Partizipation auf die Akzeptanz** von Rationalisierungsmaßnahmen können genannt werden:

- Widersprüchliche Vorstellungen der Betroffenen, der beteiligten Experten und des
  Managements können frühzeitig erkannt und aufgelöst werden.
- Das Management und die Experten gewinnen einen Eindruck von der Anpas-
  sungsbereitschaft und -fähigkeit der Betroffenen (vgl. Schanz (2000), S. 278).
- Den Betroffenen können die Notwendigkeit und die Ziele der Rationalisierung sowie die Hintergründe von Entscheidungen über Rationalisierungsmaßnahmen deut-
  licher vermittelt werden.
- Das Wissen der Betroffenen kann besser ausgewertet und integriert werden. Dadurch kann nicht realisierbaren Lösungen und Umsetzungsproblemen entgegengewirkt werden, die sich vor allem auf die Akzeptanz nachfolgender Rationalisierungsvorhaben ungünstig auswirken können.

Ziel der Gestaltung von Art und Umfang der Partizipation sollte sein, personenbedingte Barrieren in konstruktiven Widerstand zu wandeln, indem den Betroffenen die
Möglichkeit eröffnet wird, auf ihre künftige Arbeitssituation Einfluss zu nehmen.

Nach dem **Umfang der Partizipation** der Betroffenen werden drei Rationalisierungsstrategien abgegrenzt:

- die Strategie des Bombenabwurfs,
- die Partizipationsstrategie sowie
- die Strategie der geführten Partizipation.

Bei der **Strategie des Bombenabwurfs** wird ein Grobkonzept für die Rationalisierungsmaßnahmen durch ein kleines Projektteam unter weitgehender Geheimhaltung
und Ausschluss der Betroffenen geplant. Zusammengesetzt ist das Projektteam aus
Mitgliedern einer übergeordneten Führungsebene. Dazu kommen häufig auch externe
Berater. Das Grobkonzept wird schlagartig und relativ unwiderruflich in Kraft gesetzt.
Anschließend wird die Detailplanung unter Einbeziehung der Betroffenen geplant und
realisiert, wobei das Grobkonzept der geplanten Rationalisierungsmaßnahmen unver-
änderlich festliegt (in Anlehnung an Kirsch/Esser/Gabele (1979), S. 180). Die Betroffenen wirken damit zwar bei der Umsetzung, nicht jedoch bei der Planung der Rationalisierungsmaßnahmen mit. In diesem Verzicht auf die Partizipation werden zwei
Vorteile gesehen: Zum einen kommt es während der Planung zu keinen Entschei-
dungsverzögerungen, was sich positiv auf die Dauer und die Kosten der Rationalisierung auswirkt. Zum anderen kann der Gefahr entgegengewirkt werden, dass die angestrebten Rationalisierungsziele verwässert werden. In der Bombenabwurfstrategie
wird ein Ansatz für ein schnelles, abgestimmtes Handeln für eine dringend notwendige
Steigerung der Wirtschaftlichkeit gesehen (vgl. Bach (2006), S. 186). Diesen Vorteilen steht als Nachteil die geringe Akzeptanz des Rationalisierungsvorhabens und seiner Ergebnisse gegenüber. Erfolgreich ist diese Strategie nur dann, wenn es durch eine

möglichst umfassende antizipatorische Interessenberücksichtigung gelingt, den Widerstand der Beteiligten unter dem für die Umsetzung kritischen Niveau zu halten (vgl. Marr (1987), S. 342 f.). Weiterhin kann das Wissen der Betroffenen weder bei der Problemanalyse noch bei der Planung von Lösungsideen genutzt werden. Diesem Nachteil kann durch eine partizipationsergänzte Generalplanung entgegengewirkt werden. Bei dieser arbeiten an der Planung des Grobkonzeptes Schlüsselpersonen aus den betroffenen Bereichen mit (vgl. Bach (2000), S. 245 ff.).

Die **Partizipationsstrategie** sieht vor, dass die Rationalisierungsmaßnahmen von den Betroffenen geplant und umgesetzt werden. Die Entscheidung über diese Maßnahmen trifft die übergeordnete Instanz (vgl. Kirsch/Esser/Gabele (1979), S. 183 ff.). Der Rationalisierungsprozess kann durch eine Initiative sowohl der übergeordneten Instanz als auch der Betroffenen ausgelöst werden (vgl. Bach (2000), S. 251). Die Vorteile dieser Strategie sind die umfassende Problemanalyse durch die Nutzung des Wissens der Betroffenen sowie die Akzeptanz der Rationalisierungsmaßnahmen durch die Betroffenen (vgl. Marr/Kötting (1992), Sp. 835). Die Umsetzung der Maßnahmen ist deshalb mit weniger Problemen verbunden als bei einer Bombenabwurfstrategie (vgl. Bach (2006), S. 198). Durch die Partizipation der Betroffenen können Konflikte entstehen, wenn das Management und die Betroffenen konkurrierende Ziele verfolgen oder die verschiedenen Akteure die Auswirkungen alternativer Rationalisierungsmaßnahmen unterschiedlich wahrnehmen (in Anlehnung an Glasl (2004), Sp. 629 f.). Auch bei Partizipation der Betroffenen können deshalb Widerstände nicht immer vermieden werden. Diese haben insbesondere dann einen negativen Einfluss auf den Erfolg des Rationalisierungsvorhabens, wenn die Betroffenen selbst die Kostensenkungsideen generieren sollen. Die Partizipationsstrategie wird z. B. bei der Gemeinkostenwertanalyse verfolgt (vgl. Abschnitt 5.3.2).

Bei der **Strategie der geführten Partizipation** werden die Rationalisierungsmaßnahmen von den Betroffenen geplant und umgesetzt. Die übergeordnete Instanz trifft hier jedoch nicht nur die Entscheidungen. Sie führt parallel zur Planung der Rationalisierungsmaßnahmen Planinhaltskontrollen durch und greift gegebenenfalls korrigierend in den Planungsprozess ein (vgl. Marr/Kötting (1992), Sp. 835 f.; Kieser/Walgenbach (2003), S. 399). Dadurch können Verzögerungen im Rationalisierungsprozess ebenso vermieden werden, wie eine zu starke Verwässerung der angestrebten Rationalisierungsziele. Zudem werden Konflikte zwischen Management und Betroffenen frühzeitig sichtbar.

(3) Fördern früher Rationalisierungserfolge

Widerständen der Beteiligten kann wirksam begegnet werden, wenn kurzfristig Kostensenkungen erzielt werden können (vgl. Kotter (1997), S. 168 ff.). Beim Generieren von Rationalisierungsideen sollte deshalb gezielt nach Quick Hits gesucht werden (vgl. Steiger (2008b), S. 283). Diese sollten sofort, d. h. noch während des Konzipierens umgesetzt und die erzielten Ergebnisse kommuniziert werden.

Quick Hits sind Rationalisierungsideen, die einfach und kurzfristig umsetzbar sind, keine negativen Auswirkungen auf die Leistung des Untersuchungsobjektes haben, den Interessen der Beteiligten und Betroffenen entsprechen sowie unmittelbar kostenwirksam sind (vgl. Anklesaria (2008), S. 149 f.).

3.2.2.3 Kommunikation zur Akzeptanzförderung

Ziel der Kommunikation ist die Realisation der Rationalisierungsziele durch das Schaffen von Akzeptanz für das Rationalisierungsvorhaben (vgl. Mohr/Woehe/Diebold (1998), S. 73 f.). Die Beteiligten und Betroffenen sollen in die Lage versetzt werden, die Notwendigkeit des Rationalisierungsvorhabens zu erkennen und realistische Erwartungen über die Auswirkungen des Rationalisierungsvorhabens zu bilden. Die Realisation dieses Kommunikationszieles verlangt, dass in jeder Phase des Rationalisierungsprozesses der Informationsbedarf der Beteiligten und Betroffenen gedeckt wird (vgl. Koch (2004), S. 138).

In einem **Kommunikationsplan** werden alle Maßnahmen zur Übermittlung von Informationen an die Beteiligten und Betroffenen festgelegt. Jede Maßnahme wird durch folgende Merkmale beschrieben (vgl. Koch (2004), S. 153):
– Kommunikationsziel und Kommunikationsinhalt,
– Informationsempfänger,
– Informationssender,
– Informationsmittler,
– Kommunikationskanal und Kommunikationsmittel,
– Zeitpunkt der Durchführung sowie
– Hilfsmittel der Kommunikation, z. B. Handouts, Präsentationsfolien.

Beim **Kommunikationsinhalt** handelt es sich um die Informationen, die übermittelt werden sollen. Im Kommunikationsplan werden die Kernbotschaften festgehalten, die in den verschiedenen Phasen des Rationalisierungsprozesses übermittelt werden sollen (vgl. Brehm (2006), S. 294 ff.; Koch (2004), S. 245). Abb. 3.9 gibt einen Überblick über diese Kernbotschaften. Den Willensbarrieren der Beteiligten und Betroffenen wird mit dem Erzeugen von Handlungsdruck begegnet (vgl. Janz/Krüger (2000), S. 142). Um diesen Handlungsdruck aufzubauen, werden die Konsequenzen aufgezeigt, die ein Verzicht oder das zeitliche Verschieben des Rationalisierungsvorhabens hätte. Hierzu können Informationen über die Erfolgsentwicklung, zu Kundenanforderungen, zu Nachteilen gegenüber Wettbewerbern oder zu den Hintergründen aktueller

Vorkommnisse (z. B. Verlust eines wichtigen Auftrags) übermittelt werden. Darüber hinaus müssen die Beteiligten davon überzeugt werden, dass die aufgezeigten Probleme bei Erreichen der Vorgaben nachhaltig gelöst werden können. Damit die Glaubwürdigkeit der Kommunikation erhalten bleibt, sollte auch über die Konsequenzen der Rationalisierung berichtet werden, die für die Mitarbeiter nachteilig sind (vgl. Davenport (1993), S. 191). Auch dürfen Probleme und Schwierigkeiten im Rationalisierungsprozess nicht verschwiegen werden. Sie sollten unter Aufzeigen von Lösungswegen bewusst kommuniziert werden (vgl. Koch (2004), S. 279).

Kommunikationsziele und -inhalte in den Phasen des Rationalisierungsprozesses	
Aktivieren: Vermitteln der Bedeutung der Rationalisierungsmaßnahmen – Rationalisierungsmaßnahmen und Begründung ihrer Eignung – Chancen und Risiken der Rationalisierungsmaßnahmen – Konsequenzen der Rationalisierungsmaßnahmen – Terminplan für die Umsetzung der Rationalisierungsmaßnahmen – Kurzfristige Erfolge (Quick Hits)	**Konzipieren: Vermitteln der Bedeutung der Rationalisierungsmaßnahmen** – Rationalisierungsmaßnahmen und Begründung ihrer Eignung – Chancen und Risiken der Rationalisierungsmaßnahmen – Konsequenzen der Rationalisierungsmaßnahmen – Terminplan für die Umsetzung der Rationalisierungsmaßnahmen – Kurzfristige Erfolge (Quick Hits)
	Umsetzen: Sichern der Projektdurchführung – Mitarbeiterbezogene Konsequenzen – Maßnahmen zum Ausgleich nachteiliger Konsequenzen der Rationalisierungsmaßnahmen – Projektfortschritt – Erzielte Erfolge
	Stabilisieren: Stabilisieren der erreichten Ergebnisse – Bestätigen erzielter Erfolge – Hervorhebung der Vorteile veränderter Vorgehensweisen – Erfolgsbeispiele

Abb. 3.9: Kommunikationsinhalte im Rationalisierungsprozess

Um die Betroffenen überzeugen zu können, dass das Rationalisierungsvorhaben notwendig ist und zielwirksam, fair und objektiv durchgeführt wird, muss der **Informationssender** authentisch sein. Bestimmt wird die Authentizität des Senders von seiner Glaubwürdigkeit, seiner Autorität und seiner Attraktivität (Bekanntheit und Sympathie; vgl. Mohr/Woehe/Diebold (1998), S. 85 f.). Vor allem in der Anfangsphase, in der Vertrauen in das Rationalisierungsvorhaben aufgebaut werden muss, sollte das Topmanagement als Informationssender auftreten (vgl. Davenport (1993), S. 192). Über weitreichende Entscheidungen in nachfolgenden Phasen sollte ebenfalls das Topmanagement informieren. Informationen über den Projektfortschritt können vom Lenkungsausschuss oder Projektleiter übermittelt werden. Über die konkreten Konsequenzen der Rationalisierung für einzelne Bereiche, Abteilungen oder Mitarbeiter sollte das mittlere Management oder der direkte Vorgesetzte informieren (vgl. Koch (2004), S. 184).

Für die Akzeptanzsicherung reicht eine pauschale und einheitliche Kommunikation nicht aus, da verschiedene Mitarbeiter jeweils einen spezifischen Informationsbedarf haben und sich auch in ihrem Informationsaufnahme- und -verarbeitungsvermögen unterscheiden. Für eine effektive und gleichzeitig effiziente Kommunikation sollte die Gruppe der Beteiligten und Betroffenen deshalb in kleinere Gruppen mit einem möglichst homogenen Informationsbedarf sowie einem ähnlichen Informationsaufnahme- und -verarbeitungsvermögen aufgeteilt werden. Kriterien für die Abgrenzung dieser Teilgruppen sind z. B. die Zugehörigkeit zu einer Berufsgruppe oder einer Organisationseinheit. Als **Informationsempfänger** werden im Kommunikationsplan diese Teilgruppen genannt und durch Angaben zu ihrem Informationsbedarf und ihrem Informationsaufnahme- und -verarbeitungsvermögen ergänzt. Den verschiedenen Informationsempfängern werden nach ihrer Bedeutung für das Rationalisierungsvorhaben Prioritäten zugeordnet, nach denen der Kommunikationskanal, der Rhythmus und der Detaillierungsgrad der Informationsübermittlung an die verschiedenen Teilgruppen differenziert werden kann (vgl. Hammer/Stanton (1995), S. 147 f.).

Zwischen den Sender und den Empfänger einer Information kann ein **Informationsmittler** treten. Diese indirekte Form der Kommunikation tritt z. B. auf, wenn eine untergeordnete Organisationseinheit nur von der unmittelbar übergeordneten Instanz Informationen erhält. Neben den Instanzen zählen auch die Multiplikatoren zu den Informationsmittlern.

Multiplikatoren sind Personen, die über eine Vielzahl von Verbindungen zu anderen Personen verfügen, angesehen sind und als glaubwürdig gelten.

Um Widerstand der Mitarbeiter effektiv begegnen zu können, müssen die Multiplikatoren von der Notwendigkeit des Rationalisierungsvorhabens und der Vorteilhaftigkeit der Rationalisierungsmaßnahmen überzeugt werden. Ihnen sollte deshalb eine überdurchschnittlich hohe Priorität zugeordnet werden. Zu den Multiplikatoren zählen auch die Vertreter der Betroffenen, d. h. der Betriebsrat, der Sprecherausschuss und der Wirtschaftsausschuss, die im Zusammenhang mit der Rationalisierung verschiedene Informationsrechte haben (vgl. Abschnitt 2.4.1).

Nach der **zeitlichen Gestaltung** wird

- die Entscheidungskommunikation und
- die Prozesskommunikation

unterschieden. Bei der **Entscheidungskommunikation** wird erst kommuniziert, nachdem alle Entscheidungen getroffen sind, d. h. nach Abschluss des Konzipierens. Der Vorteil dieser Vorgehensweise wird darin gesehen, dass nur sichere Inhalte übermittelt werden. Im Zeitraum bis zur Kommunikation decken die Mitarbeiter ihren Informationsbedarf über informelle Wege (Gerüchte), wodurch die Unsicherheit noch zunimmt. Gleichzeitig lässt die Glaubwürdigkeit der formalen Kommunikation nach, so dass die entstandene Unsicherheit nur noch unter Schwierigkeiten abgebaut werden kann. Der Unsicherheit, die eine zentrale Ursache des Widerstandes ist, kann mit dieser Kommunikationsstrategie nicht wirksam begegnet werden (vgl. Koch (2004), S. 178 f.). Um eine Verunsicherung der Mitarbeiter zu vermeiden, sollte frühzeitig, kontinuierlich und prozessorientiert kommuniziert werden. Die Forderung nach Frühzeitigkeit verlangt, dass mit den Kommunikationsaktivitäten so zeitnah wie möglich und unaufgefordert begonnen wird. Das Informationsangebot sollte danach in einem angemessenen Rhythmus aktualisiert und ausgeweitet werden. Die Prozesskommunikation sieht vor, dass bereits während des Konzipierens Zwischenergebnisse offen kommuniziert werden. Liegen keine Zwischenergebnisse vor, um den Informationsbedarf zu decken, wird über die Vorgehensweise sowie den voraussichtlichen Termin für die Kommunikation der geforderten Inhalte berichtet (vgl. Koch (2004), S. 277). Zu Beginn des Rationalisierungsprozesses liegen selten detaillierte Informationen über die Auswirkungen auf die Arbeitnehmer vor. Es ist in dieser Situation darüber zu informieren, bis wann diese Informationen vorliegen, unter welchen Voraussetzungen sie gewonnen und wie sie kommuniziert werden.

Das **Kommunikationsmittel** ist der Informationsträger, mit dessen Hilfe der Kommunikationsinhalt transportiert wird (z. B. mündliche Sprache, schriftliche Sprache, Gestik, Mimik). Der Weg der Informationen zwischen Sender und Empfänger ist der **Kommunikationskanal**, wie z. B. Face-to-face-Kontakt, Telefon, E-Mail, Video (vgl. Mast (2004), Sp. 599). Abb. 3.10 gibt einen Überblick über verschiedene Kommunikationskanäle.

Nach der **Ausrichtung des Informationskanals** werden unterschieden (vgl. Koch (2004), S. 158 ff.):

- die massenorientierte und
- die persönliche Kommunikation.

Bei der **massenorientierten Kommunikation** werden allen Beteiligten und Betroffenen identische Informationen übermittelt. Sie lässt in der Regel keine Rückkopplung zu und eignet sich für die zeitnahe Versorgung der Mitarbeiter mit exakt definierten

Inhalten zur Deckung vorhandener Informationslücken. Eingesetzt werden kann sie u. a. für die Übermittlung von Informationen über den Projektfortschritt.

Spezifität / Ausrichtung	Vorhandene Kommunikationskanäle	Speziell geschaffene Kommunikationskanäle
Massenorientierte Kommunikation	– Mitarbeiterzeitschrift – Aushänge am Schwarzen Brett – Intranet – E-Mail-Newsletter	– Belegschaftsversammlung – Rundschreiben – Broschüren
Persönliche Kommunikation	– Abteilungsbesprechung – Mitarbeitergespräch – Sprechstunden	– Kick-off-Veranstaltung – Workshop – Runde Tische – Roadshow – Direktes Anschreiben

Abb. 3.10: Arten von Kommunikationskanälen

Die **persönliche Kommunikation** sieht die direkte Ansprache einer Person oder einer kleinen Gruppe vor. Sie lässt die Übermittlung zielgruppenspezifischer Informationen und Rückkopplungen zu. Sie ist dadurch überzeugender und glaubwürdiger. Sie sollte deshalb trotz der höheren Kosten, die sie verursacht, eingesetzt werden, wenn die Vertrauensbildung im Vordergrund steht, über komplexe Sachverhalte zu informieren oder ein unbestimmter Informationsbedarf zu decken ist. Kommunikationsinhalte mit diesen Merkmalen sind die geplanten Rationalisierungsmaßnahmen und ihre Auswirkungen auf die Betroffenen sowie Einzelheiten über Freisetzungs- oder berufliche Bildungsmaßnahmen.

Für die Kommunikation können **vorhandene Kommunikationskanäle** oder speziell für das Rationalisierungsvorhaben entwickelte Kommunikationskanäle genutzt werden. Da letztere ein höheres Maß an Interesse und Aufmerksamkeit auf sich ziehen, leisten sie einen größeren Beitrag zur Erreichung der Kommunikationsziele.

Zur Übermittlung der Informationen zur Erzeugung von Handlungsdruck in den Projektteams eignen sich **Kick-off-Veranstaltungen.** Sie dienen der Durchsetzung der Projektaufträge in den Projektteams und werden beim Übergang vom Initialisieren zum Konzipieren und vom Konzipieren zum Umsetzen durchgeführt (vgl. Anklesaria (2008), S. 8). Bedeutung, Umfang und Inhalt dieser Veranstaltungen werden ganz erheblich von der gewählten Rationalisierungsstrategie geprägt. In diesen Veranstaltungen werden die Beteiligten über den Rationalisierungsauftrag, die Notwendigkeit des Rationalisierungsvorhabens, die Projektziele, die Projektorganisation, die Meilensteine, die Termine und Ressourcen informiert (vgl. Doppler/Lauterburg (2000), S. 318). Um deutlich zu machen, dass die Unterstützung des Rationalisierungsprojektes durch die Unternehmungsführung sichergestellt ist, sollte neben dem Projektleiter auch ein Mitglied der Unternehmungsführung auftreten. Durchgeführt werden können diese Veranstaltungen in der Form von Workshops und Klausurtagungen (vgl. Brehm (2002), S. 277, 290).

3.2.3 Aufgaben des Managements von Rationalisierungsprojekten

Das Management von Rationalisierungsprojekten umfasst zwei **Arten von Aufgaben** (in Anlehnung an Krüger (1993), Sp. 3561 f.):

– die sachbezogenen und

– die personenbezogenen Aufgaben.

Die **sachbezogenen** Aufgaben haben die Planung und Steuerung des Rationalisierungsprozesses zum Inhalt, d. h. der Aktivitäten in den Phasen des Konzipierens und Umsetzens. **Personenbezogen** sind alle Aufgaben, durch welche die Projektteams gebildet und ihre Mitglieder zur Realisation des geplanten Rationalisierungsprozesses befähigt und motiviert werden. Die sach- und personenbezogenen Aufgaben werden sowohl für die Konzipierungs- als auch für die Umsetzungsprojekte ausgeführt.

3.2.3.1 Sachbezogene Aufgaben

Die sachbezogenen Aufgaben bilden den in Abb. 3.11 dargestellten **Prozess des Projektmanagements** (vgl. z. B. Haberfellner (1992), Sp. 2094 ff.; Krüger (1993), Sp. 3561 f.; Reiß (1996), Sp. 1662).

(1) Projektdefinition

Die Projektdefinition ergänzt das Initialisieren des Rationalisierungsprojektes, sofern der Rationalisierungsauftrag in mehrere Teilprojekte gegliedert wird. Aufgabe dieser Phase ist das Entwickeln der Projektaufträge und die Zusammenstellung des Projektteams (vgl. Marr/Steiner (2004), Sp. 1199). Die **Zielfestlegung** in der Phase der Projektdefinition umfasst die Zerlegung der kosten- und leistungsbezogenen Vorgaben in Teilziele und die Festlegung der Kosten- und Zeitziele des Rationalisierungsprojektes.

Die **Grobplanung** dient u. a. einer Zerlegung des Rationalisierungsprojektes in Teilabschnitte und der Festlegung von Meilensteinen. Meilensteine sind markante Projektzustände, zu denen eine sachlich-inhaltliche Überprüfung des Projektes durchgeführt und über die Freigabe weiterer Projektabschnitte entschieden wird. Der Projektauftrag enthält für jeden Meilenstein Vorgaben zu den Terminen sowie zu den finanziellen, personellen und sachlichen Ressourcen, die bis zum Erreichen des jeweiligen Meilensteins höchstens eingesetzt werden dürfen (vgl. Corsten/Corsten/Gössinger (2008), S. 152 f.).

Abb. 3.11: Prozess des Projektmanagements

(2) Projektplanung

Die **Aufgabenplanung** gliedert sich in die Projektstrukturplanung und die Projektablaufplanung. Aufgabe der **Projektstrukturplanung** ist die Zerlegung des Projektauftrags in Arbeitspakete und die Analyse der zwischen ihnen bestehenden Reihenfolgebeziehungen. Die identifizierten Arbeitspakete bilden die Grundlage der **Projektablaufplanung**. Diese umfasst die Planung der Reihenfolge, in der die Arbeitspakete bearbeitet werden sollen, unter Berücksichtigung der festgestellten Reihenfolgebeziehungen und der verfügbaren Ressourcen (vgl. Schmolke (2002), Sp. 1604 f.).

Aufgabe der **Zeitplanung** ist die Prognose der Vorgangsdauer jedes einzelnen Arbeitspaketes im Rationalisierungsprozess. Mit den prognostizierten Vorgangsdauern werden im Projektablaufplan die Anfangs- und Endzeiten der Arbeitspakete unter Berücksichtigung des vorgegebenen Projektendtermins und der identifizierten Reihenfolgebeziehungen festgelegt. Ergebnis der Zeitplanung sind terminierte Arbeitspakete und Meilensteine, die als zeitliche Teilziele vorgegeben werden.

Im Rahmen der **Ressourcenplanung** wird für jedes Arbeitspaket im Rationalisierungsprozess der Ressourcenbedarf bei planmäßiger Ausführung geschätzt. Auf dieser Basis werden die für das Projekt verfügbaren Ressourcen auf die Arbeitspakete verteilt (vgl. Marr/Steiner (2004), Sp. 1201). Die **Kostenplanung** ordnet schließlich jedem Arbeitspaket im Rationalisierungsprozess auf der Grundlage der zugewiesenen Ressourcen die Projektkosten zu, die bei planmäßiger Bearbeitung verursacht werden.

Für die Meilensteine werden kostenorientierte Teilziele ermittelt. Sie geben die Kosten vor, die bis zum Erreichen eines Meilensteins höchstens anfallen dürfen.

(3) Projektsteuerung

Sind die Konzipierungs- und Umsetzungsteams nicht identisch, kann das Erreichen der Projektziele durch fehlende Kenntnisse über den zu leistenden Beitrag, Widerstände oder unzureichende Motivation in den Umsetzungsteams beeinträchtigt werden (vgl. Wild (1981), S. 42). Aufgabe der **Projektdurchsetzung** ist deshalb zum einen, die Aufgabenträger auf die Realisation der geplanten Rationalisierungsmaßnahmen vorzubereiten und zum anderen die Voraussetzungen für die Realisation der geplanten Rationalisierungsmaßnahmen zu schaffen.

Die **Projektkontrolle** umfasst die Ermittlung und Analyse realisierter oder erwarteter Abweichungen von den Projektzielen (Zeit- und Kostenziele) durch den Vergleich realisierter und geplanter Werte der Kontrollgrößen. Sie wird als Planfortschrittskontrolle durchgeführt, d. h. parallel zur Projektrealisation. Jeweils bei Erreichen eines Meilensteines werden der Projektfortschritt und die Kosten kontrolliert (vgl. Haberfellner (1992), Sp. 2096).

Treten Abweichungen auf, die nicht toleriert werden können, sind Maßnahmen zu ergreifen, um die identifizierten Störungen und Fehler zu mindern oder zu beseitigen (vgl. Schweitzer (2005), S. 81). Die Auswahl und Durchsetzung dieser Maßnahmen ist Gegenstand der **Projektsicherung**.

3.2.3.2 Personenbezogene Aufgaben

> Die **personenbezogenen Aufgaben** des Projektmanagements beziehen sich auf die Beteiligten in den Projektteams. Zu diesen Aufgaben zählen vor allem
> – das Beeinflussen des Leistungsverhaltens sowie
> – das Sichern der erforderlichen Fachkenntnisse
> in den Projektteams.

Als Maßnahmen zur Beeinflussung des Leistungsverhaltens eignen sich (vgl. Abschnitt 2.4.2.3):
– das Fördern der Akzeptanz der Projektziele durch
  • präzise Vorgaben,
  • den Nachweis der Realisierbarkeit der Projektziele,
  • das Erläutern der Bedeutung der Projektziele, insbesondere der kosten- und leistungsbezogenen Vorgaben für die Unternehmung und
  • das Einbeziehen des Projektteams in die Planung der Projektziele;
– das Gestalten von Anreizen sowie

- das Unterstützen der Arbeit der Projektteams durch
  - das Bereitstellen der erforderlichen Ressourcen und Informationen,
  - das Übermitteln von Rückkopplungsinformationen und
  - Hilfestellungen bei der Problembearbeitung.

Die Leistung der Projektteams kann durch **Wissensbarrieren** und bei innovativen Aufgabenstellungen auch durch **Kreativitätsbarrieren** beeinträchtigt werden. Zu den personenbezogenen Aufgaben des Projektmanagements zählen deshalb auch die Qualifizierung der Mitglieder der Projektteams für die Projektaufgabe und u. U. auch das Fördern ihrer Kreativität (vgl. Abschnitt 2.4.2.4). Wissens- und Kreativitätsbarrieren in den Projektteams kann durch den Einsatz von

- Moderatoren und
- externen Beratern

begegnet werden. **Moderatoren** sind unternehmungsinterne oder -externe Experten, die am Konzipieren und Umsetzen von Rationalisierungsmaßnahmen mitwirken, jedoch nur einen mittelbaren Beitrag leisten. Sie sind keine Problemlöser, sondern Prozessbegleiter, die dazu beitragen, dass die Projektbeteiligten Rationalisierungsideen generieren, in Aktionsplänen konkretisieren und schließlich umsetzen (vgl. von Rosenstiel (1997), S. 227 f.). Sie verfügen über Methodenkompetenz und unterstützen die Projektbeteiligten bei der Anwendung der Methoden, indem sie z. B. Arbeitsschritte vorgeben und erläutern und für die Ausführung der Arbeitsschritte Anregungen geben. Der Moderator leistet Hilfe zur Selbsthilfe.

Berater sind unternehmungsexterne Projektbeteiligte, die einen unmittelbaren Beitrag zum Konzipieren und Umsetzen der Rationalisierungsmaßnahmen leisten (vgl. Seeger/Goede (1992), Sp. 318). Beiträge des Beraters zum Abbau von Wissensbarrieren in den Projektteams sind (in Anlehnung an Jarmai (1997), S. 173):

- die Bereitstellung von Prozess- und Fachwissen,
- die Einbringung neuer Lösungsperspektiven, d. h. die Reduzierung der Gefahr von Betriebsblindheit, sowie
- die Verfügbarkeit von Erfahrungen aus mehreren Rationalisierungsprojekten in Unternehmungen verschiedener Branchen.

Durch ihre Erfahrungen aus früheren Rationalisierungsprojekten fördern Berater u. a. die Realisation von Quick Hits (vgl. Janz/Krüger (2000), S. 169). Neben diesem Einfluss auf die Wissensbarrieren in den Projektteams kann der Berater durch seine Neutralität und Unvoreingenommenheit zum Abbau von Willens- oder Risikobarrieren der Beteiligten und Betroffenen gegen Rationalisierungsideen beitragen (vgl. Huber (1987), S. 228).

3.3 Planung und Realisation von Rationalisierungsmaßnahmen

3.3.1 Konzipieren der Rationalisierungsmaßnahmen

Das Konzipieren umfasst die Planung von Rationalisierungsmaßnahmen. Abb. 3.12 zeigt die **Phasen** im Prozess des Konzipierens.

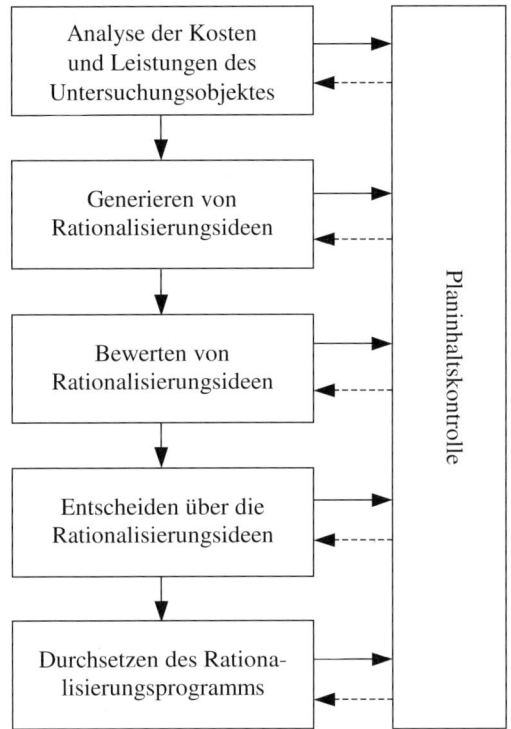

Abb. 3.12: Prozess der Konzipierens

(1) Kosten- und Leistungsanalyse

Zweck dieser Phase im Prozess des Konzipierens ist die **Diagnose von Kostensenkungspotentialen** des Untersuchungsobjektes. Als Analysemethoden eignen sich

– die Kosten-Nutzen-Analyse und

– die Zielbeitragsanalyse der erbrachten Leistungen,

– der Vergleich mit einem Leistungsführer sowie

– die Einflussgrößenanalyse.

Mit der Kosten-Nutzen- und der Zielbeitragsanalyse können Kostensenkungspotentiale im Leistungsprogramm des Untersuchungsobjektes identifiziert werden. Diese beiden **Analysemethoden** gelangen bei der Gemeinkostenwertanalyse bzw. dem Zero-Base-Budgeting zum Einsatz. Der Vergleich mit einem Leistungsführer ist der Grundgedanke des Benchmarking und eignet sich zur Diagnose produkt-, programm-, potential- und prozessbezogener Kostensenkungspotentiale. Die Gemeinkostenwertanalyse, das Zero-Base-Budgeting und das Benchmarking sowie die zugehörigen Analysemethoden werden in Abschnitt 5.3 erläutert.

Die **Einflussgrößenanalyse** ist ein neuerer Vorschlag für eine Methode zur Analyse von Kostensenkungspotentialen. Mit dieser Methode werden die Wirkungsbeziehungen (vgl. Abb. 3.13) untersucht, die für die Höhe der Kosten bestimmend sind. Für diese Methode kennzeichnend ist die getrennte Betrachtung

– der Beziehungen zwischen den Kosten und ihren Bestimmungsfaktoren sowie

– der Beziehungen zwischen den Bestimmungsfaktoren und ihren Einflussgrößen.

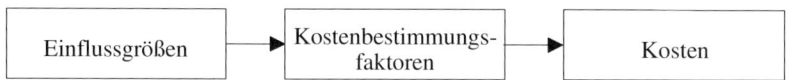

Abb. 3.13: Wirkungsbeziehungen zwischen Kostenbestimmungsfaktoren, Einflussgrößen und Kosten

Kostenbestimmungsfaktoren sind zum einen die Elemente der Kostendefinition, d. h. die Einsatzgüterpreise und die Einsatzgütermengen. Weitere Kostenbestimmungsfaktoren werden hergeleitet, indem die Einsatzgütermengen in eine Folge multiplikativ verknüpfter Quotienten gespalten werden. Der Nenner eines Quotienten ist dabei immer der Zähler des nachfolgenden Quotienten. Der Spaltungsprozess endet, sobald ein Quotient die Leistung enthält, mit der die Erlöse erzielt werden, d. h. die Marktleistung. Abb. 3.14 zeigt ein Beispiel für die Herleitung von Bestimmungsfaktoren der Lohnkosten (vgl. Anklesaria (2008), S. 87 ff.).

> Lohnkosten einer Periode
> = Lohnkosten pro Stunde (Lohnkostensatz)
> × Quotient aus der bezahlten und der tatsächlichen Arbeitszeit (Nutzungsgrad der Arbeit)
> × Quotient aus der tatsächlichen Arbeitszeit und der Ausbringungsmenge (Produktionsgeschwindigkeit)
> × Quotient aus der Ausbringungsmenge und der Anzahl der Gutteile (Arbeitseffizienz)
> × Quotient aus der Anzahl der Gutteile und der Prozessläufe (Prozessschwierigkeit)
> × Quotient aus der Anzahl der Prozessläufe und der Produktionsmenge (Auflagengröße)
> × Quotient aus der Produktions- und der Absatzmenge (Planungseffizienz)
> × Absatzmenge

Abb. 3.14: Beispiel zur Herleitung von Kostenbestimmungsfaktoren

Die **Einflussgrößen** determinieren die Ausprägungen der Kostenbestimmungsfaktoren. Über die Einflussgrößen können die Kostenbestimmungsfaktoren und damit mittelbar auch die Kosten gestaltet werden. Einflussgrößen des Nutzungsgrades der Arbeit in Abb. 3.14 sind z. B. tarifvertragliche Regelungen, Rüstzeiten, Arbeitsunterbrechungen durch Defekte an Maschinen, durch die verspätete Bereitstellung von Material oder durch die Bereitstellung fehlerhafter Materialien. Die Fähigkeiten der Mitarbeiter, der Zustand der Maschinen und die Anzahl der Arbeitsschritte sind Beispiele für Einflussgrößen auf die Prozessschwierigkeit. Abb. 3.15 zeigt den Zusammenhang zwischen den Kostenbestimmungsfaktoren und den Kosteneinflussgrößen (in Anlehnung an Anklesaria (2008), S. 87).

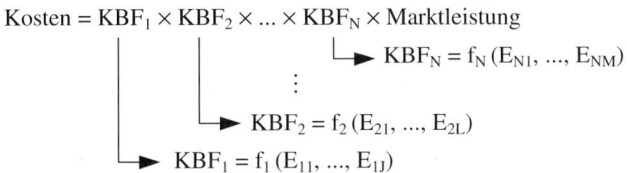

$$\text{Kosten} = KBF_1 \times KBF_2 \times \ldots \times KBF_N \times \text{Marktleistung}$$

$$KBF_N = f_N (E_{N1}, \ldots, E_{NM})$$

$$KBF_2 = f_2 (E_{21}, \ldots, E_{2L})$$

$$KBF_1 = f_1 (E_{11}, \ldots, E_{1J})$$

KBF_n = Kostenbestimmungsfaktor n (n = 1, ..., N); E_{nm} = Einflussgröße m (m = 1, ..., M) des Kostenbestimmungsfaktors n

Abb. 3.15: Wirkungsbeziehungen in der Einflussgrößenanalyse

Der **Ablauf der Analyse** der Kosten von Prozessen kann in drei Phasen gegliedert werden. Abb. 3.16 gibt einen Überblick über diese Phasen.

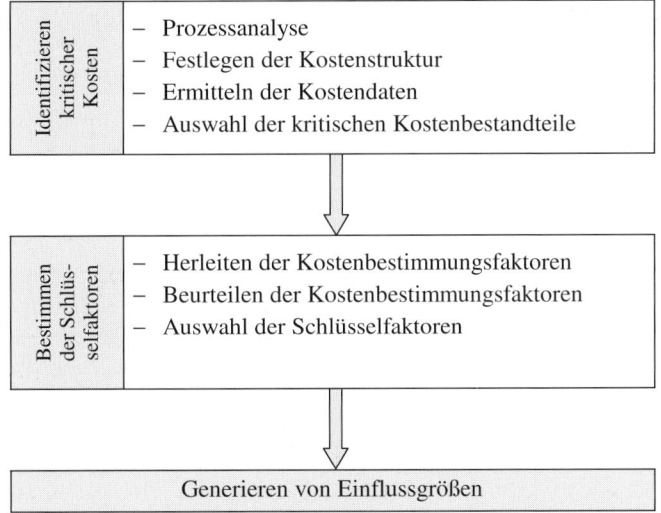

Identifizieren kritischer Kosten	– Prozessanalyse – Festlegen der Kostenstruktur – Ermitteln der Kostendaten – Auswahl der kritischen Kostenbestandteile
Bestimmen der Schlüsselfaktoren	– Herleiten der Kostenbestimmungsfaktoren – Beurteilen der Kostenbestimmungsfaktoren – Auswahl der Schlüsselfaktoren

Generieren von Einflussgrößen

Abb. 3.16: Einflussgrößenanalyse zur Diagnose von Kostensenkungspotentialen

Für das Identifizieren kritischer Kosten wird im **ersten Schritt** zunächst der Prozess analysiert, der als Untersuchungsobjekt gewählt worden ist. Ergebnis dieses ersten Schrittes ist ein Diagramm mit den Aktivitäten des Prozesses und den zwischen ihnen bestehenden Ablaufbeziehungen. Mit der Kostenstruktur wird im **zweiten Schritt** festgelegt, welche Bestandteile der Kosten gesondert betrachtet werden sollen. Auf der ersten Ebene werden Kostenarten abgegrenzt (z. B. Materialeinzelkosten, Lohn- und Gehaltskosten, Verwaltungsgemeinkosten), die auf der zweiten Ebene der Kostenstruktur in Kostenkategorien untergliedert werden (z. B. Lohn- und Gehaltskosten verschiedener Mitarbeitergruppen). Auf der dritten Ebene werden die Kostenkategorien in Kostenelemente zerlegt (z. B. Lohn- und Gehaltskosten einer Mitarbeitergruppe an verschiedenen Standorten). Die Einflussgrößenanalyse ist für das unternehmungsübergreifende Kostenmanagement vorgeschlagen worden. Die Materialkosten werden deshalb als Kosten des Lieferanten interpretiert und ebenfalls auf mehreren Ebenen in Kostenbestandteile gespalten (vgl. Anklesaria (2008), S. 60 ff.). Im **dritten Schritt** werden für jede Aktivität die Kostendaten ermittelt. Abschließend werden im **vierten Schritt** die kritischen Kostenbestandteile anhand

– der künftigen Zahlungswirksamkeit und
– der Beeinflussbarkeit durch das Projektteam

ausgewählt (vgl. Anklesaria (2008), S. 71 ff.). Mit dem ersten Kriterium werden Abschreibungen und alle Kostenbestandteile, die einmalig anfallen (z. B. Entwicklungskosten), aus der Analyse ausgeschlossen. Die Beeinflussbarkeit der Kosten hängt vom Handlungsspielraum bei der Gestaltung der Kosteneinflussgrößen ab, der durch leistungsbezogene Vorgaben, die Abgrenzung des Rationalisierungsprojektes oder die Kompetenzen des Projektteams begrenzt sein kann.

Beispiel 3.1: Auswahl kritischer Kosten

Untersucht wird das Erstellen einer Gebrauchsanweisung für einen Kopierer. Folgende Tabelle zeigt die Auswahl der kritischen Kostenbestandteile (vgl. Anklesaria (2008), S. 75):

Kostenarten	Kostenkategorien	Zahlungs-wirksam	Beeinflussbar	Kritisch
Kosten des Entwurfs	Lohnkosten	✗	✗	✗
	Gemeinkosten	✗		
Materialkosten (Papier)		✗	✗	✗
Druckkosten		✗	✗	✗
Übersetzungskosten		✗	✗	✗

In der **zweiten Phase** des Analyseprozesses werden nur noch die kritischen Kostenbestandteile betrachtet. Für diese Kostenbestandteile werden die Kostenbestimmungsfaktoren hergeleitet (vgl. Abb. 3.14) und die Schlüsselfaktoren ausgewählt. Die Schlüsselfaktoren sind die Kostenbestimmungsfaktoren, für die in der **dritten Phase** Einflussgrößen generiert werden. Als Schlüsselfaktoren werden Kostenbestimmungsfaktoren ausgewählt, die

– einen hohen Einfluss auf die Gesamtkosten haben,

– ein hohes Verbesserungspotential aufweisen und

– gestaltbar sind.

Zur Beurteilung der Kostenbestimmungsfaktoren für die Auswahl der Schlüsselfaktoren wird ein Scoring-Verfahren vorgeschlagen, mit dem der Einflusswert jedes Kostenbestimmungsfaktors ermittelt wird. Der **Einflusswert** ist definiert als die Summe der gewichteten Wirkungsfaktoren der Kostenbestimmungsfaktoren. Ein **Wirkungsfaktor** bringt die Stärke des Einflusses eines Kostenbestimmungsfaktors auf die kritischen Kostenbestandteile zum Ausdruck. Als **Gewichtungsfaktor** wird der Anteil des jeweiligen Kostenbestandteils für die Gesamtkosten herangezogen. Den ermittelten Einflusswerten werden **Zielwerte** gegenübergestellt. Als Zielwerte eignen sich das theoretische Minimum bzw. Maximum oder Werte, die durch interne oder externe Betriebsvergleiche gewonnen worden sind. Die Differenz zwischen dem aktuellen Einflusswert und dem Zielwert ist ein Maß für das **Verbesserungspotential** des Kostenbestimmungsfaktors. Als Schlüsselfaktoren werden die durch das Projektteam gestaltbaren Kostenbestimmungsfaktoren mit dem größten Verbesserungspotential gewählt.

Beispiel 3.2: Auswahl der Schlüsselfaktoren

Die kritischen Kostenbestandteile aus Beispiel 3.1 können in folgende Kostenbestimmungsfaktoren gespalten werden (vgl. Anklesaria (2008), S. 975):

Kritische Kostenbestandteile	Lohnkosten des Entwurfs	Materialkosten	Druckkosten	Übersetzungskosten
Kosten-bestimmungs-faktoren	Lohnkostensatz	Papierpreis	Preis pro Druckseite	Preis einer übersetzten Seite
	Designeffizienz	Papiergewicht		
	Detaillierungsgrad			
	Behandelte Themen			
	Struktur des Inhalts			
	Bedarf an Gebrauchsanweisungen			
	Zahl abgesetzter Drucker			

Folgende Tabelle zeigt die Auswahl der Schlüsselfaktoren (in Anlehnung an Anklesaria (2008), S. 108).

Kosten bestimmungs- faktoren \ Kritische Kosten (Gewichtungs- faktoren)	Lohnkosten (4 %)	Materialkosten (84 %)	Druckkosten (10 %)	Übersetzungs- kosten (2 %)	Einflusswert	Zielwert	Beeinfluss- barkeit	Schlüsselfaktor
Lohnkostensatz	5	0	0	0	0,2	0,2	Nein	
Designeffizien	3	0	0	0	0,12	0,5	Ja	
Papierpreis	0	5	0	0	4,2	3,5	Ja	x
Papiergewicht	0	3	0	0	2,52	2,3	Ja	
Preis pro Druckseite	0	0	5	0	0,5	0,48	Ja	
Preis einer übersetzten Seite	0	0	0	5	0,1	0,09	Nein	
Detaillierungsgrad	1	3	3	5	2,96	1,8	Ja	x
Behandelte Themen	1	1	1	3	1,04	0,8	Ja	
Struktur des Inhalts	1	1	1	3	1,04	0,8	Ja	
Bedarf an Gebrauchs- anweisungen	3	3	5	5	3,24	2,2	Ja	x

Für die Schlüsselfaktoren werden in der **dritten Phase** in einem Prozess zur kreativen Problemlösung die auf sie wirkenden Einflussgrößen bestimmt und nach ihrer Bedeutung für die Entwicklung von Anpassungsmaßnahmen geordnet. In der nächsten Phase des Prozesses des Konzipierens werden Ideen für Maßnahmen zur Gestaltung der Ausprägungen dieser Einflussgrößen generiert. Mit der Einflussgrößenanalyse werden damit nicht nur Kostensenkungspotentiale diagnostiziert, sondern auch Ansatzpunkte für die Suche nach Rationalisierungsideen gewonnen.

Beispiel 3.3: Generieren von Einflussgrößen

Für die in Beispiel 3.2 ausgewählten Schlüsselfaktoren sind die in der folgenden Tabelle genannten Einflussgrößen hergeleitet worden (vgl. Anklesaria (2008), S. 113). Für die vier markierten Einflussgrößen werden Rationalisierungsideen generiert.

Detaillierungsgrad		Bedarf an Gebrauchsanweisungen		Papierpreis	
2 1	– Menge an Informationen – Seitenlayout – Zahl der Grafiken – **Anteil der Informationen in anderen Medien** – **Anzahl vorinstallierter Eigenschaften**	3	– Kundenanforderungen – Anzahl der von einem Kunden gekauften Kopierer – **Anzahl der Kunden, die mehrere Kopierer kaufen**	4	– **Papierstärke** – Wettbewerbssituation – Anzahl der Anbieter – Standort der Anbieter – Bedarfsmenge

(2) Generieren von Rationalisierungsideen

Aufgabe dieser Phase des Konzipierens ist es, eine große Zahl alternativer Rationalisierungsideen zu finden, die sich deutlich unterscheiden und möglichst innovativ sind (vgl. Huber (1987), S. 242). Eine **große Anzahl von Ideen** wird gefordert, da einige der gefundenen Ideen nicht realisierbar und die Kostenwirkungen einzelner Ideen zu gering sein können. Es kann auch vorkommen, dass Ideen gefunden werden, deren Kostenwirkungen erst nach dem Zeitpunkt eintreten, zu dem die Rationalisierungsziele bereits erreicht sein sollten. Die Ideensuche sollte deshalb nicht bereits dann abgebrochen werden, wenn die geschätzten Kostenwirkungen der gefundenen Ideen die kostenbezogene Vorgabe erreichen. Als Abbruchkriterium für das Generieren von Rationalisierungsideen erhält das Projektteam deshalb eine anspruchsvollere Kostensenkungsvorgabe.

Das Generieren innovativer Ideen ist ein kreativer Prozess (vgl. Hauschildt (2004), S. 375 ff.), der durch **Kreativitätsbarrieren** behindert werden kann. Das verlangt vom Projektleiter, dass er die Kreativität des Projektteams fördert (zu den Maßnahmen vgl. Abschnitt 2.4.2.4).

(3) Bewerten der Rationalisierungsideen

Die **Kriterien**, die zur Bewertung der Rationalisierungsideen herangezogen werden, sind (vgl. Huber (1987), S. 248):

– die erwartete Veränderung der Wirtschaftlichkeit der Leistungserstellung bei Umsetzung der Rationalisierungsidee und die sich daraus ergebenden Erfolgswirkungen,

– der einmalige Aufwand für die Umsetzung der Rationalisierungsidee,

– die Chancen und Risiken sowie

– die Realisationsdauer.

Der Prognose der Erfolgswirkungen und des einmaligen Aufwandes liegen stets Annahmen zugrunde, wie z. B. über die Preisentwicklung bei den Einsatzgütern. Diese Annahmen sind zusammen mit ihren Eintrittswahrscheinlichkeiten bei den prognostizierten Wirkungen anzugeben. Bei mittel- oder langfristig wirksamen Rationalisierungsmaßnahmen sollten die gewonnenen Informationen mit Methoden der Investitionsrechnung aufbereitet werden.

Allgemein wird unter Risiko die Gefahr einer negativen, unter Chance die Möglichkeit einer positiven Abweichung von einem erwarteten Wert verstanden (vgl. Gebhardt (2002), Sp. 1714). Für die Bewertung der Rationalisierungsideen hinsichtlich ihrer **Chancen und Risiken** werden die möglichen Ursachen für positive und negative Abweichungen von den kosten- und leistungsbezogenen Vorgaben und für jede dieser Ursachen das Ausmaß der Abweichung sowie die Eintrittswahrscheinlichkeit ermittelt. Die Beurteilung der Chancen und Risiken verlangt darüber hinaus eine Einschätzung zu den Barrieren der Betroffenen bei der Umsetzung der Rationalisierungsideen.

Die **Realisationsdauer** ist der Zeitraum zwischen der Durchsetzung der Rationalisierungsidee bis zu dem Zeitpunkt, zu dem die Kostenänderungen eingetreten sind. Rationalisierungsideen mit kurzer Realisationsdauer sind daraufhin zu überprüfen, ob sie sich als Quick Hits eignen. Gegebenenfalls sind aus diesen Rationalisierungsideen Teilaspekte herauszulösen und sofort umzusetzen.

(4) Entscheiden über die Rationalisierungsideen

In dieser Phase werden die Rationalisierungsideen ausgewählt, die realisiert werden sollen. Für jede ausgewählte Rationalisierungsidee wird darüber hinaus über den Zeitpunkt und die Zeitdauer der Realisation entschieden. Ergebnis dieser Phase ist ein **terminiertes Programm** der zu realisierenden Rationalisierungsmaßnahmen. Träger dieser Entscheidungen ist in der Regel der Lenkungsausschuss.

(5) Planinhaltskontrolle

Die Planinhaltskontrolle (vgl. Abschnitt 2.2.3.1) beginnt unmittelbar nachdem das Rationalisierungsprojekt initiiert worden ist mit der Überprüfung der Vollständigkeit, der Eindeutigkeit und der Realisierbarkeit des Rationalisierungsauftrages. Sie wird anschließend parallel zur Kosten- und Leistungsanalyse, zum Generieren und Bewerten der Rationalisierungsideen sowie zur Entscheidung über ein terminiertes Maßnahmenprogramm durchgeführt. Abb. 3.17 gibt einen Überblick über die zu kontrollierenden Sachverhalte.

Prozess des Konzipierens	Kontrollobjekte
Kosten- und Leistungsanalyse	Plausibilität der Ergebnisse
Generieren und Bewerten von Rationalisierungsideen	– Realisierbarkeit und Zulässigkeit der Rationalisierungsideen – Vollständigkeit (Erreichen der Kostenvorgabe, Vollständigkeit der Beschreibung jeder Rationalisierungsidee und ihrer Wirkungen) – Realitätsnähe der Wirkungsprognosen und der prognostizierten Realisationsdauern, Plausibilität der Einschätzungen zu den Chancen und Risiken sowie zu den Barrieren der Betroffenen
Entscheiden über ein terminiertes Maßnahmenprogramm	– Realisierbarkeit innerhalb des vorgegebenen Realisationszeitraums – Konformität mit den Rationalisierungszielen – Wechselwirkungen zwischen den Rationalisierungsmaßnahmen im Maßnahmenprogramm

Abb. 3.17: Planinhaltskontrolle beim Konzipieren

(6) Durchsetzen des Rationalisierungsprogramms

Ergebnis der Entscheidung über die Rationalisierungsideen ist ein terminiertes und mit Prioritäten verschenes Maßnahmenprogramm, für das der Lenkungsausschuss die Umsetzungsaufträge formuliert. Umfangreiche Maßnahmenprogramme zerlegt der Lenkungsausschuss in mehrere Teilprojekte, für die er anschließend Projektleiter bestellt. Der Lenkungsausschuss hat dafür Sorge zu tragen, dass die Projektleiter über die erforderlichen Qualifikationen verfügen. Weiterhin werden den Umsetzungsprojekten die finanziellen, personellen und sachlichen Ressourcen zugeordnet. Abschließend erteilt der Lenkungsausschuss die Umsetzungsaufträge (vgl. Krüger (2006a), S. 74).

3.3.2 Umsetzen der Rationalisierungsmaßnahmen

3.3.2.1 Teilphasen der Umsetzung

Aufgabe der Umsetzung ist es, das terminierte Maßnahmenprogramm in konkrete Maßnahmen zu transformieren und diese zu realisieren. Hierfür wird das bisherige Projektteam neu zusammengesetzt. Abb. 3.18 zeigt die Teilphasen der Umsetzung.

Die **Durchführungsplanung** ist eine operative Planung, in der konkrete Handlungsanweisungen festgelegt werden. Objekte dieser Planung sind vor allem die komplexen perioden- oder bereichsübergreifenden Rationalisierungsmaßnahmen. Als Beispiele für diese Maßnahmen können genannt werden (vgl. Huber (1980), S. 258 ff.):

– die Neuzuordnung von Mitarbeitern zu Stellen,

– die personenbezogene Festlegung von Freisetzungsmaßnahmen,

– die inhaltliche Gestaltung und Terminierung von Schulungsmaßnahmen,

– die Durchführung von Baumaßnahmen sowie

– die Beschaffung von Betriebsmitteln.

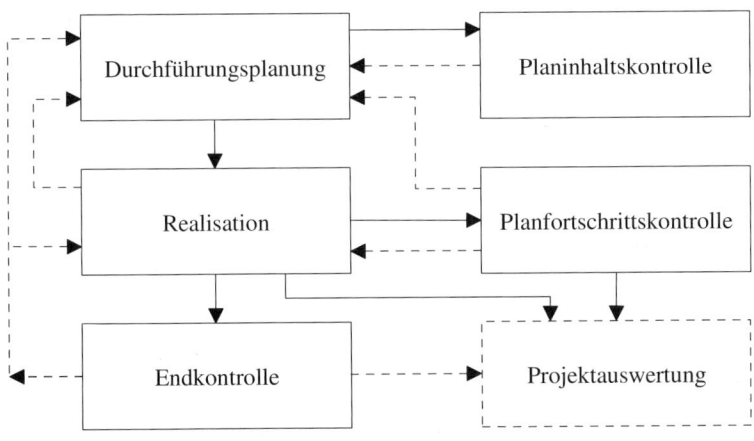

Abb. 3.18: Prozess der Umsetzung

Die Ausführung der verschiedenen Durchführungspläne ist Inhalt der **Realisation**. Die Kontrolle wird als Planinhalts-, Planfortschritts- und Endkontrolle ausgeführt. Die **Planinhaltskontrolle** wird parallel zur Durchführungsplanung vollzogen. Im Mittelpunkt dieser Kontrolle steht die Abstimmung zwischen den Durchführungsplänen und dem terminierten Maßnahmenprogramm sowie den verschiedenen Durchführungsplänen untereinander. Die **Planfortschrittskontrolle** wird parallel zur gesamten Umsetzungsphase und die **Endkontrolle** nach Abschluss der Realisation durchgeführt. Die Kontrollziele der Planfortschritts- und Endkontrolle sind die kosten- und leistungsbezogenen Vorgaben sowie die Prämissen des terminierten Maßnahmenprogramms und der Durchführungspläne.

Zweck der **Projektauswertung** ist es, das im Rationalisierungsprozess generierte Wissen zu nutzen, um weitere Rationalisierungspotentiale zu diagnostizieren oder die Effektivität oder Effizienz künftiger Rationalisierungsprojekte zu verbessern. Aufgaben dieser Phase im Rationalisierungsprozess sind

– das Dokumentieren von Berichten, Protokollen, realisierten Rationalisierungsmaßnahmen, von generierten Rationalisierungsideen und Daten und Ergebnissen des Rationalisierungsprojektes sowie der gesammelten Erfahrungen und

– das Analysieren der Übertragbarkeit generierter Rationalisierungsideen und realisierter Rationalisierungsmaßnahmen auf andere Bereiche.

Die Analyse der Übertragbarkeit setzt die bereichsübergreifende **Kommunikation** der Rationalisierungsideen und -maßnahmen voraus. Als Kommunikationsmittel kann eine systematisch aufgebaute Ideensammlung dienen, auf die alle Bereiche Zugriff haben. Durch Prämien können die Konzipierungs- und Umsetzungsteams motiviert werden, als Sender von Informationen über Rationalisierungsideen und -maßnahmen tätig zu werden und in anderen Bereichen gezielt über diese Ideen und Maßnahmen zu berichten. Als Prämie wird ein Anteil an den Einsparungen vorgeschlagen, die durch die Ideen und Maßnahmen in den anderen Bereichen erzielt werden. Schließlich können als Kommunikationskanal regelmäßig bereichsübergreifende Sitzungen dienen, in denen das in Rationalisierungsprojekten generierte Wissen ausgetauscht wird (vgl. Anklesaria (2008), S. 206 f.).

3.3.2.2 Gestaltung der mitarbeiterbezogenen Auswirkungen

Um Widerständen der Betroffenen gegen die Rationalisierungsmaßnahmen zu begegnen, kann versucht werden, die negativen Auswirkungen für die Betroffenen zu vermeiden, zu mindern oder auszugleichen bzw. positive Auswirkungen für die Betroffenen zu stärken oder zu schaffen. Einfluss auf die Auswirkungen der Rationalisierungsmaßnahmen für die Betroffenen kann genommen werden durch

– die Gestaltung der Arbeitstechnik und der Arbeitsorganisation im Untersuchungsbereich,

– die Personalfreisetzungsplanung sowie

– die Bildungsplanung der Unternehmung.

(1) Gestaltung der Arbeitstechnik und der Arbeitsorganisation

Zur Förderung der Akzeptanz von Rationalisierungsmaßnahmen durch die Betroffenen ist eine benutzeradäquate Gestaltung der Arbeitstechnik und der Arbeitsorganisation sicherzustellen. Für die Akzeptanz relevante Merkmale der Arbeitstechnik sind die Benutzerfreundlichkeit und die Aufgabenbezogenheit, d. h. der Umfang, in dem das Betriebsmittel die Anforderungen des Benutzers erfüllt und damit als Hilfe bzw. Belastung bei der Aufgabenbewältigung empfunden wird. Für die Arbeitsorganisation lassen sich die Handlungsfreiheit, die Aufgabenvielfalt sowie die Kooperations- und Koordinationsbeziehungen als Merkmale nennen, die für die Akzeptanz durch die Betroffenen relevant sind (vgl. Wiendieck (1992), Sp. 95 f.).

(2) Personalfreisetzungsplanung der Unternehmung

Wirkt sich die Rationalisierung auf den quantitativen oder qualitativen Personalbedarf aus, so ist es für die Akzeptanz der Rationalisierung durch die Betroffenen von zentraler Bedeutung, dass nachteilige Wirkungen, die sich durch den Ausgleich einer Personalüberdeckung für die Betroffenen ergeben, vermieden, vermindert oder ausgeglichen werden. Die Planung dieser Maßnahmen ist **Aufgabe der Personalfreisetzungsplanung**. Sie umfasst (in Anlehnung an Drumm (2005), S. 299 f.):

– die Auswahl von Freisetzungsmaßnahmen sowie
– die Gestaltung flankierender Maßnahmen.

Zu den **Freisetzungsmaßnahmen** zählen alle Maßnahmen, die zu einem Abbau der Personalüberdeckung führen. Einen Überblick über alternative Freisetzungsmaßnahmen zeigt Abb. 3.19 (vgl. Hentze (1991), S. 266 ff.; Berthel/Becker (2003), S. 248 ff.). **Flankierende Maßnahmen** zielen auf den Ausgleich der Nachteile von Betroffenen aus den Freisetzungsmaßnahmen. Als Beispiele für flankierende Maßnahmen bei Versetzungen können Fahrtkostenzuschüsse, Umzugshilfen, Fortbildung oder Umschulung genannt werden. Bei Entlassungen sind es Abfindungen und das Outplacement. Unter Outplacement wird die aktive Unterstützung der Betroffenen bei der Stellensuche, der Bewerbung oder beim Übergang in das neue Arbeitsverhältnis verstanden (vgl. Bühner (2005), S. 84).

Die Personalfreisetzungsplanung kann reaktiv und antizipativ durchgeführt werden. Die **reaktive Personalfreisetzungsplanung** ist eine kurzfristige Planung, die erst dann ausgelöst wird, wenn die Personalüberdeckung bereits besteht. Die **antizipative Personalfreisetzungsplanung** ist ein Bestandteil der Unternehmungsplanung und wird periodisch durchgeführt. Sie zeichnet sich dadurch aus, dass auf der Grundlage der Unternehmungspläne und der identifizierten Rationalisierungspotentiale der langfristige Personalbedarf prognostiziert und damit eine Personalüberdeckung frühzeitig erkannt werden kann. Je früher eine künftige Personalüberdeckung identifiziert wird, desto größer ist der Handlungsspielraum für weiche Freisetzungsmaßnahmen, d. h. für

Freisetzungsmaßnahmen, die nicht zur Kündigung führen (vgl. Drumm (2005), S. 295). Bei reaktiver Personalfreisetzungsplanung sind harte Freisetzungsmaßnahmen dagegen kaum zu vermeiden (vgl. Berthel/Becker (2003), S. 244). Die antizipative Personalfreisetzungsplanung ermöglicht zudem bereits in frühen Phasen des Rationalisierungsprozesses die Herleitung von Aussagen über das Ausmaß harter bzw. weicher Freisetzungsmaßnahmen, die im Rahmen der Kommunikation mit den Betroffenen glaubwürdig vermittelt werden können.

Freisetzungsmaßnahmen	
Freisetzung ohne Änderung von Arbeitsverträgen	– Einstellungsstopp (Nutzung der natürlichen Fluktuation) – Nichtverlängerung oder Kündigung von Personalleasingverträgen – Abbau von Mehrarbeit/Überstunden

Freisetzung durch Änderung bestehender Arbeitsverhältnisse	– Arbeitszeitverkürzung
	  • Allgemeine Verkürzung der Arbeitszeit
	  • Angebot individueller Arbeitszeitverkürzung
	– Versetzung
	  • Horizontale Versetzung
	  • Vertikale Versetzung

Freisetzung durch Beendigung bestehender Arbeitsverhältnisse	– Vorzeitige Pensionierung – Nichtverlängerung befristeter Arbeitsverträge – Aufhebungsverträge (Beendigung von Arbeitsverträgen in gegenseitigem Einvernehmen) – Kündigung

Abb. 3.19: Überblick zu den Freisetzungsmaßnahmen

(3) Bildungsplanung

Führt die Rationalisierung zu einer Qualifikationslücke, d. h. zu Abweichungen zwischen Anforderungs- und Qualifikationsprofil der Mitarbeiter, sind **qualifizierende Maßnahmen** zu planen. Gegenstand der Bildungsplanung ist

- die Auswahl der zu qualifizierenden Arbeitnehmer,
- die Entwicklung der Fortbildungs- und Umschulungsmaßnahmen sowie
- das Festlegen flankierender Maßnahmen zum Ausgleich von Nachteilen der beruflichen Bildungsmaßnahmen für die Betroffenen.

Wie die Personalfreisetzungsplanung kann auch die Bildungsplanung reaktiv und antizipativ durchgeführt werden. Da Bildungsinhalte nur sehr schwer zu prognostizieren sind, hat die antizipative Bildungsplanung keine Maßnahmen zum Inhalt, die dem Ausgleich konkreter Qualifikationslücken dienen. Geplant werden vielmehr Maßnahmen zur Vermittlung von Schlüsselqualifikationen (vgl. Gaugler/Mungenast (1992), Sp. 240 f.), d. h. überfachlicher, extra- oder auch multifunktionaler Fähigkeiten. Zu den Schlüsselqualifikationen zählen u. a. Lernfähigkeit, Denken in übergreifenden Zusammenhängen, analytisches Denken, Fähigkeit zur Gewinnung und Auswertung von Informationen, Kommunikations-, Innovations- und Kooperationsfähigkeit sowie Fähigkeit zur Konflikt- und Problemlösung (vgl. Schanz (2000), S. 485 f.). Durch die Vermittlung von Schlüsselqualifikationen können berufliche Bildungsmaßnahmen zum Ausgleich vorhandener Qualifikationslücken auf die zentralen Inhalte beschränkt werden. Die Vermittlung von Schlüsselqualifikationen ist geeignet, Barrieren der Betroffenen zu vermeiden oder zu vermindern, die aus Befürchtungen resultieren, durch berufliche Bildungsmaßnahmen überfordert zu sein.

3.3.3 Verstetigen der Rationalisierung

Mit der Rationalisierung wird eine deutliche Steigerung der Wirtschaftlichkeit in einem kurzen Zeitraum angestrebt. Insbesondere die Systemrationalisierung führt zu bedeutsamen Veränderungen der Rahmenbedingungen. Unmittelbar nach der Umsetzung der Rationalisierungsmaßnahmen laufen Arbeitsprozesse nicht stabil ab, weil Teilprozesse nicht abgestimmt sind, unvollständig oder fehlerhaft ausgeführt werden, falsche oder ungeeignete Einsatzgüter (Materialien, Maschinen, Geräte, Informationen) bereitgestellt werden oder Mitarbeiter nicht hinreichend geschult worden sind. Darüber hinaus kann es sein, dass die Mitarbeiter die durch die Umsetzung der Rationalisierungsmaßnahmen veränderten Arbeitsprozesse nicht beibehalten und zu den alten Arbeitsabläufen zurückkehren. Die Effizienz nimmt deshalb wieder ab, wenn die veränderten Arbeitsprozesse nach der Umsetzung der Rationalisierungsmaßnahmen nicht gesichert und verbessert werden (vgl. Imai (1994), S. 49 ff.). Aus dieser Erkenntnis heraus tritt zum Konzipieren und Umsetzen die Phase der Verstetigung (vgl. Davenport (1993), S. 194). **Ziel** der Verstetigung ist es, die mit der Rationalisierung angestrebte Steigerung der Effizienz zu erreichen, zu erhalten und zu verbessern.

> Die **Verstetigung** ist ein Zyklus mit den Phasen Stabilisieren und Verbessern der durch die Umsetzung der Rationalisierungsmaßnahmen veränderten Arbeitsprozesse. Sie wird bereits während der Umsetzung in Gang gesetzt und setzt sich bis zur Initialisierung eines neuen Rationalisierungsprojektes fort.

Die Verstetigung unterscheidet sich in zwei **Merkmalen** vom Konzipieren und Umsetzen der Rationalisierungsmaßnahmen: (1) Nicht der Lenkungsausschuss und die verschiedenen Projektteams sind die Träger der Verstetigung, sondern die Träger der Führungs- und Ausführungsaufgaben in den von der Rationalisierung betroffenen Bereichen. (2) In dieser Phase tritt an die Stelle des Umbruchprinzips, das dem Konzipieren und Umsetzen der Rationalisierungsmaßnahmen zugrunde liegt, das Evolutionsprinzip, d. h. die Effizienzsteigerung in kleinen Schritten als Ergebnis fortlaufender Bemühungen (vgl. Krüger (2002), S. 58). Umgesetzt wird dieses Prinzip durch den SDCA-/PDCA-Zyklus (vgl. Imai (1997), S. 4 f.; Simon (1996), S. 24). Er beruht auf dem Gedanken, dass ein Arbeitsprozess zunächst stabil ablaufen muss, bevor er verbessert werden kann. Abb. 3.20 veranschaulicht das Zusammenwirken von SDCA- und PDCA-Zyklus (vgl. Imai (1997), S. 53). Das Stabilisieren vollzieht sich in einem **SDCA-Zyklus**, der folgende Phasen umfasst:

– **S**tandardize: Festlegen präziser Anweisungen für den Arbeitsprozess
– **D**o: Ausführen der Prozesse nach den festgelegten Arbeitsanweisungen
– **C**heck: Gegenüberstellung von Anweisungen und tatsächlichem Ablauf des Arbeitsprozesses
– **A**ct: Abweichungen von den Arbeitsanweisungen korrigieren bzw. Auslösen des PDCA-Zyklus

Um den Arbeitsprozess zu verbessern, wird der **PDCA-Zyklus** mit den folgenden Phasen durchgeführt:

– **P**lan: Festlegen von Verbesserungszielen und Konzipieren von Maßnahmen zu deren Verwirklichung
– **D**o: Umsetzen der Verbesserungsmaßnahmen
– **C**heck: Kontrolle der geplanten Verbesserung
– **A**ct: Anpassungsmaßnahmen ergreifen bzw. Auslösen des SDCA-Zyklus.

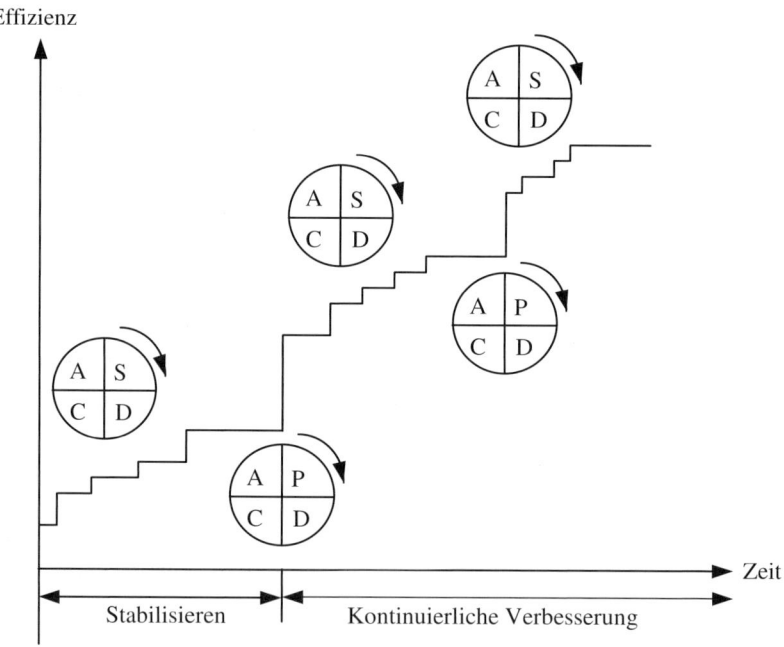

Abb. 3.20: Zusammenhang zwischen Stabilisieren und Verbessern

(1) Stabilisieren der Arbeitsprozesse

In dieser Teilphase werden zunächst die Ziele, die Aufgaben und die Arbeitsabläufe entsprechend der konzipierten Rationalisierungsmaßnahmen umgestellt und die Führungsteilsysteme (z. B. Anreizsysteme) angepasst. Diese Umstellung beginnt bereits während der Umsetzung. In der Zeit unmittelbar nach der Umsetzung der Rationalisierungsmaßnahmen werden die Arbeitsabläufe standardisiert. Die **Standardisierung** umfasst die Übersetzung technischer Anforderungen an die Arbeitsaufgabe in Ausführungsanweisungen (vgl. Imai (1997), S. 20). Inhalte der Standards bzw. Ausführungsanweisungen sind die Ziele und die Methoden, die angewendet werden sollen. Um zu verhindern, dass die Mitarbeiter zu den alten Arbeitsabläufen zurückkehren, werden die Standards in schriftlicher oder graphischer Form vorgegeben.

Die Standards bilden die Grundlage für die **Kontrolle der Arbeitsprozesse**. Die Standards werden hierzu den tatsächlichen Arbeitsabläufen gegenübergestellt. Treten Abweichungen auf, greift der Verantwortliche in die Arbeitsprozesse ein oder verändert die Standards (vgl. Krüger (2002), S. 58). Sind alle Arbeitsabläufe auf dem Niveau der mit der Rationalisierung angestrebten Effizienzsteigerung standardisiert worden und befolgen alle Mitarbeiter diese Standards ohne jede Abweichung, ist der Arbeitsprozess stabil und die kontinuierliche Verbesserung kann eingeleitet werden.

(2) Kontinuierliche Verbesserung

Die kontinuierliche Verbesserung vollzieht sich in einem PDCA-Zyklus. In diesem Prozess werden Verbesserungsmaßnahmen geplant, realisiert, kontrolliert und korrigiert, die deutlich kleinere Veränderungen zur Folge haben als die Rationalisierungsmaßnahmen. Die können in kürzerer Zeit realisiert werden und erfordern keine größeren Investitionen. Die Verbesserungsmaßnahmen führen vielfach nicht unmittelbar zu einer Effizienzsteigerung. Sie bewirken zunächst nur eine Reduzierung der Bearbeitungsdauer, eine Verkürzung von Durchlaufzeiten, eine Verringerung der Zahl der Fehler oder einen Abbau von Beständen, d. h. eine Verringerung des Bedarfs an Potentialgütern oder finanziellen Mitteln. Erst die Summe der Wirkungen einer Vielzahl kleiner Veränderungen schafft die Voraussetzungen für Anpassungsmaßnahmen. Durch diese sollen die durch die Verbesserungsmaßnahmen geschaffenen Überkapazitäten in Kostensenkungen oder Leistungssteigerungen überführt werden. Nach jeder Umsetzung von Verbesserungsmaßnahmen, spätestens jedoch nach der Realisation von Anpassungsmaßnahmen wird ein SDCA-Zyklus ausgelöst. Erst wenn die veränderten Arbeitsprozesse wieder stabil ablaufen, werden weitere Verbesserungsmaßnahmen konzipiert und umgesetzt. Abb. 3.21 zeigt den Prozess der Verstetigung.

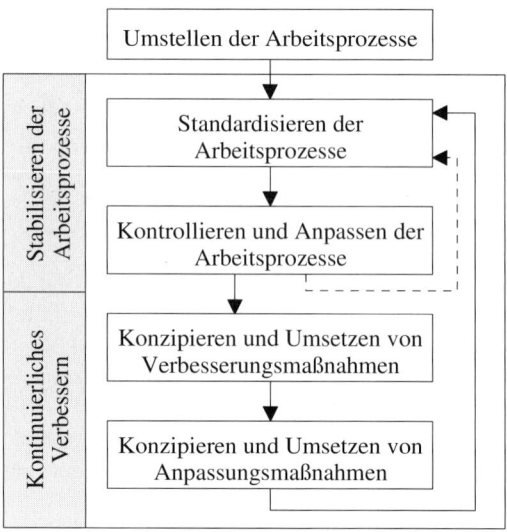

Abb. 3.21: Prozess der Verstetigung

4 Kontinuierliche Verbesserung als Handlungsfeld

4.1 Grundlagen der kontinuierlichen Verbesserung

4.1.1 Abgrenzung der kontinuierlichen Verbesserung

Die **kontinuierliche Verbesserung** geht auf das japanische Kaizen zurück. In der Literatur wird sie gelegentlich als Teilgebiet des **Kaizen** definiert. Danach umfasst das Kaizen alle Verbesserungsmaßnahmen in sämtlichen Bereichen der Unternehmung. Die kontinuierliche Verbesserung hat dagegen nur die von jedem Mitarbeiter in der Unternehmung getragene ständige Verbesserung der eigenen Arbeit in kleinen und kleinsten Schritten zum Inhalt (vgl. Simon (1996), S. 22). Üblich ist es jedoch, den Begriff „kontinuierliche Verbesserung" als Übersetzung für das japanische „Kaizen" (eigentlich: „Ändern zum Guten") zu verwenden (so auch Imai (1997), S. 1).

> Die **kontinuierliche Verbesserung (Kaizen)** ist ein stetiger, von allen Mitarbeitern getragener Prozess der Planung und Umsetzung kleiner, unzusammenhängender Verbesserungen messbarer Leistungsgrößen zur Erreichung des kurzfristigen Erfolgszieles der Unternehmung innerhalb gegebener Rahmenbedingungen.

Die kontinuierliche Verbesserung kann durch vier **Merkmale** abgegrenzt werden (ähnlich Cooper/Slagmulder (1995), S. 271):

- Verbessern messbarer Leistungsgrößen innerhalb gegebener Rahmenbedingungen,
- Kontinuität des Verbesserungsprozesses,
- Erfolgszielorientierung sowie
- Einbeziehen aller Mitarbeiter.

Die Rationalisierung bezweckt die zielorientierte Anpassung der Rahmenbedingungen an unternehmungsinterne oder -externe Veränderungen durch mittel- und langfristige Entscheidungen. Mit der kontinuierlichen Verbesserung wird dagegen eine **Verbesserung** messbarer Leistungsgrößen in den Bereichen Qualität, Lieferzuverlässigkeit oder Kosten innerhalb **gegebener Rahmenbedingungen** angestrebt. Sie bewirkt eine stetige Folge von Maßnahmen, die zur Steigerung der Qualität, zur Erhöhung der Lieferzuverlässigkeit oder zur Senkung der Kosten erarbeitet und umgesetzt werden. Um diesen **stetigen Verbesserungsprozess** in Gang zu halten, werden für die Verantwortungsbereiche Vorgaben geplant, durchgesetzt und kontrolliert. Das Ausmaß dieser Vorgaben wird durch das **Erfolgsziel** der Periode bestimmt. Die Erarbeitung und Umsetzung von Verbesserungsmaßnahmen ist Aufgabe der **Mitarbeiter** aller Unternehmungsbereiche und Hierarchieebenen. Die kontinuierliche Verbesserung ist selbstverständlicher und wesentlicher Bestandteil der Arbeitsaufgabe jedes Mitarbeiters.

Nach den **Aufgabenträgern** werden drei Bereiche des Kaizen unterschieden (vgl. Imai (1994), S. 111 ff.):

- das managementorientierte,
- das gruppenorientierte und
- das personenorientierte Kaizen.

Das **managementorientierte Kaizen** zielt auf komplexe Probleme, zu deren Bearbeitung bereichsübergreifende Teams erforderlich sind. Es wird von einer übergeordneten Instanz oder Experten getragen. Diese wählen das zu bearbeitende Problem aus, setzen ein Team zur Problembearbeitung ein und entscheiden schließlich über die zu realisierende Lösung. Das managementorientierte Kaizen dient der Verbesserung von Verfahren, Strukturen und Produkten und wird in der Form spezieller Projekte ausgeführt. Hierzu zählt z. B. die Wertverbesserung von Produkten (vgl. Abschnitt 6.3). Die Verbesserungsziele werden beim managementorientierten Kaizen für Projekte geplant und den multifunktional zusammengesetzten Teams vorgegeben.

Im Mittelpunkt des **gruppenorientierten Kaizen** stehen Verbesserungen in den Arbeitsbereichen. Die Verbesserungsmaßnahmen werden von den Mitarbeitern des jeweiligen Arbeitsbereichs entweder in Kleingruppen erarbeitet, die sich regelmäßig treffen, oder in mehrtägigen Workshops, die gelegentlich durchgeführt werden. Aufgaben dieser Kleingruppen und Workshops sind sowohl das Konzipieren als auch das Umsetzen der Verbesserungsmaßnahmen. Institutionalisiert wird die Arbeit in Kleingruppen durch Qualitätszirkel (vgl. Abschnitt 4.2.1).

Die Verbesserung des eigenen Arbeitsplatzes ist das Ziel des **personenorientierten Kaizen** und die Aufgabe jedes einzelnen Mitarbeiters der Unternehmung. Die Verbesserungen können sich u. a. auf Einsparungen von Ressourcen, die Arbeitssicherheit, das Arbeitsumfeld, die Maschinen, Werkzeuge und Geräte, die administrativen Tätigkeiten und die Produktqualität beziehen. Im personenorientierten Kaizen werden Verbesserungen über Vorschläge angestrebt, die durch Mitarbeiter erarbeitet und nach Prüfung durch das betriebliche Vorschlagswesen (vgl. Abschnitt 4.2.2) auch vom Mitarbeiter umgesetzt werden.

Beim gruppen- und personenorientierten Kaizen werden in jeder Periode Verbesserungsziele für die Bereiche der Unternehmung geplant und vorgegeben, denen die Träger des Kaizen zugeordnet sind. Das gruppen- und personenorientierte Kaizen wird deshalb auch unter dem Begriff des **bereichsbezogenen Kaizen** zusammengefasst (vgl. Monden (1999), S. 327). Abb. 4.1 stellt die verschiedenen Bereiche des Kaizen gegenüber.

Werden die **Objekte**, die zur Verbesserung bei den Leistungsgrößen zielorientiert gestaltet werden sollen, als Abgrenzungskriterium herangezogen, ergeben sich als Teilgebiete der kontinuierlichen Verbesserung

- das Prozess-Kaizen,
- das Produkt-Kaizen und
- das Potential-Kaizen.

Teilbereiche / Merkmale	Management-orientiertes Kaizen	Bereichsbezogenes Kaizen	
		Gruppenorientiertes Kaizen	Personenorientiertes Kaizen
Träger	Management, Experten/ Projektteams	Gruppen von Mitarbeitern aus einem Arbeitsbereich	Alle Mitarbeiter
Objekt der Verbesserung	Verfahren, Strukturen und Produkte	Objekte im Arbeitsbereich	Objekte am Arbeitsplatz
Organisatorische Verankerung	Projekte	Qualitätszirkel, Workshops	Betriebliches Vorschlagswesen
Verbesserungsziele	Projektbezogene Vorgabe	Bereichsbezogene Vorgabe	Bereichsbezogene Vorgabe

Abb. 4.1: Teilbereiche des Kaizen nach dem Aufgabenträger

Durch das **Prozess-Kaizen** werden abgegrenzte Prozesse zur Steigerung der Qualität des Prozessoutputs, der Lieferzuverlässigkeit und der Kosten des Prozesses gestaltet (vgl. Abschnitt 5.4). Es ist Aufgabe der Träger des jeweiligen Prozesses. Ausgeführt wird es als gruppen- und personenorientiertes Kaizen. Das **Produkt-Kaizen** bezieht sich jeweils auf ein einzelnes Produkt in der Marktphase des Produktlebenszyklus oder auf ein Teil, das in mehrere Produkte eingeht. Durch dieses Teilgebiet soll sichergestellt werden, dass Produkte in der Marktphase ihres Lebenszyklus die geplanten Erfolgsziele erreichen. Es wird nur fallweise für Produkte initiiert, bei denen Abweichungen vom geplanten Erfolgsziel drohen. Das Produkt-Kaizen wird projektbezogen ausgeführt und ist der Ebene des managementorientierten Kaizen zugeordnet (vgl. Abschnitt 7.2.1.4). Das **Potential-Kaizen** zielt auf die Verringerung der Anzahl verschiedenartiger Teile und Werkzeuge in der Unternehmung. Durch dieses Teilgebiet der kontinuierlichen Verbesserung wird eine Senkung der Gemeinkosten durch den Abbau von Komplexität im indirekten Leistungsbereich angestrebt (vgl. Cooper/Slagmulder (2005b), S. 282). Die Verringerung der Anzahl verschiedenartiger Teile und Werkzeuge erfordert die Anpassung von Produkten und Prozessen und kann deshalb nur durch multifunktional zusammengesetzte Teams realisiert werden. Das Potential-Kaizen ist eine Erscheinungsform des managementorientierten Kaizen.

4.1.2 Beeinflussung des Verbesserungsverhaltens der Mitarbeiter

4.1.2.1 Barrieren einer aktiven Mitwirkung der Mitarbeiter

Das gruppenorientierte Kaizen setzt voraus, dass Mitarbeiter freiwillig in Qualitätszirkel-Gruppen mitwirken und Beiträge zur Erarbeitung und Umsetzung von Verbesserungen im Arbeitsbereich erbringen. Das personenorientierte Kaizen trägt nur dann zum Erreichen der Unternehmungsziele bei, wenn die Mitarbeiter kontinuierlich Vor-

E. Blank

schläge zur Verbesserung ihres Arbeitsplatzes erarbeiten und umsetzen. Aufgrund der Freiwilligkeit ist das Ausmaß und die Qualität der Mitwirkung der Mitarbeiter an den Verbesserungsaktivitäten ein **Erfolgsfaktor des gruppen- und personenbezogenen Kaizen.** Dimensionen der Qualität von Verbesserungsmaßnahmen sind zum einen ihr Zielbeitrag (z. B. Einsparungen, Verkürzung der Durchlaufzeit) und zum anderen die Kosten ihrer Realisation. Da für die Verbesserungsaktivitäten Arbeitszeit oder bezahlte Überstunden vorgesehen sind, ist der zeitliche Aufwand der Mitarbeiter für die Erarbeitung und Realisation von Verbesserungsmaßnahmen ein weiterer Erfolgsfaktor des Kaizen.

Die aktive Mitwirkung an der Erarbeitung und Umsetzung von Verbesserungen auf freiwilliger Basis kann

– intrinsisch oder

– extrinsisch motiviert

sein (vgl. Berthel/Becker (2003), S. 30). **Extrinsisch motiviert** sind Verbesserungsaktivitäten, die über außerhalb der Verbesserungsaktivitäten liegende Anreize ausgelöst bzw. aufrechterhalten werden, wie z. B. Sach- und Geldprämien. Dagegen resultiert die **intrinsische Motivation,** aktiv an der kontinuierlichen Verbesserung mitzuwirken, direkt aus der Erarbeitung und Realisation von Verbesserungsmaßnahmen durch die Befriedigung sozialer Bedürfnisse, Achtungsbedürfnisse oder dem Bedürfnis nach Selbstentfaltung (in Anlehnung an Deppe (1991), S. 657 ff.). Die Befriedigung dieser Bedürfnisse setzt jedoch voraus, dass die vorgeschlagenen Verbesserungen möglichst schnell beurteilt, genehmigt und auch umgesetzt werden (in Anlehnung an Thom (1996b), Sp. 2230). Intrinsische Motivation kann sich jedoch auch indirekt aus dem durch die Verbesserung veränderten Aufgaben- oder Arbeitsumfeld ergeben (vgl. Thom (1991), S. 604 f.), wie z. B. eine Erleichterung der Arbeit oder eine Verbesserung der Arbeitssicherheit.

Die Bereitschaft der Mitarbeiter, sich aktiv an Verbesserungsaktivitäten zu beteiligen, kann durch mehrere **Barrieren** ungünstig beeinflusst werden (vgl. Abschnitt 1.2.3.1). Genannt werden in der Regel die frei folgenden Barrieren (vgl. Thom (1996a), S. 45):

– Wissensbarrieren,

– Willensbarrieren und

– Risikobarrieren.

Wissensbarrieren entstehen, weil Mitarbeiter tatsächlich oder vermeintlich nicht in der Lage sind, Probleme zu erkennen, Lösungen zu finden oder einen Vorschlag schriftlich auszuarbeiten. Sie können in den Personen (fehlende Fachkenntnisse) oder der Situation in der Unternehmung begründet sein, z. B. durch hohe Arbeitsbelastung, fehlende Schulung oder begrenzten Zugriff auf Informationen (vgl. von Bismarck (2000), S. 150). Die Wissensbarrieren können jedoch auch daraus folgen, dass die Mitarbeiter die Möglichkeiten und die Funktionsweise des Qualitätszirkels bzw. des betrieblichen Vorschlagwesens nicht kennen (vgl. Urban (1993), S. 37). Unter **Willensbarrieren** können alle Konflikte zwischen den Unternehmungszielen und den individuellen Zielen der Mitarbeiter zusammengefasst werden. Diese Konflikte äußern sich in Gleichgültigkeit gegenüber dem Betriebsgeschehen, Ressentiments gegenüber der Unternehmung und Änderungswiderstand. Willensbarrieren können aber auch aus der Befürchtung entstehen, dass ein Vorschlag nicht objektiv beurteilt wird (vgl. Läge (2002), S. 16). Ursache der **Risikobarrieren** sind Ängste vor materiellen oder ideellen Nachteilen aus den erarbeiteten und umgesetzten Verbesserungsvorschlägen, z. B. Arbeitsplatzverlust, Schwierigkeiten mit Kollegen oder Vorgesetzten (vgl. Thom (1996a), S. 45 f.; Deppe (1991), S. 661). Eine Ursache der Willens- und Risikobarrieren kann auch das ablehnende Verhalten von Vorgesetzten sein, die einen Vorschlag vielfach als Hinweis auf ein persönliches Versäumnis und Kritik an ihren Fähigkeiten verstehen (vgl. Staudt/Schmeisser (1986), S. 294).

4.1.2.2 Strategien zur Beeinflussung des Verbesserungsverhaltens

Wissensbarrieren können durch Schulungen der Mitarbeiter abgebaut werden. Themen dieser **Schulungen** sind die Merkmale der kontinuierlichen Verbesserung, der PDCA-/SDCA-Zyklus (vgl. Abschnitt 3.3.3), die Checklisten zur Erkennung von Verlusten (Drei Mu, Sieben Formen der Verschwendung) und Problemen (Sechs W, Fünffaches Warum), der Prozess der Fünf S, die Instrumente der kontinuierlichen Verbesserung (vgl. Abschnitte 4.3 und 5.4) sowie der Aufbau des betrieblichen Vorschlagswesens und der Qualitätszirkel (vgl. Kajüter (2000), S. 415).

Zur Überwindung von Willens- bzw. Risikobarrieren werden zwei **Strategien zur Beeinflussung des Verbesserungsverhaltens** vorgeschlagen (vgl. Japan Human Relations Association (1995), S. 119 ff.):
– die Push-Strategie und
– die Pull-Strategie.

Die **Push-Strategie** sieht Maßnahmen vor, von denen ein mehr oder weniger starker Druck auf die Mitarbeiter ausgeht, aktiv an Verbesserungsaktivitäten mitzuwirken. Zu diesen Maßnahmen zählen die Planung und Kontrolle kostenzielorientierter Vorgaben (vgl. Abschnitt 4.3), Zielvereinbarungen mit den Mitarbeitern sowie alle **Kommunikationsmaßnahmen**. Zu letzteren zählen Aktivitäten, mit denen die Mitarbeiter über die Funktionsweise des betrieblichen Vorschlagswesens informiert und zur aktiven Mitwirkung angeregt werden, wie z. B. der Einsatz von Broschüren und Plakaten, die Durchführung von Ausstellungen zu erfolgreichen Verbesserungsvorschlägen und die Veröffentlichung von Mustervorschlägen am Schwarzen Brett (vgl. Thom (1996b), Sp. 2228 f.). **Zielvereinbarungen** sind ein spezielles Verfahren zur Festlegung von Zielen. Es sieht vor, dass die Verbesserungsziele für den Arbeitsbereich eines Aufgabenträgers in Mitarbeitergesprächen gemeinsam festgelegt werden. Ein Vorteil der

Zielvereinbarung wird darin gesehen, dass sich die Mitarbeiter stärker zur Zielerreichung verpflichten. Zielvereinbarungen fördern die Eigenverantwortung der Mitarbeiter und eröffnen ihnen Handlungsspielräume auf dem Weg zur Zielerreichung. Es wird deshalb erwartet, dass Zielvereinbarungen auf die Mitarbeiter motivierend wirken (vgl. Breisig (2004), Sp. 2053 f.).

Die **Pull-Strategie** hat das Schaffen von Anreizen zum Inhalt, die bei aktiver Mitwirkung der Mitarbeiter an Verbesserungsaktivitäten ein Motiv befriedigen. Extrinsische Anreize gehen von Prämiensystemen zur Bewertung und Honorierung erarbeiteter oder umgesetzter Verbesserungen aus. Diesen Prämiensystemen wird im traditionellen betrieblichen Vorschlagswesen eine hohe Bedeutung beigemessen. Eine ausschließlich an **extrinsischen Anreizen** orientierte Beeinflussung des Verbesserungsverhaltens von Mitarbeitern ist nicht dauerhaft erfolgreich, da sie den Eigenantrieb der Mitarbeiter reduziert, d. h. das Interesse von der Verbesserung zur Belohnung verschieben. Im Kaizen werden neben extrinsischen Anreizen deshalb verstärkt intrinsische Anreize geschaffen (vgl. Hahn (2000), S. 209 f.). Als **intrinsische Anreize** werden genannt (vgl. Japan Human Relations (1995), S. 121 f.):

– Unterstützung und Anleitung der Mitarbeiter bzw. Qualitätszirkel-Gruppen durch den Vorgesetzten bei der Ausarbeitung und Umsetzung der Verbesserungsvorschläge,

– Objektivität der Beurteilung und Bewertung der Verbesserungsvorschläge sowie

– Unmittelbarkeit der Reaktion auf eingereichte Verbesserungsvorschläge.

Für die Vorgesetzten sind Verbesserungsvorschläge Zusatzarbeit im Tagesgeschäft und werden von ihnen teilweise auch als Kritik am Zustand ihres Aufgabenbereichs verstanden. Sie stehen den Verbesserungsaktivitäten der ihnen untergeordneten Mitarbeiter deshalb vielfach ablehnend gegenüber. Diese Einstellung kann das Filtern, Blockieren oder Verzögern der Begutachtung bzw. subjektive Bewertungen von Vorschlägen zur Folge haben (vgl. Staudt/Schmeisser (1986), S. 294). Um diesem Verhalten entgegenzuwirken, können mit den **Vorgesetzten Zielvereinbarungen** getroffen werden, die das Vorschlagsaufkommen der Mitarbeiter und Qualitätszirkel-Gruppen in ihrem Verantwortungsbereich zum Inhalt haben. Durch die regelmäßige Kontrolle und Diskussion dieser Zielvereinbarungen auf übergeordneter Ebene werden die Vorgesetzten angehalten, die Verbesserungsaktivitäten ihrer Mitarbeiter zu unterstützen und die vorgeschlagenen Verbesserungen zügig und sachlich gut begründet zu bewerten. Durch die Aufwertung und die Integration der Förderung von Verbesserungsaktivitäten in das Alltagsgeschäft des Vorgesetzten werden für die Mitarbeiter intrinsische Anreize zur aktiven Mitwirkung an Verbesserungsaktivitäten geschaffen. In diesem Sinne kann das Prämiensystem auch eine Prämienbeteiligung der Vorgesetzten und der Gutachter vorsehen, um sie zu einer zügigen und objektiven Begutachtung zu motivieren (vgl. Simon (1996), S. 32 f.). Abb. 4.2 gibt einen Überblick über die Strategien zur Beeinflussung des Verbesserungsverhaltens der Mitarbeiter.

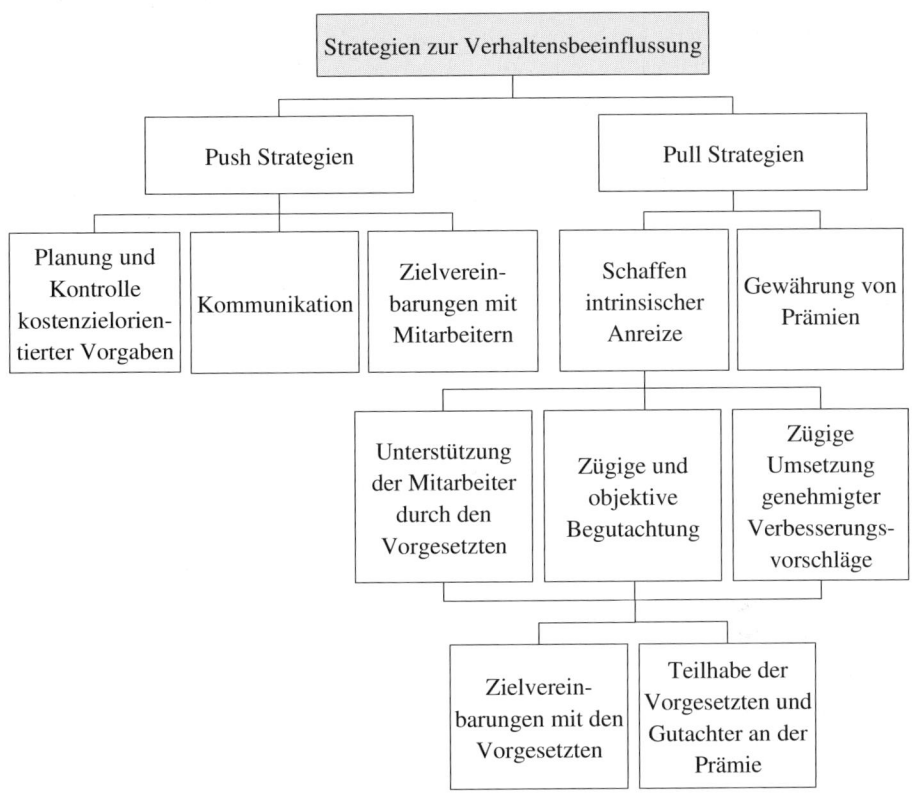

Abb. 4.2: Strategien zur Beeinflussung des Verbesserungsverhaltens der Mitarbeiter

4.2 Institutionalisierung der kontinuierlichen Verbesserung

4.2.1 Qualitätszirkel für das gruppenorientierte Kaizen

4.2.1.1 Abgrenzung von Qualitätszirkeln

Das **gruppenorientierte Kaizen** wird durch die kontinuierliche Gruppenarbeit in Qualitätszirkeln realisiert (vgl. Imai (1994), S. 126). Qualitätszirkel sind eine Form der Sekundärorganisation (vgl. Deppe (1992), S. 14 f.; Bühner (1995), S. 44). Die Sekundärorganisation ist eine Hierarchie ergänzende und Hierarchie übergreifende Struktur mit Organisationseinheiten, deren Mitglieder hauptsächlich in den durch die Primärorganisation geschaffenen Abteilungen mit Daueraufgaben befasst sind und nur diskontinuierlich zur gemeinsamen Erfüllung von Aufgaben zusammentreten, die Kreativität oder einen offenen Informationsaustausch erfordern (vgl. Seidel (1992), Sp. 714; Kahle (2004), Sp. 71 f.).

> In **Qualitätszirkeln** erarbeiten kleinere Gruppen, die sich aus Mitarbeitern der unteren Hierarchieebenen zusammensetzen, auf freiwilliger Basis in einer Serie regelmäßig durchgeführter moderierter Gesprächsrunden Lösungen für Probleme bzw. Schwachstellen des eigenen Arbeitsbereichs, die sie anschließend präsentieren, umsetzen und kontrollieren (vgl. Domsch (1985), S. 428).

Mit dieser Organisationsform soll das geistige und praktische Potential der Mitarbeiter stärker als bisher im Sinne der Unternehmungsziele genutzt werden (vgl. Domsch (1985), S. 429). In der Literatur wird eine Vielzahl von **Zielen** genannt, die mit Qualitätszirkeln verfolgt werden. Abb. 4.3 gibt einen Überblick über diese Ziele (vgl. Deppe (1986), S. 24). Nach der Kaizen-Philosophie führt das Erreichen dieser Ziele mittel- bzw. langfristig zu einer Steigerung der Effizienz.

Zielarten	Ziele von Qualitätszirkeln
Ökonomische Ziele	− Effizienzsteigerung − Senkung der Fluktuations- und Absentismusrate − Verbesserung der Kundenzufriedenheit
Technische Ziele	− Produktivitätssteigerung − Verbesserung der Produkt- und Prozessqualität − Produktionsverfahrensverbesserung − Weiterqualifikation der Mitarbeiter
Soziale Ziele	− Motivationsverbesserung − Verbesserung der Arbeitsqualität und des Arbeitslebens − Verbesserung der Kommunikation und des Arbeitsklimas − Identifikation der Mitarbeiter mit der Unternehmung

Abb. 4.3: Ziele von Qualitätszirkeln

4.2.1.2 Aufbauorganisation von Qualitätszirkeln

Unverzichtbare **Organisationseinheiten** von Qualitätszirkeln sind
– das Steuerungsteam,
– der Koordinator und
– die Qualitätszirkel-Gruppen mit
  • den Moderatoren und
  • den Qualitätszirkel-Teilnehmern.

Unterstützt werden können diese Organisationseinheiten durch interne oder externe **Berater**. Interne Berater sind u. a. Mitarbeiter der Fachabteilungen (z. B. Konstruktion). Für die Ausbildung der Moderatoren werden vielfach externe Berater eingeschaltet. Externe Berater können auch Mitarbeiter anderer Unternehmungen sein (z. B. Lieferanten), die ihre Erfahrungen einbringen (vgl. Domsch (1985), S. 433 ff.; Deppe (1992), S. 63). Abb. 4.4 gibt einen Überblick über die Struktur eines Qualitätszirkels.

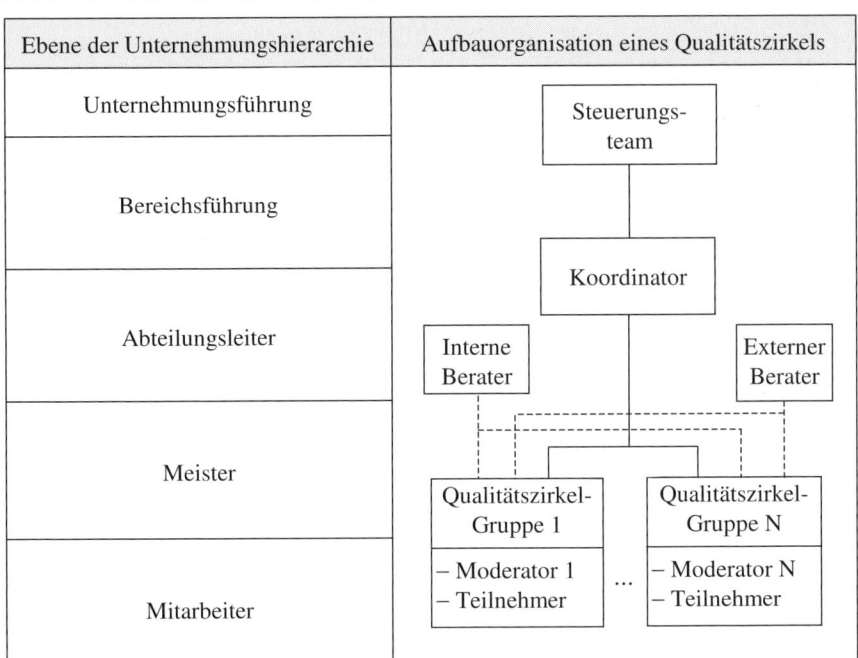

Ebene der Unternehmungshierarchie	Aufbauorganisation eines Qualitätszirkels
Unternehmungsführung	Steuerungs-team
Bereichsführung	
Abteilungsleiter	Koordinator — Interne Berater — Externer Berater
Meister	Qualitätszirkel-Gruppe 1 — Qualitätszirkel-Gruppe N
Mitarbeiter	– Moderator 1 – Teilnehmer ... – Moderator N – Teilnehmer

Abb. 4.4: Struktur von Qualitätszirkeln

(1) Steuerungsteam

Das Steuerungsteam ist eine Mehrpersoneneinheit, die sich aus drei bis vier Mitgliedern der Unternehmungsführung und der Ebene der Bereichsführung und gegebenenfalls dem Koordinator und einem Mitglied des Betriebsrates zusammensetzt (vgl. Deppe (1991), S. 645). Es hat den **Qualitätszirkel** der Unternehmung zu **gestalten** (vgl. Deppe (1992), S. 51 ff.). Gestaltungsparameter eines Qualitätszirkels sind die Bereiche der Qualitätszirkelarbeit, die Anzahl der Qualitätszirkel-Gruppen, ihre Aufgaben und Kompetenzen, die Aufgaben und Kompetenzen des Koordinators, die Besetzung der Stelle des Koordinators, der Ablauf des Prozesses zur Genehmigung und Umsetzung der von den Qualitätszirkel-Gruppen erarbeiteten Lösungsvorschläge sowie die Ausstattung mit sachlichen Ressourcen, wie z. B. Gruppenarbeitsräume. Das Steuerungsteam trifft weiterhin die Entscheidungen über die Ziele für die Arbeit in den Qualitätszirkel-Gruppen und den Umfang der personellen und finanziellen Ressourcen, die dem Qualitätszirkel in einer Planperiode zur Verfügung gestellt werden. Die personellen Ressourcen sind die Zeitbudgets für die Freistellung der Mitarbeiter von ihren Daueraufgaben für die Mitarbeit in Qualitätszirkel-Gruppen und die Teilnahme an Schulungsmaßnahmen zur Vorbereitung auf diese Mitarbeit. Die finanziellen Ressourcen werden für die Realisation der von den Qualitätszirkel-Gruppen erarbeiteten Lösungsvorschläge bereitgestellt.

Im Laufe der Zeit stagniert die Effektivität der Qualitätszirkel-Gruppen, da nach erfolgreicher Umsetzung vieler Verbesserungsmaßnahmen das Verbesserungspotential eines Arbeitsbereichs irgendwann ausgeschöpft ist. In der Literatur werden deshalb Maßnahmen zur Belebung dieser Systeme vorgeschlagen, die u. a. eine Ausrichtung an anderen Zielen zum Inhalt haben können (vgl. Cooper (1998), S. 291 ff.). Für die Verstetigung von Rationalisierungsmaßnahmen in einem Arbeitsbereich wird empfohlen, die **Qualitätszirkel-Gruppen** mindestens bis zur Erreichung einer zufriedenstellenden Effizienz und Effektivität zu erhalten und danach die Gruppen **aufzulösen** und keine weiteren Ressourcen bereitzustellen (vgl. Lawler/Mohrmann (1985), S. 38). Nach der Umsetzung weiterer Rationalisierungsmaßnahmen in dem betrachteten Arbeitsbereich können erneut Qualitätszirkel-Gruppen eingesetzt werden. Aufgabe des Steuerungsteams ist es deshalb, die Effektivität der Qualitätszirkel-Gruppen in den Arbeitsbereichen zu kontrollieren und ihnen gegebenenfalls neue Ziele vorzugeben bzw. sie aufzulösen.

(2) Koordinator

Der Koordinator gehört der mittleren oder unteren Ebene der Führungshierarchie an. Er hat den **Qualitätszirkel** zu **realisieren**. Hierzu zählt die Auswahl von Pilotbereichen für die Einführung des Qualitätszirkels, die Information aller Mitarbeiter der ausgewählten Bereiche über die Ziele und die Struktur des Qualitätszirkels und die Aktivitäten der zu bildenden Qualitätszirkel-Gruppen sowie die Auswahl und die Ausbildung der Moderatoren (vgl. Domsch (1985), S. 435; Antoni (1990), S. 34). Nach der Einführung des Qualitätszirkels stimmt der Koordinator die Aktivitäten der verschiedenen Qualitätszirkel-Gruppen ab und stellt das Bindeglied zwischen den Qualitätszirkel-Gruppen, dem Steuerungsteam, den Fachabteilungen, den Bereichsführungen und der Unternehmungsführung dar (vgl. Domsch/Ladwig (1996), Sp. 1766). Diese **Vermittlungs- und Verbindungsfunktion** verlangt die Bereitstellung von Informationen aus den Fachbereichen, indem z. B. interne Berater zur Unterstützung der Arbeit der Qualitätszirkel-Gruppe gewonnen werden, sowie die Terminvereinbarung mit Führungskräften für Gesprächsrunden, in denen der Moderator erarbeitete Lösungsvorschläge präsentiert. Schließlich wird die Arbeit der Qualitätszirkel-Gruppen durch den Koordinator **inhaltlich und zeitlich geplant und gesteuert**. Auf der Grundlage der terminierten Arbeitspläne der Qualitätszirkel-Gruppen ermittelt der Koordinator den Periodenbedarf an personellen und finanziellen Ressourcen, über deren Bereitstellung das Steuerungsteam entscheidet (vgl. Domsch (1985), S. 435; Deppe (1986), S. 47 f.).

(3) Qualitätszirkel-Gruppen

Eine Qualitätszirkel-Gruppe sind 5-9 Mitarbeiter der unteren Hierarchieebenen, die sich regelmäßig auf freiwilliger Basis während der Arbeitszeit oder im Rahmen bezahlter Überstunden treffen, um Probleme des eigenen Aufgabenbereichs zu bearbeiten (vgl. Antoni (1990), S. 32). Sie kann als Team oder als Arbeitsgruppe ausgestaltet sein. Ein Team ist eine befristete, aufgabenbezogen zusammengesetzte Mehrpersoneneinheit zur Ausführung einer innovativen Spezialaufgabe. Arbeitsgruppen werden dagegen auf Dauer aus Mitarbeitern gebildet, um bereichsinterne Verbesserungen zu erarbeiten und umzusetzen. Sie verfügen über die Kompetenzen, um im Rahmen vorgegebener Ziele über Maßnahmen der Zielerreichung entscheiden zu können, und wirken aktiv an der Zielbildung mit (vgl. Krüger (1994), S. 54, 56 f.). **Aufgaben** einer Qualitätszirkel-Gruppe sind die Erkennung von Problemen im eigenen Arbeitsbereich, die Auswahl der zu bearbeitenden Probleme, die Analyse ihrer Ursachen sowie die Erarbeitung und Bewertung von Lösungsvorschlägen. Die Entscheidung über die Lösungsvorschläge kann von der Qualitätszirkel-Gruppe, den Vorgesetzten im jeweiligen Arbeitsbereich oder im Rahmen des betrieblichen Vorschlagswesens getroffen werden. Sofern es möglich ist, werden die ausgewählten Problemlösungen von der Qualitätszirkel-Gruppe selbst umgesetzt. Sie kontrolliert auch die Wirkungen der umgesetzten Problemlösungen (vgl. Domsch/Ladwig (1996), Sp. 1766).

Teilnehmer einer Qualitätszirkel-Gruppe sind Mitarbeiter der Ausführungsebene und deren Vorgesetzte. Sie gehören in der Regel einem Arbeitsbereich an. Qualitätszirkel-Gruppen, die Schnittstellenprobleme bearbeiten, können aus Mitarbeitern verschiedener Arbeitsbereiche zusammengesetzt sein (vgl. Antoni (1990), S. 32 f.).

Die Arbeit einer Qualitätszirkel-Gruppe wird durch einen **Moderator** angeleitet. Er wird aus dem Kreis der Führungskräfte der untersten Ebene der Führungshierarchie und der Mitarbeiter der Ausführungsebene ausgewählt, die freiwillig zur Übernahme dieser Aufgabe bereit sind (vgl. Antoni (1990), S. 33). Der Moderator wählt die Teilnehmer der Qualitätszirkel-Gruppe aus den Mitarbeitern der betroffenen Arbeitsbereiche aus, die Interesse an einer aktiven Mitarbeit äußern, und unterweist die Teilnehmer anschließend in der Anwendung der erforderlichen Arbeitstechniken. Er leitet und moderiert die Aktivitäten der Gruppe, dokumentiert die Ergebnisse, präsentiert diese schließlich den verantwortlichen Führungskräften bzw. leitet sie an das betriebliche Vorschlagswesen weiter und informiert die Gruppe über alle Rückmeldungen. Darüber hinaus beschafft der Moderator in Zusammenarbeit mit dem Koordinator die erforderlichen Informationen. Er vertritt zudem die Qualitätszirkel-Gruppe nach außen und ist die Kontaktperson für den Koordinator, die Vorgesetzten und die anderen Qualitätszirkel-Gruppen (vgl. Deppe (1992), S. 58).

4.2.1.3 Ablauforganisation von Qualitätszirkeln

Die Arbeit in Qualitätszirkel-Gruppen folgt dem **PDCA-Zyklus** (vgl. Abschnitt 3.3.3). Qualitätszirkel-Gruppen durchlaufen damit ständig Prozesse der Problemlösung

(Plan), der Umsetzung erarbeiteter Problemlösungen (Do), der Kontrolle der Wirksamkeit realisierter Änderungen (Check) und des Handelns (Act) (vgl. Deppe (1992), S. 69; Imai (1994), S. 126 f.). Abb. 4.5 zeigt die Aktivitäten von Qualitätszirkel-Gruppen in den einzelnen Phasen dieses Zyklus (in Anlehnung an Domsch (1985), S. 432; Deppe (1992), S. 67 ff.; Pfeifer (2001), S. 38 f.).

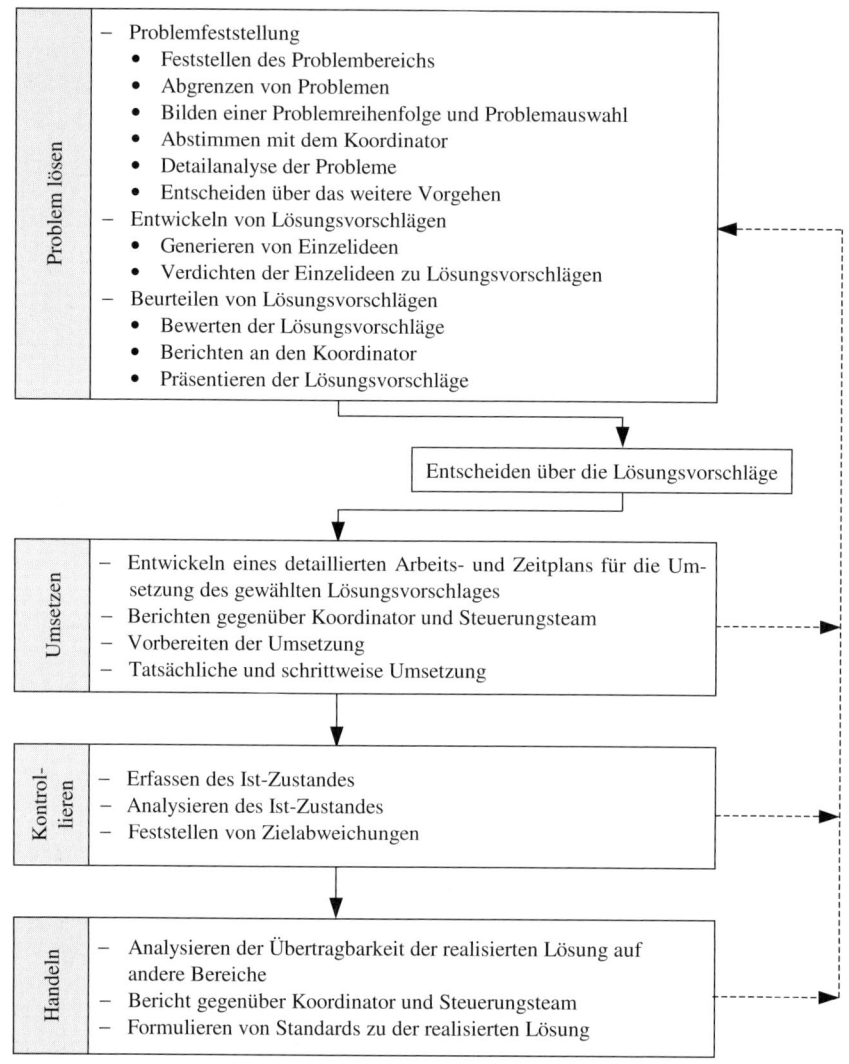

Abb. 4.5: PDCA-Zyklus

Zweck der **Problemfeststellung** ist es, den gesamten Arbeitsbereich der Qualitätszirkel-Gruppe im Hinblick auf Verluste (vgl. Abschnitt 5.4.1) zu analysieren. Sind mehrere Problemursachen identifiziert worden, die nicht alle gleichzeitig bearbeitet werden können, werden Schwerpunkte der Arbeit in den Qualitätszirkel-Gruppen bestimmt. Diese umfassen die Probleme, bei deren Lösung der größtmögliche Zielbeitrag zu erwarten ist. Mit der Detailanalyse des ausgewählten Problems sollen die Problemursachen identifiziert werden. Auf der Basis der identifizierten Problemursachen wird über das weitere Vorgehen entschieden, d. h. über den Abbruch des Problemlösungsprozesses, die Zerlegung des Problems in Teilprobleme, die Weiterleitung an eine Fachabteilung oder eine andere Qualitätszirkel-Gruppe (vgl. Domsch (1985), S. 482).

Soll das Problem oder ein Teilproblem weiterbearbeitet werden, folgt die **Entwicklung von Lösungsvorschlägen**, die mit der Suche nach Einzelideen beginnt. Die Ideengenerierung im PDCA-Zyklus ist nicht auf die Suche nach Ideen zur Problemlösung begrenzt. Es sollen darüber hinaus auch alle Schwierigkeiten identifiziert werden, die deren Realisation entgegenstehen, sowie Ideen für Maßnahmen zur Bewältigung dieser Schwierigkeiten generiert werden (vgl. Kamiske/Brauer (2006), S. 290).

In der Phase der **Umsetzung** werden alle Aktivitäten, die zur Realisation des gewählten Problemlösungsvorschlags ausgeführt werden müssen, sachlich und zeitlich geplant, durchgesetzt und kontrolliert. Ergibt die Kontrolle, dass ein Problem nicht zufriedenstellend gelöst wurde, werden neue Problemlösungsvorschläge erarbeitet, umgesetzt und kontrolliert. In dieser Phase wird der PDCA-Zyklus damit nochmals in der Form eines Unterzyklus durchlaufen (vgl. Imai (1994), S. 126 f.).

Gegenstand des **Handelns** ist die Standardisierung von Verbesserungen, die sich nach ihrer Umsetzung bewährt haben. Die Standardisierung umfasst vor allem zwei Aufgabenbereiche:

– die Sicherung der realisierten Verbesserung sowie

– die Übertragung der gewählten Problemlösung auf andere Bereiche.

Hat die umgesetzte Problemlösung eine Veränderung der Prozessabläufe zum Inhalt, besteht die Gefahr, dass die Mitarbeiter früher oder später wieder zu den alten Prozessabläufen zurückkehren. Die **Sicherung** der realisierten Verbesserung umfasst deshalb insbesondere bei Prozessänderungen auch die Erarbeitung von Maßnahmen, mit denen die Beibehaltung der neuen Prozessabläufe gewährleistet werden kann.

Von der Qualitätszirkel-Gruppe werden für Problemlösungen, die sich als zweckmäßig erweisen, Problemstellungen im eigenen Arbeitsbereich gesucht, auf die sich die gefundene Lösung übertragen lässt. Werden solche Problemstellungen gefunden, wird ein neuer PDCA-Zyklus ausgelöst. Die **Übertragung von Verbesserungsvorschlägen** auf Probleme in den Arbeitsbereichen anderer Qualitätszirkel-Gruppen wird durch den Koordinator initiiert.

4.2.2 Vorschlagswesen für das personenorientierte Kaizen

4.2.2.1 Abgrenzung zum traditionellen Vorschlagswesen

Nach dem personenorientierten Konzept wird die kontinuierliche Verbesserung erreicht, indem jeder Mitarbeiter immer wieder **Vorschläge zur Verbesserung der Arbeit am eigenen Arbeitsplatz** entwickelt und realisiert, die einen neuen Standard zur Folge haben (vgl. Japan Human Relations Association (1995), S. 48 ff.). Institutionalisiert wird das personenorientierte Kaizen durch ein betriebliches Vorschlagswesen (vgl. Imai (1994), S. 144 ff.).

> Das **betriebliche Vorschlagswesen** ist ein System der Unternehmung zur Anregung, Prüfung, Umsetzung und Anerkennung bzw. Honorierung von Verbesserungsvorschlägen, die überwiegend von Mitarbeitern eingebracht werden (vgl. Grochla (1978), S. 5; Anić (2001), S. 36).

(1) Traditionelles betriebliches Vorschlagswesen

Das betriebliche Vorschlagswesen hat in Deutschland eine lange Tradition. Bereits 1888 institutionalisierte Alfred Krupp ein betriebliches Vorschlagswesen. Den Durchbruch erreichte es in der Zeit des Nationalsozialismus. In den 50er und 60er Jahren wurde eine Reihe von Gesetzen erlassen, die das betriebliche Vorschlagswesen in Deutschland nachhaltig geprägt haben (vgl. Grochla (1978), S. 6 ff.). Dieses traditionelle Vorschlagswesen zielt auf die Motivierung der Mitarbeiter zur Erarbeitung von Verbesserungsvorschlägen mit vergleichsweise **hohen Zielbeiträgen**. Um dieses Ziel zu erreichen, lässt es Mitarbeiter über die Prämien am Nutzen des Vorschlags für die Unternehmung partizipieren (vgl. Hahn (2000), S. 63). Aus diesem Grund stellt das traditionelle betriebliche Vorschlagswesen hohe Anforderungen an die sachliche Zulässigkeit der Verbesserungsvorschläge.

Im traditionellen betrieblichen Vorschlagswesen ist ein **Verbesserungsvorschlag** nur dann **sachlich zulässig**, wenn er folgenden Anforderungen genügt (vgl. Grochla (1978), S. 5):

– **Konstruktivität:** Gegenstand des Vorschlags ist die Veränderung eines betrieblichen Zustandes oder Objektes.

– **Neuheit:** Die vorgeschlagene Veränderung ist für den Anwendungszweck oder den Anwendungsbereich neu.

– **Zielbeitrag:** Die vorgeschlagene Veränderung trägt erheblich zur Erreichung der Ziele bei.

– **Konkretheit:** Die Umsetzung der vorgeschlagenen Veränderung ist detailliert beschrieben.

– **Bereichsbezug:** Die vorgeschlagene Veränderung betrifft nicht den Aufgabenbereich des Einreichers.

– **Aufgabenbezug:** Die vorgeschlagene Veränderung ist kein unmittelbares Ergebnis der zugewiesenen Tätigkeiten, sondern ist eine darüber hinaus gehende freiwillige Leistung.

Der **Betriebsrat** hat nach § 87 Abs. 1 BetrVG bei der Erstellung der Grundsätze über das betriebliche Vorschlagswesen ein **Mitbestimmungsrecht**, d. h., er kann bei Meinungsverschiedenheiten mit dem Arbeitgeber über die Ausgestaltung des betrieblichen Vorschlagswesens unter Einschaltung der Einigungsstelle eine verbindliche Regelung herbeiführen. Nach dem Beschluss des Bundesarbeitsgerichtes vom 28.4.1981 steht dem Betriebsrat in dieser Angelegenheit auch ein Initiativrecht zu. Danach kann er die Aufstellung von Grundsätzen für ein betriebliches Vorschlagswesen verlangen, sobald ein Bedarf an einer allgemeinen Regelung besteht (vgl. Institut für angewandte Arbeitswissenschaft e.V. (2005), S. 19). Das Mitbestimmungsrecht des Betriebsrates wird in der Regel über den Abschluss einer Betriebsvereinbarung ausgeübt. Diese soll sich auf folgende Punkte erstrecken: die Ziele der Einführung, den Kreis der Teilnahme- und Prämienberechtigten, die Merkmale eines Verbesserungsvorschlages und die Abgrenzung der schutzfähigen Verbesserungsvorschläge, die Organe und die Organisation des betrieblichen Vorschlagswesens und das Prämiensystem (vgl. Heidack (1992), S. 2304 f.).

(2) Betriebliches Vorschlagswesen im Kaizen

Mit einem betrieblichen Vorschlagswesen für das personenorientierte Kaizen werden **drei Ziele** verfolgt (vgl. Japan Human Relations Association (1995), S. 54 ff.):

– die Motivierung aller Mitarbeiter zur aktiven Beteiligung an der Verbesserung von Ausführungs-, Verwaltungs- und Führungsprozessen,

– die Entwicklung des Fähigkeitspotentials aller Mitarbeiter und

– die wirtschaftlichen, technischen, sozialen und ökologischen Ziele der Unternehmung.

Um diese Ziele zu erreichen, wird das betriebliche Vorschlagswesen in japanischen Unternehmungen in einem **dreistufigen Prozess** eingeführt, der sich über fünf bis sechs Jahre erstrecken kann (vgl. Imai (1994), S. 147). In der **ersten Phase** sollen die Mitarbeiter zur aktiven Beteiligung am Vorschlagswesen motiviert werden, weshalb für jeden eingereichten Vorschlag eine Anerkennungsprämie gewährt wird. Als Kennzahlen zur Messung der Zielerreichung des betrieblichen Vorschlagswesens eignen sich in dieser Phase die Anzahl der eingereichten Verbesserungsvorschläge und die Beteiligungsquoten. Weisen diese Kennzahlen zufriedenstellende Ausprägungen auf, beginnt die **zweite Phase**, in der das Fähigkeitspotential der Mitarbeiter entwickelt werden soll. Hierzu werden die Mitarbeiter in der Analyse und Lösung von Problemen geschult. Prämien für einen Vorschlag werden in dieser Phase nach der Realisierbarkeit und dem Arbeitsaufwand für die Erarbeitung des Verbesserungsvorschlags bemessen. Gemessen wird die Zielerreichung des Vorschlagswesens in dieser Phase über die Umsetzungsquote. In der **dritten Phase** stehen schließlich die Beiträge der Vorschläge zur Erreichung der verfolgten Unternehmungsziele im Vordergrund. Als Prämie für einen umgesetzten Verbesserungsvorschlag wird eine Beteiligung an der erreichten Zielwirkung gewährt (vgl. Japan Human Relations Association (1995), S. 54 ff., 127 ff., 142 ff.). Bei diesen Zielen kann es sich um eine Erleichterung oder Vereinfachung der Arbeit, eine Steigerung der Arbeitssicherheit, eine Erhöhung der Produktqualität, eine Verkürzung von Bearbeitungszeiten oder eine Senkung des Bedarfs an Material oder Energie handeln (vgl. Imai (1997), S. 92).

Die Unterschiede in den Zielen führen dazu, dass im Vorschlagswesen für das personenorientierte Kaizen **andere Anforderungen an die Verbesserungsvorschläge** gestellt werden als im traditionellen Vorschlagswesen. In Abb. 4.6 werden die Anforderungen an Verbesserungsvorschläge im traditionellen Vorschlagswesen und im Vorschlagswesen für die kontinuierliche Verbesserung gegenübergestellt.

Merkmal des Vorschlags	Traditionelles Vorschlagswesen	Vorschlagswesen für das personenorientierte Kaizen
Konstruktivität	Veränderung eines Objektes oder Zustandes	Veränderung eines Objektes oder Zustandes
Neuheit	Neuheit der Veränderung	Kurzfristig realisierbare Veränderungen, die nur geringe Umsetzungskosten erfordern
Zielbeitrag	Erheblicher Zielbeitrag	Hinweis auf ein Problem, eine Problemlösung oder einen Zielbeitrag
Konkretheit	Konkretheit des Verbesserungsvorschlages	Realisation des Verbesserungsvorschlages
Bereichsbezug	Ideen aus dem Aufgabenbereich des Einreichers werden nicht als Vorschläge anerkannt	Der Schwerpunkt liegt auf Vorschlägen aus dem Aufgabenbereich des Einreichers
Bezug zur Arbeitsaufgabe	Ausarbeitung von Ideen als freiwillige Sonderleistung	Ausarbeitung und Umsetzung von Ideen als Bestandteil der Arbeitsaufgabe

Abb. 4.6: Anforderungen an Verbesserungsvorschläge

An Verbesserungsvorschläge werden im Kaizen geringere Anforderungen hinsichtlich der **Neuheit** gestellt. Erwünscht sind nicht innovative, sondern kurzfristig realisierbare Verbesserungen mit geringen Umsetzungskosten (vgl. Japan Human Relations Association (1995), S. 26 f., 138). Erst in der dritten Phase der Einführung des betrieblichen Vorschlagswesens werden Vorschläge mit einem **Zielbeitrag** gefordert. In den beiden ersten Phasen des Einführungsprozesses ist der Zielbeitrag der Idee noch keine Voraussetzung für die Anerkennung als Verbesserungsvorschlag.

Das betriebliche Vorschlagswesen zur Umsetzung des personenorientierten Kaizen ordnet dem Einreicher eine sehr viel höhere Verantwortung für die Realisation des Verbesserungsvorschlages zu. Während das traditionelle Vorschlagswesen lediglich die **Konkretheit** der eingereichten Idee fordert, verlangt das personenorientierte Kaizen auch ihre Realisation. Entsprechend werden entweder nur bereits realisierte Ideen als Verbesserungsvorschläge angenommen oder Prämien in Abhängigkeit von der Mitwirkung des Einreichers an der Realisation des Verbesserungsvorschlages gewährt (vgl. Japan Human Relation Association (1995), S. 88 f.). Durch die Verantwortung des Einreichers für die Realisation des Vorschlags soll zum einen die Qualität der eingereichten Vorschläge hinsichtlich der Realisierbarkeit verbessert werden. Zum anderen soll damit verhindert werden, dass vom betrieblichen Vorschlagswesen in größerem Umfang nicht realisierbare Vorschläge begutachtet und abgelehnt werden müssen. Dadurch können die Kosten des Vorschlagswesens verringert, die Bearbeitungszeiten von Verbesserungsvorschlägen verkürzt und die negativen Wirkungen abgelehnter Vorschläge auf die Motivation von Einreichern und Gutachtern vermieden werden.

Nach den Vorstellungen des traditionellen Vorschlagswesens gehört es zu den Pflichten jedes Arbeitnehmers, seinen eigenen Arbeitsbereich zu verbessern. Ideen zur Verbesserung des eigenen Arbeitsbereiches werden deshalb nicht als Verbesserungsvorschläge anerkannt. Prämiert werden nur Ideen **ohne Bereichsbezug** (vgl. Anić (2001), S. 40 f.). Das Vorschlagswesen des personenorientierten Kaizen geht einen anderen Weg, da die Mitarbeiter in ihrem eigenen Aufgabenbereich über ein großes Maß an Sachkunde verfügen, so dass von ihnen gerade aus diesem Bereich kreative und wertvolle Ideen zu erwarten sind (vgl. Anić (2001), S. 40 f.). Verbesserungsvorschläge, die im **Fremdbereich** des Einreichers liegen, weisen zudem folgende Nachteile auf: (1) Dem Einreicher kann nicht die Verantwortung für die Realisation des Verbesserungsvorschlages übertragen werden. (2) Der Vorschlag kann von den Mitarbeitern in dem betroffenen Bereich als Hinweis auf Versäumnisse verstanden werden und zu Konflikten führen, die leistungshemmend wirken. (3) Diese Vorschläge weisen eine geringere Qualität auf und werden vielfach abgelehnt. Sie sind häufig die Ursache für Engpässe im Beurteilungs- und Bewertungsprozess des Vorschlagswesens. Auf der anderen Seite betrachten Außenstehende ein Problem aus einem anderen Blickwinkel, so dass ihre Verbesserungsvorschläge auf originellen Denkansätzen beruhen können. Verbesserungsvorschläge aus anderen Bereichen sollten deshalb nicht ignoriert werden. Um zu verdeutlichen, dass der Schwerpunkt auf realisierten Verbesserungsvorschlägen aus dem eigenen Aufgabenbereich liegt, werden im Vorschlagswesen des personenorientierten Kaizen Vorschläge aus dem Fremdbereich nur als weitere Meinung betrachtet, für die keine Prämien gewährt werden (vgl. Japan Human Relations Association (1995), S. 85 f., 152 ff.).

Vom traditionellen Vorschlagswesen werden nur Ideen als Verbesserungsvorschlag anerkannt, die **freiwillige Sonderleistungen** sind, d. h. außerhalb der Arbeitszeit erarbeitet werden. Das Kaizen verlangt, dass von den Mitarbeitern fortlaufend Verbesserungsvorschläge eingereicht werden. Die Erarbeitung und Umsetzung von Verbesserungsvorschlägen ist deshalb ein Bestandteil der Arbeitsaufgabe des Mitarbeiters.

4.2.2.2 Organisation des betrieblichen Vorschlagswesens

Das traditionelle betriebliche Vorschlagswesen ist durch einen hohen **Zentralisationsgrad der Vorschlagsbearbeitung** gekennzeichnet. Die Kritik an diesem Modell des zentralen betrieblichen Vorschlagswesens und die Diskussion um das Kaizen haben zur Entwicklung des Vorgesetztenmodells geführt, das eine dezentrale Vorschlagsbearbeitung vorsieht.

(1) Modell des zentralen betrieblichen Vorschlagswesens

Das zentrale betriebliche Vorschlagswesen ist durch die Verordnung über die steuerliche Behandlung von Prämien für Verbesserungsvorschläge vom 18.2.1957 geprägt, die jedoch am 1.1.1989 außer Kraft gesetzt worden ist. Das zentrale Vorschlagswesen umfasst drei **Organe** (vgl. Anić (2001), S. 64):

– den BVW-Beauftragten,

– die Fachgutachter und

– die BVW-Kommission.

Der **BVW-Beauftragte** ist haupt- oder nebenamtlich vor allem mit operativen Aufgaben des betrieblichen Vorschlagswesens betraut. **Fachgutachter** werden von der BVW-Kommission ernannt und sind für alle Verbesserungsvorschläge eines Fachbereichs zuständig. Mit der Begutachtung eines Verbesserungsvorschlages kann jedoch auch jeder andere fachkundige Mitarbeiter des jeweiligen Bereichs beauftragt werden. Die **BVW-Kommission** setzt sich in der Regel aus Vertretern der Unternehmungsleitung und Arbeitnehmervertretern zusammen. Sie entscheidet auf der Grundlage der Gutachten über die Annahme oder Ablehnung der Vorschläge. Einsprüche des einreichenden Mitarbeiters gegen die Entscheidung über den Verbesserungsvorschlag oder die Prämie werden der BVW-Kommission zur erneuten Behandlung vorgelegt. Es kann jedoch auch eine gesonderte **BVW-Einspruchsstelle** eingerichtet werden, der aus Gründen der Objektivität keine Mitglieder der BVW-Kommission angehören sollten (vgl. Thom (1996a), S. 99). Abb. 4.7 gibt einen Überblick über die Aufgaben der Organe des betrieblichen Vorschlagswesens (vgl. Heidack (1999), Sp. 2308; Anić (2001), S. 65 ff.).

Um Risikobarrieren entgegenzuwirken, räumt das zentrale Vorschlagswesen die Möglichkeit einer anonymen Einreichung ein. Der Vorschlag kann an das betriebliche Vorschlagswesen geleitet werden, ohne dass der Vorgesetzte informiert wird. Den **Ablauf** der Bearbeitung eines Verbesserungsvorschlags bei anonymer Einreichung zeigt Abb. 4.8 (in Anlehnung an Anić (2001), S. 73).

Organ	Aufgaben
BVW-Beauftragter	– Beratung und Unterstützung der Mitarbeiter bei der Vorbereitung und Einreichung eines Verbesserungsvorschlages – Entgegennahme von Verbesserungsvorschlägen – Vorprüfung der eingereichten Vorschläge hinsichtlich Zulässigkeit, Vollständigkeit und Plausibilität – Zuleitung der Vorschläge zu Prüf-, Bewertungs- und Realisierungsprozessen – Planung, Durchführung und Kontrolle von Kommunikationsmaßnahmen zur Beeinflussung des Vorschlagsverhaltens – Überwachung der Einhaltung der BVW-Betriebsvereinbarung sowie aller rechtlichen Vorschriften
BVW-Fach-gutachter	– Prüfung der Realisierbarkeit des Vorschlags – Suche nach weiteren Anwendungsbereichen für den Vorschlag – Ermittlung und Bewertung der Wirkungen des Vorschlags – Ermittlung der Kosten für die Realisierung des Vorschlags – Ausarbeitung einer stichhaltigen Begründung bei Ablehnung eines Vorschlags
BVW-Kommission	– Annahme oder Ablehnung des Vorschlags auf der Grundlage der Gutachten – Entscheidung über die Prämienhöhe – Ernennung der Fachgutachter – Suche nach neuen Anwendungsbereichen für den Verbesserungsvorschlag – Behandlung von Einsprüchen

Abb. 4.7: Organe und ihre Aufgaben im zentralen Vorschlagswesens

Das zentrale Modell des betrieblichen Vorschlagswesens ist mit den beiden folgenden **Problemen** verbunden: (1) Es fehlt die direkte Kommunikation zwischen den Gutachtern und den Einreichern, was zu Missverständnissen und Fehlentscheidungen führen kann. (2) Der Prozess der Bearbeitung von Verbesserungsvorschlägen ist zu bürokratisch. Dies wirkt sich ungünstig auf die Bearbeitungsdauer der Verbesserungsvorschläge und die Transparenz der Bewertung aus (vgl. Läge (2002), S. 14). Diesen Problemen des zentralen Vorschlagswesens, die Ursache von Willensbarrieren sind, soll durch das Vorgesetztenmodell entgegengewirkt werden.

(2) Vorgesetztenmodell des betrieblichen Vorschlagswesens

Das Vorgesetztenmodell zeichnet sich durch einen **hohen Dezentralisationsgrad** aus, der durch die weitreichende Delegation von Kompetenzen zur Prüfung, Realisation und Honorierung von Verbesserungsvorschlägen an den Vorgesetzten des Einreichers entsteht. Dadurch wird die Vorschlagsbearbeitung beschleunigt, die Transparenz des Bewertungsprozesses erhöht und die Zusammenarbeit der Prozessbeteiligten verbessert (vgl. Anić (2001), S. 245).

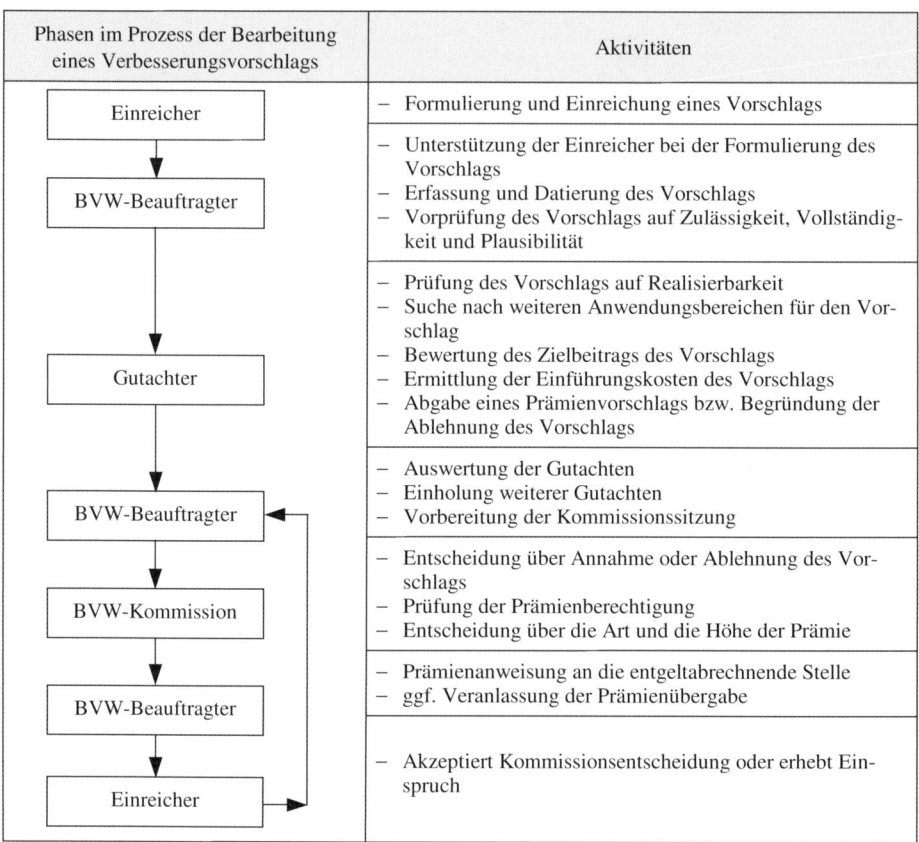

Phasen im Prozess der Bearbeitung eines Verbesserungsvorschlags	Aktivitäten
Einreicher	– Formulierung und Einreichung eines Vorschlags
BVW-Beauftragter	– Unterstützung der Einreicher bei der Formulierung des Vorschlags – Erfassung und Datierung des Vorschlags – Vorprüfung des Vorschlags auf Zulässigkeit, Vollständigkeit und Plausibilität
Gutachter	– Prüfung des Vorschlags auf Realisierbarkeit – Suche nach weiteren Anwendungsbereichen für den Vorschlag – Bewertung des Zielbeitrags des Vorschlags – Ermittlung der Einführungskosten des Vorschlags – Abgabe eines Prämienvorschlags bzw. Begründung der Ablehnung des Vorschlags
BVW-Beauftragter	– Auswertung der Gutachten – Einholung weiterer Gutachten – Vorbereitung der Kommissionssitzung
BVW-Kommission	– Entscheidung über Annahme oder Ablehnung des Vorschlags – Prüfung der Prämienberechtigung – Entscheidung über die Art und die Höhe der Prämie
BVW-Beauftragter	– Prämienanweisung an die entgeltabrechnende Stelle – ggf. Veranlassung der Prämienübergabe
Einreicher	– Akzeptiert Kommissionsentscheidung oder erhebt Einspruch

Abb. 4.8: Ablauforganisation im zentralen Vorschlagswesen

Beim Vorgesetztenmodell werden die Verbesserungsvorschläge schriftlich oder mündlich beim direkten Vorgesetzten eingereicht, der den Einreicher bei der schriftlichen Abfassung des Verbesserungsvorschlags auch unterstützt. Der Vorgesetzte führt die Vorprüfung des Verbesserungsvorschlags hinsichtlich Zulässigkeit, Vollständigkeit und Plausibilität durch. In diesem ersten Schritt wird auch geprüft, ob der Verbesserungsvorschlag in den Verantwortungsbereich des Vorgesetzten fällt oder mehrere Verantwortungsbereiche berührt. **Bereichsübergreifende Verbesserungsvorschläge** leitet der Vorgesetzte an den BVW-Beauftragten weiter. Diese Verbesserungsvorschläge werden anschließend wie im zentralen Modell des betrieblichen Vorschlagswesens behandelt. Das Vorgesetztenmodell ergänzt damit das zentrale Modell, es ersetzt es aber nicht. **Bereichsinterne Vorschläge** werden dagegen vom Vorgesetzten gegebenenfalls unter Mitwirkung des Einreichers begutachtet. Verursacht die Realisation des Verbesserungsvorschlages nur geringe Kosten, wird er vom Verantwortungsbereich des Vorgesetzten unter weitestmöglicher Einbeziehung des Einreichers realisiert. Übersteigen die Kosten der Realisation die Möglichkeiten, über die ein Vorgesetzter innerhalb seines Budgets verfügt, wird der Verbesserungsvorschlag an die nächsthöhere Instanz zur Entscheidung über die Realisation gereicht. Nach der Realisation ist es Aufgabe des Vorgesetzten, eine Prämie für den Verbesserungsvorschlag festzulegen. In der Regel wird dem Vorgesetzten eine Prämienhöchstgrenze vorgegeben. Soll ein Verbesserungsvorschlag mit einer höheren Prämie honoriert werden, wird der Verbesserungsvorschlag mit allen Gutachten und einem Prämienvorschlag an den BVW-Beauftragten weitergereicht, der die Unterlagen prüft und der BVW-Kommission zur endgültigen Entscheidung über die Prämie vorlegt (vgl. Anić (2001), S. 245 ff., 256 ff.). Abb. 4.9 zeigt eine zusammenfassende Würdigung des Vorgesetztenmodells (vgl. Anić (2001), S. 260 ff.; von Bismarck (2000), S. 59).

Die Verbesserungsvorschläge im **Kaizen** sind üblicherweise dem Aufgabenbereich des Einreichers entnommen, weisen einen geringen Innovationsgrad auf und sind kurzfristig zu geringen Kosten umsetzbar. Der Vorgesetzte verfügt deshalb bei den meisten Verbesserungsvorschlägen über die zu ihrer Begutachtung und Bewertung erforderlichen Fachkenntnisse und Entscheidungskompetenzen. Für die Organisation des Vorschlagswesens im Kaizen ist deshalb das Vorgesetztenmodell besonders geeignet. Um seinen Nachteilen entgegenzuwirken, kann die Möglichkeit der anonymen Einreichung eröffnet werden, die aber nur ergänzenden Charakter haben sollte (vgl. Japan Human Relations Association (1995), S. 123 ff., 155 f.).

Vorteile	Nachteile
– Höhere Transparenz der Bewertung für die Einreicher – Direkte Kommunikation mit dem Einreicher bei der Begutachtung des Verbesserungsvorschlages – Zügige Begutachtung, Umsetzung und Prämierung, die zu einer höheren Vorschlagsbereitschaft führt	– Gefahr der subjektiven oder budgetgeleiteten Bewertung des Verbesserungsvorschlages – Gefahr immaterieller Nachteile durch den Vorgesetzten oder die Kollegen – Erhöhtes Risiko subjektiv beeinflusster Prämien – Zusätzliche Belastung unterer Führungskräfte, die ein geringes Engagement oder eine ablehnende Haltung gegenüber Einreichern zur Folge haben kann

Abb. 4.9: Beurteilung des Vorgesetztenmodells

4.2.3 Prämiensysteme für die kontinuierliche Verbesserung

4.2.3.1 Zulässigkeiten von Verbesserungsvorschlägen

Damit ein Verbesserungsvorschlag prämiert werden kann, muss er zulässig sein. Die Zulässigkeit von Ideen für das Vorschlagswesen kann nicht nur sachlich (vgl. Abb. 4.6), sondern auch personell und zeitlich begrenzt sein.

(1) Abgrenzung des Kreises der Teilnahmeberechtigten

Personell zulässig ist eine Idee, wenn der Einreicher dem Kreis der Teilnahmeberechtigten angehört. Geklärt werden muss vor allem die Teilnahmeberechtigung von Unternehmungsexternen (z. B. Lieferanten, Kunden, Praktikanten), von Mitarbeitern des Vorschlagswesens und leitenden Angestellten sowie von Gruppen (vgl. Urban (1993), S. 36 f.). Um das kreative Potential auf allen Ebenen auszuschöpfen, werden **Unternehmungsexterne** und **leitende Angestellte** in jüngster Zeit zunehmend in den Kreis der Teilnahmeberechtigten einbezogen (vgl. Anić (2001), S. 42).

Bei Einbeziehung informaler oder formaler **Gruppen** in den Kreis der Teilnahmeberechtigten können u. a. eine Erhöhung der Beteiligungsquote und besser durchdachte Verbesserungsvorschläge erwartet werden. Zudem trägt die Zusammenarbeit in Gruppen zum Abbau von Wissens-, Willens- und Risikobarrieren bei (vgl. Thom (1995), S. 112 f.). Werden Gruppen als Teilnahmeberechtigte zugelassen, ist zu entscheiden, wie sie auszugestalten sind. Es werden zwei Typen teilnahmeberechtigter Gruppen unterschieden (vgl. Thom (1996), S. 115 ff.):

– die Einreichergemeinschaft und

– die Vorschlagsgruppe.

Ideen zur kontinuierlichen Verbesserung werden nicht nur von Einreichergemeinschaften und Vorschlagsgruppen generiert, sondern auch von den Qualitätszirkel-Gruppen. Abb. 4.10 gibt einen Überblick zu den Unterschieden zwischen diesen Gruppen (vgl. Thom (1995), S. 116).

Vergleichs-kriterium	Betriebliches Vorschlagswesen		Qualitätszirkel-Gruppe
	Einreicher-gemeinschaft	Vorschlagsgruppe	
Organisationsgrad	Informal	Formal	Formal
Gruppenbildung	Spontaner freiwilliger Zusammenschluss	Gezielte Gruppenbildung aufgrund freiwilliger Meldungen	
Gruppengröße	2-3 Personen	5-10 Personen	5-9 Personen
Herkunft der Gruppenmitglieder	Offen (gleiche oder unterschiedliche Unternehmungsbereiche)	Fachlich komplementäre Zusammensetzung	Regelmäßig Mitglieder eines Arbeitsbereichs
Lebensdauer der Gruppe	Meist auf die Ausarbeitung des Verbesserungsvorschlages begrenzt	Teils auf die Ausarbeitung des Verbesserungsvorschlages begrenzt, teils länger	Grundsätzlich unbefristet
Realisierung der Vorschläge	In der Regel nicht durch die Gruppenmitglieder		Nach Möglichkeit durch die Gruppenmitglieder

Abb. 4.10: Traditionelles Gruppenvorschlagswesen

(3) Zeitliche Zulässigkeit

Die Regeln zur zeitlichen Zulässigkeit geben **Ausschlussfristen** vor. Das sind Fristen nach der Umsetzung von Innovationen, innerhalb derer Ideen nicht als Verbesserungsvorschläge anerkannt werden. Begründet wird die zeitliche Begrenzung der Zulässigkeit mit der intensiven Betreuung der betroffenen Bereiche durch die zuständigen Fachbereiche, um die Anlaufschwierigkeiten zu beheben, die mit einer umfassenden Veränderung regelmäßig verbunden sind. Gegen Ausschlussfristen spricht jedoch, dass Verbesserungsvorschläge zur Verkürzung der Anlaufphase beitragen können. Eine frühzeitige Einreichung von Verbesserungsvorschlägen sollte deshalb nicht behindert, sondern gefördert werden (vgl. Urban (1993), S. 70).

4.2.3.2 Struktur des Prämiensystems

Die **Prämiensysteme** legen die Prämien fest, die für die Einreichung bzw. Bearbeitung eines Verbesserungsvorschlages gewährt werden, um die Begünstigten zu der gewünschten Leistung zu motivieren. Bei der Gestaltung von Prämiensystemen ist über folgende Größen zu entscheiden:

– die Ziele,

– die Bemessungsgrundlage,

– die Belohnungsregel,

– die Prämie und

– die Ausschüttungsregel.

Die **Ziele des Prämiensystems** legen die Leistung der Mitarbeiter fest, zu der motiviert werden soll. Die erwünschte Leistung besteht in der ersten Phase der Einführung des betrieblichen Vorschlagswesens im Erkennen und Melden von Problemen. In der zweiten Phase umfasst sie darüber hinaus die Suche nach Problemlösungen und die Entwicklung von Maßnahmen. Schließlich wird in der dritten Phase gefordert, dass die Maßnahmen nicht nur entwickelt, sondern auch realisiert werden (vgl. Abschnitt 4.2.2.1).

> Nach diesen Zielen wird zwischen der **Anerkennungsprämie** für die Einreichung eines Verbesserungsvorschlages (Problemerkennung), der **Belohnung** für einen realisierten Verbesserungsvorschlag (Problemlösung) und der **Kompensation** (Umsetzung der Lösung) unterschieden (vgl. Japan Human Relations Association (1995), S. 127 ff.).

Die **Bemessungsgrundlage** ist der Indikator zur Messung der Leistung, die mit dem Verbesserungsvorschlag erbracht wird und honoriert werden soll. **Anerkennungsprämien** werden stets in einer vorgegebenen Höhe gewährt, so dass sich die Messung der erbrachten Leistung erübrigt. Nur für Belohnungen und Kompensationen muss eine Bemessungsgrundlage ausgewählt werden. Mit **Belohnungen** wird der Arbeitsaufwand für die Erarbeitung und Umsetzung eines Verbesserungsvorschlages und mit **Kompensationen** der Zielbeitrag der umgesetzten Verbesserung honoriert. Bei der Festlegung der Bemessungsgrundlage für eine Kompensation wird unterschieden, ob der Verbesserungsvorschlag

- quantifizierbare oder

- nicht quantifizierbare Wirkungen

hat. Ist der **Zielbeitrag quantifizierbar** (z. B. Verringerung von Ausschuss, Materialeinsparung) wird der Nettovorschlagsbeitrag (z. B. die Nettokosteneinsparung) im ersten Anwendungsjahr als Bemessungsgrundlage herangezogen, d. h. der Zielbeitrag im ersten Anwendungsjahr abzüglich der Kosten der Realisation des Verbesserungsvorschlages (vgl. Anić (2001), S. 74 ff.).

Ist der **Zielbeitrag** des Verbesserungsvorschlages **nicht quantifizierbar**, wird er mit Hilfe eines ordinalen Bewertungssystems ermittelt. Diese Systeme sind dadurch gekennzeichnet, dass jeder Verbesserungsvorschlag hinsichtlich mehrerer Beurteilungskriterien bewertet wird. Zu diesen zählen der Zielbeitrag für die Unternehmung, der Arbeitsaufwand für den Einreicher, die Originalität und die Werbewirksamkeit für potentielle Einreicher (vgl. Grochla/Thom (1980), S. 772). Für jedes der berücksichtigten Kriterien wird dem zu bewertenden Verbesserungsvorschlag eine Punktzahl aus einem vorgegebenen Intervall zugeordnet, die umso höher ist, je vorteilhafter der Vorschlag hinsichtlich des jeweiligen Kriteriums beurteilt wird. Um die Gesamtpunktzahl eines Vorschlags zu ermitteln, werden die zugeordneten Punktzahlen mit dem Gewicht des jeweiligen Kriteriums multipliziert und anschließend addiert. Die Gewichtungsfaktoren spiegeln die relative Bedeutung der Beurteilungskriterien wider. Abb. 4.11 zeigt ein Beispiel für den Aufbau eines solchen Bewertungssystems (vgl. Japan Human Relations Association (1995), S. 142 f.).

Mit der **Belohnungsregel** wird aus dem Wert des Indikators, der als Bemessungsgrundlage verwendet wird, die Höhe der Prämie ermittelt. Für Verbesserungsvorschläge mit quantifizierbaren Zielwirkungen sieht die Belohnungsregel als Prämie meist einen prozentualen Anteil am Nettovorschlagsbeitrag im ersten Anwendungsjahr vor. Dieser Prämiensatz kann unabhängig von der Höhe des Nettovorschlagsbeitrages sein oder mit steigendem Nettovorschlagsbeitrag sinken, was einen linearen bzw. degressiven Prämienverlauf in Abhängigkeit vom Nettovorschlagswert bedeutet (vgl. Anić (2001), S. 75 f.). Im Fall nicht quantifizierbarer Zielwirkungen gibt die Belohnungsregel einen Geldbetrag pro Punktwert vor. Die Belohnungsregel kann darüber hinaus

- personenbezogene oder

- vorschlagsbezogene Korrekturfaktoren

vorsehen, mit denen die aus dem Zielbeitrag berechnete Prämie nach oben oder unten angepasst wird. Über die **personenbezogenen Korrekturfaktoren** wird berücksichtigt, dass Mitarbeiter aufgrund ihrer organisatorischen Eingliederung selbst bei gleicher Leistungsbereitschaft und -fähigkeit unterschiedlich gute Chancen haben, Verbesserungsvorschläge zu entwickeln. Wird der Nettovorschlagsbeitrag als Bemessungsgrundlage verwendet, werden zusätzlich vorschlagsbezogene **Korrekturfaktoren** in die Bemessung der Prämie einbezogen, wie z. B. Ausarbeitungsgrad und Originalität des Verbesserungsvorschlags (vgl. Thom (1991), S. 601). Schließlich können mit der Belohnungsregel auch Mindest- und Höchstprämien vorgegeben werden. Die Anerkennungsprämie entspricht häufig der Höhe der Mindestprämie (vgl. Anić (2001), S. 81).

Beurteilungs-kriterium	Gewich-tungsfaktor	Beurteilung							
		Gering 5 - 15 Punkte		Mittel 16 - 30 Punkte		Hoch 31 - 50 Punkte		Sehr hoch 51 - 100 Punkte	
Umfang der Verbesserung									
• Kundennutzen	1,0					42	42		
• Einsparungen	2,0			22	44				
• Arbeitssicherheit	1,0	12	12						
• Arbeitserleichterung	1,0	0	0						
Ausarbeitungsgrad	1,5							80	120
Originalität	1,5			20	30				
Anwendungshäufigkeit	2,0			25	50				
Gesamtpunktzahl			12		124		42		120
		298							

Abb. 4.11: Bewertungsschema für Vorschläge mit einem nicht quantifizierbaren Zielbeitrag

Die **Prämien** können materieller oder immaterieller Art sein. Materielle Prämien sind Geldzuwendungen und Sachprämien (z. B. Bücher, Eintrittskarten zu Sportveranstaltungen, Werbegeschenke der Unternehmung). Kann einer gewährten Prämie kein monetärer Wert zugeordnet werden, ist sie immaterieller Natur. Eine immaterielle Prämie kann in einer Belobigung oder auch einer öffentlichen Würdigung bestehen, z. B. durch einen Bericht in der Mitarbeiterzeitschrift, eine öffentliche Übergabe von Urkunden, Plaketten oder Medaillen durch einen hochrangigen Vertreter der Unternehmungsführung (vgl. Anić (2001), S. 82).

Die **Ausschüttungsregel** gibt den Zeitpunkt an, zu dem die Prämie ausbezahlt wird. Ausbezahlt werden kann die Prämie nach der Annahme des Verbesserungsvorschlages. Möglich ist es auch, nach der Annahme des Verbesserungsvorschlages nur die Hälfte einer vorläufig bemessenen Prämie auszubezahlen. Am Ende des ersten Anwendungsjahres wird der Restbetrag auf der Basis des tatsächlichen Nettovorschlagsbeitrages ermittelt und ausbezahlt. Die Ausschüttungsregel kann für Vorschläge, deren Anwendungsbereich nach der Realisierung und Prämierung ausgedehnt wird, eine Nachbewertung und Nachprämierung vorsehen (vgl. Anić (2001), S. 76).

Die Prämien des betrieblichen Vorschlagswesens fallen im **Kaizen** deutlich geringer aus als im traditionellen betrieblichen Vorschlagswesen (vgl. Abb. 4.12). Dafür werden die folgenden Gründe genannt:

(1) Der Umfang der Veränderung, der im Kaizen von Verbesserungsvorschlägen gefordert wird, ist geringer als im traditionellen betrieblichen Vorschlagswesen.

(2) Um einen anhaltenden Strom von Verbesserungsvorschlägen zu erreichen, kommt der Motivierung der Mitarbeiter zur Mitwirkung eine sehr viel größere Bedeutung zu als im traditionellen betrieblichen Vorschlagswesen.

(3) Die intrinsischen Belohnungen weisen im betrieblichen Vorschlagswesen für die kontinuierliche Verbesserung ein deutlich höheres Gewicht auf.

Bewertungs-klasse Anforderung	Mäßig	Gut	Sehr gut
Problemidentifikation (Anerkennung)	Ablehnung	Anerkennungs-prämie	1,20 €
Lösungsidee (Belohnung)	Anerkennungs-prämie	1,20 €	3,00 €
Implementierung/Auswirkung (Kompensation)	1,20 €	3,00 €	6,00 € oder mehr

Abb. 4.12: Vereinfachtes Beurteilungssystem für das Vorschlagswesen bei der kontinuierlichen Verbesserung

In japanischen Unternehmungen liegen die Prämien in der Regel zwischen 1,20 und 6,00 €. Nur in seltenen Ausnahmefällen können sie auch eine Höhe von 1.500 € annehmen (vgl. Japan Human Relations Association (1995), S. 45, 145). Die geringen Prämien legen es nahe, die Beurteilungssysteme weniger aufwendig zu gestalten. Abb. 4.12 ist ein Beispiel für eine Blitzbewertungstabelle, die für die konkrete Anwendung noch um Erläuterungen für die Einordnung der Verbesserungsvorschläge ergänzt wird (vgl. Japan Human Relations Association (1995), S. 145).

4.3 Kaizen Costing zur Planung und Kontrolle von Vorgaben

4.3.1 Abgrenzung der Kaizen Cost

Cooper/Slagmulder verstehen unter Kaizen Costing die Verringerung der Kosten von Produkten in der Marktphase des Produktlebenszyklus (vgl. Cooper/Slagmulder (2005b), S. 271). Nach diesem Verständnis hat das Kaizen Costing die Senkung der Kosten existierender Produkte zum Ziel, während das Kaizen darüber hinaus auch die Steigerung der Produktqualität und der Lieferzuverlässigkeit dieser Produkte anstrebt (vgl. Cooper (1998), S. 279). Nach der Auffassung in der japanischen Literatur handelt es sich beim **Kaizen Costing** um ein System zur Planung und Kontrolle kostenbezogener Vorgaben für die kontinuierliche Verbesserung (vgl. Monden/Lee (2000), S. 230). Zweck des Kaizen Costing ist es, für die Verantwortungsbereiche Kostenvorgaben zu planen und zu kontrollieren, um die Vorgesetzten und Mitarbeiter zur aktiven Mitwirkung an Verbesserungsaktivitäten anzuhalten und damit die angestrebten Periodenerfolge zu sichern (vgl. Monden (1999), S. 333 f.).

> **Kaizen Cost** geben den Kostensenkungsbetrag an, den ein Verantwortungsbereich innerhalb des Planungszeitraumes durch kontinuierliche Verbesserungen erbringen muss, wenn ein übergeordnetes Erfolgsziel erreicht werden soll.

Die Vorgabe von Kaizen Cost ist Bestandteil einer **Push-Strategie** zur Beeinflussung des Verbesserungsverhaltens, indem sie die Träger des Kaizen über die Art und das Ausmaß der in einer Periode umzusetzenden Verbesserungen informieren. Um diesem Zweck dienen zu können, werden den Trägern der kontinuierlichen Verbesserung nicht nur Kosten vorgegeben, sondern auch nicht monetäre Kennzahlen, die im Einklang mit dem Erfolgsziel stehen und konkrete Wege zum Finden von Verbesserungen aufzeigen. Beispiele für solche Kennzahlen sind die Bearbeitungszeit, die Rüstzeit, die Maschinenstillstandszeit, die Zahl der Fehler und der Bestand an Zwischenprodukten (vgl. Horváth/Lamla (1995), S. 80 ff.).

> Das **Kaizen Costing** ist ein Teilsystem des Planungs- und Kontrollsystems der Unternehmung, in dem die kostenzielorientierten Vorgaben zur kontinuierlichen Verbesserung für die Verantwortungsbereiche geplant, durchgesetzt und kontrolliert werden.

Auch in der **traditionellen Plankostenrechnung** werden Kostenvorgaben für Verantwortungsbereiche geplant und kontrolliert. Zu diesen Systemen zählen vor allem die Standard- und die Grenzplankostenrechnung (vgl. z. B. Friedl (2004a), S. 236 ff., 318 ff.). Anders als das Kaizen Costing bezwecken diese Systeme der Plankostenrechnung nicht die Erreichung eines Erfolgszieles durch die Senkung der Kosten, sondern die Sicherung der Wirtschaftlichkeit in den Kostenstellen. Während mit der Plankostenrechnung das Ziel verfolgt wird, die Wirtschaftlichkeit der Leistungserstellung bei gegebenen Produktionsbedingungen zu sichern, wird mit dem Kaizen Costing die

Verbesserung der Produktionsbedingungen zur erfolgszielorientierten Erhöhung der Wirtschaftlichkeit angestrebt. Abb. 4.13 gibt einen Überblick über die daraus resultierenden Unterschiede zwischen dem Kaizen Costing und der traditionellen Plankostenrechnung (in Anlehnung an Monden/Lee (2000), S. 241).

System Abgren- zungsmerkmal		Traditionelle Plankostenrechnung	Kaizen Costing
Rech- nungsziel	Sachziel	Planung und Kontrolle von Kostenvorgaben	Planung und Kontrolle von Kosten**senkungs**vorgaben
	Formalziel	Sicherung der Wirtschaftlichkeit	Verbesserung der Wirtschaftlichkeit zur Realisation eines kurzfristigen Erfolgszieles
Prämissen der Kostenplanung		Unveränderliche Produktionsbedingungen (gegebene Produkte, Programme und Prozesse)	Kontinuierliche Verbesserung der Produktionsbedingungen
Verantwortungsbereiche		Kostenstellen	Verantwortungsbereiche auf allen Ebenen der Unternehmungshierarchie
Planungs- und Kontrollrhythmus		Jährliche oder halbjährliche Kostenplanung und -kontrolle	Monatliche Kostenplanung und -kontrolle
Verfahren der Kostenplanung		Analytische Kostenplanung	Erfolgsorientierte Kostenplanung, d. h., die Kostensenkungsbeträge werden aus einem Erfolgsziel abgeleitet
Form der Kostenkontrolle		Gegenüberstellen von Ist- und Soll-Kosten	Gegenüberstellen von realisierten und geplanten Kosten**senkungs**beträgen
Zweck der Abweichungsanalyse		Feststellen von Unwirtschaftlichkeiten	Ermitteln der Ursachen für festgestellte Abweichungen von dem vorgegebenen Kostensenkungsbetrag

Abb. 4.13: Vergleich zwischen der traditionellen Plankostenrechnung und dem Kaizen Costing

4.3.2 Planung der Kaizen Cost

Die Planung der Kaizen Cost vollzieht sich in zwei **Grundschritten**, die beide weitere Teilschritte umfassen (in Anlehnung an Wolbold (1995), S. 145 ff.):

– Grundschritt 1: Ermitteln des Kostensenkungsbetrages der Unternehmung
  • Festlegen des Zielgewinns der Planungsperiode
  • Prognose des Gewinns der Planungsperiode

– Grundschritt 2: Ermitteln der Kaizen Cost der Verantwortungsbereiche auf allen Ebenen der Unternehmungshierarchie

- Verrechnen des Kostensenkungsbetrags der Unternehmung auf die Verantwortungsbereiche

- Verhandlungen zur Festlegung der Kaizen Cost für diese Verantwortungsbereiche in Kaizen Cost Meetings

(1) Ermitteln des Kostensenkungsbetrages der Unternehmung

Im Kaizen Costing gibt es zwei Wege zur Herleitung des **Zielgewinns**. (1) Sind drei Monate nach Produktionsanlauf eines Produktes die Target Cost (vgl. Abschnitt 6.2.3) noch nicht erreicht, wird der Plangewinn aus dem Target Costing als Zielgewinn zugrunde gelegt. (2) Sind die Target Cost bereits erreicht, wird der Zielgewinn der Planungsperiode aus dem kurzfristigen Erfolgsziel der Unternehmung hergleitet (vgl. Monden/Hamada (1991), S. 25 f.).

Der **prognostizierte Periodengewinn** ergibt sich aus der Differenz zwischen dem prognostizierten Periodenerlös und den prognostizierten Periodenkosten. Zur Prognose der Periodenkosten werden die Materialeinzelkosten der Periode und die variablen und fixen Periodengemeinkosten sowie die erwartete Kostensenkung getrennt betrachtet. Abb. 4.14 zeigt die Struktur der Prognose des Periodengewinns.

```
  Prognostizierter Periodenerlös
– Prognostizierte Materialeinzelkosten der Periode
– Prognostizierte variable Periodengemeinkosten
– Prognostizierte fixe Periodenkosten
+ Prognostizierte Kostensenkung
─────────────────────────────────────────────
= Prognostizierter Periodengewinn
```

Abb. 4.14: Schema zur Prognose des Periodengewinns

Für die Prognose der Periodenerlöse und der verschiedenen Bestandteile der Periodenkosten sind in jedem Unternehmungsbereich zunächst die folgenden **Periodenpläne** zu erstellen (vgl. Monden/Lee (1993), S. 22 f.):

– das Produktions- und Absatzprogramm,

– das Beschaffungsprogramm,

– der Personalplan,

– der Investitionsplan (einschließlich der Planung der Abschreibungen),

– das Fixkostenbudget, das aus dem FuE-Budget, dem Vertriebs- und Verwaltungsbudget gebildet wird, sowie

– der Rationalisierungsplan.

Grundlage für die Prognose der **Periodenerlöse** ist das dezentral in den Unternehmungsbereichen geplante Absatzprogramm. Für die Prognose der **Materialeinzelkos-**

ten der Periode werden das Beschaffungs- und Produktionsprogramm ausgewertet. Die prognostizierten **variablen Gemeinkosten** der Periode können der Plankosten-rechnung entnommen werden.

Konstitutives Merkmal des Kaizen Costing ist die Prognose der für die Planungspe-riode **erwarteten Kostensenkungen**. Die Prognose der Kostensenkungen setzt vo-raus, dass in den Unternehmungsbereichen Rationalisierungspläne erstellt werden. Gegenstand eines Rationalisierungsplanes sind alle Kaizen-Projekte und Einzelmaß-nahmen zur Kostensenkung, die in der Planungsperiode umgesetzt werden sollen. Für die Prognose der Kostensenkungen werden die Auswirkungen der geplanten Aktivitä-ten auf die Kosten prognostiziert. Neben diesen geplanten Verbesserungen der Pro-duktionsbedingungen gibt es auch eine Vielzahl ungeplanter Verbesserungen, die aus dem betrieblichen Vorschlagswesens und der Arbeit in den Qualitätszirkel-Gruppen resultieren. Die Kostenwirkungen dieser ungeplanten Verbesserungen der Planungspe-riode werden nach der Auswertung von Vergangenheitswerten geschätzt (vgl. Wol-bold (1995), S. 81, 145).

Der **Kostensenkungsbetrag der Unternehmung** für die Planungsperiode ergibt sich schließlich aus der Differenz zwischen dem Zielgewinn der Planungsperiode und dem prognostizierten Periodengewinn (vgl. Monden/Hamada (1991), S. 28):

$$\Delta K = ZG - PG,$$

wobei ΔK =   Kostensenkungsbetrag der Unternehmung,
         ZG =   Zielgewinn der Unternehmung für die Planungsperiode,
         PG =   prognostizierter Periodengewinn der Unternehmung.

(2) Spalten des Kostensenkungsbetrags der Unternehmung

In diesem Grundschritt wird der Kostensenkungsbetrag der Unternehmung in einem komplexen, langen und auf Konsens bedachten Prozess in die Kaizen Cost der Ver-antwortungsbereiche auf allen Hierarchieebenen der Unternehmung gespalten (vgl. Horváth/Lamla (1995), S. 77 f.). Beispiele für Verantwortungsbereiche sind Werke, Bereiche, Abteilungen und Kostenstellen. Durch diese Spaltung des Kostensenkungs-betrags der Unternehmung entsteht ein **System kostenbezogener Vorgaben**. Abb. 4.15 zeigt die Struktur eines solchen Systems. Die Vorgaben der Verantwortungsbe-reiche haben Kosten zum Inhalt. Den Trägern der Ausführungsaufgaben in den Kos-tenstellen, die in Qualitätszirkel-Gruppen mitarbeiten oder Verbesserungsvorschläge einreichen, werden keine Kaizen Cost vorgegeben, sondern einige wenige wichtige nicht monetäre Kennzahlen, die verständlich sind, zeitnah ermittelt werden können und Einfluss auf die Kosten haben (vgl. Horváth/Lamla (1995), S. 81 ff.).

Die Leiter untergeordneter Verantwortungsbereiche haben begrenzte Entscheidungs-kompetenzen und können deshalb auch nur Teile der **Kosten beeinflussen**. So können die Kostenstellenleiter zwar Teile der variablen Kosten der Kostenstellen beeinflussen, die fixen Kosten sind für sie jedoch nicht beeinflussbar, da ihnen Kompetenzen für Entscheidungen über den Auf- bzw. den Abbau von Kapazitäten fehlen. Aus diesem Grund ist die Summe der Kaizen Cost der Kostenstellen geringer als die Kaizen Cost der Abteilung, der sie unmittelbar unterstellt sind. Die in Abb. 4.15 beispielhaft genannten Kaizen Cost sind damit wie folgt zu interpretieren: Abteilung 2 hat einen Kostensenkungsbetrag in Höhe von 100 zu erbringen. Über Verbesserungen auf der Ebene der Kostenstellen sind die Kosten um 10 + 15 + 12 = 37 zu senken. Die Verbesserungsaktivitäten auf der Kostenstellenebene wirken sich auch auf den Kapazitätsbedarf aus und führen zu Leerkapazitäten. Gestaltet werden können die fixen Kosten erst dann, wenn die Leerkapazitäten den Umfang der Kapazität eines abbaubaren Potentialgutes (z. B. eine Maschine, ein Mitarbeiter) erreichen. Die Entscheidungen über den Abbau oder die innerbetriebliche Verlagerung von Kapazitäten und die gegebenenfalls erforderliche organisatorische Umgestaltung wird nicht auf der Kostenstellenebene, sondern auf übergeordneten Ebenen getroffen (vgl. Horváth/Lamla (1996), S. 339 f.). Durch diese Entscheidungen sind auf der Ebene der Abteilung Kostensenkungen in Höhe von 100 € - 37 € = 63 € zu realisieren.

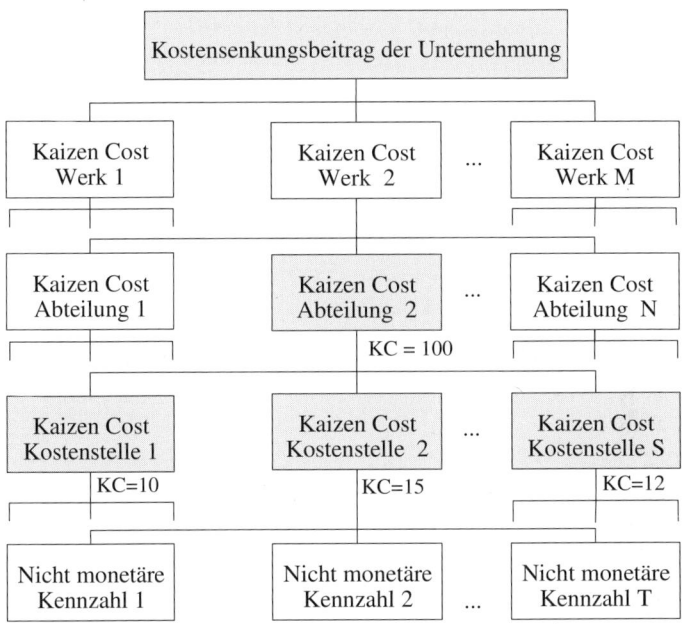

Abb. 4.15: System kostenzielorientierter Vorgaben im Kaizen Costing

Als Grundlage für die Verhandlungen in den Kaizen Cost Meetings wird der Kostensenkungsbetrag der Unternehmung zunächst **proportional zu den beeinflussbaren Kosten** auf die Verantwortungsbereiche der Ebene unterhalb der obersten Führungsebene **verrechnet**; in Abb. 4.15 sind das die verschiedenen Werke:

$$\Delta K_j = \Delta K \cdot \frac{K_j^b}{\sum\limits_{j=1}^{J} K_j},$$

wobei ΔK_j = dem Werk j (j = 1, ..., J) zugerechneter Teil des Kostensenkungsbetrages der Unternehmung,

K_j = Kosten des Werkes j,

K_j^b = beeinflussbare Kosten des Werkes j.

Der einem Werk zugerechnete Kostensenkungsbetrag wird wiederum proportional zu den beeinflussbaren Kosten auf die ihm untergeordneten Abteilungen verrechnet. Dieser Verrechnungsprozess wird fortgesetzt, bis die Ebene der Kostenstellen erreicht ist. Der Verrechnung des Kostensenkungsbetrages liegt der Gedanke zugrunde, dass Verantwortungsbereiche mit höheren beeinflussbaren Kosten einen größeren Gestaltungsspielraum bei der Kostensenkung haben und deshalb auch einen höheren Beitrag zur angestrebten Kostensenkung leisten können.

Der einer Kostenstelle zugerechnete Kostensenkungsbetrag kann die erwarteten Kostenwirkungen der im Rationalisierungsplan festgeschriebenen Aktivitäten zur kontinuierlichen Verbesserung übersteigen. Eine solche Abweichung verlangt, dass für die Kostenstelle weitere Kaizen-Projekte angestoßen, zusätzliche Einzelmaßnahmen zur Kostensenkung erarbeitet und umgesetzt werden oder Maßnahmen zur Beeinflussung des Verbesserungsverhaltens oder zur Intensivierung der Arbeit in den Qualitätszirkel-Gruppen (z. B. Schulungen) ergriffen werden (vgl. Wolbold (1995), S. 81, 144). Auf der Grundlage der geplanten zusätzlichen Verbesserungsaktivitäten werden die **Kaizen Cost** der Kostenstelle zwischen den Kostenstellenleitern und dem Abteilungsleiter in den Kaizen Cost Meetings **ausgehandelt**. Auf der Ebene der Abteilungen werden wiederum Rationalisierungspläne angepasst und anschließend die Kaizen Cost mit den Werkleitern ausgehandelt. Dieses Vorgehen setzt sich fort, bis die oberste Ebene der Unternehmungshierarchie erreicht ist.

Liegen die Kaizen Cost fest, werden auf der Ebene der Abteilungen Wege zur Kostensenkung identifiziert und in geeignete **nicht monetäre Kennzahlen** transformiert, die im Einklang mit den Kaizen Cost stehen (vgl. Horváth/Lamla (1995), S. 80 ff.). Diese Kennzahlen werden anschließend den Kostenstellen, Qualitätszirkel-Gruppen und Mitarbeitern vorgegeben.

4.3.3 Kontrolle der Kaizen Cost

Mit der Kontrolle der kostenbezogenen Vorgaben werden im Kaizen Costing die beiden folgenden **Zwecke** verfolgt:

– die Motivierung der Mitarbeiter zu kontinuierlichen Verbesserungsaktivitäten auf allen Ebenen der Unternehmungshierarchie sowie

– die Gewinnung von Informationen zur Anpassung der Verbesserungsaktivitäten in der Unternehmung.

Die **Motivierung zu kontinuierlichen Verbesserungsaktivitäten** verlangt nach Planfortschrittskontrollen, d. h., die Erreichung der kostenbezogenen Vorgaben wird während der Planungsperiode laufend verfolgt. Für die unterjährige Kontrolle werden der Planungszeitraum in mehrere Teilabschnitte gegliedert und die kostenbezogene Vorgabe in Teilvorgaben für diese Teilabschnitte transformiert. Dabei wird unterstellt, dass sich die Kontrollgröße linear entwickelt (vgl. Monden (1999), S. 361). Wird beispielsweise angestrebt, die Rüstzeit pro Rüstvorgang an einem Arbeitsplatz innerhalb von sechs Monaten um 24 Minuten zu verringern, wird für die unterjährige Kontrolle eine wöchentliche Senkung der Rüstzeit um eine Minute vorgegeben.

Um Informationen für die **Anpassung der Verbesserungsaktivitäten** gewinnen zu können, werden die Vorgaben für die Verantwortungsbereiche auf den verschiedenen Ebenen der Unternehmungshierarchie getrennt kontrolliert. Die Kontrollen auf den einzelnen Ebenen der Unternehmungshierarchie unterscheiden sich zum einen in den Kontrollgrößen. Da diese Kontrollgrößen nur in unterschiedlich langen Zeiträumen veränderbar sind, wird zum anderen für jede dieser Kontrollen ein anderer Kontroll-rhythmus gewählt (vgl. Horváth/Lamla (1996), S. 338 f.). Es sind vor allem die drei folgenden Kontrollen, die im Kaizen Costing ausgeführt werden:

– die Kontrolle der nicht monetären Kennzahlen auf der Ebene der Träger von Ausführungsaufgaben,

– die Kontrolle der variablen Kosten auf der Kostenstellenebene sowie

– die Kontrolle der fixen Kosten auf übergeordneten Ebenen der Unternehmungshierarchie.

Auf der **Ebene der Träger von Ausführungsaufgaben** werden die nicht monetären Kennzahlen, die den Qualitätszirkel-Gruppen und den Mitarbeitern vorgegeben werden, täglich oder wöchentlich kontrolliert (vgl. Wolbold (1995), S. 146). Ist-Werte dieser Kennzahlen können unmittelbar am Arbeitsplatz erfasst werden. Die Kontrolle der nicht monetären Kennzahlen wird deshalb als Eigenkontrolle durchgeführt, d. h., die Kennzahlen werden von den Trägern der Ausführung selbst kontrolliert. Das Visual Management (vgl. Abschnitt 5.4.2) verlangt, dass festgestellte Abweichungen in einem Diagramm eingetragen werden, das gut sichtbar in der Nähe des Arbeitsplatzes anzubringen ist (vgl. Wolbold (1995), S. 145). Bleiben die Ist-Werte einer Kennzahl hinter den Teilvorgaben zurück, unterstützt der Vorgesetzte den Mitarbeiter bei der Suche und Umsetzung von Verbesserungsmaßnahmen.

Die variablen Kosten werden monatlich auf der **Ebene der Kostenstellen** kontrolliert. Hierzu werden die Kaizen Cost zunächst an Änderungen der Produktionsmenge und der Zusammensetzung des Produktionsprogramms sowie an Modifikationen der Produkte angepasst, die durch Kunden veranlasst oder auf Wertverbesserungen durch das produktspezifische Kaizen zurückgehen. Die Kaizen Cost, die den Ist-Kosten gegenübergestellt werden, tragen damit den Charakter von Soll-Kosten (vgl. Monden (1999), S. 357 ff.). Treten Ist-Soll-Abweichungen auf, sind ihre Ursachen zu analysieren. Informationen über die Ursachen der Abweichungen können durch die Kontrolle der im Rationalisierungsplan der Planperiode festgeschriebenen Kaizen Projekte und Einzelmaßnahmen gewonnen werden. Zu überprüfen ist, bei welchen Projekten und Einzelmaßnahmen es zu Abweichungen gekommen ist, ob die Abweichungen auf zeitliche Verzögerungen beim Projektfortschritt zurückgehen oder die Kostenwirkungen hinter den Erwartungen zurückbleiben (vgl. Wolbold (1995), S. 145). Kann die Ist-Soll-Abweichung nicht durch Abweichungen bei den Projekten erklärt werden, sind Maßnahmen zu ergreifen, von denen leistungssteigernde Impulse auf die Qualitätszirkel-Gruppen, die Mitarbeiter und u. U. auch auf das betriebliche Vorschlagswesen ausgehen.

Voraussetzungen für Veränderungen bei den fixen Kosten sind Leerkapazitäten bei Potentialgütern, die im Rahmen einer organisatorischen Umgestaltung abgebaut werden können. Verbesserungsaktivitäten wirken sich dadurch nur mittelbar und mit erheblichem Zeitverzug auf die fixen Kosten des jeweiligen Verantwortungsbereichs aus. Entsprechend werden die fixen Kosten mit einem bestimmten Zeitverzug (z. B. viertel- oder halbjährlich) auf **übergeordneten Ebenen der Unternehmungshierarchie** kontrolliert. Die Länge des Zeitverzugs wird durch die zeitliche Abbaubarkeit der Potentialgüter (z. B. Kündigungsfristen) bestimmt. Abweichungen zwischen den realisierten und den vorgegebenen Fixkosten sollten regelmäßig Anlass für die Suche nach Leerkapazitäten sein (in Anlehnung an Horváth/ Lamla (1995), S. 80).

4.4 Instrumente der kontinuierlichen Verbesserung

4.4.1 Überblick über die Instrumente

Zur Erarbeitung von Verbesserungsvorschlägen sind entsprechend dem PDCA-Zyklus Probleme in der Form von Ineffizienzen abzugrenzen, ihre Ursachen zu identifizieren, Problemlösungsideen zu generieren, für Erfolg versprechende Problemlösungsideen detaillierte Problemlösungsvorschläge auszuarbeiten und umzusetzen. In der japanischen Management-Literatur sind verschiedene Planungs- und Kontrollinstrumente zur Qualitäts- und Effizienzsteigerung vorgeschlagen worden, die für die Problemlösungsprozesse im gruppen- und personenorientierten Kaizen geeignet sind (vgl. Gogoll (1994), S. 370). Diese Instrumente werden unter der Bezeichnung „Sieben QC-Werkzeuge" zusammengefasst. Abb. 4.16 gibt einen Überblick über die QC-Werkzeuge (vgl. Mizuno (1988), S. 15, 20; Asaka/Ozeki (1990), S. 121 ff.).

Sieben statistische QC-Werkzeuge	Sieben neue QC-Werkzeuge
– Ursache-Wirkungs-Diagramm (Ishikawa-Diagramm) – Paretodiagramm – Strichliste – Histogramm – Streuungsdiagramm – Regelkarte – Graphen (Balken-, Linien-, Kreis-, Band- und Spinnendiagramm)	– Affinitätsdiagramm – Beziehungsdiagramm – Mittel-Ziel-Netzwerk – Matrixdiagramm – Matrixdatenanalyse – Prozessplanungsdiagramm

Abb. 4.16: QC-Werkzeuge

> Die **Sieben statistischen QC-(Quality Control-)Werkzeuge** unterstützen die Datensammlung und die Datenanalyse für die Problemfeststellung und die Kontrolle im PDCA-Zyklus.

Verwendet werden können die Instrumente nur, wenn zumindest Vorstellungen über die Ursachen des zu untersuchenden Problems vorliegen, die zudem beobachtbar sind, so dass entsprechende Daten erhoben werden können. Sie eignen sich deshalb vor allem für das Kaizen, nicht jedoch für die Lösung komplexer Probleme, wie sie bei der Konzipierung und Umsetzung von Rationalisierungsmaßnahmen auftreten. Die Komplexität dieser Probleme kann aus der Vielzahl von Problemursachen oder Zielen resultieren, aber auch daraus, dass zur Erarbeitung eines Problemlösungsvorschlages eine Vielzahl von Einzelideen generiert und kombiniert werden muss. Für Probleme mit diesen Merkmalen sind die **Sieben neuen QC-Werkzeuge** vorgeschlagen worden.

> Bei den **Sieben neuen QC-Werkzeugen** handelt sich um Instrumente, die überwiegend verbale Daten verarbeiten und Beziehungen zwischen den verschiedenen Problemperspektiven visualisieren.

In der Planungsphase des PDCA-Zyklus unterstützen die Sieben neuen QC-Werkzeuge die Problemfeststellung, das Generieren von Problemlösungsideen, die Auswahl der Problemlösungsideen, die detailliert geplant und umgesetzt werden sollen, sowie die Erarbeitung von Problemlösungsvorschlägen. Weiterhin dienen sie der Arbeitsplanung in der Umsetzungsphase (vgl. Mizuno (1988), S. 48 ff.).

Jedes QC-Werkzeug kann für sich allein verwendet werden. Empfohlen wird jedoch der **kombinierte Einsatz der Instrumente**, so dass die Ergebnisse, die mit einem Instrument erzielt worden sind, die Eingangsinformationen des nächsten Instrumentes sind. Abb. 4.17 zeigt den Zusammenhang zwischen QC-Werkzeugen bei kombiniertem Einsatz und ihre Zuordnung zu den Phasen im Problemlösungsprozess (vgl. Mizuno (1988), S. 48); Brassard (1996), S. 7).

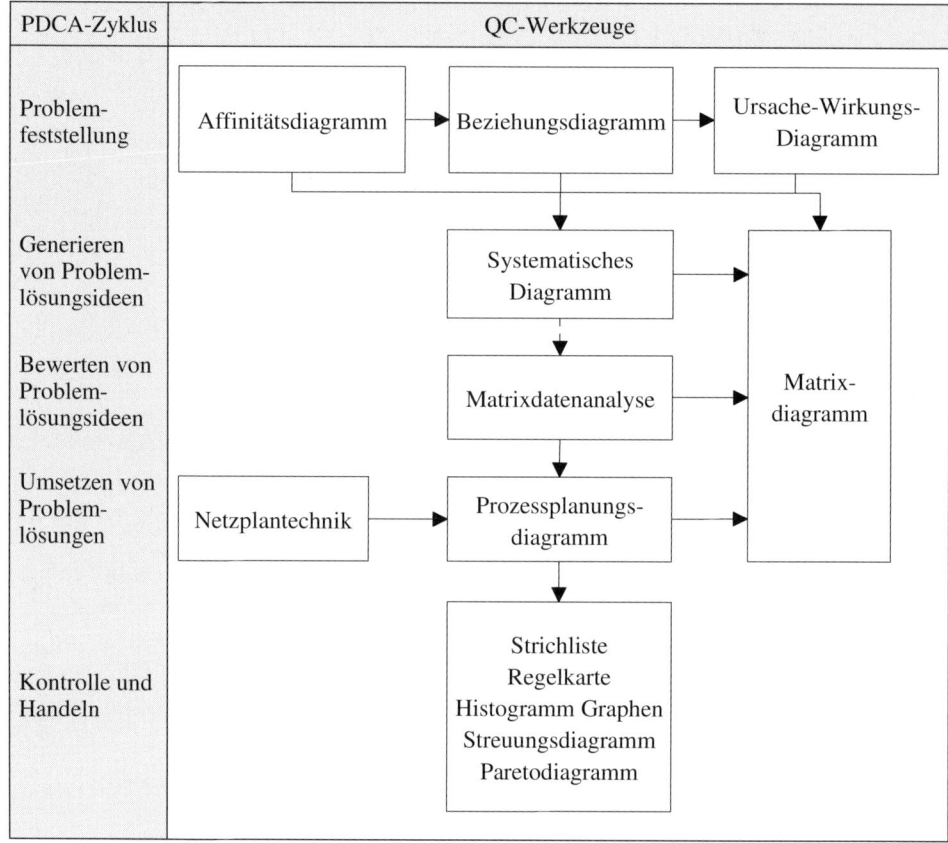

Abb. 4.17: QC-Werkzeuge im PDCA-Zyklus

4.4.2 Phasenübergreifende Instrumente

Instrumente, die in allen Phasen des Problemlösungsprozesses zur Anwendung gelangen und keiner speziellen Phase zugeordnet werden können, sind

– das Matrixdiagramm und
– die Kreativitätstechniken.

(1) Matrixdiagramm

Primärer Zweck von Matrixdiagrammen ist es, die Existenz, die Art, die Richtung oder die Stärke der Beziehungen zwischen zwei oder mehreren Perspektiven eines Problems zu klären und zu visualisieren. **Problemperspektiven** können Ziele, Maßnahmen, Ursachen, Wirkungen, Einflussgrößen, Personen, Bereiche, Zeitpunkte, Zeiträume usw. sein. Neben Ziel-Mittel- und Ursache-Wirkungs-Beziehungen kann mit Matrixdiagrammen auch eine Zuordnung ausgedrückt werden.

Ein **Matrixdiagramm** ist eine Tabelle mit den Elementen einer Problemperspektive als Spalteneingänge und den Elementen einer anderen Problemperspektiven als Zeileneingänge. Symbole in den Tabellenfeldern bilden die Art oder die Intensität der Beziehungen zwischen den jeweiligen Elementen der beiden Problemperspektiven ab.

Der **Einsatzbereich von Matrixdiagrammen** erstreckt sich über alle Aufgaben im PDCA-Zyklus, die eine Analyse der Beziehungen zwischen zwei oder mehreren Problemperspektiven notwendig machen. Folgende Aufgaben im PDCA-Zyklus können durch Matrixdiagramme unterstützt werden:

- die inhaltliche, zeitliche und räumliche Abgrenzung und Analyse von Problembereichen für die Problemfeststellung,
- die Analyse der Vollständigkeit und der Bedeutung von Problemlösungsideen bei der Erarbeitung von Problemlösungsvorschlägen,
- die Feststellung konfliktärer Beziehungen zwischen den Einzelmaßnahmen innerhalb eines Problemlösungsvorschlages,
- die Zuordnung von Aktivitäten und Kompetenzen zu Aufgabenträgern bei der Arbeitsplanung in der Umsetzungsphase.

	Ursache A	Ursache B	Ursache C	Ursache D	Ursache E	Ursache F	Ursache G	Ursache H
Problem A	O							Δ
Problem B		O	Δ		O			O
Problem C	Δ					O		
Problem D		O	O	O		O	O	O
Problem E				O	O			
Problem / Prozess ⟨ Ursache								
Prozess 1		O	O					
Prozess 2	O	O						
Prozess 3		O	O	O	O			
Prozess 4		O						
Prozess 5		O	O	O				
Prozess 6		O					O	
Prozess 7		O			O		O	
Prozess 8		O					O	

⬤ = Starke Beziehung; Δ = Beziehung; O = Mögliche Beziehung

Abb. 4.18: Beispiel für ein Matrixdiagramm

Abb. 4.18 zeigt ein Matrixdiagramm mit den Problemen, den Problemursachen und den Prozessen als Problemperspektiven zur inhaltlichen und räumlichen Abgrenzung von Problembereichen. Im oberen Teil der Matrix werden Ursache-Wirkungs-

Beziehungen, im unteren dagegen das Auftreten von Ursachen in Prozessen dargestellt (vgl. Asaka/Ozeki (1990), S. 266).

Nach der Anzahl der Problemperspektiven und der abgebildeten Beziehungen werden L-, T-, Y-, C- und X-Typ-Matrixdiagramme unterschieden (vgl. Abb. 4.19). **L-Typ-Matrixdiagramme** bilden die Beziehungen zwischen den Elementen zweier Problemperspektiven ab. Die Bewertungsmatrix im House of Quality (vgl. Abschnitt 6.2.4.1) ist ein Beispiel für ein L-Typ-Matrixdiagramm. Abb. 4.18 zeigt ein **T-Typ-Matrixdiagramm**. In Matrixdiagrammen diesen Typs werden drei Problemperspektiven berücksichtigt, wobei jedoch nur die direkten Beziehungen zwischen den Elementen einer Perspektive A (Ursachen) zu den Elementen der beiden anderen Perspektiven B (Probleme) und C (Prozesse) abgebildet werden, nicht jedoch die direkten Beziehungen, die zwischen den Elementen der Perspektiven B und C auftreten. So zeigt das Matrixdiagramm in Abb. 4.18 nicht, in welchen Prozessen die Probleme auftreten. Dies könnte in einem ebenfalls drei Perspektiven umfassenden **Y-Typ-Matrixdiagramm** gezeigt werden. Mit diesem Matrixdiagramm können die direkten Beziehungen zwischen allen Perspektiven transparent gemacht werden. Wie die T- und die Y-Typ-Matrix bezieht auch die **C-Typ-Matrix** drei Problemperspektiven in die Betrachtung ein. Von diesen beiden Matrix-Typen unterscheidet sie sich dadurch, dass sie nicht die Elemente von jeweils nur zwei Perspektiven gegenüberstellt, sondern die Elemente aller drei Perspektiven gleichzeitig betrachtet. In der Literatur wird die C-Matrix stets als Würfel dargestellt. Diese Form der Darstellung bereitet sowohl bei der Erstellung als auch bei der Interpretation erhebliche Schwierigkeiten. In Abb. 4.19 wird deshalb eine einfacher zu handhabende Darstellungsform vorgeschlagen. In eine **X-Typ-Matrix** gehen vier Problemperspektiven ein. Visualisiert werden nur die direkten Beziehungen, die zwei Perspektiven A und B zu jeweils zwei weiteren Perspektiven C und D haben, nicht jedoch die direkten Beziehungen, die zwischen den Elementen der Perspektiven A (Ursachen) und B (Objekte) einerseits und den Perspektiven C (Probleme) und D (Prozesse) andererseits bestehen. Beispielsweise werden in der X-Matrix der Abb. 4.19 die direkten Beziehungen zwischen den Ursachen und Objekten sowie zwischen den Problemen und Prozessen nicht visualisiert (vgl. Mizuno (1988), S. 173 ff.).

Erstellt wird ein Matrixdiagramm in folgenden **vier Schritten** (Assaka/Ozeki (1990), S. 266 ff.; Brassard (1996), S. 158 ff.):

– Schritt 1: Auswählen der Problemperspektiven und der Elemente
– Schritt 2: Auswählen des Matrix-Typs
– Schritt 3: Analyse der Beziehungen
– Schritt 4: Auswerten der Matrix

Im **ersten Schritt** werden alle Problemperspektiven ermittelt, die für die betrachtete Aufgabe von Relevanz sind. Die generierten Perspektiven werden hinsichtlich ihrer

Wichtigkeit für die zu bearbeitende Aufgabe bewertet. Damit wird die Grundlage für die Auswahl der Problemperspektiven geschaffen, die in die Betrachtung einbezogen werden sollen. Für die Elemente der ausgewählten Perspektiven wird der Detaillierungsgrad festgelegt. So ist z. B. zu entscheiden, ob Personen oder Abteilungen als Aufgabenträger, Stunden oder Schichten als Zeitintervalle berücksichtigt werden sollen. Für jede Perspektive sind anschließend die Elemente zu generieren.

a) Y-Typ-Matrixdiagramm

			Ursache 1			
			Ursache 2			
			Ursache 3			
			Ursache 4			
Problem 1	Problem 2	Problem 3			Prozess 1	Prozess 2
			Prozess 1			
			Prozess 2			
			Prozess 3			

b) C-Typ-Matrixdiagramm

Ursache	Prozess	Problem	Problem 1	Problem 2	Problem 3
Ursache 1	Prozess A				
	Prozess B				
Ursache 2	Prozess A				
	Prozess B				

c) X-Typ-Matrixdiagramm

			Ursache 1			
			Ursache 2			
			Ursache 3			
			Ursache 4			
Problem 1	Problem 2	Problem 3			Prozess 1	Prozess 2
			Mensch			
			Maschine			
			Material			
			Methode			

Abb. 4.19: Arten von Matrixdiagrammen

Sind drei Perspektiven ausgewählt worden, ist im **zweiten Schritt** festzulegen, ob eine T-, Y- oder C-Typ-Matrix erstellt werden soll. Diese Entscheidung wird bestimmt durch die Beziehungen, die analysiert werden sollen.

Für die Analyse der Beziehungen zwischen den Elementen sind im **dritten Schritt** zunächst die Analysekriterien und die Symbole auszuwählen. Einen Überblick über Analysekriterien und Symbole gibt Abb. 4.20. Zur Analyse der Beziehungen ist die

Matrix zu erstellen. Für jedes einzelne Matrixfeld sind anschließend die Elemente des jeweiligen Zeilen- und Spalteneingangs hinsichtlich der zwischen ihnen bestehenden Beziehungen zu analysieren.

Die Art der Auswertung eines Matrixdiagramms im **vierten Schritt** wird durch die Fragestellung bestimmt. Von Interesse ist häufig die Konzentration von Beziehungen, da diese auf mögliche Schwerpunkte für die weiteren Planungs- und Umsetzungsaktivitäten hinweisen.

Art der Beziehung	Analysekriterium	Symbole
Ursache-Wirkungs-, Mittel-Zweck-Beziehung	Intensität	● = Stark Beziehung, ○ = Beziehung möglich, △ = Schwache Beziehung
	Richtung	↑ = Zeilenelement ist die Ursache, ← = Spaltenelement ist die Ursache
	Art	+ = Positiver Einfluss, - = Negativer Einfluss
Beziehungen zwischen den Elementen einer Beziehung		+ = Komplementäre Beziehung, - = Konfliktäre Beziehung
Zuordnung		● = Verantwortung, ○ = Aufgabe, △ = Informationsrecht

Abb. 4.20: Beziehungen im Matrixdiagramm

(2) Kreativitätstechniken

Bei den meisten der vorgestellten Diagramme verlangt die Methodik neben dem logisch-diskursiven Ableiten auch das **intuitive Generieren von Ideen**, u. a. zu Problemursachen und Problemlösungen. Um in kurzer Zeit möglichst viele Ideen generieren zu können, ist der Einsatz von Kreativitätstechniken vorgeschlagen worden, die auf dem Prinzip der intuitiven Assoziation beruhen (vgl. Brassard (1996), S. 297). Zu ihnen zählen alle Varianten des Brainstorming und des Brainwriting (zu einem Überblick über diese Varianten vgl. Pepels (1996), S. 875 ff.).

> Das **Brainstorming** ist die interaktive Zusammenarbeit mehrerer Personen in einem Team unter Bedingungen, welche freie Assoziationen und die spontane Äußerung von Ideen fördern.

Die **Bedingungen**, die freie Assoziationen und die spontane Äußerung begünstigen, werden durch

– die vier Grundregeln des Brainstorming und

– die Zusammensetzung des Brainstorming-Teams

geschaffen. Die **Grundregeln des Brainstorming** lauten wie folgt (vgl. Osborn (1966), S. 151 ff.):

1. Während der Dauer des Brainstorming darf keine Kritik an den Ideen geäußert werden.
2. Außergewöhnliche, originelle oder phantasievolle Ideen sind ausdrücklich erwünscht.
3. Angestrebt wird eine große Zahl von Ideen.
4. Die Teilnehmer sind aufgefordert, auch die von anderen geäußerten Ideen aufzugreifen und weiterzuentwickeln. Es sollen Assoziationsketten gebildet werden, aus denen innovative Ideen resultieren können.

Das **Brainstorming-Team** setzt sich aus 5-8 Mitgliedern zusammen und wird von einem Moderator geleitet. Der Moderator überwacht die Einhaltung der Grundregeln und aktiviert durch Reizfragen den Ideenfluss. Die Mitglieder sind Mitarbeiter der gleichen Hierarchieebene aus unterschiedlichen Fachbereichen der Unternehmung. Eine exponierte Fachautorität sollte sich nicht im Brainstorming-Team befinden (vgl. Schlicksupp (2004), S. 105).

Der Brainstorming-Prozess umfasst **drei Phasen** (vgl. Schlicksupp (2004), S. 107 f.)**:**
– die Vorbereitung,
– die Ideensammlung sowie
– die Ideensichtung und -bewertung.

Die **Vorbereitungsphase** beginnt mit der Klärung des Problems. Es wird dem Team von außen vorgegeben. Den Mitgliedern des Teams werden der aktuelle Problemzustand und der angestrebte Zielzustand durch den Moderator möglichst genau beschrieben. Die Vorbereitungsphase endet nicht bevor im Team Konsens über Inhalt, Ausmaß und Struktur des Problems besteht (vgl. Schlicksupp (1977), S. 215). In dieser ersten Phase des Brainstorming-Prozesses erläutert der Moderator dem Team auch die Grundregeln dieser Methode.

Für die **Ideensammlung** durch das Team sind etwa 30 Minuten vorgesehen. Sie sollte keinesfalls länger als eine Stunde dauern. Führt die Diskussion zu keinen weiteren Ideen, wird die Ideensammlung durch den Moderator beendet (vgl. Schlicksupp (1977), S. 216). Diese Phase des Brainstorming-Prozesses kann in zwei Formen ausgeführt werden. Bei der strukturierten Vorgehensweise wird eine Reihenfolge, in der die Teammitglieder ihre Ideen äußern, vorgegeben und mehrfach durchlaufen. Ist ein Mitglied an der Reihe, äußert es eine Idee oder setzt für eine Runde aus. Diese Vorgehensweise erzeugt bei den Mitgliedern einen gewissen Druck zur aktiven Mitarbeit. Wird unstrukturiert vorgegangen, kann jedes Teammitglied seine Ideen zu jedem beliebigen Zeitpunkt während der Team-Sitzung äußern. Damit verbunden ist die Gefahr, dass einzelne Mitglieder das Team dominieren und zurückhaltendere Mitarbeiter ihre Ideen nicht äußern (vgl. Brassard (1996), S. 297). Bei beiden Formen werden die geäußerten Ideen vom Moderator für alle Teilnehmer sichtbar auf einer Tafel notiert. Die Ideen werden nicht ausführlich erläutert, sondern nur in den Grundzügen skizziert.

Darüber hinaus werden der Ablauf und die Ergebnisse der Teamsitzung von einem Teilnehmer protokolliert (vgl. Schlicksupp (1977), S. 216).

Die gesammelten Ideen werden nicht vom Team, sondern von einem Mitarbeiter **gesichtet und bewertet**, der nicht an der Ideensammlung beteiligt war. In dieser Phase werden die protokollierten Ideen geordnet, vervollständigt sowie auf Realisierbarkeit und ihren Beitrag zur Problemlösung überprüft (vgl. Klein/Scholl (2004), S. 141).

Das Brainstorming verbessert und erweitert den Wissensstand jedes Teammitglieds und fördert das Entstehen von Assoziationsketten, die zu innovativen Ideen führen können. Es lässt jedoch keinen Raum für konzentriertes Nachdenken (vgl. Hauschildt (2004), S. 416). Um die Vorteile des Brainstorming mit denen der konzentrierten Einzelleistung zu kombinieren, ist es zum **Brainwriting** weiterentwickelt worden. Die bekannteste Variante des Brainwriting ist die Methode 635. Die Ziffern 6, 3 und 5 stehen hierbei für die sechs Team-Mitglieder, die drei Ideen, die jedes Mitglied in jeder Runde generieren soll, sowie die fünf Minuten, die einem Team-Mitglied für das Notieren der drei Ideen jeweils zur Verfügung stehen (vgl. Schlicksupp (2004), S. 116).

Die Methode 635 weicht in der Phase der **Ideensammlung** von der Methode des Brainstorming ab. Diese Phase beginnt damit, dass jedes der sechs Team-Mitglieder innerhalb von fünf Minuten drei Ideen in ein Formular einträgt. Nach Ablauf der Bearbeitungszeit gibt jedes Teammitglied das von ihm ausgefüllte Formular an seinen Nachbarn weiter. Jeder Teilnehmer trägt drei weitere Ideen in das Formular ein, das er von seinem Nachbarn erhalten hat. Diese Ideen können eine Weiterentwicklung der Ideen der Vorgänger oder vollkommen neue Vorschläge zum Inhalt haben. Die Formulare werden in der gleichen Richtung weitergereicht und ergänzt, bis jedes Mitglied jedes Formular bearbeitet hat. Nach Abschluss der sechsten Runde liegen $6 \times 6 \times 3 = 108$ Ideen vor. Da die Zeit, die zur Auswertung der Ideen auf dem Formular erforderlich ist, in jeder Runde zunimmt, kann die Bearbeitungszeit kontinuierlich verlängert werden. Eine Teamsitzung kann damit zwischen 30 und 45 Minuten dauern (vgl. Schlicksupp (1977), S. 218).

4.4.3 Instrumente für die Problemfeststellung

4.4.3.1 Affinitätsdiagramm

Die Methode zur Erstellung eines Affinitätsdiagramms wird nach seinem Entwickler, Jiro Kawakita, auch als KJ-Methode bezeichnet (vgl. Evans (2005), S. 276).

> Die **KJ-Methode** unterstützt die Strukturierung komplexer Probleme durch die Sammlung großer Mengen verbaler Daten und die Analyse dieser Daten mit dem Ziel, Verwandtschaften aufzudecken, die eine Abgrenzung von Teilproblemen zulässt (vgl. Mizuno (1988), S. 115).

Ein Affinitätsdiagramm wird von einem Team mit 5-6 Mitgliedern in folgenden Schritten entwickelt (vgl. Asaka/Ozeki (1990), S. 246 ff.):

- Schritt 1: Formulieren des Problems
- Schritt 2: Sammeln verbaler Daten zu dem formulierten Problem
- Schritt 3: Übertragen der verbalen Daten auf Kärtchen
- Schritt 4: Ordnen der Kärtchen
- Schritt 5: Beschreiben identifizierter Verwandtschaften
- Schritt 6: Gruppieren der Kärtchen
- Schritt 7: Erstellen des Affinitätsdiagramms

Das Problem sollte im **ersten Schritt** möglichst unbestimmt formuliert werden, damit die Problemlösung nach allen Richtungen offen bleibt. Geeignet sind Formulierungen wie z. B. „Welche Gründe sind für ... maßgebend" (vgl. Brassard (1996), S. 21). Verbale Daten können Fakten, Ideen oder Meinungen sein. Gewonnen werden sie im **zweiten Schritt** durch direkte Beobachtung, Interviews, Dokumentenanalysen, Brainstorming, die Auswertung von Erfahrungen oder die gedankliche Durchdringung des Problems (vgl. Mizuno (1988), S. 122 f.). Die gesammelten Daten werden im **dritten Schritt** auf Kärtchen übertragen, die anschließend nebeneinander an einer Pinnwand befestigt werden. Im **vierten Schritt** werden die Kärtchen mit verwandten Inhalten gesucht, die auf der Pinnwand gruppiert befestigt werden. Aufgabe des **fünften Schrittes** ist es, für jede dieser Gruppen einen Begriff zu finden, der die Verwandtschaft zwischen den Daten einer Gruppe beschreibt. Diese Begriffe bilden den Inhalt der Affinitätskärtchen. Die Kärtchen jeder Gruppe werden im **sechsten Schritt** hinter das jeweilige Affinitätskärtchen geheftet. Für die so gebildeten Päckchen werden die Schritte 4-6 wiederholt, bis höchstens fünf Päckchen verbleiben, wobei es durchaus einzelne Kärtchen geben kann, die keiner der gebildeten Gruppen zugeordnet werden können. In diesem Prozess nimmt die Verwandtschaft der Inhalte von Kärtchen, die zu einer Gruppe zusammengefasst werden, kontinuierlich ab. Zur Erstellung des Affinitätsdiagramms im **siebten Schritt** werden die einzelnen Kärtchen schließlich unter den zugehörigen Affinitätskärtchen an der Pinnwand befestigt. Zur Abgrenzung der Gruppen werden die Kärtchen anschließend eingerahmt. Die Gruppen, die in aufeinanderfolgenden Schleifen des beschriebenen Prozesses gebildet worden sind, können durch verschiedene Farben oder Strichstärken der Rahmen kenntlich gemacht werden. Abb. 4.21 zeigt die Struktur eines Affinitätsdiagramms an einem verkürzten Beispiel (vgl. Brassard (1996), S. 36).

4.4.3.2 Ursache-Wirkungs-Diagramm

Das Ursache-Wirkungs-Diagramm wird nach seinem Erfinder, Kaoru Ishikawa, als Ishikawa-Diagramm und nach seiner Form als Fischgräten- oder Tannenbaumdiagramm bezeichnet. Sein Zweck ist die Ideengenerierung im Rahmen der Problemanalyse sowie die geordnete **Darstellung der Problemursachen** und ihrer Wirkungsrichtung. Anders als ein Affinitätsdiagramm setzt das Ursache-Wirkungs-Diagramm ein spezifisch abgegrenztes Problem in der Form der Abweichung einer Wirkung von dem vorgegebenen Standard voraus.

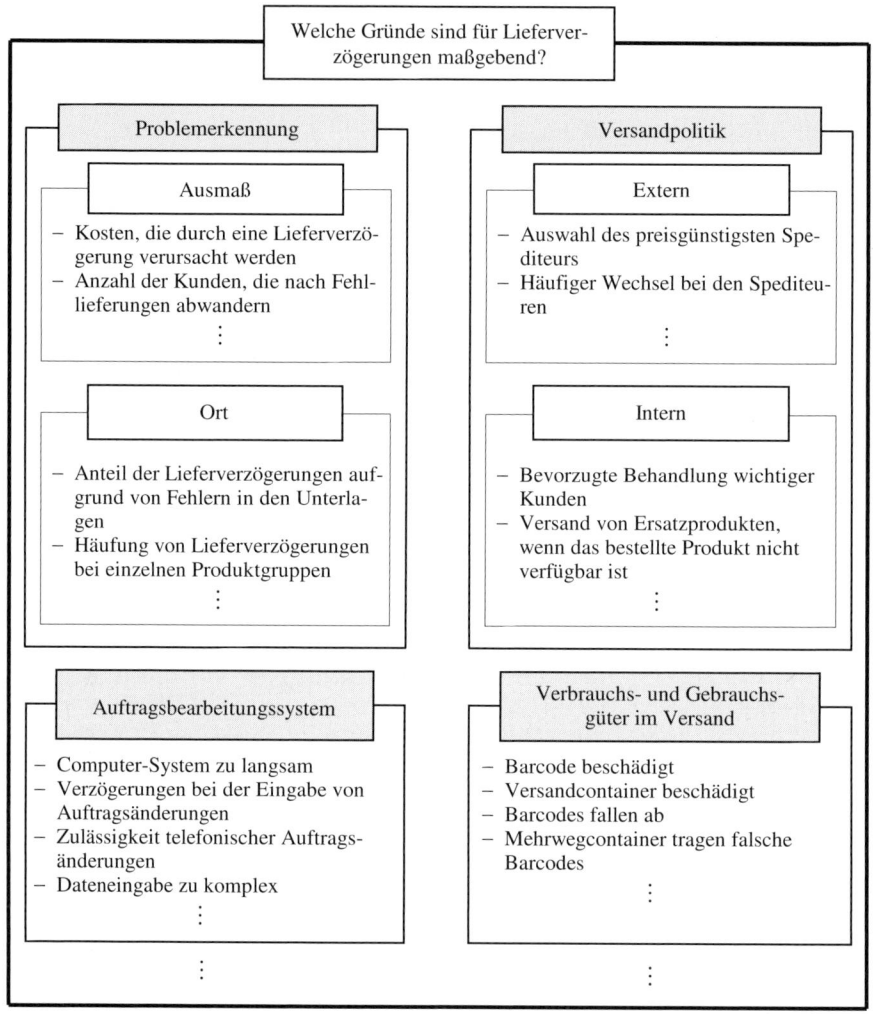

Abb. 4.21: Struktur eines Affinitätsdiagramms

> Das **Ursache-Wirkungs-Diagramm** ist eine hierarchisch gegliederte, gerichtete Abbildung der Faktoren mit Einfluss auf die Wirkung eines Prozesses.

Abb. 4.22 zeigt die **Struktur eines Ursache-Wirkungs-Diagramms** (vgl. Asaka/
Ozeki (1990), S. 149 f.). Es besteht aus

– dem Wirkungs- und
– dem Ursachenbereich.

Der **Wirkungsbereich** enthält eine exakte Problembeschreibung, die eine Wirkung
des betrachteten Prozesses und die Richtung der festgestellten Abweichung vom geforderten Standard nennt. QCDMS steht für die fünf verschiedenen Prozesswirkungen,
die in einem Ursache-Wirkungs-Diagramm berücksichtigt werden. Zu ihnen zählen
die Produkt- oder Prozessqualität (Q), die Kosten (C), die Prozessdauer (D), die
Arbeitsmotivation (M) und die Arbeitsplatzsicherheit (S) (vgl. Imai (1997), S. 109).
Der Wirkungsbereich besteht aus dem Stamm. Das ist ein horizontal verlaufender
Pfeil, der auf der rechten Seite mit einer exakten Problembeschreibung endet.

Der **Ursachenbereich** setzt sich aus einer Vielzahl von Pfeilen zusammen, die stets in
einem übergeordneten Pfeil (Endpfeil) enden. Sie stehen für die Faktoren mit Einfluss
auf die betrachtete Prozesswirkung. Durch die Richtung und den Endpfeil, in den der
Pfeil mündet, wird der Detaillierungsgrad der Faktoren symbolisiert. Nach dem Detaillierungsgrad des Faktors, der visualisiert wird, werden vier Arten von Pfeilen
unterschieden (vgl. Asaka/Ozeki (1990), S. 149; Imai (1997), S. 109 ff.):

– die Hauptäste (Faktorenklassen),
– die Äste (Faktoren),
– die Hauptzweige (Merkmale der Faktoren) und
– die Zweige (Abweichungen bei den Faktormerkmalen).

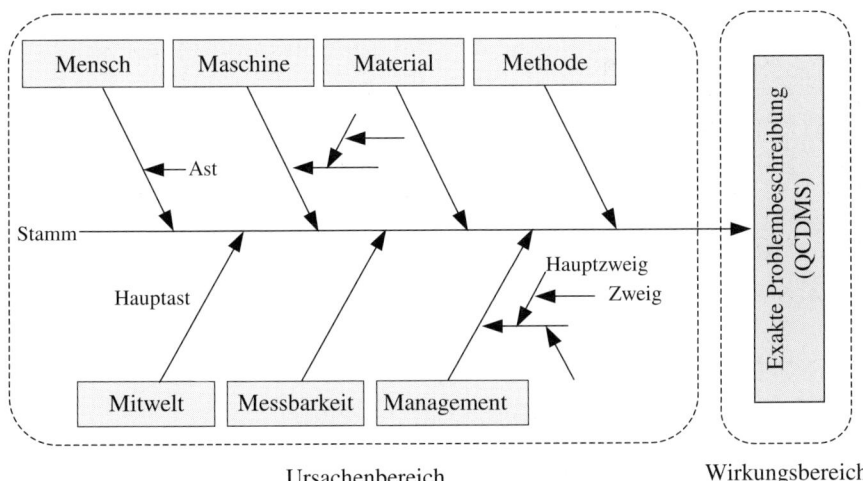

Abb. 4.22: Struktur des Ursache-Wirkungs-Diagramms

Die Wirkungen, d. h. der Output eines Prozesses, wird durch den Input und den Throughput bestimmt. Es werden sieben Klassen von Input- und Throughput-Faktoren unterschieden, die durch die Sieben M beschrieben werden: Mensch, Maschine, Material, Methode, Messbarkeit, Management und Mitwelt (Umwelt) (vgl. Imai (1997), S. 108 ff.). Für die Problemanalyse im Verwaltungsbereich ist das Konzept der Vier P vorgeschlagen worden: Policies, Procedures, People und Plant (vgl. Brassard (1996), S. 275). In einem Ursache-Wirkungs-Diagramm werden je nach Problemstellung 4-6 dieser Klassen berücksichtigt. Symbolisiert werden sie durch die **Hauptäste**, das sind Pfeile, die in den Stamm münden. Die **Äste** enden in diesen Hauptästen. Sie stehen für einzelne Faktoren einer Klasse. Hierbei handelt es sich um Arbeitskräftegruppen, Leistungskomponenten (Können, Wollen) der Arbeitskräfte, Maschinengruppen, Arten von Verfahren, Materialarten usw. Merkmale dieser Faktoren (z. B. Geschwindigkeit, Genauigkeit) gehen als **Hauptzweige**, die in Äste münden, in das Ursache-Wirkungs-Diagramm ein. Sie sind die Ursachen des betrachteten Problems. Die **Zweige**, die an den Hauptzweigen enden, zeigen die Richtung der Abweichung (z. B. niedrig, gering) bei dem durch den jeweiligen Endpfeil symbolisierten Faktormerkmal. Sie zeigen damit auf, in welche Richtung ein Faktormerkmal zur Problemlösung zu verändern ist. Abb. 4.23 zeigt einen Auszug aus einem Ursache-Wirkungs-Diagramm (vgl. Asaka/Ozeki (1990), S. 151 ff.).

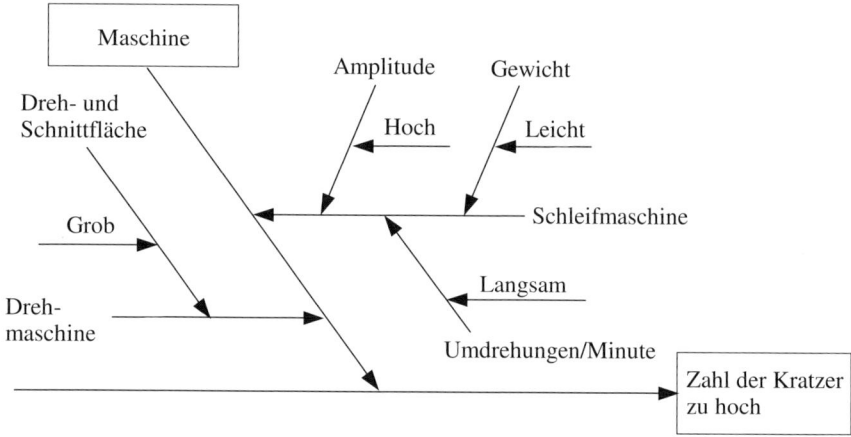

Abb. 4.23: Systematisch-analytische Vorgehensweise der Identifikation der Problemursachen

Der **Prozess zur Erstellung** eines Ursache-Wirkungs-Diagramms kann in vier Phasen gegliedert werden (vgl. Asaka/Ozeki (1990), S. 150 ff.):
- Schritt 1: Problembeschreibung
- Schritt 2: Identifikation der Problemursachen
- Schritt 3: Vollständigkeitsanalyse
- Schritt 4: Bewertung der identifizierten Problemursachen

Im **ersten Schritt** ist u. a. sicherzustellen, dass alle Beteiligten das zu analysierende Problem verstanden haben. Beteiligt werden sollten alle Mitarbeiter, die an dem betrachteten Prozess mitwirken, d. h. Mitarbeiter, die den Input bereitstellen, die Träger der Prozessausführung sowie die Empfänger des Prozess-Outputs. Ergebnis der ersten Phase ist der Stamm des Diagramms mit der exakten Problembeschreibung.

Für die Identifikation der Problemursachen im **zweiten Schritt** gibt es zwei Vorgehensweisen (vgl. Asaka/Ozeki (1990), S. 151 ff.):

– die systematisch-analytische und

– die synthetische Vorgehensweise.

Bei der **systematisch-analytischen** Vorgehensweise werden zunächst die Input- und Throughput-Klassen ausgewählt, die Einfluss auf die Wirkung des betrachteten Prozesses haben, und als Hauptäste in das Diagramm eingezeichnet. Jeder Hauptast wird anschließend um Äste, Hauptzweige und Zweige erweitert. Bei der **synthetischen Vorgehensweise** wird ein Affinitätsdiagramm aufgebaut. Hierzu werden zunächst Ideen zu Abweichungen bei den Faktormerkmalen (Zweige) generiert. Die Kärtchen mit diesen Ideen werden anschließend nach ihrer Zugehörigkeit zu den Faktoren gruppiert. Die gebildeten Gruppen werden schließlich unter der jeweiligen Faktorklasse zusammengefasst. Die in dieser Form strukturierten Ideen werden abschließend in das Ursache-Wirkungs-Diagramm übernommen. Die Suche nach den einzelnen Problemursachen kann durch die Methode des Fünffachen Warum und der Sechs W unterstützt werden (vgl. Abschnitt 5.4.1.2).

Im **dritten Schritt** wird die Vollständigkeit des Ursache-Wirkungs-Diagramms analysiert. Überprüft wird zum einen, ob alle Ursachen für das Problem erkannt und vollständig beschrieben worden sind. Die Beschreibung der Ursachen ist vollständig, wenn erkennbar ist, in welche Richtung jedes Faktormerkmal zu verändern ist (vgl. Asaka/Ozeki (1990), S. 155).

Die im Ursache-Wirkungs-Diagramm genannten Problemursachen sind im **dritten Schritt** zu bewerten, um maximal fünf der Problemursachen auszuwählen, die einer Detail-Analyse unterzogen werden sollen (vgl. Ebeling (1994), S. 315 ff.). Diese Problemursachen werden im Ursache-Wirkungs-Diagramm durch verschiedene Umrahmungen und Unterstreichungen kenntlich gemacht.

4.4.3.3 Beziehungsdiagramm

Im Ishikawa-Diagramm werden nur die Ursachen eines Problems abgebildet, d. h. der Abweichung bei einer Wirkung des betrachteten Prozesses. Ein Prozess kann jedoch mehrere Wirkungen haben, die sich gegenseitig beeinflussen (z. B. Durchlaufzeit und Produktqualität). Es können deshalb mehrere Probleme auftreten, die nicht unabhängig voneinander lösbar sind, da eine Problemursache Einfluss auf andere Problemursachen haben kann. Solche Wirkungsbeziehungen zwischen Problemursachen können im Ishikawa-Diagramm nicht abgebildet werden. Ishikawa-Diagramme eignen sich deshalb nicht zur Abbildung **komplexer Probleme** (vgl. Brassard (1996), S. 70).

> **Beziehungsdiagramme** bilden die Faktoren mit Einfluss auf mehrere sich gegenseitig beeinflussende Wirkungen eines Prozesses sowie die zwischen diesen Faktoren bestehenden Wirkungsbeziehungen ab (in Anlehnung an Mizuno (1988), S. 87).

Zweck der Beziehungsdiagramme ist die Unterstützung der Problemfeststellung. Beziehungsdiagramme fördern

– das Generieren aller, insbesondere der finalen Problemursachen,

– das Identifizieren der Ursache-Wirkungs-Beziehungen,

– das vollständige Abbilden der Problemstruktur sowie

– das Abgrenzen derjenigen Problemursachen, die für die Problemlösung von größter Bedeutung sind.

Beziehungsdiagramme schaffen eine Grundlage für die Erarbeitung von Problemlösungsvorschlägen und die Analyse ihrer Wirkungen auf die verschiedenen Probleme (vgl. Mizuno (1988), S. 88).

Komponenten eines Beziehungsdiagramms sind die Probleme, die als Ovale eingezeichnet werden, die Problemursachen, die durch Rechtecke symbolisiert werden, sowie die Ursache-Wirkungs-Beziehungen, für die Pfeile verwendet werden. Im Beziehungsdiagramm wird zwischen primären, sekundären, tertiären usw. Problemursachen unterschieden. Primäre Problemursachen sind über einen Pfeil direkt mit dem Problem verbunden. Pfeile, die von sekundären Problemursachen ausgehen, münden in Rechtecke, die eine primäre Problemursache symbolisieren usw. Das letzte Glied in dieser Ursache-Wirkungs-Kette ist die **finale Problemursache**. Die Struktur eines Beziehungsdiagramms zeigt Abb. 4.24 (vgl. Asaka/Ozeki (1990), S. 251). Einen Überblick über andere Formen des Beziehungsdiagramms gibt Mizuno ((1998), S. 94 ff.).

Für die Entwicklung eines Beziehungsdiagramms wird ein Team mit fünf bis sechs Mitgliedern gebildet, die in enger Beziehung zum betrachteten Bereich stehen. Der Prozess zur Entwicklung eines Beziehungsdiagramms umfasst die folgenden **sechs Schritte** (vgl. Mizuno (1988), S. 97 ff.):

– Schritt 1: Problembeschreibung

– Schritt 2: Generieren von Ideen zu Problemursachen

– Schritt 3: Bestimmen der Ursache-Wirkungs-Beziehungen

– Schritt 4: Ordnen der Ideen zu Problemursachen

– Schritt 5: Vollständigkeitsprüfung

– Schritt 6: Bewerten der Problemursachen

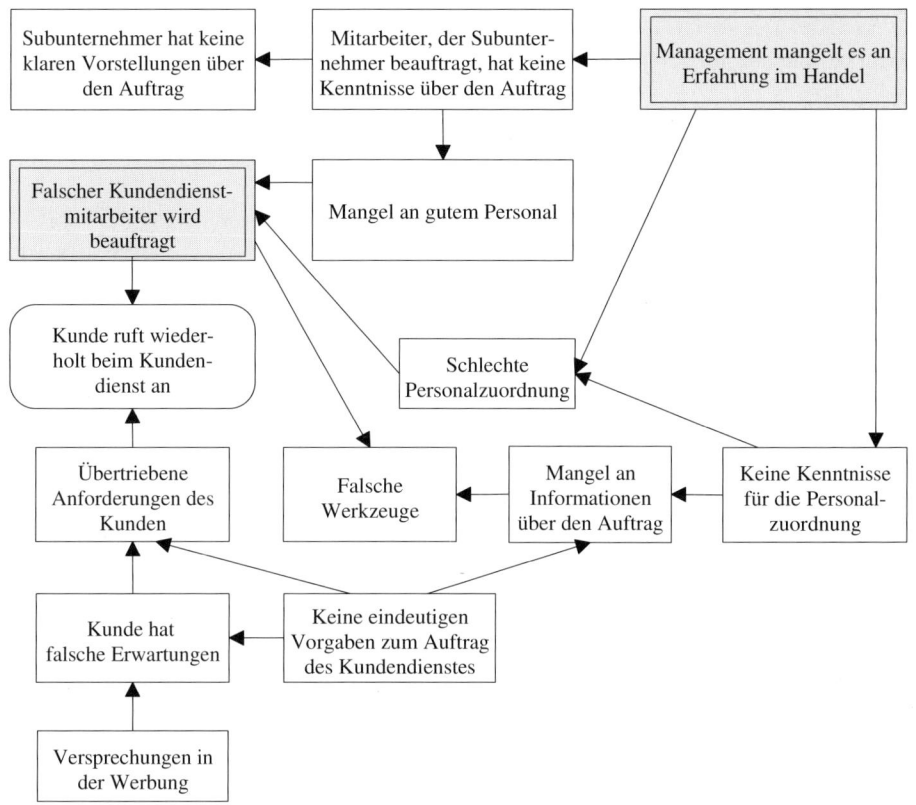

Abb. 4.24: Struktur eines Beziehungsdiagramms

Das zu bearbeitende **Problem** kann frei gewählt werden oder einem Affinitäts- oder Ursache-Wirkungs-Diagramm entnommen werden (vgl. Brassard (1996), S. 45 f.). Ist bereits ein Affinitäts- oder Ursache-Wirkungs-Diagramm erstellt worden, bilden die in ihm enthaltenen Ideen zu Problemursachen eine Grundlage für das Beziehungsdiagramm. Zum Generieren von Ideen können im **zweiten Schritt** die Methoden zum Einsatz gelangen, die bereits im Zusammenhang mit der KJ-Methode beschrieben worden sind. Ergänzt werden sollten sie durch die Methode des Fünffachen Warum, um zu den finalen Problemursachen zu gelangen (vgl. Abschnitt 5.4.1.2). Die Entwicklung eines Beziehungsdiagramms ist nur dann zweckmäßig, wenn 15-50 Ideen zu Problemursachen gefunden worden sind (vgl. Brassard (1996), S. 52). Jede Idee wird auf einem Kärtchen notiert, die an einer Pinnwand befestigt werden.

Um im **dritten Schritt** die Ursache-Wirkungs-Beziehungen zu bestimmen, wird jede Idee jeder anderen gegenübergestellt. Ist sie Ursache (Wirkung), wird sie über einen ausgehenden (eingehenden) Pfeil mit der jeweils anderen Idee verbunden. Beeinflussen sich Pfeile wechselseitig, wird nur die dominierende Wirkungsrichtung durch einen Pfeil kenntlich gemacht (vgl. Brassard (1996), S. 52).

Die Ursachenkärtchen werden im **vierten Schritt** nach der Unmittelbarkeit der Beziehung zum Problem zu Gruppen zusammengefasst, d. h., es wird eine Gruppe der primären Ursachen, eine Gruppe der sekundären Ursachen usw. gebildet und an eine Pinnwand geheftet. Die Kärtchen mit den primären Ursachen werden unmittelbar neben dem Problem befestigt, die Kärtchen mit sekundären Ursachen neben den Kärtchen mit den primären Ursachen, jedoch in einem etwas größeren Abstand zum Problem usw. Anschließend werden die Pfeile für die festgestellten Ursache-Wirkungs-Beziehungen eingezeichnet (vgl. Asaka/Ozeki (1990), S. 253).

Mit der Bewertung im **sechsten Schritt** soll eine Grundlage für die Auswahl der Problemursachen geschaffen werden, für die anschließend Problemlösungsvorschläge entwickelt werden. Zur Bewertung der Problemursachen werden zunächst die Ursachen mit der höchsten Anzahl ein- und ausgehender Pfeile ermittelt. Aus der Menge dieser Ursachen werden dann zum einen diejenigen mit überwiegend ausgehenden Pfeilen bestimmt. Maßnahmen, die auf diese Ursachen zielen, wirken nicht nur unmittelbar auf das Problem, sondern zusätzlich auch mittelbar über eine Reihe anderer Ursachen, auf die sie Einfluss haben. Diesen Ursachen kann häufig mit gezielten Einzelmaßnahmen kurzfristig begegnet werden. Zum anderen wird festgestellt, bei welchen Ursachen die eingehenden Pfeile überwiegen. Diese Ursachen sind Folge mehrerer vorgelagerter Ursachen und liegen meist nahe beim Problemkärtchen. Maßnahmen, die für diese Ursachen erarbeitet werden sollen, müssen sich auf alle ihr vorgelagerten Ursachen erstrecken, wenn sie wirksam sein sollen. Es sind komplexe Maßnahmen, die sich aus einer Vielzahl von Einzelmaßnahmen zusammensetzen und eine detaillierte Planung erfordern (vgl. Brassard (1996), S. 130). Zur Bewertung der Ursachen sollten neben Informationen über die Anzahl ein- und ausgehender Pfeile auch die Erfahrungen der Teammitglieder ausgewertet werden. Möglich ist deshalb auch die Auswahl von Problemursachen, die mit nur wenigen anderen Ursachen in Beziehung stehen. Wichtig ist, dass alle Teammitglieder der getroffenen Auswahl zustimmen (vgl. Brassard (1996), S. 62 f.).

4.4.4 Instrumente für die Ideenermittlung

Instrumente zur **Ideenermittlung** dienen dem Generieren und Bewerten von Problemlösungsideen. Für diese Aktivitäten ist Kreativität unabdingbar, wenn grundsätzliche Handlungsstrategien für die Lösung komplexer neuartiger Probleme zu erarbeiten sind. Die Probleme, die im Rahmen des gruppen- oder personenorientierten Kaizen durch die Mitarbeiter oder von Qualitätszirkel-Gruppen bearbeitet werden, sind jedoch nicht neuartig, sondern stammen aus dem unmittelbaren Erfahrungsbereich der Mitarbeiter. Die Bearbeiter von Verbesserungsvorschlägen verfügen deshalb über

Vorstellungen zu den grundlegenden Wirkungsbeziehungen zwischen Gestaltungs-parametern und Zielen. Es ist deshalb keine Ideenkreierung in einem eher zufälligen, durch den Einsatz von Kreativitätstechniken gestützten Problemlösungsprozess erfor-derlich. Es ist vielmehr eine **Ideengenerierung** durchzuführen, deren Inhalt darin be-steht, in einem logisch-diskursiven Prozess die Wirkungszusammenhänge zu erkennen und daraus Schlussfolgerungen über Maßnahmen zu ziehen, die zur Problemlösung geeignet erscheinen. Die Einzelideen sind anschließend zu Maßnahmenkomplexen zu kombinieren, die zur vollständigen Lösung des Problems geeignet sind (vgl. Klein/ Scholl (2004), S. 144 f.).

4.4.4.1 Systematisches Diagramm

Das systematische Diagramm (vgl. Mizuno (1988), S. 31) dient dem vollständigen Generieren von Ideen zur Lösung eines abgegrenzten Problems. Es beruht auf dem Prinzip, Maßnahmen zur Problemlösung logisch-diskursiv **in detailliertere Teilmaß-nahmen zu spalten**, bis sich Problemlösungsideen ergeben, die hinsichtlich Umfang, fachlichen Anforderungen und Präzisionsgrad der Vorgaben einem Aufgabenträger zur Ausarbeitung eines Problemlösungsvorschlages übertragen werden können. Für dieses Instrument findet sich in der Literatur auch die Bezeichnung „Baumdiagramm" bzw. „Tree Diagram" (vgl. Gogoll (1994), S. 374).

Ein **systematisches Diagramm** bildet die Ideen zur Lösung eines abgegrenzten Problems mit zunehmendem Detaillierungsgrad vollständig ab (vgl. Brassard (1996), S. 73).

Abb. 4.25 zeigt die **Struktur** eines systematischen Diagramms (vgl. Brassard (1996), S. 106). Es setzt sich aus folgenden Komponenten zusammen:
- dem abgegrenzten Problem,
- den primären Lösungsideen,
- den Lösungsideen höherer Ordnung (sekundäre, tertiäre usw. Lösungsideen) und
- den finalen Lösungsideen.

Das Problem wird einem Affinitäts-, Beziehungs- oder Ursache-Wirkungs-Diagramm entnommen. Bei den **primären Lösungsideen** handelt es sich um grob beschriebene Maßnahmen, die zur Problemlösung ergriffen werden können. Sie werden schrittweise in Teilmaßnahmen gespalten, die als **sekundäre, tertiäre** usw. **Problemlösungsideen** in das Diagramm eingehen. **Finale Problemlösungsideen** gehen aus den Lösungs-ideen höherer Ordnung hervor und weisen einen Detaillierungsgrad auf, der eine Zu-ordnung zu einem Aufgabenträger zur Ausarbeitung eines Problemlösungsvorschlages zulässt (vgl. Asaka/Ozeki (1990), S. 262).

Ein systematisches Diagramm wird in folgenden **Schritten** erstellt (vgl. Mizuno (1988), S. 145 ff.; Brassard (1996), S. 82 ff.):

- Schritt 1: Problemformulierung
- Schritt 2: Generieren der primären Problemlösungsideen
- Schritt 3: Bewerten der primären Problemlösungsideen
- Schritt 4: Herleiten der finalen Problemlösungsideen
- Schritt 5: Überprüfen von Struktur und Vollständigkeit des Diagramms

Im **ersten Schritt** wird das zu lösende Problem formuliert. Beschrieben wird es durch zwei Worte: einem Verb und einem Substantiv, das die Art und den Gegenstand der notwendigen Veränderung angibt. Die Problemstellung wird auf einem Kärtchen notiert, das am linken Ende einer Pinnwand befestigt wird.

Ist das Problem formuliert, werden im **zweiten Schritt** die primären Problemlösungsideen generiert. Ist das Problem einem Affinitäts- oder einem Beziehungsdiagramm entnommen worden, kann das zugrunde liegende Diagramm ausgewertet werden. Durch Brainstorming werden weitere primäre Problemlösungsideen generiert.

Die Bewertung im **dritten Schritt** verlangt, dass die gefundenen Problemlösungsideen in die Gruppe der zur Problemlösung geeigneten und der ungeeigneten eingeteilt werden. Für jede geeignete primäre Problemlösungsidee wird anschließend ein Kärtchen ausgestellt. Diese Kärtchen werden auf der Pinnwand rechts vom Problem befestigt.

Aus den primären werden im **vierten Schritt** zunächst die sekundären Problemlösungsideen hergeleitet. Anders als bei den primären Problemlösungsideen, die eher intuitiv generiert werden, dominiert hierbei eine streng analytische Vorgehensweise. Diese besteht darin, dass für jede einzelne primäre Problemlösungsidee die Frage beantwortet wird, wie sie umgesetzt werden kann. Die Kärtchen mit den sekundären Problemlösungsideen werden an der Pinnwand rechts von der primären Problemlösungsidee befestigt, aus der sie hergeleitet worden sind, und mit dieser über Linien verbunden. Analog dazu werden aus den sekundären die tertiären Problemlösungsideen usw. hergeleitet, bis die finale Problemlösungsidee gefunden ist.

Im **letzten Schritt** wird überprüft, ob die finalen Problemlösungsideen zur vollständigen Lösung des Problems geeignet sind. Hierzu wird auf jeder Stufe des Diagramms für jede einzelne Problemlösungsidee gefragt, ob sie über die unmittelbar aus ihr hergeleiteten Ideen umgesetzt werden kann. Diese Überprüfung wird sowohl vom Team als auch von den mit der Erarbeitung der Problemlösungsvorschläge betrauten Mitarbeiter durchgeführt.

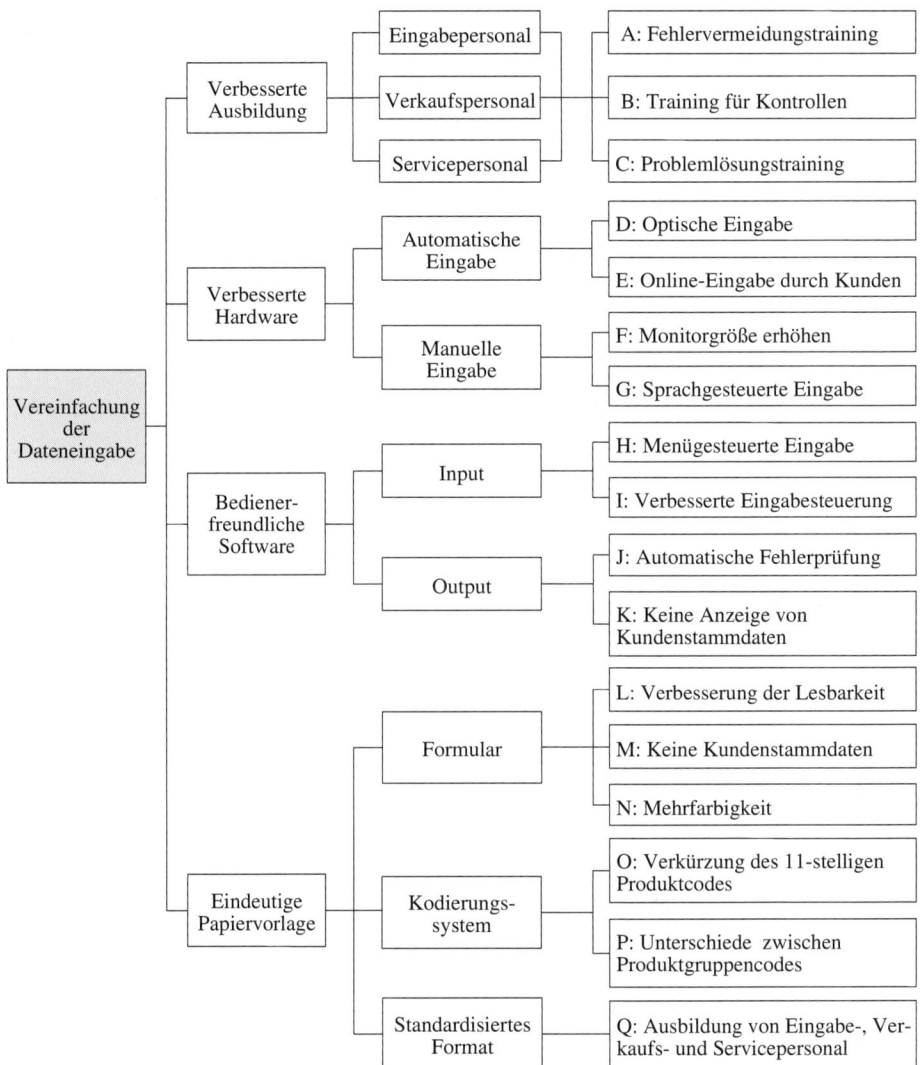

Abb. 4.25: Struktur eines systematischen Diagramms

4.4.4.2 Matrixdatenanalyse

Das systematische Diagramm kann zu einer **Vielzahl von Problemlösungsideen** führen. Wenn aufgrund der begrenzten zeitlichen, personellen oder finanziellen Kapazitäten nicht alle Problemlösungsideen detailliert geplant und umgesetzt bzw. simultan verfolgt werden können, müssen Planungs- bzw. Umsetzungsschwerpunkte abgegrenzt werden. Hierzu werden die Problemlösungsideen nach der Dringlichkeit der Problemlösung in eine Rangfolge gebracht. Auf der Grundlage dieser Rangfolge werden diejenigen Problemlösungsideen ausgewählt, die ausgearbeitet oder umgesetzt werden sollen, bzw. die Reihenfolge ihrer Weiterbearbeitung festgelegt. Ein Instrument, mit dem eine solche Rangfolge aus Problemlösungsideen zur Schwerpunktbildung bei der Erarbeitung von Problemlösungsvorschlägen oder der Arbeits- und Zeitplanung gebildet werden kann, ist die Matrixdatenanalyse (vgl. Brassard (1996), S. 99 ff.).

> Die **Matrixdatenanalyse** ist eine Gruppe von Methoden, um eine Vielzahl von Problemlösungsideen nach der Dringlichkeit ihrer Realisation in eine Rangordnung zu bringen.

Die Matrixdatenanalyse (Matrix Data-Analysis) ist in der Literatur unscharf abgegrenzt (vgl. Mizuno (1988), S. 197). So finden sich für dieses Instrument zum einen mehrere Bezeichnungen, wie z. B. Prioritization Matrix (vgl. Brassard (1996), S. 99) und Portfolio (vgl. Pfeifer (2001), S. 42). Auch werden ihm verschiedene Verfahren zugeordnet. Bei Mizuno ist es mit der Hauptkomponentenanalyse ein Verfahren der Multivariaten Analyse (zu diesem Verfahren vgl. z. B. Backhaus u. a. (2005), S. 291 ff.). Sie eignet sich zur Auswertung von Marktdaten und ist damit für das Kostenmanagement ohne Bedeutung. Brassart ordnet der Matrixdatenanalyse verschiedene **Gewichtungsverfahren** zu, die vor allem der Forderung nach Praktikabilität genügen sollen. Zu diesen zählen (vgl. Brassard (1996), S. 102 ff.)

– die zielbezogenen und

– die beziehungsorientierten Verfahren der Rangfolgebildung.

(1) Zielbezogene Matrixdatenanalyse

Zielbezogene Verfahren bilden die Rangfolge der Problemlösungsalternativen nach ihrem Beitrag zur Zielerreichung. Es handelt sich bei diesen Verfahren um Scoring-Modelle, die in den folgenden Schritten erstellt und ausgewertet werden (vgl. Brassard (1996), S. 103 ff.):

– Schritt 1: Bestimmen der Ziele

– Schritt 2: Festlegen der Zielgewichte

– Schritt 3: Ermitteln der Einzelzielwerte

– Schritt 4: Aggregieren der Einzelzielwerte zu einem Gesamtzielwert

Den Ablauf der zielbezogenen Rangfolgebildung zeigt Beispiel 4.1 auf der Grundlage des systematischen Diagramms in Abb. 4.25 (vgl. Brassard (1996), S. 106 ff.).

Die zu erreichenden Ziele werden im **ersten Schritt** im Rahmen einer Gruppendiskussion gewonnen. Angegeben werden das Zielkriterium und das Zielausmaß. Zur Festlegung der Zielgewichte, welche die relative Wichtigkeit der verschiedenen Ziele zum Ausdruck bringen, werden für den **zweiten Schritt** zwei Verfahren vorgeschlagen:

– die Methode des paarweisen Zielvergleichs und

– die Rangpunktemethode.

Bei der Methode des **paarweisen Vergleichs** wird jedes Ziel mit jedem anderen verglichen, um die Unterschiede in der Wichtigkeit festzustellen. Bewertet werden können die Bedeutungsunterschiede nach folgender Skala:

a_{ij} = 1: die Ziele i und j sind gleich wichtig,

a_{ij} = 5: das Ziel i ist wichtiger als das Ziel j

a_{ij} = 1/5: das Ziel i ist weniger wichtig als das Ziel j,

a_{ij} = 10: das Ziel i ist sehr viel wichtiger als das Ziel j,

a_{ij} = 1/10: das Ziel i ist deutlich weniger wichtig als das Ziel j.

Die Ergebnisse dieses Vergleichs werden in einer Matrix mit den Zielen als Spalten- und Zeileneingänge festgehalten (vgl. Abb. 4.28). Zur Ermittlung der Zielgewichte g_i (i = 1, ..., I) wird für jedes Ziel die Zeilensumme bestimmt und zur Summe der Zeilensummen in Beziehung gesetzt:

$$g_i = \sum_{j=1}^{J} a_{ij} \bigg/ \sum_{i=1}^{I} \sum_{j=1}^{J} a_{ij} \, .$$

Bei Anwendung des **Rangpunkteverfahrens** ordnet jedes Teammitglied den verfolgten Zielen individuelle Zielgewichte zu, deren Summe 1 beträgt. Das Zielgewicht jedes Zieles wird als Summe der ihm zugeordneten individuellen Zielgewichte ermittelt. Ziele mit einem geringen Zielgewicht können aus der weiteren Betrachtung ausgeschlossen werden. Im Beispiel 4.1 sind das die Ziele „Geringe Einführungskosten" und „Verwendung von Standardsoftware".

Die Einzelzielwerte, die im **dritten Schritt** ermittelt werden, bilden die relative Vorteilhaftigkeit verschiedener Problemlösungsideen hinsichtlich eines einzelnen Zieles ab. Ermittelt werden können sie nach

– der Methode des paarweisen Ideenvergleichs oder

– dem Rangreihenverfahren.

Zur Ermittlung der Einzelzielwerte sieht die Methode des **paarweisen Ideenvergleichs** vor, dass jede Idee hinsichtlich jedes einzelnen Zieles mit jeder anderen Idee verglichen wird. Für jedes der verfolgten Ziele wird eine Matrix mit den Problemlösungsideen als Zeilen- und Spalteneingänge gebildet, in deren Matrixfelder die Ergebnisse des Vergleichs eingetragen werden (vgl. Abb. 4.27). Bewertet werden kann die Vorteilhaftigkeit im Hinblick auf das Ziel i mit folgender Skala:

b_{imn} = 1: die Ideen m und n sind gleichwertig,

b_{imn} = 5: die Idee m ist vorteilhafter als die Idee n

b_{imn} = 1/5: die Idee m ist weniger vorteilhaft als die Idee n,

b_{imn} = 10: die Idee m ist sehr viel vorteilhafter als die Idee n,

b_{imn} = 1/10: die Idee m ist deutlich weniger vorteilhaft als die Idee n.

Die Einzelzielwerte werden anschließend wie die Zielgewichte nach der Methode des paarweisen Zielvergleichs berechnet. Beim **Rangreihenverfahren** bringt jedes Teammitglied die Problemlösungsideen für jedes einzelne Ziel in eine Rangordnung. Die Zielwerte der Problemlösungsideen werden für jedes einzelne Ziel durch die Addition der jeweiligen Rangplätze ermittelt.

Der Gesamtzielwert einer Problemlösungsidee wird im **vierten Schritt** als Summe der mit den Zielgewichten multiplizierten Einzelzielwerte berechnet:

$$W_m = \sum_{i=1}^{I} g_i \cdot b_{im} \; .$$

Werden die berechneten Gesamtzielwerte auf die Summe der Gesamtzielwerte bezogen, ergeben sich die relativen Gesamtzielwerte:

$$w_m = W_m \bigg/ \sum_{n=1}^{M} W_n \; .$$

Die Problemlösungsideen mit den höchsten relativen Gesamtzielwerten bilden die Schwerpunkte bei der Erarbeitung der Problemlösungsvorschläge bzw. der Arbeits- und Zeitplanung.

Beispiel 4.1: Zielbezogene Matrixdatenanalyse

(1) Bestimmung der Zielgewichte nach der Methode des paarweisen Zielvergleichs

Ziel j \ Ziel i	Geringe Einführungskosten	Verwendung von Standardsoftware	Schnelle Einführung	Hohe Akzeptanz bei den Nutzern	Minimaler Einfluss auf andere Abteilungen	Zeilensumme (in %)
Geringe Einführungskosten		5	0,1	0,1	0,2	5,4 (7,5)
Verwendung von Standardsoftware	0,2		0,2	0,1	0,2	0,7 (1,0)
Schnelle Einführung	10	5		0,1	0,2	15,3 (21,4)
Hohe Akzeptanz bei den Nutzern	10	10	10		0,2	30,2 (42,2)
Minimaler Einfluss auf andere Abteilungen	5	5	5	5		20,0 (27,9)
Summe der Zeilensummen						71,6

Abb. 4.26: Bestimmung der Zielgewichte nach der Methode des paarweisen Zielvergleichs

Die Ziele „Geringe Einführungskosten" und „Verwendung von Standardsoftware" weisen im Vergleich zu den drei anderen Zielen ein deutlich geringeres Zielgewicht auf. Sie werden deshalb nicht weiter berücksichtigt (vgl. Brassard (1996), S. 110).

(2) Ermitteln der Einzelzielwerte mit der Methode des paarweisen Ideenvergleichs

Abb. 4.27 zeigt die Ermittlung der Einzelzielwerte für das Ziel „Schnelle Einführung" (vgl. Brassard (1996), S. 113). Entsprechende Matrizen sind auch für die Ziele „Hohe Akzeptanz bei den Nutzern" und „Minimaler Einfluss auf andere Abteilungen" zu bilden.

Alternativen	A	B	C	D	E	F	G	H	I	J	K	L	M	N	O	P	Q	Σ (Anteil)
A		0,2	0,2	5	10	0,2	10	0,2	0,1	0,2	0,2	0,2	0,2	0,1	5	5	0,1	36,9/4,2
B	5		5	10	10	0,2	10	0,2	0,2	0,2	0,2	0,2	0,1	0,1	10	5	0,2	56,6/6,5
C	5	0,2		5	10	0,2	10	0,2	0,1	0,2	0,2	0,2	0,2	0,1	5	5	0,1	41,7/4,8
D	0,2	0,1	0,2		1	0,1	5	0,2	0,1	0,2	0,2	0,1	0,1	0,1	1	0,2	0,1	8,9/1,0
E	0,1	0,1	0,1	1		0,2	5	0,1	0,1	0,2	0,1	0,1	0,1	0,1	1	0,2	0,1	8,6/1,0
F	5	5	5	10	5		10	5	5	5	5	1	1	0,2	5	5	0,2	72,4/8,3
G	0,1	0,1	0,1	0,2	0,2	0,1		0,2	0,1	0,2	0,2	0,1	0,1	0,1	0,2	0,1	0,1	2,2/0,3
H	5	5	5	5	10	0,2	5		1	1	1	0,2	0,2	0,1	5	5	0,2	48,9/5,6
I	10	5	10	10	10	0,2	10	1		5	5	1	5	1	10	5	1	89,2/10,3
J	5	5	5	5	5	0,2	5	1	0,2		0,2	0,2	0,2	0,2	5	5	0,2	42,4/4,9
K	5	5	5	5	10	0,2	5	1	0,2	5		0,2	1	0,2	5	5	0,2	53,0/6,1
L	5	5	5	10	10	1	10	5	1	5	5		5	0,2	10	5	1	83,2/9,6
M	5	10	5	10	10	1	10	5	0,2	5	1	0,2		0,2	5	5	0,2	72,8/8,4
N	10	10	10	10	10	5	10	10	1	5	5	5	5		10	10	1	117,0/13,4
O	0,2	0,1	0,2	1	1	0,2	5	0,2	0,1	0,2	0,2	0,1	0,2	0,1		1	0,1	9,9/1,1
P	0,2	0,2	0,2	5	5	0,2	10	0,2	0,2	0,2	0,2	0,2	0,2	0,1	1		0,1	23,2/2,7
Q	10	5	10	10	10	5	10	5	1	5	5	1	5	1	10	10		103,0/11,8
Σ																		869,9

Abb. 4.27: Bestimmung der Einzelzielwerte für das Ziel „Schnelle Einführung"

(3) Aggregation der Einzelzielwerte zu Gesamtzielwerten

Maßnahmen / Bewertungskriterien	Schnelle Einführung	Hohe Akzeptanz bei den Nutzern	Minimaler Einfluss auf andere Abteilungen	Zeilensumme (Anteil)
A: Fehlervermeidungstraining	0,04×0,21=0,008	0,03×0,42=0,013	0,03×0,28=0,008	0,029 (0,03)
B: Training für Kontrollen	0,07×0,21=0,015	0,04×0,42=0,017	0,02×0,28=0,006	0,038 (0,04)
C: Problemlösungstraining	0,05×0,21=0,011	0,04×0,42=0,017	0,03×0,28=0,008	0,036 (0,04)
D: Optische Eingabe	0,01×0,21=0,002	0,03×0,42=0,013	0,02×0,28=0,006	0,021 (0,02)
E: Online-Eingabe durch Kunden	0,01×0,21=0,002	0,01×0,42=0,004	0,03×0,28=0,008	0,014 (0,02)
F: Monitorgröße erhöhen	0,08×0,21=0,017	0,06×0,42=0,025	0,08×0,28=0,022	0,064 (0,07)
G: Sprachgesteuerte Eingabe			0,04×0,28=0,011	0,011 (0,01)
H: Menügesteuerte Eingabe	0,06×0,21=0,013	0,09×0,42=0,038	0,11×0,028=0,031	0,082 (0,09)
I: Verbesserte Eingabesteuerung	0,1×0,21=0,021	0,09×0,42=0,038	0,11×0,28=0,031	0,09 (0,1)
J: Automatische Fehlerprüfung	0,05×0,21=0,011	0,06×0,42=0,025	0,05×0,28=0,014	0,05 (0,06)
K: Keine Anzeige der Kundenstammdaten	0,06×0,21=0,013	0,05×0,42=0,021	0,06×0,28=0,017	0,051 (0,06)
L: Verbesserung der Lesbarkeit	0,1×0,21=0,021	0,06×0,42=0,025	0,9×0,28=0,025	0,071 (0,08)
M: Keine Kundenstammdaten	0,08×0,21=0,017	0,06×0,42=0,025	0,02×0,28=0,006	0,048(0,05)
N: Mehrfarbigkeit	0,13×0,21=0,027	0,13×0,42=0,055	0,11×0,28=0,031	0,113 (0,12)
O: Verkürzung des 11-stelligen Produktcodes	0,01×0,21=0,002	0,12×0,42=0,05	0,03×0,28=0,008	0,06 (0,07)

P: Unterschiede zwischen Pro-duktgruppencodes	0,03×0,21=0,006	0,1×0,42=0,42	0,13×0,28=0,036	0,084 (0,09)
Q: Ausbildung von Eingabe-, Verkaufs- und Servicepersonal	0,12×0,21=0,025	0,03×0,42=0,013	0,04×0,28=0,011	0,049 (0,05)
Spaltensumme				0,911

Abb. 4.28: Ermittlung der Gesamtzielwerte

Folgende Problemlösungsideen weisen die höchsten Gesamtzielwerte auf: N: Mehrfarbigkeit (0,12), I: Verbesserte Eingabesteuerung (0,1), H: Menügesteuerte Eingabe (0,09), P: Unterschiede zwischen Produktgruppencodes (0,09). Diese werden vor allen anderen Ideen realisiert (vgl. Brassard (1996), S. 116).

(2) Beziehungsorientierte Matrixdatenanalyse

Das beziehungsorientierte Verfahren der Rangfolgebildung kommt zur Anwendung, wenn zwischen den Problemlösungsideen **enge Mittel-Ziel-Beziehungen** bestehen. Diese Methode weist den Problemlösungsideen höchste Priorität zu, die Mittel für viele andere Ideen sind, d. h. Voraussetzungen für ihre Realisation schaffen. Dieses Verfahren läuft in folgenden Schritten ab (vgl. Brassard (1996), S. 124 ff.):

– Schritt 1: Analyse der Intensität der Beziehungen zwischen den Problemlösungsideen

– Schritt 2: Analyse der Richtung der Beziehungen zwischen den Problemlösungsideen

– Schritt 3: Ermitteln der Beziehungswerte jeder Problemlösungsalternative

– Schritt 4: Auswerten der Beziehungsmatrix

Im **ersten Schritt** wird jede Problemlösungsidee mit jeder anderen verglichen. Bei diesem Vergleich werden die Beziehungen zwischen den Problemlösungsideen und die Intensität dieser Beziehungen festgestellt. Die Ergebnisse dieses Vergleichs werden in einer Matrix mit den Problemlösungsideen als Zeilen- und Spalteneingänge festgehalten. Einer Beziehung wird dabei ein umso höherer Punktwert zugeordnet, je stärker sie ist. Die Punktwerte werden im **zweiten Schritt** mit Pfeilen versehen, welche die Richtung der Beziehung anzeigen. Der nach links zeigende Pfeil (←) bezeichnet eine Ziel-Beziehung, d. h. die Problemlösungsidee der jeweiligen Zeile ist ein Ziel der Problemlösungsidee in der jeweiligen Spalte. Zeigt der Pfeil nach oben (↑), liegt eine Mittelbeziehung vor. In diesem Fall ist die Idee der Zeile das Mittel zur Realisation der Idee in der Spalte (vgl. Abb. 4.29). Sind alle Beziehungen ermittelt und bewertet, werden im **dritten Schritt** für jede Zeile der Matrix die Summe der Punktwerte, die Anzahl der Beziehungen sowie der Mittel- und der Zielbeziehungen ermittelt.

Zur Auswertung der Matrix werden die Problemlösungsideen im **vierten Schritt** zunächst nach der Summe der Punktwerte, d. h. der Stärke ihrer Beziehungen, in die Gruppe der Ideen mit starken, mittleren und schwachen Beziehungen gegliedert. Aus der Gruppe der Lösungsideen mit starken Beziehungen werden anschließend die Problemlösungsideen ausgewählt, die eine hohe Anzahl von Beziehungen zu anderen Lösungsideen aufweisen. Aus diesen Lösungsideen werden schließlich diejenigen ausgewählt, bei denen die Mittel- bzw. Zielbeziehungen dominieren. Mit der Realisation der Problemlösungsideen, bei denen die Mittel-Beziehungen dominieren, werden die Voraussetzungen für die Umsetzung anderer Lösungsideen geschaffen. Dominieren die Ziel-Beziehungen, weist das auf komplexe Problemlösungen hin, da zu ihrer Realisation eine Vielzahl anderer Ideen realisiert werden müssen. In die Auswahl der Lösungsideen, die weiter bearbeitet werden, sollten neben den Analyseergebnissen auch die Erfahrungen der Teammitglieder einfließen.

Beispiel 4.2: Beziehungsorientierte Rangfolgebildung

(1) Erstellen der Bewertungsmatrix (Schritte 1-3)

	A	B	C	D	E	F	G	H	I	J	K	L	S	B	MB	ZB
A		↑●	↑○	↑●			↑△	↑△					30	5	5	0
B	←●		↑△	↑●			↑○	↑●	↑●		↑○		←●	60	8	6	2
C	←○	←△		↑●	↑○	↑○	↑△	↑○					39	7	5	2
D	←●	←●	←●			↑●	←○	↑○				←△	51	7	2	5
E		←○				↑●	←●			←○			30	4	1	3
F		←○	←○	←●	←●		←●	←●	←●	←●		←○	72	9	0	9
G	←△	←●	←△	↑○	↑●	↑●		←●				←○	54	8	3	5
H	←△	←●	←○	←○		↑●	↑●						42	6	2	4
I						↑●							9	1	1	0
J		←○		↑○	↑●						←△	←●	33	5	2	3
K										↑△		↑●	12	2	2	0
L		↑●	↑△			↑○	↑○			↑●	←●		42	6	5	1

MB: Anzahl der Mittelbeziehungen; ZB: Anzahl der Zielbeziehungen; B: Anzahl der Beziehungen; S: Intensität der Beziehungen; ●: Starke Beziehung (9 Punkte); ○: Mittlere Beziehung (6 Punkte); △: Schwache Beziehung (3 Punkte)

A: Anstellen eines Marketing-Managers mit Erfahrungen auf dem Gebiet von Produkten für Kinder; B: Entwickeln von Produkttests unter Labor- und Gebrauchsbedingungen; C: Entwickeln von Anzeigen, die einen Vergleich mit den Produkten des Wettbewerbers zeigen; D: Entwickeln von Anzeigen, welche die Einfachheit der Verwendung hervorheben; E: Entwickeln von Anzeigen für hoch angesehene Zeitungen, die in städtischen Marktsegmenten erscheinen; F: Entwerfen von Verkaufsargumenten für das Händlernetz; G: Entwickeln von Anschauungsmaterial; H: Visuelle und akustische Werbematerialien kombinieren; I: Ermitteln genauer Informationen über die Kosten für die Händler; J: Sammeln korrekter Daten zu den Ergebnissen von Sicherheitstests; K: Ermitteln der zuständigen Entscheidungsträger in den Behörden; L: Einhalten der behördlich vorgegebenen Anforderungen an das Produkt.

Abb. 4.29: Beziehungsmatrix

(2) Auswerten der Bewertungsmatrix

Problemlösungsidee	S	B	MB	ZB
A	30			
B	60	8	6	2
C	39			
D	51	7	2	5
E	30			
F	72	9	0	9
G	54	8	3	5
H	42			
I	9			
J	33			
K	12			
L	42			

Abb. 4.30: Auswahl der Problemlösungsideen

4.4.5 Instrumente für die Umsetzung

Im PDCA-Zyklus wird in der **Phase der Umsetzung** ein Arbeitsplan zur Realisation des ausgewählten Lösungsvorschlages erarbeitet. Aufgabe der Arbeitsplanung ist die Festlegung aller Aktivitäten zur Realisation des Problemlösungsvorschlages und der Reihenfolge, in der sie ausgeführt werden. Geplant wird letztendlich der Prozess zur Realisation des erarbeiteten Problemlösungsvorschlages. Zur Unterstützung der Arbeitsplanung kann die Netzplantechnik eingesetzt werden, die hier aber nicht betrachtet werden soll. Ein weiteres Instrument zur Unterstützung der Arbeitsplanung ist das Prozessplanungsdiagramm (Process Determination Programm Chart, PDPC; vgl. Mizuno (1988), S. 217). Zum Einsatz gelangt es, wenn während des Realisationsprozesses Störungen auftreten können, die hinsichtlich der Art vorhersehbar sind. Erstellt wird ein Prozessplanungsdiagramm nur bei neuartigen Problemlösungen mit einem komplexen Realisationsprozess, der unter Zeitdruck ausgeführt werden muss, und ein Fehlschlag zu spürbaren Verlusten führt (vgl. Brassard (1996), S. 172 f.).

> Das **Prozessplanungsdiagramm** ist eine Abbildung der Aktivitäten zur Realisation des Problemlösungsvorschlages, der unsicheren Einflüsse auf die Wirkungen dieser Aktivitäten sowie der Gegenmaßnahmen zur Sicherung der erwünschten Wirkungen des Problemlösungsvorschlages.

Mit dem Prozessplanungsdiagramm können in der Phase der Umsetzung folgende **Zwecke** verfolgt werden (vgl. Brassard (1996), S. 172):

– die Gestaltung eines Realisationsprozesses, der auch bei ungünstigen Einflüssen zur Zielerreichung führt, oder

– die Schaffung von Prozessalternativen, um bei Eintritt unerwarteter Einflüsse unmittelbar reagieren zu können.

Den Aufbau eines Prozessplanungsdiagramms zeigt Abb. 4.31. Erstellt wird ein Prozessplanungsdiagramm in folgenden Schritten (vgl. Mizuno (1988), S. 228 f.; Brassard (1996), S. 179 ff.):

– Schritt 1: Erstellen eines groben Arbeitsplanes für den Prozess zur Realisation des Problemlösungsvorschlages

– Schritt 2: Suche nach möglichen Störungen

– Schritt 3: Bewerten der möglichen Störungen

– Schritt 4: Generieren möglicher Gegenmaßnahmen

– Schritt 5: Bewerten der generierten Gegenmaßnahmen

– Schritt 6: Prüfen und Anpassen des Prozessplanungsdiagramms

Im **ersten Schritt** wird ein grober Arbeitsplan erstellt, der maximal zwei Ebenen des durch die Arbeitsplanung erstellten mehrstufigen Projektstrukturplans sowie die zwischen diesen Aktivitäten bestehenden Reihenfolgebeziehungen enthält. Dieser grobe

Arbeitsplan bildet im Prozessplanungsdiagramm die beiden Ebenen unterhalb der Beschreibung des zu implementierenden Problemlösungsvorschlags.

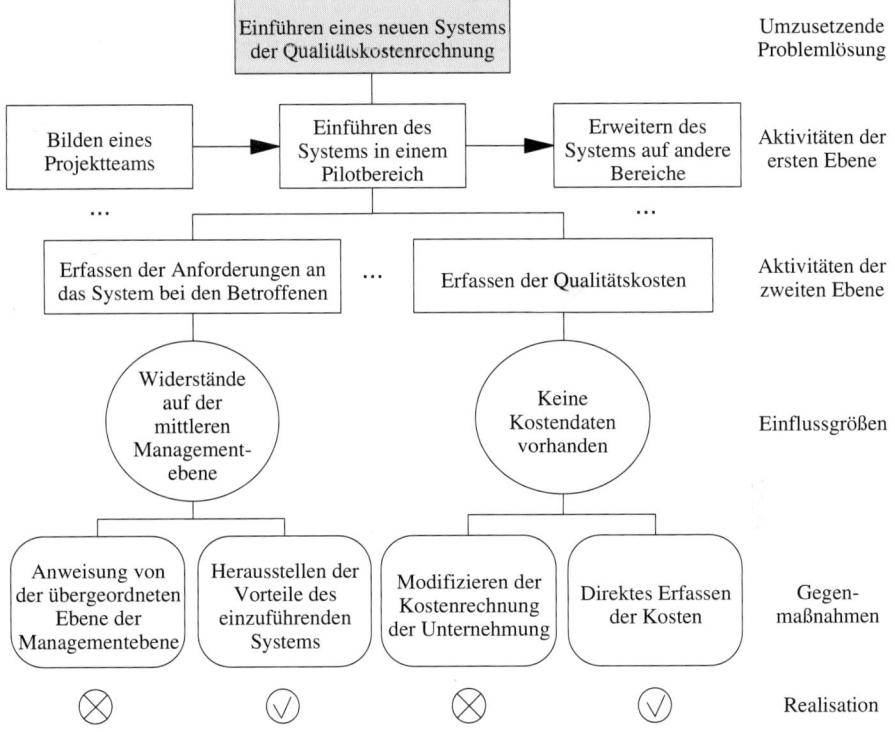

Abb. 4.31: Struktur eines PDP-Diagramms

Für jede einzelne Aktivität wird im **zweiten Schritt** nach Störungen gesucht, die bei ihrer Ausführung möglicherweise auftreten können. Für die Suche nach den potentiellen Störungen wird das Brainstorming vorgeschlagen. In diesem Prozess wird jede Störung auf einem Kärtchen notiert, das anschließend jeweils unterhalb der Aktivität eingefügt wird, bei der die Störung möglicherweise auftritt.

Zur Bewertung der Störungen im **dritten Schritt** werden ihre Wirkungen auf das mit der Problemlösung verfolgte Ziel sowie die Wahrscheinlichkeit des Auftretens prognostiziert. Auf der Basis dieser Bewertung werden die potentiellen Störungen ausgewählt, für die anschließend Gegenmaßnahmen erarbeitet werden.

Für die ausgewählten Störungen werden im **vierten Schritt** durch Brainstorming mögliche Gegenmaßnahmen generiert. Die generierten Gegenmaßnahmen bilden die unterste Ebene des Prozessplanungsdiagramms. Im **fünften Schritt** werden die generierten

Gegenmaßnahmen hinsichtlich ihrer Wirksamkeit, Durchführbarkeit und Komplexität beurteilt und diejenigen ausgewählt, die umgesetzt werden sollen.

Mit der Neuartigkeit der umzusetzenden Problemlösung sinkt die Planbarkeit des Realisationsprozesses. Während der Umsetzung des Problemlösungsvorschlages können deshalb Abweichungen von dem Arbeitsplan, der dem Prozessplanungsdiagramm zugrunde liegt, notwendig werden. Derartige Abweichungen können zur Folge haben, dass weitere Störungen erwartet werden müssen oder die Risiken zunehmen, die von bereits erkannten, jedoch als unbedeutend eingestuften Störungen ausgehen. Der **sechste Schritt** sieht deshalb vor, dass ein vor der Realisation erstelltes Prozessplanungsdiagramm parallel zum Realisationsprozess regelmäßig hinsichtlich der Aktualität des zugrunde liegenden Arbeitsplanes, der Vollständigkeit der potentiellen Störungen und der korrekten Einschätzung der von den Störungen ausgehenden Risiken überprüft und gegebenenfalls angepasst wird (vgl. Mizuno (1988), S. 221 ff.).

Teil 3: Gestaltungsbereiche des Kostenmanagements

5 Prozessorientiertes Kostenmanagement

5.1 Abgrenzung des prozessorientierten Kostenmanagements

5.1.1 Begriff des prozessorientierten Kostenmanagements

Das prozessorientierte Kostenmanagement zielt auf die Gestaltung der Effizienz durch die Einflussnahme auf die Träger der Gestaltung und der Ausführung der Prozesse zur Erstellung und Verwertung der Unternehmungsleistung.

> Ein **Prozess** ist die einem Prozessträger zugeordnete, wiederholbare räumlich und zeitlich spezifizierte Folge von Aktivitäten mit messbarem Input und Output, die für den Prozesskunden einen Nutzen schafft (vgl. Davenport (1993), S. 5; Corsten (1997), S. 16 f.). Bei einer **Aktivität** handelt es sich dabei um eine unteilbare abgeschlossene Verrichtung.

Ein Prozess hat immer mindestens einen **Lieferanten**, der den erforderlichen Input bereitstellt und dadurch den Prozess anstößt. Dieser Input wird mit dem Ziel kombiniert und transformiert, das von einem Prozesskunden geforderte Ergebnis zu erlangen. Die Übergabe dieses Ergebnisses an den **Prozesskunden** markiert den Abschluss des Prozesses. Ein Prozess kann interne Kunden haben oder Kunden auf dem Absatzmarkt. Ein interner Kunde ist ein nachfolgender Prozess, in den der Output des betrachteten Prozesses als Input eingeht (vgl. Corsten (1997), S. 17).

Prozesse können innerhalb eines Funktionsbereiches oder bereichsübergreifend ablaufen (vgl. Davenport (1993), S. 8). Bereichsübergreifende Prozesse werden auch als **Geschäftsprozesse** bezeichnet (vgl. Osterloh/Frost (2006), S. 33). Beispiele für Geschäftsprozesse sind die Produktentwicklung und die Auftragsabwicklung. Prozesse, die innerhalb eines Funktionsbereiches durchgeführt werden und Elemente des Geschäftsprozesses „Auftragsabwicklung" bilden, sind z. B. „Fertigungsauftrag planen", „Material beschaffen", „Maschine rüsten" und „Produkt bearbeiten".

Das prozessorientierte Kostenmanagement ist ein **Gestaltungsbereich des Kostenmanagements** der Unternehmung. Abgegrenzt werden kann das prozessorientierte Kostenmanagement durch (vgl. Abschnitt 1.3.3.)

– den Prozesswert als Gestaltungsobjekt und
– die Kosten beeinflussenden Prozessmerkmale als Gestaltungsparameter.

> Das **prozessorientierte Kostenmanagement** ist die zielorientierte Gestaltung des Wertes von Prozessen durch die Einflussnahme auf das Verhalten der Träger von Entscheidungs- und Ausführungshandlungen bei der Gestaltung und Durchführung dieser Prozesse.

5.1.2 Merkmale des prozessorientierten Kostenmanagements

5.1.2.1 Prozesswert als Gestaltungsobjekt

Zur zielorientierten Verbesserung der Wirtschaftlichkeit können die Determinanten der **Effizienz**, d. h. die eingesetzten Ressourcen bzw. Kosten und die interne Leistung, nur in den Grenzen der **effektivitätsbezogenen Restriktion** angepasst werden (vgl. Abschnitt 1.3.3.1). Die interne Leistung eines Prozesses kann durch die quantitativen, qualitativen und zeitlichen Merkmale seines Outputs erfasst werden. Die effektivitätsbezogene Restriktion hat die Anforderungen des Prozesskunden zum Inhalt, die erfüllt werden sollen. Werden die eingesetzten Ressourcen bzw. Kosten zu dem Beitrag des Prozessoutputs zur Erfüllung der Anforderungen des Prozesskunden in Beziehung gesetzt, ergibt sich eine Form der Effizienz eines Prozesses, die hier als Prozesswert bezeichnet wird.

> Der **Prozesswert** ist definiert als Verhältnis des Kundennutzens eines Prozesses, d. h. seines Beitrags zur Erfüllung der Anforderungen der Prozesskunden, und den hierfür einzusetzenden Ressourcen bzw. den Kosten dieses Ressourceneinsatzes (vgl. Barfield/Fisher/Goolsby (2004), S. 23).

Um den Prozesswert zu erhöhen, können drei Wege beschritten werden:

– die Senkung der Kosten bei unveränderter interner Leistung und damit gleichbleibendem Kundennutzen;

– die Senkung der Kosten durch den Abbau interner Leistungen bei unverändertem Kundennutzen (kundenbedingte Ineffizienz) bzw. bei einer Abnahme des Kundennutzens, die jedoch unter der Kostensenkung liegt;

– die Verbesserung der internen Leistung bei Zunahme des Kundennutzens und konstanten Kosten bzw. bei einer Zunahme des Kundennutzens, die über der Kostenerhöhung liegt.

Determiniert wird der **Kundennutzen** durch die Funktionalität und die Qualität des Prozesses. Unter der Funktionalität werden die Wirkungen des Prozesses verstanden, die zur Befriedigung der Bedürfnisse des Kunden beitragen. Sie betreffen die Merkmale des Outputs sowie die Unsicherheit der Kunden im Hinblick auf die anforderungsgerechte Bereitstellung des Outputs. Die Qualität bezeichnet das Niveau dieser Wirkungen. Beispielsweise sind die Kosten, die der Output eines Prozesses bei seinen Kunden verursacht (z. B. Lagerhaltungskosten) ein Element der Funktionalität. Die Höhe dieser Kosten ist dagegen ein Qualitätsmerkmal.

Um einen Prozess an einem Bearbeitungsobjekt zur Schaffung von Kundennutzen vollziehen zu können, sind folgende **Ressourcen** einzusetzen: Arbeitskräfte, Betriebsmittel, Material und das in den Bearbeitungsobjekten gebundene Kapital. Die Kosten, die durch den Verbrauch dieser Ressourcen anfallen, können in folgende Kategorien gegliedert werden:

- die Prozesskosten,
- die Fehlerkosten,
- die Zinskosten sowie
- die Schnittstellenkosten.

Prozesskosten sind die monetäre Abbildung der Arbeits- und Maschinenleistung sowie der Repetiergüter, die bei der Erstellung des Prozessoutputs verbraucht werden. **Fehlerkosten** entstehen für Output, der den Anforderungen nicht genügt. Sie werden u. a. durch Nacharbeit und Ausschuss verursacht. Die **Zinskosten** fallen für das Kapital an, das während der Prozesszeit in den Bearbeitungsobjekten gebunden ist. Die Prozesszeit setzt sich aus der Prozessdurchführungszeit (Rüstzeit, Ausführungszeit) sowie den Liege-, Transport- und Kontrollzeiten zusammen (vgl. Kajüter (2002), S. 253 f.). **Schnittstellenkosten** werden durch die Übernahme des Bearbeitungsobjektes von den Prozesslieferanten und die Übergabe des Bearbeitungsobjektes an einen Prozesskunden verursacht. Zu ihnen zählen Transport-, Lager- und Koordinationskosten.

Maßnahmen der Prozessgestaltung haben nur dann einen unmittelbaren **Einfluss auf die Kosten**, wenn sie zu einer Reduzierung des Verbrauchs an Repetierfaktoren führen. Eine Verringerung des in den Arbeitsobjekten gebundenen Kapitals oder des Bedarfs an Potentialfaktoren führen nur mittelbar nach einer Anpassung der Kapazitäten bzw. der Finanzierungspolitik zu einer Kostensenkung (vgl. Johnson (1988), S. 27). Die Kostenwirkungen von Maßnahmen der Prozessgestaltung hängen deshalb auch von den Maßnahmen zur Umsetzung eines verringerten Kapazitäts- oder Kapitalbedarfs in Kostensenkungen ab. Durch das prozessorientierte Kostenmanagement können deshalb nur die Kosten des Repetierfaktorverbrauchs sowie der Potentialfaktor- und Kapitalbedarf der Prozesse unmittelbar gestaltet werden. Das prozessorientierte Kostenmanagement bedarf deshalb immer der Ergänzung durch ein potentialorientiertes Kostenmanagement (vgl. Kapitel 5).

Neben dem Kundennutzen weist der Prozesswert folgende **Kosten bzw. Ressourcen** als Bestandteile auf:
- die Prozesskosten, d. h. der bewertete Verbrauch des Prozesses an Repetierfaktoren,
- den Potentialfaktorbedarf und
- den Kapitalbedarf für die Bearbeitungsobjekte der Prozesse.

5.1.2.2 Prozessmerkmale als Gestaltungsparameter

Gestaltungsparameter des prozessorientierten Kostenmanagements sind die **Kosten beeinflussenden Prozessmerkmale**, die durch die Prozessgestaltung zielorientiert festgelegt werden. Zu ihnen zählen (in Anlehnung an Wild (1966), S. 119 ff.):

– die Prozess-Struktur,
– der Prozessablauf sowie
– die Prozessträger.

Die **Prozess-Struktur** ist durch die Art und die Anzahl der Prozesse in der Unternehmung gekennzeichnet. Die Art eines Prozesses lässt sich durch die Prozesslieferanten, den Prozessinput, die Aktivitäten, aus denen er sich zusammensetzt, den Prozessvollzug, die Funktionalität und Qualität des Prozessoutputs sowie die Prozesskunden kennzeichnen. Der **Prozessablauf** wird durch die Reihenfolge, in der die Prozesse vollzogen werden, ihre Terminierung und die Zuordnung zu einem Vollzugsort determiniert. Die Aktivitäten eines Prozesses werden einem **Prozessträger** zugeordnet. Bei der Prozessgestaltung sind die Herkunft des Prozessträgers, seine Kompetenzen sowie die Instanz festzulegen, der er untergeordnet ist. Nach der Herkunft der Prozessträger können unternehmungsinterne und -übergreifende Prozesse abgegrenzt werden. Die Aktivitäten eines unternehmungsübergreifenden Prozesses werden gemeinsam mit einer oder mehreren Unternehmungen ausgeführt. Bei diesen Unternehmungen kann es sich neben Lieferanten und Kunden auch um Co-Lieferanten und Co-Kunden handeln. Co-Lieferanten sind nicht konkurrierende Unternehmungen, die bei der Belieferung eines oder mehrerer Kunden zusammenarbeiten. Als Beispiel werden ein Joghurt- und ein Butter-Hersteller genannt, die Supermärkte gemeinsam beliefern, um die Transportkapazitäten effizienter nutzen zu können. Analog sind Co-Kunden Unternehmungen, die bei der Beschaffung von einem Lieferanten kooperieren (vgl. Hammer (2002), S. 230). Abb. 5.1 gibt einen Überblick über Gestaltungsparameter des prozessorientierten Kostenmanagements.

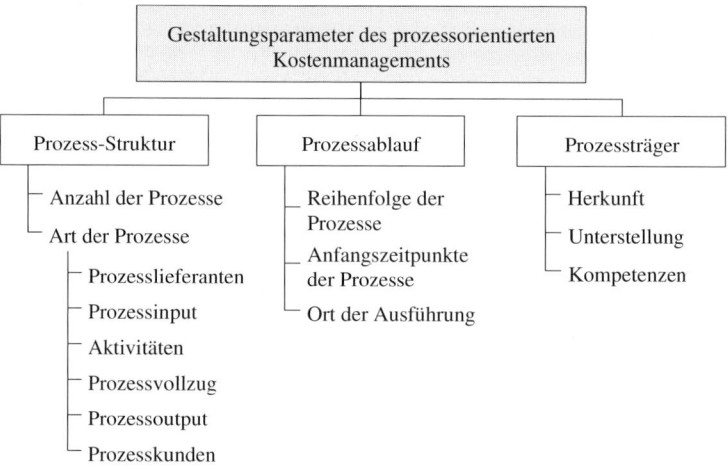

Abb. 5.1: Gestaltungsparameter des prozessorientierten Kostenmanagements

In der Literatur wird eine Vielzahl von **Maßnahmen** zur zielorientierten Veränderung der Prozessmerkmale genannt. Abb. 5.2 gibt einen Überblick über Maßnahmen der Prozessgestaltung (vgl. Brimson (1992), S. 82 f.; Harrington (1991), S. 131 ff.; Ostrenga/Probst (1992), S. 6; Barfield/Fisher/Goolsby (2004), S. 24 f.). Als Maßnahmen zur **Kostengestaltung** werden u. a. diskutiert:

–   der Abbau nicht wertschöpfender Aktivitäten,

–   die Kooperation sowie

–   die Prozessverlagerung.

(1) Abbau nicht wertschöpfender Aktivitäten

> **Nicht wertschöpfende Aktivitäten** verbrauchen Ressourcen, ohne einen entsprechenden Nutzen für den Prozesskunden zu stiften.

Gründe für nicht wertschöpfende Aktivitäten sind Redundanzen, der Wegfall der Notwendigkeit von Prozessen, mangelnde Effektivität durch unzureichende Prozessbeherrschung, Ungewissheit oder Prozessfehler (vgl. Scholz/Vrohlings (1994), S. 119). Als Beispiele für nicht wertschöpfende Prozesse werden Lager- und Rüstprozesse genannt. Den nicht wertschöpfenden Aktivitäten stehen die direkt und die indirekt wertschöpfenden Aktivitäten gegenüber. **Direkt wertschöpfende Aktivitäten** leisten unmittelbar einen Beitrag zum Nutzen des externen Kunden, wie z. B. „Auftrag kommissionieren" und „Teile montieren". Aktivitäten, die Voraussetzungen für direkt wertschöpfende Aktivitäten schaffen, ohne selbst einen Beitrag zum Nutzen der externen Kunden zu leisten, wie z. B. die Aus- und Weiterbildung von Mitarbeitern, werden als **indirekt wertschöpfend** bezeichnet (vgl. Weth (1997), S. 67).

(2) Kooperationen

Durch Kooperationen mit anderen Unternehmungen werden die Voraussetzungen für eine **unternehmungsübergreifende Prozessgestaltung** geschaffen. Für diesen Bereich der Prozessgestaltung eignen sich die Auftragsabwicklung sowie die Entwicklung eines Produktes und seiner Komponenten (vgl. Hammer (2002), S. 226). Die unternehmungsübergreifende Prozessgestaltung umschließt vor allem das Verbessern der Schnittstellen zwischen den Prozessen der Unternehmung und des Kooperationspartners durch folgende Maßnahmen (vgl. Hammer (2001), S. 90 f.):

–   Intensivieren des unternehmungsübergreifenden Austausches der für den Vollzug der Prozesse relevanten Daten,

–   Vermeiden der Mehrfacheingabe relevanter Daten durch Übermittlung in einer elektronisch auswertbaren Form,

–   Schaffen einer gemeinsamen Datenbasis,

–   Abbau redundanter Aktivitäten sowie

– Zuordnung jeder Aktivität zu der Unternehmung, die sie am effizientesten bzw. effektivsten ausführen kann.

Gestaltungs-parameter	Maßnahme der Prozessgestaltung	Erläuterung
Prozess-Struktur	Bereinigen von Prozessen	Nicht wertschöpfende Aktivitäten werden aus einem Prozess eliminiert.
	Erweitern von Prozessen	Aktivitäten werden einem Prozess hinzugefügt.
	Verbessern von Schnittstellen	Aktivitäten direkt aufeinanderfolgender Prozesse werden abgestimmt (z. B. Abbau von Medienbrüchen, Veränderung der Zuordnung der Aktivitäten zu den Prozessen)
	Vereinfachen von Prozessen	Die Funktionalität und Qualität eines Prozesses werden reduziert.
	Verbessern des Prozessvollzugs	Der Prozessvollzug wird optimiert. Maßnahmen sind – die Veränderung der Abfolge der Aktivitäten im Prozess, – die Standardisierung, – die Verbesserung der Potentialgüter (z. B. Automatisierung), der Repetiergüter und der Informationsversorgung, – die Abstimmung mit angrenzenden Prozessen.
	Segmentieren von Prozessen	Es werden mehrere Prozessvarianten geschaffen, die jeweils für eine spezifische Situation geeignet sind. Die verschiedenen Situationen können nach Kundengruppen (Bearbeitung von Kreditanträgen für Firmen-, Privatkunden), Objekten (Beschaffung von Normteilen, Sonderausführungen) oder der Komplexität (Routinefälle, mittelschwere Fälle, komplexe Fälle) abgegrenzt werden.[1]
Prozessablauf	Parallelisieren und Überlappen von Prozessen	Es wird auf eine streng sukzessive Abfolge der Prozesse verzichtet, um die Durchlaufzeit zu verkürzen.
	Umstellen von Prozessen	Die Reihenfolge von Prozessen wird verändert.
Prozessträger	Verlagern von Prozessen	Prozesse werden auf eine andere Organisationseinheit übertragen.
	Spalten von Prozessen	Aus den Aktivitäten eines Prozesses werden Teilmengen gebildet, die verschiedenen Prozessträgern zugeordnet werden.
	Zusammenfassen von Prozessen	Aktivitäten, die bisher von verschiedenen Prozessträgern vollzogen worden sind, werden einem Prozessträger zugeordnet.
	Kooperation	Der Prozess wird mit anderen Unternehmungen gemeinsam ausgeführt (Kunden, Lieferant, Co-Lieferant, Co-Kunde), z. B. das Cosourcing, bei dem Prozesse gemeinsam mit einem Lieferanten ausgeführt werden.[2]

1 vgl. Osterloh/Frost (2006), S. 52 ff.
2 vgl. Clinton/Del Vecchio (2002), S. 5 f.

Abb. 5.2: Maßnahmen der Prozessgestaltung

Es gibt erste **empirische Hinweise** darauf, dass sich in Supply Chains die Intensivierung des Informationsaustausches zwischen den Kooperationspartnern positiv auf den Supply-Chain-Erfolg auswirkt. Bei einer Intensivierung der Prozessintegration, z. B. durch eine kooperative Bestandssteuerung oder die gemeinsame Mengenplanung, übersteigen die Kosten der Zusammenarbeit jedoch die durch gemeinsame Durchführung erzielten Vorteile (vgl. Magnus u. a. (2008), S. 264 f.).

(3) Prozessverlagerung

Bei einer Prozessverlagerung werden Prozesse auf eine andere Organisationseinheit übertragen. **Ansätze der Prozessverlagerung** sind

– das Outsourcing,

– das Offshoring und

– das Bilden von Shared Service Centern.

> **Outsourcing** ist der Übergang von der Eigenerstellung einer bestimmten Leistung zum Fremdbezug von einer anderen Unternehmung.

Beim externen Outsourcing wird die Leistungserstellung auf eine rechtlich und wirtschaftlich selbstständige Unternehmung übertragen. Ist der Outsourcing-Partner eine verbundene Unternehmung, liegt internes Outsourcing vor (vgl. Matiaske/Mellewigt (2002), S. 644). Vom Business Process Outsourcing wird gesprochen, wenn ein kompletter Geschäftsprozess mit dem Ziel der Prozessoptimierung und -standardisierung auf eine andere Unternehmung übertragen wird (vgl. Schewe/Kett (2007), S. 2 ff.). Durch Outsourcing von Prozessen können fixe Kosten variabilisiert und die Gesamtkosten gesenkt werden. **Gründe für mögliche Kostensenkungen** sind

– Degressionseffekte,

– eine effizientere Leistungserstellung durch den Outsourcing-Partner und

– exogene Kostenvorteile des Outsourcing-Partners.

Beim Outsourcing werden die Prozesse auf eine Unternehmung übertragen, die auf die Erstellung und Verwertung der betreffenden Leistung spezialisiert ist. Sie bietet diese Leistung einem breiteren Kundenkreis an und erzielt durch größere Absatzmengen Degressionseffekte (vgl. Abschnitt 8.2.2). Größere Absatzmengen bewirken zudem Erfahrungskurveneffekte und damit Effizienzvorteile bei der Leistungserstellung (vgl. Abschnitt 8.2.3). Beispiele für exogene Kostenvorteile sind niedrigere Löhne oder günstigere Steuertarife (vgl. Matiaske/Mellewigt (2002), S. 646).

> Die Senkung von Kosten durch die Verlagerung von Prozessen auf Organisationseinheiten in Niedriglohnländern wird als **Offshoring** bezeichnet.

Offshoring ist nicht zwangsläufig mit Outsourcing verbunden. Neben dem Offshore-Outsourcing sind das Offshore Joint Venture und die Offshore Tochtergesellschaft weitere **Erscheinungsformen des Offshoring**. Gegenstand des Offshoring sind gegenwärtig vor allem Dienstleistungen aus den Bereichen IT, Finanz- und Rechnungswesen sowie wissensintensive Entwicklungs- und Programmiertätigkeiten (vgl. Brandau/Ufer (2008), S. 371 ff.).

> **Shared Service Center** erbringen Verwaltungsleistungen und unterstützende Dienstleistungen für mehrere interne und gegebenenfalls auch für externe Kunden (vgl. Fischer/Sterzenbach (2007), S. 464).

Bei den Verwaltungs- und unterstützenden Dienstleistungen kann es sich z. B. um die Personalverwaltung, das Rechnungswesen, das Immobilienmanagement, die Datenverwaltung oder die Logistik handeln. In der Regel verbleibt der Shared Service Center in der Unternehmung oder zumindest in einer verbundenen Unternehmung. Der Aufbau und Betrieb eines Shared Service Centers kann aber auch einem Joint Venture oder einer Unternehmung übertragen werden, die auf die Erstellung der speziellen Verwaltungs- oder Dienstleistung spezialisiert ist (vgl. Dressler (2007), S. 89 f.). Nach der Orientierung am internen und externen Kunden werden vier Typen von Shared Service Centern unterschieden, die in Abb. 5.3 erläutert werden (vgl. Gerybadze/Martin-Pérez (2007), S. 475 f.).

Externe Kunden-orientierung \ Interne	Niedrig	Hoch
Hoch	**Klassischer Shared Service Center** – Die Serviceleistung wird ausschließlich intern bezogen. – Die abnehmenden Unternehmungsbereiche definieren Leistungsumfang und -qualität (Service Level Agreement).	**Professionelles Shared Service Center** – Mit externen Kunden wird ein hoher Anteil am Umsatz erzielt. – Die internen Unternehmungsbereiche können die Serviceleistung auch extern beziehen.
Niedrig	**Pseudo Shared Service Center** – Die Serviceleistung wird ausschließlich intern angeboten. – Die Unternehmungsbereiche dürfen die Serviceleistung nicht extern beziehen.	**Outsourcing Shared Service Center** Das Shared Service Center bietet eine marktfähige Serviceleistung an, die keine direkte Beziehung zur Geschäftstätigkeit der Unternehmung hat.

Abb. 5.3: Typen von Shared Service Centern

Shared Service Center, die sich an externen Kunden orientieren, haben aus Sicht der **Effizienzgestaltung** zwei Vorteile (vgl. Abschnitt 2.3.2.2): (1) Die Verwaltungsleistungen werden unter Wettbewerbsbedingungen erbracht. Das stärkt im betroffenen Verwaltungsbereich die Motivation zur effizienten Leistungserstellung. Einer Tendenz zum Empire Building kann entgegengewirkt werden. (2) Für die Verrechnung der internen Bereitstellung der Verwaltungsleistung stehen Marktpreise zur Verfügung. Die

Unternehmungsbereiche, die Verwaltungsleistungen des Shared Service Centers beziehen, können dadurch mit den zu Marktpreisen bewerteten Verwaltungsleistungen belastet werden, die sie tatsächlich beansprucht haben. Die leistungsbeanspruchenden Unternehmungsbereiche werden damit zu einem effizienten Umgang mit Verwaltungsleistungen motiviert (vgl. Wileman (2008), S. 185 ff.).

5.1.3 Handlungsfelder des prozessorientierten Kostenmanagements

Das prozessorientierte Kostenmanagement umfasst die in Abb. 5.4 genannten vier Handlungsfelder.

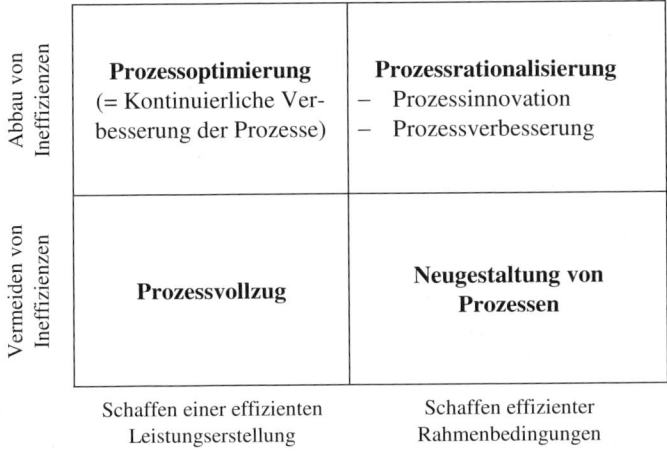

Abb. 5.4: Handlungsfelder des prozessorientierten Kostenmanagements

Die **Neugestaltung** von Prozessen ist u. a. Gegenstand der langfristigen Fertigungsplanung bei der Einführung neuer Produkte und der Layoutplanung bei einer Betriebserweiterung. Beim **Prozessvollzug** kann die Effizienz der Leistungserbringung z. B. durch eine an Effizienzzielen ausgerichtete operative Produktionsplanung und -steuerung oder die Kostenplanung und -kontrolle einer flexiblen Plankostenrechnung gesichert werden.

Die **Prozessrationalisierung** ist die Anpassung von Prozessen an veränderte Unternehmungs- und Umweltbedingungen. Nach dem Eingriff in den strukturellen Aufbau der Unternehmung werden zwei Formen der Prozessrationalisierung unterschieden (vgl. Gaitanides/Scholz/Vrohlings (1994), S. 11; Davenport (1996), S. 24):

– die Prozessinnovation und

– die Prozessverbesserung.

Bei der **Prozessinnovation** handelt es um eine bereichsübergreifende Neugestaltung bestehender Prozesse unter vollständiger Ausblendung der bestehenden Abläufe und

Strukturen. Mit einer Prozessinnovation wird angestrebt, den strukturellen Aufbau der Unternehmung an den Arbeitsabläufen bei Abkehr von funktionalen Organisationsprinzipien auszurichten (vgl. Kieser (1996), S. 243 ff.). Dadurch können auch die Kostensenkungspotentiale an den Schnittstellen zwischen Abteilungen oder Bereichen ausgeschöpft werden. Alle Gestaltungsparameter des prozessorientierten Kostenmanagements werden hinterfragt, um das gesamte vorhandene Kostensenkungspotential ausschöpfen zu können. Ziele einer Prozessinnovation sind Quantensprünge bei der Verbesserung der Leistungsgrößen (Kosten, Qualität, Service, Zeit) der Unternehmung (vgl. Hammer/Champy (1996), S. 48 ff.).

Bei der **Prozessverbesserung** geht es um die Anpassung von Prozessen und des Prozessablaufs innerhalb der gegebenen Aufbaustruktur der Unternehmung. Vollzogen wird die Prozessverbesserung durch Rationalisierungsprojekte innerhalb abgegrenzter Unternehmungsbereiche. Abstimmungsverluste zwischen Abteilungen können durch die Prozessverbesserung nicht erschlossen werden (in Anlehnung an Gaitanides/Scholz/Vrohlings (1994), S. 11).

Die **Prozessoptimierung** zielt auf den Abbau von Verlusten beim Vollzug definierter Prozesse durch die kontinuierliche Verbesserung. Als Ansatz der Prozessoptimierung wird das Prozess-Kaizen genannt (vgl. Davenport (1993), S. 24). Abb. 5.5 gibt eine zusammenfassende Gegenüberstellung der Prozessrationalisierung und -optimierung wieder.

Handlungsfeld Abgrenzungs- merkmal	Prozessinnovation	Prozessverbesserung	Prozessoptimierung/ Kontinuierliche Verbesserung
	Rationalisierung		
Gestaltungsparameter	Merkmale der Prozess-Struktur, des Prozessablaufs und der Prozessträger	Merkmale der Prozess-Struktur, des Prozessablaufs und der Prozessträger bei gegebener Aufbaustruktur der Unternehmung	Vollzug der Prozesse
Anpassung der Aufbaustruktur der Unternehmung	Ausrichtung an den Abläufen	Keine	Keine
Durchführung	Ausnahmsweise bei Vorliegen spezifischer Bedingungen	Unregelmäßig in längeren Zeitabständen	Kontinuierlich

Abb. 5.5: Gegenüberstellung von Handlungsfeldern des prozessorientierten Kostenmanagements

5.2 Prozessinnovationen zur zielorientierten Effizienzgestaltung

5.2.1 Kennzeichnung von Prozessinnovationen

5.2.1.1 Merkmale von Prozessinnovationen

> Unter einer **Prozessinnovation** wird die zielorientierte Umgestaltung bestehender Prozesse verstanden, durch die der strukturelle Aufbau von Bereichen in der Unternehmung bei Abkehr von funktionalen Organisationsprinzipien an den Arbeitsabläufen in der Unternehmung ausgerichtet wird.

Hammer/Champy zählen 19 Merkmale auf, die in Unternehmungen nach einer Prozessinnovation zu beobachten sind (vgl. Hammer/Champy (1996), S. 71 ff.). Diese **Merkmale** können als Parameter und Folgewirkungen bzw. Voraussetzungen der Prozessinnovation verstanden werden. Abb. 5.6 gibt einen Überblick über diese Merkmale (vgl. Theuvsen (1996), S. 67; Bogaschewsky/Rollenberg (1998), S. 244 ff.).

Parameter der Prozessgestaltung	Prozess-Struktur	– Abkehr von funktionalen hin zu kunden- oder produktorientierten Strukturen – Dezentralisation mit zentralen Elementen – Prozessverlagerung – Prozess-Segmentierung – Prozessbereinigung

	Prozessträger	– Konzentration der Ausführungsverantwortung
		  • Caseworker
		  • Caseteams
		  • Casemanager
		  • Virtuelle Teams
		– Übertragen von Entscheidungskompetenzen auf die Prozessträger

	Prozessablauf	Parallelisieren der Prozess-Schritte

Folgewirkungen/ Voraussetzungen		– IT-Unterstützung
		  • Datenbanktechnologie
		  • Expertensysteme
		  • ...
		– Prozessorientierte Motivierung der Mitarbeiter
		  • Vergütung der Mitarbeiter nach Ergebnissen
		  • Beförderung nach Fähigkeiten
		– Mehrdimensionale Berufsbilder
		– Flache Hierarchien
		– Manager als Coach

Abb. 5.6: Elemente einer Prozessinnovation

Prozessinnovationen ersetzen eine verrichtungsorientierte Organisation durch eine Prozessorganisation. Diese sieht die Ausrichtung des strukturellen Aufbaus der Unternehmung an betrieblichen Prozessen und damit die **Abkehr von funktionalen Organisationsprinzipien** vor (vgl. Gaitanides (2004), Sp. 1214), d. h., Fachabteilungen werden durch kunden- oder produktorientierte Strukturen ersetzt. Hinzu kommt, dass die Aktivitäten zur Erbringung einer kunden- oder produktbezogen abgegrenzten Leistung, die bisher durch mehrere Fachabteilungen sukzessive ausgeführt worden sind, nun bei einem einzelnen Prozessträger konzentriert werden, der für den gesamten Prozessvollzug verantwortlich ist. Der Abstimmungsbedarf wird dadurch auf ein Minimum reduziert (vgl. Theuvsen (1996), S. 68, 70). Prozessträger können in der Form von Caseworkern, virtuellen Teams oder Caseteams auftreten. Kleinere Unternehmungsprozesse werden von einer Person getragen, dem **Caseworker**. **Caseteams** sind Gruppen von Mitarbeitern, die zusammen einen funktionsübergreifenden Prozess bearbeiten. Die Mitglieder eines Caseteams arbeiten zur Ausführung von Routineaufgaben dauerhaft zusammen. **Virtuelle Teams** werden dagegen zur Bearbeitung einmaliger Aufgaben gebildet, wie z. B. die Entwicklung eines neuen Produktes. Nach Beendigung einer Aufgabe wird das jeweilige virtuelle Team aufgelöst und die Mitarbeiter anderen Teams oder neuen Projekten zugeordnet. Ist ein Prozess zu komplex, um von einem Caseteam ausgeführt zu werden, tritt ein **Casemanager** hinzu. Er koordiniert die Aktivitäten der verschiedenen Caseteams und ist der alleinige Ansprechpartner für den Prozesskunden (vgl. Hammer/Champy (1996), S. 73 f., 86, 92). Die durch eine Prozessinnovation entstehenden bereichsübergreifenden Prozesse sind von vor- und nachgelagerten Prozessen unabhängig, d. h. horizontal autonom. Weiterhin werden die Kompetenzen für Entscheidungen, die bei der Ausführung eines Prozesses getroffen werden, an die Prozessträger delegiert (vgl. Hammer/Champy (1996), S. 74 f.). Durch die **Delegation von Entscheidungskompetenzen** wird die horizontale Autonomie der Prozesse um eine vertikale Autonomie ergänzt, d. h., Prozessträger werden unabhängig von Entscheidungen der Vorgesetzten (vgl. Theuvsen (1996), S. 69).

Mit Prozessinnovationen sollen Prozesse zeitlich und inhaltlich gestrafft und standardisiert werden. Die zeitliche Straffung wird zum einen durch die **Parallelisierung** der Prozess-Schritte erreicht. Aktivitäten, die von verschiedenen Fachabteilungen und damit zwangsläufig sukzessive ausgeführt worden sind, werden parallel oder zumindest überlappend ausgeführt (vgl. Hammer/Champy (1996), S. 75 ff.). Zum anderen wird die Durchlaufzeit durch die **Verlagerung von Prozessen** verkürzt. Aktivitäten, die bisher von den Abteilungen des indirekten Leistungsbereiches ausgeführt worden sind, werden den Prozessen zugeordnet, die Kunden der zugehörigen Prozesse waren. Dadurch entfallen langwierige und aufwendige Abstimmungsprozesse (vgl. Hammer/Champy (1996), S. 78 ff.). So kann durch Desktop-Purchasing-Systeme die Beschaffung von Einsatzgütern den verbrauchenden Prozessen zugeordnet werden. Um bei dieser **Dezentralisation** die Vorteile der Zentralisation zu erhalten, z. B. die Vorteile einer zentralen Beschaffung, wird den Prozessträgern ein Rahmen vorgegeben, in dem sie die Aufgaben erledigen. Bei Desktop-Purchasing-Systemen handelt die zentrale Beschaffung Rahmenverträge und Mengenrabatte für die Gesamtunternehmung aus, die Prozessträger beschaffen auf der Grundlage dieser Rahmenverträge die zur Deckung des Materialbedarfs notwendigen Mengen ohne Mitwirkung der zentralen Beschaffung (vgl. Dudenhöfer (2002), S. 403; Göthlich (2004), S. 55). Um die Prozesse inhaltlich zu straffen, werden sie **bereinigt**, d. h. nicht wertschöpfende Aktivitäten werden eliminiert. Neben Abstimmungsarbeiten werden vor allem Kontrollen eliminiert. Starre Kontrollen aller Aktivitäten werden hierzu durch nachträgliche, oftmals pauschale Kontrollen ersetzt (vgl. Hammer/Champy (1996), S. 80 f.). Durch die **Prozess-Segmentierung**, d. h. die Bildung von Prozessvarianten für verschiedene Situationen, sollen die Prozesse vereinfacht und die Voraussetzung für ihre Standardisierung geschaffen werden (vgl. Hammer/Champy (1996), S. 77 f.).

Der Übergang zu einer Prozessorganisation ist ohne **IT-Unterstützung** nicht realisierbar. Die Parallelisierung von Aktivitäten setzt voraus, dass Informationen gleichzeitig an beliebig vielen Orten genutzt werden können. Möglich wird das durch moderne Datenbanktechnologien (vgl. Hammer/Champy (1996), S. 122 ff.). Um Aktivitäten, die von Spezialisten verschiedener Fachabteilungen ausgeführt worden sind, und Entscheidungen einer oder einigen wenigen Personen zuordnen zu können, benötigen sie Analyse-, Experten- und Entscheidungsunterstützungssysteme.

Die Prozessträger werden durch die Delegation von Entscheidungskompetenzen unabhängig von Entscheidungen ihrer Vorgesetzten Zur Ausrichtung an den Unternehmungszielen werden die Prozessträger **prozessorientiert motiviert**, indem sie nach der Prozessleistung entlohnt und nach ihren Fähigkeiten befördert werden.

Durch die Zusammenfassung der Aktivitäten verschiedener Fachbereiche bei einem Prozessträger und die Delegation von Entscheidungskompetenzen entstehen **mehrdimensionale Berufsbilder**, die eine entsprechende Aus- und Weiterbildung der Mitarbeiter erforderlich machen (vgl. Hammer/Champy (1996), S. 93 ff.). Die Delegation von Entscheidungskompetenzen, der Abbau des Koordinationsbedarfs und das Reduzieren von Kontrollen führen zu **flachen Hierarchien** (vgl. Hammer/Champy (1996), S. 106 ff.). Für die verantwortlichen Manager entstehen Freiräume, die sie zur Unterstützung der Prozessträger und zur Mitarbeitermotivierung nutzen können. Die Manager werden zum **Coach** der Prozessträger (vgl. Hammer/Champy (1996), S. 99 ff.).

5.2.1.2 Voraussetzungen für Prozessinnovationen

Die Ergebnisse einer empirischen Untersuchung in Abb. 5.7 (vgl. Perlitz u. a. (1996), S. 190 f.) verdeutlichen den Beitrag von Prozessinnovationen für die Gestaltung der Kosten der Unternehmung. Sie belegen jedoch auch, dass die meisten Projekte zur Prozessinnovation scheitern (vgl. Hall/Rosenthal/Wade (1994), S. 82). Die Ursache für die **geringe Erfolgsquote** ist, dass Prozessinnovationen höchste Anforderungen an die Fähigkeit und den Willen der Unternehmung zu tiefgreifenden Veränderungen stellen (vgl. Kieser (1996), S. 249).

Leistungsmerkmal	Weniger erfolg-reiche Projekte	Erfolgreiche Projekte
Senkung der Gemeinkosten	**25,1 %**	**24,6 %**
Steigerung der Produktivität	**19,9 %**	**27,2 %**
Steigerung der Qualität	15,8 %	36,4 %
Verkürzung der Auftragsbearbeitungszeit	16,8 %	43,5 %
Verkürzung der Durchlaufzeit	19,7 %	45,9 %
Verkürzung der Lieferzeit	17,5 %	42,1 %
Verkürzung der Produktentwicklungszeit	21,0 %	39,9 %
Verkürzung der Zeitspanne zwischen Produktidee und Markteinführung	20,1 %	36,8 %
Anzahl der Projekte	58 (≈ 62 %)	35 (≈ 38 %)

Abb. 5.7: Mittlere Ausprägung der Prozesskennzahlen nach Prozessinnovationen

(1) Fähigkeit zu tief greifenden Veränderungen

Die Fähigkeit der Unternehmung zu tief greifenden Veränderungen wird durch das Innovationspotential und die Innovationsgrenzen in der Unternehmung bestimmt. **Innovationspotentiale** sind Sachverhalte, die Möglichkeiten für Prozessinnovationen eröffnen oder positiv auf die Effektivität oder Effizienz von Prozessinnovationen wirken. Sie können in Informationen, in der Technologie, insbesondere der Informationstechnologie, in der Organisation oder in den Mitarbeitern begründet sein (vgl. Davenport (1993), S. 113). Einen Überblick für die Innovationspotentiale der **Informationstechnologie** gibt Abb. 5.8 (vgl. Davenport (1993), S. 50 ff.).

Potential	Verwendung
Automatisierung	Durch den Einsatz von Betriebsmitteln kann die Ausführungszeit verkürzt und die Anzahl papierner Dokumente verringert werden.
Datenerfassung	Prozessinformationen für Zwecke einer Verbesserung der Prozesseffektivität und -effizienz oder der Auftragsverfolgung können erfasst werden (z. B. Maschinendatenerfassung, Radio Frequency Identification[1] [RFID]).
Datenaustausch	Durch Vereinfachung und Beschleunigung des Datenaustausches können – Aktivitäten oder Prozesse parallel ausgeführt werden, z. B. ermöglicht CAD die zeitgleiche Entwicklung verschiedener Produktkomponenten) – Aktivitäten unabhängig von den Orten, an denen sie ausgeführt werden, abgestimmt werden, wodurch die Voraussetzungen für die Dezentralisation von Aktivitäten geschaffen werden.
Datenanalyse	Durch die Auswertung von Daten können Prognosen und Entscheidungen verbessert werden (z. B. Data Warehouse, On-Line Analytical Processing [OLAP], Data Mining[2]).

Strukturierte Speicherung von Daten und Dokumenten	– Durch Datenbanken können alle Informationen zu einem Bearbeitungsobjekt, z. B. einem Auftrag, gespeichert und allen an der Bearbeitung Beteiligten zugänglich gemacht werden. – Wissen kann strukturiert erfasst und von allen Beteiligten genutzt werden.
Dateneingabe	Prozesskunden können Auftragsdaten direkt in das System eingeben und Informationen über den Auftrag erhalten, ohne dass ein Prozessmitarbeiter eingeschaltet wird.

1) vgl. Pflaum (2004), S. 431 ff.; 2) vgl. Wall (1999), S. 295 ff.

Abb. 5.8: Innovationspotentiale der Informationstechnologie

Organisatorische Innovationspotentiale sind Teams, die Delegation von Entscheidungskompetenzen, die Partizipation und eine offene und weniger hierarchische Kommunikation (vgl. Davenport (1993), S. 97, 104). Als **mitarbeiterbezogene Innovationspotentiale** werden die Qualifikation und die Fähigkeiten der Mitarbeiter zur Weiterbildung sowie motivierende Merkmale neuer Prozess-Strukturen gesehen (vgl. Davenport (1993), S. 110 ff.).

Den Innovationspotentialen stehen Innovationsgrenzen gegenüber. **Innovationsgrenzen** sind system- und personenbedingte Barrieren, die Prozessinnovationen verhindern oder zumindest behindern. Innovationsgrenzen sind z. B. komplexe und stark integrierte IT-Systeme, die den Anforderungen prozessorientierter Strukturen nicht genügen (vgl. Davenport (1993), S. 63 ff.). Ebenso kann eine innovationsfeindliche Unternehmungskultur, fehlende Qualifikationen bei den Mitarbeitern oder mangelnde Erfahrung der Neugestaltung von Prozessen entgegenstehen (vgl. Davenport (1993), S. 106 ff.; Hammer (2007), S. 37).

(2) Wille zu tiefgreifenden Veränderungen

Voraussetzungen für den erforderlichen Veränderungswillen sind

– eine latente Unternehmungskrise sowie

– ein Change Sponsor auf der obersten Ebene der Unternehmungsführung.

Eine Prozessinnovation kann nur umgesetzt werden, wenn es der Unternehmungsführung zum einen gelingt, den Beteiligten und Betroffenen glaubhaft zu vermitteln, dass es für dieses Vorhaben keine Alternativen gibt, d. h., die Prozessinnovation für das Überleben der Unternehmung notwendig ist. Zum anderen muss die Unternehmungsführung in der Lage sein, realistische Erwartungen zu positiven Ergebnissen der Prozessinnovation zu vermitteln (vgl. Davenport (1993), S. 171 ff.). Voraussetzung für eine erfolgreiche Prozessinnovation ist deshalb eine **latente Krise**, d. h. die Unternehmung oder ein Unternehmungsbereich steht intern angelegten Problemen gegenüber, die bei unveränderter Fortführung der Prozesse das Überleben gefährden. Diese Krise darf jedoch nicht so weit fortgeschritten sein, dass es für eine Prozessinnovation keine sachlichen und zeitlichen Handlungsspielräume mehr gibt (vgl. Davenport (1993), S. 187 f.).

Der **Change Sponsor** ist der Machtpromotor (vgl. Abschnitt 3.2.1.2) der Prozessinnovation. Er ist die treibende Kraft beim Konzipieren und Umsetzen der Prozessinnovation und für ihre Akzeptanz von höchster Bedeutung. Da sich die Prozessinnovation über mehrere Unternehmungsbereiche erstreckt, sollte der Change Sponsor auf der obersten Ebene der Führungshierarchie angesiedelt sein (vgl. Davenport (1993), S. 179 ff.; vgl. Hammer (2007), S. 37).

5.2.2 Ablauf einer Prozessinnovation

5.2.2.1 Träger einer Prozessinnovation

> Unter **Business Reengineering** wird das Initiieren, Konzipieren, Umsetzen und Verstetigen von Prozessinnovationen zur Verbesserung wichtiger und messbarer Leistungsgrößen in den Bereichen Kosten, Qualität, Service und Zeit verstanden (vgl. Hammer/Champy (1996), S. 48 ff.; aber auch Davenport (1993), S. 1).

Da sich Prozessinnovationen über mehrere Unternehmungsbereiche erstrecken, eignet sich für die Durchführung des Business Reengineering nur eine **Top down-Strategie** (vgl. Abschnitt 3.1.1.2). Träger des Business Reengineering sind

– der Leader,

– der Lenkungsausschuss,

– der Reengineering-Beauftragte,

– der Prozessverantwortliche sowie

– die Reengineering-Teams.

Beim **Leader** handelt es sich um ein Mitglied der oberen Unternehmungsführung, das den Einfluss besitzt, alle Beteiligten zu einem kooperativen Verhalten zu zwingen (vgl. Hammer/Stanton (1995), S. 50). Er setzt das Business Reengineering in Gang, gibt die Ziele vor, wählt die Prozessverantwortlichen aus und ernennt sie. Ihm obliegt es auch, ein Arbeitsumfeld zu schaffen, das die Unterstützung der Beteiligten durch alle relevanten Bereiche der Unternehmung und falls erforderlich auch durch Lieferanten und Kunden sicherstellt. Weiterhin fällt das Projektmanagement sowie die Motivierung der Reengineering-Teams und der Prozessverantwortlichen in den Aufgabenbereich des Leaders (vgl. Davenport (1993), S. 177 ff.).

Der **Lenkungsausschuss** setzt sich aus Mitgliedern der oberen Ebenen der Führungshierarchie, den Prozessverantwortlichen der verschiedenen Business Reengineering-Projekte und dem Leader als Vorsitzenden zusammen. In den Aufgabenbereich des Lenkungsausschusses fallen die Richtlinienentscheidungen für die Business Reengineering-Projekte der Unternehmung sowie die Planung, Durchsetzung und Kontrolle der Business Reengineering-Strategie. Vom Lenkungsausschuss werden die durchzuführenden Reengineering-Projekte ausgewählt und terminiert sowie die Ressourcen festgelegt, die für jedes Projekt zur Verfügung gestellt werden (vgl. Davenport (1993), S. 183; Hammer/Champy (1996), S. 149 f.).

Der **Reengineering-Beauftragte** ist eine Stabsstelle mit Koordinations- und Unterstützungsaufgaben, die dem Leader unterstellt ist. Er koordiniert die Aktivitäten verschiedener Reengineering-Projekte, entwickelt Techniken für die Prozessanalyse und -gestaltung und unterstützt die Prozessverantwortlichen, indem er die Erfahrungen und Erkenntnisse aus früheren Reengineering-Projekten weitergibt (vgl. Davenport (1993), S. 177 ff.; Hammer/Champy (1996), S. 150 ff.).

Als **Prozessverantwortlicher** wird vielfach ein Manager eines Unternehmungsbereiches ausgewählt, der an dem zu gestaltenden Prozess beteiligt ist. Aufgrund des bereichsübergreifenden Charakters des Business Reengineering sollte der Prozessverantwortliche einer Ebene der Unternehmungshierarchie angehören, die ihm in allen betroffenen Bereichen die erforderliche Autorität verleiht. Aufgaben des Prozessverantwortlichen sind die Zusammenstellung der Reengineering-Teams, die Bereitstellung der Ressourcen sowie die Motivierung und fachliche Unterstützung der Reengineering-Teams. Weiterhin hat der Prozessverantwortliche Widerständen aus den betroffenen Fachabteilungen entgegenzutreten. Nach der Umsetzung der Prozessinnovation trägt der Prozessverantwortliche die Verantwortung für die Prozessleistung (vgl. Davenport (1993), S. 182 f.; Hammer/Champy (1996), S. 141 f.).

Das **Reengineering-Team** erarbeitet das Konzept der Prozessinnovation und setzt es häufig auch selbst um. Es sollte fünf bis zehn Mitglieder haben, darunter auch Mitarbeiter des Prozesses, der umgestaltet werden soll. Unterstützt wird das Reengineering-Team durch weitere Personen, die zeitlich begrenzt einen definierten Beitrag zur Teamarbeit leisten. Zu dieser Personengruppe gehören Prozesskunden, Prozesslieferanten und Experten bestimmter Disziplinen, wie z. B. IT und Personalwesen. Um der Tendenz entgegenzuwirken, an bestehenden Lösungen festzuhalten, kann es zweckmäßig sein, die Analyse der bestehenden Prozesse und die Gestaltung der neuen Prozesse verschiedenen Teams zuzuordnen, die nur wenige gemeinsame Mitglieder haben (vgl. Davenport (1993), S. 183; Hammer/Champy (1996), S. 143 ff.).

5.2.2.2 Phasen des Business Reengineering

Davenport schlägt auf der Grundlage von Erfahrungen aus der Unternehmungspraxis ein Ablaufschema für das Business Reengineering vor, das auf der Analyse von Innovationspotentialen und Innovationsgrenzen beruht (vgl. Davenport (1993), S. 25). Es umfasst fünf Phasen, die vor allem dem Konzipieren zuzuordnen sind. Jede Phase ist in mehrere Schritte unterteilt. In Abb. 5.9 wird das Ablaufschema in den Rationalisierungsprozess (vgl. Abschnitt 3.1.2.1) eingeordnet.

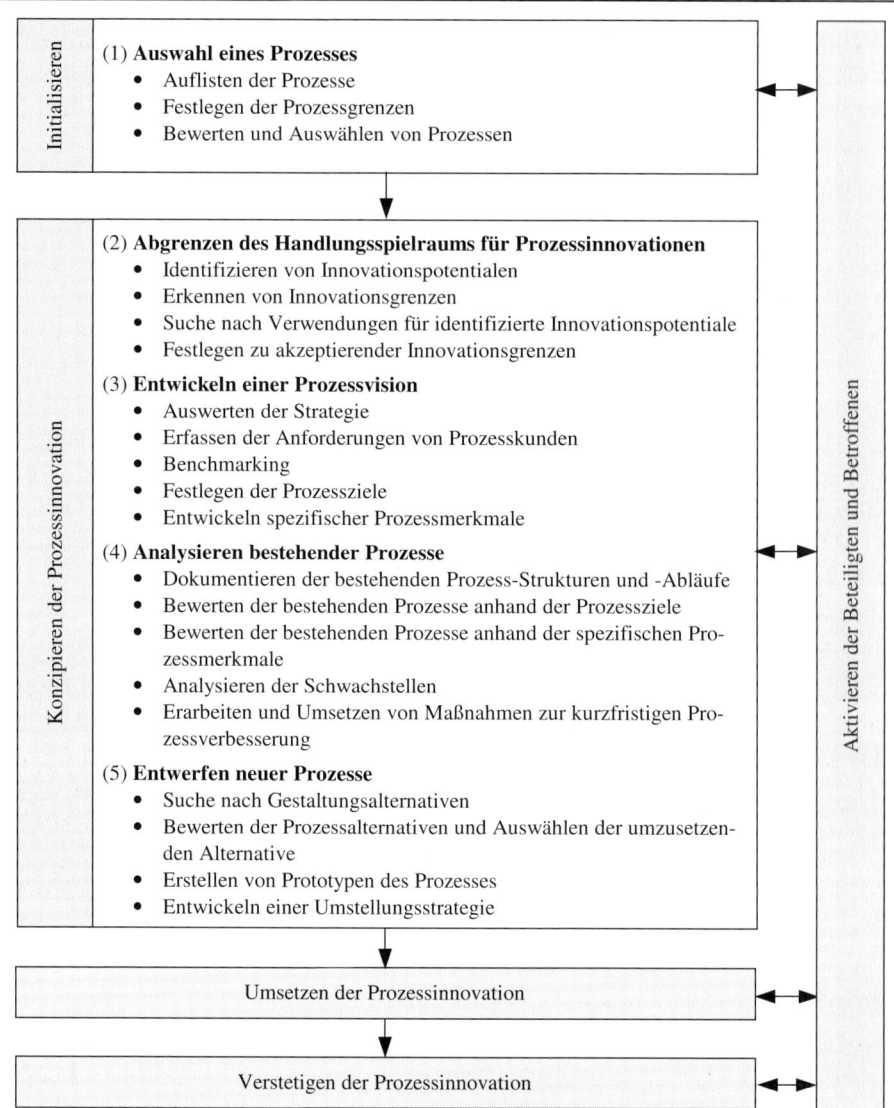

Abb. 5.9: Ablaufschema des Business Reengineering

(1) Auswahl eines Prozesses

Zweck der ersten Phase des Business Reengineering ist es, aus Prozessen der Unternehmung diejenigen auszuwählen, die das Untersuchungsobjekt bilden sollen. Hierzu werden im **ersten Schritt** zunächst die Prozesse der Unternehmung aufgelistet. Die Schwierigkeit besteht dabei darin, den Umfang dieser Prozesse festzulegen. Mit Prozessen, die sich über mehrere Funktionsbereiche erstrecken, wird eine größere Anzahl von Schnittstellen in die Gestaltung einbezogen. Es kann deshalb ein umfangreicheres Kostensenkungspotential erschlossen werden. Der Umfang des betrachteten Prozesses determiniert aber auch die Komplexität des Reengineering. Im **zweiten Schritt** werden die Prozesse gegeneinander abgegrenzt, d. h. das Ende des einen und der Beginn des anderen Prozesses werden festgelegt (vgl. Davenport (2003), S. 28 ff.).

Um die Prozesse auszuwählen, die das Untersuchungsobjekt bilden sollen, wird im **dritten Schritt** die strategische Bedeutung der Prozesse bewertet. Hierzu wird zum einen der Beitrag jedes Prozesses zur Umsetzung der verfolgten Strategie analysiert. Zum anderen werden die Prozesse auf Schwachstellen untersucht, die eine Umsetzung der Strategie behindern könnten. Beispiele für solche Schwachstellen sind lange Liegezeiten, zahlreiche Schnittstellen, unklare Zuordnung der Verantwortung und Fehlen eines eindeutigen Prozesskunden. Zum Objekt eines Reengineering wird ein Prozess jedoch nur dann, wenn er für die Zielerreichung kritisch ist, d. h. die Dringlichkeit einer Prozessinnovation vermittelt werden kann, und das Vorhaben die Unterstützung der Unternehmungsführung findet (vgl. Davenport (1993), S. 31 ff.).

(2) Abgrenzung des Handlungsspielraums für Prozessinnovationen

In den beiden **ersten Schritten** dieser zweiten Phase des Business Reengineering werden die Innovationspotentiale identifiziert und nach Möglichkeiten zu ihrer Nutzung gesucht. Im **dritten Schritt** werden die Innovationsgrenzen festgestellt. Im Hinblick auf die Innovationsgrenzen wird im **vierten Schritt** entschieden, ob sie als Restriktionen der Prozessinnovationen akzeptiert oder Maßnahmen ergriffen werden sollen, um sie abzubauen, wie z. B. der Austausch des bestehenden IT-Systems oder das Ersetzen unzureichend qualifizierter Mitarbeiter. Durch diesen letzten Schritt wird der Handlungsspielraum der Prozessinnovation abgegrenzt.

(3) Entwickeln einer Prozessvision

Eine Prozessinnovation leistet nur dann einen Beitrag zur Zielerreichung, wenn sie die Leistungserstellung und -verwertung in den durch die verfolgte Strategie gesetzten Schwerpunkten verbessert. Die Prozessinnovation ist als ein Element der Strategieumsetzung zu begreifen. In dieser dritten Phase des Business Reengineering wird deshalb die Strategie der Unternehmung in eine **Prozessvision** übertragen, d. h. in messbare Ziele für die Prozessleistung und spezifische Prozessmerkmale. Bei den Prozessmerkmalen handelt es sich zum einen um allgemeine Prozesseigenschaften (Merkmale des Prozessinputs und -outputs) und zum anderen um die Verwendungsmöglichkeiten der identifizierten Innovationspotentiale. Ohne eine Prozessvision, die von den Beteiligten und den Betroffenen getragen wird, besteht die Gefahr, dass eine anvisierte Prozessinnovation auf eine Prozessverbesserung reduziert wird. Die Prozessvision sollte deshalb einfach zu kommunizieren sein, von den Betroffenen nicht als Bedrohung empfunden werden und für die Beteiligten anregend wirken. Prozessvisionen mit Kostensenkungszielen genügen diesen Anforderungen nicht. Es wird deshalb empfohlen, nicht Kostensenkungen in den Mittelpunkt der Prozessvision zu stellen, sondern Veränderungen der Kosteneinflussgrößen (z. B. Qualitätssteigerung, Durchlaufzeitverkürzung).

Bei der Entwicklung der Prozessvision ist in einem **ersten Schritt** die Unternehmungsstrategie auszuwerten. Für die Umsetzung einer Strategie durch Prozessinnovationen kann es viele Alternativen geben. Zur Entwicklung einer Prozessvision bedarf es deshalb auch Anregungen von außerhalb der Unternehmung, die durch

– eine Analyse der Anforderungen externer Kunden und

– ein Benchmarking

gewonnen werden können (vgl. Davenport (1993), S. 121 ff.). Für die Erfassung der Anforderungen externer Prozesskunden an den Prozess im **zweiten Schritt** wird empfohlen, Workshops mit ausgewählten Kunden durchzuführen. Diese können vor dem Entwerfen der Prozessvision oder parallel zu dieser fünften Phase des Business Reengineering (Entwerfen neuer Prozesse) stattfinden. Für die zweite Variante spricht, dass externe Prozesskunden vielfach zunächst keine Vorstellungen von den Anforderungen haben, die sie an einen Prozess stellen wollen. Erst wenn deutlich wird, was ein Prozess zu leisten vermag, sind sie in der Lage, ihre Anforderungen zu präzisieren.

Durch die Kommunikation mit den Kunden können Hinweise auf die Bedeutung von Zielen der Prozessinnovation gewonnen werden, jedoch keine Ideen zu Prozessmerkmalen (vgl. Davenport (1993), S. 124 f.). Deshalb schließt sich im **dritten Schritt** ein Benchmarking an. Das Benchmarking (vgl. Abschnitt 5.3.4) ist eine Methode, die sowohl die Festlegung der Prozessziele als auch der Prozessmerkmale wirkungsvoll unterstützt. Ein Benchmarking beim Konzipieren von Prozessinnovationen sollte sich auf innovative Formen der Arbeitsgestaltung und die in der zweiten Phase identifizierten Innovationspotentiale konzentrieren, um mögliche Verwendungen aufzuspüren.

Im **vierten und fünften Schritt** wird aus den extern gewonnenen Informationen, den identifizierten Innovationspotentialen und den akzeptierten Innovationsgrenzen die Prozessvision entwickelt. Mit der Prozessvision werden die Ziele und die spezifischen Merkmale eines Prozesses festgelegt, der sich zur Umsetzung der verfolgten Strategie eignet und vor dem Hintergrund des abgegrenzten Handlungsspielraums auch realisierbar ist (vgl. Davenport (1993), S. 126 ff.).

(4) Analysieren bestehender Prozesse

Bevor neue Prozesse gestaltet werden, sollten die bestehenden verstanden werden. **Zweck** dieser vierten Phasen ist es, die Ursachen von Problemen bei der Neugestaltung eliminieren und die Vorteilhaftigkeit der neuen Prozesse beurteilen zu können.

Durch diese Analyse wird das Niveau bestimmt, von dem aus das Ausmaß der erreichten Verbesserung der Zielerreichung gemessen werden soll.

Nach der Dokumentation der bestehenden Prozess-Strukturen und Prozessabläufe werden die bestehenden Prozesse anhand der erarbeiteten Prozessziele und Prozessmerkmale bewertet (vgl. Davenport (1993), S. 139). Die Analysen ermöglichen es, bestehende Schwachstellen zu identifizieren und zu analysieren, wie z. B. Engpässe, Redundanzen und überflüssige Aktivitäten. Die identifizierten Schwachstellen und ihre Ursachen sollten in die Erarbeitung von Maßnahmen zur kurzfristigen **Prozessverbesserung** münden. Da sich die Planung und Umsetzung von Prozessinnovationen über einen längeren Zeitraum erstrecken, können durch die Verbesserung bestehender Prozesse erste Zielbeiträge realisiert werden. Diese frühen Erfolge (Quick Hits) wirken sich positiv auf die Motivation der Beteiligten und Betroffenen aus (vgl. Davenport (1993), S. 140 f.).

(5) Entwerfen neuer Prozesse

Der **erste Schritt** dieser Phase umfasst die Suche nach Gestaltungsalternativen, die durch Kreativitätstechniken unterstützt werden kann. Es wird vorgeschlagen, den neuen Prozess iterativ, d. h. in mehreren Schritten zu gestalten. Begonnen werden sollte mit dem Entwurf des Prozesses, um anschließend die Teilprozesse zu definieren und mit der Festlegung der Aktivitäten zu enden. Abb. 5.10 nennt die Gestaltungsparameter, für die auf diesen drei Betrachtungsebenen nach alternativen Ausprägungen gesucht wird. Grundlage dieser Suche bilden die Prozessvision sowie die Innovationspotentiale und -grenzen.

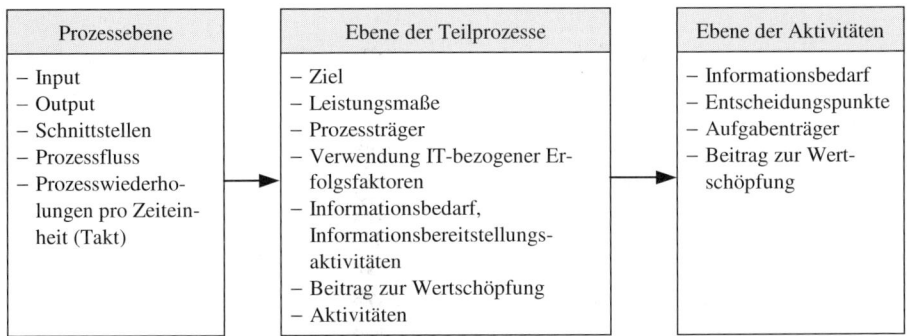

Abb. 5.10: Gestaltungsparameter der verschiedenen Betrachtungsebenen

Im **zweiten Schritt** werden die Realisierbarkeit, die Kosten, der Nutzen für die Prozesskunden und die Risiken der generierten Prozessalternativen analysiert und die Zeitspanne für die Umsetzung geschätzt. Auf der Grundlage dieser Bewertung wird eine Prozessalternative ausgewählt, die realisiert werden soll.

Um die neue Prozess-Struktur, die Informationstechnologie und die Organisation aufeinander abzustimmen, werden im **dritten Schritt** Prototypen des neuen Prozesses erstellt. Das sind weitgehend funktionsfähige Ausschnitte des Prozesses, die sich eignen, verschiedene Gestaltungsmerkmale zu prüfen. Der neu gestaltete Prozess, die Prozessumgebung und die IT-Struktur werden in mehreren Schritten immer präziser aufeinander abgestimmt, um das Risiko bei der Umsetzung des Prozesses zu verringern.

Diese Phase endet mit der Planung einer Umstellungsstrategie im **vierten Schritt**. Die Umstellungsstrategie kann die Komplettumstellung oder die schrittweise Umstellung vorsehen. Bei der schrittweisen Einführung wird mit einem Pilotprojekt begonnen, d. h., die neue Prozess-Struktur wird in einem abgegrenzten Unternehmungsbereich umgesetzt. Auf der Grundlage der dabei gewonnenen Erfahrungen wird der Prozess sukzessive in den anderen Unternehmungsbereichen eingeführt. Für die Umsetzung des neuen Prozesses kann auch ein neuer Unternehmungsbereich geschaffen werden. Hat sich der Prozess bewährt, ersetzt der neue den alten Unternehmungsbereich (vgl. Davenport (1993), S. 158 f.).

(6) Weitere Phasen

Schwerpunkte der **Umsetzung** einer konzipierten Prozessinnovation sind (vgl. auch Hammer (2007), S. 38):

– das Einführen der erforderlichen Informationstechnologie,
– das Erarbeiten umfassender und verständlicher Beschreibungen, wie die neu gestalteten Prozesse auszuführen sind,
– das Zuordnen der Verantwortung für die Prozesse und die Prozessergebnisse,
– das Implementieren von Kennzahlen zur Steuerung der Prozesse sowie
– das Schulen der Mitarbeiter.

Durch die Schulung sollen neben den erforderlichen Fertigkeiten auch die Funktionsweise des Gesamtprozesses und die neuen Verhaltensweisen vermittelt werden. Die erfolgreiche Umsetzung einer konzipierten Prozessinnovation setzt eine hohe Akzeptanz bei den Betroffenen voraus, die parallel zum Konzipieren zu schaffen ist. Hierzu können die in Abschnitt 3.2.2 diskutierten Maßnahmen ergriffen werden. Nur die Partizipation wird für das Business Reengineering als ungeeignet betrachtet. Begründet wird das mit der funktionsorientierten Spezialisierung der Betroffenen, die dem bereichsübergreifenden Charakter einer Prozessinnovation entgegensteht (vgl. Davenport (1993), S. 175 ff.).

Zur **Verstetigung** der Prozessinnovation werden vor allem zwei Maßnahmen vorgeschlagen. Hierbei handelt es sich zum einen um das Ersetzen von Mitarbeitern, die sich den Veränderungen widersetzen oder den geänderten Anforderungen auch nach ausreichenden Schulungen und Unterweisungen nicht gerecht werden. Zum anderen sind die Führungsteilsysteme (z. B. Budgetierungssystem, Anreizsystem, Personalbeurteilungssystem) an die geänderte Aufbaustruktur der Unternehmung anzupassen (vgl. Davenport (1993), S. 194 ff.).

5.3 Prozessverbesserung im Gemeinkostenbereich

5.3.1 Bedeutung der Prozessverbesserung im Gemeinkostenbereich

> Eine **Prozessverbesserung** ist die zielorientierte Umgestaltung der Prozesse in einem Bereich bei gegebener Aufbaustruktur der Unternehmung.

Eine Unternehmung besteht aus einem primären und einem sekundären Leistungsbereich (vgl. Abb. 5.11). Der **primäre Leistungsbereich** dient der Leistungserstellung und -verwertung und steht in einem direkten Zusammenhang mit der Marktaufgabe der Unternehmung. Nach dem Produktbezug wird er in den direkten und den indirekten Leistungsbereich gegliedert. Der **direkte Leistungsbereich** wirkt unmittelbar auf die Produkte ein, d. h., er umfasst die Produktionsprozesse der Unternehmung. Der **indirekte Leistungsbereich** erstellt Dienstleistungen für den direkten Leistungsbereich (z. B. Beschaffung, Arbeitsvorbreitung, Instandhaltung). Der **sekundäre Leistungsbereich** erbringt Verwaltungsleistungen, die keinen Bezug zur Marktaufgabe haben, wie z. B. die Buchhaltung (vgl. Kosiol (1972), S. 75 f.).

> Der **Gemeinkostenbereich** der Unternehmung setzt sich aus dem indirekten und dem sekundären Leistungsbereich zusammen.

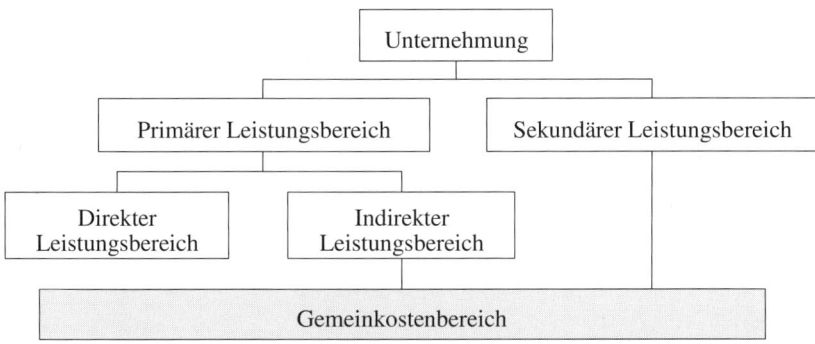

Abb. 5.11: Gliederung der Unternehmung in Leistungsbereiche

Der Gemeinkostenbereich bildet aus zwei Gründen einen **Schwerpunkt der Prozessverbesserung**: (1) Der Gemeinkostenbereich erbringt seine Leistungen für interne Bereiche und ist damit keinem Wettbewerb ausgesetzt. Ineffizienzen oder unzureichende Leistungen und ihre Ursachen sind damit nicht unmittelbar sichtbar. Hinzu kommt, dass der Prozessablauf nicht offensichtlich bzw. eindeutig nachvollziehbar ist und einer hohen Varianz unterliegen kann (vgl. Lamla (1995), S. 42). (2) Zwischen dem geplanten Leistungsprogramm der Unternehmung und den Leistungen des Gemeinkostenbereichs besteht kein Zusammenhang. Es ist deshalb kaum möglich, vom geplanten Leistungsprogramm auf die notwendigen Leistungen des Gemeinkostenbereichs zu schließen (vgl. Wegmann (1982), S. 4 f.). Aus diesem Grund gelangt im Gemeinkostenbereich vielfach die Fortschreibungsbudgetierung zur Anwendung. Bei diesem Verfahren wird das Budget der Vorperiode an Veränderungen der Unternehmungs- und Umweltbedingungen angepasst. Damit wird immer nur derjenige Teil des Budgets überprüft, der über dem Budgetansatz der Vorperiode liegt. Dieses Vorgehen hat die Fortschreibung von Fehlallokationen der Ressourcen des Gemeinkostenbereichs, Budgetverschwendung, Budgetreserven sowie eine Tendenz zur Erhöhung der Budgets zur Folge (vgl. Friedl (2004), S. 317).

Für die Prozessverbesserung im Gemeinkostenbereich sind zahlreiche **Verfahren** vorgeschlagen worden. Sie unterstützen die Anpassung der Prozesse innerhalb der gegebenen Aufbaustrukturen des Gemeinkostenbereichs. Kostensenkungspotentiale durch die bereichsübergreifende Abstimmung von Prozessen können mit diesen Verfahren nicht erschlossen werden (vgl. Töpfer/Effenberger (1996), S. 191). Zu diesen Verfahren zählen:

– die wertanalytischen Verfahren, d. h.
  • die Gemeinkostenwertanalyse (vgl. Abschnitt 5.3.2),
  • die administrative Wertanalyse und die Gemeinkosten-Aufwand-Nutzen-Analyse (vgl. Wegmann (1992), S. 100 ff.),
  • die Prozesswertanalyse (vgl. Willeke (2001), S. 195 ff.) sowie
– das Zero-Base-Budgeting (vgl. Abschnitt 5.3.3) und
– das Benchmarking (vgl. Abschnitt 5.3.4).

Bei jedem dieser Verfahren handelt es sich um einen **Arbeitsplan** für die Prozessrationalisierung durch Prozessverbesserung. Dieser schreibt eine Folge von Grundschritten vor, die in mehrere Teilschritte untergliedert sind, sowie den Einsatz bekannter betriebswirtschaftlicher Methoden (z. B. Kosten-Nutzen-Analyse). Die Vorgaben der Arbeitspläne betreffen nur die Phasen des Konzipierens und Umsetzens sowie einige wenige Aspekte des Aktivierens. Um zu vermeiden, dass umgesetzte Maßnahmen im Laufe der Zeit durch den Rückfall in die alten und damit vertrauten Vorgehensweisen aufgegeben werden (vgl. Freimuth (1987), S. 102), muss dem Konzipieren und Umsetzen das Verstetigen der umgesetzten Maßnahmen folgen (vgl. Töpfer/Effenberger (1996), S. 187).

5.3.2 Gemeinkostenwertanalyse

5.3.2.1 Abgrenzung der Gemeinkostenwertanalyse

Die Gemeinkostenwertanalyse (Overhead Value Analysis, OVA) geht auf die Wertanalyse (vgl. Abschnitt 6.4) zurück und wurde in den 70er Jahren von der Unternehmungsberatungsgesellschaft McKinsey & Company, Inc. entwickelt (vgl. Roever (1982), S. 249). Eingesetzt wird dieses Verfahren inzwischen nicht nur im Gemeinkostenbereich, sondern in Dienstleistungsunternehmungen zunehmend auch im direkten Leistungsbereich (vgl. Frysch (1995), S. 42). Mit der Gemeinkostenwertanalyse wird eine **Steigerung der Prozesswerte** im Gemeinkostenbereich angestrebt. Erreicht werden soll dieses Ziel zum einen durch den Abbau unnötiger oder überflüssiger Leistungen (vgl. Abschnitt 2.3.2.2) und zum anderen durch die Verbesserung der Effizienz bei der Erstellung unverzichtbarer Leistungen (vgl. Lange (2002), S. 618). Hierzu werden die Leistungen, die vom Gemeinkostenbereich gegenwärtig erbracht werden, erfasst und vom Leistungsersteller zusammen mit dem Leistungsempfänger einer Kosten-Nutzen-Analyse unterzogen (vgl. Töpfer/Effenberger (1996), S. 184). Nach Abschluss einer Gemeinkostenwertanalyse sollen nur noch die Leistungen erstellt werden, die unbedingt notwendig sind, und zwar so gut wie nötig und so kostengünstig wie möglich (vgl. Frysch (1995), S. 43).

> Die **Gemeinkostenwertanalyse** ist ein Verfahren zur Planung und Umsetzung von Maßnahmen der Prozessverbesserung im Gemeinkostenbereich auf der Grundlage einer isolierten Kosten-Nutzen-Analyse der Leistungen dieses Bereichs mit dem Ziel einer Kostensenkung zur Erhöhung des Prozesswertes.

Gemeinkostenwertanalysen werden aperiodisch als Projekte durchgeführt. Hierzu wird der Gemeinkostenbereich in mehrere **Untersuchungseinheiten** gegliedert. Als Untersuchungseinheiten werden in der Regel Organisationseinheiten herangezogen. Die Untersuchungseinheiten werden anschließend parallel bzw. sukzessive, jedoch weitestgehend isoliert betrachtet (vgl. Gutzler (1992), S. 122). Träger der Gemeinkostenwertanalyse sind der Lenkungsausschuss, die Projektleitung, die Analyse-Teams und die Arbeitsgruppen (vgl. Huber (1987), S. 222 ff.; Jehle (1992), S. 1510).

(1) Lenkungsausschuss

Der Lenkungsausschuss setzt sich aus Mitgliedern der Unternehmungsführung bzw. derjenigen Leitungsebene zusammen, die dem zu analysierenden Bereich unmittelbar übergeordnet ist. Er stellt die höchste Entscheidungsinstanz dar, d. h., er entscheidet über die erarbeiteten Maßnahmen zur Kostensenkung. Der Lenkungsausschuss trägt die **Gesamtverantwortung** für das Projekt, bestellt die weiteren Funktionsträger, hat die Beteiligten und Betroffenen von der Notwendigkeit des Projektes zu überzeugen und den Betriebsrat zu informieren.

(2) Projektleitung

Ihr obliegt das Projektmanagement. Ein Merkmal der Gemeinkostenwertanalyse ist die detaillierte Aufgaben- und Zeitplanung, die den Projektablauf und die Mitarbeit der Beteiligten bis auf die Stunde genau festlegt. Die Projektleitung hat gemäß dem Grundsatz „keine Terminverschiebung" sicherzustellen, dass der Zeitplan exakt eingehalten wird (vgl. Roever (1982), S. 251). Weiterhin stellt die Projektleitung die Verbindung zwischen den Analyseteams her, schult die Analyseteams und trägt die **Verantwortung für die Einhaltung der Verfahrensrichtlinien.** Anders als der Lenkungsausschuss ist die Projektleitung vollzeitig im Projekt tätig.

(3) Analyseteams

Da ein Analyseteam nicht mehr als drei Untersuchungseinheiten betreuen sollte, werden für ein Gemeinkostenwertanalyse-Projekt meist mehrere Analyseteams gebildet. Sie bestehen in der Regel aus zwei Mitarbeitern, die über **Methodenkompetenzen** auf dem Gebiet der Gemeinkostenwertanalyse und **Fachkompetenzen** im Arbeitsbereich der Untersuchungseinheit verfügen. Die Analyseteams sind die Ansprechpartner für die Arbeitsgruppen. Es ist Aufgabe des Analyseteams, die Arbeitsergebnisse der Arbeitsgruppen auszuwerten, die Ergebnisse zu dokumentieren und dem Lenkungsausschuss zu berichten. Sie sind darüber hinaus für die Durchsetzung und Kontrolle der Maßnahmen in den Untersuchungseinheiten zuständig. Auch die Mitglieder der Analyseteams wirken vollzeitig an dem Projekt mit.

(4) Arbeitsgruppen

Für jede Untersuchungseinheit wird ein **Leiter** benannt. Die Orientierung der Unternehmungseinheiten an der Organisationsstruktur hat den Vorteil, dass die Leiter der Untersuchungseinheiten festliegen und nicht erst für die Zwecke der Gemeinkostenwertanalyse bestimmt werden müssen (vgl. Wegmann (1982), S. 128 f.). Der Leiter sollte mit den Leistungen, die der Untersuchungsbereich erbringt, und den Arbeitsabläufen zu ihrer Erstellung vertraut sein sowie die Kosten und die Empfänger dieser Leistungen kennen. Die Leiter bilden in ihren Untersuchungseinheiten Arbeitsgruppen, die mit Mitarbeitern aus der Untersuchungseinheit und den Bereichen besetzt sind, die Leistungen der Untersuchungseinheit empfangen. Die Arbeitsgruppen führen Analysen durch, erarbeiten und bewerten Maßnahmen zur Kostensenkung. Schließlich setzen sie die konzipierten Maßnahmen um.

5.3.2.2 Prozess der Gemeinkostenwertanalyse

Die Gemeinkostenwertanalyse gliedert sich in **drei Phasen**:
- die Vorbereitungsphase,
- die Analysephase sowie
- die Realisationsphase.

Jede dieser Phasen umfasst mehrere Teilaufgaben. Einen Überblick über den Ablauf der Gemeinkostenwertanalyse zeigt Abb. 5.12 (vgl. Jehle (1992), S. 1509 ff.).

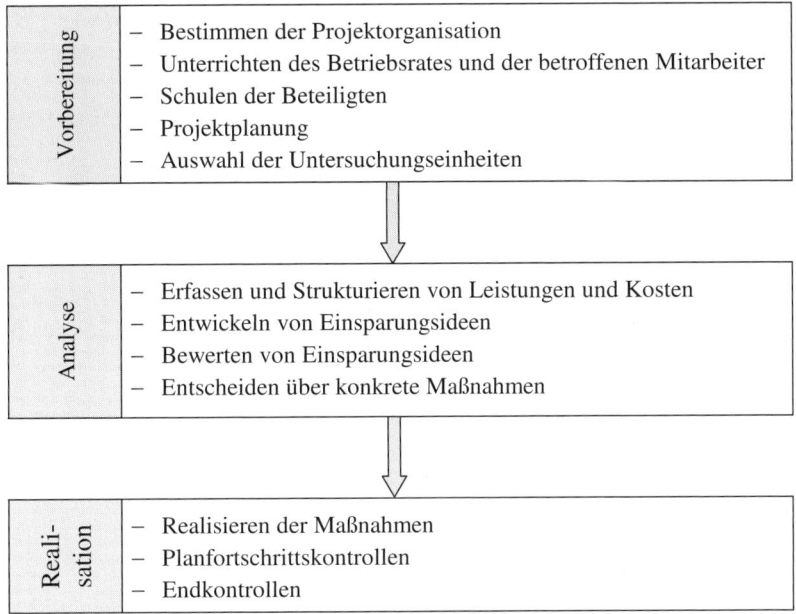

Vorbereitung
- Bestimmen der Projektorganisation
- Unterrichten des Betriebsrates und der betroffenen Mitarbeiter
- Schulen der Beteiligten
- Projektplanung
- Auswahl der Untersuchungseinheiten

Analyse
- Erfassen und Strukturieren von Leistungen und Kosten
- Entwickeln von Einsparungsideen
- Bewerten von Einsparungsideen
- Entscheiden über konkrete Maßnahmen

Realisation
- Realisieren der Maßnahmen
- Planfortschrittskontrollen
- Endkontrollen

Abb. 5.12: Phasen im Prozess der Gemeinkostenwertanalyse

> Ziel der **Analysephase** ist es, für jede Untersuchungseinheit Kostensenkungspotentiale zu identifizieren und Maßnahmen zu erarbeiten, um sie auszuschöpfen.

Für jede Untersuchungseinheit werden hierzu jeweils vier Schritte durchgeführt. Jeder dieser Schritte ist terminiert und auf die Dauer einer Woche begrenzt. Vollzogen wird die Analysephase in mehreren aufeinanderfolgenden Takten. Ein **Takt** ist eine Projektstufe, in der die Analyseteams parallel jeweils mehrere Arbeitsgruppen bei der Durchführung der vier Schritte für ihre Untersuchungseinheit betreuen (vgl. Abb. 5.13). Nach Abschluss eines Taktes werden die Arbeitsgruppen der nächsten Untersuchungseinheiten unterstützt. Dieser Prozess setzt sich fort, bis alle Untersuchungseinheiten analysiert sind. Die Zahl der Takte und damit die Gesamtdauer des Gemeinkostenwertanalyse-Projektes hängen von der Zahl der Analyseteams und der Zahl der Arbeitsgruppen ab, die von ihnen während eines Taktes parallel betreut werden. Sind 48 Untersuchungseinheiten durch vier Analyseteams zu analysieren, die jeweils drei Arbeitsgruppen parallel betreuen, werden pro Takt zwölf Untersuchungseinheiten analysiert. Für den Abschluss des Projektes sind dann insgesamt vier Takte und damit 16 Wochen erforderlich (vgl. Huber (1987), S. 239).

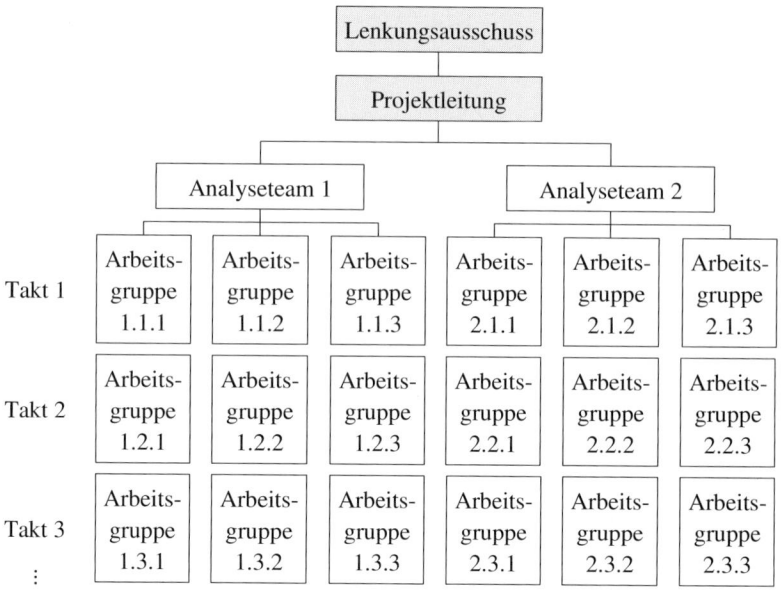

Abb. 5.13: Organisation einer Gemeinkostenwertanalyse

Die **vier Schritte der Analyse** einer Untersuchungseinheit sind (vgl. Roever (1980), S. 688 f.; Wegmann (1982), S. 128 ff.; Huber (1987), S. 240 ff.):
- 1. Schritt: Erfassen und Strukturieren von Leistungen und Kosten
- 2. Schritt: Entwickeln von Einsparungsideen
- 3. Schritt: Bewerten der Einsparungsideen
- 4. Schritt: Entscheiden über die Einsparungsideen

Im **ersten Schritt** erstellen die Arbeitsgruppen einen Leistungskatalog. Dieser nennt alle **Leistungen**, die von der Untersuchungseinheit erstellt werden, und deren Empfänger. Der Leistungskatalog wird mit der eigentlichen Aufgabenstellung der Untersuchungseinheit verglichen, um Kostensenkungspotentiale zu erkennen. Ein anderes Verfahren zur Erfassung und Strukturierung der Leistungen, das in japanischen Unternehmungen praktiziert wird, baut auf der Funktionenanalyse der Wertanalyse auf. Bei diesem Verfahren werden zunächst die Funktionen festgestellt und strukturiert, die von der Untersuchungseinheit zu erfüllen sind. Diese Funktionen werden anschließend den Tätigkeiten gegenübergestellt, die in der Untersuchungseinheit tatsächlich ausgeführt werden (vgl. Yoshikawa/Innes/Mitchell (1995), S. 193 ff.).

Für jede Leistung der Untersuchungseinheit werden anschließend die **Kosten** geschätzt. Hierzu werden die in der Untersuchungseinheit ausgeführten Tätigkeiten den verschiedenen Leistungen zugeordnet. Durch Befragung der Mitarbeiter oder Selbstaufschreibung über einen begrenzten Zeitraum werden anschließend die für diese Tätigkeiten aufgewendeten Arbeitszeiten erfasst. Über diese Arbeitszeiten werden anschließend die Personalkosten auf die verschiedenen Leistungen verrechnet. Die Sachkosten werden nicht geplant, sondern den Leistungen proportional zu den verrechneten Personalkosten zugerechnet. Da im Gemeinkostenbereich die Personalkosten den größten Anteil an den Gesamtkosten ausmachen, führt diese vereinfachte Verrechnung der Sachkosten zu hinreichend genauen Ergebnissen (vgl. Wegmann (1982), S. 129 f.).

Die Mitarbeiter der Untersuchungseinheit kennen die Kosten der erstellten Leistung, nicht jedoch deren **Nutzen**. Dieser ist nur Mitarbeitern der Abteilungen bekannt, die Leistungen der Untersuchungseinheit beziehen. Erst durch die Zusammenarbeit von Mitarbeitern der leistenden und empfangenden Abteilungen in den Arbeitsgruppen kann das Kosten-Nutzen-Verhältnis der Leistungen beurteilt werden (vgl. Wegmann (1982), S. 130 ff.).

Ziel des **zweiten Schrittes** ist das Generieren von Maßnahmen zum Leistungsabbau und zur Steigerung der Effizienz der Leistungserstellung. Um die Mitarbeiter in den Arbeitsgruppen zu motivieren, eine große Zahl von Einsparungsideen zu generieren, wird allen Untersuchungseinheiten das sehr anspruchsvolle Kostensenkungsziel von 40 % der Gesamtkosten vorgegeben. Es soll bewirken, dass die Suche nach Einsparungsideen nicht vorschnell abgebrochen wird, als unantastbar angesehene Leistungen hinterfragt und auch unkonventionelle Einsparungsideen entwickelt werden (vgl. Roever (1980), S. 689). An dieser generellen Kostensenkungsvorgabe wird kritisiert, dass sie Widerstände hervorruft und die Kreativität der Betroffenen ungünstig beeinflusst. Zudem wird vermutet, dass Ideen mit hohem Kostensenkungspotential generiert werden, die nicht realisierbar sind, realisierbare Maßnahmen mit kleinerem Einsparungspotential jedoch vernachlässigt werden (vgl. Huber (1987), S. 246). Einen Überblick über Maßnahmen zum Abbau von Leistungen sowie zur Effizienzsteigerung zeigt Abb. 5.14 (vgl. Huber (1987), S. 46; Jehle (1992), S. 1511.).

Leistungsabbau	Effizienzsteigerung
• Wegfall nicht notwendiger Leistungen • Verringern der Funktionalität von Prozessen • Verringern der Qualität von Prozessen auf ein ausreichendes Niveau • Verringern der Häufigkeit der Leistungserbringung • Verringern der Anzahl von „Blitzaktionen"	• Steigern der Effizienz der organisatorischen Zuordnung (Verlagern von Prozessen, Outsourcing) • Verbessern der Effizienz des Prozessvollzugs (Straffen der Abläufe, Standardisieren, Verbessern der Kapazitätsausnutzung, Abbau von Medienbrüchen, Automatisierung)

Abb. 5.14: Maßnahmen zur Senkung der Kosten im Gemeinkostenbereich

Zur Bewertung der generierten Einsparungsideen werden im **dritten Schritt** drei Kriterien herangezogen: die erwartete Kosteneinsparung, das Risiko und die Realisierbarkeit. Zur Beurteilung des Risikos werden die negativen Konsequenzen der Maßnahmen, ihre Bedeutung und ihre Eintrittswahrscheinlichkeiten ermittelt. Die Maßnahmen werden anschließend in A-, B- und C-Maßnahmen gruppiert. Zur A-Gruppe werden alle Maßnahmen gezählt, die innerhalb von zwei Jahren realisiert werden können und bei einem akzeptablen Risiko zu einer Kosteneinsparung führen. Alle nicht realisierbaren Maßnahmen werden der C-Gruppe zugeordnet (vgl. Huber (1987), S. 248 f.). Bei den B-Maßnahmen ist die Kosteneinsparung mit höheren Risiken verbunden. Sie werden deshalb zunächst zurückgestellt. Die von der Arbeitsgruppe gefundenen und bewerteten Maßnahmen werden vom Analyseteam überprüft. Das Analyseteam kann die Zuordnung zu den Gruppen verändern, wenig aussichtsreiche Maßnahmen eliminieren, weitere Einsparungsideen hinzufügen oder die gemachten Vorschläge verwerfen. Letzteres hat zur Konsequenz, dass durch neu zusammengesetzte Arbeitsgruppen weitere Ideen generiert und bewertet werden (vgl. Wegmann (1982), S. 133).

Im **letzten Schritt** arbeiten die Arbeitsgruppe und das Analyseteam für die A-Maßnahmen bis ins Detail geregelte und terminierte Aktionsprogramme aus. Auf B-Maßnahmen wird zurückgegriffen, wenn nach Realisation der A-Maßnahmen weitere Kostensenkungen erforderlich sind. Über die Maßnahmen, die realisiert werden sollen, entscheidet der Lenkungsausschuss. Schließlich werden auf der Grundlage des genehmigten Aktionsprogramms die Kostenbudgets der betroffenen Bereiche angepasst (vgl. Wegmann (1982), S. 134 ff.).

In der **Realisationsphase** werden die Aktionsprogramme durch die Arbeitsgruppen in den Untersuchungseinheiten umgesetzt. Die Kontrolle der Realisation der Maßnahmen und ihrer Wirkungen sind Gegenstand von Planfortschritts- und Endkontrollen der Ergebnisse (vgl. Huber (1987), S. 284 ff.).

Mit der Gemeinkostenwertanalyse werden nur **Kostensenkungsmaßnahmen** zur Verbesserung des Prozesswertes erarbeitet. Keinen Gegenstand der Gemeinkostenwertanalyse bilden Maßnahmen, die einen Beitrag zur verbesserten Erreichung der mittel- und langfristigen Ziele der Unternehmung leisten, wie z. B. eine Verkürzung der Lieferzeit. Ein **Problem** der Gemeinkostenwertanalyse kann darin gesehen werden, dass die Einsparungsideen von den Mitarbeitern der betroffenen Bereiche zu erarbeiten sind. Dieses Verfahren verlangt damit, dass Mitarbeiter die eigenen Aufgaben auf ihre Notwendigkeit überprüfen. Dies kann sich hemmend auf die Motivation der Arbeitsgruppen auswirken. Mit der Gemeinkostenwertanalyse werden in der Regel dennoch Kosteneinsparungen in Höhe von 10 - 20 % erreicht (vgl. Roever (1989), S. 689). Die erreichten Kostensenkungen sind jedoch vielfach nicht nachhaltig (vgl. Gutzler (1992), S. 124 ff.). Der Realisation sollte deshalb eine Phase der **Verstetigung** folgen. Für diese wird vorgeschlagen, dass der leistungserbringende und der leistungsempfangende Bereich die Kosten und den Nutzen jeder Leistung abwägen, die in das Leistungsprogramm des leistungserbringenden Bereichs neu aufgenommen werden soll (vgl. Franz (1995), S. 136; Frysch (1995), S. 64).

5.3.3 Zero-Base-Budgeting

5.3.3.1 Grundgedanke des Zero-Base-Budgeting

Das Zero-Base-Budgeting ist Ende der 60er Jahre bei Texas Instruments entwickelt worden und wird insbesondere von der Unternehmungsberatung A.T. Kearny verbreitet (vgl. Jehle (1992), S. 1512). Eingesetzt wird das Zero-Base-Budgeting im Gemeinkostenbereich industrieller Unternehmungen und in der öffentlichen Verwaltung (vgl. Pyhrr (1970), S. 111 f.). Wie bei der Gemeinkostenwertanalyse sollen durch den Abbau von Leistungen und die Verbesserung der Verfahren Kostensenkungen erreicht werden. Dem Zero-Base-Budgeting liegt dabei jedoch ein sehr viel radikaleres Konzept zugrunde. Der Suche nach Möglichkeiten zum Abbau von Leistungen liegt der **Grundsatz der Disponierbarkeit aller Leistungen** zugrunde, d. h., es wird von der Annahme der Neuplanung auf der „grünen Wiese" ausgegangen (vgl. Meyer-Piening (1990), S. 13). Das Zero-Base-Budgeting unterscheidet sich in einem weiteren wichtigen Merkmal deutlich von der Gemeinkostenwertanalyse: Es dient nicht ausschließlich einer Kostensenkung, sondern sieht auch den **Ausbau von Leistungen** für eine verbesserte Erreichung der mittel- und langfristigen Ziele der Unternehmung vor. Gegenstand des Zero-Base-Budgeting sind deshalb Maßnahmen für eine effizientere Ausführung von Aktivitäten und den Abbau von Aktivitäten, aber auch für die Einführung zusätzlicher Aktivitäten (vgl. Pyhrr (1973), S. 6 ff.).

> Das **Zero-Base-Budgeting** ist ein Verfahren zur Planung und Umsetzung von Maßnahmen zur Prozessverbesserung im Gemeinkostenbereich auf der Grundlage einer vergleichenden Analyse der tatsächlichen und potentiellen Aktivitäten des Gemeinkostenbereichs unter der Annahme, dass dieser Bereich auf der „grünen Wiese" neu aufgebaut wird, und mit dem Ziel einer Prozesswertsteigerung zur verbesserten Erreichung der mittel- und langfristigen Unternehmungsziele.

Bei der Durchführung eines Zero-Base-Budgeting-Projektes wird der Gemeinkostenbereich in **Entscheidungseinheiten** gegliedert. Das sind inhaltlich zusammenhängende Aktivitäten im Gemeinkostenbereich, die jeweils ein Objekt der Analyse und Gestaltung bilden. Gegenstand der Entscheidungseinheiten können Abteilungen, Kostenstellen oder Gruppen von Mitarbeitern sein, aber auch Funktionen, Projekte oder Dienstleistungen. An die Abgrenzung dieser Entscheidungseinheiten werden **drei Anforderungen** gestellt. (1) Sie müssen überschneidungsfrei gegeneinander abgegrenzt sein, so dass über jede Entscheidungseinheit isoliert entschieden werden kann. Es muss ausgeschlossen sein, dass z. B. eine Entscheidungseinheit nicht abgebaut werden kann, weil sie Voraussetzungen für eine andere Entscheidungseinheit schafft, die vielleicht ausgebaut werden soll. (2) Zur Vorbereitung der Entscheidungen muss es möglich sein, den Entscheidungseinheiten die Kosten und Leistungen des Bereichs zuzuordnen, die sie verursacht bzw. erstellt haben. (3) Aktivitäten dürfen nur dann zu einer Entscheidungseinheit zusammengefasst werden, wenn sie tatsächlich zur Disposition stehen. Aktivitäten, die nicht entfallen können oder sollen, sind aus der Analyse auszuschließen (vgl. Wegmann (1982), S. 168 ff.). Als Beispiel für die Einteilung eines Untersuchungsbereichs in Entscheidungseinheiten wird die Gliederung der Organisationseinheit Debitorenbuchhaltung in die Entscheidungseinheiten Ausgangsrechnung schreiben, Buchen, Zahlungsüberwachung, Mahnen, Kontenpflege und Ablage genannt (vgl. Meyer-Piening (1990), S. 17).

Das Zero-Base-Budgeting wird in längeren Zeitabständen projektbezogen durchgeführt. Die **Träger** eines Zero-Base-Budgeting-Projektes werden in Abb. 5.15 genannt (vgl. Meyer-Piening (1989), Sp. 2281 f.; (1990), S. 43 ff.).

Die **Projektleitung** setzt sich aus einer Führungskraft, die während der Dauer des Projektes von anderen Aufgaben freigestellt ist, und einem externen Berater zusammen. Bei hoher Projektkomplexität kann ein **Beratungsausschuss** eingesetzt werden. Dabei handelt es sich um ein Gremium von Fachleuten, das die Unternehmungsführung und die Projektleitung bei allen Fragen berät, die von übergeordneter Bedeutung sind. Der Beratungsausschuss dient vielfach auch der Institutionalisierung des Dialogs mit den Arbeitnehmervertretern.

Funktionsträger	Aufgaben
Unternehmungs-führung	• Entscheiden über den Projektumfang, die Gesamtrangordnung der Entscheidungspakete, den Budgetschnitt und die Realisierung der Entscheidungspakete • Fördern der Akzeptanz des Projektes bei den Beteiligten • Bestellen der Projektleitung
Beratungsausschuss	• Beraten von Unternehmungsführung und Projektleitung • Entscheidungsvorbereitung • Bereichsübergreifende Maßnahmen
Projektleitung	• Festlegen der Projektteams und der Vorgehensweise • Planen und Überwachen der Arbeit der Projektteams • Fachliche Unterstützung der Beteiligten • Bewerten von Daten und Potentialen • Koordination bereichsübergreifender Aufgaben • Dokumentieren der Ergebnisse • Berichterstatten gegenüber der Unternehmungsführung

Projektteams	Analyseteams	• Bereitstellen von Datenmaterial • Erarbeiten von Ansatzpunkten für die Erschließen von Verbesserungspotentialen mit den Verantwortlichen der Entscheidungseinheiten • Bewerten und Unterstützen bei der Ideenfindung • Realisieren der beschlossenen Maßnahmen
	Umsetzungsteams	• Unterstützen der Verantwortlichen der Entscheidungseinheiten bei der Realisation der beschlossenen Veränderungen • Bereichsübergreifende Koordination der Veränderungsmaßnahmen
Verantwortliche der Entscheidungseinheiten		• Aufbereiten von Daten • Ableiten von Zielen für die Entscheidungseinheiten • Analysieren des Verbesserungspotentials • Erarbeiten von Vorschlägen • Beantragen von Maßnahmen
Verschiedene aufgabenbezogene Arbeitsgruppen		• Arbeitsgruppen für die Ideenfindung • Rangordnungsgruppen

Abb. 5.15: Projektorganisation beim Zero-Base-Budgeting

Die **Projektteams** beraten und unterstützen die Verantwortlichen der Entscheidungseinheiten. Die Mitglieder der Projektteams sind von ihren sonstigen Tätigkeiten vollständig freizustellen. Die Teamgröße bestimmt sich nach der Zahl der gebildeten Entscheidungseinheiten. Es wird davon ausgegangen, dass von einem Teammitglied acht bis zwölf Entscheidungseinheiten betreut werden können (vgl. Meyer-Piening (1990), S. 84). Für das Konzipieren wird ein **Analyseteam** gebildet. Dieses wird mit Mitarbeitern der zweiten und dritten Führungsebene aus den Bereichen besetzt, die für die jeweilige Unternehmung bestimmend sind, wie z. B. Entwicklung, Konstruktion, Verkauf, Produktion und Logistik. Das Analyseteam wird nach der Entscheidung der Unternehmungsführung über die zu realisierenden Entscheidungspakete durch ein Umsetzungsteam ersetzt. Gebildet wird das **Umsetzungsteam** aus Mitarbeitern, die sich beim Konzipieren durch besonderes Engagement ausgezeichnet haben, den erforderlichen Spezialisten sowie externen Beratern, um die notwendige Methodenkompetenz bereitzustellen (vgl. Meyer-Piening (1990), S. 253 ff.).

Entsprechen die Entscheidungseinheiten den Organisationseinheiten, können die organisatorischen Leiter als **Verantwortliche der Entscheidungseinheiten** herangezogen werden. In allen anderen Fällen werden die Verantwortlichen der Entscheidungseinheiten von der Unternehmungsführung bestimmt. Ihre Aufgabe ist es, die für die Formulierung der Entscheidungspakete notwendigen Analysen, Beschreibungen und Bewertungen durchzuführen. In den Entscheidungseinheiten werden **Arbeitsgruppen** zur Ideenfindung einerseits und zur Bewertung dieser Ideen andererseits gebildet. Zur Ideenfindung setzen sich die Arbeitsgruppen aus dem betreuenden Mitglied des Analyseteams als Moderator, dem Verantwortlichen der Entscheidungseinheit, Leitern anderer Entscheidungseinheiten mit gleichartigen Arbeitsinhalten, Mitarbeitern und Leistungsempfängern der Entscheidungseinheit sowie Funktionsspezialisten zusammen (vgl. Meyer-Piening (1990), S. 153 ff.). Ihre Aufgabe ist es, Ideen für den Auf- oder Abbau der Leistungen der Entscheidungseinheiten und die wirtschaftlichen Verfahren zur Erstellung dieser Leistungen zu generieren

5.3.3.2 Prozess des Zero-Base-Budgeting

Der **Prozess des Zero-Base-Budgeting** vollzieht sich in drei Phasen, die jeweils mehrere Teilaufgaben umfassen (vgl. Meyer-Piening (1989), Sp. 2281 f.). Einen Überblick über diese Phasen und die Teilaufgaben gibt Abb. 5.16 (in Anlehnung an Troßmann (1992), S. 520).

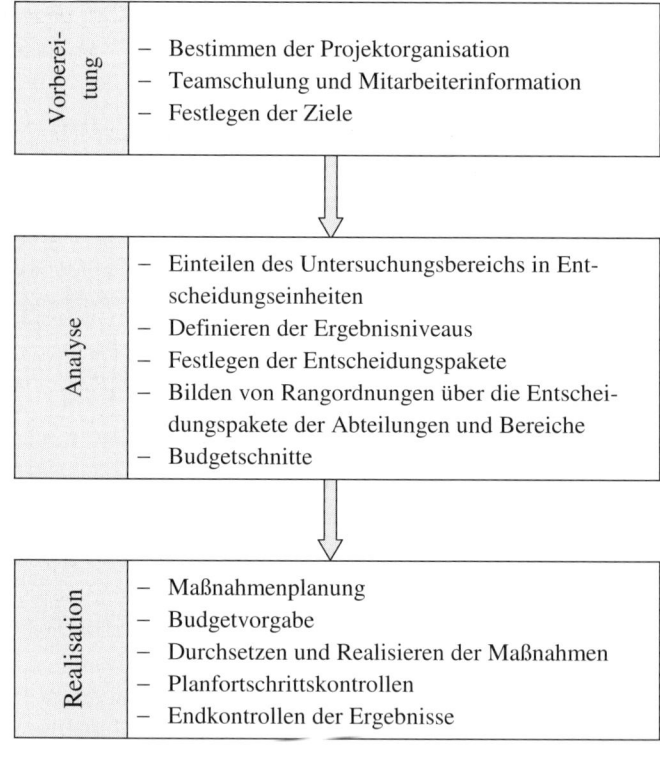

Abb. 5.16: Phasen im Prozess des Zero-Base-Budgeting

Mit dem Zero-Base-Budgeting wird ein an langfristigen Zielen ausgerichtetes Leistungsprogramm des Gemeinkostenbereichs angestrebt. Aus diesem Grund setzt dieses Verfahren die Formulierung von Zielen für das Projekt voraus, die aus der strategischen und taktischen Planung abgeleitet werden. Die zentrale Aufgabe in der Phase der **Vorbereitung** ist das Festlegen dieser Ziele (vgl. Wegmann (1982), S. 163 ff.). Liegen die Ziele fest, beginnt die **Analysephase**.

Schritt 1: Einteilen des Untersuchungsbereichs in Entscheidungseinheiten

Dieser erste Analyseschritt umfasst die folgenden Teilschritte:

–   Erfassen und Strukturieren der Leistungen und Kosten des Untersuchungsbereichs,

–   Generieren und Bewerten von Ideen für Maßnahmen zur Erhöhung der Effizienz der Leistungserstellung sowie

–   Festlegen der Ziele der Entscheidungseinheit.

Im **ersten Teilschritt** werden zunächst alle Leistungen und Aktivitäten des Untersuchungsbereichs erfasst und die Empfänger der Leistungen benannt. Anschließend werden aus den Aktivitäten Entscheidungseinheiten gebildet. Den abgegrenzten Entscheidungseinheiten sind die in ihnen tätigen Mitarbeiter sowie die Sach- und Personalkosten zuzuordnen.

Sind die Entscheidungseinheiten abgegrenzt, werden im **zweiten Teilschritt** Ideen für eine effizientere Leistungserstellung generiert und bewertet. Erst im zweiten Analyseschritt, d. h. bei der Definition der verschiedenen Ergebnisniveaus, werden die Möglichkeiten der Effizienzsteigerung durch den Ab- und Aufbau von Leistungen untersucht (vgl. Pyhrr (1973), S. 7).

Für jede Entscheidungseinheit ist im **dritten Teilschritt** ein Teilziel zu formulieren, das quantifizierbar und realisierbar ist. Diese Ziele der Entscheidungseinheiten sind aus den Zielen des Projektes abzuleiten, die in der ersten Phase festgelegt worden sind. Die Ziele der Entscheidungseinheiten sollten in einer Mittel-Zweck-Relation zu den Zielen des Projektes stehen (vgl. Wegmann (1989), S. 172 f.).

Schritt 2: Definieren der Ergebnisniveaus

Unter dem **Ergebnisniveau** ist das gesamte quantitative und qualitative Arbeitsergebnis einer Entscheidungseinheit zu verstehen. Für jede Entscheidungseinheit werden durch die Verantwortlichen der Entscheidungseinheit in der Regel drei verschiedene Ergebnisniveaus festgelegt (vgl. Wegmann (1982), S. 175):

–   **Ergebnisniveau 1:** Es handelt sich hierbei um das Ergebnisniveau, das zur Erhaltung eines geordneten Geschäftsbetriebs zwingend notwendig ist (Minimalniveau).

–   **Ergebnisniveau 2:** Dieses gibt das gegenwärtige Ergebnisniveau nach Realisation effizienzerhöhender Maßnahmen wieder.

–   **Ergebnisniveau 3:** Es stellt das für eine verbesserte Zielerreichung wünschenswerte Ergebnisniveau einer Entscheidungseinheit dar.

Die Ergebnisniveaus unterscheiden sich in Umfang, Qualität, Häufigkeit oder Pünktlichkeit der Leistungen der Entscheidungseinheit (vgl. Meyer-Piening (1989), Sp. 2286 f.). Beispielsweise kann im Einkauf das Ergebnisniveau 1 die Bestellung beim nächstgelegenen Lieferanten, das Ergebnisniveau 2 das Einholen von mindestens drei Angeboten und das Ergebnisniveau 3 ein weltweites Einkaufsmarketing vorsehen (vgl. Meyer-Piening (1980), S. 693). Abb. 5.17 zeigt drei Ergebnisniveaus am Beispiel einer Entscheidungseinheit „Personalwesen" (verkürzt aus Meyer-Piening (1990), S. 202).

Ergebnisniveau 1	• **Personalpolitik und -planung:** Einfrieren der Personalgrundsätze und -richtlinien, Einstellen der langfristigen Personalplanung • **Personalbeschaffung und -planung:** Unbefristete Aushilfen, Teilzeitkräfte im Bedarfsfall beschaffen • **Personaleinsatzplanung:** Dezentral durch Bereichs-/Abteilungsleiter durchführen • **Personalförderung und -entwicklung:** Einschränken, Beurteilungssystem einschränken • ... **Ziel:** Aufrechterhalten des gesetzlich geforderten Personalwesens und Beschaffung der auf Anforderung benötigten Mitarbeiter in ca. 80 % der Fälle, um einen weitgehend ungestörten Betriebsablauf zu gewährleisten.
Ergebnisniveau 2	• **Personalpolitik und -planung:** Vereinfachte Personal-Richtlinien, langfristige Personalplanung wie bisher einführen • **Personalbeschaffung und -planung:** Aus operativer Planung die Zahl der unbefristeten, befristeten Mitarbeiter und Versetzungen zentral planen • **Personaleinsatzplanung:** Personaleinsatz mit DV-Unterstützung zentral koordinieren • **Personalförderung und -entwicklung:** Wie bisher, Beurteilungssystem erhalten • ... **Ziel:** Durchführen des Personalwesens im bisherigen Umfang und planmäßige Beschaffung/Förderung der benötigten Mitarbeiter in 90 % der Fälle, um das Qualifikationsniveau weitgehend zu erhalten.
Ergebnisniveau 3	• **Personalpolitik und -planung:** Personal-Grundsätze und -Richtlinien aktualisieren, strategisches Human-Ressource-Management • **Personalbeschaffung und -planung:** Systematisches Beschaffungskonzept zentral einführen, Assessment Center • **Personaleinsatzplanung:** Anforderungs- und Profilkatalog aktualisieren • **Personalförderung und -entwicklung:** Intensive Beurteilungsgespräche • ... **Ziel:** Durchführen eines zukunftsgerichteten Personalwesens und planmäßige Beschaffung der benötigten Mitarbeiter in 100 % der Fälle, um das Qualitätsniveau zu verbessern und die Arbeitszufriedenheit zu fördern.

Abb. 5.17: Beispiel für Ergebnisniveaus der Entscheidungseinheit „Personalwesen"

Ergebnisniveau 1 soll eine Realisation der angestrebten Ziele zu minimalen Kosten zulassen. Für die Formulierung von Ergebnisniveau 1 sind deshalb Ideen für den Leistungsabbau zu entwickeln. Um die Verantwortlichen der Entscheidungseinheiten zum Generieren von **Ideen** für eine entsprechend weitgehende Reduktion des Arbeitsergebnisses zu motivieren, wird wie bei der Gemeinkostenwertanalyse eine hohe Kostensenkungsrate vorgegeben. Bei der Formulierung des Ergebnisniveaus 1 sollen wie auch bei der Gemeinkostenwertanalyse die Leistungsempfänger einbezogen werden. Um zu einem Entscheidungspaket auf dem Ergebnisniveau 3 zu gelangen, sind auch **Ideen** zu Leistungen zu generieren, die künftig zusätzlich erbracht werden sollen, sowie Vorschläge zur wirtschaftlichen Erstellung dieser Leistungen (vgl. Meyer-Piening (1989), Sp. 2284 f.). Durch die drei Ergebnisniveaus werden der Abbau und der Ausbau der Leistungen zur verbesserten Erreichung der mittel- und langfristigen Unternehmungsziele als Handlungsalternative eingeführt. Die verschiedenen Ergebnisniveaus sind damit ein zentrales Element des Zero-Base-Budgeting (vgl. Pyhrr (1973), S. 7 f.).

Schritt 3: Festlegen der Entscheidungspakete

Um die Entscheidungseinheiten bewerten und untereinander vergleichen zu können, wird jede Entscheidungseinheit für jedes Ergebnisniveau zu einem **Entscheidungspaket** erweitert. Werden drei Ergebnisniveaus vorgegeben, werden für jede Entscheidungseinheit drei Entscheidungspakete gebildet. Ein Entscheidungspaket umfasst Angaben zu

- den Aufgaben der Entscheidungseinheit beim jeweiligen Ergebnisniveau,
- den Zielen der Entscheidungseinheit beim jeweiligen Ergebnisniveau,
- dem wirtschaftlichsten Verfahren (z. B. interne oder externe, zentrale oder dezentrale Ausführung) zur Erreichung der Ziele und seinen Vor- und Nachteilen,
- den Vorteilen und Nachteilen bzw. den Konsequenzen bei Ablehnung des Entscheidungspaketes,
- den Abhängigkeiten von anderen bzw. den Auswirkungen auf andere Entscheidungseinheiten sowie
- den zur Durchführung des Entscheidungspaketes einmalig und laufend erforderlichen Mitteln.

Nur für die Entscheidungspakete des niedrigsten Ergebnisniveaus werden die gesamten Mittel angegeben, die laufend oder einmalig benötigt werden. Für die Entscheidungspakete der folgenden Ergebnisniveaus werden jeweils nur die gegenüber dem Entscheidungspaket mit dem nächst niedrigeren Ergebnisniveau zusätzlich erforderlichen Mittel angegeben (vgl. Wegmann (1982), S. 178). Abb. 5.18 zeigt das Beispiel eines Entscheidungspaketes des Ergebnisniveaus 1 für das Personalwesen aus Abb. 5.17. Abb. 5.19 zeigt das Entscheidungspaket für dieselbe Entscheidungseinheit, jedoch für Ergebnisniveau 3 (vgl. Meyer-Piening (1990), S. 206 ff.).

Entscheidungspaket: Personalwesen			Ergebnisniveau 1				
	Personal		Kosten (TEUR/Jahr)				
	Leitung	Mitarbei-ter	Personal-kosten	Sach-kosten	Zusatz-kosten Investition	Gesamt-kosten	Investi-tionen
IST	1	12	1.473,4	139,3	x	1.612,7	x
Planung für LN1	–	8,5	1.076,7	72,0	-	1.148,7	-
kumul. Niveau	x	x	x	x	x	x	x

Aufgabe:
Mitarbeiter-Einstellung (ca. 75), -Betreuung (ca. 1500), -Ausbildung (ca. 120), -Freisetzung (ca. 35); kurzfristige Einsatzplanung, Bearbeitung arbeitsrechtlicher Fragen (ca. 20), Betreuung der Arbeitnehmervertretung, Erhaltung des betrieblichen Vorschlagswesens.

Ziel: Vgl. Abb. 5.17

Verwendete Verfahren:
Personalbeschaffung ausschließlich über Anzeigen (kein Einsatz von Personal-Beratern), keine Assessment-Center; Einzelinterviews (auf VR und potentielle Führungskräfte beschränken); Einsatz vorhandener EDV-Programme bei Administration; keine Stellenbewertung und Gehaltsanalysen (intern und extern); keine Personalentwicklungs-Richtlinien ...

Konsequenzen dieses Ergebnisniveaus gegenüber IST:
Gefahr der Fehl- und Nichtbesetzung von Positionen; Erhöhung der Fluktuationsrate von derzeit 6,3 % auf ein Minimum von 9 % (geschätzt); Aufrechterhaltung der Administration; keine marktgerechte Entlohnung, da dem Vorgesetzten bereichsübergreifende Vergleiche sowie Marktanalysen fehlen; Gefahr innerbetrieblicher Ungerechtigkeit in der Entlohnung; Wegfall von Personalentwicklung und Management-Training erhöht die Fluktuation ...

Direkte Abhängigkeit von anderen/Auswirkungen auf andere EE/Abteilungen:
Direkte Entscheidung der Gehaltsfindung durch Vorgesetzte; stärkere Einbindung der Vorgesetzten in BR-Aktivitäten, Personalauswahl und -information; Konzern ohne detaillierte Personalinformation; Betriebliche Ausbildung im Niveau 2 notwendig.

Abb. 5.18: Beispiel für ein Entscheidungspaket des Ergebnisniveaus 1 – Auszüge

Entscheidungspaket: Personalwesen			Ergebnisniveau 3				
	Personal		Kosten (TEUR/Jahr)				
	Leitung	Mitarbei-ter	Personal-kosten	Sach-kosten	Zusatzkosten Investition	Gesamt-kosten	Investi-tionen
IST	1	12	1.473,4	139,3	x	1.612,7	x
zusätz-lich für LN3	-	1,5	270,0	31,1	15	316,1	50
kumul. Niveau	1	12	1.573,4	104,2	15	1.692,6	50

Aufgabe:
Bewerber-Auswahl (ca. 400), -Einstellung (ca.100), -Betreuung (ca. 1500), -Aus- und Fortbildung (ca. 300), -Freisetzung (ca. 60); kurz-, mittel- und langfristige Personalplanung, Entwicklung von Mitarbeiter-Informationssystemen, erweiterter Einsatz von Beurteilungssystemen, Bearbeitung arbeitsrechtlicher Fragen (in- und extern), Entwicklung des Vorschlagswesens, Betreuung der Arbeitnehmervertretung, Entwicklung von Führungsgrundsätzen.

Ziel: Vgl. Abb. 5.17

Verwendete Verfahren:
Personalbeschaffung über Anzeigen, Personalberater, Firmenkontakte, Assessment-Center, Interviews; Erfolgsanalysen einzelner Aktionen, Medien; DV-gestützte Bewerberkartei; gezielte Hochschulkontakte und Messepräsenz; Mitarbeit an externer Bewerberdatenbank; Administration auf Basis vorhandener EDV-Programme sowie Optimierung gemäß Veränderungsvorschlägen; Optimierung vorhandener Gehaltsanalysetechniken durch DV; Positionsvergleiche, Stellenbewertungen; Personalentwicklungskonzepte, Beratungsgespräche, Ausschöpfen externer Management-Trainingsmöglichkeiten; intensivierte diesbezügliche Information ...

Konsequenzen dieses Ergebnisniveaus gegenüber IST:
Sicherung des künftigen Personalbedarfs nach Qualität und Quantität; Optimierung der Personalstruktur nach Qualifikation, Alter und Funktions- bzw. Produkterfahrung; Optimierung der Vergütung innerhalb des Budgets; adäquate systematische Personalentwicklung sichert zukünftiges Qualifikationsniveau und senkt Fluktuation ...

Direkte Abhängigkeit von anderen/Auswirkungen auf andere EE/Abteilungen:
Unterstützung des Vorgesetzten in der Gehaltsfindung, Personalauswahl und -führung; Entlastung des Vorgesetzten gegenüber BR; stärkere Einbeziehung des Vorgesetzten in die Personalentwicklung; strategische Unternehmensplanung ist Voraussetzung.

Abb. 5.19: Beispiel für ein Entscheidungspaket des Ergebnisniveaus 3 – Auszüge

Die Entscheidungspakete werden vom Leiter der Entscheidungseinheit erarbeitet. Unterstützt wird er dabei von dem betreuenden Mitglied des Analyseteams und Funktionsspezialisten. Anschließend werden die Entscheidungspakete dem Analyseteam vorgelegt. Dieses prüft die formale und inhaltliche Richtigkeit der Entscheidungspakete (vgl. Meyer-Piening (1990), S. 209 f.).

Schritt 4: Bilden einer Rangordnung über die Entscheidungspakete

In dieser Phase werden die Entscheidungspakete nach ihrer Bedeutung für das Erreichen der vorgegebenen Ziele in eine Rangordnung gebracht. Als **Kriterien dieser Bewertung** werden genannt: Rechtliche Notwendigkeit, Verfügbarkeit der zur Realisation notwendigen Kenntnisse und Ausstattung, Akzeptanz durch die Mitarbeiter, Kosten und Risiko bei Ablehnung des Entscheidungspaketes (vgl. Wegmann (1982), S. 188). Darüber hinaus sind bei der Bewertung der Entscheidungspakete zwei **Nebenbedingungen** zu beachten: (1) In die Rangordnung dürfen nur Entscheidungspakete einbezogen werden, die entfallen können, sofern die bereitgestellten Mittel nicht ausreichen. (2) Entscheidungspakete einer Entscheidungseinheit mit einem niedrigeren Ergebnisniveau haben im Vergleich zu den Entscheidungspaketen der gleichen Entscheidungseinheit mit einem höheren Ergebnisniveau stets höhere Priorität.

Das Bilden der Rangordnung beginnt auf der **untersten Führungsebene**. Die für die verschiedenen Untersuchungsbereiche gebildeten Rangordnungen werden anschließend an die übergeordnete Instanz weitergegeben. Auf dieser Ebene werden die Rangordnungen geprüft und zu einer neuen, erweiterten Rangordnung der Entscheidungspakete zusammengefasst (vgl. Abb. 5.20). Gebildet werden die Rangordnungen von Rangordnungsgruppen, die auf jeder Hierarchieebene eingerichtet werden. Auf der untersten Führungsebene umfasst eine Rangordnungsgruppe die Verantwortlichen der Entscheidungseinheiten und ihre Vorgesetzten, Vertreter der wichtigsten Leistungsempfänger und das zuständige Mitglied des Analyseteams als Moderator. Auf der zweiten Ebene setzt sich die Rangordnungsgruppe aus den Vorgesetzten der ersten Ebene und deren Vorgesetzte zusammen. Auf jeder Ebene wird die Rangordnung festgelegt, indem jedes Gruppenmitglied seine Vorstellungen zu den Prioritäten der Entscheidungspakete darlegt und die Differenzen zwischen den Beurteilungen ausdiskutiert werden oder aber indem eine Nutzwertanalyse durchgeführt wird. Die Entscheidung über die Rangordnung trifft der jeweilige Vorgesetzte (vgl. Meyer-Piening (1990), S. 211 ff.). Ist die Entscheidung über die Rangordnung getroffen, wird ein minimaler und ein maximaler Budgetschnitt festgelegt (vgl. Abb. 5.20).

> Ein **Budgetschnitt** trennt in einer Rangordnung die zu realisierenden Entscheidungspakete von den Entscheidungspakten eines Bereichs, die nicht realisiert werden sollen. Die Summe der Mittel, die für die zu realisierenden Entscheidungspakete erforderlich sind, bestimmen das Budget, das künftig zugewiesen werden soll.

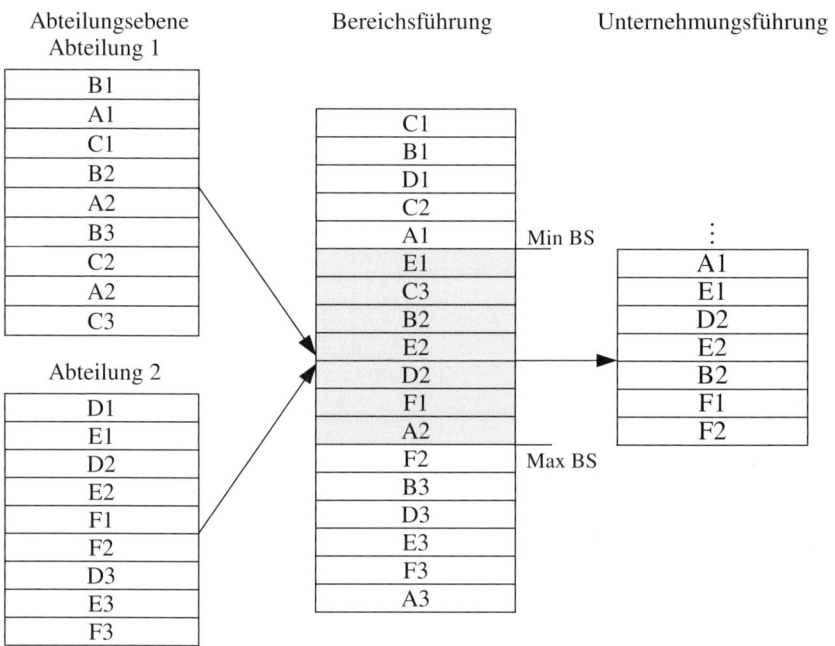

Abb. 5.20: Bilden der Rangordnungen

Entscheidungspakte oberhalb des **minimalen Budgetschnitts** werden als unverzichtbar angesehen und sollten deshalb unbedingt genehmigt werden. Entscheidungspakete, auf die bei knappen finanziellen Mitteln verzichtet werden könnte, markieren den **ma-**

ximalen Budgetschnitt. Die übergeordnete Instanz wird dadurch entlastet, dass sie sich auf den Bereich der kritischen Entscheidungspakete zwischen dem minimalen und dem maximalen Budgetschnitt eines jeden Bereichs konzentrieren kann.

Der Prozess zur Bildung der Rangordnung erstreckt sich bis zur Ebene der Unternehmungsführung in der Regel über drei Stufen, in großen Unternehmungen kann er auch vier oder mehr Stufen umfassen. Zweck dieses **mehrstufigen, partizipativen Prozesses** ist es, die Widerstände gegen die geplanten Veränderungen zu überwinden (vgl. Meyer-Piening (1990), S. 226 ff.). Diese Widerstände können in diesem Prozess jedoch auch eine nicht wahrheitsgemäße Berichterstattung gegenüber den Rangordnungsgruppen höherer Ebenen bewirken. Kommuniziert wird eine Rangordnung, mit der sich die individuellen Ziele der Rangordnungsgruppe realisieren lassen (vgl. Jehle (1982), S. 65 f.).

Teilschritt 5: Budgetschnitte

Liegt für jeden Bereich die Rangordnung fest, entscheidet die Unternehmungsführung über den Budgetschnitt. Hierzu wird zunächst für alle Bereiche, die für die Zielerreichung kritisch sind, der Budgetschnitt an der wünschenswerten Position in der Rangordnung vorläufig eingefügt. Anschließend wird in die Rangordnung jedes verbleibenden Bereichs ein vorläufiger Budgetschnitt vorgenommen. Erst wenn für alle Bereiche ein vorläufiger Budgetschnitt bestimmt ist, kann die mit dem Projekt erreichte **Kosteneinsparung** ermittelt werden. Entspricht diese nicht der erwarteten Kosteneinsparung, werden die vorläufigen Budgetschnitte überprüft und gegebenenfalls angepasst. Nach der Entscheidung der Unternehmungsführung über die Budgetschnitte werden die Mitarbeiter über die genehmigten Entscheidungspakete informiert (vgl. Meyer-Piening (1990), S. 244 ff.).

Der Budgetschnitt in Abb. 5.21 kann wie folgt interpretiert werden: Entscheidungspaket F1 liegt unterhalb des Budgetschnitts, d. h., die Entscheidungseinheit F wird vollständig abgebaut. Von Entscheidungseinheit A wird das Ergebnisniveau 1 realisiert, d. h. eine gegenüber dem Ist-Zustand reduzierte Lösung. Die Entscheidungseinheiten B, D und E werden mit dem Ergebnisniveau 2 realisiert, d. h., das aktuelle Niveau wird bei geringeren Kosten beibehalten. Eine gegenüber der aktuellen Situation verbesserte Lösung wird von Entscheidungseinheit C realisiert, da das Ergebnisniveau 3 dieser Entscheidungseinheit über dem Budgetschnitt liegt.

In der **Realisationsphase** werden zunächst die Maßnahmen zum Aufbau, zum Abbau und zur effizienten Erstellung von Leistungen geplant. Ergebnis dieses ersten Schrittes sind ein personeller und ein sachlicher Maßnahmenplan, Vorgaben für die Anpassung des IT-Systems sowie der Plan für die Veränderung der Organisationsstruktur (vgl. Meyer-Piening (1990), S. 258). Auf dieser Grundlage werden anschließend die Budgets geplant. Für die Realisation der geplanten Maßnahmen wird ein Arbeits- und Zeitplan erstellt. Gegenstand der Planfortschrittskontrolle ist die Einhaltung dieser beiden Pläne (vgl. Meyer-Piening (1990), S. 261). Für jede Abteilung werden weiterhin zwei bis drei Faktoren mit Einfluss auf die Arbeitslast ausgewählt. Durch Endkontrollen sollen Veränderungen bei diesen Faktoren festgestellt werden, die eine Anpassung der Kapazitäten erforderlich machen. Diese Kontrollen stellen sicher, dass die vorgenommenen Veränderungen nach Abschluss des Rationalisierungsprojektes nicht versanden und die abgebauten Kapazitäten wieder aufgebaut werden (vgl. Meyer-Piening (1990), S. 29).

Entscheidungspakete	Kosten	Kumulierte Kosten	
C1	250.000 €	250.000 €	
B1	300.000 €	550.000 €	
D1	120.000 €	670.000 €	
C2	125.000 €	795.000 €	
E1	118.000 €	913.000 €	
A1	100.000 €	1.013.000 €	
C3	115.000 €	1.128.000 €	
B2	30.000 €	1.158.000 €	
D2	32.000 €	1.190.000 €	
E2	10.000 €	1.200.000 €	Budgetschnitt
F1	15.000 €	1.215.000 €	
A2	27.000 €	1.242.000 €	
F2	48.000 €	1.290.000 €	
B3	12.000 €	1.302.000 €	
D3	23.000 €	1.325.000 €	
E3	8.000 €	1.333.000 €	
F3	12.500 €	1.345.500 €	
A3	46.000 €	1.391.500 €	

Abb. 5.21: Budgetschnitt in einem Bereich

Der **Vorteil des Zero-Base-Budgeting** wird darin gesehen, dass es nicht nur auf eine Kostensenkung im Gemeinkostenbereich zielt, sondern auf eine Prozesswertsteigerung zur verbesserten Erreichung der mittel- und langfristigen Unternehmungsziele. Als **Nachteil** dieses Verfahrens wird zum einen der große Aufwand gesehen, den es verursacht. Zum anderen sind wie auch bei der Gemeinkostenwertanalyse die Maßnahmen zur Kostensenkung und zur Mittelumverteilung von denjenigen zu erarbeiten, die anschließend von den durchzusetzenden Maßnahmen betroffen sind. In der Wirtschaftspraxis hat die Anwendung des Zero-Base-Budgeting sowohl zu Senkungen als auch zu Erhöhungen der Kosten im Gemeinkostenbereich geführt (vgl. Wegmann (1982), S. 193).

5.3.4 Benchmarking

5.3.4.1 Merkmale des Benchmarking

Das Benchmarking ist Ende der 70er Jahre von der Xerox Corporation entwickelt worden (vgl. z. B. Camp (1994), S. 7 ff.). Sein Einsatzbereich ist nicht auf die Prozesse des Gemeinkostenbereichs begrenzt, sondern erstreckt sich über alle Prozesse der Unternehmung, die Unternehmungsleistungen (Produktprogramm, Service, Lieferzeit, Produkte), die Aufbauorganisation und die Strategien der Unternehmung (vgl. Sabisch/Tintelnot (1997), S. 22). Die Bezeichnung geht auf den „Benchmark" zurück, den Ausgangswert für die Ermittlung von Höhenunterschieden bei der Landvermessung. Sie bringt den **Grundgedanken** dieses Ansatzes zum Ausdruck, vor der Erarbeitung von Maßnahmen zur Steigerung der Effektivität oder Effizienz zunächst einen Bezugspunkt für die Beurteilung der eigenen Leistung durch den Vergleich mit einem Leistungsführer zu schaffen (vgl. Hoffjan (1995), S. 156). Nach dem Zweck des Leistungsvergleichs wird in der Literatur zwischen dem ergebnis- und dem ursachenbezogenen Benchmarking unterschieden. Beim ergebnisbezogenen Benchmarking wird nur der Leistungsunterschied festgestellt. Mit dem ursachenbezogenen Benchmarking wird dagegen angestrebt, identifizierte Leistungsunterschiede auch zu erklären (vgl. Francis/Holloway (2007), S. 174 f.).

Das Benchmarking lässt sich durch die konstitutiven und sonstige Merkmale kennzeichnen, die in Abb. 5.22 genannt sind (zu den Merkmalen vgl. Spendolini (1992), S. 9 ff.; Riegler (2002), Sp. 127). Die konstitutiven Merkmale grenzen das Benchmarking von anderen Ansätzen zur Planung und Umsetzung von Rationalisierungsmaßnahmen ab. Die sonstigen **Merkmale** hat das Benchmarking mit den anderen Ansätzen gemeinsam.

Konstitutive Merkmale	Sonstige Merkmale
– Vergleich mit einem Leistungsführer – Steigerung von Effektivität und Effizienz – Kontinuität	– Systematischer Ablauf – Planung und Umsetzung von Maßnahmen

Abb. 5.22: Merkmale des Benchmarking

Die Informationen für die Beurteilung der Leistung, die Identifikation der Leistungslücke, die Planung der Ziele für die Prozessrationalisierung und das Generieren von Ideen für Maßnahmen zur Prozesswertsteigerung werden beim Benchmarking durch einen Vergleich mit einer anderen Unternehmung gewonnen. Anders als beim Betriebsvergleich gehört der Vergleichspartner in der Regel nicht der gleichen Branche an. Gefordert wird, dass der Vergleichspartner ein **Leistungsführer** ist, d. h. in Bezug auf das Benchmarkingobjekt die beste Leistung erbringt. Nach den Zielen, die mit dem Benchmarking verfolgt werden, kann der Leistungsführer die beste Organisationseinheit innerhalb der Unternehmung sein, der beste Wettbewerber, der Beste der Branche, der Beste eines Landes oder der Weltbeste (vgl. Spendolini (1992), S. 23). Durch den Leistungsvergleich können mit dem Benchmarking nicht nur Maßnahmen zur Steigerung des Prozesswertes erarbeitet werden, sondern auch Maßnahmen zur verbesserten Erreichung der mittel- und langfristigen Unternehmungsziele. Wie das Zero-Base-Budgeting dient das Benchmarking **Effizienz- und Effektivitätszielen**. Das Merkmal „Kontinuität" besagt, dass das Benchmarking kein einmaliges Projekt ist, sondern ein **kontinuierlicher Prozess** im Sinne einer regelmäßigen Wiederholung des Benchmarking-Prozesses. Das ist notwendig, da durch Produkt- und Verfahrensinnovationen die gefundenen und implementierten Lösungen zum Standard werden oder neue Leistungsführer auftreten. Es ist deshalb regelmäßig zu überprüfen, ob die Ziele und Maßnahmen aufgrund externer Veränderungen angepasst werden müssen (vgl. Spendolini (1992), S. 11).

Benchmarking ist ein kontinuierlicher Prozess zur Erarbeitung und Implementierung von Maßnahmen mit dem Ziel einer Steigerung der Effektivität oder Effizienz durch

- die Gewinnung und vergleichende Analyse von Informationen über vermutete Bestimmungsfaktoren der Effizienz oder Effektivität
- in der Unternehmung und bei einem Leistungsführer
- zur Ableitung von Effizienz- oder Effektivitätszielen und Ideen für Verbesserungsmaßnahmen.

Das Benchmarking wird projektbezogen durchgeführt. Die **Träger eines Benchmarking-Projektes** sind (vgl. Karlöf/Östblom (1993), S. 73):
– der Lenkungsausschuss,
– der Projektleiter sowie
– das Projektteam.

Der **Lenkungsausschuss** setzt sich aus den Leitern der Bereiche zusammen, die das Benchmarking-Objekt bilden. Im Aufgabenbereich des **Projektleiters** liegt das gesamte Projektmanagement. Weiterhin informiert er den Lenkungsausschuss fortlaufend über den Fortschritt des Benchmarking-Projektes sowie über die gewonnenen Ergebnisse. Er überprüft die Richtigkeit und die Relevanz der Ergebnisse.

Ein **Projektteam** setzt sich aus drei bis zehn in der Regel jedoch aus sechs Mitgliedern zusammen. Nach der Zusammensetzung werden drei Arten von Projektteams unterschieden (vgl. Spendolini (1993), S. 53 f.):
– die bestehende Arbeitsgruppe,
– das funktionale Team und
– das multifunktionale Team.

Eine **bestehende Arbeitsgruppen** setzt sich aus dem Leiter und Mitarbeitern des Untersuchungsbereiches zusammen. Sie bearbeiten Probleme aus ihrem eigenen Verantwortungsbereich. Bestehende Arbeitsgruppen eignen sich für die Verstetigung nach Abschluss eines Benchmarking-Projektes (vgl. Tucker/Zivian/Camp (1987), S. 18). Gehören die Mitglieder dem gleichen Funktionsbereich an unterschiedlichen Standorten oder in verschiedenen Divisionen der Unternehmung an, liegt ein **funktionales Team** vor. Um ein breites Spektrum an Qualifikationen zu erreichen, wird ein **multifunktional** zusammengesetztes Team gefordert. In dieses werden auch Mitarbeiter der betroffenen Bereiche einbezogen, um die Akzeptanz der erarbeiteten Maßnahmen zu fördern. Ergänzt werden die Teams durch Mentoren, das sind Mitarbeiter, die über Erfahrungen mit dem Benchmarking verfügen. Benötigt werden die Erfahrungen der Mentoren über den für die verschiedenen Aktivitäten erforderlichen Arbeitseinsatz, um zu einem realisierbaren Zeitplan zu gelangen und eine hinreichend gründliche Ausführung aller Aktivitäten sicherzustellen (vgl. Spendolini (1993), S. 57). Hat die Unternehmung noch keine Erfahrungen mit dieser Methode gesammelt, kann das Projektteam um externe Berater erweitert werden. Vor dem Beginn der Arbeit an dem Projekt werden die Mitglieder des Teams in der Anwendung der Methoden des Benchmarking geschult (vgl. Karlöf/Östblom (1993), S. 75 ff.).

5.3.4.2 Formen des Benchmarking

Das Benchmarking ist ein vielseitig einsetzbares Verfahren, das nicht nur die Prozessverbesserung unterstützt. Es haben sich deshalb Varianten des Benchmarking herausgebildet. Diese können nach folgenden Merkmalen abgegrenzt werden:

- dem Benchmarking-Partner,
- der Art der Zusammenarbeit mit dem Benchmarking-Partner und
- dem Benchmarking-Objekt.

(1) Formen des Benchmarking nach dem Benchmarking-Partner

Nach dem Benchmarking-Partner werden die in Abb. 5.23 genannten Formen des Benchmarking unterschieden (vgl. Camp (1994), S. 71, 77 ff.; Lasch/Trost (1997), S. 692 f.; Schäfer/Seibt (1998), S. 374 ff.).

(2) Formen des Benchmarking nach der Art der Zusammenarbeit

In der Literatur werden nach der Art der Zusammenarbeit mit dem Benchmarking-Partner die in Abb. 5.24 genannten Formen des Benchmarking abgegrenzt.

Verfahren	Definition	Beurteilung
Unternehmungs-internes Benchmarking	**Benchmarking-Partner:** Leistungsführer innerhalb der Unternehmung (verschiedene Standorte, Unternehmungsbereiche) oder in einer assoziierten Unternehmung **Objekt:** Prozesse	V: Einfache Informationsbeschaffung; Sammeln von Erfahrungen für ein Benchmarking mit einem externen Benchmarking-Partner; Übertragbarkeit der gefundenen Lösungen ist gegeben
		N: Es können keine innovativen Lösungen gefunden werden
Wettbewerbs-orientiertes Benchmarking	**Benchmarking-Partner:** Direkter Wettbewerber; Leistungsführer innerhalb der Branche **Objekt:** Produkte, Prozesse, Methoden	V: Hohe Vergleichbarkeit
		N: Wettbewerbsvorteile können kaum geschaffen werden; Beschränkungen der Informationsbeschaffung; Gefahr der Übernahme nicht optimaler Lösungen
Funktionales Benchmarking	**Benchmarking-Partner:** Branchenübergreifender Leistungsführer in Bezug auf eine bestimmte Funktion **Objekt:** Prozesse, die auch in Unternehmungen anderer Branchen ausgeführt werden (z. B. Logistik)	V: Einfache Informationsbeschaffung; es können innovative Lösungen gefunden werden, da es eine größere Zahl potentieller Benchmarking-Partner gibt und die betrachtete Funktion eine Kernkompetenz des Benchmarking-Partners ist; ermöglicht das Schaffen von Wettbewerbsvorteilen; höhere Akzeptanz der Lösungen
		N: Schwierigkeiten bei der Übertragung der gefundenen Lösungen
Generisches Benchmarking	**Benchmarking-Partner:** Branchenübergreifender Leistungsführer in Bezug auf einen funktionsübergreifenden Prozess **Objekt:** Funktionsübergreifender Prozess (z. B. Anpassung an kurzfristige Nachfrageschwankungen)	V: Einfache Informationsbeschaffung; es können innovative Lösungen gefunden werden; ermöglicht das Schaffen von Wettbewerbsvorteilen; höhere Akzeptanz der Lösungen
		N: Schwierigkeiten bei der Übertragung der gefundenen Lösungen

V = Vorteile; N = Nachteile

Abb. 5.23: Arten des Benchmarking nach dem Benchmarking-Partner

Beim **einseitigen Benchmarking** erhebt eine Unternehmung beim Benchmarking-Partner Daten, ohne selbst Daten anzubieten. Es kann offen oder verdeckt durchgeführt werden. Tritt die Unternehmung selbst an den Benchmarking-Partner heran, liegt ein **offenes Benchmarking** vor (vgl. Töpfer (1997), S. 202). Werden die Daten ohne Kontaktaufnahme mit dem Benchmarking-Partner über Verbände oder Benchmarking-Agenturen gewonnen, wird von einem **verdeckten Benchmarking** gesprochen. Eine verdeckte Form ist das **datenbankbezogene Benchmarking**. Ein Datenbank-

Betreiber erfasst die Daten über die Unternehmungen und verkauft sie an andere Unternehmungen. Betreiber solcher Datenbanken sind das International Benchmarking Clearinghouse (Housten, USA), der Strategic Planning Council on Benchmarking (Cambridge, USA), The Best Practice Club (Bedford, GB) und das Informationszentrum Benchmarking (IBZ) in Berlin (vgl. Serfling/Schultze (1997), S. 201). In der Regel ist der Unternehmung, die diese Daten erwirbt, die Datenquelle nicht bekannt. Der Vorteil dieser Methode besteht darin, dass auf sehr einfachem Weg eine Vielzahl von Daten gewonnen werden kann. Als Nachteil ist zu erwähnen, dass es sich häufig um aggregierte Daten handelt. Wird die Datensammlung einem Berater übertragen, handelt es sich um das **indirekte Benchmarking**. Es kommt vor allem beim wettbewerbsorientierten Benchmarking zur Anwendung. Wird es als verdecktes Benchmarking ausgestaltet, werden die Datenquellen nicht offengelegt. Im Unterschied zum datenbankorientierten Benchmarking werden die Daten gezielt für eine einzelne Unternehmung erfasst (in Anlehnung an Atkinson u. a. (2007), S. 338 f.).

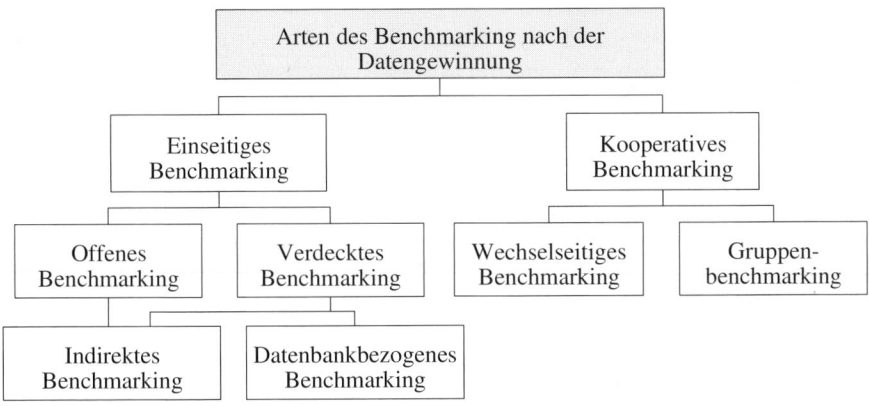

Abb. 5.24: Arten des Benchmarking nach der Datengewinnung

Beim **kooperativen Benchmarking** handelt es sich um einen freiwilligen Informationsaustausch zwischen Benchmarking-Partnern auf der Grundlage einer gemeinsamen Vereinbarung. Das **wechselseitige Benchmarking** zeichnet sich dadurch aus, dass die Unternehmung das Benchmarking selbstständig durchführt, die Kooperation sich also nur auf den Austausch von Daten bezieht. Führen zwei oder mehrere Unternehmungen gemeinsam ein Benchmarking durch, um durch den gegenseitigen Erfahrungsaustausch zu Verbesserungen zu gelangen, liegt ein **Gruppenbenchmarking** vor. Bei dieser Form des kooperativen Benchmarking erstreckt sich die Zusammenarbeit der Unternehmungen auf den gesamten Prozess des Benchmarking (vgl. Watson (2007), S. 12, 23). Die Benchmarking-Partner arbeiten direkt zusammen. Die Aktivitäten und die Terminologie werden untereinander abgestimmt, und es finden gegenseitige Betriebsbesichtigungen statt.

Das **offene und das kooperative** Benchmarking sind sehr aufwendig, ermöglichen jedoch den besten Einblick in die Vergleichsunternehmung, da die Daten bedarfsgerecht erfasst werden (vgl. Atkinson u. a. (2007), S. 338 f.). Im Rahmen von Betriebsbesichtigungen können nicht nur Daten über die Ausprägungen der Leistungs- und der Treiberindikatoren gewonnen werden. Es ist vielmehr auch möglich, Arbeitsinhalte, Prozesse und Methoden zu erkennen und zu dokumentieren. Diese Daten stellen eine wichtige Grundlage für die Erarbeitung der Aktionspläne zur Schließung der Leistungslücke dar.

(3) Formen des Benchmarking nach dem Objekt

Nach dem Objekt werden in der Literatur

– das Leistungsbenchmarking,

– das Strategiebenchmarking und

– das Prozessbenchmarking

unterschieden. Zur Beurteilung der Stellung im Wettbewerb eignet sich das **Leistungsbenchmarking**. Es zielt auf die Verbesserung von Leistungsmerkmalen der Unternehmung, wie z. B. Preis, Lieferdauer, Produktmerkmale, Service und Zuverlässigkeit. Ein spezielles Verfahren des Leistungsbenchmarking ist das Reverse Engineering, das auf die Verbesserung der Preise der Produkte und der Produktmerkmale zielt (vgl. Abschnitt 6.2.4.2). Beim **Strategiebenchmarking** wird analysiert, wie die Unternehmungen im Wettbewerb bestehen, um alternative Strategien und Vorgehensweisen zu ihrer Umsetzung zu finden (vgl. Watson (1993), S. 25 f.; Bogan/English (1994), S. 7 ff.).

Das **Prozessbenchmarking** unterstützt die Gestaltung von Produktions- oder Geschäftsprozessen, wie z. B. die Auftragsabwicklung, die Einstellung von Mitarbeitern, die Kostenrechnung (vgl. Weber/Weißenberger/Aust (1997)) oder die strategische Planung. Das Benchmarking von Prozessen im Gemeinkostenbereich wird auch als Business Management Benchmarking bezeichnet (vgl. Pryor (1989), S. 30). Die große Bedeutung des Benchmarking für die Prozessverbesserung im Gemeinkostenbereich wird damit begründet, dass es für den Gemeinkostenbereich, der nur internen Prozesskunden ohne unternehmungsexterne Alternativen gegenübersteht, eine Wettbewerbssituation schafft (vgl. Hoffjan (1995), S. 164; Horváth/Lamla (1995), S. 67). Das Benchmarking wird auch für die **Prozessoptimierung** durch die kontinuierliche Verbesserung empfohlen. Für dieses Handlungsfeld eignet sich das interne Benchmarking, das von bestehenden Arbeitsgruppen (z. B. Qualitätszirkel-Gruppen) durchgeführt wird. Neben den zu verbessernden Prozessen können aber auch die Prozesse der kontinuierlichen Verbesserung selbst (z. B. das Betriebliche Vorschlagswesen) ein Objekt des Benchmarking bilden (vgl. Leibfried/McNair (1993), S. 121 ff.).

5.3.4.3 Prozess des Benchmarking

Der Prozess des Benchmarking umfasst **vier Phasen** (vgl. z. B. Fromm (1994), S. 123; Watson (2007), S. 7):

– die Vorbereitungsphase,

– die Phase der Datenbeschaffung,

– die Analysephase sowie

– die Realisationsphase.

Jede dieser Phasen wird in mehreren Teilschritten durchgeführt. Einen Überblick über den Ablauf des Benchmarking-Prozesses zeigt Abb. 5.25.

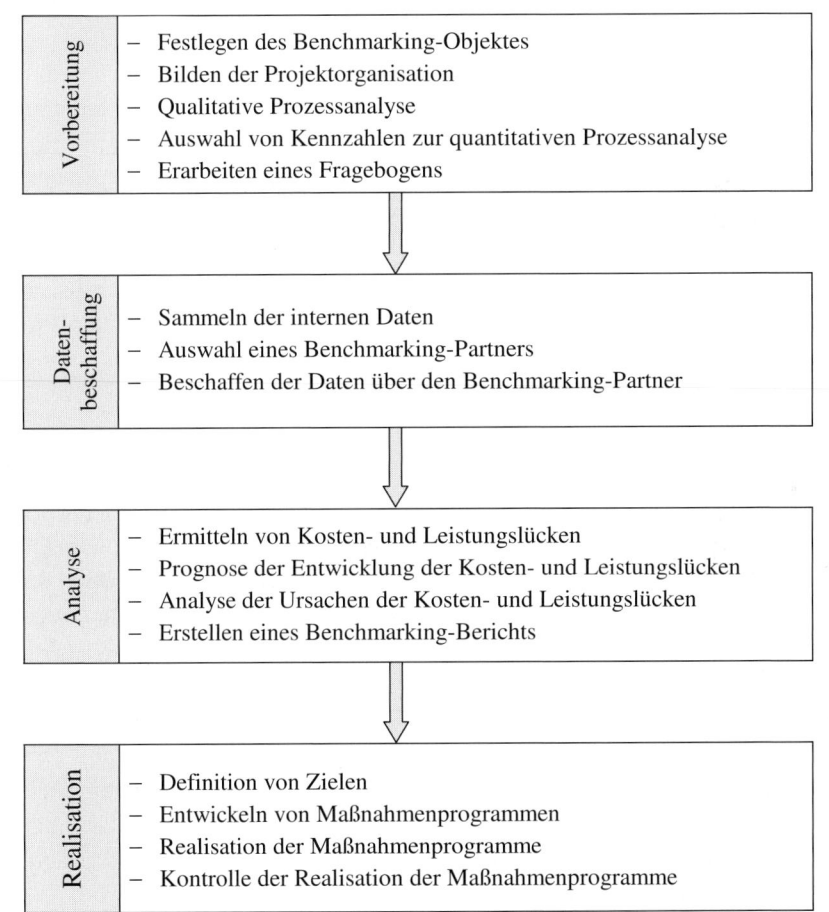

Abb. 5.25: Phasen im Benchmarking-Prozess

(1) Vorbereitung

Der Benchmarking-Prozess beginnt mit der Auswahl des Benchmarking-Objektes. Als **Benchmarking-Objekt** werden die Prozesse ausgewählt, die erfolgskritisch oder sogar existenzbedrohend sind bzw. die als Erfolgspotential für die zukünftige Unternehmungsentwicklung gelten (vgl. Lamla (1995), S. 94). Zu diesem Zweck wird der Gemeinkostenbereich der Unternehmung einer Stärken-/Schwächen-Analyse unterzogen (vgl. Töpfer (1997), S. 202 f.). Zu einem Benchmarking-Objekt wird ein Prozess jedoch nur dann, wenn der Prozessverantwortliche für die Mitwirkung an der Untersuchung gewonnen werden kann (vgl. Watson (2007), S. 75).

In einem nächsten Schritt wird der Prozess analysiert, der für das Benchmarking ausgewählt worden ist. Diese **qualitative Prozessanalyse** erstreckt sich über den Input, die Lieferanten, die Aktivitäten, den Ablauf, den Output, die Kunden, die Durchlaufzeit und die Kapazitätsauslastung des Prozesses. Weiterhin sind die Daten, die dieser Prozess erzeugt, verarbeitet oder weitergibt, sowie die Datenträger zu ermitteln (vgl. Lamla (1995), S. 101 f.). Bereits durch diese Analyse können Kostensenkungspotentiale identifiziert werden, die zur Motivierung der Beteiligten (Quick Hits) unmittelbar ausgeschöpft werden sollten (vgl. Watson (2007), S. 17).

Beim Benchmarking handelt es sich um einen Leistungsvergleich, in dem die für die Unternehmungsziele relevanten Leistungsunterschiede und ihre Ursachen quantifiziert werden sollen. Zur Messung der zielrelevanten Leistung des betrachteten Prozesses und der auf sie wirkenden Einflussfaktoren werden in einem Benchmarking-Projekt zwei Arten von **Kennzahlen** benötigt:

– die Leistungsindikatoren und
– die Treiberindikatoren.

Leistungsindikatoren sind Kennzahlen zur Beurteilung der zielrelevanten Leistung des betrachteten Prozesses. Bei der Leistung kann es sich um die Funktionalität, die Qualität oder den Ressourceneinsatz des Prozesses handeln. Zur Beurteilung der Leistung des untersuchten Prozesses können Merkmale des Outputs oder des Inputs, die Durchlaufzeit bzw. deren Bestandteile oder die Auswirkungen beim Prozesskunden gemessen werden. Die Einflussgrößen auf die zielrelevante Leistung werden über die **Treiberindikatoren** erfasst (in Anlehnung an Homburg/Werner/Englisch (1997), S. 54). Werden Kostensenkungsziele verfolgt, handelt es sich bei den Treiberindikatoren um Messgrößen für Kosteneinflussgrößen, wie z. B. die Prozessgenauigkeit (vgl. Kreuz (1997), S. 284 ff.). Die Kennzahlen sollten in dieser Phase noch nicht endgültig festgelegt werden, sondern während des Benchmarking-Prozesses kritisch hinterfragt und gegebenenfalls angepasst werden (vgl. Horváth (2001), S. 417).

Beispiel 5.1: Kennzahlen im Benchmarking

Inhalte der Beschaffungsziele sind die Kosten, die Qualität und die Zeit. Als Leistungsindikatoren werden u. a. genannt: die Anzahl der Einkaufspositionen pro Ein-

käufer, der Quotient aus der Anzahl verspäteter Lieferungen und der Zahl der Lieferungen insgesamt sowie der durchschnittliche Zeitraum zwischen Bedarfsmeldung und Lieferung. Einflussgrößen auf die zielrelevanten Leistungen der Beschaffung sind die Lieferantenstruktur, der Lieferanteneinsatz, die Mitarbeiterstruktur sowie der Mitarbeitereinsatz in der Beschaffung. Treiberindikator für die Einflussgröße Lieferantenstruktur ist z. B. der Quotient aus der Anzahl der Lieferanten, auf die zusammen ein bestimmter Anteil am wertmäßigen Beschaffungsvolumen entfällt, und der Gesamtzahl der Lieferanten (vgl. Homburg/Werner/Englisch (1997), S. 54; ähnlich bei Schäfer/Seibt (1998), S. 368).

Als Grundlage für die Datenbeschaffung in der nächsten Phase des Benchmarking-Prozesses wird ein **Fragebogen** (Checkliste) erstellt. In diesem wird festgehalten, welche Informationen zur Bestimmung der Ausprägungen aller Leistungs- und Treiberindikatoren zu erheben sind.

(2) Datenbeschaffung

In dieser Phase werden auf der Grundlage des Fragebogens die Daten zu den Leistungs- und Treiberindikatoren erfasst. Da der Grundgedanke des Benchmarking in einem Betriebsvergleich besteht, werden diese Daten sowohl für die eigene als auch für den Vergleichspartner erfasst. Anhand des Fragebogens werden im ersten Schritt zunächst die **Daten der eigenen Unternehmung** erfasst. Diese Vorgehensweise hat den Vorteil, dass der Fragebogen vor dem Einsatz bei den Benchmarking-Partnern getestet werden kann.

Zur **Auswahl des Benchmarking-Partners** im nächsten Schritt wird zunächst darüber entschieden, ob ein unternehmungsinternes, ein wettbewerbsorientiertes, ein funktionales oder ein generisches Benchmarking durchgeführt werden soll. Bevor systematisch nach geeigneten Benchmarking-Partnern gesucht wird, sollten die Anzahl der Benchmarking-Partner, ihre Größe und Marktposition festgelegt werden. Hinweise auf Leistungsführer sind die Verleihung von Qualitäts- oder Industriepreisen, positive Presseberichte und hervorragende finanzielle Ergebnisse (vgl. Fromm (1994), S. 125).

Weiterhin sollten in diesem Schritt Vorstellungen über **vertrauensbildende Maßnahmen** entwickelt werden (vgl. Atkinson u. a. (2007), S. 337 f.), wie z. B. die Verpflichtung der Benchmarking-Partner auf einen Verhaltenskodex (vgl. Küting/Lorson (1996), S. 136). Ein solcher Verhaltenskodex ist der Benchmarking Code of Conduct, der vom International Benchmarking Clearinghouse, einem Service des American Productivity & Quality Center, herausgegeben worden ist. Er umfasst zum einen acht Prinzipien, die in Abb. 5.26 genannt sind. Jedes dieser acht Prinzipien wird durch zwei bis fünf Normen präzisiert. Darüber hinaus enthält der Code of Conduct Verhaltensregeln für Besuche beim Benchmarking-Partner sowie für das Benchmarking mit Wettbewerbern (vgl. APQC (o.J.)).

Zur Vorbereitung auf die **Erfassung der Daten beim Benchmarking-Partner** werden zunächst alle Daten aus frei zugänglichen Quellen (z. B. Preise, Informationsdienste, Geschäftsberichte, Produktinformationen, öffentliche Datenbanken) zusammengetragen. Daran schließt sich die Datenerfassung durch sorgfältig geplante Besuche beim Benchmarking-Partner an.

(3) Analysephase

In dieser dritten Phase werden die ausgewählten Prozesse der Unternehmung mit den entsprechenden Prozessen beim Benchmarking-Partner verglichen, um die Leistungslücken und ihre Ursachen festzustellen. Zunächst werden die in der eigenen Unternehmung und beim Benchmarking-Partner gewonnenen Daten zu den Leistungsindikatoren gegenübergestellt, um die **Kosten- und Leistungslücken zu identifizieren**. Um das Ausmaß der notwendigen Verbesserungen in der Unternehmung quantifizieren zu können, genügt es nicht, nur die aktuelle Kosten- und Leistungslücke zu ermitteln. Unter Berücksichtigung der erwarteten Kundenanforderungen sowie des technologischen Fortschritts ist die **Entwicklung** bei den Leistungsindikatoren für die eigene Unternehmung und den Benchmarking-Partner und damit die Entwicklung der Leistungs- und Kostenlücke **zu prognostizieren** (vgl. Lasch/Trost (1997), S. 695).

Prinzipien	Erläuterungen
Prinzip der Rechtmäßigkeit	Verzicht auf Handlungen, die nicht rechtmäßig sind oder Vertraulichkeitspflichten verletzen
Austauschprinzip	Gegenseitigkeit des Datenaustausches
Vertrauensprinzip	Vertrauensvoller Umgang mit den erhaltenen Daten
Nutzungsprinzip	Nutzung der erhaltenen Daten ausschließlich für die dem Benchmarking-Partner mitgeteilten Zwecke
Kontaktprinzip	Einhaltung aller Vereinbarungen bei Kontakten mit dem Benchmarking-Partner
Vorbereitungsprinzip	Sicherung einer effizienten Zusammenarbeit durch sorgfältige Vorbereitung aller Gespräche und Besichtigungen
Vollendungsprinzip	Pünktliche und vollständige Fertigstellung der dem Benchmarking-Partner zugesagten Leistungen
Prinzip des Handelns und Verstehens	Verhalten im Sinne des Benchmarking-Partners

Abb. 5.26: Prinzipien des Benchmarking Code of Conduct

Zur **Analyse der Ursachen der Leistungs- und Kostenlücken** werden zum einen die Daten zu den Treiberindikatoren verglichen und zum anderen Einflussfaktoren identifiziert, die das Vergleichsergebnis verfälschen könnten. Diese Faktoren können in unterschiedlichen Brancheninhalten, Fertigungstiefen, Marktbedingungen, Kostensituationen oder in länderspezifischen Unterschieden begründet sein (vgl. Karlöf/Östblom (1993), S. 165 ff.). Weiterhin verlangt die Ursachenanalyse nach der Auswertung aller Informationen über die Arbeitsinhalte, Methoden und Prozesse, die im Rahmen der Betriebsbesichtigung dokumentiert worden sind.

Beispiel 5.2: Ursachen der Leistungslücke

Die Lagerauslieferung eines Großhändlers für HiFi- und Fernsehgeräte wird mit der eines Versandgroßhändlers für Bekleidung verglichen. Die Zeit zwischen dem Abruf und der Auslieferung ist bei dem Versandgroßhändler für Bekleidung sehr viel kürzer als bei dem Großhändler für HiFi- und Fernsehgeräte. Als Faktoren, die den Zeitvergleich verfälschen, können die Größe und die Sorgfalt genannt werden, mit der die Produkte zu behandeln sind. So kann ein Lagerförderwagen beim Versandgroßhändler für Bekleidung mit sehr viel mehr Bestellungen beladen werden. Zudem sind die Belade- und Entladezeiten aufgrund der notwendigen Sorgfalt bei den Elektrogeräten länger als bei Bekleidung (vgl. Karlöf/Östblom (1993), S. 166 f.).

Um bei den Beteiligten und Betroffenen Akzeptanz für die in der nächsten Phase zu entwickelnden Ziele und Maßnahmenprogramme zu schaffen, werden vor dem Beginn der Realisationsphase die Ergebnisse der Analyse in der Unternehmung kommuniziert. Zu diesem Zweck wird ein **Benchmarking-Bericht** erstellt (vgl. Karlöf/Östblom (1993), S. 172 f.). Dieser Bericht wird dem Lenkungsausschuss, den betroffenen Mitarbeitern und den Mitgliedern der Unternehmungsführung vorgelegt.

(4) Realisationsphase

Die **Ziele** für die Entwicklung von Maßnahmenprogrammen zur Gestaltung der Effizienz und der Effektivität im Gemeinkostenbereich werden auf der Grundlage der Ausprägungen der Leistungsindikatoren bei den Benchmarking-Partnern festgelegt. Sie werden einer Realisierbarkeitsprüfung unterzogen. Aus diesen Zielen werden entsprechend der identifizierten Ursachen Teilziele für die betroffenen Bereiche abgeleitet. Anschließend werden die **Maßnahmenprogramme** zur Schließung der Kosten- und Leistungslücken erarbeitet. Grundlage dieses Schrittes sind die Kenntnisse über die Arbeitsinhalte, Prozesse und Methoden bei den Vergleichspartnern, die während der Analysephase gewonnen worden sind. Die **Realisation der Maßnahmenprogramme** ist Aufgabe der Bereiche. Sie werden jedoch vom Projektteam unterstützt. Parallel zum Realisationsprozess wird die Zielerreichung laufend Fortschrittskontrollen unterzogen.

Wie das Zero-Base-Budgeting dient das Benchmarking nicht nur der Kostensenkung, sondern einer Prozesswertsteigerung zu einer verbesserten Erreichung der mittel- und langfristigen Unternehmungsziele. Der **Vorteil** des Benchmarking gegenüber der Gemeinkostenwertanalyse und dem Zero-Base-Budgeting besteht darin, dass die Maßnahmen zur Gestaltung der Effizienz und der Effektivität im Gemeinkostenbereich nicht von den Betroffenen selbst erarbeitet werden müssen. Die Maßnahmen werden vielmehr durch andere Bereiche bzw. Unternehmungen angeregt. Das ist mit einem weiteren Vorteil verbunden. In die Maßnahmenprogramme gehen Prozesse und Praktiken ein, die sich bereits als effektiv und effizient erwiesen haben. Dadurch werden Lern- und Innovationszyklen verkürzt und die Akzeptanz der Aktionsprogramme bei den Betroffenen erhöht (vgl. Schäfer/Seibt (1998), S. 368).

5.3.5 Vergleichende Analyse der Verfahren zur Prozessverbesserung

Die erörterten Verfahren erfüllen verschiedene Funktionen. Zu diesen zählen (in Anlehnung an Sabisch/Tintelnot (1997), S. 14):
– die Zielsetzungsfunktion,
– die Beschreibungsfunktion,
– die Analysefunktion,
– die Ideenfindungsfunktion,
– die Bewertungsfunktion sowie
– die Implementierungsfunktion.

Prozesse des Gemeinkostenbereichs haben nur unternehmungsinterne Kunden. Der Prozesswert gibt deshalb zunächst keine Auskunft darüber, ob er für die Sicherung der Wettbewerbsfähigkeit der Unternehmung ausreicht (vgl. Lamla (1995), S. 44). Regelt ein Verfahren die Herleitung eines Prozesswertziels, das zur Sicherung der Wettbewerbsfähigkeit beiträgt, erfüllt es die **Zielsetzungsfunktion**. Die Vorgabe der Kriterien zur Beschreibung der Prozesse dient der **Beschreibungsfunktion**. Ein Verfahren mit **Analysefunktion** unterstützt die Problemanalyse, d. h., die Feststellung der Abweichung zwischen angestrebtem und tatsächlichem Prozesswert sowie die Identifikation der Ursachen dieser Wertlücke. Umfasst das Verfahren Handlungsanweisungen zur Förderung der Kreativität, hat es eine **Ideenfindungsfunktion**. Legt es fest, wie die gefundenen Ideen zu bewerten sind, erfüllt es eine **Bewertungsfunktion**. Ein Verfahren mit **Implementierungsfunktion** enthält auch Handlungsanweisungen zur Umsetzung der geplanten Maßnahmen. Abb. 5.27 gibt Auskunft über die Funktionen der Verfahren und die konstitutiven Merkmale, in denen sich die Verfahren unterscheiden.

5.4 Prozessoptimierung durch kontinuierliche Verbesserung

5.4.1 Abgrenzung des Prozess-Kaizen

Die **Prozessoptimierung** ist der Abbau von Verlusten beim Prozesswert durch die kontinuierliche Verbesserung abgegrenzter Prozesse.

Die kontinuierliche Verbesserung abgegrenzter Prozesse ist die Aufgabe des **Prozess-Kaizen**. Neben den in Abschnitt 4.1.1 genannten Merkmalen der kontinuierlichen Verbesserung (vgl. Abb. 5.28) kann das Prozess-Kaizen durch folgende Merkmale beschrieben werden (vgl. Imai (1994), S. 15 ff., (1997), S. 1 ff.):

- **Prozessorientierung**
  Das Prozess-Kaizen ist prozessorientiert und nicht ergebnisorientiert (vgl. Imai (1994), S. 39 ff.), d. h., es wird primär eine Verbesserung der Ausführung angestrebt und nicht eine Verbesserung der Qualität, der Lieferzuverlässigkeit oder der Kosten. In der kontinuierlichen Verbesserung der Ausführung (z. B. Reduzierung körperlich belastender Arbeit, Erhöhung der Arbeitssicherheit, Vereinfachung der Abläufe) wird der Weg gesehen, der langfristig zu einer entscheidenden Verbesserung der Ergebnisse (Qualität, Lieferzuverlässigkeit, Kosten) führt.

Verfahren Merkmale	Gemeinkostenwertanalyse	Zero-Base-Budgeting	Benchmarking

Funktion	– Ideenfindungsfunktion
	– Bewertungsfunktion
	– Implementierungs-
	  funktion
		– Bewertungsfunktion
		– Implementierungs-
		  funktion
			– Zielsetzungsfunktion
			– Analysefunktion
			– Ideenfindungsfunktion
			– Implementierungs-
			  funktion

Ziel	Prozesswerterhöhung durch Senkung der Kosten	Prozesswerterhöhung zur Erreichung der mittel- und langfristigen Ziele der Unternehmung	Prozesswerterhöhung zur Erreichung der mittel- und langfristigen Ziele der Unternehmung
Planung von Kostenvorgaben	Keine	Keine	Herleitung aus dem Vergleich mit einem Leistungsführer
Identifikation von Potentialen zur Erhöhung des Prozesswertes	Kosten-Nutzen-Analyse der aktuell erbrachten Leistungen	Analyse des Beitrags der tatsächlichen und potentiellen Leistungen zu den mittel- und langfristigen Unternehmungszielen	Vergleich mit einem Leistungsführer
Generieren von Rationalisierungsideen	– Einsatz von Kreativitätstechniken – Vorgabe einer hohen Kostensenkungsvorgabe von 40 % – Analyseteams aus Mitarbeitern der leistungserstellenden und der leistungsempfangenden Bereiche	– Einsatz von Kreativitätstechniken – Vorgabe einer hohen Kostensenkungsvorgabe	Anregungen aus dem Vergleich mit dem Leistungsführer

Abb. 5.27: Merkmale von Verfahren für die Prozessverbesserung im Gemeinkostenbereich

- **Befolgen des PDCA-/SDCA-Zyklus**
  Nach einer Verbesserung werden die betroffenen Prozesse standardisiert, um zu verhindern, dass sie wieder den alten Zustand annehmen (vgl. Abschnitt 3.3.3).

- **Dominanz des Qualitätszieles**
  Die Dominanz des Qualitätszieles folgt daraus, dass die Qualität eine Voraussetzung für die Verbesserung der Lieferzuverlässigkeit und die Senkung der Kosten ist (vgl. Imai (1997), S. 50).

- **Kundenorientierung**
  Die Kundenorientierung fordert die Ausrichtung aller Verbesserungen an der Steigerung der Kundenzufriedenheit. Unter dem Kunden wird dabei der direkte Empfänger der Leistung des jeweiligen Prozesses, Arbeitsplatzes bzw. Bereiches verstanden (vgl. Imai (1994), S. 76 ff.). Bei diesen Leistungsempfängern kann es sich sowohl um interne als auch um externe Kunden handeln.

Merkmale des Kaizen	Spezielle Merkmale des Prozess-Kaizen
– Verbesserung messbarer Leistungsgrößen bei gegebenen betrieblichen Rahmenbedingungen – Kontinuität – Erfolgszielorientierung – Einbeziehung aller Mitarbeiter	– Prozessorientierung – Befolgen des PDCA-/SDCA-Zyklus – Dominanz des Qualitätszieles – Kundenorientierung

Abb. 5.28: Merkmale des Prozess-Kaizen

Das Prozess-Kaizen vollzieht sich in den folgenden acht Phasen, die zusammen auch als **Kaizen Story** bezeichnet werden (vgl. Imai (1997), S. 59):

- Auswählen des Kaizen-Themas
- Analyse der Ist-Situation, Zielbildung und Problemfeststellung
- Identifizieren der finalen Problemursache
- Erarbeiten von Verbesserungsmaßnahmen
- Umsetzen der Verbesserungsmaßnahmen
- Kontrollieren der Wirkungen der umgesetzten Verbesserungsmaßnahmen
- Aufstellen bzw. Anpassen von Standards
- Überprüfen des Prozesses

Das **Kaizen-Thema** kann aus dem Unternehmungsplan hergeleitet oder durch ein akutes Problem bestimmt werden. Der Suche nach der **finalen Problemursache** liegt der Gedanke zugrunde, dass eine offensichtliche oder direkt beobachtbare Problemursache selbst die Wirkung (Symptome) vorgelagerter Problemursachen sein kann, die u. U. nicht oder nur schwer erkennbar sind. Es gilt daher, eine Folge von Problemursachen zu erkennen, die durch Ursache-Wirkungs-Beziehungen verbunden sind. Nur durch die Beseitigung des letzten Gliedes dieser Folge kann das Problem endgültig und vollständig gelöst werden (vgl. Ohno (1993), S. 43). Die Suche nach der finalen Problemursache kann durch

- die Methode des Fünffachen Warum und
- die Methode der Sechs W

unterstützt werden. Die Methode des **Fünffachen Warum** verlangt, dass bei jedem Problem die Frage nach dem Warum gestellt wird und die Antwort wieder mit einem Warum hinterfragt wird. Dieser Prozess wird fortgesetzt, bis eine Folge von mindestens fünf Antworten vorliegt. Beispiel 5.3 verdeutlicht die Vorgehensweise dieser Methode (aus Ohno (1993), S. 43).

Beispiel 5.3: Methode des fünffachen Warum

1. ***Warum*** *hat die Maschine angehalten?*
   Es hat eine Überlastung gegeben, und die Sicherung ist durchgebrannt.

2. ***Warum*** *hat es eine Überlastung gegeben?*
   Das Lager war nicht ausreichend geschmiert.

3. ***Warum*** *war es nicht ausreichend geschmiert?*
   Die Ölpumpe hat nicht genügend gepumpt.

4. ***Warum*** *hat sie nicht genügend gepumpt?*
   Die Welle ist ausgeschlagen und rattert.

5. ***Warum*** *ist die Welle ausgeschlagen?*
   Es war kein Sieb angebracht, und deshalb gerieten Metallsplitter in die Maschine.

Bei der Methode der **Sechs W** handelt es sich um einen Fragenkatalog für die Problemidentifikation. Er umfasst jeweils sechs Fragen zu dem Wer, dem Was, dem Wo, dem Wann, dem Warum und dem Wie (vgl. Imai (1994), S. 277 f.). Abb. 5.29 zeigt diesen Fragenkatalog (mit Änderungen entnommen aus Imai (1994), S. 277).

Wer		Wann	
	1. Wer macht es?		1. Wann wird es gemacht?
	2. Wer macht es gerade?		2. Wann wird es wirklich gemacht?
	3. Wer sollte es machen?		3. Wann soll es gemacht werden?
	4. Wer kann es noch machen?		4. Wann kann es sonst gemacht werden?
	5. Wer soll es noch machen?		5. Wann soll es noch gemacht werden?
	6. Wer macht die 3 MU[1)]?		6. Gibt es die 3 MU[1)]?
Was		Warum	
	1. Was ist zu tun?		1. Warum macht er es?
	2. Was wird gerade getan?		2. Warum soll es gemacht werden?
	3. Was sollte getan werden?		3. Warum soll es hier gemacht werden?
	4. Was kann noch gemacht werden?		4. Warum wird es dann gemacht?
	5. Was soll noch gemacht werden?		5. Warum wird es so gemacht?
	6. Welche 3 MU[1)] werden gemacht?		6. Gibt es 3 MU[1)] in der Art zu denken?
Wo		Wie	
	1. Wo soll es getan werden?		1. Wie wird es gemacht?
	2. Wo wird es getan?		2. Wie wird es gerade gemacht?
	3. Wo sollte es getan werden?		3. Wie soll es gemacht werden?
	4. Wo kann es noch gemacht werden?		4. Kann diese Methode auch in anderen Bereichen angewendet werden?
	5. Wo soll es noch gemacht werden?		5. Wie kann es noch gemacht werden?
	6. Wo werden die 3 MU[1)] gemacht?		6. Gibt es 3 MU[1)] in der Methode?

1) vgl. Abschnitt 1.4.2

Abb. 5.29: Die Sechs W

5.4.2 Elemente des House of Gemba

Beschrieben wird das Prozess-Kaizen durch das **House of Gemba**, das in Abb. 5.30 abgebildet ist (in Anlehnung an Imai (1997), S. 20). Unter Gemba wird der Ort verstanden, an dem ein Wert für die Kunden geschaffen wird. Das House of Gemba nennt die Systeme zur Institutionalisierung des Prozess-Kaizen, die Maßnahmen zur Prozessgestaltung, die Objekte, auf die sich diese Maßnahmen beziehen, sowie die Leistungsgrößen, die verbessert werden sollen.

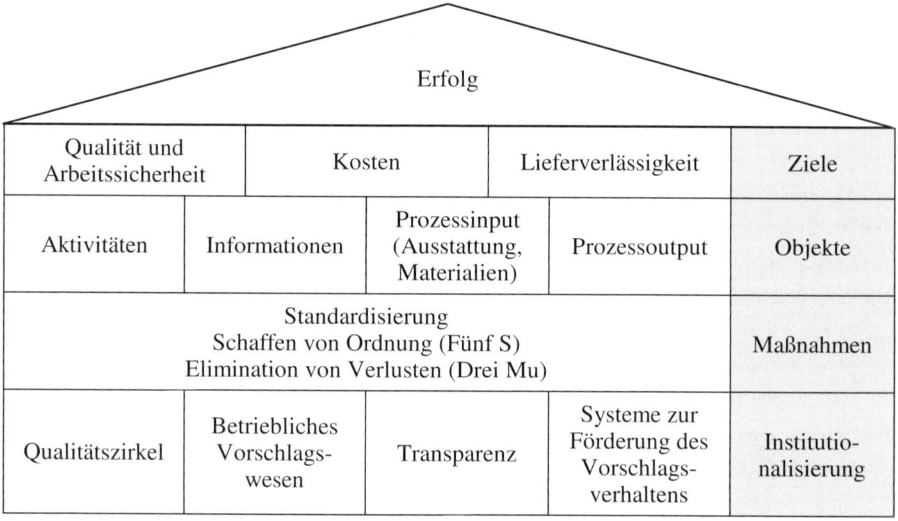

				Erfolg
Qualität und Arbeitssicherheit	Kosten		Lieferverlässigkeit	Ziele
Aktivitäten	Informationen	Prozessinput (Ausstattung, Materialien)	Prozessoutput	Objekte
Standardisierung Schaffen von Ordnung (Fünf S) Elimination von Verlusten (Drei Mu)				Maßnahmen
Qualitätszirkel	Betriebliches Vorschlagswesen	Transparenz	Systeme zur Förderung des Vorschlagsverhaltens	Institutionalisierung

Abb. 5.30: House of Gemba

(1) Verbesserungsziele

Die Verbesserungen des Prozess-Kaizen können die Qualität, die Lieferzuverlässigkeit und die Kosten (QDC) betreffen. Die Qualität bezieht sich nicht nur auf die Produkte, sondern auf den Output aller Prozesse, die zu diesen Produkten führen. Unter der Lieferzuverlässigkeit wird die pünktliche Lieferung der geordneten Prozessleistungen in den richtigen Mengen verstanden (vgl. Imai (1997), S. 11).

(2) Maßnahmen

Ordnung in einem Arbeitsbereich wird in einem Prozess mit fünf Phasen geschaffen, der als die „Fünf S" oder die „Fünf C" bezeichnet wird. Abgeleitet werden diese Bezeichnungen aus den Begriffen, mit denen die Phasen des Prozesses beschrieben werden. Abb. 5.31 zeigt die Phasen dieses Prozesses (vgl. Imai (1997), S. 64 f.). Gelegentlich wird dieser Prozess um eine sechste Phase zum „Sechs S" erweitert. Dieses „S" steht für Safety, d. h. für die Arbeitssicherheit (vgl. Kocaküläh/Brown/Thomson (2008), S. 19).

Fünf S		Fünf C	Beschreibung
Seiri	Sort	Clear out	Trennen der am Arbeitsplatz notwendigen Gegenstände von den nicht notwendigen
Seiton	Straighten	Configure	Leicht zugängliches, sicheres und geordnetes Aufbewahren des Notwendigen
Seiso	Scrub	Clean and Check	Sauberhalten des Arbeitsplatzes
Seiketsu	Systematize	Conform	Integration von Seiri, Seiton und Seiso in den täglichen Arbeitsablauf
Shitsuke	Standardize	Custom and Practice	Standardisierung und Verbesserung der Ergebnisse der ersten drei Prozessphasen

Abb. 5.31: Fünf S zur Schaffung von Ordnung im Arbeitsbereich

In der **ersten Phase** des Prozesses der Fünf S markiert ein Fünf S-Team alle nicht notwendigen Gegenstände in einem abgegrenzten Arbeitsbereich. Zu den Gegenständen am Arbeitsplatz zählen Maschinen, Spannvorrichtungen, Werkzeuge, Ausschuss, Zwischenprodukte, Werkstoffe, Regale, Container, Tische, Werkbänke, Dokumente, Paletten usw. Nicht notwendig sind alle Gegenstände, die innerhalb der nächsten 30 Tage nicht benötigt werden. Sie werden vom Arbeitsplatz entfernt und geordnet aufbewahrt. Nicht notwendige Gegenstände weisen auf Probleme in der Beschaffung, der Logistik oder der Produktionsplanung und -steuerung hin, die Qualitätszirkel-Gruppen als Arbeitsthema vorgegeben werden oder als Rationalisierungsprojekte bearbeitet werden sollten. Für jeden notwendigen Gegenstand wird in der **zweiten Phase** eine Bezeichnung festgelegt und ein Standort, an dem er künftig aufbewahrt wird. Der ausgewählte Standort wird markiert (Visual Management), damit jeder Gegenstand stets am gleichen Standort aufbewahrt wird. Zweck dieser Maßnahem ist es, die Arbeitszeit zu minimieren, die für das Suchen von Objekten aufgewendet werden muss. Darüber hinaus wird für Werkstoffe und Zwischenprodukte eine mengenmäßige Obergrenze festgelegt. Bei Überschreiten dieser Obergrenzen wird die nicht benötigte Menge an die liefernde Abteilung zurückgesandt, um weitere Lieferungen zu unterbinden. Das Sauberhalten des Arbeitsplatzes in der **dritten Phase** wird als Voraussetzung für die Instandhaltung gesehen, da während der Reinigung Schäden erkannt werden. Zur Integration der ersten drei Phasen dieses Prozesses in den täglichen Arbeitsablauf sind in der **vierten Phase** des Prozesses der Fünf S der Umfang dieser Aktivitäten und die Aufgabenträger festzulegen. Darüber hinaus sind die für diese Aktivitäten erforderlichen Arbeitszeiten bei der Planung des Leistungserstellungsprozesses zu berücksichtigen (vgl. Imai (1997), S. 63 ff.). Zweck der **fünften Phase** ist es, die Maßnahmen der ersten vier Phasen zu verstetigen (vgl. Abschnitt 3.3.3).

Der zweite Maßnahmenbereich zur Verbesserung der Produktqualität, zur Steigerung der Lieferzuverlässigkeit und zur Senkung der Kosten ist der **Abbau jeder Form von**

Verlusten im Prozess der Leistungserstellung. Bei den „Drei Mu" handelt es sich um die Formen der Verluste, die abgebaut werden sollten. Zu ihnen zählen (vgl. Ohno (1993), S. 69; Imai (1997), S. 85 f.):

- die Verschwendung (Muda),
- die Überlastung (Muri) und
- das Ungleichgewicht (Mura).

> **Verschwendung** entsteht durch Aktivitäten, die keine Werte für die Kunden schaffen, d. h. durch nicht wertschöpfende Aktivitäten (vgl. Liker (2008), S. 57 ff.).

Ohno klassifiziert sieben **Arten der Verschwendung** (vgl. Ohno (1993), S. 69). Die Erläuterung dieser sieben Verschwendungsarten findet sich in Abb. 5.32 (vgl. Shingo (1993), S. 161 ff.; Imai (1997), S. 75 ff.).

Verschwendungsart	Erläuterung	Wirkungen
Überproduktion	Überschreitung der im Produktionsplan vorgegebenen Produktionsmengen	Zins- und Lagerkosten; zusätzliche Transport- und Verwaltungskosten; Probleme werden durch Bestände an Zwischen- und Endprodukten verdeckt
Lagerhaltung	Produktion vor dem Bedarfszeitpunkt	Zins- und Lagerkosten; zusätzliche Transport- und Verwaltungskosten
Fehlerhafte Produkte	Nacharbeit und Ausschuss	Kosten für Nacharbeit und Ausschuss; geringe Produktivität durch Unterbrechungen des Produktionsprozesses für Nacharbeit
Bewegung	Arm- und Beinbewegungen des Mitarbeiters im Prozess der Aufgabenerfüllung	Geringe Produktivität durch Verlängerung der Vorgabezeiten für die Ausführung einer Arbeitsaufgabe
Verfahren	Unnötige oder unnötig aufwendige Aktivitäten zur Veränderung eines Werkstückes oder von Informationen	Geringe Produktivität durch Verlängerung der Vorgabezeiten für die Ausführung einer Arbeitsaufgabe und die Verlängerung der Durchlaufzeiten
Wartezeiten	Störungs- und ablaufbedingte Wartezeiten der Mitarbeiter	Geringe Produktivität durch umfangreiche Verteilzeiten und lange Durchlaufzeiten
Transport	Arbeitsgänge sind nicht entsprechend der Prozessfolge angeordnet	Transportkosten; Kosten für Transportschäden; geringe Produktivität durch lange Durchlaufzeiten

Abb. 5.32: Formen der Verschwendung im Prozess der Leistungserstellung

Die Arten der Verschwendung nach Ohno sind um

- ungenutzte Kreativitätspotentiale,
- Verschwendung von Zeit und
- Verschwendung durch Konstruktion

erweitert worden. Bei **ungenutzten Kreativitätspotentialen** handelt es sich um den Verlust an Zeit, Fähigkeiten, Verbesserungen und Lernmöglichkeiten, weil Mitarbeiter kein Gehör finden (vgl. Liker (2008), S. 60). Die **Verschwendung durch Zeit** tritt auf, wenn Materialien, Zwischenprodukte, Informationen oder Dokumente auf die Weiterbearbeitung warten. **Verschwendung durch Konstruktion** liegt bei Produkten mit Merkmalen vor, deren Realisation Kosten verursacht, denen jedoch kein entsprechender Zuwachs an Kundennutzen gegenübersteht (vgl. Imai (1997), S. 82 ff.). Der Abbau von Verschwendung durch Konstruktion liegt im Aufgabenbereich des produktbezogenen Kostenmanagements.

Die **Überlastung** kann bei Maschinen oder Mitarbeitern auftreten. Die Überlastung von Mitarbeitern führt zu Fehlern und Arbeitsunzufriedenheit, die wiederum die Leistung des Mitarbeiters beeinflusst. Die Überlastung von Maschinen entsteht durch fehlerhafte Vorgabezeiten und hat Bestände an Zwischenprodukten oder Unterbrechungen zur Folge (vgl. Kamiske/Brauer (2006), S. 112). Unterbrechungen und Überlastung sind Ursachen von Verlusten und müssen eliminiert werden.

Unter **Ungleichgewicht** wird eine unregelmäßige Auslastung der Leistungserstellungsprozesse verstanden. Sie wird durch ein variierendes Auftragsvolumen verursacht, aber auch durch interne Probleme, wie z. B. Ausfallzeiten bei Maschinen, fehlendes Material und Nacharbeit. Das Beseitigen des Ungleichgewichts ist eine Voraussetzung für den nachhaltigen Abbau von Verschwendung und Überlast. Gleichzeitig fördert der Abbau dieser Verlustformen das Gleichgewicht. Zwischen den „Drei Mu" bestehen wechselseitige Beziehungen, so dass sich der Abbau von Verlusten immer auf alle drei Bereiche erstrecken muss (vgl. Liker (2008), S. 172 f.).

(3) Institutionalisierung

Getragen wird das Prozess-Kaizen von Mitarbeitern, die entweder in **Qualitätszirkel-Gruppen** organisiert sind oder **Verbesserungsvorschläge** einreichen. Das Prozess-Kaizen trägt nur dann zur Erreichung des Erfolgszieles der Periode bei, wenn die Mitarbeiter kontinuierlich Vorschläge zur Verbesserung der Prozesse erarbeiten und umsetzen, an denen sie beteiligt sind. Aufgrund der Freiwilligkeit setzt die aktive Mitwirkung an der Erarbeitung und Umsetzung von Verbesserungen Systeme zur **Förderung des Vorschlagsverhaltens** voraus (vgl. Abschnitt 4.1.2.2).

Das **Schaffen von Transparenz** wird von Imai als Visual Management bezeichnet. Es umfasst die Planung und Umsetzung von Maßnahmen, um Probleme unmittelbar und direkt sichtbar zu machen (vgl. Imai (1997), S. 95 f.). Diese Maßnahmen können in

- der deutlich sichtbaren Darstellung von Informationen,
- der Gestaltung einer kontinuierlich fließenden Produktion und
- der Autonomation

bestehen. Zu den **sichtbar darzustellenden Informationen** zählen alle Arten von Vorgaben. Vorgaben sind u. a. die Standards, die Ziele und die Orte, an denen Objekte (Werkzeuge, Materialien) aufbewahrt werden sollen (Fünf S). Sichtbar gemacht werden diese Orte durch gelbe Markierungen in der Form des Umrisses des jeweiligen Objektes. Ist der Ist-Zustand nicht unmittelbar sichtbar, werden auch Informationen zur Beschreibung des Ist-Zustandes in der Form von Kennzahlen oder Grafiken ausgehängt. Durch die deutlich sichtbare Darstellung dieser Informationen werden die Voraussetzungen für einen kontinuierlichen Ist-Soll-Vergleich unmittelbar an den Arbeitsplätzen geschaffen, so dass Abweichungen unverzüglich erkannt werden können (vgl. Imai (1997), S. 95 ff.). Eine **kontinuierlich fließende Produktion** verlangt den Abbau aller Puffer- und Lagerbestände, so dass ein Problem zur Unterbrechung des gesamten Prozesses führt. Dadurch treten Probleme deutlich zu Tage und es wächst der Druck, das Problem sofort und nachhaltig zu lösen, d. h. die finale Problemursache zu beseitigen (vgl. Liker (2008), S. 135 ff.). Unter **Autonomation** (Jidoka) werden automatisch ablaufende Bearbeitungsprozesse mit selbstgesteuerter Fehlererkennung verstanden, die sich sofort selbsttätig abschalten, wenn eine Abweichung vom Normalablauf auftritt (vgl. Shingo (1993), S. 41).

6 Produktorientiertes Kostenmanagement

6.1 Abgrenzung des produktorientierten Kostenmanagements

6.1.1 Begriff des produktorientierten Kostenmanagements

Das produktorientierte Kostenmanagement zielt auf die Gestaltung der Effizienz durch die Einflussnahme auf Entscheidungen über die kostenverursachenden Produktmerkmale. Entscheidungen über die Merkmale von Produkten werden vor allem während ihrer Entwicklung, aber auch während späterer Phasen ihres Lebenszyklus getroffen. Der **Lebenszyklus** eines Produktes ist der Zeitraum, über den es Auswirkungen auf die Zielerreichung der Unternehmung hat (vgl. Götze (2000), S. 267). Er kann in eine Entstehungs-, eine Markt- und eine Nachsorgephase gegliedert werden (vgl. Back-Hock (1992), S. 706 f.).

Nach allgemeiner Auffassung werden durch Entscheidungen der Produktplanung etwa 70 % der Gesamtkosten eines Produktes festgelegt, während die Entscheidungen der Fertigungsvorbereitung für rund 20 % und die Produktions- und Beschaffungsentscheidungen nur noch für etwa 7 % bzw. 3 % dieser Kosten bestimmend sind (vgl. VDI (1987), S. 3). Nach Blanchard werden im Prozess der Produktplanung 95 % der Lebenszykluskosten festgelegt (vgl. Blanchard (1978), S. 14 f.). Es handelt sich hierbei um häufig zitierte Erfahrungswerte (vgl. Labro (2006), S. 504 f.), an deren Gültigkeit begründete Zweifel vorgetragen werden (vgl. Cooper/Slagmulder (2004), S. 50). Auch wenn während der Marktphase ein deutlich höherer Teil der Lebenszykluskosten eines Produktes als bisher angenommen beeinflussbar ist, verliert das produktorientierte Kostenmanagement nicht an **Bedeutung**, da Kostensenkungen in den frühen Phasen des Produktlebenszyklus einen höheren Beitrag zum Gesamterfolg des Produktes leisten als Kostensenkungen, die erst in späteren Phasen realisiert werden.

Das produktbezogene Kostenmanagement ist ein Gestaltungsbereich des Kostenmanagements der Unternehmung. Sein Ziel ist die Verbesserung der Wirtschaftlichkeit der Leistungserstellung und -verwertung zur Erreichung der Unternehmungsziele. Abgegrenzt wird es durch folgende **Merkmale** (vgl. Abschnitt 1.3.3):

– den Produktwert als Gestaltungsobjekt und
– die Kosten beeinflussenden Produktmerkmale als Gestaltungsparameter.

> Das **produktorientierte Kostenmanagement** ist die zielorientierte Gestaltung des Wertes von Produkten durch die Einflussnahme auf das Verhalten der Träger von Entscheidungen über die Merkmale der Produkte während ihrer Entstehungs- und Marktphase.

6.1.2 Merkmale des produktorientierten Kostenmanagements

6.1.2.1 Produktwert als Gestaltungsobjekt

Die **Effizienz** eines Produktes ist das Verhältnis aus seinen Funktionen und den Ressourcen, die zur Erstellung einer Produkteinheit mit diesen Funktionen benötigt werden. Sie ist durch das produktorientierte Kostenmanagement unter Berücksichtigung der **effektivitätsbezogenen Restriktionen** zu gestalten. Diese Restriktionen betreffen die Anforderungen, die der Kunde an das Produkt stellt und die es zu erfüllen gilt. Werden die eingesetzten Ressourcen dem Beitrag der Funktionen des Produktes zur Erfüllung der Anforderungen der Kunden gegenübergestellt, ergibt sich der Produktwert (vgl. Kato/Böer/Chow (1995), S. 46).

Der **Wert** eines Produktes wird nach DIN EN 12973 ((2002), S. 12) definiert als Verhältnis aus seinem Kundennutzen, d. h. dem Beitrag zur Befriedigung der Bedürfnisse der Kunden, und dem hierzu erforderlichen Ressourceneinsatz bzw. den Kosten dieses Ressourceneinsatzes:

$$\text{Wert } \alpha \ \frac{\text{Kundennutzen}}{\text{Einsatz von Ressourcen}}$$

Der Produktwert als Gestaltungsobjekt des produktorientierten Kostenmanagements wird damit durch den Kundennutzen und die Kosten des Produktes bestimmt, die durch Entscheidungen über die Merkmale des Produktes determiniert werden. Das **Symbol „α"** soll zum Ausdruck bringen, dass der Kundennutzen und der Ressourceneinsatz gegenübergestellt und gegeneinander abgewogen werden.

(1) Kundennutzen eines Produktes

Der Kundennutzen wird durch die Funktionalität und die Qualität des Produktes determiniert.

Unter der **Funktionalität** werden die Wirkungen des Produktes verstanden, die zur Befriedigung der Bedürfnisse des Kunden beitragen. Die **Qualität** bezeichnet das Niveau dieser Wirkungen (in Anlehnung an Cooper (1995), S. 15).

So ist z. B. das Speichern von Flüssigkeiten ein Element der Funktionalität einer Kaffeemaschine. Das Speichervermögen von acht Tassen ist ein Qualitätsmerkmal.

Der **Wert** eines Produktes kann damit wie folgt **gesteigert** werden (vgl. Schröder (1994), S. 157; DIN EN 12973 (2002), S. 13):

- Erweitern des Produktes um Funktionen, deren Kundennutzen die Kosten dieser Funktionen übersteigt,
- Eliminieren von Funktionen aus dem Produkt, deren Kosten über dem Kundennutzen dieser Funktionen liegen,

- Verbessern der Qualität des Produktes zu Kosten, die in geringerem Maße steigen als der Kundennutzen und

- Verringern der Qualität von Funktionen zu Kosten, die in stärkerem Maße sinken als der Kundennutzen.

(2) Produktkosten

> Die **Produktkosten** umfassen die Kosten, die ein Produkt während seines Lebenszyklus in der Unternehmung verursacht und die primär von den Entscheidungen über die Produktmerkmale determiniert werden.

Die Kosten, die ein Produkt im Lebenszyklus verursacht, fallen sowohl beim Hersteller als auch beim Kunden an. Abb. 6.1 gibt einen Überblick über die Kategorien der Lebenszykluskosten, wie sie für Gebrauchsgüter typisch sind, die auf einem anonymen Massenmarkt angeboten werden.

Sicht des Herstellers		Sicht des Kunden	
Lebenszyklusphase	Kostenkategorie	Kostenkategorie	Lebenszyklusphase
Entstehungsphase	Vorleistungskosten – Entwicklungskosten – Kosten der langfristigen Fertigungsvorbereitung – Kosten der Absatzvorbereitung	Anschaffungskosten – Anschaffungspreis – Anschaffungsnebenkosten	Transaktionsphase
Marktphase	– Laufende Kosten – Auslaufkosten	Nutzungskosten – Betriebskosten – Instandhaltungskosten	Nutzungsphase
Nachsorgephase	Folgekosten		
	Entsorgungskosten		Entsorgungskosten	Entsorgungsphase

Abb. 6.1: Lebenszykluskosten eines Gebrauchsgutes für den anonymen Massenmarkt

Beim **Kunden** fallen neben den **Anschaffungskosten** vor allem **Nutzungskosten** an, die sich aus den Betriebs- und den Instandhaltungskosten zusammensetzen. Sofern sie nicht vom Hersteller übernommen werden, entstehen beim Kunden auch **Entsorgungskosten** (vgl. Siegwart/Senti (1995), S. 80). Die Kosten, die der Kunde zu tragen hat, sind ein Merkmal der Funktionalität des Produktes. Deutlich wird das beim Benzinverbrauch als Komponente der Nutzungskosten eines Fahrzeugs (vgl. Dreiliterauto). Diese Kosten bestimmen den Kundennutzen und sind kein Bestandteil der Produktkosten.

Die **Produktkosten** umfassen nur Kosten, die das Produkt beim Hersteller verursacht. Wird die Entsorgung als spezieller Fertigungsprozess verstanden, werden folgende Kosten primär durch Entscheidungen über die Produktmerkmale determiniert (vgl. Franz (1993), S. 126; Yoshikawa u. a. (1993), S. 78 ff.):

Materialeinzelkosten
+ Direkte Fertigungskosten
  • Fertigungslöhne
  • Direkte Anlagenkosten
+ Indirekte Fertigungskosten
+ Produktnahe Gemeinkosten
+ Bereinigte Produkteinzelkosten
= Produktkosten

Materialeinzelkosten sind der bewertete Verbrauch von Rohstoffen, Teilen und Baugruppen, der direkt bei den Produkten erfasst wird. Die **direkten Fertigungskosten** sind die Kosten des Fertigungsbereichs, die einer Person bzw. einer Maschine, die unmittelbar auf die Produkte einwirkt, direkt zugerechnet werden können. **Fertigungslöhne** sind das Entgelt (einschließlich der Sozialkosten) für unmittelbar an den Produkten erbrachte Arbeitsleistungen. Als Beispiele für die **direkten Anlagenkosten** können Abschreibungen und Instandhaltungskosten genannt werden. Die **indirekten Fertigungskosten** umfassen u. a. die Hilfslöhne, das Gemeinkostenmaterial und die Kosten für Energie. **Produktnahe Gemeinkosten** werden durch Prozesse des indirekten Leistungsbereichs verursacht, die an Produkten bzw. ihren Bestandteilen vollzogen werden. Die Prozesse stehen in einem unmittelbaren Zusammenhang mit der Materialbeschaffung, der Material-, Fertigungs- und Entsorgungslogistik, der Leistungserstellung und Entsorgung sowie der Fertigungsauftragsplanung und -abwicklung. **Produkteinzelkosten** können zwar nicht der Produkteinheit, jedoch der Lebenszyklusmenge des Produktes direkt zugerechnet werden. Zu ihnen zählen Entwicklungskosten, Patentgebühren, Kosten für Gussformen und Werkzeuge. Nicht alle Produkteinzelkosten hängen von Produktmerkmalen ab, wie z. B. die Entwicklungskosten und die Patentgebühren. Als Produktkosten werden deshalb nur Produkteinzelkosten berücksichtigt, die von diesen Kostenbestandteilen bereinigt sind.

6.1.2.2 Produktmerkmale als Gestaltungsparameter

Die **Gestaltungsparameter des produktorientierten Kostenmanagements** sind die Kosten beeinflussenden Produktmerkmale, über die bei der Planung von Produkten während der Entstehungsphase bzw. bei ihrer Anpassung während der Marktphase entschieden wird. Ohne Bedeutung für das produktorientierte Kostenmanagement sind Produktmerkmale, die **nicht Kosten beeinflussend** sind. Dieser Gruppe gehört ein Produktmerkmal an, wenn zwischen seinen alternativen Ausprägungen keine (bedeutenden) Kostenunterschiede bestehen.

Unter **Produktmerkmalen** werden alle Merkmale des Produktes verstanden, die in den am Ende des Entwicklungs- bzw. Konstruktionsprozesses zu erstellenden Fertigungsunterlagen festgeschrieben sind. Zu den Fertigungsunterlagen zählen Zeichnungen, Stücklisten, Erzeugnisstrukturen, Montage-, Transport- und Prüfvorschriften. Beispiele für Kosten beeinflussende Produktmerkmale sind Produktfunktionen, prinzipielle Lösungen, Abmessungen, Toleranzen, Werkstoffe, Fertigungsverfahren, Werkstoffbehandlung, Teilezahl, Oberflächenart und Rauheit (vgl. VDI 2235 (1987), S. 10 f.).

Die Bedingungen, unter denen das Produkt hergestellt wird, werden durch die langfristige Fertigungsvorbereitung festgelegt und u. a. im Arbeitsplan dokumentiert, wie z. B. die Arbeitsgänge, die zwischen den Arbeitsgängen bestehenden Arbeitsbeziehungen, die Zuordnung von Arbeitsgängen zu Kostenstellen und Arbeitsplätzen, der Einsatz von Fertigungsmitteln, Werkzeugen und -vorrichtungen, die geforderte Qualifikation der einzusetzenden Arbeitskräfte sowie die Maßnahmen zur Qualitätssicherung in der Produktion (vgl. Ziegler (1996), S. 117 ff.). Diese **Produktionsbedingungen** zählen nicht zu den Produktmerkmalen. Nicht zu den Gestaltungsparametern zählen auch **vorgegebene Produktmerkmale**. Ihre Ausprägungen sind nicht frei gestaltbar, weil sie z. B. aus Sicherheitsbestimmungen folgen.

6.1.3 Handlungsfelder des produktorientierten Kostenmanagements

Das potentialorientierte Kostenmanagement kann sich über **zwei Handlungsfelder** der Effizienzgestaltung erstrecken, die Neugestaltung betrieblicher Rahmenbedingungen und die kontinuierliche Verbesserung. Nach diesen Handlungsfeldern werden unterschieden:

– die kostenorientierte Produktplanung und

– das Produkt-Kaizen.

Bei der **kostenorientierten Produktplanung** wird der Produktwert bei der Entwicklung neuer oder verbesserter Produkte in der Entstehungsphase des Produktlebenszyklus durch Entscheidungen über die Produktmerkmale gestaltet. Bei Produkten mit einem längeren Lebenszyklus wird die kostenorientierte Produktplanung um das **Produkt-Kaizen** (vgl. Abschnitt 4.1.1) ergänzt (vgl. Cooper (1995), S. 252 f.). Es umfasst die Initiierung und Durchführung von Wertanalyse-Projekten, durch die Merkmale von Produkten in der Marktphase des Produktlebenszyklus verändert werden, um den Produktwert zielorientiert zu gestalten.

Aus der Erfahrung der Praxis heraus wurde die Rule of Ten formuliert. Sie besagt, dass sich die Kosten der Anpassung eines Produktes zwischen zwei Phasen des Produktlebenszyklus (Entwicklung, Produktionsvorbereitung, Produktion) um den Faktor 10 erhöhen. Die Analyse von 135 Projekten in 42 Unternehmungen hat gezeigt, dass die konstruktive Anpassung eines Produktes in der Marktphase zu einer Senkung der Herstellkosten um durchschnittlich 33 % geführt hat. Im Zeitraum zwischen dem Serienanlauf und der Produktverbesserung sind damit durchschnittlich 33 % der Herstellkosten unnötig angefallen (vgl. Ehrlenspiel/Kiewert/Lindemann (2005), S. 12, 14 ff.). Der kostenorientierten Produktplanung kommt deshalb eine sehr viel größere **Bedeutung** zu als dem Produkt-Kaizen.

6.2 Kostenorientierte Produktplanung

6.2.1 Abgrenzung der kostenorientierten Produktplanung

6.2.1.1 Phasen der Produktplanung

Aufgabe der **Produktplanung** ist die zielorientierte Gestaltung neuer oder verbesserter Produkte. Sie besteht aus zwei aufeinanderfolgenden Phasen: (1) der Produktkonzeptplanung und (2) der Konstruktion (vgl. Pahl/Beitz (1993), S. 82 f.). Für diese beiden Phasen finden sich auch die Bezeichnungen „Produktfindung" und „Produktrealisation" (vgl. VDI 2220 (1980), S. 2).

(1) Entscheidungen der Produktkonzeptplanung

Die Produktkonzeptplanung umfasst folgende **Aufgaben** (in Anlehnung an Zäpfel (1989), S. 22 ff.):

– die Ideenfindung,

– die Selektion der Produktideen,

– die Planung der Produktfunktionen sowie

– die Produktdefinition.

Die **Ideenfindung** umschließt die Sammlung von Produktideen durch Auswerten unternehmungsinterner und -externer Informationen und die Suche nach Produktideen in zuvor abgegrenzten, zukunftsträchtigen Suchfeldern. Aufgabe der **Selektion der Produktideen** ist die Bewertung sowie die Auswahl der Produktideen, die weiterverfolgt werden sollen. Die Ideenselektion wird in einem mehrstufigen Prozess vollzogen, in dem der Detaillierungsgrad der Produktideen und der Präzisionsgrad der Bewertung sukzessive erhöht wird (vgl. VDI 2220 (1980), S. 4 ff.). Parallel zur Ideenselektion werden für die Erfolg versprechenden Produktideen die Produktfunktionen geplant.

> Eine **Produktfunktion** ist eine Wirkung des Produktes oder einer Komponente.

Die **Planung der Produktfunktionen** vollzieht sich in zwei Schritten (vgl. Pfeifer (2001), S. 293 ff.):

– dem Festlegen kundenbezogener Funktionen sowie

– dem Bestimmen produktbezogener Funktionen.

Kundenbezogene Funktionen beschreiben die Wirkungen eines Produktes, die zur Erfüllung der Kundenbedürfnisse beitragen, d. h., sie beschreiben den Kundennutzen des Produktes.

Für die Realisation der kundenbezogenen Funktionen kann es eine Vielzahl technischer Lösungen geben. Beispielsweise kann bei der Planung eines Autos die vom Kunden geäußerte Anforderung „niedrige Unterhaltskosten" durch einen geringen Kraftstoffverbrauch, eine günstige Steuer- und Versicherungsklasse, die durch Hubraum und Leistung bestimmt wird, oder durch geringe Wartungs- und Reparaturkosten erreicht werden (vgl. Saatweber (1994), S. 454). Eine Verringerung des Kraftstoffverbrauchs eines Fahrzeuges kann u. a. durch eine Automatisierung des Getriebes, eine Gewichtsreduzierung oder eine Aerodynamikoptimierung erreicht werden. Aufgabe der **Planung produktbezogener Funktionen** ist es deshalb, die kundenbezogenen Funktionen in produktbezogene Funktionen zu übertragen.

Produktbezogene Funktionen sind die Wirkungen eines Produktes, einer Komponente oder zwischen den Komponenten eines Produktes, welche zur Erfüllung der kundenbezogenen Funktionen beitragen.

Die **Produktdefinition** dient der Formulierung eines Realisierungsvorschlages, welcher der Unternehmungsführung zur Entscheidung vorgelegt wird. Der Vorschlag enthält eine Beschreibung der geplanten Produktfunktionen, Angaben zu den vorgesehenen Märkten bzw. Zielgruppen, dem Entwicklungs- und Investitionsaufwand, den voraussichtlichen Stückzahlen, den Preiserwartungen, den geschätzten Produktkosten sowie dem Zeitplan. Stimmt die Unternehmungsführung dem Vorschlag zu, wird er in ein Produktkonzept überführt (vgl. VDI 2220 (1980), S. 8).

Das **Produktkonzept** ist eine vorläufige, lösungsneutral formulierte Beschreibung der produktbezogenen Funktionen, die der Konstruktion vorgegeben wird.

(2) Phasen der Konstruktion

Die **Konstruktion** oder technische Entwicklung ist ein informationsverarbeitender Prozess zur Erstellung eines Entwurfs, durch den die Merkmale eines Produktes so festgelegt werden, dass es die in der Produktdefinition vorgegebenen produktbezogenen Funktionen zielorientiert erfüllt.

Die **Ziele der Konstruktion** haben die Konstruktionskosten, die Konstruktionszeit sowie die Qualität des Konstruktionsergebnisses zum Inhalt. Merkmale der Qualität des Konstruktionsergebnisses sind zum einen die Produktkosten und zum anderen die Erfüllung der produktbezogenen Funktionen.

Die Konstruktion vollzieht sich in mehreren Phasen, die sequentiell ablaufen. Die in einer Phase gewonnenen Erkenntnisse können zu Rückkopplungen führen, welche die wiederholte Bearbeitung einer vorhergehenden Phase oder die Korrektur der Produktdefinition zum Inhalt haben können. Jede dieser Phasen ist ein vollständiger Entscheidungsprozess mit den Teilphasen Zielbildung, Problemfeststellung, Alternativensuche, Bewertung und Entscheidung (vgl. Pahl (1979), Sp. 920; Ehrlenspiel (1996), Sp. 912). **Phasen der Konstruktion** sind

– das Klären der Aufgabenstellung,

– das Konzipieren,

– das Entwerfen und

– das Ausarbeiten.

Das **Klären der Aufgabenstellung** besteht in der Erarbeitung einer Liste der Anforderungen (produktbezogene Funktionen) an das geplante Produkt, die an die Bedürfnisse der Konstruktion angepasst ist. In der Phase des **Konzipierens** wird über die prinzipielle Lösung entschieden, d. h. über den grundsätzlichen Weg zur Erfüllung der geplanten Produktfunktionen. Beim **Entwerfen** wird zunächst festgelegt, welche Funktionen durch welche Baugruppen und Teile erfüllt werden sollen. Anschließend werden die Baugruppen und Teile gestaltet. In der letzten Phase der Konstruktion, dem **Ausarbeiten**, wird der Entwurf um endgültige Vorschriften zu Form, Abmessungen, Oberflächenbeschaffenheit und den Werkstoffen aller Einzelteile ergänzt und die Produktdokumentation erstellt (vgl. Pahl/Beitz (1993), S. 82 ff.).

Nur bei der **Neukonstruktion** werden alle Phasen des Konstruktionsprozesses durchlaufen, da nur bei dieser Konstruktionsart ein neues Lösungsprinzip erarbeitet wird. Bei der **Anpassungskonstruktion** wird das Produkt bei unverändertem Lösungsprinzip an neue Anforderungen angepasst. Neben dem Klären der Aufgabenstellung erfordert sie nur das Entwerfen und das Ausarbeiten. Werden nur Maßänderungen vorgenommen, liegt eine **Variantenkonstruktion** vor, die sich über das Klären der Aufgabenstellung und das Ausarbeiten erstreckt (vgl. Ehrlenspiel (1996), Sp. 913 f.).

Ergänzt wird die Produktplanung durch die Produktplanungsverfolgung und die Produktüberwachung. Die **Produktplanungsverfolgung** kontrolliert und sichert parallel zum Konstruktionsprozess den Zielbeitrag des geplanten Produktes. Nach Abschluss der Produktplanung wird der Zielbeitrag des Produktes durch die **Produktüberwachung** kontrolliert und gesichert.

6.2.1.2 Merkmale der kostenorientierten Produktplanung

Für die Produktplanung werden leistungsbezogene Vorgaben geplant und durchgesetzt. Sie haben die kunden- oder produktbezogenen Funktionen zum Inhalt, die den geplanten Kundennutzen des Produktes operationalisieren. Die kostenorientierte Produktplanung zeichnet sich dadurch aus, dass neben den leistungsbezogenen Vorgaben auch Kostenziele geplant und durchgesetzt werden. Mit den Kostenzielen werden die Produktkosten vorgegeben, die das Produkt mit dem geplanten Kundennutzen im Leistungserstellungs- und -verwertungsprozess höchstens verursachen darf, wenn der angestrebte Beitrag zum Unternehmungsziel erreicht werden soll. Das Kostenziel und die leistungsbezogene Vorgabe definieren das **Produktwertziel** der kostenorientierten Produktplanung. Im Prozess der kostenorientierten Produktplanung können unter der Maßgabe, dass dieses Produktwertziel erreicht wird, sowohl das Produktkostenziel als auch die leistungsbezogenen Vorgabe angepasst werden.

Eine **kostenorientierte Produktplanung** zeichnet sich dadurch aus, dass bei der Gestaltung neuer oder verbesserter Produkte alle Entscheidungen an dem angestrebten Produktwert ausgerichtet werden.

Um alle Entscheidungen an dem Produktwertziel auszurichten, werden für das Produkt mit den geplanten kunden- oder produktbezogenen Funktionen Produktkostenvorgaben geplant. Diese werden den Trägern der Produktplanung vorgegeben, durchgesetzt und während des Produktplanungsprozesses kontrolliert. Die an der Produktplanung Beteiligten werden zur Erreichung des Produktwertzieles motiviert. Weiterhin wird die Konstruktion kostenorientiert durchgeführt.

Bei der **kostenorientierten Konstruktion** werden in jeder Phase des Konstruktionsprozesses Wertsteigerungsmöglichkeiten systematisch gesucht, beurteilt und gegebenenfalls zu Wertsteigerungsvorschlägen ausgearbeitet sowie alle Konstruktionsalternativen hinsichtlich ihrer Wirkungen auf den Produktwert beurteilt.

Die kostenorientierte Produktplanung ist als Projekt mit folgenden **Aufgabenträgern** organisiert (vgl. Seidenschwarz (1993), S. 269):
- dem Projektteam,
- dem Produktmanager und
- den Entwicklungsteams.

Die Produktplanung ist die Aufgabe eines **Projektteams**, das aus Mitarbeitern der Bereiche Produktion, Produkt- und Prozessentwicklung, Einkauf, Marketing und Rechnungswesen gebildet wird. Die Aufgaben des Projektteams sind die Erstellung der Produktdefinition, das Konzipieren des geplanten Produktes sowie die Planung der Produktkostenvorgaben, deren Durchsetzung, Kontrolle und Sicherung (vgl. Monden (1999), S. 26 f.). Die Mitglieder des Projektteams sind gleichzeitig die Leiter der Entwicklungsteams in den Entwicklungs- und den sonstigen Funktionsbereichen. An der Spitze des Projektteams steht ein **Produktmanager**, der nicht nur für das Projektmanagement zuständig ist, sondern die Erfolgsverantwortung für das Produkt trägt (vgl. Clark/Fujimoto (1992), S. 249). Er ist auf der gleichen Ebene der Unternehmungshierarchie eingeordnet wie die Manager der Funktionsbereiche, er kann ihnen sogar übergeordnet sein. Über die Mitglieder des Projektteams kann er auf die Mitarbeiter in den Entwicklungsteams Einfluss nehmen. Den **Entwicklungsteams** gehören Mitarbeiter der Produkt- und Prozessentwicklung, der Beschaffung und der Produktion an (vgl. Cooper/Slagmulder (2005c), S. 262). Sie sind Träger der Umsetzung der geplanten Produktfunktionen nach den Vorgaben des Projektteams und damit für das Entwerfen und Ausarbeiten des geplanten Produktes zuständig.

6.2.2 Prozess der Produktkostenplanung und -steuerung

6.2.2.1 Kennzeichnung der Produktkostenplanung

Aufgabe der Produktkostenplanung ist die Planung zielorientierter Produktkostenvorgaben für die verschiedenen Phasen im Konstruktionsprozess. Sie vollzieht sich in **zwei Schritten** (vgl. Yoshikawa u. a. (1993), S. 47 f.): (1) der Planung der originären Produktkostenvorgabe und (2) der Planung derivativer Produktkostenvorgaben. Der komplette Prozess der Produktkostenplanung wird in japanischen Unternehmungen nur für die Basismodelle einiger weniger Kernprodukte durchgeführt. Diese zeichnen sich durch die Mehrfachverwendung ihrer Komponenten aus (vgl. Horváth/Seidenschwarz/Sommerfeldt (1993), S. 14).

(1) Planung der originären Produktkostenvorgabe

Parallel zur **Produktkonzeptplanung** wird zunächst die originäre Produktkostenvorgabe geplant.

> Die **originäre Produktkostenvorgabe** wird ausgehend von den Zielen geplant, die mit dem Produkt verfolgt werden, und bezieht sich auf das Gesamtprodukt.

Für die Planung der originären Produktkostenvorgaben sind verschiedene Ansätze vorgeschlagen worden. Diese Ansätze können isoliert zur Anwendung gelangen. In der Regel werden für die Planung der originären Produktkostenvorgaben jedoch mehrere dieser Ansätze kombiniert. Folgende **Ansätze** werden unterschieden:

- der marktorientierte Ansatz,
- der unternehmungsorientierte Ansatz,
- der wettbewerberorientierte Ansatz sowie
- der verhandlungsorientierte Ansatz.

Beim **marktorientierten Ansatz** werden die originären Produktkostenvorgaben als Differenz zwischen dem erwarteten Marktpreis des geplanten Produktes und dem angestrebten Stückerfolg ermittelt. Der **unternehmungsorientierte Ansatz** sieht vor, die originären Produktkostenvorgaben aus den konstruktions- und fertigungstechnischen Merkmalen des geplanten Produktes, den vorhandenen Potentialen und Prozessen in der Produktion und den Erfahrungen mit der Kostengestaltung herzuleiten, die in früheren Produktentwicklungsprojekten gesammelt worden sind (vgl. z. B. Yoshikawa u. a. (1993), S. 42). Nach dem **wettbewerberorientierten Ansatz** werden originäre Produktkostenvorgaben auf der Basis von Informationen bestimmt, die bei der Zerlegung und Analyse von Produkten der Konkurrenten gewonnen worden sind. Bei der **verhandlungsorientierten Vorgehensweise** wird die originäre Produktkostenvorgabe zwischen Produktmanager, Projektteam und Entwicklungsteams ausgehandelt. Abb. 6.2 nennt die Vor- und Nachteile dieser Ansätze.

Ansatz	Beurteilung	
Marktorientierter Ansatz	V:	Die Erreichung des Erfolgszieles ist gesichert.
	N:	Die Realisierbarkeit der Produktkostenvorgabe ist nicht gesichert. Die Motivation in den Entwicklungsteams kann ungünstig beeinflusst werden.
Unternehmungs-orientierter Ansatz	V:	Die Realisierbarkeit der Produktkostenvorgabe ist gesichert.
	N:	Die Wettbewerbsfähigkeit des Produktes hinsichtlich seiner Kosten ist nicht gesichert. Die Entwicklungsteams werden nicht motiviert, Kostensenkungsmaßnahmen zu erarbeiten bzw. umzusetzen. Die Erreichung des Erfolgszieles ist nicht gesichert.
Wettbewerber-orientierter Ansatz	V:	Die Realisierbarkeit der Produktkostenvorgabe ist gesichert. Die Motivation in den Entwicklungsteams kann ungünstig beeinflusst werden. Die Wettbewerbsfähigkeit des Produktes hinsichtlich seiner Kosten ist gesichert.
	N:	Die Erreichung des Erfolgszieles ist nicht gesichert. Es kann ein Wettbewerbsnachteil ausgeglichen, jedoch kein Wettbewerbsvorteil geschaffen werden.
Verhandlungs-orientierter Ansatz	V:	Durch die Partizipation der Entwicklungsteams an der Planung der originären Produktkostenvorgabe kann ihre Motivation positiv beeinflusst und die Realisierbarkeit der Produktkostenvorgabe gesichert werden. Die Erreichung eines Mindesterfolges kann durch Begrenzung des Verhandlungsspielraumes sichergestellt werden.
	N:	Die Verhandlungsprozesse können langwierig sein und verursachen Kosten.

Abb. 6.2: Beurteilung der Ansätze zur Planung originärer Produktkostenvorgaben

(2) Planung der derivativen Produktkostenvorgabe

Die Planung der derivativen Produktkostenvorgabe vollzieht sich parallel zur Konstruktion und umfasst die Spaltung der originären Produktkostenvorgabe in Teilvorgaben (vgl. Tanaka (1989), S. 54; Yoshikawa u. a. (1993), S. 49). Mit der Planung derivativer Produktkostenvorgaben werden die folgenden **Zwecke** verfolgt:

- die Abgrenzung von Kostenbeeinflussungsschwerpunkten,
- die eindeutige Zuordnung von Verantwortung für die Erreichung der Produktkostenvorgaben und
- die Identifikation von Ursachen der Abweichungen von den Produktkostenvorgaben.

> **Derivative Produktkostenvorgaben** sind Teilvorgaben vor allem für produktbezogene Funktionen oder Komponenten des Produktes (z. B. Baugruppen), die aus der originären Produktkostenvorgabe hergeleitet werden. Sie können aber auch für Kostenkategorien, Prozesse (z. B. Beschaffung, Produktion, Montage, Entsorgung) oder Entwicklungsteams ermittelt werden (vgl. Yoshikawa (1993), S. 48).

Um zu verhindern, dass an bekannten Lösungen festgehalten wird und kostengünstige Alternativen zu diesen Lösungen bewusst aus der Betrachtung ausgeschlossen werden, wird bei der Neukonstruktion die originäre Produktkostenvorgabe zunächst in **Funktionenkostenvorgaben** gespalten. Ist über die prinzipiellen Lösungen entschieden worden, werden diese Funktionenkostenvorgaben in **Komponentenkostenvorgaben** gespalten (vgl. Tanaka (1989), S. 52 f.). Auf die Spaltung der originären Produktkostenvorgaben in Funktionenkostenvorgaben kann nur bei der Anpassungs- und der Variantenkonstruktion verzichtet werden, da sie von gegebenen Lösungsprinzipien für die gewünschten Produktfunktionen ausgehen.

Die produktbezogenen Funktionen werden durch die Produktkonzeptplanung festgelegt und beim Konzipieren in Teilfunktionen aufgelöst. Funktionenkostenvorgaben werden deshalb **parallel zum Konzipieren** geplant. Die Planung von Komponentenkostenvorgaben setzt Informationen über die Baustruktur des Produktes voraus, über die erst in der Phase des **Entwerfens** entschieden wird. Die Komponentenkostenvorgaben werden deshalb parallel zu dieser Phase geplant (vgl. Tanaka (1989), S. 50).

6.2.2.2 Aufgaben der Produktkostensteuerung

Die Produktplanung vollzieht sich in einem Prozess, der sich über einen längeren Zeitraum erstreckt. In diesem Prozess nimmt der Präzisierungs- und Detaillierungsgrad des Produktentwurfs kontinuierlich zu. Damit sinken jedoch auch die Möglichkeiten zur Beeinflussung der Produktkosten und steigen der Zeitbedarf und die Entwicklungskosten für Änderungen des Produktentwurfs (vgl. Ehrlenspiel/Kiewert/Lindemann (2005), S. 11 f.). Diese Merkmale des Planungsprozesses machen eine **konstruktionsbegleitende Produktkostensteuerung** erforderlich. Sie ist eine Aufgabe der Produktplanungsverfolgung und besteht aus zwei Phasen

- der konstruktionsbegleitenden Produktkostenkontrolle und
- der konstruktionsbegleitenden Produktkostensicherung.

Die **konstruktionsbegleitende Produktkostenkontrolle** ist eine Planinhaltskontrolle, die parallel zur Konstruktion durchgeführt wird. Sie ermittelt in jeder Phase des Konstruktionsprozesses die erwarteten Abweichungen von den Produktkostenvorgaben durch den Vergleich der Produktkostenvorgabe mit den Wird-Produktkosten. Die Wird-Produktkosten werden im Kontrollzeitpunkt mit einem Verfahren der konstruktionsbegleitenden Kalkulation (vgl. Abschnitt 6.2.4.3) oder auf der Basis eines Prototyps ermittelt (vgl. Fischer (1995), S. 56 f.).

Werden Produktkostenabweichungen festgestellt, die vorgegebene Toleranzgrenzen überschreiten, wird die Produktkostenkontrolle um die **Produktkostensicherung** ergänzt. Sie umfasst die Anpassung des Produktentwurfs, um die festgestellte Produktkostenabweichung abzubauen. Hierzu werden Entscheidungen revidiert, die in bereits abgeschlossenen Phasen der Konstruktion getroffen worden sind. Als Instrument zur Identifikation von Kostensenkungspotentialen, die in diesen Entscheidungen begründet sind, eignet sich die Wertgestaltung (vgl. Abschnitt 6.4).

Entscheidungen über eine Funktion oder eine Komponente können sich auf die Produktkosten anderer Funktionen bzw. Komponenten des Produktes auswirken. Eine Kontrolle der derivativen Produktkostenvorgaben reicht deshalb nicht aus. Es ist notwendig, in jeder Phase der Konstruktion auch die **originäre Produktkostenvorgabe** zu kontrollieren. Es kann dadurch sichergestellt werden, dass die Wirkungen einer Entscheidung auf die Produktkosten anderer Funktionen oder Komponenten des Produktes erkannt werden, die Abweichungen von der originären Produktkostenvorgabe verursachen. Abb. 6.3 zeigt die Struktur des Prozesses der Produktkostenplanung und -steuerung und seine Verknüpfung mit dem Prozess der Produktplanung.

6.2.3 Target Costing zur Planung von Produktkostenvorgaben

6.2.3.1 Abgrenzung des Target Costing

Die Definitionen zum Target Costing unterscheiden sich hinsichtlich des Beitrags, den das Target Costing zur Gestaltung der Produktkosten leistet. Nach der engsten Auffassung ist das Target Costing ein Bündel von Instrumenten und Methoden (vgl. Horváth/Niemand/Wolbold (1993), S. 4). In weiten Definitionen wird unter dem Target Costing ein Kostensenkungsprogramm verstanden, dem sowohl die Planung von Produktkostenvorgaben als auch ihre Realisation zugeordnet sind (vgl. z. B. Monden (1999), S. 11). Hier soll unter Target Costing ein **Kostenplanungs- und -steuerungssystem** verstanden werden (vgl. z. B. auch Freidank/Zaeh (1997), S. 235).

> Das **Target Costing** ist ein System zur Planung und Steuerung der Produktkosten, die ein Produkt mit genau spezifizierter Funktionalität und Qualität in abgegrenzten Phasen seines Lebenszyklus beim erwarteten Absatzpreis verursachen darf, wenn ein Erfolgsziel erreicht werden soll, um sie einem interdisziplinär zusammengesetzten Team für die Entwicklung dieses Produktes vorzugeben.

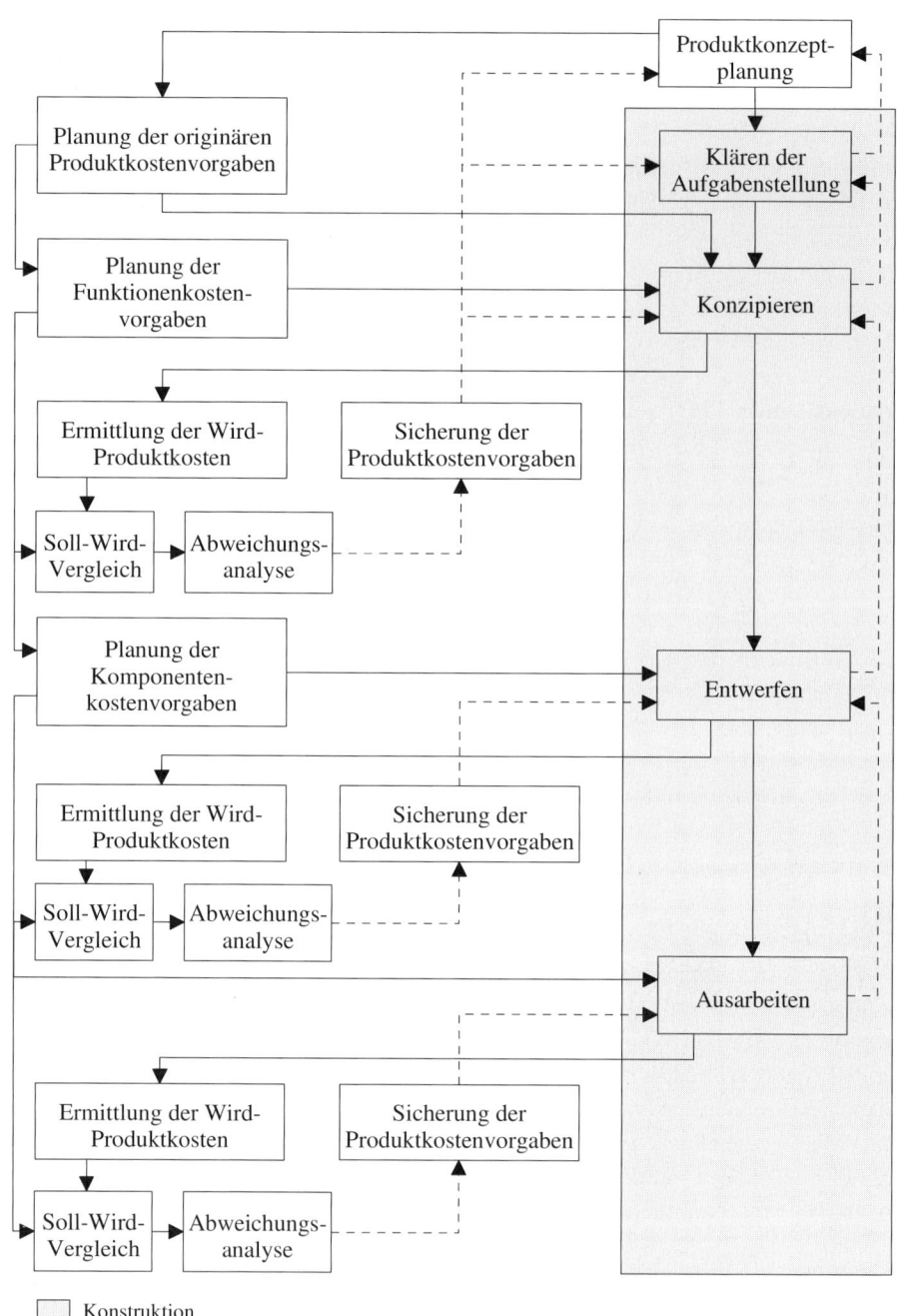

Abb. 6.3: Prozess der Produktkostenplanung und -steuerung

Das Target Costing transformiert ein Erfolgsziel, das von der Unternehmungsführung für die Realisation eines Produktvorschlags vorgegeben wird, in operationale und akzeptierte Produktkostenvorgaben für die einzelnen Entwicklungsteams und ausgewählte Lieferanten. Es ist **keine Entscheidungsrechnung** zur Beurteilung der Vorteilhaftigkeit eines Produktentwicklungsprojektes. Seine Produktkostenvorgaben dienen auch nicht als Kriterium für Entscheidungen über den Abbruch eines Produktentwicklungsprojektes (anders Chwolka (2003), S. 135). Werden die Produktkostenvorgaben nicht erreicht, lässt das darauf schließen, dass der geplante Produkterfolg nicht erzielt werden kann. In diesen Fällen sollte das Projekt nicht sofort abgebrochen, sondern zunächst die Produktdefinition und der Produktentwurf grundlegend überdacht und überarbeitet werden. Das Target Costing hat damit zwar eine Indikatorfunktion, seine Produktkostenvorgaben sind jedoch kein Entscheidungskriterium.

Beim Target Costing handelt es sich um eine Kombination aus dem markt-, dem unternehmungs- und dem verhandlungsorientierten **Ansatz der Produktkostenplanung.** Die Produktkostenplanung nach dem Target Costing lässt sich durch folgende Merkmale charakterisieren (vgl. Fessler/Fischer (2000), S. 33):

– Erfolgsorientierung,

– Marktorientierung und

– Interdisziplinarität.

In der VDI-Richtlinie 2235 findet sich die Empfehlung, der Konstruktion die idealen Herstellkosten vorzugeben, das sind 70 % des durchsetzbaren Preises. Begründet wird diese Empfehlung damit, dass „die Kosten im Verlauf der Entwicklung meist höher ausfallen als angestrebt" (VDI-Richtlinie 2235 (1987), S. 17). Der Erfolg des Produktes wird als Restgröße verstanden, deren Höhe von der Fähigkeit der Konstrukteure abhängt, Kostensenkungspotentiale auszuschöpfen. Beim Target Costing als **erfolgsorientiertem Ansatz** ist der Erfolg des Produktes keine Restgröße, sondern eine Vorgabe der lang- oder mittelfristigen Erfolgsplanung, die es zu erreichen gilt (vgl. Fisher (1995), S. 51 f.). Unter der **Marktorientierung** wird verstanden, dass die Produktkostenvorgaben für ein Produkt mit der Qualität und Funktionalität geplant werden, die der Kunde bei einem bestimmten Preis erwartet. Mit der **Interdisziplinarität** wird zum Ausdruck gebracht, dass die Planung der Produktkostenvorgaben die Zusammenarbeit der betroffenen Produktions- und Entwicklungsabteilungen, des Einkaufs, des Marketing und des Controlling erfordert (vgl. Sakurai (1997), S. 54 ff.).

Seine **Vorteile** entfaltet das Target Costing in der montierenden Industrie (mehrteilige Stückgüter) bei der Gestaltung komplexer Produkte mit längeren Entwicklungszeiten und längeren Marktzyklen. Breite Verwendung findet dieser Ansatz im Fahrzeugbau, in der Elektroindustrie, im Maschinenbau und im Präzisionsmaschinenbau (vgl. Tani/Kato (1994), S. 196 f.).

6.2.3.2 Planung der originären Produktkostenvorgaben

Die originäre Produktkostenvorgabe wird vom Projektteam geplant. Die Entscheidung über die originären Produktkostenvorgaben wird von der Unternehmungsführung nach intensiver Diskussion in Übereinstimmung mit allen Mitgliedern des Projektteams getroffen. Nur in den Fällen, in denen keine Einigkeit erreicht werden kann, entscheidet die Unternehmungsführung allein über die originäre Produktkostenvorgabe (vgl. Yoshikawa u. a. (1993), S. 47). Hier folgt das Target Costing dem **verhandlungsorientierten Ansatz**. Die Grenzen des Verhandlungsspielraumes werden zuvor nach dem markt- und dem unternehmungsorientierten Ansatz bestimmt.

Aus der Kombination dieser drei Ansätze folgt ein **Prozess zur Planung der originären Produktkostenvorgaben**, der die folgenden vier Schritte umfasst (vgl. Sakurai (1989), S. 42; Yoshikawa u. a. (1993), S. 46 f.; Cooper (2002), S. 6 f.):

– 1. Schritt: Ermitteln der zulässigen Produktkosten
– 2. Schritt: Ableiten der geschätzten Produktkosten
– 3. Schritt: Beurteilen des Kostensenkungsbedarfs
– 4. Schritt: Bestimmen der Produktkostenvorgaben

(1) Ermitteln der zulässigen Produktkosten

> Die **zulässigen Produktkosten** (allowable cost) definieren das Niveau der Produktkosten, das bei dem erwarteten Absatzpreis und der erwarteten Absatzmenge des Produktes zum angestrebten Erfolg führt (vgl. Cooper (2002), S. 12).

Der angestrebte Erfolg eines geplanten Produktes wird im Rahmen einer mittel- bzw. langfristigen Erfolgsplanung festgelegt und dem Produktmanager vorgegeben (vgl. Monden (1999), S. 43 ff.). Als mögliche Inhalte des **Erfolgszieles** werden diskutiert (vgl. Homburg/Weiß (2002), S. 227 f.):

– die Umsatzrentabilität,
– die Kapitalrentabilität und
– der Unternehmungswert (z. B. Shareholder Value, Economic Value Added).

In japanischen Unternehmungen wird als Erfolgsgröße die **Umsatzrentabilität** der Kapitalrentabilität vorgezogen. Die Umsatzrentabilität besitzt den Vorteil, dass der geplante Stückerfolg des Produktes unmittelbar aus dem Absatzpreis ermittelt werden kann. Es ist anders als bei der Kapitalrentabilität nicht erforderlich, das für die Produktion des geplanten Produktes einzusetzende Kapital zu ermitteln, was insbesondere bei Mehrproduktfertigung Schwierigkeiten bereitet (vgl. Sakurai (1991), S. 62 ff.). Die **Kapitalrentabilität** bzw. der Return on Investment (ROI) wird neben der Umsatzrentabilität auch von der Häufigkeit des Kapitalumschlags determiniert:

$$\text{ROI} = \frac{G}{K} = \frac{G}{U} \cdot \frac{U}{K},$$

mit G = Gewinn, K = Kapitaleinsatz, U = Umsatz.

Wird eine bestimmte Verzinsung des eingesetzten Kapitals angestrebt, ist neben der Umsatzrentabilität auch eine **Häufigkeit des Kapitalumschlags** vorzugeben. Erhöht werden kann die Häufigkeit des Kapitalumschlags durch die Verringerung des Anlagevermögens, des Forderungsbestandes, des Bestandes an liquiden Mitteln oder der Lagerbestände. Diese Größen werden nicht durch Entscheidungen über Produktmerkmale determiniert. Die Gestaltung der Häufigkeit des Kapitalumschlags muss deshalb Aufgabe anderer Teilbereiche des Kostenmanagements sein. In japanischen Unternehmungen wird die Erhöhung der Häufigkeit des Kapitalumschlags vor allem über Just-in-time-Maßnahmen im Beschaffungs- und Produktionsbereich zur Reduzierung der Bestände an Vorräten sowie fertigen und unfertigen Erzeugnissen erreicht (vgl. Sakurai (1991), S. 64). Wird eine bestimmte Kapitalrentabilität angestrebt, kann deshalb die Umsatzrentabilität zur Berechnung der zulässigen Kosten herangezogen werden, wenn die Häufigkeit des Kapitalumschlags, die zur Erreichung der angestrebten Verzinsung des eingesetzten Kapitals erreicht werden muss, durch andere Teilbereiche des Kostenmanagements sichergestellt wird (vgl. Coenenberg (2003), S. 463). Wird ein **Unternehmungswertziel** verfolgt, ist eine mehrperiodige Planung erforderlich, die bei der Bestimmung der zulässigen Produktkosten die Kapitalkosten explizit berücksichtigt (vgl. Weiß (2006), S. 3, 164 ff.).

Hat das Erfolgsziel die Umsatzrentabilität zum Inhalt, wird zur Berechnung der zulässigen Produktkosten zunächst die Differenz zwischen dem erwarteten Absatzpreis und dem Stückerfolg berechnet, den das Produkt zur Erreichung der vorgegebenen Umsatzrentabilität erbringen muss (vgl. z. B. Sakurai (1989), S. 42). Diese Differenz wird anschließend um den Beitrag korrigiert, den das geplante Produkt zur Deckung derjenigen Unternehmungskosten leisten soll, die über die Produktkosten des geplanten Produktionsprogramms hinausgehen (vgl. Coenenberg (2003), S. 450 f.).

$$K^Z = p \cdot (1-r) - db,$$

wobei K^Z =   zulässige Produktstückkosten,
        p =   erwarteter Absatzpreis des Produktes,
        r =   angestrebte Umsatzrentabilität,
       db =   geplanter Beitrag des Produktes zur Deckung der sonstigen Kosten.

Der angestrebte Produkterfolg wird erreicht, wenn die Produktkosten während der Konstruktion auf das Niveau der zulässigen Produktkosten gesenkt werden können. Als originäre Produktkostenvorgabe sind die zulässigen Produktkosten jedoch aus zwei Gründen **nicht geeignet** (vgl. Cooper (2002), S. 6). Zum einen sind sie ausschließlich durch die Erwartungen der Kunden und den angestrebten Erfolg determiniert und nicht mit den in der Unternehmung und bei den Lieferanten vorhandenen

Kostensenkungspotentialen abgestimmt. Die zulässigen Kosten können sich deshalb als nicht erreichbar erweisen (vgl. Yoshikawa u. a. (1993), S. 42). Zum anderen ist der marktorientierte Ansatz, nach dem die zulässigen Produktkosten ermittelt werden, durch ein reines Top-down-Vorgehen gekennzeichnet. Produktkostenvorgaben in Höhe der zulässigen Kosten können sich deshalb ungünstig auf die Motivation des Entwicklungsteams auswirken (vgl. Yoshikawa u. a. (1993), S. 47).

(2) Ableiten der geschätzten Produktkosten

> Die **geschätzten Produktkosten** (drifting cost) markieren das Niveau der Produktkosten, die bei Produktion des geplanten Produktes unter den in der Unternehmung und bei dem Lieferanten aktuell vorliegenden Bedingungen bei Verwendung bekannter Baugruppen und Bauteile anfallen würden (vgl. Yoshikawa u. a. (1993), S. 44 ff.).

Grundlage für die **Ermittlung der geschätzten Produktkosten** ist das Vorgängerprodukt. Für dieses Produkt sind in einem ersten Teilschritt die tatsächlichen Produktkosten zu ermitteln. Im zweiten Teilschritt werden die Unterschiede zwischen den Funktionen des geplanten und des aktuellen Produktes festgestellt. Anschließend werden

– die Veränderungen der Produktkosten jeder einzelnen Funktion, die durch abweichende Spezifikationen in der Produktdefinition des geplanten Produktes verursacht werden, sowie

– die Produktkosten neu hinzukommender Funktionen

geschätzt. Geschätzt werden diese Produktkostenänderungen durch die Auswertung der Produktkosten von Produkten im Marktzyklus, die möglichst ähnliche Produktfunktionen aufweisen. Dabei wird unterstellt, dass keine wertsteigernden Maßnahmen vorgenommen werden, d. h. die Baugruppen und -teile des Vorgängerproduktes und der anderen ähnlichen Produkte unverändert übernommen werden. Die geschätzten Produktkosten des geplanten Produktes werden im letzten Teilschritt berechnet, indem zu den tatsächlichen Produktkosten des aktuellen Produktes die geschätzten Produktkostenveränderungen addiert werden (vgl. Tanaka (1993), S. F1-4; Cooper/Slagmulder (1997), S. 109). Für die Schätzung der Produktkostenänderungen bei den Produktfunktionen können die Methoden der konstruktionsbegleitenden Kalkulation verwendet werden, die in Abschnitt 4.2.4.3 erörtert werden.

Die Vorgabe der geschätzten Produktkosten würde zwei **Vorteile** aufweisen. Zum einen wäre die Realisierbarkeit der Vorgabe gesichert, da es sich lediglich um eine Fortschreibung der Produktkosten des Vorgängerproduktes bei unveränderten Baugruppen und -teilen handelt. Zum anderen würde sich diese Produktkostenvorgabe zumindest nicht ungünstig auf die Motivation der an der Produktplanung Beteiligten auswirken, da sie das Ergebnis einer Bottom-up-Planung ist. Als Produktkostenvorgaben eignen sich die geschätzten Produktkosten dennoch nicht. Da bei der Berechnung der geschätzten Produktkosten die Marktbedingungen nicht berücksichtigt werden, führen sie nicht zu dem geplanten Produkterfolg; unter Umständen lassen sie keine wettbewerbsfähigen Preise zu (vgl. Sakurai (1989), S. 43; Yoshikawa (1993), S. 42).

(3) Beurteilen des Kostensenkungsbedarfs

> Die Differenz zwischen den geschätzten und den zulässigen Produktkosten bestimmt den **Kostensenkungsbedarf des Produktes**, der aus der Sicht des Kunden realisiert werden sollte:
>
> $$\Delta K = K^g - K^z$$
>
> wobei ΔK = Kostensenkungsbedarf des Produktes,
> $\quad\quad K^g$ = geschätzte Produktkosten.

Da der Kostensenkungsbedarf marktorientiert, d. h. ohne Berücksichtung der in der Unternehmung vorhandenen Kostensenkungspotentiale ermittelt wird, kann er die aus der Sicht des Herstellers realisierbare Kostensenkung übersteigen. In diesem dritten Schritt der Planung einer originären Produktkostenvorgabe müssen deshalb die aus der Sicht des Herstellers **minimalen Produktkosten** ermittelt werden. Festgelegt werden sie in Verhandlungen zwischen dem Produktmanager und dem Projektteam (in Anlehnung an Cooper/Slagmulder (2002a), S. 7). Grundlage dieser Verhandlungen sind ein Plan der durchzuführenden Wertanalyse-Projekte, der durch das Projektteam erarbeitet wird, die Ergebnisse der Wertanalysen bei Vorgängerprodukten, eine Beurteilung der technischen Schwierigkeiten der Konstruktion sowie die Auswertung von Produkten der Wettbewerber. Die ausgehandelten minimalen Produktkosten sollten von allen Beteiligten akzeptiert werden und ein Niveau aufweisen, das erreichbar ist, jedoch nur unter erheblichen Anstrengungen aller Beteiligten (vgl. Yoshikawa u. a. (1993), S. 46 f.; Cooper/Slagmulder (2002a), S. 7).

> Die aus der Sicht des Herstellers **realisierbare Kostensenkung** kann durch Subtraktion der minimalen von den geschätzten Produktkosten ermittelt werden:
>
> $$\Delta K^r = K^g - K^m$$
>
> wobei ΔK^r = realisierbare Kostensenkung des geplanten Produktes,
> $\quad\quad K^m$ = minimale Produktkosten des geplanten Produktes.

(4) Bestimmen der originären Produktkostenvorgabe

Das vorzugebende Niveau der Produktkosten hängt davon ab, ob die realisierbare Kostensenkung ausreicht, den festgestellten Kostensenkungsbedarf zu decken. Danach werden die folgenden beiden Fälle unterschieden:

1. Fall: Der Kostensenkungsbedarf übersteigt die realisierbare Kostensenkung

In diesem Fall gilt

$$\Delta K > \Delta K^r \Leftrightarrow K^g - K^z > K^g - K^m \Leftrightarrow K^z < K^m,$$

d. h., die minimalen Produktkosten sind höher als die zulässigen. Die zulässigen Produktkosten können damit nicht erreicht werden. Als **originäre Produktkostenvorgabe** werden in diesem Fall die minimalen Produktkosten herangezogen.

> Die Abweichung zwischen der originären Produktkostenvorgabe und den zulässigen Produktkosten, d. h. der nicht realisierbare Teil des Kostensenkungsbedarfs, wird als **strategischer Kostensenkungsbedarf** bezeichnet.

Der strategische Kostensenkungsbedarf gibt den Erfolg an, der dadurch entgeht, dass die zulässigen Produktkosten nicht realisiert werden können, und weist auf Wettbewerbsnachteile hin (vgl. Abb. 6.4). Durch den Ausweis des strategischen Kostensenkungsbedarfs wird Druck auf die Projekt- und Entwicklungsteams der **nächsten Produktgeneration** erzeugt, intensiver und aggressiver nach Kostensenkungsmöglichkeiten zu suchen (vgl. Cooper/Slagmulder (2002a), S. 7 f.).

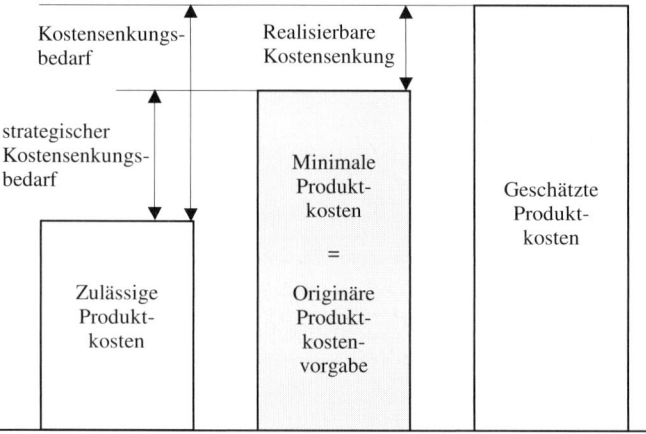

Abb. 6.4: Originäre Produktkostenvorgaben bei nicht realisierbaren zulässigen Produktkosten

2. Fall: Die realisierbare Kostensenkung ist höher als der Kostensenkungsbedarf

Dieser Fall liegt vor, wenn die minimalen unter den zulässigen Produktkosten liegen. Der Teil der realisierbaren Kostensenkung, der den Kostensenkungsbedarf übersteigt, kann verwendet werden zur Senkung des Verkaufspreises des geplanten Produktes, zur Verbesserung der Funktionalität oder Qualität oder zur Erreichung eines Erfolges, der über dem geplanten liegt (vgl. Cooper/Slagmulder (1997), S. 110 f.). Um die Entwicklungszeiten zu verkürzen, die Entwicklungskosten zu reduzieren oder um in der Produktentwicklung Kapazitäten für andere Projekte zu schaffen, kann auch darauf verzichtet werden, die gesamte realisierbare Kostensenkung auszuschöpfen. Die **originäre Produktkostenvorgabe** wird durch die Entscheidung der Unternehmungsführung über die Verwendung des Teiles der realisierbaren Kostensenkung bestimmt, der über den Kostensenkungsbedarf hinausgeht. Den Projekt- und Entwicklungsteams können damit die minimalen Produktkosten oder auch ein Wert aus dem Intervall zwischen den minimalen und den zulässigen Produktkosten vorgegeben werden (vgl. Abb. 6.5).

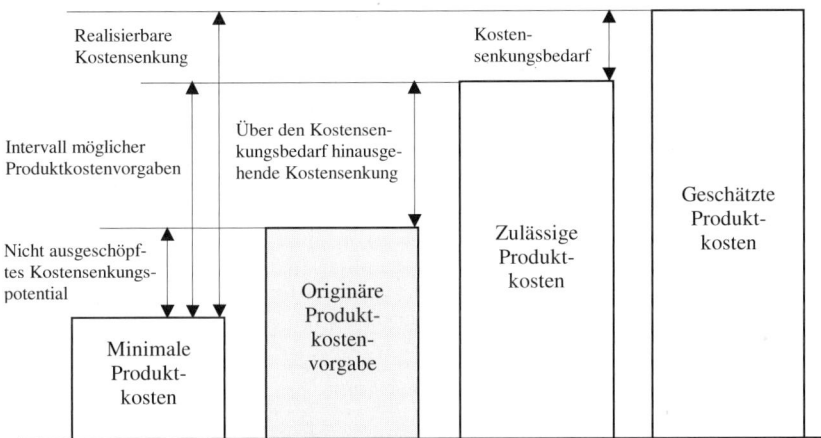

Abb. 6.5: Originäre Produktkostenvorgabe bei realisierbaren zulässigen Produktkosten

Die Schätzungen zu den Produktkosten und der realisierbaren Kostensenkung unterliegen insbesondere bei Projekten mit langer Entwicklungsdauer großen Unsicherheiten. Aus diesem Grund wird bei derartigen Projekten am Ende dieser ersten Phase im Prozess der Produktkostenplanung **nicht endgültig** über die originären Produktkostenvorgabe **entschieden**. Die endgültige Entscheidung wird in diesen Fällen erst nach der Planung der derivativen Produktkostenvorgaben getroffen (vgl. Cooper (1998), S. 166).

6.2.3.3 Planung der Funktionenkostenvorgaben

Die Funktionenkostenvorgaben werden zu Beginn des Konstruktionsprozesses durch das Projektteam geplant. Sie werden anschließend für das Konzipieren des geplanten Produktes vorgegeben. Die Entscheidung über die Funktionenkostenvorgaben trifft der Produktmanager nach **Verhandlungen** mit dem Projektteam im Konsens mit allen Beteiligten (vgl. Monden (1999), S. 141).

Die Produktkosten enthalten Bestandteile, die ausschließlich durch das gesamte Produkt und nicht durch einzelne Funktionen oder Komponenten verursacht werden. Zu diesen Bestandteilen zählen die Montagekosten und die indirekten Fertigungskosten. Für diese Bestandteile der Produktkosten werden eigene Vorgaben geplant. Durch Subtraktion dieser Kostenvorgaben ergeben sich die **bereinigten Produktkostenvorgaben.** Bei der Planung der Funktionenkostenvorgaben wird nur diese bereinigte originäre Produktkostenvorgabe auf die produktbezogenen Funktionen verteilt (vgl. Cooper/Slagmulder (1997), S. 148).

Die Planung der Funktionenkostenvorgaben vollzieht sich analog zur Planung der originären Produktkostenvorgaben in den folgenden **vier Schritten** (in Anlehnung an Monden (1999), S. 137 ff.):

- Schritt 1: Bestimmen der zulässigen Funktionenkosten
- Schritt 2: Ermitteln der geschätzten Funktionenkosten
- Schritt 3: Beurteilen des Kostensenkungsbedarfs
- Schritt 4: Festlegen der Funktionenkostenvorgaben

(1) Bestimmen der zulässigen Funktionenkosten

> Die **zulässigen Funktionenkosten** markieren das Niveau der Produktkosten einer Funktion, das zur Realisation der bereinigten originären Produktkostenvorgaben aus der Sicht der Kunden erreicht werden muss.

Ermittelt werden können die zulässigen Funktionenkosten durch

- die unternehmungsbezogene,
- die wettbewerberbezogene oder
- die marktbezogene Verrechnung

der bereinigten originären Produktkostenvorgabe auf die Funktionen. Bei der **unternehmungsbezogenen** Verrechnung wird die Produktkostenvorgabe nach den Anteilen der Funktionenkosten an den Produktkosten beim Vorgängerprodukt verrechnet. Damit wird die Kostenstruktur des Vorgängerproduktes auf das geplante Produkt übertragen und die angestrebte Kostensenkung ohne Berücksichtigung der vorhandenen Kostensenkungspotentiale gleichmäßig auf die Funktionen verteilt (vgl. Fröhling (1994b), S. 422). Die **wettbewerberbezogene** Verrechnung bezieht mögliche Kostensenkungspotentiale in die Planung ein, indem sie die Kostenstruktur eines ähnlichen Produktes des stärksten Wettbewerbers auf das geplante Produkt überträgt. Bei der **marktbezogenen** Verrechnung wird die originäre Produktkostenvorgabe proportional zur relativen Bedeutung der Funktionen für die Kunden gespalten. Die zulässigen Funktionenkosten sind damit umso höher, je höher die relative Bedeutung dieser Funktion für den Kunden ist. Als Verrechnungsgrößen werden bei diesem Ansatz die Funktionengewichte herangezogen.

Im **Target Costing** werden die bereinigten originären Produktkostenvorgaben markt-bezogen verrechnet (vgl. Tanaka (1989), S. 60), d. h. die Bestimmungsgleichung der zulässigen Funktionenkosten lautet wie folgt:

$$K_{Fn}^z = g_{Fn} \cdot K^{sb} \text{ für } n = 1, ..., N,$$

wobei K_{Fn}^z = zulässige Funktionenkosten der Funktion n,

g_{Fn} = Funktionengewicht der Funktion n,

K^{sb} = bereinigte originäre Produktkostenvorgabe.

Beispiel 6.1: Berechnung der zulässigen Funktionenkosten

Die bereinigte originäre Produktkostenvorgabe einer Kaffeemaschine beträgt 32,80 €. Die nachfolgende Tabelle zeigt die Funktionengewichte der Funktionen dieser Kaffeemaschine.

Produktfunktion	Funktionen-gewicht	Produktfunktion	Funktionen-gewicht
Wasser speichern	0,05	Kaffee speichern	0,1
Energie umwandeln	0,06	Kaffeesatz zurückhalten	0,06
Kaffeemehl speichern	0,1	Kaffeemehl verschließen	0,1
Heißes Wasser zuführen	0,1	Kaffee verschließen	0,1
Kaffee ableiten	0,03	Wärme speichern	0,3

Für die zulässigen Funktionenkosten der zehn Funktionen ergeben sich damit die folgenden Werte:

$$K_{F1}^z = 32,80 \text{ € } \cdot 0,05 = 1,64 \text{ €} \qquad K_{F6}^z = 32,80 \text{ € } \cdot 0,1 = 3,28 \text{ €}$$

$$K_{F2}^z = 32,80 \text{ € } \cdot 0,06 = 1,968 \text{ €} \qquad K_{F7}^z = 32,80 \text{ € } \cdot 0,06 = 1,968 \text{ €}$$

$$K_{F3}^z = 32,80 \text{ € } \cdot 0,1 = 3,28 \text{ €} \qquad K_{F8}^z = 32,80 \text{ € } \cdot 0,1 = 3,28 \text{ €}$$

$$K_{F4}^z = 32,80 \text{ € } \cdot 0,1 = 3,28 \text{ €} \qquad K_{F9}^z = 32,80 \text{ € } \cdot 0,1 = 3,28 \text{ €}$$

$$K_{F5}^z = 32,80 \text{ € } \cdot 0,03 = 0,984 \text{ €} \qquad K_{F10}^z = 32,80 \text{ € } \cdot 0,3 = 9,84 \text{ €}$$

Die **Funktionengewichte** geben die relative Bedeutung bzw. den Nutzenanteil der produktbezogenen Funktionen aus der Sicht der Kunden wieder.

In der deutschsprachigen Literatur wird vorgeschlagen, die Funktionengewichte durch eine Kundenbefragung unter Einsatz der Conjoint-Analyse zu bestimmen (vgl. Horváth/Seidenschwarz (1992), S. 145). In japanischen Unternehmungen werden die Funktionengewichte dagegen ermittelt, indem das Projektteam die relative Bedeutung jeder Funktion in dem Bündel der Funktionen des geplanten Produktes beurteilt. In dieser Phase der Produktplanung handelt es sich nicht um die kundenbezogenen, sondern um die produktbezogenen Funktionen, die durch den Kunden nicht beurteilt werden können. Die Festlegung der Funktionengewichte durch das Projektteam ist deshalb einer Conjoint-Analyse vorzuziehen. Zur **Bestimmung der Funktionengewichte** können

– eine Form der Delphi-Methode oder
– die DARE-Methode (Decision Alternative Ratio Evaluation)

eingesetzt werden. Bei der **Delphi-Methode** beurteilt jedes einzelne Mitglied des Projektteams die relative Bedeutung jeder einzelnen Funktion aus der Sicht des Kunden, indem es den Funktionen Punktwerte zuordnet. Das Projektteam vergleicht anschließend diese Bewertungen und diskutiert die Kriterien, die den Bewertungen der einzelnen Teammitglieder zugrunde gelegt worden sind. Anschließend werden die Funktionen nochmals durch die Mitglieder des Projektteams beurteilt. Auf der Basis der Bewertungsergebnisse wird durch das Projektteam eine gemeinsame Beurteilung der relativen Bedeutung der einzelnen Funktionen erarbeitet. Um die Funktionengewichte zu ermitteln, wird für jede Funktion der Punktwert, der ihr zugeordnet worden ist, durch die Summe der Punktwerte dividiert, die den Funktionen zugeordnet worden sind. Die **DARE-Methode** sieht einen paarweisen Vergleich der Produktfunktionen hinsichtlich ihrer Bedeutung aus der Sicht der Kunden durch das Projektteam vor (vgl. Monden (1999), S. 145 ff.). Darüber hinaus umfasst das Quality Function Deployment eine Methode zur Herleitung der Funktionengewichte aus den Gewichten für die relative Bedeutung der kundenbezogenen Funktionen, die durch Kundenbefragungen (z. B. Conjoint Analyse) gewonnen werden können (vgl. Abschnitt 6.2.4.1).

Beispiel 6.2: Ermitteln der Funktionengewichte

*Ein geplantes Produkt weist die fünf Funktionen A - E auf. Die **Delphi-Methode** hat zu der folgenden gemeinsamen Beurteilung der Produktfunktionen durch das Projektteam geführt:*

Funktion	A	B	C	D	E	Σ
Punktwerte	12	8	6	9	5	40

Damit ergeben sich die folgenden Funktionengewichte:

$$g_A = \frac{12}{40} = 0,3 \; ; \; g_B = \frac{8}{40} = 0,2 \; ; \; g_C = \frac{6}{40} = 0,15 \; ;$$

$$g_D = \frac{9}{40} = 0,225 \; ; \; g_E = \frac{5}{40} = 0,125$$

*Bei Anwendung der **DARE-Methode** hat der paarweise Vergleich folgende Bewertungen für die relative Bedeutung ergeben (vgl. Monden (1999), S. 149 f.): A=2·B; B=5·C; C=1,5·1,5 und D=3·E. Wird für Funktion E ein Punktwert von 1 angenommen, ergeben sich für die anderen Funktionen folgende Punktwerte: D=3·1=3; C=1,5·3=4,5; B=0,5·4,5=2,25 und A=2·2,5=4,25. Die Summe der Punktwerte ist (1 + 3 + 4,5 + 2,25 + 4,5) 15,25. Als Funktionengewichte ergeben sich damit:*

$$g_A = \frac{4,5}{15,25} = 0,295 \; ; \quad g_B = \frac{2,25}{15,25} = 0,148 \; ; \quad g_C = \frac{4,5}{15,25} = 0,295 \; ; \quad g_D = \frac{3}{15,25} = 0,197 \; ;$$

$$g_E = \frac{1}{15,25} = 0,07 \; .$$

(2) Ermitteln der geschätzten Funktionenkosten

> Die **geschätzten Funktionenkosten** geben das Niveau der Produktkosten einer Funktion wieder, die bei Produktion des geplanten Produktes unter den aktuell vorliegenden Bedingungen und Verwendung bekannter Baugruppen und Bauteile anfallen würden.

Sie sind bereits bei der Ableitung der geschätzten Produktkosten für die Planung der originären Produktkostenvorgaben ermittelt worden.

(3) Beurteilen des Kostensenkungsbedarfs

> Aus der Gegenüberstellung der zulässigen und der geschätzten Funktionenkosten ergibt sich der **Kostensenkungsbedarf** für die Produktfunktion aus der Sicht des Kunden:
>
> $$\Delta K_{Fn} = K_{Fn}^g - K_{Fn}^z \quad \text{mit } n = 1, \, ..., \, N$$
>
> wobei ΔK_{Fn} = Kostensenkungsbedarf bei der Funktion n,
> K_{Fn}^g = geschätzte Funktionenkosten der Funktion n.

Der Kostensenkungsbedarf kann sich als nicht realisierbar erweisen, da die zulässigen Funktionenkosten aus der Sicht der Kunden ohne Berücksichtigung technischer Restriktionen, geltender Sicherheitsbestimmungen und sonstiger Vorschriften bestimmt werden (vgl. Yoshikawa u. a. (1993), S. 51 f.). Aus diesem Grund muss in diesem dritten Schritt die **Realisierbarkeit** des Kostensenkungsbedarfs jeder Funktion beurteilt werden. Hierzu werden für jede Funktion zunächst die minimalen Funktionenkosten ermittelt (vgl. Monden (1999), S. 138).

> Die **minimalen Funktionenkosten** markieren das niedrigste Niveau der Produktkosten dieser Funktion, das aus Herstellersicht realisierbar ist.

Die minimalen Funktionenkosten werden durch **Verhandlungen** im Projektteam festgelegt. Grundlage dieser Verhandlungen sind (vgl. Seidenschwarz (1993), S. 219 ff.; Monden (1999), S. 139 f.)

- die Auswertung der Vorschläge zu Wertanalyse-Projekten, die von den Entwicklungsteams erarbeitet und eingebracht werden,

- die Analyse der Produkte von Wettbewerbern, welche die höchsten Marktanteile aufweisen oder einzelne Funktionen in herausragender Weise erfüllen,

– die bei Vorgängerprodukten erzielten Kostensenkungsraten sowie
– die Bewertung der technischen Schwierigkeiten bei der Umsetzung der Funktionen und der Wertsteigerungsvorschläge.

Die Verhandlungen enden, wenn die minimalen Funktionenkosten von allen Beteiligten als realisierbar akzeptiert werden. Aus den minimalen und den geschätzten Funktionenkosten kann die realisierbare Kostensenkung ermittelt werden.

> Die **realisierbare Kostensenkung** ist die aus der Sicht des Herstellers maximal erreichbare Senkung der Produktkosten einer Funktion.

Sie ist definiert als Differenz der geschätzten und minimalen Funktionenkosten:

$$\Delta K_{Fn}^r = K_{Fn}^g - K_{Fn}^m \ \text{ mit } n = 1, \ ..., \ N,$$

wobei ΔK_{Fn}^r = realisierbare Kostensenkung bei der Funktion n,

K_{Fn}^m = minimale Funktionenkosten der Funktion n.

(4) Bestimmen der Funktionenkostenvorgabe

Welches Niveau der Produktkosten einer Funktion vorgegeben wird, hängt von der Relation zwischen den zulässigen, den geschätzten und den minimalen Funktionenkosten ab. Es müssen die folgenden Fälle unterschieden werden:

1. Fall: Der Kostensenkungsbedarf übersteigt die realisierbare Kostensenkung

Für jede Funktion, deren Kostensenkungsbedarf die realisierbare Kostensenkung überschreitet, liegen die zulässigen unter den minimalen Funktionenkosten, d. h. die zulässigen Funktionenkosten sind nicht realisierbar. In diesem Fall werden dem Entwicklungsteam die **minimalen Funktionenkosten** vorgegeben. Ein Teil des Kostensenkungsbedarfs dieser Funktion kann nicht gedeckt werden. Dieser ungedeckte Kostensenkungsbedarf der Produktfunktion in Höhe der Differenz zwischen minimalen und zulässigen Funktionenkosten erhöht den Teil des Kostensenkungsbedarfs des Produktes, der durch andere Funktionen gedeckt werden muss (vgl. Abb. 6.6).

2. Fall: Die realisierbare Kostensenkung übersteigt den Kostensenkungsbedarf

Liegen die zulässigen über den minimalen Funktionenkosten, ist eine Kostensenkung erreichbar, die den Kostensenkungsbedarf übersteigt. Bei diesen Funktionen legt der Produktmanager die Funktionenkostenvorgaben unter Berücksichtigung des ungedeckten Kostensenkungsbedarfs bei anderen Funktionen fest (vgl. Abb. 6.7). Sind alle Funktionenkostenvorgaben festgelegt, muss ihre Summe mit der bereinigten originären Produktkostenvorgabe übereinstimmen.

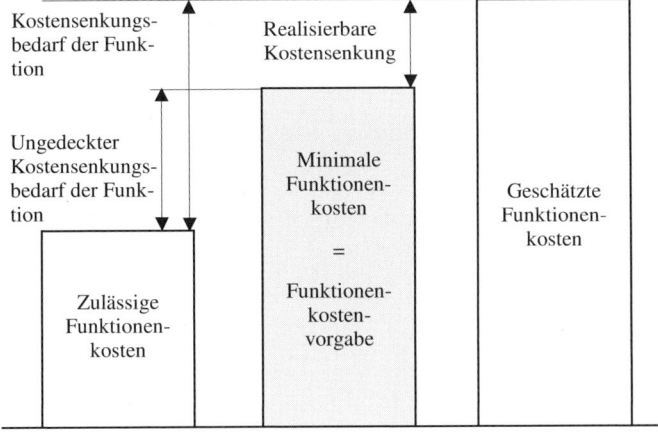

Abb. 6.6: Funktionenkostenvorgabe bei nicht realisierbaren zulässigen Funktionenkosten

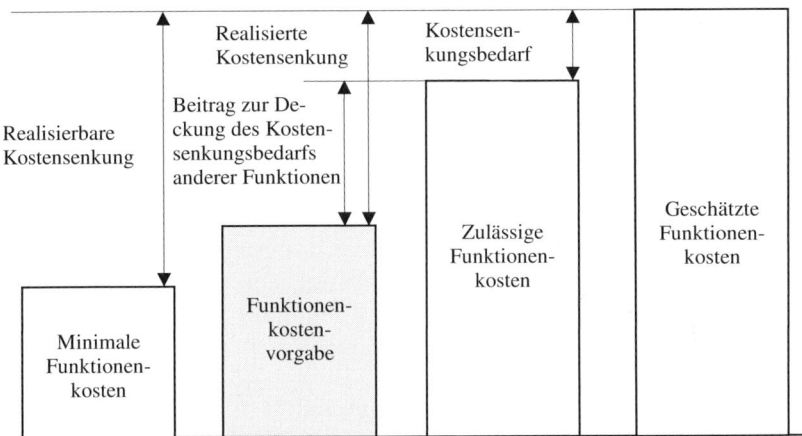

Abb. 6.7: Funktionenkostenvorgabe bei realisierbaren zulässigen Funktionenkosten

6.2.3.4 Planung der Komponentenkostenvorgaben

Die Funktionenkostenvorgaben werden den für das Entwerfen der jeweiligen Funktion zuständigen Entwicklungsteams vorgegeben. Sobald Vorstellungen über die Baustruktur des Produktes entwickelt worden sind, werden die Funktionenkostenvorgaben zunächst in Produktkostenvorgaben für **Baugruppen** (z. B. Autositz) und nach weiterer Detaillierung des Produktentwurfs in Produktkostenvorgaben für **Bauteile** (z. B. Rahmen, Gleitschienen, Verstellmechanismen, Bezüge für den Autositz) gespalten (vgl. Monden (1999), S. 153 f.; Cooper/Slagmulder (2002b), S. 40).

Die Spaltung der Funktionenkostenvorgaben vollzieht sich analog zur Spaltung der Produktkostenvorgaben in folgenden **Schritten** (vgl. Monden (1999), S. 159):

- Schritt 1: Bestimmen der zulässigen Komponentenkosten
- Schritt 2: Ermitteln der geschätzten Komponentenkosten
- Schritt 3: Beurteilen des Kostensenkungsbedarfs
- Schritt 4: Bestimmen der Komponentenkostenvorgaben

Im Folgenden werden nur die Abweichungen vom Vorgehen bei der Planung der Funktionenkostenvorgaben erörtert.

(1) Bestimmen der zulässigen Komponentenkosten

Die **zulässigen Komponentenkosten** markieren das Niveau der Produktkosten einer Komponente, das zur Realisation der Funktionenkostenvorgaben und damit aus der Sicht der Kunden erreicht werden muss.

Im Target Costing werden die zulässigen Komponentenkosten ermittelt, indem die bereinigte originäre Produktkostenvorgabe proportional zur relativen Bedeutung der Komponenten für den Kunden auf die Komponenten verrechnet werden.

Das **Komponentengewicht** der Komponente m (m = 1, ..., M) bringt die relative Bedeutung der Komponente für den Kunden zum Ausdruck.

Anders als Funktionen haben Baugruppen und -teile für Kunden keine unmittelbare Bedeutung. Den Komponenten kommt nur eine mittelbare Bedeutung für die Kunden zu, die aus ihrem Beitrag zur Erfüllung der verschiedenen Funktionen resultiert. Um das Komponentengewicht einer Komponente berechnen zu können, müssen die Beiträge bekannt sein, die sie zur Umsetzung jeder einzelnen Funktion leistet, d. h. ihre Komponentenkoeffizienten.

Der **Komponentenkoeffizient** r_{mn} gibt den Anteil der Funktion n (n = 1, ..., N) wieder, der durch Komponente m (m = 1, ..., M) erbracht wird.

Mit den Komponentenkoeffizienten kann das Komponentengewicht h_m einer Komponente m (m = 1, ..., M) als Summe der mit den jeweiligen Funktionengewichten g_n (n = 1, ..., N) multiplizierten Komponentenkoeffizienten berechnet werden:

$$h_m = \sum_{n=1}^{N} r_{mn} \cdot g_n \quad \text{für } m = 1, ..., M.$$

Um die **zulässigen Komponentenkosten** der Komponente m (K_{Tm}^z) aus den bereinigten originären Produktkostenvorgaben abzuleiten, wird wie folgt vorgegangen:

$$K_{Tm}^z = h_m \cdot K^{sb} = \sum_{n=1}^{N} r_{mn} \cdot g_n \cdot K^{sb} = \sum_{n=1}^{N} r_{mn} \cdot K_{Fn} \text{ , für } m = 1, ..., M.$$

Damit wird deutlich, dass die zulässigen Komponentenkosten auch aus den Komponentenkoeffizienten und den Funktionenkostenvorgaben berechnet werden können.

Beispiel 6.3: Ermitteln der zulässigen Komponentenkosten

Die folgende Tabelle gibt die Komponentenkoeffizienten der Kaffeemaschine aus Beispiel 6.1 wieder.

Funktion / Komponente	Wasser speichern	Energie umwandeln	Kaffeemehl speichern	Heißes Wasser zuführen	Kaffee ableiten	Kaffee speichern	Kaffeesatz zurückhalten	Kaffeemehl verschließen	Kaffee verschließen	Wärme speichern
Gehäuse	0,25		0,6	0,2		0,15		0,65	0,25	0,35
Wassertank	0,75									
Heizkörper		1,0								
Steigrohr				0,7				0,25		0,1
Filter			0,4	0,1	1,0		1,0	0,1	0,15	0,1
Thermoskanne						0,85			0,6	0,45

Zusammen mit den Funktionengewichten aus Beispiel 6.1 ergeben sich folgende Komponentengewichte:

$$
\begin{pmatrix} h_1 \\ h_2 \\ h_3 \\ h_4 \\ h_5 \\ h_6 \end{pmatrix} = \begin{pmatrix} 0,25 & 0 & 0,6 & 0,2 & 0 & 0,15 & 0 & 0,65 & 0,25 & 0,35 \\ 0,75 & 0 & 0 & 0 & 0 & 0 & 0 & 0 & 0 & 0 \\ 0 & 1,0 & 0 & 0 & 0 & 0 & 0 & 0 & 0 & 0 \\ 0 & 0 & 0 & 0,7 & 0 & 0 & 0 & 0,25 & 0 & 0,1 \\ 0 & 0 & 0,4 & 0,1 & 1,0 & 0 & 1,0 & 0,1 & 015 & 0,1 \\ 0 & 0 & 0 & 0 & 0 & 0,85 & 0 & 0 & 0,6 & 0,45 \end{pmatrix} \cdot \begin{pmatrix} 0,05 \\ 0,06 \\ 0,1 \\ 0,1 \\ 0,03 \\ 0,1 \\ 0,06 \\ 0,1 \\ 0,1 \\ 0,3 \end{pmatrix} = \begin{pmatrix} 0,3025 \\ 0,0375 \\ 0,06 \\ 0,125 \\ 0,195 \\ 0,28 \end{pmatrix}
$$

Aus der bereinigten originären Produktkostenvorgabe in Höhe von 32,80 € ergeben sich damit die folgenden zulässigen Komponentenkosten:

$$K_{T1}^z = 0,3025 \cdot 32,80 \ € = 9,922 \ €$$

$$K_{T2}^z = 0,0375 \cdot 32,80 \ € = 1,23 \ €$$

$$K_{T3}^z = 0,06 \cdot 32,80 \ € = 1,968 \ €$$

$$K_{T4}^z = 0,125 \cdot 32,80 \ € = 4,10 \ €$$

$$K_{T5}^z = 0,195 \cdot 32,80 \ € = 6,396 \ €$$

$$K_{T6}^z = 0,28 \cdot 32,80 \ € = 9,184 \ €$$

Werden die Funktionenkostenvorgaben aus Beispiel 6.1 herangezogen, ergeben sich die zulässigen Komponentenkosten des Gehäuses wie folgt:

$$K_{T1}^z = 0,25 \cdot 1,64 \,€ + 0,6 \cdot 3,28 \,€ + 0,2 \cdot 3,28 \,€ + 0,15 \cdot 3,28 \,€ + 0,65 \cdot 3,28 \,€$$
$$+ 0,25 \cdot 3,28 \,€ + 0,35 \cdot 9,84 \,€$$
$$= 9,922 \,€$$

Für das Steigrohr werden folgende zulässige Komponentenkosten berechnet:

$$K_{T4}^z = 0,7 \cdot 3,28 \,€ + 0,25 \cdot 3,28 \,€ + 0,1 \cdot 9,84 \,€ = 4,10 \,€$$

(2) Ermitteln der geschätzten Komponentenkosten

In dieser Phase ergibt sich eine Abweichung vom Vorgehen der Planung von Funktionenvorgaben daraus, dass einzelne Komponenten nicht eigengefertigt, sondern von einem Lieferanten bezogen werden. Die Produktkosten der **fremdbezogenen Komponenten** können nicht unmittelbar durch Entscheidungen in der Entwicklung gestaltet werden, sondern nur mittelbar über die Einflussnahme auf die Lieferanten. Zur Einflussnahme auf die Lieferanten wird ein Verfahren der Lieferantenauswahl vorgeschlagen (vgl. Abschnitt 7.2.2.2), das als Entwicklungswettbewerb oder Forward Sourcing bezeichnet wird (vgl. Clark/Fujimoto (1992), S. 144; Dudenhöffer (2002), S. 405 f.).

Als **geschätzte Komponentenkosten** einer **fremdbezogenen Komponente** wird der Preis herangezogen, den der Lieferant auf der Grundlage von Informationen über die geforderten Merkmale der Komponente und der erwarteten Abnahmemenge anbietet. Die Produktkosten der Komponente, die dem Lieferanten vorgegeben werden, werden mit ihm im vierten Schritt des Prozesses zur Planung der Komponentenkostenvorgaben ausgehandelt (vgl. Cooper/Slagmulder (1997), S. 161).

(3) Beurteilen des Kostensenkungsbedarfs

Abweichungen vom Vorgehen bei der Planung der Funktionenkostenvorgaben folgen in dieser Phase daraus, dass die Anzahl der Komponenten sehr groß sein kann. Um den **Aufwand** zu **begrenzen**, sollten sich die Planung von Komponentenkostenvorgaben und die Wertanalyseaktivitäten auf ausgewählte Komponenten konzentrieren. Als Verfahren zur Auswahl dieser Komponenten werden in der Literatur zwei Verfahren vorgeschlagen:

– die ABC-Analyse und

– die Value Control Methode.

Bei Anwendung der **ABC-Analyse** werden die Komponenten nach dem vermuteten Kostensenkungspotential in A-, B- und C-Güter gruppiert. Als Indikator für das Kostensenkungspotential wird der Umfang der Veränderungen der Komponente gegenüber dem Vorgängerprodukt herangezogen. Die A-Komponenten sind von Änderungen der Funktionalität, der Qualität oder der Technologie des Produktes betroffen und eröffnen damit Spielräume für die Kostengestaltung. Für diese Komponenten werden Komponentenkostenvorgaben geplant. Werden für A-Komponenten mehrere Varianten für verschiedene Produktmodelle entwickelt, werden nur zwei oder drei repräsentative Varianten der Klasse der A-Komponenten zugeordnet. Alle anderen Varianten sind B-Komponenten. Ihre Komponentenkostenvorgaben werden auf der Basis der für die ähnlichsten A-Komponenten geplanten Komponentenkostenvorgaben geschätzt. C-Komponenten werden unverändert in das geplante Produkt übernommen. Für sie werden keine Komponentenkostenvorgaben geplant und keine Kostensenkungsvorschläge erarbeitet (in Anlehnung an Cooper/Slagmulder (1997), S. 158).

Der **Value Control Methode** liegt die Vorstellung zugrunde, dass Komponenten mit einer hohen relativen Bedeutung für die Kunden grundsätzlich höhere Produktkosten verursachen dürfen als Komponenten mit einer geringen relativen Bedeutung für die Kunden. Danach stimmt der Anteil einer Komponente an der Summe der geschätzten Komponentenkosten im Idealfall mit ihrem Komponentengewicht überein, d. h. ihrer relativen Bedeutung für den Kunden (vgl. Tanaka (1989), S. 60 ff.). Anders als bei der ABC-Analyse werden mit der Value Control Methode nicht Komponenten mit einem hohen Kostensenkungspotential ausgewählt, sondern Komponenten mit einem Wertsteigerungsbedarf. Liegt der Produktkostenanteil der Komponente über ihrem Komponentengewicht, ist dieser Wertsteigerungsbedarf durch eine Kostensenkung zu decken. Im anderen Fall erfordert er eine Verbesserung der Funktionalität oder Qualität.

Die **Value Control Methode** ist ein Verfahren, das die Komponenten, für die Komponentenkostenvorgaben geplant und umgesetzt werden sollen, nach dem Ausmaß des Wertsteigerungsbedarfs auswählt.

Als **Maß für den Wertsteigerungsbedarf** wird der Quotient aus der relativen Bedeutung der Komponente für den Kunden, die durch das Komponentengewicht erfasst wird, und ihrem Anteil an den geschätzten Produktkosten herangezogen (vgl. Fischer/Schmitz (1994), S. 427 f.). Dieser Quotient ist der Wertindex der Komponente.

Der **Wertindex** einer Komponente ist definiert als Quotient aus ihrem Komponentengewicht und ihrem Anteil an den geschätzten Komponentenkosten des Produktes, d. h.

$$z_m = \frac{h_m}{k_{Tm}^g}, \text{ mit } k_{Tm}^g = \frac{K_{Tm}^g}{\sum\limits_{j=1}^{M} K_{Tj}^g},$$

wobei z_m = Wertindex der Komponente m (m = 1, ..., M),

k_{Tm}^g = Anteil der geschätzten Komponentenkosten der Komponente m,

h_m = Komponentengewicht der Komponente m.

Gilt für den Wertindex $z_m = 1$, so stimmt der Anteil der Komponente an den geschätzten Komponentenkosten exakt mit ihrem Komponentengewicht überein. Bei einem Wertindex, der kleiner 1 ($z_m < 1$) ist, übersteigt der Kostenanteil das Komponentengewicht. Nach der Idealvorstellung zur Verteilung der Produktkosten auf die Komponenten sind für diese Komponenten Kostensenkungsmaßnahmen zu erarbeiten. Ein Wertindex, der größer 1 ($z_m > 1$) ist, weist darauf hin, dass die Komponente geringere als die nach der Idealvorstellung geforderten Produktkosten verursacht. Für diese Komponenten ist zu prüfen, ob sie nicht zu einfach gestaltet sind, d. h., ob sie überhaupt den Anforderungen der Kunden genügen.

Um den Aufwand für die Planung der Komponentenkostenvorgaben und die Wertgestaltungsaktivitäten zu begrenzen, werden mit der Value Control Methode nur Komponenten ausgewählt, deren Wertsteigerungsbedarf eine vorgegebene **Toleranzgrenze** überschreitet. Da der Schwerpunkt der Wertsteigerungsaktivitäten bei den Komponenten liegen sollte, die für die Kunden eine hohe Bedeutung haben, wird diese Toleranzgrenze so festgelegt, dass die tolerierte Abweichung zwischen Kostenanteil und Komponentengewicht mit steigendem Komponentengewicht abnimmt. Ein Beispiel für die Definition der oberen und unteren Toleranzgrenze, die dieser Anforderung genügt, sind Funktionen der folgenden Struktur (vgl. Tanaka (1989), S. 67):

– Obergrenze: $k_T^o = (h^2 + q^2)^{\frac{1}{2}}$

$$\text{mit } 0 < q < 1.$$

– Untergrenze: $k_T^u = \begin{cases} (h^2 - q^2)^{\frac{1}{2}} & \text{für } h > q \\ 0 & \text{sonst} \end{cases}$

Diese Funktionen geben für jede Ausprägung des Komponentengewichts das Intervall an, in dem der Anteil an den geschätzten Komponentenkosten liegen muss, damit die Abweichung zwischen Komponentengewicht und Kostenanteil innerhalb des vorgegebenen Toleranzbereichs liegt. Durch den **Toleranzparameter** q wird die Breite des Toleranzbereichs festgelegt. Der Wert dieses Toleranzparameters sollte umso kleiner gewählt werden, je größer der Kostensenkungsbedarf des geplanten Produktes ist (vgl. Coenenberg/Fischer/Schmitz (1994), S. 15).

Das **Value Control Chart** ist ein Koordinatensystem mit dem Anteil der Komponenten an der Summe der geschätzten Komponentenkosten auf der Ordinate und dem Komponentengewicht auf der Abszisse, in das die obere und untere Toleranzgrenze für Abweichungen zwischen diesen beiden Werten eingezeichnet ist.

Abb. 6.8 zeigt das Value Control Chart für Beispiel 6.4. Auf der Winkelhalbierenden gilt z = 1, d. h., sie steht für die Idealvorstellung zur Verteilung der bereinigten originären Produktkostenvorgabe auf die Komponenten. Der Bereich um diese Winkelhalbierende zwischen der oberen und der unteren Toleranzgrenze stellt den vorgegebenen Toleranzbereich dar. In das Value Control Chart werden alle Komponenten entsprechend ihres Anteils an der Summe der geschätzten Komponentenkosten und ihrem Komponentengewicht eingetragen.

Für alle Komponenten, die **innerhalb des Toleranzbereichs** liegen, wird das Niveau der geschätzten Komponentenkosten als **Komponentenkostenvorgaben** übernommen. Komponentenkostenvorgaben werden nur für Komponenten geplant, die außerhalb des Toleranzbereichs liegen. Für Komponenten oberhalb der Obergrenze des Toleranzbereichs gilt für den Wertindex $z < 1$, so dass Vorschläge für Kostensenkungsmaßnahmen zu erarbeiten sind. Komponenten, die unterhalb der Untergrenze des Toleranzbereichs liegen, sind daraufhin zu analysieren, ob sie den Anforderungen der Kunden genügen. Für diese Komponenten sind gegebenenfalls Maßnahmen zur Steigerung von Funktionalität oder Qualität zu erarbeiten (vgl. Coenenberg/Fischer/ Schmitz (1994), S. 13 ff.).

Beispiel 6.4: Value Control Chart

Die Summe der geschätzten Komponentenkosten der Kaffeemaschine aus Beispiel 6.3 beträgt 35,60 €. Weiterhin liegen folgende Werte vor:

Komponente Daten	1	2	3	4	5	6
Geschätzte Komponentenkosten (in €)	8,00	3,40	2,10	3,80	4,10	14,20
Komponentengewicht (vgl. Beispiel 6.3)	0,3025	0,0375	0,06	0,125	0,195	0,28
Kostenanteil	0,2247	0,0955	0,059	0,1067	0,1152	0,3999
Wertindex	1,3462	0,3927	1,0169	1,1715	1,6927	0,7002

Für q = 0,1 ergeben sich folgende Toleranzgrenzen, die den Kostenanteilen aus der oberen Matrix gegenüberzustellen sind:

Komponente Daten	1	2	3	4	5	6
Obergrenze	0,3186	0,1068	0,1166	0,1601	0,2191	0,2973
Untergrenze	0,2855	0	0	0,075	0,1674	0,2615
Maßnahmen	Überprüfung der Funktionserfüllung	–	–	–	Überprüfung der Funktionserfüllung	Kostensenkung

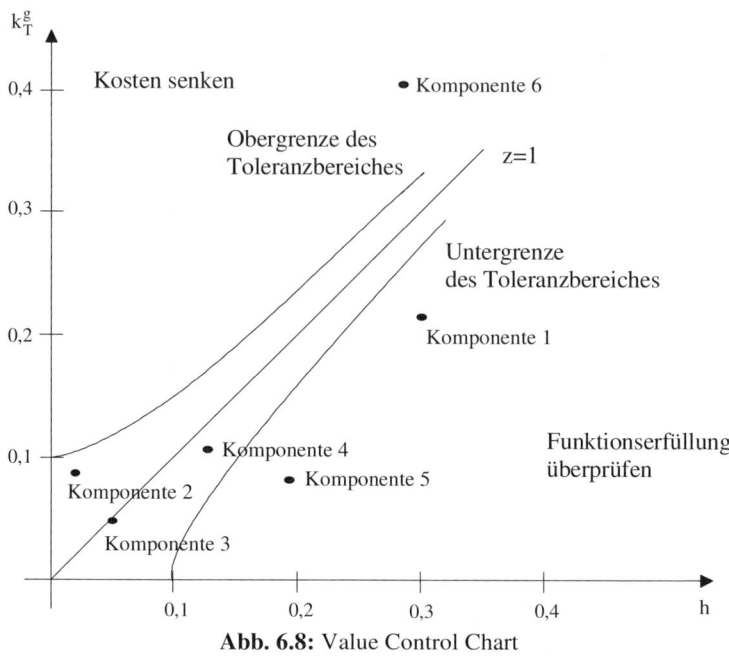

Abb. 6.8: Value Control Chart

(4) Bestimmen der Komponentenkostenvorgabe

In diesem vierten Schritt werden für alle Komponenten, die außerhalb des Toleranzbereichs liegen, Komponentenkostenvorgaben festgelegt. Hierzu werden in den Entwicklungsteams durch die Erarbeitung und Auswertung von Wertanalyse-Projekten und die Auswertung bereits durchgeführter Wertanalyse-Projekte zunächst vorläufige Komponentenkostenvorgaben bestimmt. Um das Erreichen der Funktionenkostenvorgaben sicherzustellen, werden die vorläufigen Komponentenkostenvorgaben für die Baugruppen und Bauteile, die eigengefertigt werden, und die von den Lieferanten angebotenen Preise der zu beschaffenden Komponenten zusammengeführt. Treten Abweichungen von den Funktionenkostenvorgaben auf, werden die vorläufigen Komponentenkostenvorgaben in **Verhandlungen** mit den Entwicklungsteams im Konsens korrigiert (vgl. Monden (1999), S. 163). Werden während des Entwerfens und Ausarbeitens Ideen entwickelt, die eine bessere Umsetzung von Kundenanforderungen bewirken oder zu einer Überschreitung der Funktionenkosten führen, ist es die Aufgabe des Produktmanagers, gegenüber anderen Entwicklungsteams Kostensenkungen durchzusetzen, so dass die originären Produktkostenvorgaben eingehalten werden können (vgl. Cooper/ Slagmulder (1997), S. 151 ff.).

6.2.4 Instrumente der kostenorientierten Produktplanung

6.2.4.1 QFD zur Planung der Funktionalität und Qualität

Das Quality Function Deployment (QFD) ist ein **Instrument des Qualitätsmanagements**, um Produkte und Produktionsprozesse bereits während der Entstehungsphase im Produktlebenszyklus an den Bedürfnissen des Kunden auszurichten.

> Das **Quality Function Deployment** (QFD) ist eine strukturierte Methode zur Planung operationaler Merkmale eines Produktes, seiner Komponenten, der zugehörigen Produktionsprozesse sowie der Prüf-, Verfahrens- und Arbeitsanweisungen während der Entstehungsphase des Produktes mit dem Ziel, die Bedürfnisse des Kunden bestmöglichst zu erfüllen.

Erreicht wird dieses Ziel, indem die Bedürfnisse des Kunden in Merkmale des Produktes übertragen werden, um daraus technische Spezifikationen der Komponenten herzuleiten. Diese werden anschließend in Anforderungen an die zugehörigen Produktionsprozesse übersetzt, die schließlich in Prüf-, Verfahrens- und Arbeitsanweisungen transformiert werden. Das Quality Function Deployment besteht aus den folgenden **vier Phasen** (vgl. Cohen (1995), S. 15, 311 ff.):

– dem produktbezogenen QFD,

– dem komponentenbezogenen QFD,

– dem prozessbezogenen QFD sowie

– dem verfahrens- und prüfbezogenen QFD.

Durch das **produktbezogene QFD** werden in der Produktkonzeptplanung die Bedürfnisse des Kunden in Produktmerkmale übertragen, die anschließend hinsichtlich ihrer relativen Bedeutung für die Kunden bewertet werden. Im Prozess der kostenorientierten Produktplanung können mit dem produktbezogenen QFD die Funktionen des Produktes und ihre relative Bedeutung für die Kunden zur Planung der Funktionenkostenvorgaben bestimmt werden. Das produktbezogene QFD vollzieht sich in zehn Schritten, deren Ergebnisse im House of Quality dokumentiert werden.

> Das **House of Quality** fasst die Ergebnisse eines produktbezogenen Quality Function Deployment in folgenden Tabellen und Teilmatrizen zusammen (vgl. Cohen (1995), S. 11 ff.):
>
> – der Tabelle der Kundenbedürfnisse,
>
> – der Planungsmatrix,
>
> – der Tabelle der Produktmerkmale,
>
> – der Bewertungsmatrix,
>
> – der Matrix der technischen Beziehungen sowie
>
> – der technischen Matrix.

Die **Tabelle der Kundenbedürfnisse** gibt die kundenbezogenen Funktionen und ihre relative Bedeutung für die Kunden wieder. Die **Planungsmatrix** enthält zu jeder einzelnen kundenbezogenen Funktion verschiedene Informationen, die bei den Kunden erhoben worden sind, sowie Vorgaben aus dem strategischen Plan der Unternehmung. Die **Tabelle der Produktmerkmale** zeigt, wie die kundenbezogenen Funktionen technisch umgesetzt werden sollen. Die **Bewertungsmatrix** enthält die Bewertung des Beitrags der Produktmerkmale zur Erfüllung jeder einzelnen kundenbezogenen Funktion. Die Produktmerkmale bilden die Spalten- und die Zeileneingänge der **Matrix der technischen Beziehungen**. Diese Matrix informiert über die Auswirkungen jedes einzelnen Produktmerkmals auf die Umsetzung jedes anderen Produktmerkmals. Die **technische Matrix** enthält Informationen zu den Produktmerkmalen, die realisiert werden sollen. Abb. 6.9 zeigt die Struktur des House of Quality.

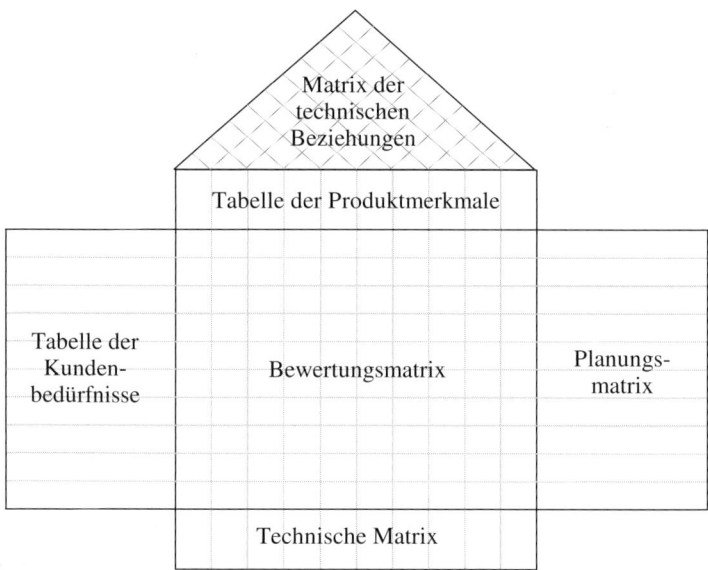

Abb. 6.9: Struktur des House of Quality

Die **zehn Schritte** des produktbezogenen Quality Function Deployment sind (in Anlehnung an Schröder/Zenz (1996), Sp. 1699 ff.):

– Schritt 1: Erfassen der Kundenbedürfnisse
– Schritt 2: Bewerten der kundenbezogenen Funktionen
– Schritt 3: Ermitteln und ordnen der Produktmerkmale
– Schritt 4: Identifizieren der Beziehungen zwischen den Produktmerkmalen
– Schritt 5: Festlegen der Optimierungsrichtung für die Produktmerkmale
– Schritt 6: Analyse der Beziehungen zwischen den kundenbezogenen Funktionen und den Produktmerkmalen

– Schritt 7: Ermitteln der Bedeutung der Produktmerkmale für die Kundenzufriedenheit

– Schritt 8: Technische Beurteilung der Konkurrenzprodukte

– Schritt 9: Ermitteln der technischen Schwierigkeiten

– Schritt 10: Festlegen der Zielwerte für die Produktmerkmale

(1) Erfassen der Kundenbedürfnisse

Aufgabe des ersten Schrittes des produktbezogenen Quality Function Deployment ist die vollständige, überschneidungsfreie und unverfälschte Erfassung der Kundenbedürfnisse. Er umfasst die folgenden **Teilschritte** (vgl. Cohen (1995), S. 76 ff.):

– Teilschritt 1.1: Identifizieren der Schlüsselkunden

– Teilschritt 1.2: Sammeln von Kundenanforderungen durch

  • freie Interviews und

  • Auswerten von Beschwerden

– Teilschritt 1.3: Klassifizieren und ergänzen der erfassten Kundenbedürfnisse

– Teilschritt 1.4: Strukturieren der identifizierten Kundenbedürfnisse

Kunden äußern ihre Anforderungen an das Produkt, ohne explizit auf die Bedürfnisse einzugehen, die das Produkt befriedigen soll. Ihre Äußerungen können neben Bedürfnissen auch technische Merkmale, Wirkungen, Zuverlässigkeitsmerkmale und bestimmte Leistungen betreffen. Deshalb werden die Kundenanforderungen in Teilschritt 1.3 zunächst nach den verschiedenen Perspektiven klassifiziert. In Teilschritt 1.4 werden die Kundenanforderungen in einem Affinitätsdiagramm (vgl. Abschnitt 4.3.3.1) geordnet und ergänzt. Zweck dieser Analyse ist es, Ähnlichkeiten zwischen den gesammelten Kundenanforderungen zu erkennen und auf dieser Grundlage die zugrunde liegenden Bedürfnisse der Kunden aufdecken zu können. Aus den gesammelten Anforderungen soll eine vollständige Liste der Bedürfnisse der Kunden generiert werden. Ergebnis dieses ersten Schrittes ist die **Tabelle der Kundenbedürfnisse,** in der nach dem Detaillierungsgrad zwischen den primären, den sekundären und den tertiären Kundenbedürfnissen unterschieden wird. Nur die tertiären Kundenbedürfnisse bilden als kundenbezogene Funktionen den Gegenstand der nachfolgenden Schritte des produktbezogenen QFD. Abb. 6.10 zeigt die Tabelle Kundenbedürfnisse am Beispiel einer Kaffeemaschine.

(2) Bewerten der kundenbezogenen Funktionen

Zweck der Bewertung in diesem zweiten Schritt ist es, die kundenbezogenen Funktionen zu bestimmen, die Schwerpunkte der Produktplanung bilden sollten. Hierzu werden folgende **Teilschritte** ausgeführt (in Anlehnung an Cohen (1995), S. 92 ff.):

– Teilschritt 2.1: Messen der relativen Bedeutung jeder kundenbezogenen Funktion für den Kunden

- Teilschritt 2.2: Vergleich mit den Konkurrenzprodukten aus Kundensicht
- Teilschritt 2.3: Festlegen der Zielwerte und des Verbesserungsgrades
- Teilschritt 2.4: Beurteilen der Absatzwirkungen
- Teilschritt 2.5: Berechnen der Gewichtungsfaktoren

Primäre Bedürfnisse	Sekundäre Bedürfnisse	Tertiäre Bedürfnisse bzw. kundenbezogene Funktionen
Kaffee	Wirksamkeit	Aromatischer Kaffee
		Heißer Kaffee
		Schnelle Zubereitung
		Kaffeemenge variierbar
	Aussehen	Platzsparendes Aufstellen
		Eignet sich zum Servieren
	Einfach im Gebrauch	Einfaches Zuführen des Kaffeemehls
		Einfaches Zuführen des Wassers
		Einfaches Zuführen des Filters
		Einfaches Reinigen
		Kein Spritzen
		Kein Tropfen nach Kannenentnahme
	Sicherheit	Kein Verbrennen der Finger
		Keine Brandgefahr
		Kein Stromschlag

Abb. 6.10: Tabelle der Kundenbedürfnisse am Beispiel einer Kaffeemaschine

Im **ersten Teilschritt** ist eine Kundenbefragung zur Erfassung der relativen Bedeutung jeder der im ersten Schritt identifizierten kundenbezogenen Funktionen durchzuführen. Für diese Aufgabe eignen sich die Conjoint-Analyse und das AHP-Verfahren (vgl. Schröder/Zenz (1996), Sp. 1699 f.). Im **zweiten Teilschritt** wird analysiert, inwieweit das aktuell angebotene Produkt (Vorgängerprodukt) der Unternehmung und die Konkurrenzprodukte die erfassten kundenbezogenen Funktionen erfüllen. Für diese Bewertung der Produkte aus Kundensicht hat sich eine Bewertungsskala mit fünf Stufen durchgesetzt. Der Vergleich der beiden Bewertungen deckt die Stärken und Schwächen des Vorgängerproduktes auf.

Unter Abwägung ihrer relativen Bedeutung und den Ergebnissen des Konkurrenzvergleichs wird im **dritten Teilschritt** für jede einzelne kundenbezogene Funktion ein Zielwert festgelegt. Als Maßstab wird wieder die fünfstufige Bewertungsskala herangezogen. Um die Aufmerksamkeit auf die kundenbezogene Funktion mit einem hohen Verbesserungsbedarf zu lenken, wird der Verbesserungsgrad berechnet. Der Verbesserungsgrad v_j einer kundenbezogenen Funktion j ist definiert als Quotient oder Differenz aus ihrem Zielwert und dem beim Vorgängerprodukt erreichten Zielwert dieser Funktion. Für die kundenbezogene Funktion „Aromatischer Kaffee" in Abb. 6.11 ergibt sich beispielsweise ein Verbesserungsgrad von $v = 4/3 = 1{,}33$.

Kundenbezogene Funktionen (Tertiäre Kundenbedürfnisse)	Relative Bedeutung w_j	Konkurrenzvergleich aus Kundensicht Schlecht ... Gut					Zielwerte z_j	Verbesserungsgrad v_j	Absatzwirkung a_j	Gesamtgewicht γ_j in %
		1	2	3	4	5				
Aromatischer Kaffee	85						4	1,33	1,5	8,5
Heißer Kaffee	82						4	1,0	1,0	4,1
Schnelle Zubereitung	80						4	1,33	1,5	8,0
Kaffeestärke variierbar	40						5	2,5	1,2	6,0
Platzsparendes Aufstellen	75						4	1,0	1,2	4,5
Eignet sich zum Servieren	70						2	2,0	1,2	8,4
Einfaches Zuführen des Kaffeemehls	62						5	1,25	1,0	3,9
Einfaches Zuführen des Wassers	65						4	1,0	1,2	3,9
Einfaches Zuführen des Filters	66						3	1,0	1,2	4,0
Einfaches Reinigen	78						4	2,0	1,5	11,7
Kein Spritzen	81						5	2,5	1,0	10,1
Kein Tropfen nach Kannenentnahme	76						4	1,0	1,0	3,8
Kein Verbrennen der Finger	76						5	1,25	1,2	5,7
Keine Brandgefahr	82						5	2,5	1,0	10,2
Kein Stromschlag	83						3	1,5	1,2	7,5

▲ Eigenes Produkt   ● Produkt des Wettbewerbers

Abb. 6.11: Planungsmatrix im House of Quality am Beispiel einer Kaffeemaschine

Einen Schwerpunkt der Produktplanung wird eine kundenbezogene Funktion mit einem hohen Wert beim Verbesserungsgrad nur dann bilden, wenn sich eine Verbesserung positiv auf den Absatz auswirken wird. **Teilschritt 2.4** sieht deshalb eine Beurteilung der Absatzwirkungen von Verbesserungen bei den kundenbezogenen Funktion vor. Für diese Bewertung werden folgende Werte verwendet: 1: Keine Absatzwirkung; 1,2: Mittlere Absatzwirkung und 1,5: Starke Absatzwirkung.

Abschließend werden in **Teilschritt 2.5** alle Bewertungen zu den Gewichtungsfaktoren der kundenbezogenen Funktionen zusammengeführt. Sie werden anschließend in die Planungsmatrix des House of Quality übernommen (vgl. Abb. 6.11).

Der **Gewichtungsfaktor** γ_j einer kundenbezogenen Funktion j (j = 1, ..., J) bringt ihre Bedeutung für die Unternehmung zum Ausdruck. Ermittelt wird er wie folgt:

$$\gamma_j = \frac{w_j \cdot v_j \cdot a_j}{\sum_{m=1}^{J} w_m \cdot v_m \cdot a_m} \quad \text{für } j = 1, ..., J,$$

wobei w_j = relative Bedeutung der kundenbezogenen Funktion j für den Kunden,

> v_j = Verbesserungsgrad der kundenbezogenen Funktion j,
> a_j = Absatzwirkung der kundenbezogenen Funktion j.

Beispiel 6.5: Berechnung der Gewichtungsfaktoren

Für die kundenbezogene Funktion „Aromatischer Kaffee" ergibt sich der Gewichtungsfaktor wie folgt:

$$\gamma = \frac{85 \cdot 1,33 \cdot 1,5}{85 \cdot 1,33 \cdot 1,5 + \ldots + 83 \cdot 1,5 \cdot 1,2} \cdot 100 = \frac{169,575}{2.004,775} \cdot 100 = 8,45\%.$$

(3) Ermitteln und ordnen der Produktmerkmale

In diesem Schritt werden die kundenbezogenen Funktionen in Produktmerkmale übertragen. In einem Prozess, der von den Beteiligten ein hohes Maß an Kreativität verlangt, sollen Produktmerkmale gefunden werden, durch welche die kundenbezogenen Funktionen vollständig erfüllt werden. Die Produktmerkmale sollen operational, überschneidungsfrei und lösungsneutral formuliert sein. Im House of Quality finden sie sich in der **Tabelle der Produktmerkmale**, die über der Bewertungsmatrix platziert ist.

Als **Dimension** der Produktmerkmale können Leistungen, produktbezogene Funktionen oder Komponenten verwendet werden. **Leistungen** sind lösungsneutral. Sie eignen sich deshalb insbesondere dann als Dimension der Produktmerkmale, wenn ein Produkt mit einem hohen Innovationsgrad entwickelt werden soll. Ist die Leistung des geplanten Produktes definiert, ist in einem weiteren Teilschritt zu entscheiden, wie sie zu erbringen ist. Das erfordert die Übertragung der geplanten Leistung in **produktbezogene Funktionen**. Wird kein hoher Innovationsgrad angestrebt, können die produktbezogenen Funktionen auch unmittelbar aus den kundenbezogenen Funktionen hergeleitet werden (vgl. Cohen (1995), S. 127 ff.).

(4) Identifizieren der Beziehungen zwischen den Produktmerkmalen

In diesem Schritt wird untersucht, welchen Einfluss die Verbesserung jedes einzelnen Produktmerkmals auf jedes andere Produktmerkmal hat. Angegeben wird die Art und die Stärke der Wirkung. Unterschieden wird zwischen konfliktären und komplementären Wirkungen einerseits und starken und schwachen Beziehungen andererseits. Zusätzlich kann auch angegeben werden, ob es sich um wechselseitige oder einseitige Beziehungen handelt. Bei einseitigen Beziehungen wird zusätzlich die Wirkungsrichtung genannt. Konfliktäre Beziehungen weisen auf Probleme bei der Konstruktion hin, die durch den Austausch eines Produktmerkmals oder die Zusammenarbeit der zuständigen Projektteams während der Konstruktion gelöst werden müssen (vgl. Schröder/Zenz (1996), Sp. 1702 f.). Zweck dieses Schrittes ist es, die **nicht realisierbaren**

Produktmerkmale zu erkennen und festzustellen, welche Entwicklungsteams zusammenarbeiten sollten.

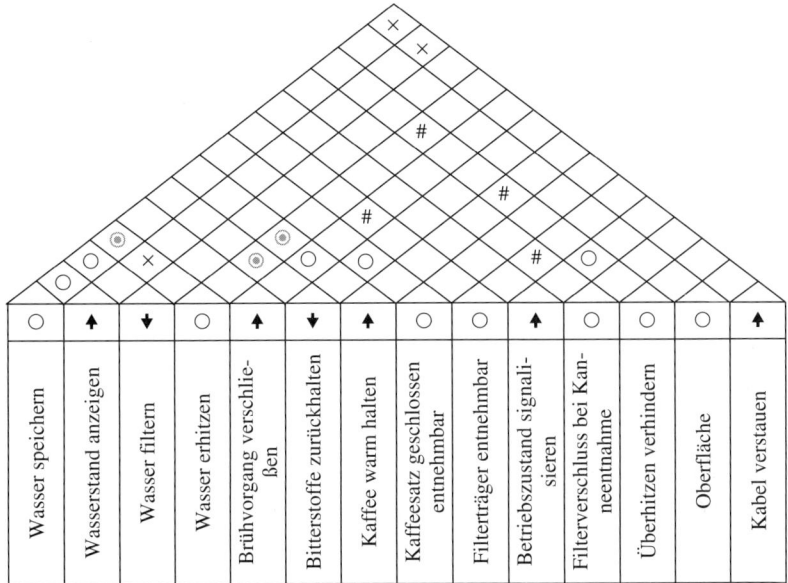

Beziehungen zwischen den Produktmerkmalen: ⊙ Stark positiv; ○ positiv; × negativ; # stark negativ; Optimierungsrichtung: ↟ mehr ist besser; ↡ weniger ist besser; ○ der Zielwert ist zu erreichen

Abb. 6.12: Tabelle der Produktmerkmale und Matrix der technischen Beziehungen im House of Quality am Beispiel einer Kaffeemaschine

(5) Festlegen der Optimierungsrichtung für die Produktmerkmale

Im fünften Schritt wird die Richtung einer Veränderung der Produktmerkmale festgelegt, um eine Verbesserung des geplanten Produktes zu erreichen. In diesem Zusammenhang werden Extrem-, Bereichs- und Punktmerkmale unterschieden. Extremmerkmale sollen maximiert bzw. minimiert werden. Bei Bereichsmerkmalen soll ein vorgegebenes Intervall eingehalten und bei Punktmerkmalen eine vorgegebene Ausprägung erreicht werden. Die Ergebnisse der Schritte 4 und 5 werden in die **Matrix der technischen Beziehungen** des House of Quality übernommen. Abb. 6.12 zeigt diese Matrix für das Beispiel einer Kaffeemaschine.

(6) Analyse der Beziehungen zwischen den kundenbezogenen Funktionen und den Produktmerkmalen

Der sechste Schritt hat die Analyse und Bewertung der Beziehungen zwischen den Produktmerkmalen und den kundenbezogenen Funktionen zum Inhalt. Untersucht wird, welchen Einfluss jedes Produktmerkmal auf die Erfüllung jeder einzelnen kundenbezogenen Funktion hat. Es werden die in Abb. 6.13 genannten Arten von Wirkungsbeziehungen unterschieden, die in der **Beziehungsmatrix** des House of Quality mit verschiedenen Symbolen beschrieben werden und jeweils mit einem Punktwert versehen sind (vgl. Abb. 6.14). Grundlage für die Analyse der Beziehungen können Erfahrungen, Kundenbefragungen, die Auswertung von Daten der Vorgängerprodukte oder Versuche sein (vgl. Hauser/Clausing (1988), S. 67). Behindert die Verbesserung bei einem Produktmerkmal die Erfüllung einer kundenbezogenen Funktion, ist für das betreffende Produktmerkmal eine Alternative zu suchen, von der keine negativen Wirkungen auf die kundenbezogenen Funktionen ausgehen.

Art der Wirkungsbeziehung	Symbol im House of Quality	Punktewert
Keine Beziehung		0
Unsichere Beziehung	□	1
Schwache Beziehung	⊙	3
Starke Beziehung	●	9

Abb. 6.13: Symbole in der Beziehungsmatrix und ihr Punktwert

(7) Ermitteln der Bedeutung der Produktmerkmale

Aus den Gewichtungsfaktoren für die kundenbezogenen Funktionen und der Bewertung der Beziehungen zwischen den Produktmerkmalen und den kundenbezogenen Funktionen werden die **Gewichtungsfaktoren der Bedeutung der Produktmerkmale** für die Kundenzufriedenheit wie folgt ermittelt:

$$
g_n = \frac{\sum_{j=1}^{J} \gamma_j \cdot p_{jn}}{\sum_{m=1}^{N} \sum_{j=1}^{J} \gamma_j \cdot p_{jm}} \quad \text{für } n = 1, ..., N,
$$

mit g_n = Gewichtungsfaktor des Produktmerkmals n (n = 1, ..., N),

γ_j = Gewichtungsfaktor der kundenbezogenen Funktion j (j = 1, ..., J),

p_{jn} = Punktwert für die Beziehung zwischen dem Produktmerkmal n und der kundenbezogenen Funktion j.

Diese Gewichtungsfaktoren können bei der Planung der Funktionenkostenvorgaben als Funktionengewichte für die Berechnung der zulässigen Funktionenkosten verwendet werden (vgl. Hauser/Clausing (1988), S. 67 f.). Eingetragen werden die Gewichtungsfaktoren in die letzte Zeile der **technischen Matrix** im House of Quality (vgl. Abb. 6.14).

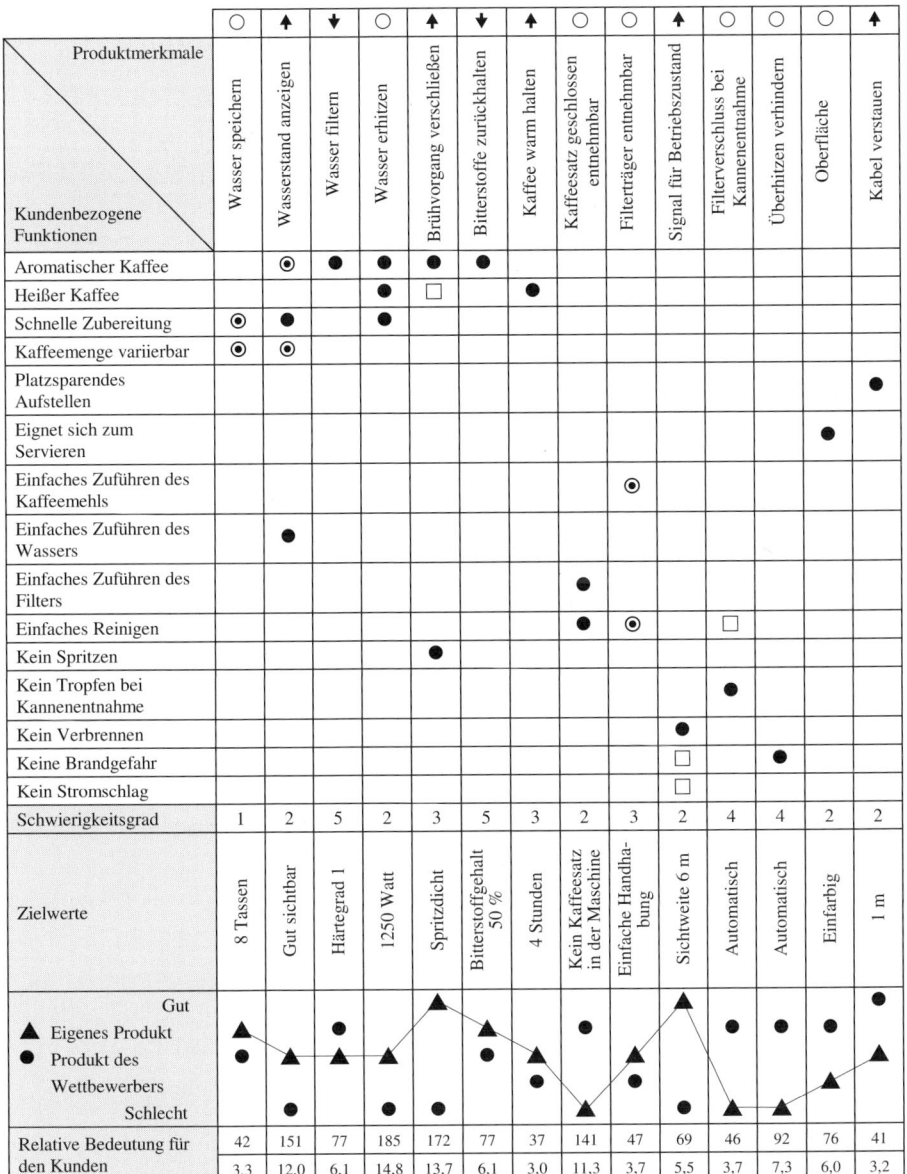

Abb. 6.14: Beziehungsmatrix und technische Matrix im House of Quality

Beispiel 6.6: Berechnung des Gewichtungsfaktors g_n

Für das Produktmerkmal „Wasserstand anzeigen" ergibt sich der folgende Gewichtungsfaktor, wobei die Gewichtungsfaktoren für die kundenbezogenen Funktionen der Abb. 6.11 entnommen sind:

$$\gamma = \frac{3 \cdot 8,5 + 9 \cdot 8,0 + 3 \cdot 6,0 + 9 \cdot 3,9}{(3 \cdot 8,0 + 3 \cdot 6,0) + \ldots + (9 \cdot 4,5)} \cdot 100 = \frac{150,6}{1.250,3} \cdot 100 = 12,0 \ \%$$

(8) Technische Beurteilung der Konkurrenzprodukte

Im achten Schritt werden die Ausprägungen der Produktmerkmale des geplanten Produktes und der verschiedenen Konkurrenzprodukte bewertet. Werden die Ergebnisse mit den Erkenntnissen aus dem kundenbezogenen Vergleich des geplanten Produktes mit dem des Konkurrenten im Schritt 2 gegenübergestellt, können Hinweise darüber gewonnen werden, ob die kundenbezogenen Funktionen bei der Ermittlung der Produktmerkmale angemessen berücksichtigt worden sind. Dies ist nicht der Fall, wenn das Produkt aus technischer Sicht deutlich besser oder schlechter als aus Kundensicht beurteilt wird (vgl. Pfeifer (2001), S. 318 f.). In Abb. 6.14 findet sich dieser Vergleich in der dritten Zeile der technischen Matrix.

(9) Ermitteln der technischen Schwierigkeiten

In diesem Schritt werden die Schwierigkeiten, die bei der Realisation jedes einzelnen Produktmerkmals beim Stand der Entwicklung und der zur Verfügung stehenden Technologien zu erwarten sind, mit Punktwerten von 1 (einfach) bis 5 (schwierig) bewertet. Diese Werte werden in die erste Zeile der technischen Matrix eingetragen (vgl. Abb. 6.14). Die Bewertung ist den Gewichtungsfaktoren für die relative Bedeutung der Produktmerkmale gegenüberzustellen. Produktmerkmale, die eine geringe Bedeutung haben, aber nur mit erheblichen Schwierigkeiten verbessert werden können, sollten durch einfacher zu realisierende Produktmerkmale ersetzt werden (vgl. Pfeifer (2001), S. 318).

(10) Festlegen der Zielwerte für die Produktmerkmale

Für jedes Produktmerkmal wird im zehnten Schritt ein Zielwert festgelegt. Hierzu werden die technischen Produktmerkmale zunächst den Kategorien des Kano Modells zugeordnet. Das **Kano-Modell** unterscheidet drei Kategorien produktbezogener Funktionen:

- die Basismerkmale,
- die Begeisterungsmerkmale und
- die Leistungsmerkmale.

Basismerkmale des Produktes decken die grundlegenden Bedürfnisse des Kunden ab, d. h., sie werden vom Kunden als selbstverständlich angesehen. Sie sind deshalb nicht geeignet, die Kundenzufriedenheit zu steigern. Das Fehlen dieser Merkmale führt jedoch zur Unzufriedenheit der Kunden. Als Beispiel können die durch gesetzliche Sicherheitsbestimmung geforderten Merkmale bei einem Fahrzeug genannt werden. **Begeisterungsmerkmale** befriedigen verborgene Kundenbedürfnisse. Die Befriedigung dieser Bedürfnisse hält der Kunde entweder für technisch nicht machbar oder für unbedeutend (vgl. Cohen (1995), S. 258 ff.) und wird von ihm deshalb auch nicht erwartet. Das Fehlen eines Begeisterungsmerkmals wird vom Kunden deshalb nicht bemerkt. Sind sie dagegen vorhanden, lösen sie beim Kunden Begeisterung aus. Das Service Center, das beim Auto die Kontrolle und das Nachfüllen von Öl und Wasser für die Scheibenwaschanlage ohne Öffnen der Motorhaube in bequemer und sauberer Weise erlaubt, ist ein solches Begeisterungsmerkmal. **Leistungsmerkmale** befriedigen geäußerte Kundenbedürfnisse und werden vom Kunden gewünscht. Mit jeder Verbesserung bei diesen Merkmalen kann die Kundenzufriedenheit erhöht werden. Der Kraftstoffverbrauch eines Autos ist ein solches Leistungsmerkmal (vgl. Cohen (1995), S. 36 ff.).

Für die Produktmerkmale in der Gruppe der **Basismerkmale** sind die Zielwerte durch die Erwartungen der Kunden vorgegeben. Die Zielwerte der **Begeisterungsmerkmale** werden unter Abwägung der relativen Bedeutung für die Kunden und der bei der Realisation zu erwartenden Schwierigkeiten festgelegt. Bei der Zielbildung für die **Leistungsmerkmale** sind neben der Bedeutung und der Schwierigkeit auch die Ausprägungen des jeweiligen Produktmerkmals beim Konkurrenzprodukt zu berücksichtigen (vgl. Cohen (1995), S. 36 ff., 168). Einzelne Produktmerkmale können Zielwerte aufweisen, die unterhalb der Ausprägungen bei den Konkurrenzprodukten liegen. Insgesamt müssen die Zielwerte der Produktmerkmale jedoch so festgelegt werden, dass das geplante Produkt die Kundenbedürfnisse besser erfüllt als die Konkurrenzprodukte. Die Ergebnisse dieses Schrittes werden in der zweiten Zeile der technischen Matrix dokumentiert (vgl. Abb. 6.14).

6.2.4.2 Instrumente der kostenorientierten Konstruktion

Soll ein Konstruktionsprozess kostenorientiert vollzogen werden, verlangt das

- die Erarbeitung von Kostensenkungsvorschlägen sowie
- die Ermittlung der Kostenwirkungen aller Alternativen der Entscheidung über die Produktmerkmale.

Zur Unterstützung dieser Aufgaben können die in Abb. 6.15 genannten Instrumente eingesetzt werden.

Erarbeitung von Kostensenkungsvorschlägen	Ermittlung der Kostenwirkungen von Konstruktionsalternativen
– Wertanalyse (vgl. Abschnitt 6.4) – Reverse Engineering	– Kostentabellen – Relativkostenkataloge – Grenzstückzahlen – Kostenorientierte Konstruktionsrichtlinien

Abb. 6.15: Instrumente der kostenorientierten Konstruktion

(1) Reverse Engineering

> Das **Reverse Engineering** ist das Zerlegen eines Produktes in seine Bestandteile und die detaillierte Analyse seiner Materialien, Komponenten und Funktionen, der Oberflächen und des Zusammenwirkens seiner Komponenten sowie seiner Herstellungs- und Montageprozesse (vgl. Cooper/Slagmulder (1997), S. 340).

Das Reverse Engineering dient verschiedenen Funktionen und kann in allen Phasen der kostenorientierten Produktplanung zum Einsatz gelangen. Als **Funktionen** des Reverse Engineering werden genannt (vgl. Richardson (1988), S. 175):

– die Zielsetzungsfunktion,

– die Erkenntnisfunktion sowie

– die Prognosefunktion.

Die **Zielsetzungsfunktion** des Reverse Engineering besteht in der Identifikation von Leistungslücken im Vergleich zu den Wettbewerbern. Mit den Informationen über diese Leistungslücken können die Produktplanung, die Planung der Produktkostenvorgaben sowie die langfristige Fertigungsvorbereitung unterstützt werden. Die Suche nach kostengünstigen oder innovativen Lösungen für die Erfüllung von Funktionen oder die Gestaltung einzelner Komponenten bilden den Gegenstand der **Erkenntnisfunktion**. Die **Prognosefunktion** hat die Gewinnung von Informationen zur Beurteilung der Realisierbarkeit von Produktkostenvorgaben zum Inhalt, die für die Ermittlung der minimalen Produkt- und Funktionenkosten erforderlich sind.

Das Reverse Engineering vollzieht sich in den beiden folgenden **Phasen**:

– Zerlegung des Objektes und

– Analyse seiner Teile.

Das Objekt wird schrittweise in immer kleinere Baugruppen **zerlegt**, bis die Ebene der Einzelteile erreicht ist. Die Merkmale der sich ergebenden Komponenten werden bei jedem dieser Schritte erfasst und detailliert dokumentiert. Für die **Analyse** werden neben dieser Dokumentation weitere Informationen über den jeweiligen Wettbewerber benötigt, z. B. Informationen über seine Produktion, Maschinenausstattung, Organisation, Produktionsmengen und Lieferanten. Träger des Reverse Engineering sind multidisziplinär zusammengesetzte Teams mit Mitgliedern aus der Produkt- und Prozessentwicklung, der Produktion, der Beschaffung und der Kostenrechnung (vgl. Aalbregtse (1993), S. D2-9 f.).

Objekte des Reverse Engineering können die Produkte ausgewählter Wettbewerber oder Produkte der Unternehmung sein. Nach diesen Objekten werden

– das wettbewerberorientierte und

– das interne Reverse Engineering

unterschieden. Das **wettbewerberorientierte Reverse Engineering** analysiert die Produkte der Wettbewerber, um Kostensenkungspotentiale zu identifizieren und Kostensenkungsideen für einzelne Produkte zu generieren. Funktion des **internen Reverse Engineering** ist das Generieren von Ideen zur Reduktion der Komplexität des Produktionsprogramms der Unternehmung. Es umfasst die Zerlegung von Produkten der Unternehmung und den Vergleich ihrer Komponenten. In der Unternehmungspraxis haben sich mehrere **Methoden** des Reverse Engineering herausgebildet, mit denen verschiedene Ziele verfolgt werden (vgl. Cooper/Slagmulder (1997), S. 241 ff.). 6.16 gibt einen Überblick über diese Methoden.

Methoden des wettbewerberorientierten Reverse Engineering	Methoden des internen Reverse Engineering
– Statisches Teardown – Dynamisches Teardown – Kosten-Teardown – Material-Teardown	– Prozess-Teardown – Matrix-Teardown[1] – Stückgewicht-Teardown – Gruppenschätzung

1   Instrument des Potential-Kaizen in der Marktphase der Produkte
    (vgl. Abschnitt 7.2.1.4)

Abb. 6.16: Methoden des Reverse Engineering

Das **statische Teardown** ist die Basismethode des Reverse Engineering. Es sieht lediglich die Zerlegung der Konkurrenzprodukte in ihre Einzelteile vor. Mit dieser Methoden soll dem mit der Produktplanung betrauten Projektteam die Gelegenheit gegeben werden, die Unterschiede zwischen den eigenen Produkten und den Konkurrenzprodukten zu erkennen. Beim **dynamischen Teardown** werden die Konkurrenzprodukte zerlegt, um Montageprozesse nachvollziehen zu können. Ziel dieser Analyse ist es, die Anzahl der erforderlichen Montageoperationen zu reduzieren und die Ausführungszeiten der einzelnen Vorgänge zu verkürzen. Das **Kosten-Teardown** unterstützt die Identifikation von Komponenten mit Kostensenkungspotentialen. Es sieht einen Vergleich der Produktkosten der Komponenten des geplanten Produktes mit denen der Konkurrenzprodukte vor sowie eine Analyse festgestellter Kostenunterschiede. Gegenstand des **Material-Teardown** ist die Suche nach kostengünstigeren Alternativen für die Gestaltung der Komponenten eines Produktes durch den Vergleich mit den Materialen und Oberflächen der Komponenten von Produkten der Wettbewerber (vgl. Cooper (1995), S. 178).

Das **Prozess-Teardown** besteht aus einem Vergleich der Produktionsprozesse ähnlicher Komponenten der Produkte im Produktionsprogramm der Unternehmung, um fertigungstechnische Unterschiede zwischen den Produkten und ihren Varianten zu reduzieren. Das langfristige Ziel dieser Methode ist es, die verschiedenen Produkte, Produktvarianten oder Komponenten auf denselben Produktionslinien herstellen zu können. Das **Stückgewicht-Teardown** dient der Identifikation von Kostensenkungspotentialen. Bei dieser Methode werden die Komponenten, die nach ähnlichen Verfahren gefertigt werden, jeweils zu einer Gruppe zusammengefasst. Anschließend werden für die Komponenten einer Gruppe die Kosten pro Kilogramm berechnet, um die Komponenten zu bestimmen, deren Kosten pro Kilogramm den Durchschnitt in der Gruppe deutlich übersteigen. Für diese werden die Ursachen der Abweichungen analysiert und Vorschläge für die Senkung der Kosten erarbeitet. Die Methode der **Gruppenschätzung** fasst die Komponenten mit ähnlichen Funktionen zu Gruppen zusammen. In einer Unternehmung der Autoindustrie wurde beispielsweise aus dem Kühlwasserbehälter und dem Tank für die Scheibenwaschanlagen die Gruppe "Aufbewahrung von Flüssigkeiten" gebildet. Um Kostensenkungspotentiale zu identifizieren, werden die Komponenten ausgewählt, deren Kosten deutlich über dem Durchschnitt der Gruppe liegen. Diese Komponenten werden anschließend mit den anderen Komponenten der Gruppe verglichen, um Kostensenkungsvorschläge zu generieren (vgl. Cooper (1995), S. 178 f.).

(2) Kostentabellen

> **Kostentabellen** sind meist computergestützte Datenbanken, welche über die Wirkungen verschiedener Ausprägungen von Kosteneinflussgrößen auf die Kosten eines Produktes, einer Funktion oder einer Komponente informieren.

In Kostentabellen werden alle Ausprägungen der Kosteneinflussgrößen berücksichtigt und nicht nur die in der Unternehmung aktuell realisierten. Die Angaben in den Kostentabellen beziehen sich auf die absoluten Kosten (vgl. Yoshikawa/Innes/Mitchell (1990), S. 31).

Kostentabellen stellen Informationen für die folgenden **Zwecke** bereit:

- Preisverhandlungen mit Lieferanten,
- Vergleich der Kosten von Lösungsalternativen für die Entscheidungsfindung und
- Schätzung der Produktkosten für die Produktkostenplanung und -kontrolle.

Ursprünglich wurden Kostentabellen als Grundlage für Preisverhandlungen mit Lieferanten erstellt, um zu einem kostengerechten Preis zu gelangen. Heute werden sie vor allem zur Unterstützung von Entscheidungen in der Entstehungsphase sowie beim Produkt-Kaizen in der Marktphase der Produkte eingesetzt. Kostentabellen stellen Informationen für Entscheidungen über das zu gestaltende Produkt und den Erstellungs- und Verwertungsprozess bereit. Sie eignen sich auch zur Ermittlung der geschätzten und minimalen Produkt-, Funktionen- und Komponentenkosten bei der Produktkostenplanung sowie zur Bestimmung der Wird-Produktkosten bei der Produktkostenkontrolle. Nach den Zwecken der Informationsbereitstellung werden die in Abb. 6.17 genannten **Arten** von Kostentabellen unterschieden (vgl. Yoshikawa u. a. (1993), S. 88 ff.).

Bereich	Kostentabelle
Entwicklung	**– Kostentabellen für die Produktkonzeptplanung** Sie geben Auskunft über die Kostenwirkungen alternativer Hauptfunktionen eines Produktes. **– Kostentabellen für das Konzipieren** Sie informieren über die Kostenwirkungen der Funktionen in Abhängigkeit vom verwendeten Lösungsprinzip. **– Kostentabellen für das Entwerfen** Sie enthalten Angaben zu den Kosten alternativer Komponenten zur Umsetzung eines Lösungsprinzips. **– Kostentabellen für das Ausarbeiten** Sie weisen die Kosten einer Komponente für verschiedene Materialarten, Gestaltzonen, Toleranzen, Beschichtungen usw. aus.
Produktion	**– Kostentabellen der langfristigen Verfahrenswahl** Sie unterstützen Entscheidungen über die einzusetzenden Fertigungsverfahren und das Werk, in dem das geplante Produkt gefertigt werden soll, sowie Entscheidungen zwischen Eigenfertigung und Fremdbezug von Komponenten. **– Kostentabellen der kurzfristigen Verfahrenswahl** Sie enthalten Angaben zu den Kosten der Produktion auf verschiedenen Maschinen in Abhängigkeit von der geplanten Menge.
Beschaffung	**– Kostentabellen für die Beschaffung** Sie stellen Informationen für Verhandlungen mit den Lieferanten bereit. Die Kosten werden unter der Annahme ermittelt, dass die zu beschaffenden Komponenten mit dem kostengünstigsten Verfahren auf der kostengünstigsten Maschine produziert werden. **– Kostentabellen für Gussformen und Werkzeuge** Es handelt sich hierbei um eine Sonderform der Kostentabelle für die Beschaffung. Sie unterstützt die Preisverhandlungen mit Lieferanten für Gussformen oder Werkzeuge.
Vertrieb	**Kostentabellen für den Vertrieb** Sie enthalten Angaben zu den Kosten alternativer Vertriebskanäle.

Abb. 6.17: Arten von Kostentabellen

Nach dem **Aufbau** werden

– summarische (approximate cost table, top-down approach) und

– differenzierte (detailled cost table, bottom-up approach) Kostentabellen

unterschieden (vgl. Yoshikawa u. a. (1993), S. 91 ff.). **Summarische Kostentabellen** geben für jede Ausprägung der Kosteneinflussgrößen die gesamten Kosten des Produktes, der Funktion oder der Komponente an. Zur Anwendung gelangen sie bei der Unterstützung von Entscheidungen über Produktmerkmale in den frühen Phasen des

Produktplanungsprozesses. Erstellt werden sie mit den Verfahren der konstruktionsbegleitenden Kalkulation (vgl. Gleich (1996), S. 50), die im folgenden Abschnitt behandelt werden. In **differenzierten Kostentabellen** werden die Kostenwirkungen von Kosteneinflussgrößen für wichtige Kostenkategorien getrennt ausgewiesen, wie z. B. für die Materialeinzelkosten, die Fertigungskosten, die produktnahen Gemeinkosten sowie die Entwicklungskosten. Erstellt werden sie auf der Grundlage einer Plankostenrechnung für die Unterstützung von Entscheidungen in den späten Phasen des Produktplanungsprozesses, in Beschaffung, Produktion und Vertrieb.

Ein wichtiger **Vorteil** der Kostentabellen ist, dass sie von den Trägern der Entscheidungen und Preisverhandlungen einfach und ohne großen Zeitaufwand ausgewertet werden können. Hinzu kommt, dass beim Erstellen der Kostentabellen Erkenntnisse über die Kosteneinflussgrößen gewonnen werden (vgl. Yoshikawa/Innes/Mitchell (1990), S. 36). Diese lenken die Aufmerksamkeit der Mitarbeiter in den Projekt- und Entwicklungsteams auf die Gestaltungsbereiche, die für die Höhe der Produktkosten kritisch sind (vgl. Scholl (1998), S. 130). **Problematisch** ist jedoch der große Aufwand, der mit der Erstellung und Pflege von Kostentabellen verbunden ist. Yoshikawa u. a. ((1993), S. 104 f.) bemerken dazu, dass in Unternehmungen mit ca. 6000 Mitarbeitern in der Produktion zwei bis drei Mitarbeiter eingesetzt werden müssen, um die Kostentabellen zu erstellen und zu pflegen. Dennoch sind Kostentabellen in der japanischen Unternehmungspraxis weit verbreitet. Eine Befragung ergab, dass nahezu 90 % der Unternehmungen Kostentabellen verwenden (vgl. Tani/Kato (1994), S. 209).

(3) Relativkostenkataloge

Wie die Kostentabellen sind Relativkostenkataloge Datenbanken, die über die Kostenwirkungen der Ausprägungen von Kosteneinflussgrößen auf die Kosten eines Produktes, einer Funktion oder einer Komponente informieren (vgl. Scholl (1998), S. 127). Sie basieren nicht auf absoluten, sondern auf relativen Kostengrößen. Relativkosten dienen dem Vergleich der Kosten technisch gleichwertiger Lösungsalternativen und sollen die Mitarbeiter in den Projekt- und Entwicklungsteams schnell und zuverlässig zur kostengünstigsten Lösungsalternative führen. Relativkosten dienen nur der **Entscheidungsunterstützung**, nicht jedoch der Unterstützung von Preisverhandlungen oder der Schätzung von Produktkosten (vgl. Eberle/Heil (1992), S. 786 f.).

Relativkosten sind die auf die Kosten eines Bezugsobjektes bezogenen Kosten einer Lösungsalternative (vgl. Eberle/Heil (1992), S. 784 ff.):

$$RK_i = \frac{K_i}{K_0}$$

wobei RK_i = Relativkosten der Lösungsalternative,
K_i = Kosten der Lösungsalternative,
K_0 = Kosten des Bezugsobjektes.

Berechnet werden die Relativkosten in der Regel aus den **Herstellkosten** (vgl. Ehrlenspiel (1985), S. 272). Bei dem **Bezugsobjekt** kann es sich um die kostengünstigste oder die am häufigsten verwendete Lösungsalternative handeln. Relativkosten können grundsätzlich für alle Produktmerkmale gebildet werden, über die im Produktplanungsprozess entschieden wird, z. B. für Baugruppen, Gestaltzonen (Werkstückkanten, Bohrungen, Oberflächenbeschaffenheit, Beschichtungen usw.), Werkstoffe und Halbzeuge. Aus Gründen der Wirtschaftlichkeit werden sie jedoch nur für **ausgewählte Produktmerkmale** erstellt, z. B. für Produktmerkmale, die einen hohen Einfluss auf die Produktkosten haben, die in Produkten häufig auftreten oder für die es eine Vielzahl technisch gleichwertiger Alternativen gibt (vgl. Eberle/Heil (1992), S. 786).

Der **Vorteil** relativer gegenüber absoluten Kostenwerten wird darin gesehen, dass sie bei Kostenänderungen seltener aktualisiert werden müssen. Letzteres setzt jedoch voraus, dass die Kosten der Lösungsalternativen und des Bezugsobjektes identische Steigerungsraten aufweisen. Relative Kostenwerte weisen den **Nachteil** auf, dass sie sich zwar für den Alternativenvergleich, nicht jedoch für die Schätzung der Produktkosten eignen.

(4) Grenzstückzahlen

Ein **Grenzstückzahlenkatalog** ist eine Datenbank für die kostenorientierte Auswahl des Verfahrens, nach dem das geplante Produkt hergestellt werden soll. Grenzstückzahlen geben an, ab welcher Produktionsmenge ein bestimmtes Fertigungsverfahren günstiger ist als alternative Fertigungsverfahren (vgl. Ehrlenspiel/Kiewert/Lindemann (2005), S. 217 f.).

Benötigt werden Grenzstückzahlen, wenn zur Herstellung des geplanten Produktes mehrere alternative Fertigungsverfahren zur Verfügung stehen, die sich in ihrer **Kostenstruktur** unterscheiden. Fertigungsverfahren, die hohe variable Stückkosten und geringe Fixkosten verursachen, weisen bei geringen Stückzahlen geringere Gesamtkosten auf als Fertigungsverfahren mit hohen Fixkosten und geringen variablen Stückkosten. Bei hohen Stückzahlen kehrt sich die Vorteilhaftigkeit jedoch um (vgl. 6.18).

(5) Kostenorientierte Konstruktionsrichtlinien

Bei diesem Instrument handelt es sich um Aussagen über den wahrscheinlichen Zusammenhang zwischen den Produktkosten und den Ausprägungen von Produktmerkmalen oder Aktivitäten. Teilweise nennen sie auch die Randbedingungen, unter denen dieser Zusammenhang wahrscheinlich gilt. Sie geben Erfahrungen wieder, die in verschiedenen Unternehmungsbereichen gesammelt worden sind. Sie weisen in der Regel nur auf die **Richtung der Lösungssuche** hin und enthalten keine Lösungsvorschläge. Es handelt sich dabei um verbale Formulierungen, die z. B. durch Gut/Schlecht-Beispiele verdeutlicht oder durch überschlägige quantitative Aussagen ergänzt werden (vgl. Ehrlenspiel (1985), S. 267 f.). Abb. 6.19 nennt Beispiele für kostenorientierte Konstruktionsrichtlinien (vgl. Ehrlenspiel (1985), S. 269). Mit den kostenorientierten Konstruktionsrichtlinien können die Ermittlung der minimalen Produkt- und Funktionenkosten durch Aufdeckung von Kostensenkungspotentialen sowie das Generieren von Lösungsideen im Konstruktionsprozess unterstützt werden.

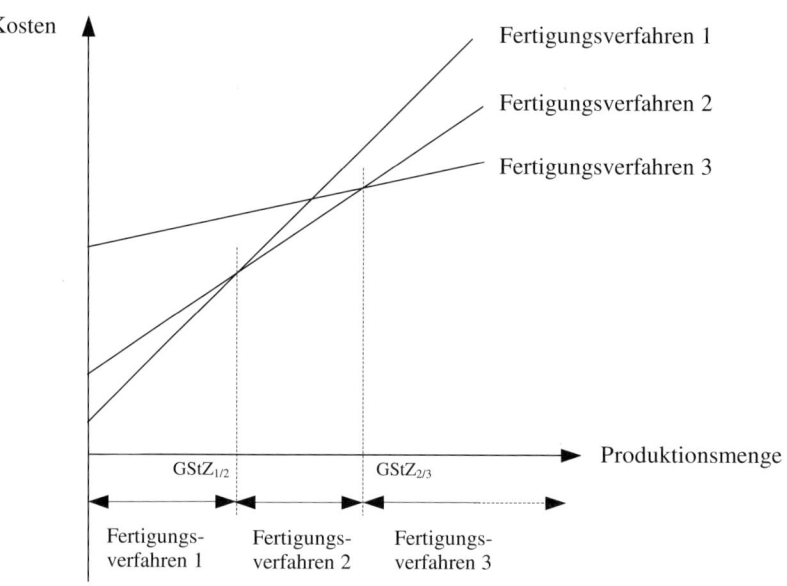

Abb. 6.18: Grenzstückzahlen

Beispiele für Richtlinien	Herkunft der Richtlinie
Eine unklare Aufgabenstellung erhöht die Entwicklungskosten.	Produktplanung
Wälzlager, die in PKWs eingesetzt werden, sind besonders preisgünstig.	Einkauf
Zahnräder können bis Qualität 7 kostengünstig gefräst werden. Höhere Qualität verursacht deutlich höhere Kosten.	Produktion

Abb. 6.19: Beispiele für kostenorientierte Konstruktionsrichtlinien

6.2.4.3 Instrumente der Produktkostenkontrolle

Die Produktkostenkontrolle wird **konstruktionsbegleitend**, d. h. parallel zum Konstruktionsprozess durchgeführt, indem die Wird-Produktkosten des geplanten Produktes, seiner Funktionen und Komponenten mit den originären und derivativen Produktkostenvorgaben zu mehreren Zeitpunkten verglichen werden. Für die Produktkostenkontrolle sind deshalb zu mehreren Zeitpunkten während des Konstruktionsprozesses die Wird-Produktkosten des geplanten Produktes, seiner Funktionen und Komponenten zu ermitteln (vgl. Kato/Böer/Chow (1995), S. 39).

Zur Berechnung der Kosten eines Produktes werden bei Einsatz differenzierter Kalkulationsverfahren (Zuschlags-, Maschinenstundensatz- oder Bezugsgrößenkalkulation) Informationen aus den Stücklisten (Materialverbrauch) und Arbeitsplänen (Maschinen- und Fertigungsstunden) des Produktes benötigt. Diese Unterlagen werden jedoch erst zum Ende des Konstruktionsprozesses bzw. während der sich anschließenden Fertigungsvorbereitung erstellt. Mit den Kalkulationsverfahren der Kostenrechnung können deshalb nur die Kosten vollständig definierter Produkte ermittelt werden. Da die **Produkte** während des Konstruktionsprozesses **nicht vollständig definiert** sind, werden für die Produktkostenkontrolle Verfahren der konstruktionsbegleitenden Kalkulation benötigt. Diese Verfahren ermitteln die Produktkosten nicht aus den Daten der Stücklisten und Arbeitspläne, sondern aus Angaben zu Produktmerkmalen, die Produktentwürfen und Prototypen entnommen werden können, wie z. B. Funktionen, Abmessungen, Gewicht und Gestaltzonen (vgl. Friedl (2002), Sp. 969 f.).

> Die **konstruktionsbegleitende Kalkulation** ermittelt die Produktkosten eines geplanten Produktes auf der Grundlage von Daten aus den Produktentwürfen und den Prototypen, die während des Konstruktionsprozesses erstellt werden.

Der Einsatz differenzierter Verfahren der konstruktionsbegleitenden Kalkulation ist ein Schlüsselfaktor für den Erfolg der kostenorientierten Produktplanung (vgl. Kim u. a. (2002), S. 613). Neben der Produktkostenkontrolle zählen zu den **Rechnungszielen** der konstruktionsbegleitenden Kalkulation im Prozess der kostenorientierten Produktplanung auch

– die Ermittlung der geschätzten Produkt-, Funktionen- und Komponentenkosten im Prozess der Planung originärer und derivativer Produktkostenvorgaben und

– die Bereitstellung von Informationen für die Bewertung von Lösungsalternativen im Prozess der kostenorientierten Konstruktion

(vgl. Yoshikawa u. a. (1993), S. 44 ff.). Weiterhin können die Verfahren der konstruktionsbegleitenden Konstruktion auch zur Prognose von Kosten für Zwecke der langfristigen Fertigungsvorbereitung herangezogen werden. Zu diesen Zwecken zählen die Bereitstellung von Informationen über die relevanten Kosten für Entscheidungen zwischen Eigenfertigung und Fremdbezug sowie zur Beurteilung von Kostenvoranschlägen der Lieferanten (vgl. Scholl (1998), S. 29).

Ansätze der konstruktionsbegleitenden Kalkulation zur Unterstützung der Produktkostenkontrolle umfassen die folgenden vier **Komponenten**:

- das Kalkulationsschema,
- die Prognose- und Schätzverfahren,
- die Flexibilisierungsregeln sowie
- die Datenbasis.

(1) Kalkulationsschema

Die konstruktionsbegleitende Kalkulation kann folgenden **Prinzipien** folgen (vgl. Stewart (1991), S. 6):

- dem Top-down-Prinzip und
- dem Bottom-up-Prinzip.

Bei der konstruktionsbegleitenden Kalkulation nach dem **Top-down-Prinzip** werden die Produktkosten des geplanten Produktes ermittelt, indem die Ist-Kosten von Ist-Produkten für die Ausprägungen von Produktmerkmalen des geplanten Produktes, wie z. B. Größe, Gewicht oder Leistung, fortgeschrieben werden.

> **Ist-Produkte** sind vollständig definierte Produkte im Marktzyklus, zu denen Informationen über die Produktkosten vorliegen.

Nach diesem Prinzip wird die konstruktionsbegleitende Kalkulation in den frühen Phasen des Produktplanungsprozesses vollzogen, in denen der Detaillierungsgrad des Produktentwurfs keine differenziertere Prognose der Produktkosten zulässt. Die Produktkosten werden summarisch geschätzt, so dass kein Kalkulationsschema erforderlich ist.

Gelangt das **Bottom-up-Prinzip** zur Anwendung, folgt die konstruktionsbegleitende Kalkulation dem Schema der traditionellen Kostenträgerstückrechnung, z. B. dem der Zuschlags-, Maschinenstundensatz- oder Bezugsgrößenkalkulation. Für die Kalkulation der **Materialeinzelkosten** und der **Fertigungslöhne** des geplanten Produktes werden der nach Materialarten und Lohngruppen differenzierte Material- und Arbeitszeitbedarf prognostiziert bzw. geschätzt und anschließend mit den erwarteten Preisen bzw. Lohnsätzen bewertet. Die **Fertigungsgemeinkosten** werden über Kalkulationsbezugsgrößen auf die Produkte verrechnet, die Maschinen- und Fertigungszeiten in den Kostenstellen zum Inhalt haben. Für die konstruktionsbegleitende Kalkulation werden die Maschinen- und Fertigungszeiten prognostiziert bzw. geschätzt und mit den Verrechnungssätzen aus der Kostenstellenrechnung multipliziert, um zu den auf das geplante Produkt entfallenden Fertigungsgemeinkosten zu gelangen.

Die sonstigen **produktnahen Gemeinkosten**, wie z. B. die Materialgemeinkosten, werden in der traditionellen Kostenträgerstückrechnung proportional zu monetären Bezugsgrößen auf die Produkte verrechnet. Beispiele für diese Bezugsgrößen sind die Materialeinzelkosten, die Fertigungslöhne und die Herstellkosten. Bei diesem Vorgehen wird unterstellt, dass die produktnahen Gemeinkosten von denselben Produktmerkmalen abhängen wie die Kosten, zu denen sie proportional verrechnet werden. Die Materialgemeinkosten beispielsweise werden proportional zu den Materialeinzelkosten auf die Produkte verrechnet. Sie sind jedoch anders als die Materialeinzelkosten nicht von den Abmessungen, der Oberflächenbeschaffenheit, der Beschichtung usw. abhängig. Einflussgrößen auf die Materialgemeinkosten sind vielmehr Produktmerkmale, die den Umfang der Beschaffungsaktivitäten bestimmen, wie z. B. die Anzahl der zu beschaffenden Materialarten, Einzelteile und Baugruppen, der Anteil der Normteile und der Gleichteile an den zu beschaffenden Einsatzgütern. Bei Verrechnung der produktnahen Gemeinkosten über monetäre Bezugsgrößen kann ihre Abhängigkeit von den Gestaltungsentscheidungen über die Produktmerkmale nicht erfasst werden (vgl. Friedl (2002), Sp. 974). Für die Zwecke der Produktkostenkontrolle sollten die produktnahen Gemeinkosten deshalb nicht über monetäre Bezugsgrößen auf die Produkte verrechnet werden, sondern über die Produktmerkmale, von denen sie abhängig sind.

Das Kalkulationsschema in Abb. 6.20 veranschaulicht die **Struktur der konstruktionsbegleitenden Kalkulation** nach dem Bottom-up-Prinzip. Sie erfordert detaillierte Informationen über das geplante Produkt und seine Produktionsstruktur. Diese Informationen liegen erst in späteren Phasen des Produktplanungsprozesses vor. Die Produktkosten eines geplanten Produktes können deshalb erst in den letzten Phasen des Produktplanungsprozesses nach dem Bottom-up-Prinzip ermittelt werden.

	Materialeinzelkosten	$\sum_{n=1}^{N} q_{ni} \cdot r_{ni}$
+	Produktnahe Materialgemeinkosten	$k_{ET} \cdot ET_i$
=	Materialbezogene Produktkosten	
+	Fertigungszeitabhängige Fertigungskosten der Fertigungsstelle A	$k_A \cdot FZ_{Ai}$
+	Maschinenzeitabhängige Fertigungskosten der Fertigungsstelle B	$k_B \cdot MZ_{Bi}$
+	Maschinenzeitabhängige Fertigungskosten der Fertigungsstelle C	$k_C \cdot MZ_{Ci}$
=	Fertigungskosten	
+	Produktnahe Restgemeinkosten	$k_{VT} \cdot VT_i$
=	Produktkosten	

Mengengrößen: r_{ni} = Verbrauch der Materialart n für eine Einheit des Produktes i, VT_i = Anzahl der Variantenteile in Produkt i, ET_i = Anzahl der Einkaufsteile in Produkt i;
Verrechnungssätze aus der Kostenrechnung: k_A = Kosten einer Fertigungsminute in Kostenstelle A, k_B (k_C) = Kosten einer Maschinenminute in Kostenstelle B (C), k_{ET} = produktnahe Gemeinkosten eines Einkaufsteils, k_{VT} = produktnahe Gemeinkosten eines Variantenteils;
Zeitgrößen: FZ_{Ai} = Fertigungszeit zur Bearbeitung einer Einheit des Produktes i in Kostenstelle A, MZ_{Bi} (MZ_{Ci}) = Maschinenzeit zur Bearbeitung einer Einheit des Produktes i in Kostenstelle B (C);
Sonstige Größen: q_n = Preis der Materialart n (n = 1, ..., N).

Abb. 6.20: Konstruktionsbegleitende Kalkulation nach dem Bottom-up-Prinzip

(2) Prognose- und Schätzverfahren

Um die Produktkosten aus den Daten des Produktentwurfs oder eines Prototyps bestimmen zu können, werden Prognose- oder Schätzverfahren benötigt.

> **Prognose- bzw. Schätzverfahren** geben die Daten über das geplante Produkt, die bei der Ermittlung der Höhe seiner Produktkosten oder einer anderen Prognosegröße (Mengen- oder Zeitgröße) auszuwerten sind, sowie die Methode zur Auswertung dieser Daten vor.

Prognose- und Schätzverfahren werden nach ihrer theoretischen Fundierung abgegrenzt. Mit **Schätzverfahren** werden die Produktkosten ohne Rückgriff auf einen naturwissenschaftlich-technisch oder statistisch begründeten Zusammenhang zwischen den Produktkosten und den sie beeinflussenden Produktmerkmalen ermittelt. Sie basieren auf Erfahrungen des Schätzers mit ähnlichen Situationen und sind damit weitgehend personengebunden (vgl. Ehrlenspiel/Kiewert/Lindemann (2005), S. 451 ff.). **Prognoseverfahren** nutzen dagegen einen naturwissenschaftlich-technisch oder einen statistisch begründeten Zusammenhang zwischen den Produktkosten und den Produktmerkmalen.

Es ist eine Vielzahl von Prognose- und Schätzverfahren zur konstruktionsbegleitenden Kalkulation vorgeschlagen worden, die hinsichtlich der folgenden drei Merkmale beschrieben werden können:

– Prognose- und Schätzgröße,

– Art der auszuwertenden Daten sowie

– Methode zur Auswertung der Daten.

Nach der **Prognose- bzw. Schätzgröße** werden

– die Verfahren zur Kostenermittlung sowie

– die Verfahren zur Mengen- und Zeitermittlung

unterschieden. Mit den Verfahren der **Kostenermittlung** werden die Produktkosten bzw. einzelne Kategorien der Produktkosten prognostiziert bzw. geschätzt. Verfahren der **Mengen- und Zeitermittlung** gelangen bei der konstruktionsbegleitenden Kalkulation nach dem Bottom-up-Prinzip zur Anwendung. Mit diesen Verfahren werden der Materialverbrauch, die erforderlichen Arbeitszeiten sowie die Ausprägungen der Kalkulationsbezugsgrößen (z. B. Maschinen- und Fertigungszeiten) des geplanten Produktes prognostiziert bzw. geschätzt. Um zu den Produktkosten zu gelangen, wird die prognostizierte bzw. geschätzte Mengen- bzw. Zeitgröße mit dem zugehörigen Preis, Lohnsatz oder Verrechnungssatz multipliziert.

Wird die **Art der berücksichtigten Produktmerkmale** als Abgrenzungskriterium verwendet, kann zwischen

- funktionsorientierten Verfahren,
- Kurzkalkulationen und
- fertigungsorientierten Verfahren

differenziert werden. **Funktionsorientierte** Verfahren schätzen die Produktkosten auf der Grundlage geplanter Funktionen. Ausgewertet werden die produktbezogenen Funktionen, über die in der Produktkonzeptplanung entschieden wird. Benötigt werden diese Verfahren zur Ermittlung der geschätzten Produktkosten für die Planung der originären Produktkostenvorgaben sowie für Entscheidungen über die produktbezogenen Funktionen in der Produktkonzeptplanung.

> Die **Kurzkalkulationen** berücksichtigen ausschließlich Produktmerkmale, über die während der Konstruktion entschieden wird, wie z. B. die Lösungsprinzipien, die Wirkbewegungen und Wirkflächen, die geometrischen Merkmale, die Oberflächenbeschaffenheit und die Werkstoffe (vgl. VDI (1987), S. 31).

Fertigungsorientierte Verfahren werten zusätzlich auch fertigungstechnische Produktmerkmale aus, über die während der Fertigungsplanung entschieden wird, wie z. B. eingesetzte Maschinen, Werkzeuge, Vorrichtungen, Arbeitsfolgen und Maschineneinstellungen (Schnittgeschwindigkeit und -tiefe, Spindeldrehzahl usw.).

Zur **Auswertung der Daten** für die konstruktionsbegleitende Kalkulation ist eine Vielzahl verschiedener Methoden vorgeschlagen worden. Abb. 6.21 gibt einen Überblick über diese Methoden.

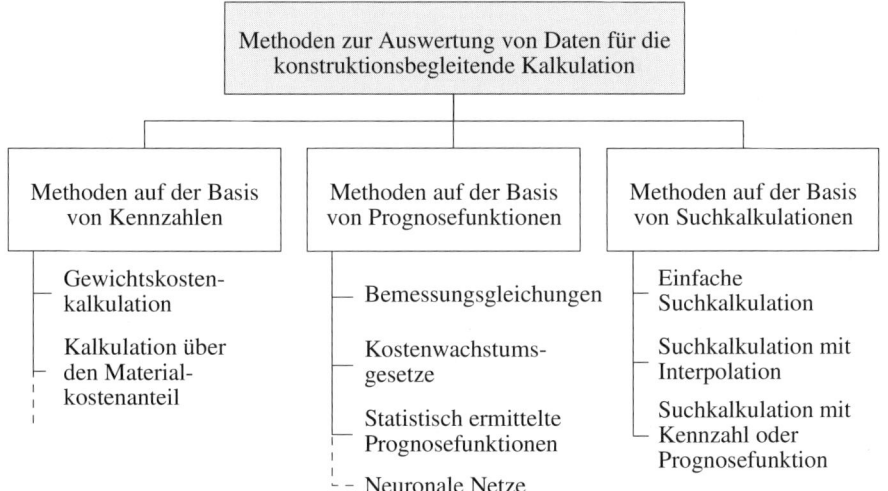

Abb. 6.21: Methoden zur Datenauswertung

Methoden auf der Basis von **Kennzahlen** werten zur Schätzung der Wird-Produkt-kosten nur die Informationen über ein einzelnes Merkmal des geplanten Produktes aus. Ermittelt werden die Wird-Produktkosten, indem die Ausprägung dieses Produktmerkmals beim geplanten Produkt mit einer Kennzahl multipliziert wird, welche die Produktkosten pro Maßeinheit dieses Produktmerkmals angibt. Als Beispiele für diese Methoden können die Gewichtskostenkalkulation und die Kalkulation über den Materialkostenanteil genannt werden. Bei der **Gewichtskostenkalkulation** werden als Kennzahl die Produktkosten pro Gewichtseinheit verwendet. Zur Berechnung dieser Kennzahl werden die Daten eines gleichartigen Ist-Produktes ausgewertet, d. h. von Ist-Produkten mit gleicher Konstruktion und Fertigung, mit gleichen Materialien und Stückzahlen. Die Wird-Produktkosten des geplanten Produktes i werden mit Hilfe dieser Kennzahl wie folgt bestimmt:

$$PK_i = g_i \cdot \frac{PK_0}{g_0},$$

wobei PK_i = Wird-Produktkosten des geplanten Produktes i,
$\quad\quad g_i$ = Gewicht des geplanten Produktes i,
$\quad\quad 0$ = Index des Bezugsproduktes.

Für die **Kalkulation über den Materialkostenanteil** wird dagegen der Quotient aus den Produktkosten und den Materialeinzelkosten des Ist-Produktes mit weitgehend übereinstimmendem Verhältnis zwischen Material- und Fertigungskosten als Kennzahl verwendet (vgl. Ehrlenspiel/Kiewert/Lindemann (2005), S. 454 ff.):

$$PK_i = MEK_i \cdot \frac{PK_0}{MEK_0},$$

wobei MEK_i = Materialeinzelkosten des geplanten Produktes i.

Methoden auf der Basis von Prognosefunktionen liegt eine ein- oder mehrvariablige Funktion zugrunde, die den Zusammenhang zwischen den Produktkosten, Mengen- oder Zeitgrößen und den sie beeinflussenden Produktmerkmalen abbildet. Nach der Begründung dieses Zusammenhangs können drei Typen von Prognosefunktionen unterschieden werden:

– die Bemessungsgleichungen,

– die Kostenwachstumsgesetze sowie

– die statistisch ermittelten Prognosefunktionen.

Eine **Bemessungsgleichung** ist eine technisch begründete mehrvariablige Prognose-funktion, die für eine bestimmte Produktkomponente die Gesetzmäßigkeiten zwischen der Prognosegröße und den Kosten beeinflussenden Produktmerkmalen abbildet. Bemessungsgleichungen sind sowohl für die Prognose der Produktkosten als auch der Mengen- und Zeitgrößen entwickelt worden. Sie zählen zu den Kurzkalkulationen, da sie ausschließlich Produktmerkmale als unabhängige Variable berücksichtigen, über die während des Konstruktionsprozesses entschieden wird (vgl. Ehrlenspiel/Kiewert/ Lindemann (2005), S. 458).

Wird bei Baureihen oder Varianten ausgehend von einem Grundprodukt ein größeres oder kleineres Folgeprodukt konstruiert, können zur Prognose der Produktkosten des Folgeproduktes Kostenwachstumsgesetze verwendet werden. Prognostiziert werden mit Kostenwachstumsgesetzen die größenabhängigen Bestandteile der Produktkosten, das sind insbesondere die Materialeinzelkosten, die Fertigungs- und Maschinenstunden bzw. die von diesen Zeitgrößen abhängigen Fertigungsgemeinkosten. **Kostenwachstumsgesetze** bilden die gesetzmäßigen Beziehungen zwischen den Kosten beim Folgeprodukt und den Kosten beim Grundprodukt in Abhängigkeit von den Wachstumsquotienten der berücksichtigten Größenmerkmale (z. B. Höhe, Länge, Breite) ab. Der Wachstumsquotient eines Größenmerkmals ist definiert als Verhältnis seiner Ausprägungen beim Folge- und Grundprodukt:

$$\varphi_{mj} = \frac{m_j}{m_0},$$

wobei φ_{mj} = Wachstumsquotient des Größenmerkmals m für das Folgeprodukt j,
m_j = Ausprägung des Größenmerkmals m beim Folgeprodukt j,
m_0 = Ausprägung des Größenmerkmals m beim Grundprodukt.

Unterscheidet sich das Folgeprodukt vom Grundprodukt in drei Größenmerkmalen, so weist das Kostenwachstumsgesetz der zu prognostizierenden Größe G_j die folgende Struktur auf:

$$G_j = G_0 \cdot \varphi_{1j}^{e_1} \cdot \varphi_{2j}^{e_2} \cdot \varphi_{3j}^{e_3},$$

wobei G_j = Materialeinzelkosten, Fertigungs- oder Maschinenstunden beim Folgeprodukt j,
G_0 = Ausprägung dieser Größe beim Grundprodukt.

Über die Exponenten der Wachstumsquotienten e_i (i = 1, 2, 3) wird die Stärke der Kostenänderung bei einer Änderung des jeweiligen Produktmerkmals berücksichtigt. Sie bilden die für eine Baureihe spezifischen Parameter des Kostenwachstumsgesetzes. Sie werden aus technischen Bestimmungsgleichungen abgeleitet oder durch die statistische Auswertung von Daten der betrachteten Baureihe ermittelt (vgl. Pahl/Rieg (1984), S. 40 ff.; Diels (1988), S. 31 ff.).

Der Anwendungsbereich von Bemessungsgleichungen ist auf die naturwissenschaftlich-technischen Zusammenhänge begrenzt, der von Kostenwachstumsgesetzen auf Baureihen. Statistisch ermittelte Prognosefunktionen können für jede beliebige Komponente hergeleitet werden, sofern Datensätzen zu ähnlichen Ist-Komponenten in ausreichender Zahl vorliegen. Mit **statistischen Methoden**, wie z. B. der Regressionsanalyse, werden aus diesen Datensätzen zum einen die Haupteinflussgrößen auf die Produktkosten bestimmt und die Parameter der Prognosefunktion für das durch den

Datensatz begrenzte Komponentenspektrum berechnet. Mit dieser Prognosefunktion lassen sich anschließend die Produktkosten einer geplanten Komponente berechnen, die innerhalb des erfassten Komponentenspektrums liegt (vgl. Stewart (1995), S. 18). An die Stelle einer statistisch ermittelten Prognosefunktion kann auch ein **Neuronales Netz** treten, das mit den Daten ähnlicher Ist-Produkte trainiert worden ist (vgl. Becker (1996), S. 50 ff.). Um zu akzeptablen Prognosewerten zu gelangen, muss das Neuronale Netz mit den Datensätzen einer großen Zahl von Ist-Produkten trainiert werden. In bekannten Testanwendungen wurden mindestens 50 Datensätze benötigt. Die hohen Anforderungen an die Datenbasis grenzen den Einsatzbereich der Neuronalen Netze in der Unternehmungspraxis erheblich ein (vgl. Scholl (1998), S. 35).

Bei Anwendung einer Methode der **Suchkalkulation** werden aus der Menge der Ist-Produkte diejenigen ausgewählt, die dem geplanten Produkt in den Kosten beeinflussenden Produktmerkmalen am ähnlichsten sind. Bei der einfachsten Variante der Suchkalkulation werden die Produktkosten desjenigen Produktes als Wird-Produktkosten übernommen, das dem geplanten Produkt am ähnlichsten ist. Die Wird-Produktkosten des geplanten Produktes können aber auch aus den Produktkosten mehrerer ähnlicher Ist-Produkte durch Interpolation ermittelt werden. Schließlich ist es auch möglich, die Daten der ähnlichsten Ist-Produkte zu nutzen, um eine Kennzahl oder eine Prognosefunktion zu berechnen, um daraus die Produktkosten des geplanten Produktes zu berechnen (vgl. Kiewert (1990), S. 360 ff.).

(3) Flexibilisierungsregeln

Während des Konstruktionsprozesses nehmen der **Umfang und die Qualität der Daten** über die Kosten beeinflussenden Produktmerkmale des geplanten Produktes kontinuierlich zu. In die Ermittlung der Produktkosten zu verschiedenen Kontrollzeitpunkten muss dieser Datenzuwachs stets einbezogen werden. Ein Prognose- bzw. Schätzverfahren kann jedoch grundsätzlich nur zu dem Zeitpunkt während des Konstruktionsprozesses eingesetzt werden, zu dem über die Ausprägungen der von ihm ausgewerteten Produktmerkmale entschieden worden ist. Vor diesem Zeitpunkt liegen die zur Prognose bzw. Schätzung erforderlichen Werte nicht vor, danach kann ein weiterer Datenzuwachs nicht mehr einbezogen werden.

Beispiel 6.7: Flexibilisierungsregel

Nachfolgende Tabelle zeigt, über welche kostenverursachenden Produktmerkmale in den verschiedenen Phasen des Konstruktionsprozesses entschieden wird. Mit einem Prognose- bzw. Schätzverfahren, das die Produktmerkmale m_1, m_2, m_3, m_4 und m_5 berücksichtigt, können die Produktkosten nur in der Phase des Entwerfens prognostiziert bzw. geschätzt werden. Der Einsatz dieses Verfahrens in der Phase des Ausarbeitens führt zu Produktkostenprognosen bzw. -schätzungen in unveränderter Höhe und damit zu keinem Informationszuwachs.

Konzipieren	m_1, m_2, m_3
Entwerfen	m_4, m_5
Ausarbeiten	m_6, m_7, m_8, m_9

> Die **Flexibilisierungsregeln** der konstruktionsbegleitenden Kalkulation legen fest, wie der Datenzuwachs zwischen zwei Kalkulationszeitpunkten in die Prognose bzw. Schätzung der Produktkosten einbezogen werden soll.

Der Umgang mit dem Datenzuwachs während des Konstruktionsprozesses kann **zwei Prinzipien** folgen:

- der Verwendung eines mehrvariabligen Prognose- bzw. Schätzverfahrens unter Einbeziehung vorläufiger Werte oder
- der Verwendung mehrerer Prognose- oder Schätzverfahren.

Das erste Prinzip setzt ein **mehrvariabliges Prognose- bzw. Schätzverfahren** voraus, das Produktmerkmale auswertet, über die in verschiedenen Phasen des Konstruktionsprozesses entschieden wird. Um mit diesem Verfahren die Produktkosten bereits in Phasen des Konstruktionsprozesses ermitteln zu können, in denen noch nicht alle der berücksichtigten Produktmerkmale festgelegt sind, werden für die noch unbestimmten Produktmerkmale vorläufige Werte eingesetzt. Mit zunehmendem Detaillierungsgrad des Produktentwurfs werden die vorläufigen durch die endgültigen Werte ersetzt. Als **vorläufige Werte** werden verwendet (vgl. Pickel (1989), S. 89 ff.):

- Ausprägungen, die aus bekannten Werten anderer Produktmerkmale des geplanten Produktes geschätzt werden,
- Ausprägungen der Produktmerkmale bei einem ähnlichen Ist-Produkt oder
- Ausprägungen, die besonders häufig auftreten.

Beim zweiten Prinzip für den Umgang mit dem Datenzuwachs werden die Produktkosten in jedem Kontrollzeitpunkt mit einem anderen Verfahren prognostiziert bzw. geschätzt. Benötigt werden damit **mehrere Prognose- bzw. Schätzverfahren**, die sich in Art und Anzahl der berücksichtigten Produktmerkmale unterscheiden.

(4) Datenbasis

Die Datenbasis stellt die Daten für die folgenden **Arbeitsschritte** im Zusammenhang mit der **konstruktionsbegleitenden Kalkulation** bereit:

- Bestimmen der Ist-Produkte, die dem geplanten Produkt in den Kosten beeinflussenden Produktmerkmalen am ähnlichsten sind,
- Berechnen von Kennzahlen und Prognosefunktionen bzw. Trainieren von Neuronalen Netzen,
- Ermitteln vorläufiger Werte für die Produktmerkmale sowie
- Anwenden der Schätz- bzw. Prognoseverfahren.

Abb. 6.22 gibt einen Überblick über den **Informationsbedarf** bei jedem dieser Arbeitsschritte. Die statistische Ermittlung einer Prognose- oder Schätzfunktion und das Trainieren von Neuronalen Netzen setzen voraus, dass die auszuwertenden Kostendaten der ähnlichen Komponenten nicht unverändert der Ist-Kostenrechnung entnommen werden, sondern an die Bedingungen angepasst werden, unter denen das geplante Produkt produziert werden soll (vgl. Stewart (1995), S. 18). Neben Daten zu den Ausprägungen der Kosten beeinflussenden Produktmerkmale der Ist-Produkte, sind es deshalb vor allem Informationen über die erwarteten Produktkosten der Ist-Produkte, die für die konstruktionsbegleitende Kalkulation benötigt werden.

> Die **erwarteten Produktkosten** eines Ist-Produktes markieren das Niveau seiner Produktkosten bei Fertigung unter den Bedingungen, unter denen das geplante Produkt hergestellt werden soll.

Aktivitäten bei der konstruktionsbegleitenden Kalkulation	Informationsbedarf
(1) Bestimmen ähnlicher Ist-Produkte	Ausprägungen der Kosten beeinflussenden Produktmerkmale der Ist-Produkte
(2) Berechnen der Kennzahlen und Prognosefunktionen	– Ausprägungen der Kosten beeinflussenden Produktmerkmale der Ist-Produkte – Erwartete Produktkosten der Ist-Produkte
(3) Ermitteln vorläufiger Werte für Produktmerkmale	Ausprägungen der Kosten beeinflussenden Produktmerkmale der Ist-Produkte
(4) Anwenden der Schätz- und Prognoseverfahren	– Erwartete Produktkosten der Ist-Produkte (Suchkalkulation) – Informationen aus der Kostenrechnung für die konstruktionsbegleitende Kalkulation nach dem Bottom-up-Prinzip • Erwartete Preise der Rohstoffe, Bauteile und Baugruppen • Erwartete Lohnsätze • Gemeinkostenverrechnungssätze

Abb. 6.22: Informationsbedarf der konstruktionsbegleitenden Kalkulation

Die Kostenrechnung der Unternehmung ist aus zwei Gründen nicht für die Berechnung der erwarteten Produktkosten der Ist-Produkte geeignet: Zum einen werden die produktnahen Gemeinkosten und andere Bestandteile der Produktkosten nicht getrennt ausgewiesen. Zudem bilden sie die aktuellen Produktionsbedingungen ab. Erforderlich ist eine **Plankostenrechnung** mit differenziertem Ausweis aller Bestandteile der Produktkosten auf der Basis der Einsatzgüterpreise, Lohn- und Gehaltssätze der Planperiode sowie der geplanten Maßnahmen zur Anpassung der Betriebsmittelausstattung und der Produktionsstruktur. Dieser Plankostenrechnung können auch die Gemeinkostenverrechnungssätze für die konstruktionsbegleitende Kalkulation nach dem Bottom-up-Prinzip entnommen werden.

Die Planung des Prozesses zur Fertigung des geplanten Produktes setzt detaillierte Produktentwürfe und Prototypen voraus. In den frühen Phasen des Produktplanungsprozesses können die erwarteten Produktkosten der Ist-Produkte deshalb nur für die **aktuellen Produktionsbedingungen** kalkuliert werden. Damit können auch nur die Produktkosten prognostiziert werden, die bei der Fertigung des geplanten Produktes unter den gegenwärtigen Produktionsbedingungen anfallen würden.

6.2.5 Beeinflussung des Verhaltens der Beteiligten

6.2.5.1 Notwendigkeit der Verhaltensbeeinflussung

Es wird gefordert, die Produktkostenvorgaben in einer Höhe festzulegen, die nur unter großen Anstrengungen der **Beteiligten** erreicht werden kann (vgl. z. B. Yoshikawa u. a. (1993), S. 38). An der kostenorientierten Produktplanung beteiligt sind

– die Mitglieder der Entwicklungsteams,

– der Produktmanager und

– die Mitglieder des Projektteams.

An diese drei Personengruppen werden im Prozess der kostenorientierten Produktplanung unterschiedliche Anforderungen gestellt. Notwendig ist deshalb eine nach den verschiedenen Personengruppen **differenzierte Verhaltensbeeinflussung**.

(1) Beeinflussung der Mitglieder der Entwicklungsteams

Aufgaben der Entwicklungsteams sind

– die Erarbeitung von Vorschlägen zur Steigerung des Produktwertes für die Planung der Produktkostenvorgaben und für Wertanalyse-Projekte sowie

– die Umsetzung der erarbeiteten Vorschläge in einen Produktentwurf.

Die **Erarbeitung von Vorschlägen** zur Produktwertsteigerung verlangt das Finden innovativer und für das Problem verwertbarer Lösungen, d. h. Kreativität (vgl. Abschnitt 9.2). Die Verhaltensbeeinflussung sollte deshalb darauf zielen, die **Kreativität** der für diese Aufgabe verantwortlichen Mitarbeiter zu fördern. Hierzu sind Kreativitätsbarrieren abzubauen (vgl. Kroy (1984), S. 71; Jehle (1986), S. 95 ff.). Der **Abbau von Kreativitätsbarrieren** liegt im Gestaltungsbereich des Produktmanagers und des Projektteams.

Als **Kreativitätsbarrieren** können fehlende Fachkenntnisse und mangelnde kreativitätsrelevante Fertigkeiten der Mitarbeiter sowie ein ungünstiges Arbeitsumfeld wirken (vgl. Abschnitt 1.2.3.1).

Bei der **Umsetzung der Lösungsvorschläge** in Produktentwürfe dominiert problemorientiertes, methodisch-systematisches Vorgehen. Diese Aufgabe stellt keine höheren Anforderungen an die Kreativität der Mitarbeiter. Das Verhalten der Mitarbeiter, die in Entwicklungsteams Lösungsvorschläge umsetzen, ist deshalb vor allem so zu beeinflussen, dass sie ihre Entscheidungen über die Produktmerkmale am Produktwertziel ausrichten. Diesem wertzielorientierten Entscheidungsverhalten stehen

– Wissensbarrieren und
– Willensbarrieren

entgegen. **Wissensbarrieren** sind fehlende Kenntnisse der Mitarbeiter über die kostenverursachenden Produktmerkmale, unzureichende Informationen über die Kostenwirkungen getroffener Entscheidungen oder über die Ursachen der Abweichungen von den Produktkostenvorgaben. **Willensbarrieren** treten auf, wenn

– Interessenkonflikte bestehen oder
– Informationen asymmetrisch verteilt sind.

Für die Produktplanung typisch sind **Interessenkonflikte** aufgrund subjektiver Präferenzen (vgl. Abschnitt 1.2.3.2), da sich Mitarbeiter in den Entwicklungsabteilungen vorrangig dem Streben nach Erkenntnis verpflichtet fühlen, der technischen Perfektion den Vorrang vor ökonomischer Erfordernis geben und nach Autonomie und Unabhängigkeit streben (vgl. Kern/Schröder (1992), Sp. 628 f.). Durch ihre ingenieur- oder naturwissenschaftliche Ausbildung sowie die zunehmende Spezialisierung bei der Gestaltung komplexer Produkte verfügen die Mitarbeiter in den Entwicklungsteams über **Informationsvorteile** gegenüber Produktmanager und Projektteam, so dass sie über Freiräume verfügen, um ihre individuellen Interessen zu verfolgen (vgl. Riegler (2000), S. 254). Diese Freiräume können folgende Konsequenzen haben (vgl. Riegler (1996), S. 87):

– die unvollständige oder nicht wahrheitsgemäße Berichterstattung gegenüber Produktmanager und Projektteam oder
– die Erarbeitung suboptimaler Lösungen.

Eine an den individuellen Präferenzen ausgerichtete **Berichterstattung** kann in einer Überschätzung der Bedeutung von Produktmerkmalen für den Kunden oder einer zu vorsichtigen Einschätzung der Kostensenkungspotentiale bestehen. Beide Verhaltensweisen führen zu Produktkostenvorgaben, die über den erfolgszielkonformen Produktkostenvorgaben liegen (in Anlehnung an Mitlacher/Mitlacher (2003), S. 279).

Suboptimale Lösungen treten u. a. in der Form von Overengineering auf, bei dem das Produkt Merkmale aufweist, die keine Bedürfnisse der Kunden befriedigen (vgl. Mitlacher/Mitlacher (2003), S. 279). Da diese Merkmale zusätzliche Produktkosten verursachen, vermindern sie den Wert des Produktes. Darüber hinaus verlängert sich die Entwicklungszeit und die Entwicklungskosten steigen. Suboptimale Lösungen können aber auch durch einen unzureichenden Arbeitseinsatz der Entwicklungsteams begründet sein. Dieser kann sich in einem zu frühen Abbruch der Suche nach werterhöhenden Lösungen oder zu geringer Sorgfalt bei der Suche und Auswertung von Informationen äußern.

(2) Beeinflussung der Produktmanager und Projektteams

Aufgabe des Produktmanagers und des Projektteams ist vor allem das Projektmanagement. Es stellt keine hohen Anforderungen an die Kreativität. Zur Erreichung der Unternehmungsziele verlangt es vielmehr große **Anstrengungen**, die auf folgende, für die kostenorientierte Produktplanung zentralen Aspekte auszurichten sind:

– die Planung, Durchsetzung und Kontrolle erfolgszielorientierter Produktwertziele in der Form von Vorgaben zu den produktbezogenen Funktionen und den Produktkosten sowie
– den Abbau von Kreativitätsbarrieren in den Entwicklungsteams.

Dem stehen wiederum Wissensbarrieren und Willensbarrieren entgegen. Eine **Wissensbarriere**, die für den Forschungs- und Entwicklungsbereich typisch ist, betrifft die Kenntnisse über kreativitätsfördernde und kreativitätshemmende Merkmale des Arbeitsumfeldes. Das Fehlen dieser Kenntnisse führt regelmäßig zum Einsatz extrinsischer Anreize, die zusätzliche Kreativitätsbarrieren schaffen, sowie zu einem Arbeitsumfeld, das kreativitätshemmend wirkt (vgl. Amabile (1998), S. 77). **Willensbarrieren** des Produktmanagers äußern sich darin, dass er Produktwertziele plant, die unter den zur Erreichung des Erfolgszieles erforderlichen liegen, weil beispielsweise die Bereitschaft zu einem größeren Arbeitseinsatz fehlt. Aber erst Informationsvorteile des Produktmanagers ermöglichen eine Berichterstattung, die geeignet ist, die Unternehmungsführung zu veranlassen, diesen Produktwertzielen zuzustimmen, oder ein verhaltensbedingtes Verfehlen erfolgszielkonformer Produktwertziele zu rechtfertigen. Abb. 6.23 gibt einen Überblick über die Barrieren, die dem Verhalten entgegenstehen, zu dem die verschiedenen an der kostenorientierten Produktplanung Beteiligten motiviert werden sollten.

6.2.5.2 Abbau von Willens- und Wissensbarrieren

Eine Maßnahme zum Abbau von Willensbarrieren, der in japanischen Unternehmungen hohe Bedeutung beigemessen wird, ist die strenge Anwendung der **Hauptregel des Target Costing**. Sie besagt, dass Produkte, deren Produktkosten über den Produktkostenvorgaben liegen, nicht eingeführt werden. Darüber wird auf die Entwicklungsteams ein enormer Druck ausgeübt, die Vorgaben zu erreichen (vgl. Cooper/Slagmulder (2002a), S. 6). Strategische Gründe können gelegentlich ein Abweichen von der Hauptregel des Target Costing und die Einführung eines Produktes zu Kosten notwendig machen, die über den Produktkostenvorgaben liegen. Folgende Beispiele für diese Ausnahmen werden genannt:

- Produkte, die auf dem Absatzmarkt ein Markenbewusstsein schaffen und damit den Absatz anderer Produkte der Unternehmung fördern,
- Produkte, die auf der nächsten Technologiegeneration aufbauen,
- Produkte mit einer strategischen Bedeutung im Produktions- und Absatzprogramm und
- Situationen, in denen eine Verzögerung der Markteinführung zu hohen Verlusten führen würde.

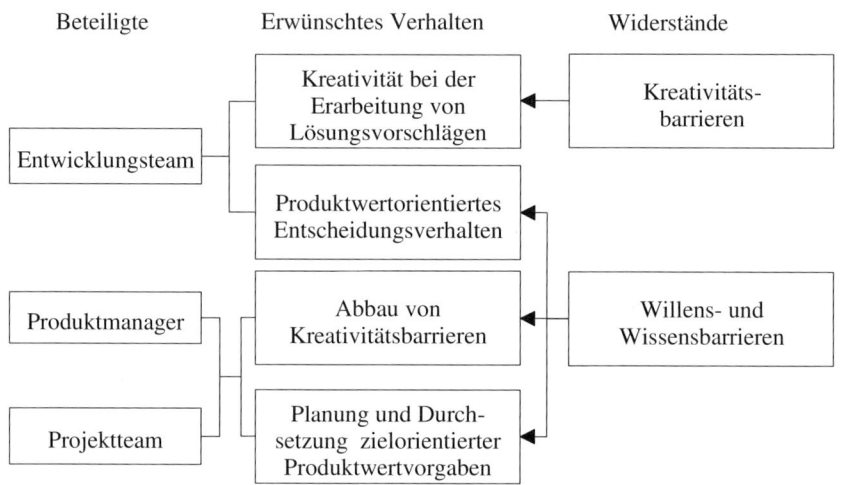

Abb. 6.23: Verhaltensbeeinflussung bei der kostenorientierten Produktplanung

Wird bei der Markteinführung gegen die Hauptregel des Target Costing verstoßen, werden die Ursachen der Abweichung von den Produktkostenvorgaben gründlich analysiert und die Produkte einem intensiven Produkt-Kaizen unterzogen (vgl. Abschnitt 4.1.1). Durch diese beiden Maßnahmen soll deutlich gemacht werden, dass Abweichungen von der Hauptregel nur in seltenen Fällen, nur für kurze Zeit und nicht ohne Konsequenzen geduldet werden (vgl. Cooper/Slagmulder (1999a), S. 215 ff.).

Neben den aus der verhaltenswissenschaftlichen Motivations- und Zieltheorie bekannten Maßnahmen (z. B. Partizipation, Qualifikation, Kommunikation und Belohnung) sind es zwei **Formen der Teambildung**, die zum Abbau von Willensbarrieren beitragen können:

- die interdisziplinären Projektteams und
- die konkurrierenden Entwicklungsteams.

Interdisziplinäre Projektteams wirken den Nachteilen asymmetrisch verteilter Informationen entgegen, wenn Teammitglieder mit vergleichbaren Informationsvorteilen gegenüber dem Produktmanager unterschiedliche Interessen verfolgen und sich deshalb gegenseitig kontrollieren und korrigieren. Beispielsweise wird bei der Planung der Komponentenkostenvorgaben jedes Entwicklungsteam versuchen, für seine Komponente ein hohes Komponentengewicht durchzusetzen. Nutzt der Vertreter eines Entwicklungsteams im Projektteam Informationsvorteile, um ein höheres Komponentengewicht durchzusetzen, werden die Vertreter der Entwicklungsteams korrigierend eingreifen, deren Komponenten dadurch ein geringeres Gewicht zugeordnet werden soll.

Aufgabe der Entwicklungsteams ist es, Kostensenkungsvorschläge bzw. Vorschläge zur Steigerung des Produktwertes zu erarbeiten. Um die Mitarbeiter in den Entwicklungsteams zu motivieren, werden in japanischen Unternehmungen mehrere **konkurrierende Entwicklungsteams** gebildet, die unabhängig voneinander Lösungsvorschläge für dieselbe Funktion bzw. Komponente erarbeiten (vgl. Riegler (1996), S. 82). Beispielsweise werden bei SAP für ein Problem fünf interdisziplinäre Teams gebildet, die in verschiedenen Ländern angesiedelt sind (vgl. Seiwert/Bergermann/Pecher (2006), S. 86).

Einen Überblick über die Maßnahmen zum Abbau von Wissens- und Willensbarrieren bei der kostenorientierten Produktplanung gibt Abb. 6.24.

Abbau von Wissensbarrieren	Abbau von Willensbarrieren
• Bereitstellen von Informationen zu den Wirkungen von Entscheidungen über Produktmerkmale auf die Produktkosten (z. B. Kostentabellen, Relativkostenkataloge) • Bereitstellen von Informationen über Abweichungen von den Produktkostenvorgaben und ihren Ursachen • Schulen der Beteiligten auf dem Gebiet der kostenorientierten Produktentwicklung (z. B. kostenverursachende Produktmerkmale, Wertanalyse) • Schulen der Beteiligten auf dem Gebiet der Kreativitätsförderung	• Operationale Produktkostenvorgaben mit einem herausfordernden Niveau • Kommunikationsmaßnahmen zur Verdeutlichung der Notwendigkeit zur Erreichung der Produktkostenvorgaben und zur Umsetzung der geforderten Funktionen • Anwendung der Hauptregel des Target Costing • Nachweis der Erreichbarkeit der Produktkostenvorgaben • Mitwirkung aller Beteiligten an der Planung und Spaltung der Produktkostenvorgaben • Bestellen eines von den Beteiligten akzeptierten Produktmanagers • Ausgleich von Informationsasymmetrien durch die Zusammenarbeit in interdisziplinären Teams • Bilden konkurrierender Entwicklungsteams • Schaffen eines transparenten Anreizsystems

Abb. 6.24: Maßnahmen zum Abbau von Wissens- und Willensbarrieren bei der kostenorientierten Produktplanung

In der deutschsprachigen Literatur wird, anders als in Beiträgen japanischer Autoren, **Anreizsystemen** für den Abbau von Willensbarrieren hohe Bedeutung beigemessen. Abb. 6.25 gibt einen Überblick über die **Ausgestaltung von Anreizsystemen** für die kostenorientierte Produktplanung.

Komponente	Produktmanager	Projektteam Entwicklungsteam
Anreizziel	– Planung und Durchsetzung erfolgs- zielkonformer Produktdefinitionen und Produktkostenvorgaben – Abbau von Kreativitätsbarrieren	Produktwertorientiertes Entschei- dungsverhalten
Belohnung	– Monetäre, leistungsbezogene Be- lohnungen – Karriereentwicklungsmöglichkeiten	– Intrinsische Anreize – Intrinsisch motivierende Karrieren – Konstantes Gehalt
Bemessungs- grundlage	Produktkosten, Qualität und Funktionalität	
Belohnungs- regel	Subjektive Festsetzung der Belohnung durch die übergeordnete Instanz	
Ausschüt- tungsregel	Spätestens nach Serienanlauf	

Abb. 6.25: Ausgestaltung von Anreizsystemen für die kostenorientierte Produktplanung

(1) Anreizziel und Begünstigte

Das Ziel der **kostenorientierten Produktplanung** hat einen erfolgszielkonformen Produktwert zum Inhalt. Um dieses Ziel zu erreichen, sind
– der Produktmanager und das Projektteam zur
  • Planung und Durchsetzung erfolgszielkonformer Produktdefinitionen und Pro- duktkostenvorgaben sowie zum
  • Abbau von Kreativitätsbarrieren und
– die Entwicklungsteams zu produktwertorientiertem Entscheidungsverhalten

zu motivieren (vgl. Abb. 6.23). Einem Anreizsystem für die kostenorientierte Pro- duktplanung liegt mindestens eines dieser Anreizziele zugrunde.

(2) Belohnung

Abb. 6.26 zeigt Beispiele für Belohnungen im FuE-Bereich von Unternehmungen (vgl. Domsch (1984), S. 256; Staudt u. a. (1990), S. 1188). Die **Anreizwirkungen** verschiedener Typen von Belohnungen sind sowohl für die Führungskräfte als auch für die Wissenschaftler und Ingenieure im FuE-Bereich von Unternehmungen empirisch untersucht worden. Die Produktmanager gehören der ersten, die Mitarbeiter in den Entwicklungsteams der zweiten Gruppe an. Nach empirischen Befunden gehen auf die **Führungskräfte** im FuE-Bereich die stärksten Anreizwirkungen von monetären, insbesondere leistungsabhängigen Belohnungen und von Karriereentwicklungsmöglichkeiten aus (vgl. Gerpott/Domsch (1991), S. 1011). **Wissenschaftler und Ingenieure** werden vor allem durch intrinsische Anreize motiviert (vgl. Abschnitt 9.2.2.3). Diese können durch extrinsische Anreize ergänzt werden. Nicht geeignet sind individuelle leistungsabhängige monetäre Prämien. Anreizwirkungen gehen von der Möglichkeit einer intrinsisch motivierenden Karriere sowie eines konstanten Gehalts aus, das finanzielle Sicherheit und Stabilität gewährleistet (vgl. Chen/Ford/Ferris (1999), S. 53). Zu einem anderen Ergebnis gelangen Staudt u. a. Nach dieser Studie kommt den monetären Prämien die höchste Bedeutung zu (vgl. Staudt u. a. (1990), S. 1197). Dieses Ergebnis kann daraus folgen, dass ausschließlich Arbeitnehmererfinder befragt worden sind und die monetäre Prämie eine Erfindervergütung ist.

Belohnungstyp	Beispiele
Materielle Belohnung	– Sozialleistungen – Entgelt (z. B. feste Gehaltserhöhung) – Sicherheit des Arbeitsplatzes – Leistungszulagen, Prämien für erfolgreich abgeschlossene Projekte
Karriereentwicklungsmöglichkeiten	– Aufstiegsmöglichkeiten im Unternehmen – Aufstiegsmöglichkeiten im eigenen Forschungsbereich
Leistungsherausforderungen und Selbstständigkeit	– Flexible Arbeitszeitregelung – Zeitweilige Freistellung für eigene Publikationen – Zeitweise Freistellung von der Arbeit für eigene Entwicklungstätigkeiten – Komplexe Aufgabenstellung
Weiterbildungsmöglichkeiten	– Möglichkeit zur Teilnahme an Seminaren – Möglichkeit zur Fort- und Weiterbildung – Bezahlung von Fachzeitschriftenabonnements

Abb. 6.26: Belohnungen im FuE-Bereich der Unternehmung

(3) Bemessungsgrundlage

Das **Verhalten** der Produktmanager sowie Mitarbeiter in den Projekt- und Entwicklungsteams kann nicht direkt beobachtet werden. Als Bemessungsgrundlage ist deshalb ein Indikator heranzuziehen, von dem auf das Verhalten der Beteiligten geschlossen werden kann. Ein Indikator eignet sich jedoch nur dann als Bemessungsgrundlage, wenn er anreizkompatibel und beeinflussbar ist. **Anreizkompatibel** ist ein Indikator, wenn mit einer Verbesserung seiner Ausprägung ein Beitrag zu dem verfolgten Ziel geleistet wird. **Beeinflussbarkeit** liegt vor, wenn der Begünstigte den Wert des Indikators über sein Verhalten gestalten kann. Als Bemessungsgrundlage von Anreizsystemen für die kostenorientierte Produktentwicklung werden in der Literatur genannt:

(1) die Entwicklungskosten,

(2) die Absatzzahlen und -preise (vgl. Riegler (1997), S. 349),

(3) die Produktkosten (vgl. Ewert (1997), S. 316; Dörnemann/Pfitzer (2000), S. 29),

(4) die Produktkosten und die produktbezogenen Funktionen (vgl. Kim u. a. (2002), S. 614; Mitlacher/Mitlacher (2003), S. 281) sowie

(5) der Lebenszykluserfolg (vgl. Riegler (1996), S. 176).

Eine Faustregel besagt, dass eine Erhöhung der Entwicklungskosten um eine Geldeinheit zu einer Produktkostensenkung im Umfang von 8 - 10 Geldeinheiten führt (vgl. Shields/Young (1991), S. 39). Strebt das Produktmanagement eine Reduzierung der **Entwicklungskosten** an, wird das Erreichen des Produktwertzieles zumindest behindert. Die Entwicklungskosten sind deshalb nicht anreizkompatibel und damit nicht als Bemessungsgrundlage eines Anreizsystems für die kostenorientierte Produktplanung geeignet. Nicht geeignet sind auch die **Absatzzahlen und -preise** sowie der **Lebenszykluserfolg**, da diese Größe nicht nur von den Entscheidungen bei der Produktplanung abhängen, sondern von Entscheidungen in allen Funktionsbereichen der Unternehmung und in allen Phasen des Produktlebenszyklus. Diese Bemessungsgrundlagen genügen damit nicht der Forderung nach Beeinflussbarkeit. Die Konzentration auf die **Produktkostenvorgaben** kann zu einer Minderung von Funktionalität und Qualität und damit zu einer Senkung des Produktwertes führen. Anreizkompatibel und durch die Projekt- und Entwicklungsteams beeinflussbar ist nur eine Bemessungsgrundlage, die sich auf die **Produktkosten und den Kundennutzen** des Produktes bezieht, d. h. auf die beiden Komponenten des Produktwertes.

(4) Belohnungsregel

Es gibt zwei Typen von Belohnungsregeln:

– die Belohnungsfunktion und

– die subjektive Festsetzung der Belohnung durch die übergeordnete Instanz.

Belohnungsfunktionen definieren den Zusammenhang zwischen der Bemessungsgrundlage und der Belohnung. Die Belohnungsfunktion eines Anreizsystems kann u. a. vorsehen, dass ab dem Erreichen der Produktkostenvorgaben sowie der Mindestqualität eine Belohnung in konstanter Höhe gewährt wird. Ein Anreizsystem mit einer solchen Belohnungsfunktion motiviert nicht zu einer Erhöhung des Produktwertes. Um das zu erreichen, sind eine quantifizierbare Bemessungsgrundlage und eine abstufbare Belohnung erforderlich. Da weder die Funktionalität und Qualität noch der Produktwert quantifizierbar sind, ist die **subjektive Festlegung der Belohnung** durch die Instanz vorzuziehen. Sie erlaubt es auch, exogene Einflüsse in die Beurteilung einzubeziehen.

(5) Ausschüttungsregel

Für die Anreizwirkung der Belohnung ist es wichtig, dass der Zusammenhang zwischen der Belohnung und der erbrachten Leistung für den Begünstigten erkennbar ist (vgl. Gerpott/Domsch (1991), S. 1011). Die Belohnung der **Projekt- und Entwicklungsteams** sollte deshalb zu dem Zeitpunkt ausgeschüttet werden, in dem die Produktkosten festliegen und die Realisation der angestrebten Qualität und Funktionalität überprüft werden kann, d. h. spätestens nach dem Serienanlauf.

Die Zuständigkeit des **Produktmanagers** kann über den Serienanlauf hinausreichen. Der dem Serienanlauf nachfolgende Marktzyklus stellt andere Anforderungen an das Verhalten des Produktmanagers. Im Vordergrund stehen nicht mehr die Planung und Durchsetzung erfolgszielorientierter Produktkostenvorgaben gegenüber Projekt- und Entwicklungsteams und der Abbau von Kreativitätsbarrieren, sondern z. B. die Planung und Durchsetzung von Deckungsbeitragszielen. Das verlangt nach einem anderen Anreizsystem. Deshalb sollte die Belohnung des Produktmanagers ebenfalls spätestens nach dem Serienanlauf bemessen und auch gewährt werden.

6.3 Produkt-Kaizen

6.3.1 Abgrenzung des Produkt-Kaizen

Das Produkt-Kaizen gelangt bei Produkten zur Anwendung, die einen **längeren Lebenszyklus** besitzen (vgl. Cooper (1995), S. 252 f.). Durch diesen Ansatz soll sichergestellt werden, dass Produkte in der Marktphase ihres Lebenszyklus die geplanten Erfolgsziele erreichen. Das Produkt-Kaizen kann sich auf Produkte, Hauptfunktionen, Baugruppen oder Komponenten von Produkten beziehen.

> **Produkt-Kaizen** ist die systematische Verbesserung von Produkten, die sich in der Marktphase des Produktlebenszyklus befinden, zur erfolgszielorientierten Gestaltung des Produktwertes.

Durchgeführt wird das Produkt-Kaizen unter folgenden **Bedingungen**:

(1) Bei der Produktkostenplanung wurde die Realisation notwendiger Produktkostensenkungen von der Entstehungs- in die Marktphase verschoben. Als Produktkostenvorgaben werden die Werte aus der kostenorientierten Produktplanung übernommen.

(2) Der Absatzpreis eines Produktes sinkt bzw. die Einsatzgüterpreise steigen schneller, als die Kosten durch das Prozess- und das Potential-Kaizen gesenkt werden können. In dieser Situation werden die Kostenvorgaben für das Produkt-Kaizen analog zum Target Costing aus dem geplanten Erfolgsziel und den erwarteten Absatz- bzw. Einsatzgüterpreisen des jeweiligen Produktes hergeleitet.

(3) Es werden Ineffizienzen identifiziert. Die Produktkostenvorgaben werden auf der Grundlage der diagnostizierten Kostensenkungspotentiale geplant.

Diagnostiziert werden können produktbezogene Kostensenkungspotentiale durch das interne oder das wettbewerberorientierte Reverse Engineering (vgl. Abschnitt 6.2.4.2) oder im Rahmen des Potential- oder Prozess-Kaizen. Sie können u. a. folgende Aspekte betreffen (vgl. Davila/Wouters (2004), S. 20 ff.):

- die Reduktion der Anzahl der Teile, die in das Produkt eingehen,
- die Verwendung von Gleichteilen oder die Nutzung gemeinsamer Prozesse zur Verringerung der Komplexität im direkten und indirekten Leistungsbereich,
- die Vereinfachung der Leistungserstellungsprozesse,
- die Substitution von Einsatzgütern durch kostengünstigere Alternativen,
- die Zusammenarbeit mit den Lieferanten,
- die Verringerung der erforderlichen Arbeitsleistung bei der Produktion des Produktes und
- die kostengünstige Umsetzung einer Produktfunktion.

6.3.2 Organisation des Produkt-Kaizen

Träger des Produkt-Kaizen sind Kaizen-Teams, die für die Planung und Durchführung von Projekten zur Gestaltung des Wertes eines Produktes oder einer Produktgruppe gebildet werden. Sie setzen sich zusammen aus dem Leiter des Werkes, in dem die betrachtete Produktgruppe gefertigt wird, dem zuständigen Produktmanager und den Leitern der betroffenen Bereiche, zu denen die Produktion, die Entwicklung, die Fertigungsvorbereitung und die Beschaffung zählen (vgl. Abb. 6.27). Die Leiter dieser Bereiche richten in ihren Bereichen Arbeitsgruppen ein, welche in enger Abstimmung durch das Kaizen-Team Verbesserungsmaßnahmen planen und umsetzen (vgl. Monden (1999), S. 364 ff.).

Das Produkt-Kaizen umfasst die folgenden **Phasen** (vgl. Monden (1999), S. 367 ff.):
- die Analyse der Produkte,
- das Feststellen der Zielabweichungen,
- die Analyse der Zielabweichungen und das Erarbeiten von Verbesserungsmaßnahmen sowie
- die Kontrolle des Zielbeitrags.

Der Prozess des Produkt-Kaizen beginnt damit, dass das Kaizen-Team die **Produkte analysiert** und gemäß ihres Zielbeitrags in eine Rangordnung bringt. Den Produkten mit den geringsten Zielbeiträgen wird in dieser Rangordnung die höchste Priorität zugewiesen. Als Informationsbasis dieser Aufgabe eignet sich eine mehrstufige Deckungsbeitragsrechnung. In der zweiten Phase werden zunächst für das Produkt mit der höchsten Priorität die Entwicklung der Absatzmengen, der Erlöse, der Gewinne, der Kosten und der verschiedenen Kostenanteile während einer mittelfristigen Planungsperiode ermittelt und den z. B. im Target Costing gesetzten Zielen gegenübergestellt, um eine tatsächliche oder erwartete **Zielabweichung festzustellen**.

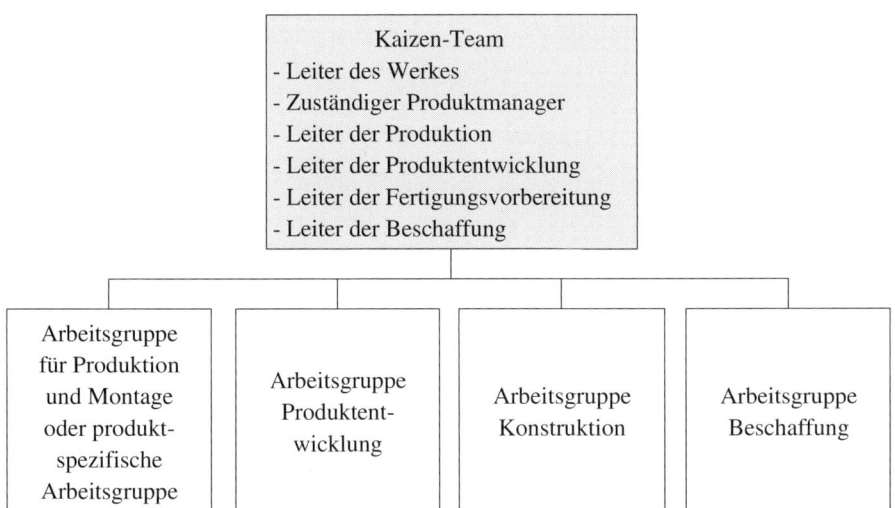

Abb. 6.27: Struktur der Projektteams für das Produkt-Kaizen

Monden schlägt vor, die Materialeinzelkosten, die Material- und die Fertigungsgemeinkosten und die Verwaltungs- und Vertriebsgemeinkosten getrennt zu analysieren. Die differenzierte Analyse der Produktkosten soll Hinweise auf die **Ursachen der Zielabweichungen** geben. Geht die Zielabweichung auf eine Senkung der Absatzmengen oder einen Anstieg der Materialeinzel-, der Materialgemein- oder der Fertigungsgemeinkosten zurück, eignen sich zur Verringerung der Zielabweichung neben Potential und Prozess gestaltenden auch Produkt gestaltende Maßnahmen. Dabei gelangt die Wertanalyse zur Anwendung. Erarbeitet werden die Verbesserungsmaßnahmen durch die fachlich zuständigen Arbeitsgruppen in den Bereichen. Das Kaizen-Team stimmt die Maßnahmen aufeinander ab und entscheidet über ihre Umsetzung. Produktgestaltende Maßnahmen sind ungeeignet, wenn die Zielabweichung auf die Verwaltungs- oder Vertriebsgemeinkosten zurückzuführen ist.

In der vierten Phase des Produkt-Kaizen werden auf der Grundlage der geplanten Verbesserungsmaßnahmen Ziele geplant und den verantwortlichen Abteilungen Aufgaben zur Umsetzung dieser Maßnahmen zugewiesen. Die Schritte zur Umsetzung der Verbesserungsmaßnahmen werden mit den verantwortlichen Abteilungen geklärt und zeitlich geplant. Die Erreichung der Verbesserungsziele ist schließlich Gegenstand von **Planfortschritts- und Endkontrollen**. Nach Abschluss des Prozesses wird er für das in der Rangfolge nachfolgende Produkt erneut begonnen.

6.4 Wertanalyse als Instrument des Produkt-Kaizen

6.4.1 Wertanalyse in der Unternehmung

6.4.1.1 Wertanalyse als Wertgestaltung und -verbesserung

Die Wertanalyse kann sowohl in der Entstehungsphase als auch in der Marktphase des Lebenszyklus eines Produktes eingesetzt werden. Der Einsatz der Wertanalyse bei der Entwicklung von Produkten wird als **Wertgestaltung** bezeichnet (vgl. DIN EN 1325-1 (1996), S. 3). Sie ist das Kernelement der kostenorientierten Produktplanung (vgl. Monden (1999), S. 247). Die Wertanalyse kann in allen Phasen des Prozesses der kostenorientierten Produktplanung eingesetzt werden. Nach der Phase, in der sie zum Einsatz gelangt, werden drei **Varianten** der Wertgestaltung unterschieden (vgl. Tani/Kato (1994), S. 206):

– das Zero-Look VE,

– das First-Look VE und

– das Second-Look VE.

Das **Zero-Look VE** (VE: Value Engineering) gelangt während der Produktkonzeptplanung und dem Konzipieren zur Anwendung. Zweck dieses Verfahrens ist es, neue Funktionen zu finden. Am Ende des Konzipierens und während der ersten Hälfte des Entwerfens werden **First-Look VEs** durchgeführt, um bereits vorhandene Funktionen zu verbessern. Ab der zweiten Hälfte des Entwerfens wird das **Second-Look VE** angewendet. Es zielt auf eine Steigerung des Wertes bekannter Komponenten (vgl. Cooper (1995), S. 173 ff.). Abb. 6.28 gibt einen Überblick über die Methoden.

Bei Einsatz der Wertanalyse während der Marktphase des Lebenszyklus eines Produktes wird von der **Wertverbesserung** gesprochen (vgl. Grün (1994), S. 472). Sie ist das zentrale Instrument des Produkt-Kaizen (vgl. Monden (1999), S. 365; Cooper/Slagmulder (2005b), S. 286).

6.4.1.2 Organisation der Wertanalyse

Träger der Wertanalyse sind (in Anlehnung an Hoffmann (1983), S. 94 ff.; DIN EN 12973 (2002), S. 38):

– der Wertanalyse-Manager,

– der Wertanalyse-Ausschuss,

– die Wertanalyse-Teams sowie

– die Moderatoren der Wertanalyse-Teams.

Der **Wertanalyse-Manager** ist eine koordinierende und verwaltende Stabsstelle, die der Unternehmungsführung unterstellt ist. Er koordiniert die Aktivitäten zwischen dem Wertanalyse-Ausschuss und den Wertanalyse-Teams, begleitet den Wertanalyse-

Prozess, stellt die Kommunikation zwischen den betroffenen Bereichen sicher und ist für die Wertanalyse-Berichterstattung zuständig (vgl. Hoffmann (1983), S. 94 ff.).

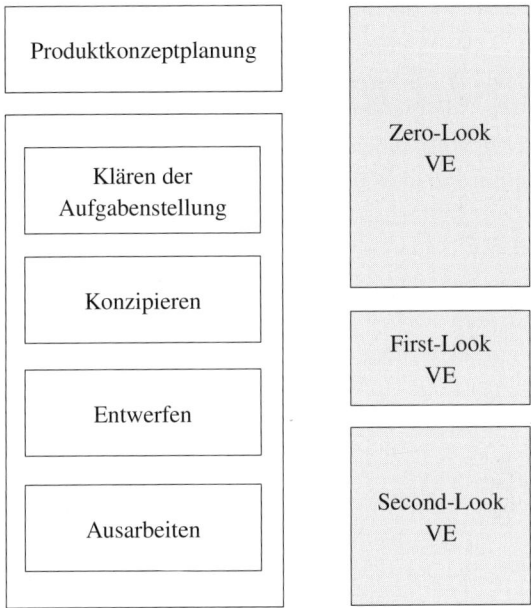

Abb. 6.28: Wertanalyse im Prozess der kostenorientierten Produktplanung

Ein **Wertanalyse-Ausschuss** wird für die Planung und Durchführung von Projekten zur Gestaltung des Wertes der Produkte einer Produktgruppe gebildet. Zu den Aufgaben des Wertanalyse-Ausschusses zählen (vgl. Hoffmann (1983), S. 96 f.; Zentrum Wertanalyse (1995), S. 488; VDI-Richtlinie 2806 (2002), S. 14):

– der Abbau von Kreativitätshemmnissen,

– das Entscheiden über die Auswahl von Wertanalyse-Projekten und die Reihenfolge ihrer Bearbeitung,

– die Bilden der Wertanalyse-Teams und die Benennung der Moderatoren,

– das Entscheiden über den zeitlichen Umfang der Freistellung der Mitglieder in den Wertanalyse-Teams von ihren Routine-Aufgaben und die Wertanalyse-Budgets,

– das Management der Wertanalyse-Projekte, d. h.

• die Aufgaben- und Zeitplanung,

• die Kontrolle des Projektfortschritts (Termin- und Kostenkontrolle, Trendaussagen zur Erreichung der Wertanalyse-Ziele),

• das Entscheiden über Anpassungsmaßnahmen, wie z. B. die Änderung der Aufgaben und die Anpassung der Projektvorgaben, bzw. den Projektabbruch, sowie

– das Beschaffen von Informationen für die Wertanalyse-Teams.

Ein Wertanalyse-Team besteht regelmäßig aus 4-8 Mitgliedern, die möglichst der gleichen Hierarchieebene angehören. In diesen Teams sollten alle Funktionsbereiche vertreten sein, die am Wertanalyse-Objekt funktionserstellend oder kostenverursachend beteiligt sind. Teammitglieder sind in der Regel Mitarbeiter aus dem Absatzbereich, der Produktion, der Entwicklung und dem Controlling (vgl. Bucksch/Rost (1985), S. 357 ff.). Die Vielfalt der Denkstile und Erfahrungen in multidisziplinär zusammengesetzten Teams hat einen positiven Einfluss auf die kreative Leistung. Sie kann aber auch eine Informationsüberflutung verursachen und es den Mitgliedern erschweren, sich mit dem Team zu identifizieren und für den Teamerfolg verantwortlich zu fühlen. Die Zahl der in einem Wertanalyse-Team vertretenden Funktionsbereiche sollte deshalb in Grenzen gehalten werden. Teams mit starken sozialen Beziehungen zwischen den Mitgliedern streben nach Übereinstimmung, um die sozialen Beziehungen aufrechtzuerhalten. Es werden deshalb keine neuen Ideen erprobt und erfolgreiche Problemlösungen beibehalten. Zur Sicherung der kreativen Leistung sollten die Wertanalyse-Teams nachfolgender Wertanalyse-Projekte zumindest in einigen Positionen neu besetzt werden (vgl. Sethi/Smith/Park (2003), S. 8 f.). Geleitet werden die Wertanalyse-Teams von einem **Moderator**, der in der Durchführung von Wertanalysen erfahren ist (vgl. DIN EN 1325-1 (1996), S. 4).

An einem Wertanalyse-Projekt beteiligt sind weiterhin die **Entscheidungsträger in den betroffenen Bereichen** sowie die **Fachabteilungen**, denen die Umsetzung der Lösungsvorschläge obliegt. Bei der Wertanalyse von Produkten sind das z. B. die Entwicklung bzw. Konstruktion, die Arbeitsvorbereitung und die Werkzeugmacherei. Sie sind jedoch keine Mitglieder der Wertanalyse-Teams und leisten ihren Beitrag zur Durchführung des Wertanalyse-Projektes im Rahmen der ihnen durch die Primärorganisation zugewiesenen Aufgaben.

6.4.2 Merkmale der Wertanalyse

Zur Kennzeichnung der Wertanalyse werden konstitutive und sonstige Merkmale herangezogen (in Anlehnung an Schröder (1994), S. 154 ff.). Die **konstitutiven Merkmale** grenzen die Wertanalyse von anderen Konzepten zur Lösung komplexer interdisziplinärer Probleme ab, wie z. B. dem Benchmarking. Sie sind zwingender Bestandteil der Definition des Wertanalyse-Begriffs. Charakteristische Eigenschaften, welche die Wertanalyse mit anderen Konzepten gemeinsam hat, bilden die Gruppe der **sonstigen Merkmale**. Abb. 6.29 nennt die konstitutiven und sonstigen Merkmale der Wertanalyse (ähnlich bei Monden (1999), S. 248 f.).

Unter Berücksichtigung dieser Merkmale kann die Wertanalyse als Instrument des **produktorientierten Kostenmanagements** wie folgt definiert werden:

Die **Wertanalyse** ist ein Verfahren zur Erarbeitung, Bewertung und Realisation neuer oder verbesserter Gestaltungsalternativen für ein Produkt durch die systematische, methodengestützte Analyse und Beurteilung seiner Funktionen durch ein multidisziplinär zusammengesetztes Team mit dem Ziel der Wertsteigerung.

Konstitutive Merkmale	Sonstige Merkmale
− Streng funktionsorientierte Vorgehensweise − Wertsteigerung als Ziel	− Systematischer Ablauf − Multidisziplinär zusammengesetzte Projektteams − Kombination verschiedener Methoden

Abb. 6.29: Merkmale der Wertanalyse

6.4.2.1 Funktionsorientierte Vorgehensweise

Die Wertanalyse zeichnet sich dadurch aus, dass das Wertanalyse-Objekt nicht anhand seiner Komponenten oder Lösungsprinzipien beschrieben wird, sondern anhand seiner Funktionen (vgl. DIN EN 12973 (2002), S. 30). **Zweck** dieser funktionsorientierten Vorgehensweise ist zum einen das Abstrahieren vom betrachteten Objekt, seinen Komponenten und den durch sie realisierten Prinzipien zur Erfüllung von Funktionen, um der Tendenz entgegenzuwirken, an feststehenden Lösungen festzuhalten und Alternativen bewusst auszuschließen. Durch die funktionsorientierte Vorgehensweise soll das Suchfeld für innovative, bessere oder kostengünstigere Lösungen erweitert werden (vgl. Jehle (1993), Sp. 4655). Zum anderen sollen durch die funktionsorientierte Betrachtung Kostensenkungspotentiale in der Form von unnötigen, redundanten, unangemessenen oder übertriebenen Funktionen oder Problemen bei der Umsetzung von Funktionen erkannt werden (vgl. Monden (1999), S. 248 f.).

Eine **Funktion** ist eine Wirkung des Wertanalyse-Objektes oder einer seiner Komponenten (vgl. DIN EN 1325-1 (1996), S. 4).

Beispiel 6.8: Funktionsorientierte Vorgehensweise

*Beispiele für die **Komponenten** einer Armbanduhr sind das Gehäuse, das Räderwerk, die Krone, die Zeiger, das Zifferblatt usw. Wird eine Armbanduhr anhand dieser Merkmale beschrieben, wird das Suchfeld auf eine mechanische Armbanduhr mit Analoganzeige begrenzt. Der Betrieb einer Armbanduhr erfordert Energie. Sie kann auf mechanische (Aufziehen einer Zugfeder), elektrochemische (Batterie), elektrodynamische (AGS-Uhr) Weise oder durch die Umwandlung elektromagnetischer Strahlungsenergie in elektrische Energie (Solarzellen) zugeführt werden. Wird eines dieser **Lösungsprinzipien** zur Beschreibung der Armbanduhr herangezogen, ist allenfalls* *eine Verbesserung der Umsetzung dieses Lösungsprinzips möglich, jedoch keine wertsteigernder Übergang zu einem anderen Lösungsprinzip. Es wird vorgeschlagen, eine Armbanduhr anhand der **Funktionen** „Zeitablauf nachbilden" und „Zeitablauf darstellen" zu beschreiben (vgl. Gierse (1990), S. 30).*

Beschrieben werden **Funktionen** durch ein Substantiv und ein Verb. Das Verb benennt die Tätigkeit, das Substantiv den Gegenstand der Tätigkeit (vgl. Miles (1964), S. 31). Um das Suchfeld zu erweitern, sollten möglichst Oberbegriffe gewählt werden. An die Stelle von „Zucker wiegen" sollte „Fließgut portionieren" treten. Nach dem Bezug zum Nutzer, der Art des befriedigten Bedürfnisses und der Wichtigkeit für den Nutzer werden in der Wertanalyse mehrere Arten von Funktionen unterschieden. Abb. 6.30 gibt einen Überblick über diese Funktionen.

Nach dem **Bezug zum Nutzer** des Wertanalyse-Objektes wird in DIN EN 1325-1 ((1996), S. 4) zwischen nutzerbezogenen (Grundfunktionen) und produktbezogenen Funktionen (Hilfsfunktionen) unterschieden. Hier soll jedoch die in Abschnitt 6.2.1.1 eingeführte Abgrenzung beibehalten werden. Diese unterscheidet zwischen
- kundenbezogenen Funktionen und
- produktbezogenen Funktionen.

Kundenbezogene Funktionen beschreiben die Wirkungen des Wertanalyse-Objektes, die zur Befriedigung der Bedürfnisse des Kunden beitragen. Nach der Art des befriedigten Bedürfnisses handelt es sich bei diesen Funktionen entweder um
- Gebrauchsfunktionen oder
- Geltungsfunktionen.

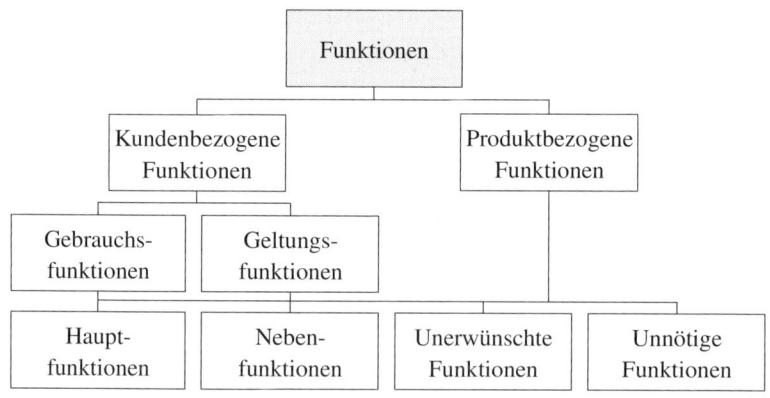

Abb. 6.30: Arten von Funktionen in der Wertanalyse

Gebrauchsfunktionen sind die technischen und wirtschaftlichen Wirkungen, die zur Nutzung des Wertanalyse-Objektes notwendig sind. Beispiele für Gebrauchsfunktionen einer Armbanduhr sind „Zeitablauf nachbilden", „Zeitablauf anzeigen", „Datum anzeigen", „Zeitdauer stoppen" und „Signal geben". Die ausschließlich subjektiv wahrnehmbaren, personenbezogenen Wirkungen, die vornehmlich zur Befriedigung emotionaler, ästhetischer oder Prestige-Bedürfnisse oder zur Status-Kennzeichnung beitragen, werden als **Geltungsfunktionen** bezeichnet (vgl. Kern/Schröder (1978), S. 376). Geltungsfunktionen einer Armbanduhr sind z. B. „Tragekomfort erhöhen", „Schmuckcharakter aufweisen", „Status anzeigen". **Produktbezogene Funktionen** sind die Wirkungen einer Komponente oder zwischen den Komponenten eines Wertanalyse-Objektes, welche zur Erfüllung der kundenbezogenen Funktionen beitragen. Sie geben Antwort auf die Frage, wie eine Funktion erfüllt werden kann (vgl. VDI 2800 (2006), S. 5). Zu den produktbezogenen Funktionen einer Armbanduhr zählen z. B. „Energie zuführen", „Drehmoment erzeugen", „Ablauf regeln" und „Bewegung übertragen".

Nach der **Wichtigkeit für den Kunden** werden

– Hauptfunktionen,

– Nebenfunktionen,

– unerwünschte Funktionen und

– unnötige Funktionen

abgegrenzt (vgl. Kern/Schröder (1978), S. 376; DIN EN 1325-1 (1996), S. 5). Zu den **Hauptfunktionen** zählen die Wirkungen, die für die angestrebte Bedürfnisbefriedigung unverzichtbar sind. Bei einer Armbanduhr sind das „Zeitablauf nachbilden", „Zeitablauf anzeigen" und „Korrektur der Zeitanzeige ermöglichen". **Nebenfunktionen** sind Wirkungen, welche die Hauptfunktionen ergänzen. Auf sie kann regelmäßig verzichtet werden, ohne dass sich der Charakter des Wertanalyse-Objektes verändert. Bei „Mondphase anzeigen" und „Zeitdauer stoppen" handelt es sich um Nebenfunktionen einer Armbanduhr. **Unerwünschte Funktionen** sind Wirkungen, die für den Kunden nachteilig sind und damit einen negativen Beitrag zum Wert des Wertanalyse-Objektes leisten, wie z. B. „Laufgeräusche verursachen", „allergische Reaktionen auslösen". Wirkungen, die nicht zur Befriedigung der Bedürfnisses des Kunden beitragen und damit keinen positiven Beitrag zum Wert des Wertanalyse-Objektes leisten, sind **unnötige Funktionen**.

6.4.2.2 Systematischer Ablauf

Die Wertanalyse ist durch das systematische Arbeiten nach einem Arbeitsplan gekennzeichnet. Ein **Wertanalyse-Arbeitsplan** schreibt eine Folge von Grundschritten vor, die in mehrere Teilschritte untergliedert sind. Die erfolgreiche Anwendung der Wertanalyse verlangt, dass die Grundschritte des Arbeitsplans vollständig abgearbeitet werden, die Bearbeitungsintensität und -reihenfolge können dabei jedoch projektabhängig variiert werden (vgl. Jehle (1993), Sp. 4650 f.). Die bei der Abarbeitung der

Grundschritte gewonnenen Erkenntnisse können zu Rückkopplungen führen, d. h. zur Wiederholung einzelner Grundschritte (vgl. Bogaschewsky (2002), Sp. 2115).

Der **Wertanalyse-Arbeitsplan** ist in Deutschland 1973 durch die Norm DIN 69910 erstmals standardisiert worden. Diese Norm ist im August 1987 in überarbeiteter Form erschienen und 1996 vom Deutschen Institut für Normung zurückgezogen worden. Der heute geltende Standard für den Wertanalyse-Arbeitsplan findet sich in der Norm DIN EN 12973, die im Juli 2000 veröffentlicht worden ist. Wie Abb. 6.31 zeigt, stimmen die Wertanalyse-Arbeitspläne nach DIN 69910 und DIN EN 12973 in ihrer Grundstruktur überein (vgl. VDI 2805 (2004), S. 5; zu den Unterschieden vgl. Friedl (2007), S. 15 ff.). Abb. 6.32 zeigt den Wertanalyse-Arbeitsplan nach DIN EN 12973.

Grundstruktur	DIN 69910: 1973-11	DIN 69910: 1987-08	DIN EN 12973: 2002-02
1 Projektvorbereitung	1 Vorbereitende Maßnahmen	1 Projekt vorbereiten	0 Projektvorbereitung
			1 Projektdefinition
			2 Projektplanung
2 Analyse	2 Ermitteln des IST-Zustandes	2 Objektsituation analysieren	3 Sammlung von Daten
			4 Analyse von Funktionen und Kosten,
3 Zielbildung	3 Prüfen des IST-Zustandes	3 SOLL-Zustand beschreiben	Formulieren von Detailzielen
4 Alternativensuche	4 Ermitteln von Lösungen	4 Lösungsideen entwickeln	5 Suche nach Lösungsideen
5 Bewertung und Entscheidung	5 Prüfen der Lösungen	5 Lösungen festlegen	6 Bewertung der Lösungsideen
			7 Entwicklung von Lösungsvorschlägen
			8 Präsentation der Lösungsvorschläge
6 Realisation	6 Vorschlag und Verwirklichung	6 Lösungen verwirklichen	9 Realisierung

Abb. 6.31: Vergleich der Wertanalyse-Arbeitspläne nach DIN 69910 und DIN EN 12973 (in Anlehnung an VDI 2800 (2006), S. 11)

6.4.2.3 Weitere Merkmale

Anwendungsbereich der Wertanalyse sind komplexe interdisziplinäre Probleme, die das Verhältnis zwischen den Kosten und dem Nutzen eines Objektes zum Gegenstand haben (vgl. Bronner/Herr (2003), S. 3).

Als **interdisziplinär** werden Probleme eingestuft, deren Lösung Beiträge mehrerer Fachbereiche der Unternehmung erfordert. **Komplex** sind Probleme, wenn zu ihrer Bearbeitung viele interdependente Aktivitäten ausgeführt werden müssen. Es ist deshalb nicht möglich, sie in Teilprobleme zu gliedern, die unabhängig voneinander gelöst werden können. Probleme mit diesen Eigenschaften müssen von mehreren Fachbereichen der Unternehmung in enger gegenseitiger Abstimmung bearbeitet werden. Um dieser Anforderung zu genügen, werden Wertanalysen generell von **multidisziplinär zusammengesetzten Teams** durchgeführt.

0 Projekt-vorbereitung	0.1 Beschreiben des Projektes durch den Antragsteller 0.2 Durchführbarkeitsanalyse, Risikoanalyse 0.3 Erstellen einer Rentabilitätsanalyse 0.4 Auswählen des Entscheidungsträgers und des Wertanalyse-Projektleiters
1 Projektdefinition	1.1 Beschreiben des WA-Objektes 1.2 Feststellen der Rahmenbedingungen (Bewertungskriterien, Restriktionen, Untersuchungsbereich) 1.3 Erfassen von Informationen (Bedürfnisse, Wettbewerber, technische Trends) 1.4 Festlegen der marktorientierten Ziele (Preis, Produktmerkmale, Vorteile gegenüber den Wettbewerbern) 1.5 Festlegen der ökonomischen Ziele (Kosten, Rentabilität) 1.6 Prüfen und Festlegen der strategischen und wirtschaftlichen Bedeutung 1.7 Planen der Ressourcen für das WA-Projekt 1.8 Benennen und Informieren der Mitwirkenden 1.9 Analysieren und Gestalten der Projekt- und der Produktrisiken
2 Projektplanung	2.1 Bilden des Wertanalyse-Teams 2.2 Erstellen eines Zeitplanes für das WA-Projekt 2.3 Schaffen der Infrastruktur für die Arbeit des Wertanalyse-Teams)
3 Sammlung von Daten	3.1 Sammeln technischer und wirtschaftlicher Informationen (Produkte der Wettbewerber, Stand des Wissens) 3.2 Detaillierte Marktforschung 3.3 Auswerten weiterer Datenquellen (z. B. Patente, Gesetze, Normen)
4 Analyse der Funktionen und Kosten, Formulieren der Detailziele	4.1 Analyse der Funktionen 4.2 Analyse der Kosten und Ermitteln der Funktionenkosten 4.3 Festlegen der Detailziele und Bewertungskriterien
5 Suche nach Lösungsideen	5.1 Sammeln existierender Lösungsideen 5.2 Generieren neuer Lösungsideen 5.3 Kritische Analyse der Ideen auf unnötige und unerwünschte Funktionen
6 Bewertung der Lösungsideen	6.1 Bewerten der Lösungsideen und Verdichten zu Lösungsansätzen 6.2 Auswählen und Abgrenzen von Aufträgen für das Ausarbeiten der Lösungsansätze 6.3 Erstellen eines Arbeits- und Zeitplanes für das Ausarbeiten der Lösungsvorschläge
7 Entwicklung der Lösungsvorschläge	7.1 Ausarbeiten der Lösungsansätze (z. B. durch die Konstruktion) 7.2 Kontrollieren und Anpassen von Entwürfen parallel zum Ausarbeiten 7.3 Bewerten der erarbeiteten Lösungsvorschläge
8 Präsentation der Lösungsvorschläge	8.1 Auswählen der zu präsentierenden Lösungsvorschläge 8.2 Erstellen eines Arbeits- und Zeitplanes für die Realisation der Lösungsvorschläge 8.3 Zusammenstellen einer Entscheidungsvorlage für den Entscheidungsträger 8.4 Erwirken einer Entscheidung durch den Entscheidungsträger 8.5 Berichten gegenüber dem WA-Team und Auflösen des Wertanalyse-Teams

9 Realisierung	9.1 Kontrollieren und Anpassen der Lösung parallel zur Realisierung
	9.2 Durchführen weiterer Sitzungen des Wertanalyse-Teams im Bedarfsfall
	9.3 Abgleichen der aktuellen mit den prognostizierten Ergebnissen
	9.4 Kommunizieren erzielter Ergebnisse, technischer, allgemeiner Informationen
	9.5 Dokumentieren der Projektergebnisse und der Erfahrungen mit der Methodik

Abb. 6.32: Arbeitsplan der Wertanalyse in Anlehnung an DIN EN 12973: 2002-02 und VDI 2800: 2006-07

Bei der Durchführung einer Wertanalyse gelangt in den verschiedenen Grundschritten eine **Vielzahl von Methoden** zur Anwendung (zu einer umfassenden Übersicht vgl. VDI 2805 (2004), S. 7 ff.). Die Vorbereitung des Projektes kann durch Instrumente der Projektplanung unterstützt werden, wie z. B. die Netzplantechnik. Diese werden auch für die Planung der Aktivitäten zur Umsetzung der Lösungsvorschläge und zur Realisation des ausgewählten Lösungsvorschlags benötigt. Für die Analyse der Ist-Situation werden Funktionenanalyse- und -strukturierungstechniken (z. B. FAST-Methode), Methoden zur Kalkulation der Kosten von Komponenten und der Verrechnung dieser Kosten auf die Funktionen des Wertanalyse-Objektes benötigt. Zur Entwicklung von Lösungsideen werden Kreativitätstechniken eingesetzt. Im Vordergrund stehen hierbei das Brainstorming und die Morphologische Methode. Für die Bewertung und Entscheidung über die Lösungsvorschläge werden Bewertungsverfahren herangezogen, wie z. B. die Nutzwertanalyse oder Verfahren der Investitionsrechnung (vgl. Schröder (1994), S. 159).

6.4.3 Ausgewählte Phasen des Wertanalyse-Arbeitsplanes

6.4.3.1 Teilschritte der Analyse

Die Analyse (Grundschritt 4) umfasst im Wertanalyse-Arbeitsplan nach DIN EN 12973 u. a. die beiden folgenden **Teilschritte**:

– die Analyse der Funktionen (Teilschritt 4.1) und

– die Ermittlung der Funktionenkosten (Teilschritt 4.2).

(1) Analyse der Funktionen

In Teilschritt 4.1 werden die kunden- und produktbezogenen Funktionen in Abstimmung mit den Kundenbedürfnissen festgelegt. Eine verwandte Fragestellung ist Gegenstand der Produktkonzeptplanung. Ein Ansatz zur Unterstützung der Produktkonzeptplanung ist das Quality Function Deployment (QFD). Dieses Instrument ist geeignet, diesen Teilschritt der Wertanalyse zu unterstützen. Die Norm DIN EN 12973 sieht für diesen Teilschritt die Durchführung einer Funktionenanalyse vor.

Die **Funktionenanalyse** ist ein Prozess, in dem die Funktionen eines Wertanalyse-Objektes erfasst, vollständig beschrieben, mit den Kundenbedürfnissen abgestimmt, klassifiziert, systematisch dargestellt und bewertet werden (vgl. DIN EN 1325-1 (1996), S. 4). Die Funktionenanalyse wird in folgenden **Schritten** durchgeführt (vgl. Korte (1977), S. 66 ff.; DIN EN 12973 (2002), S. 40 f.):

- Schritt 1: Erkennen und Auflisten der Funktionen
- Schritt 2: Systematisieren der Funktionen
- Schritt 3: Charakterisieren der Funktionen
- Schritt 4: Aufstellen einer hierarchischen Funktionenordnung
- Schritt 5: Bewerten der Funktionen

Ausgehend von den identifizierten und als relevant bewerteten Bedürfnissen des Kunden wird im **ersten Schritt** der Funktionenanalyse der Endzweck des Wertanalyse-Objektes vollständig beschrieben. Hierzu werden die **kundenbezogenen Funktionen** formuliert und als Gebrauchs- bzw. Geltungsfunktionen gekennzeichnet. Anschließend werden die kundenbezogenen Funktionen den Bedürfnissen der Kunden gegenübergestellt und angepasst (vgl. VDI 2800 (2006), S. 14).

Im **zweiten Schritt** werden aus den festgestellten kundenbezogenen Funktionen die **produktbezogenen Funktionen** abgeleitet. Sie sind derart abzugrenzen, dass ihr Zusammenwirken die kundenbezogenen Funktionen ergeben. Dieser Schritt gibt Antworten auf die Frage, wie die kundenbezogenen Funktionen erfüllt werden. Sind die produktbezogenen Funktionen bestimmt, werden die **lösungsbedingenden Vorgaben** ermittelt. Das sind Merkmale, Wirkungen oder konstruktive Besonderheiten, die vorgeschrieben oder verboten sind. Sie können u. a. durch Gesetze, die Marktnachfrage oder verfügbare Ressourcen bestimmt sein (vgl. VDI 2800 (2006), S. 3). Sofern eine produktbezogene Funktion nicht unverändert übernommen werden soll und deshalb zu hinterfragen ist, wird sie in Teilfunktionen gegliedert, deren Zusammenwirken genau zu der produktbezogenen Funktion führt. Diese werden weiter untergliedert, bis akzeptierte Teilfunktionen erreicht sind, d. h. Teilfunktionen, die unverändert übernommen werden sollen. Dadurch ergibt sich eine Funktionenstruktur, die mehrere Hierarchieebenen umfassen kann. Die Funktionen und die zwischen ihnen bestehenden Beziehungen werden in einem Funktionenbaum oder einem FAST-Diagramm dargestellt (vgl. Gierse (1990), S. 35 ff.). Beispiel 6.9 zeigt einen Ausschnitt aus dem Funktionenbaum für eine Kaffeemaschine. Die Verbindungslinien zwischen den Funktionen zeigen, welche Teilfunktionen zusammenwirken müssen, um eine übergeordnete produkt- oder kundenbezogene Funktion zu realisieren.

Beispiel 6.9: Funktionenanalyse

Zu den kundenbezogenen Funktionen einer Kaffeemaschine zählen „Kaffee warm halten", „Aroma bewahren" und „Kaffee zubereiten". Die Funktion „Kaffee zubereiten" ergibt sich aus dem Zusammenwirken der produktbezogenen Funktionen „Wasser erhitzen", „Kaffee aufbrühen" und „Kaffee und Kaffeesatz trennen". Sie bilden

Elemente der ersten Ebene des Funktionenbaums. Wird jede dieser produktbezogenen Funktionen auf der zweiten Ebene in mehrere Teilfunktionen gespalten, kann sich der in Abb. 6.33 dargestellte Funktionenbaum ergeben.

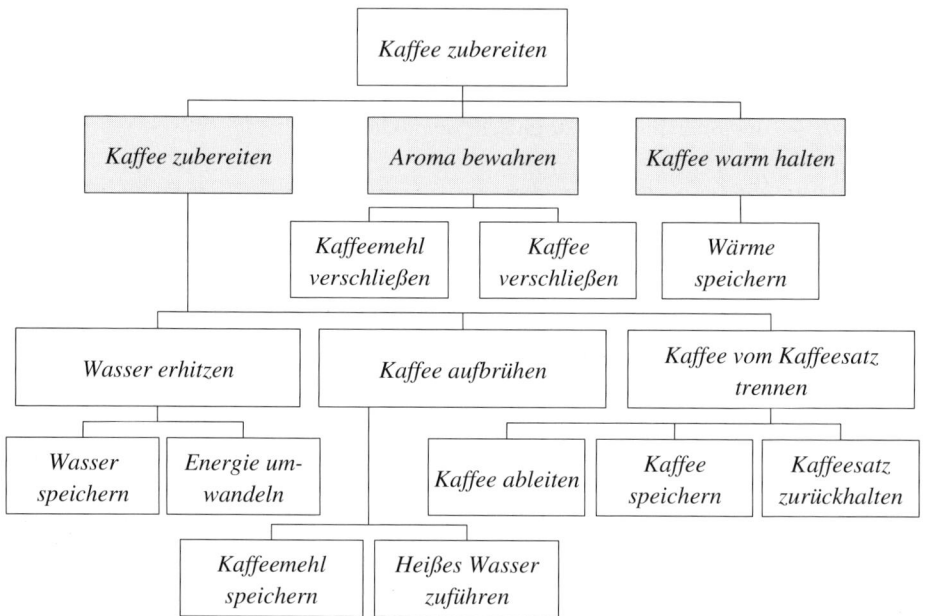

Abb. 6.33: Ausschnitt aus dem Funktionenbaum einer Kaffeemaschine

Die produktbezogenen Funktionen der zweiten Ebene müssen nicht die akzeptierten Teilfunktionen sein. Der Funktion „Energie umwandeln" können auf der dritten Ebene des Funktionenbaumes die Teilfunktionen „Wärme erzeugen" und „Wasser der Wärmequelle zuführen" zugeordnet sein. Aus Gründen der Vereinfachung werden im Folgenden die Teilfunktionen der dritten und aller nachfolgenden Ebenen vernachlässigt. Es wird angenommen, dass die Teilfunktionen der zweiten Ebene akzeptiert sind.

Die festgestellten kunden- und produktbezogenen Funktionen werden im **dritten Schritt** mit quantifizierenden Maßgrößen versehen, welche den Erfüllungsgrad der jeweiligen Funktion spezifizieren, wie z. B. „4 Tassen Kaffee in 6 Minuten brühen", „Gewicht zwischen 100 g bis 10 kg ermitteln" oder „800 l Flüssigkeit pro Stunde fördern". Im **vierten Schritt** werden die Funktionen nach ihrer Bedeutung für die Kunden in eine Rangordnung gebracht und im **fünften Schritt** entsprechend ihrer Bedeutung für die Kunden gewichtet. Die Gewichtungsfaktoren der produktbezogenen Funktionen können nach der Delphi- oder der DARE-Methode (vgl. Abschnitt 6.2.3.3) ermittelt werden. Sie können aber auch wie beim QFD (Schritte 2 und 7) aus der relativen Bedeutung der kundenbezogenen Funktionen hergeleitet werden. Sind die Gewichtungsfaktoren ermittelt, werden die unnötigen und die unerwünschten Funktionen festgestellt und markiert.

(2) Ermitteln der Funktionenkosten

Gegenstand dieses Teilschrittes eines Wertanalyse-Projektes ist die Ermittlung der Funktionenkosten zur Festlegung von **Kostensenkungsschwerpunkten** (in Anlehnung an Korte (1977), S. 76).

> Die **Funktionenkosten** sind nach DIN EN 12973 ((2002), S. 47) die Produktkosten zur Erfüllung einer spezifischen Funktion des Wertanalyse-Objektes. Die Summe der Funktionenkosten ist gleich den Produktkosten des Wertanalyse-Objektes.

Die bekannten Systeme der Kostenrechnung (z. B. Grenzplankostenrechnung) sehen nur die Berechnung der Kosten von Produkten und Komponenten (Baugruppen, Bauteile) vor. Die Funktionenkosten müssen deshalb in einer Auswertungsrechnung ermittelt werden, die folgende **Schritte** vorsieht (vgl. Korte (1977), S. 71 ff.; Schröder (1994), S. 161):

– Schritt 1: Ermitteln der Produktkosten der verschiedenen Komponenten des Wertanalyse-Objektes

– Schritt 2: Verrechnen der Produktkosten der Komponenten auf die produktbezogenen Funktionen der untersten Ebene des Funktionenbaums

– Schritt 3: Berechnen der Produktkosten der Funktionen auf den höheren Ebenen des Funktionenbaums durch Aggregation der Produktkosten der jeweils untergeordneten produktbezogenen Funktionen

In **Schritt 1** werden die Kosten der einzelnen Komponenten des Wertanalyse-Objektes der Kostenträgerstückrechnung entnommen. Da die Montagekosten keiner einzelnen Komponente zugerechnet werden können, werden sie getrennt ausgewiesen (vgl. Korte (1977), S. 78 f.). Nach der Zurechenbarkeit der Komponentenkosten zu den Funktionen werden

– die Funktioneneinzelkosten und

– die Funktionengemeinkosten

unterschieden. Wird eine Komponente zur Umsetzung nur einer einzelnen Funktion benötigt, können ihre Kosten dieser Funktion direkt zugerechnet werden. Entfällt die Funktion, entfallen auch diese Kosten. Bei diesen Kosten handelt es sich um **Funktioneneinzelkosten**. Eine Komponente kann jedoch auch zwei oder mehreren Funktionen gemeinsam dienen. Die Teile der Kosten einer solchen Komponente, die sich keiner einzelnen Funktion direkt zurechnen lassen, stellen die **Funktionengemeinkosten** dar (vgl. Schröder (1994), S. 162).

Beispiel 6.10: Funktioneneinzel- und -gemeinkosten

Die Kaffeemaschine aus Beispiel 6.3 besteht aus sechs Komponenten, dem Wassertank, dem Gehäuse, dem Heizkörper, dem Steigrohr, dem Filter und der Thermoskanne. Der Wassertank trägt nur zur Realisation der Funktion „Wasser speichern" bei. Seine Kosten zählen damit zu den Funktioneneinzelkosten. Die Thermoskanne leistet dagegen sowohl einen Beitrag zu der Funktion „Kaffee speichern" als auch zu den Funktionen „Kaffee warm halten" und „Aroma bewahren". Bei Wegfall der Funktion „Kaffee warm halten" könnte anstelle der Thermoskanne eine einfache Glaskanne verwendet werden. Die Mehrkosten der Thermoskanne gegenüber einer einfachen Glaskanne können damit der Funktion „Kaffee warm halten" als Funktioneneinzelkosten zugeordnet werden. Die Kosten der Glaskanne stellen dagegen Funktionengemeinkosten dar.

Für die **Berechnung der Funktionenkosten** werden drei **Konzepte** vorgeschlagen (vgl. Kern/Schröder (1978), S. 379):

– das Konzept der marginalen Funktionenkosten,
– das Konzept der gesamten Funktionenkosten sowie
– das Konzept der anteiligen Funktionenkosten.

Beim Konzept der **marginalen Funktionenkosten** werden einer Funktion nur die Kosten zugerechnet, die beim Verzicht auf diese Funktion entfallen würden, d. h. die Funktioneneinzelkosten. Die Summe der Funktionenkosten ist damit kleiner als die Produktkosten des Wertanalyse-Objektes. Nach dem Konzept der **gesamten Kosten** werden einer Funktion die Produktkosten aller Komponenten vollständig zugeordnet, die zur Umsetzung dieser Funktion beitragen, d. h. auch die gesamten Produktkosten der Komponenten, die mehreren Funktionen dienen. Die Summe der Funktionenkosten übersteigt damit die Produktkosten des Wertanalyse-Objektes. Das Konzept der **anteiligen Kosten** sieht die Verrechnung der Funktionengemeinkosten über Verteilungsgrößen auf die Funktionen vor. Die Summe der Funktionenkosten stimmt bei diesem Konzept mit den Produktkosten des Wertanalyse-Objektes überein. Nach DIN 12973 werden die Funktionenkosten nach dem Konzept der anteiligen Funktionenkosten ermittelt (vgl. DIN EN 12973 (2002), S. 47).

Als Verteilungsgrößen zur **Verrechnung der Funktionengemeinkosten** werden die Anteile der Komponente an der Umsetzung der jeweiligen Funktionen vorgeschlagen (vgl. Korte (1977), S. 71), die durch Komponentenkoeffizienten ρ_{mn} abgebildet werden. Diese sind verwandt mit den Komponentenkoeffizienten r_{nm}, die zur Bestimmung der Komponentengewichte für die Ableitung der Komponentenkostenvorgaben im Target Costing ermittelt werden. Bei der Produktkostenplanung werden mit den Komponentenkoeffizienten jedoch Funktionenkostenvorgaben auf Komponenten verteilt, während bei der Wertanalyse die Produktkosten der Komponenten den Funktionen zugerechnet werden. Die Werte der Komponentenkoeffizienten in der Wertanalyse und bei der Produktkostenplanung stimmen deshalb nicht überein (vgl. Glaser/Nolte-meier (2006), S. 11).

Um im **zweiten Schritt** die Produktkosten der Komponenten auf die produktbezogenen Funktionen verrechnen zu können, sind zunächst die Komponentenkoeffizienten ρ_{mn} zu bestimmen.

Der **Komponentenkoeffizient** ρ_{mn} gibt den Anteil der Komponente m (m = 1, ..., M) an, der zur Umsetzung der produktbezogenen Funktion n (n = 1, ..., N) beiträgt.

Die **Produktkosten der produktbezogenen Funktionen** ergeben sich anschließend wie folgt:

$$K_{Fn} = \sum_{m=1}^{M} \rho_{mn} \cdot K_{Tm} \quad \text{für n = 1, ..., N,}$$

wobei K_{Fn} = Produktkosten der produktbezogenen Funktion n (n = 1, ..., N),
$\quad\quad K_{Tm}$ = Produktkosten der Komponente m.

Die Produktkosten der im Funktionenbaum übergeordneten Funktionen werden durch Addition der Produktkosten der ihnen zugeordneten produktbezogenen Funktionen der untersten Ebene des Funktionenbaums ermittelt. Erfasst werden die Funktionenkosten in einer **Funktionenkostenmatrix**. Sie weist für jede Funktion die ihr zugerechneten Produktkosten jeder einzelnen Komponente aus.

Beispiel 6.11: Funktionenkostenmatrix

Die folgende Tabelle zeigt die Kosten, die für die Komponenten der Kaffeemaschine aus Beispiel 6.3 kalkuliert worden sind, sowie die Komponentenkoeffizienten für die produktbezogenen Funktionen.

Komponente / Funktion	Montage	Gehäuse	Wassertank	Steigrohr	Heizkörper	Filter	Thermos-kanne
Kosten der Komponenten in €	4,80	9,40	0,80	2,50	6,40	6,50	11,40
Wasser erhitzen							
Wasser speichern	0,18	0,06	1,0				
Energie umwandeln	0,25			1,0			
Kaffee aufbrühen							
Gemahlenen Kaffee speichern	0,17	0,04				0,12	
Heißes Wasser zuführen	0,2	0,06			0,75	0,12	
Kaffee vom Kaffeesatz trennen							
Kaffee ableiten						0,2	
Kaffee speichern		0,04					0,25
Kaffeesatz zurückhalten						0,36	

	Montage	Gehäuse	Wassertank	Steigrohr	Heizkörper	Filter	Thermoskanne
Aroma bewahren							
Kaffeemehl verschließen	0,1	0,3				0,05	
Kaffee verschließen	0,1	0,1				0,05	0,25
Kaffee warm halten							
Wärme speichern		0,4			0,25	0,1	0,5

Folgende Tabelle zeigt die Funktionenkostenmatrix. Die Kosten des Gehäuses, die der produktbezogenen Funktion „Heißes Wasser zuführen" zugerechnet werden, sind wie folgt zu ermitteln: 9,40 € · 0,06 = 0,564 €.

Funktionen \ Komponente	Montage	Gehäuse	Wassertank	Steigrohr	Heizkörper	Filter	Thermoskanne	Summe
Wasser erhitzen	2,064	0,564	0,80	2,50				5,928
Wasser speichern	0,864	0,564	0,80					2,228
Energie umwandeln	1,2			2,50				3,70
Kaffee aufbrühen	1,776	0,94			4,80	1,56		9,076
Gemahlenen Kaffee speichern	0,816	0,376				0,78		1,972
Heißes Wasser zuführen	0,96	0,564			4,80	0,78		7,104
Kaffee vom Kaffeesatz trennen		0,376				3,64	2,85	6,866
Kaffee ableiten						1,30		1,30
Kaffee speichern		0,376					2,85	3,226
Kaffeesatz zurückbehalten						2,34		2,34
Aroma bewahren	0,96	3,76				0,65	2,85	8,22
Kaffeemehl verschließen	0,48	2,82				0,325		3,625
Kaffee verschließen	0,48	0,94				0,325	2,85	4,595
Kaffee warm halten		3,76			1,60	0,65	5,70	11,71
Wärme speichern		3,76			1,60	0,65	5,70	11,71
Summe	4,80	9,40	0,80	2,50	6,40	6,50	11,40	41,80

Der Wertindex einer produktbezogenen Funktion wird berechnet, indem ihr Funktionengewicht durch den Anteil der für sie berechneten Produktkosten an den Produktkosten des Wertanalyse-Objektes dividiert wird (vgl. Monden (1999), S. 257). Für den **Wertindex einer produktbezogenen Funktion** j gilt

$$z_n = \frac{g_n}{k_{Fn}} \text{ mit } k_{Fn} = \frac{K_{Fn}}{\sum_{j=1}^{N} K_{Fj}} \text{ für } n = 1, ..., N,$$

wobei z_n = Wertindex der produktbezogenen Funktion n (n = 1, ..., N),

g_n = Funktionengewicht der produktbezogenen Funktion n,

k_{Fn} = Anteil der Produktkosten der produktbezogenen Funktion n an den Produktkosten des Wertanalyse-Objektes.

Ist der Wertindex einer Funktion kleiner 1, ist ihr Anteil an den Produktkosten im Vergleich zu ihrer Bedeutung für den Kunden zu hoch. Die Produktkosten dieser Funktion sollten gesenkt werden.

Beispiel 6.12: Wertindices

Für die Funktionen der Kaffeemaschine lauten die Wertindices wie folgt:

Produktbezogene Funktion	Funktionengewicht (vgl. Beispiel 6.1)	Kostenanteil (vgl. Beispiel 6.11)	Wertindex
Wasser speichern	0,05	2,228/41,80 = 0,053	0,94
Energie umwandeln	0,06	3,70/41,80 = 0,088	0,68
Kaffeemehl speichern	0,1	1,972/41,80 = 0,047	2,12
Heißes Wasser zuführen	0,1	7,104/41,80 = 0,17	0,59
Kaffee ableiten	0,03	1,30/41,80 = 0,031	0,96
Kaffee speichern	0,1	3,226/41,80 = 0,077	1,3
Kaffeesatz zurückhalten	0,06	2,34/41,80 = 0,056	1,07
Kaffeemehl verschließen	0,1	3,625/41,80 = 0,087	1,15
Kaffee verschließen	0,1	4,595/41,80 = 0,11	0,91
Wärme speichern	0,3	11,71/41,80 = 0,28	1,07

Produktbezogene Funktionen mit sehr niedrigen Wertindices sind „Energie umwandeln", und „Heißes Wasser zuführen". Sie sollten Schwerpunkte der wertanalytischen Betrachtung bilden.

6.4.3.2 Teilschritte der Zielbildung

Teilschritte der Zielbildung sind vor allem

– das Festlegen der Soll-Funktionen und
– die Planung von Produktkostenvorgaben für die Soll-Funktionen.

(1) Festlegen der Soll-Funktionen

> Die **Soll-Funktionen** beschreiben den angestrebten Zustand des Wertanalyse-Objektes.

Festgelegt werden die Soll-Funktionen, indem an der Spitze des Funktionenbaums beginnend für jede Funktion analysiert wird, ob sie nötig ist. Nur wenn diese Frage eindeutig bejaht werden kann, wird die jeweilige Ist-Funktion zur Soll-Funktion. Diese Situation liegt vor, wenn zu

– der Funktion keine alternativen Funktionen existieren,
– die Ist-Funktion einen höheren Wertindex aufweist als alternative Funktionen oder
– die Ist-Funktion eine lösungsbedingende Vorgabe ist.

Wird die Frage nach der Notwendigkeit einer Funktion verneint, gibt es zwei alternative Vorgehensweisen (vgl. Bronner/Herr (2003), S. 100 f.): (1) der Austausch und (2) die Elimination der Funktion. **Ausgetauscht** werden Funktionen, für die eine Alternative mit einem höheren Wertindex existiert. Eine Alternative für die produktbezogene Funktion „Wärme speichern" zur Umsetzung der kundenbezogenen Funktion „Kaffee warm halten" wäre „Wärme zuführen". Diese Funktion kann mit einer einfachen Glaskanne und einer Heizplatte realisiert werden, so dass keine Thermoskanne benötigt wird. **Eliminiert** werden zunächst die unnötigen Funktionen. Weiterhin werden Nebenfunktionen mit einem Wertindex eliminiert, der kleiner als 1 ist, sofern keine alternative Funktion mit einem höheren Wertindex existiert. Zur Unterstützung der Entscheidungen über die Soll-Funktionen sind Funktionenkosten mit anteiligen Funktionengemeinkosten nicht geeignet. Dieser Teilschritt verlangt vielmehr die Ermittlung der marginalen Funktionenkosten.

Sind alle Funktionen überprüft kann schließlich noch versucht werden, das Wertanalyse-Objekt um zusätzliche Funktionen zu erweitern oder das Niveau unerwünschter Funktionen zu reduzieren. **Zusätzlich berücksichtigt** werden können Nebenfunktionen mit einem Wertindex, der über 1 liegt. Bei der **Reduktion des Niveaus unerwünschter Funktionen** handelt es sich um eine Verminderung unerwünschter Wirkungen des Produktes, wie z. B. Energieverbrauch und Betriebsgeräusche. Die Elimination, der Austausch und die Reduktion des Niveaus einer Funktion machen die Anpassung aller der ihr untergeordneten Teilfunktionen notwendig.

(2) Planung von Funktionenkostenvorgaben

Liegen die Soll-Funktionen fest, werden für die Funktionen auf der untersten Ebene des Funktionenbaums die Funktionenkostenvorgaben geplant. Für die **Planung der Funktionenkostenvorgaben** werden in der Literatur zur Wertanalyse u. a. folgende Verfahren vorgeschlagen (vgl. Korte (1977), S. 146 ff.):

– die Spaltung der Produktkostenvorgabe für das Wertanalyse-Objekt in Funktionenkostenvorgaben nach ihrer Bedeutung für den Kunden (vgl. Abschnitt 6.2.3.3) und

– der Vergleich mit den Funktionenkosten eines ähnlichen Objektes aus dem Produktionsprogramm der Unternehmung oder eines Wettbewerbers.

Bei Anwendung des ersten Verfahrens werden die Funktionenkostenvorgaben keiner **Realisierbarkeitsprüfung** unterzogen. Verfahren, die auf dem Vergleich mit einem ähnlichen Objekt basieren, gehen dagegen von einem Produktkostenniveau aus, das bereits einmal realisiert worden ist. Offen bleibt jedoch, ob dieses Niveau beim Wertanalyse-Objekt erreichbar ist. Es bietet sich deshalb an, durch die ausführende Abteilung minimale Funktionenkosten schätzen zu lassen. Die abgeleiteten und die minimalen Funktionenkosten bilden die Grenzen eines Intervalls möglicher Funktionenkostenvorgaben. In Verhandlungen legen das Wertanalyse-Team und die ausführende Abteilung eine Funktionenkostenvorgabe fest.

6.4.3.3 Teilschritte bei der Alternativensuche und Bewertung

In dieser Teilphase werden zunächst für jede einzelne Soll-Funktion alle denkbaren Lösungsideen gesucht, aus denen alternative Lösungen entwickelt werden. Aus der Vielzahl der entstehenden Lösungen werden in einem **mehrstufigen Bewertungsprozess** mindestens drei Erfolg versprechende Lösungsvorschläge ausgewählt, die anschließend vollständig ausgearbeitet und dem Entscheidungsträger zur Entscheidung vorgelegt werden. Auf jeder Stufe des Bewertungsprozesses weisen die Lösungsideen und -vorschläge einen höheren Detaillierungsgrad auf und werden mit zunehmend differenzierten Kriterien bewertet. Diese Phase der Wertanalyse vollzieht sich vor allem in den folgenden Teilschritten des Wertanalyse-Arbeitsplanes nach DIN EN 12973:

- Teilschritt 1: Sammeln und Finden von Lösungsideen (5.1)
- Teilschritt 2: Generieren von Lösungsideen (5.2)
- Teilschritt 3: Bewerten und Verdichten von Lösungsideen (6.1)
- Teilschritt 4: Bewerten der Lösungsansätze und Auswahl der auszuarbeitenden Ansätze (6.2)
- Teilschritt 5: Überprüfen und Bewerten der Lösungsvorschläge (7.2, 7.3)

Teilschritt 1 verlangt die Auswertung von Erfahrungen und vorhandenem Wissen. Es sollen alle Lösungen erfasst werden, die für eine Funktion bereits realisiert worden sind. Hierzu werden vor allem die Produkte der Unternehmung und der Wettbewerber sowie verwandte Produkte aus anderen Branchen analysiert, d. h. Produkte mit ähnlichen Funktionen. Ziel des Teilschrittes 1 ist es, bekannte Lösungsideen zu finden. Diese sollen um innovative Lösungsideen ergänzt werden. Aufgabe des Wertanalyse-Teams in **Teilschritt 2** ist deshalb die Suche nach innovativen Lösungsideen. Unterstützt werden kann die Arbeit des Wertanalyse-Teams durch den Einsatz von Kreativitätstechniken (vgl. Bronner/Herr (2003), S. 103 ff.; VDI-Richtlinie 2806 (2002), S. 10 ff.).

Eine **Lösungsidee** betrifft nur einzelne Elemente einer Lösung, wie z. B. das Lösungsprinzip (z. B. elektrisch, mechanisch), die Gestalt, das Material, die Technologie (z. B. Urformen, Umformen, Spanen). Erst wenn Ausprägungen dieser Elemente kombiniert werden, entsteht eine **Lösung** für eine Funktion (vgl. Bronner/Herr (2003), S. 33, 110 f.). Aus der Ideensammlung und -entwicklung können sehr viele Lösungsideen für eine Funktion resultieren, die sich zu einer noch größeren Zahl von Lösungsvorschlägen kombinieren lassen. Vor dem Verdichten zu Lösungsvorschlägen wird deshalb in **Teilschritt 3** aus der Menge der gefundenen Lösungsideen zunächst eine Vorauswahl der Ideen getroffen, die Lösungen mit einem hohen Zielbeitrag erwarten lassen. Aus den ausgewählten Lösungsideen werden anschließend Lösungsvorschläge generiert. Dieser Teilschritt kann durch die morphologische Methode unterstützt werden (vgl. Bronner/Herr (2003), S. 36).

Die generierten Lösungsvorschläge werden in **Teilschritt 4** hinsichtlich Realisierbarkeit, Beitrag zu den angestrebten Zielen und der für die Entwicklung erforderlichen Zeitdauer beurteilt. Da in diesem Teilschritt nur grobe Vorstellungen zu den Lösungen existieren, können sie nur qualitativ bewertet werden. Dieser Teilschritt führt zu einer Gliederung in A-, B- und C-Vorschläge (vgl. Bronner/Herr (2003), S. 35):

- A-Vorschläge: Lösungsvorschläge mit hohem Zielbeitrag und Risiko, die mittel- oder langfristig entwickelt werden können
- B-Vorschläge: Lösungsvorschläge mit mittlerem Zielbeitrag und Risiko
- C-Vorschläge: Lösungsvorschläge mit geringem Zielbeitrag und Risiko, die kurzfristig entwickelt werden können

Aus diesen Vorschlägen wird für die zuständigen Fachabteilungen (z. B. Konstruktion) ein Arbeitsprogramm geplant, das die Ausarbeitung der ausgewählten Lösungsvorschläge und ihre Prioritäten festlegt. Dieses Arbeitsprogramm wird den zuständigen Fachabteilungen anschließend übermittelt.

Parallel zur Ausarbeitung der Lösungsvorschläge durch die zuständigen Fachabteilungen werden die Entwürfe in **Teilschritt 5** vom Wertanalyse-Team geprüft. Auf der Grundlage der Ergebnisse dieser Analyse entscheidet das Wertanalyse-Team für jeden Entwurf über das weitere Vorgehen, d. h. den Abbruch oder die Fortsetzung der Ausarbeitung. Sind die Lösungsvorschläge vollständig ausgearbeitet, werden sie in **Teilschritt 5** hinsichtlich Zielbeitrag, Risiko sowie der für die Realisation erforderlichen Investitionen bewertet und eine Entscheidungsvorlage erstellt, die den zuständigen Entscheidungsträgern vorgelegt wird. Die Realisation und Kontrolle des ausgewählten Lösungsvorschlages (vgl. Grundschritt 9) obliegt der ausführenden Abteilung und den Entscheidungsträgern (vgl. DIN EN 12973 (2002), S. 38).

7 Potentialorientiertes Kostenmanagement

7.1 Abgrenzung des potentialorientierten Kostenmanagements

7.1.1 Begriff des potentialorientierten Kostenmanagements

Zur Durchführung der Prozesse für die Realisation des Leistungsprogramms der Unternehmung müssen **Ressourcen** (Produktionsfaktoren, Einsatzgüter) eingesetzt werden. Nach dem Verbrauch werden zwei Arten von Ressourcen unterschieden:

– die Repetierfaktoren und
– die Potentialfaktoren.

Repetierfaktoren sind beliebig teilbare Einsatzgüter, die nur einmal in den Leistungs-erstellungs- und -verwertungsprozess eingesetzt werden und anschließend verbraucht sind. Sie gehen im Leistungserstellungsprozess materiell unter und müssen in relativ kurzen Zeitabständen neu beschafft werden. Zu den Repetierfaktoren zählen die Roh-, Hilfs- und Betriebsstoffe, die unfertigen Erzeugnisse und die Einbauteile. **Potential-faktoren** sind nicht beliebig teilbare Produktionsfaktoren, die im Leistungserstel-lungsprozess gebraucht werden. Sie verkörpern ein Leistungspotential, von dem bei jedem Einsatz zur Leistungserstellung ein Teil abgegeben wird (vgl. Heinen (1983), S. 247). Zu den Potentialfaktoren gehören vor allem die menschliche Arbeit und die Betriebsmittel, d. h. die Einrichtungen und Anlagen, welche die technischen Voraus-setzungen der Leistungserstellung bilden (z. B. Gebäude, Maschinen, Fördereinrich-tungen, Messgeräte). Durch die Kombination der Ressourcen entsteht das Leistungs-potential der Unternehmung.

> Das **Leistungspotential** sind die zu produktiven Einheiten und Systemen kombi-nierten Potential- und Repetierfaktoren zur Erstellung des Leistungsprogramms der Unternehmung (vgl. Kern (1990), S. 149).

Die Entscheidungen über das Leistungspotential bilden den Gegenstand der **Potenti-algestaltung** (vgl. Kern (1990), S. 148). Sie erstreckt sich auf die quantitative und qualitative Zusammensetzung des Leistungspotentials im Rahmen der Vorgaben des geplanten Leistungsprogramms, die termingerechte Bereitstellung am Einsatzort, die Entsorgung nicht mehr benötigter Reste sowie im Falle von Potentialgütern die War-tung und Instandsetzung.

Das potentialorientierte Kostenmanagement ist ein Gestaltungsbereich des Kostenma-nagements der Unternehmung (vgl. Abschnitt 1.3.3). Es zielt auf die Gestaltung der Effizienz durch die Einflussnahme auf die Bereitstellung des Leistungspotentials zur Realisation des Leistungsprogramms der Unternehmung. Die Effizienz ist dabei das Verhältnis aus der Deckung des Ressourcenbedarfs und den dadurch verursachten Kosten. Da der Ressourcenbedarf durch das Leistungsprogramm definiert ist, ist das

Gestaltungsobjekt auf den Mitteleinsatz für die Bedarfsdeckung begrenzt. Das potentialorientierte Kostenmanagement ist damit durch folgende Merkmale gekennzeichnet:

- die Total Cost of Ownership als Gestaltungsobjekt,
- das für die Realisation des geplanten Leistungsprogramms erforderliche Leistungspotential als effektivitätsbezogene Restriktion und
- die Einflussgrößen der Total Cost of Ownership als Gestaltungsparameter.

> Das **potentialorientierte Kostenmanagement** ist die zielorientierte Gestaltung der Total Cost of Ownership der Produktionsfaktoren für die Realisation des Leistungsprogramms durch die Einflussnahme auf die Träger von Entscheidungs- und Ausführungshandlungen zur Bereitstellung des Leistungspotentials der Unternehmung.

7.1.2 Merkmale des potentialorientierten Kostenmanagements

7.1.2.1 Total Cost of Ownership als Gestaltungsobjekt

Der **Lebenszyklus eines Produktionsfaktors** umfasst den Zeitraum, über den er zielwirksam ist (vgl. Götze (2000), S. 267). Nach den Aktivitäten, die sich auf die Produktionsfaktoren beziehen, kann der Lebenszyklus eines Produktionsfaktors in Phasen gegliedert werden. Abb. 7.1 nennt die Phasen in den Lebenszyklen von Repetier- und Potentialfaktoren. In der **Entstehungsphase** wird der Produktionsfaktor entwickelt und vom Lieferanten hergestellt. Die **Transaktionsphase** umfasst alle Aktivitäten der Übertragung des Produktionsfaktors vom Lieferanten auf die Unternehmung durch Kauf, Miete oder Leasing, d. h. die Beschaffungsaktivitäten der Unternehmung und die Verkaufsaktivitäten des Lieferanten. Bei den Repetierfaktoren zählen zu dieser Phase aus der Sicht der beschaffenden Unternehmung u. a. die Bedarfsfeststellung, die Anfrage bei potentiellen Lieferanten, die Lieferantenauswahl und Vertragsverhandlungen, die Bestellung, die Bestellbestätigung, die Änderung der Bestellung, die Bestätigung der Änderung, die Überwachung der Bestellung, der Transport zur Unternehmung, der Wareneingang einschließlich aller Kontrollen, die Bearbeitung zeitlicher, quantitativer und qualitativer Fehllieferungen sowie die Bezahlung (vgl. Ellram/Siferd (1993), S. 176 ff.). Die Transaktionsphase geht der Entstehungsphase vielfach voraus. In der **Verarbeitungsphase** werden die Repetierfaktoren weiterbearbeitet bzw. in das Produkt eingebaut. In der **Entsorgungsphase** werden die Reste des Repetierfaktors in der Form von Verschnitt oder Überbeständen entsorgt oder einer anderen Verwendung zugeführt. Die **Betriebsphase** eines Betriebsmittels umfasst seine wirtschaftliche Nutzung sowie alle Aktivitäten zur Wahrung bzw. Wiederherstellung seiner Nutzungsfähigkeit. Die **Stilllegungsphase** hat die Stilllegung und die Verschrottung bzw. den Verkauf des Betriebsmittels zum Inhalt (vgl. Pfohl/Wübbenhorst (1983), S. 144).

Repetierfaktoren	Potentialfaktoren	
	Betriebsmittel	Personal
– Entstehungsphase – Transaktionsphase – Verarbeitungsphase – Entsorgungsphase	– Entstehungsphase – Transaktionsphase – Betriebsphase – Stilllegungsphase	– Einstellung – Arbeitseinsatz – Freisetzung

Abb. 7.1: Phasen im Lebenszyklus von Produktionsfaktoren

Produktionsfaktoren verursachen in allen Phasen ihres Lebenszyklus **Kosten**. Abb. 7.2 nennt am Beispiel der Repetierfaktoren die Kostenkategorien, die in den verschiedenen Phasen des Lebenszyklus in der Unternehmung bzw. beim Lieferanten anfallen. Die **Entwicklungskosten** sind in Abb. 7.2 dem Lieferanten zugeordnet. Sie können jedoch vollständig oder teilweise auch bei der Unternehmung anfallen. Die Teile der Entwicklungskosten, die beim Lieferanten anfallen, die **Kosten für die Herstellung** des Produktionsfaktors sowie die **Kosten des Verkaufs** werden über den Preis des Produktionsfaktors abgegolten, der in der Unternehmung zu Materialkosten (Repetierfaktoren) oder Abschreibungen (Betriebsmittel) führt. Abweichend von der Definition in der Zuschlagskalkulation werden hier unter **Materialkosten** die Kosten der verbrauchten Roh-, Hilfs- und Betriebsstoffe, unfertigen Erzeugnisse und Einbauteile (Stoffkosten) verstanden. Bei den **Transaktionskosten** handelt es sich um die Kosten, die bei der vertraglichen Übertragung der Verfügungsrechte an dem Produktionsfaktor und seiner physischen Übermittlung entstehen. Im Folgenden werden drei Kategorien der Transaktionskosten unterschieden:

– die **Beschaffungskosten** (z. B. Kosten für die Bedarfsfeststellung, die Vertragsverhandlungen, den Vertragsabschluss, die Anpassung des Vertrags und die Überwachung seiner Inhalte sowie für den Wareneingang),

– die **Logistikkosten** (z. B. Transport-, Lager- und Kapitalbindungskosten) sowie

– die **Fehlerkosten**, d. h. die Kosten für zeitliche, qualitative oder quantitative Fehllieferungen (z. B. Kosten für Rücksendungen, Betriebsunterbrechungen).

Die **Fertigungskosten** der Verarbeitungsphase in der Unternehmung sind die Kosten der Weiterverarbeitung oder des Einbaus der Repetierfaktoren. Sie bilden zusammen mit den Materialkosten die Beschaffungsobjektkosten (vgl. Pampel (1992), S. 813 f.). Für Betriebsmittel fallen in der Entstehungs- und der Transaktionsphase entsprechende Kostenkategorien an. In der Betriebsphase entstehen **Betriebskosten** (z. B. Bedienerlöhne, Energiekosten, Versicherungskosten) und **Unterhaltskosten** (Kosten für Wartung, Inspektion, Instandsetzung, Verbesserung). Hinzu kommen die Kosten der Stilllegung und der Verwertung des Betriebsmittels am Ende seiner Nutzungsdauer. Analog hierzu treten beim Personal Kosten für die Einstellung, den Einsatz (u. a. Löhne, Gehälter, Kosten für Qualifizierungsmaßnahmen) und die Freisetzung (z. B. Abfindungen) auf.

Lebenszyklusphase	Unternehmung	Lieferant
Entstehungsphase		– Entwicklungskosten – Kosten für die Her- stellung
Transaktionsphase	Transaktionskosten der Beschaffung	– Transaktionskosten des Verkaufs
Verarbeitungsphase	– Fertigungskosten – Materialkosten ◀────	Preis
Entsorgungsphase	– Entsorgungskosten – Erlöse oder einge- sparte Kosten einer Weiterverwendung	

Abb. 7.2: Kosten im Lebenszyklus von Repetierfaktoren

Zusammengefasst bilden diese Kosten eines Repetier- bzw. Potentialgutes die **Total Cost of Ownership**. Sie beziehen sich immer auf ein Einsatzgut von einem bestimmten Lieferanten (vgl. Foodhooft/Van den Abbeele/Peters (2005), S. 14). Ermittelt werden sie mit Hilfe spezieller Auswertungsrechnungen. Entwickelt worden sind diese Konzepte als Grundlage für die Lieferantenbewertung sowie für die Unterstützung von Verhandlungen mit Lieferanten und von Outsourcing-Entscheidungen (vgl. Ellram (1994), S. 172; Ellram (1995), S. 55). In der Literatur werden den Total Cost of Ownership deshalb meist nicht die gesamten Lebenszykluskosten des Produktionsfaktors zugeordnet. Bei sehr enger Abgrenzung umfassen sie sogar nur die Materialkosten und die Fehlmengenkosten (vgl. Homburg/Daum (1997), S. 194). In der Regel werden ihnen jedoch neben den Materialkosten auch die gesamten Transaktionskosten und die Entsorgungskosten zugerechnet (vgl. Ellram (1999), S. 602; Kauther/Weber (1998), S. 44 f.). Die Fertigungskosten werden nur selten explizit als Bestandteil der Total Cost of Ownership genannt (vgl. Rajagopal/Bernard (1993), S. 18).

> Die **Total Cost of Ownership** (TCO) sind die Kosten, die der Unternehmung für ein Einsatzgut von einem bestimmten Lieferanten während des Lebenszyklus entstehen (vgl. Ellram (1995), S. 23).

7.1.2.2 Gestaltungsparameter im Lebenszyklus von Produktionsfaktoren

Abb. 7.3 zeigt Beispiele für die **Einflussgrößen auf die Kosten des Leistungspotentials** der Unternehmung (vgl. Porter (1992), S. 129 f.; Ellram/Siferd (1993), S. 176 ff.). Über die Veränderung dieser Einflussgrößen können die Kosten des Leistungspotentials der Unternehmung zielorientiert gestaltet werden. Verändert werden können diese Kosteneinflussgrößen jedoch nur innerhalb der Vorgaben, die sich aus dem zu realisierenden Leistungsprogramm ergeben.

Produktionsfaktor	Beispiele für Kosteneinflussgrößen
Material	**Art, Menge und Zusammensetzung** Anzahl der verschiedenen Materialarten, Stückzahlen, Merkmale der Materialien, Abstimmung der Materialien mit dem Produkt und dem Weiterverarbeitungsprozess **Art der Bereitstellung** Eigenfertigung/Fremdbezug, Lieferant (z. B. Standort, Leistungsfähigkeit, Zuverlässigkeit), Anzahl der Lieferanten, Komplexität des Auftrags, Anzahl und Umfang von Änderungen der Bestellungen, Bestellmengen und Bestellzeitpunkte, Vertragsart, Zusammenarbeit mit den Lieferanten, Einkaufskooperationen **Art der Entsorgung** Verwendungsart und Abnehmer der Reste
Betriebsmittel	**Art, Menge und Zusammensetzung** Technische Eigenschaften, Abstimmung mit dem Kapazitätsbedarf, Abstimmung der Kapazitäten aufeinanderfolgender Produktionsstufen, Altersstruktur, Kapazität **Art der Bereitstellung** Zeitpunkt der Beschaffung **Nutzung** Einsatzdauer pro Planperiode, Intensität, Auslastung, Nutzungsschwankungen, Anordnung im Produktionsprozess, Instandhaltungspolitik, Nutzungsdauer **Abbau** Art der Verwendung, Abnehmer

Abb. 7.3: Einflussgrößen der Kosten des Leistungspotentials

7.1.3 Gestaltungsbereiche des potentialorientierten Kostenmanagements

Nach dem Produktionsfaktor und der Kategorie der Total Cost of Ownership können die in Abb. 7.4 genannten **Gestaltungsbereiche** des potentialorientierten Kostenmanagements abgegrenzt werden.

In älteren Studien wurde festgestellt, dass durch die Beschaffung des Materials nur 5 % der Kosten eines Produktes verursacht werden (vgl. VDI (1987), S. 3). In den vergangenen Jahren ist die Fertigungstiefe in vielen Unternehmungen kontinuierlich verringert worden. Damit verbunden ist, dass komplexere Bauteile beschafft werden und in zunehmendem Umfang Entwicklungs- und Logistikaufgaben auf die Lieferanten übertragen werden. Das verlangt eine intensivere Zusammenarbeit mit den Lieferanten. Durch die Reduktion der Lagerbestände, die bis zur lagerlosen Bereitstellung am Arbeitsplatz reicht, haben zeitliche, qualitative oder quantitative Fehllieferungen hohe Kosten zur Folge. Um Fehllieferungen zu vermeiden, müssen Abnehmer und Lieferanten enger zusammenarbeiten. Diese Entwicklungen haben zur Folge, dass sich die Transaktionskosten erhöhen (vgl. Kauther/Weber (1998), S. 43). Damit ist die Gestaltung des **Niveaus der Transaktionskosten** zu einem Gestaltungsbereich des potentialorientierten Kostenmanagements geworden, das intensiver zu bearbeiten ist.

Produktions-faktor Kostenkategorie	Material	Betriebsmittel	Personal
Transaktionskosten	Transaktionskosten • Beschaffungskosten • Logistikkosten • Fehlerkosten	Transaktionskosten	Einstellungskosten
Objektkosten	Beschaffungsobjektkosten • Materialkosten (Einsatzgüterpreis) • Fertigungskosten	Investitionsobjektkosten • Abschreibungen (Einsatzgüterpreis) • Betriebskosten • Unterhaltskosten	Kosten des Personaleinsatzes • Lohn- und Gehaltskosten • Kosten für Qualifizierungsmaßnahmen
Entsorgungs-/Stillegungskosten	Entsorgungskosten	Kosten für die Stilllegung und Verwertung	Kosten für die Freisetzung

Abb. 7.4: Gestaltungsbereiche des potentialorientierten Kostenmanagements

In Industrieunternehmungen liegt der Anteil der Materialkosten an den Gesamtkosten in der Regel zwischen 40 % und 50 %. Der Personalkostenanteil weist eine Höhe von 15 - 30 % auf. Der Anteil der Abschreibungen beträgt 1,2 - 4 %. Die Materialkosten sind damit die bedeutendste Kostenart (vgl. hierzu auch PriceWaterhouseCoopers (2007), S. 10). Die Mengenkomponente dieser Kostenarten kann durch das potentialorientierte Kostenmanagement nur im Umfang der Materialverschwendung bzw. bestehender Überkapazitäten gestaltet werden. Die Einflussgrößen des Material- und Kapazitätsbedarfs liegen im Gestaltungsbereich des produkt- bzw. prozessorientierten Kostenmanagements. Die Lohn- und Gehaltssätze sind vielfach durch Tarifverträge vorgegeben und damit nur in engen Grenzen gestaltbar. Damit ist die Gestaltung des **Niveaus der Materialkosten über die Einsatzgüterpreise** ein wichtiger Gestaltungsbereich des potentialorientierten Kostenmanagements, der im Folgenden ausführlich betrachtet werden soll.

Über den Einsatzgüterpreis wird die Unternehmung mit den Kosten belastet, die beim Lieferanten für die Erstellung und Verwertung der Komponenten entstehen. Die Unternehmung kann den Einsatzgüterpreis zunächst nur über die Lieferantenwahl oder durch Verhandlungen bis zu einer Preisuntergrenze beeinflussen, die von den Kosten des Lieferanten abhängig ist. Verfügt die Unternehmung über die erforderliche **Marktmacht**, kann sie einen Preisdruck aufbauen, der den Lieferanten veranlasst, Maßnahmen zur Kostensenkung zu ergreifen. Um die erforderliche Marktmacht zu schaffen, können Einkaufskooperationen eingegangen werden (Collective Sourcing).

Zwischen den Entscheidungen der Unternehmung und der des Lieferanten in Entwicklung, Fertigung und Beschaffung bzw. Vertrieb treten vielfältige Interdependenzen auf. Beispielsweise hängen die Kosten für die Produktion der Komponente beim Lieferanten von den Entscheidungen der Unternehmung über die Merkmale der Komponente ab. Wird die Komponente vom Lieferanten entwickelt, beeinflussen seine Entscheidungen über die Komponente die Fertigungskosten der Weiterverarbeitung beim Lieferanten. Es gibt deshalb Kostensenkungspotentiale, die nur durch die Koordination zwischen den Entscheidungen der Unternehmung und des Lieferanten realisiert werden können. Das verlangt, dass die Entscheidungen der Unternehmung und die des Lieferanten zur Entwicklung, Produktion und Beschaffung/Vertrieb der Komponente aufeinander abgestimmt werden. Aus diesem Grunde sieht das Konzept der schlanken Zulieferung (Lean Supply) ein unternehmungsübergreifendes Kostenmanagement vor. Es bildet einen weiteren Gestaltungsbereich des potentialorientierten Kostenmanagements. Es zeichnet sich dadurch aus, dass es auf die Einflussgrößen im Gestaltungsbereich des Lieferanten direkt über eine kooperative Zusammenarbeit Einfluss nimmt und nicht indirekt über die Nutzung der Marktmacht.

> Das **unternehmungsübergreifende Kostenmanagement** ist die zielorientierte Gestaltung der Total Cost of Ownership der Produktionsfaktoren, die zur Realisation des Leistungsprogramms der Unternehmung erforderlich sind, durch die kooperative Zusammenarbeit mit Lieferanten zum Zweck der Einflussnahme auf die Entscheidungs- und Ausführungshandlungen bei der Gestaltung und Realisation von Produktionsfaktoren der Unternehmung beim Lieferanten.

Das Konzept der **schlanken Zulieferung** ist auf der Grundlage einer Analyse der US-amerikanischen, der europäischen und der japanischen Autoindustrie entwickelt worden (vgl. Laming (1994), S. 249 ff.). Es handelt sich bei diesem Ansatz um präskriptive Aussagen bzw. um eine Idealvorstellung zur Gestaltung der Beziehungen zwischen Unternehmung und Lieferant, die aus den Erkenntnissen der Analyse japanischer Unternehmungen der Autoindustrie hergeleitet worden sind. Es sieht als Elemente

- das unternehmungsübergreifende Kostenmanagement und
- die frühzeitige Einbeziehung des Lieferanten in den Prozess der Produktplanung

vor (vgl. McIvor (2001), S. 228 ff.). Hinzu treten weitere Elemente, die als Voraussetzungen für ein unternehmungsübergreifendes Kostenmanagement und die gemeinsame Produktplanung zu verstehen sind. Bei diesen Elementen handelt es sich um (vgl. Womack/Jones/Roos (1992), S. 153 ff.; Laming (1994), S. 250; Cooper/Slagmulder (1999a), S. 83 ff.):

- die Umgestaltung der Lieferantenstruktur durch
  - das Single oder Dual Sourcing,
  - das Modular Sourcing und
  - die Hierarchisierung unter den Lieferanten;

- den gegenseitigen Austausch von Informationen zwischen Unternehmung und Lieferanten sowie
- die Förderung kooperativen Verhaltens.

7.2 Schlanke Zulieferung als Ansatz des Kostenmanagements bei der Beschaffung von Material

7.2.1 Gestaltung der Lieferantenstruktur

7.2.1.1 Merkmale der Lieferantenstruktur

Die **Lieferantenstruktur** lässt sich u. a. durch den Lieferumfang der Lieferanten und die Anzahl der Lieferanten je Komponente beschreiben. Nach dem **Lieferumfang** werden

- Rohmaterial- und Einsatzstofflieferanten,
- Teilelieferanten,
- Lieferanten für Baugruppen und Aggregate sowie
- Modul- und Systemlieferanten

abgegrenzt (vgl. von Eicke/Femerling (1991), S. 21 f.). Diese Lieferanten bilden ein ein- oder mehrstufiges **Lieferantennetzwerk**, das mit der Unternehmung abschließt, die dem Endkunden auf dem Absatzmarkt gegenübersteht. In mehrstufigen Lieferantennetzwerken werden nach der Beziehung zur Unternehmung Lieferanten der ersten, zweiten, dritten usw. Stufe unterschieden. Die Lieferanten der zweiten Stufe beliefern die der ersten Stufe und beziehen ihre Einsatzgütern von denen der dritten Stufe usw. (vgl. Bogaschewsky (1994), S. 107). Die Lieferanten der ersten Stufe werden auch als **Direktlieferanten**, die der zweiten Stufe als **Unter-** oder **Sublieferanten** bezeichnet (vgl. Eicke/Femerling (1991), S. 22 f.).

Die traditionelle Beschaffung ist durch das Multiple Sourcing und das Unit Sourcing geprägt. Beim **Multiple Sourcing** werden für die Beschaffung eines Einsatzgutes mehrere Beschaffungsquellen genutzt. Mit diesem Konzept wird der Zweck verfolgt, den Wettbewerb zwischen den tatsächlichen und den potentiellen Lieferanten zu stimulieren und das Risiko des plötzlichen Ausfalls eines Lieferanten zu streuen (vgl. Arnold (1997), S. 95 f.). Das **Unit Sourcing** sieht die Beschaffung von Einsatzgütern geringer Komplexität vor (Rohmaterialien, Teile, einfache Baugruppen). Bei diesem Konzept zählen auch Rohmaterial- und Einsatzstofflieferanten, Teilelieferanten und Lieferanten für Baugruppen und Aggregate zu den Direktlieferanten (vgl. Arnold (1997), S. 100). Durch Multiple und Unit Sourcing entsteht ein Lieferantennetzwerk mit einer großen Anzahl von Lieferanten auf der ersten Stufe und wenigen Lieferanten auf nachfolgenden Stufen (vgl. Abb. 7.5; von Eicke/Femerling (1991), S. 21 ff.).

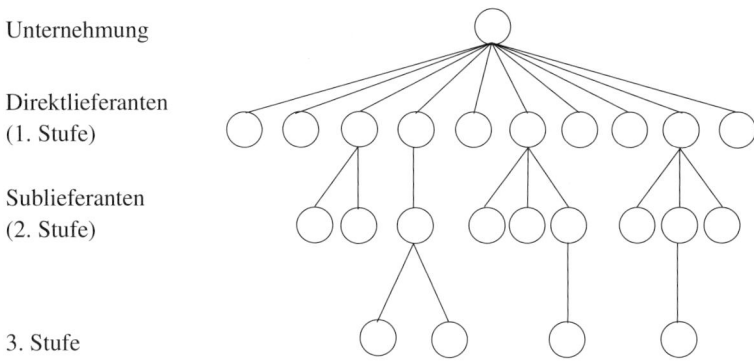

Abb. 7.5: Lieferantennetzwerk der traditionellen Beschaffung

Mit der **Verringerung der Lieferantenzahl** können die Total Cost of Ownership gesenkt werden. Sie sinken kurzfristig, da durch die Bündelung der Nachfrage Größenvorteile erzielt werden können. Mittelfristig wirkt sich eine Verbesserung der Qualität der Komponente durch die gestiegene Prozesssicherheit günstig auf die Total Cost of Ownership aus. Durch die Konzentration auf einige wenige Lieferanten kann zudem eine Senkung der Beschaffungskosten realisiert werden (vgl. Arnold (1996), Sp. 1865). Verringert werden kann die Lieferantenzahl durch folgende Maßnahmen (vgl. Womack/Jones/Roos (1992), S. 166; Cooper/Slagmulder (1999a), S. 84 f.):

– die Verringerung der Zahl der Lieferanten für eine Komponente und

– die Senkung der Anzahl der insgesamt zu beschaffenden Einsatzgüter durch

  • das Modular Sourcing und

  • die Verwendung von Gleichteilen.

7.2.1.2 Reduktion der Lieferantenzahl für eine Komponente

Ein Konzept zur Verringerung der Lieferantenzahl ist das Single Sourcing. Es führt zu einer **Verringerung der Zahl der Direktlieferanten**, es hat jedoch keine Auswirkungen auf die Zahl der Lieferanten nachfolgender Ebenen des Lieferantennetzwerkes.

> Das **Single Sourcing** ist die freiwillige Konzentration der Beschaffung einer Komponente auf nur einen Lieferanten auf der Grundlage eines längerfristigen Rahmenvertrags.

Den mit diesem Konzept erzielbaren Kostenvorteilen wird als Nachteil die **zunehmende Abhängigkeit** der Unternehmung von einem Lieferanten gegenübergestellt. Die für den Aufbau der Lieferbeziehungen getätigten Investitionen, langfristige Verträge, Wissen, das an den Lieferanten weitergegeben wird, sowie Wechselkosten stellen Austrittsbarrieren dar, die einen kurzfristigen Lieferantenwechsel be- oder verhindern. Darin wird die Gefahr eines steigenden Versorgungsrisikos und preislicher Erpressbarkeit gesehen (vgl. Arnold (1996), Sp. 1865). Dieser Abhängigkeit kann durch die beiden folgenden Konzepte entgegengewirkt werden:

– Dual Sourcing und

– Multiple Sourcing innerhalb der Komponentenfamilie.

Beim **Dual Sourcing** wird die Komponente bei zwei Lieferanten beschafft. Die Preise werden dabei nicht durch Angebote der Lieferanten bestimmt, sondern nach einer gemeinsamen Analyse der Kosten durch die Unternehmung und den ausgewählten Lieferanten festgelegt. Der Zweck dieses Konzeptes besteht nicht darin, durch Wettbewerb zwischen den Lieferanten Preissenkungen zu realisieren. Es sollen vielmehr die Funktionalität und die Qualität der Komponente sowie die Zuverlässigkeit des Lieferanten gesichert bzw. kontinuierlich verbessert werden. Treten bei einem Lieferanten Abweichungen von den Vorgaben auf, wird „als Strafe" ein Teil seines Auftrags auf den anderen Lieferanten übertragen (vgl. Womack/Jones/Roos (1992), S. 162). Die Unternehmung fördert den Wettbewerb, indem Verbesserungen mit höheren Abnahmemengen belohnt werden, die zulasten der Absatzmenge beim anderen Lieferanten gehen.

Eine **Komponentenfamilie** ist eine Gruppe von Komponenten, die ähnliche Funktionen erfüllen. Die Lieferantenzahl könnte auch durch die Beschaffung mehrerer Komponenten einer Familie von einem Lieferanten reduziert werden. Um die Abhängigkeit von den Lieferanten zu begrenzen und diese auch beim Single Sourcing dem Wettbewerb auszusetzen, werden in japanischen Unternehmungen die Komponenten einer Familie gezielt von verschiedenen Lieferanten bezogen. Auch wenn die einzelnen Komponenten dem Single Sourcing unterliegen, wird bei der Komponentenfamilie dem Konzept des **Multiple Sourcing** gefolgt. Lieferbeziehungen zu mehreren Lieferanten ermöglichen es, bei der Entwicklung eines Folgeproduktes auf einen leistungsstärkeren Lieferanten zu wechseln. Dadurch wird sichergestellt, dass jeder Lieferant einer Komponente dieser Familie dem Wettbewerb ausgesetzt und die Gefahr opportunistischen Verhaltens begrenzt ist (vgl. Cooper/Slagmulder (1999a), S. 85).

Zur Fundierung d**er Entscheidung über die Zahl der Lieferanten** für eine Komponente wird eine Portfolio-Analyse vorgeschlagen. Bei dieser werden die zu beschaffenden Komponenten nach ihrer Komplexität und ihrer wirtschaftlichen Bedeutung, d. h. dem Anteil der Kosten der Komponente an den Kosten des Produktes, den vier Feldern einer Portfolio-Matrix zugeordnet. Abb. 7.6 zeigt die Portfolio-Matrix und nennt die Normstrategien, die den Matrixfeldern zugeordnet sind. Diesem Beschaffungsportfolio liegen die folgenden Hypothesen zugrunde, die im Rahmen einer branchenübergreifenden empirischen Untersuchung bestätigt werden konnten (vgl. Homburg (1999), S. 823 ff.):

(1) Für **komplexe Komponenten** sind die Transaktionskosten hoch. Da die Beschaffung von mehreren Lieferanten mit hohen Kosten verbunden ist, wird für komplexe Komponenten eine kleinere Lieferantenzahl gewählt.

(2) Die Erfolgswirkung der Preise ist bei Komponenten mit hoher **wirtschaftlicher Bedeutung** weitaus stärker als bei Komponenten mit einem geringen Anteil an den Kosten des Produktes. Um durch intensiven Wettbewerb zu niedrigen Preisen zu gelangen, wird bei Komponenten mit hoher wirtschaftlicher Bedeutung eine größere Lieferantenzahl gewählt.

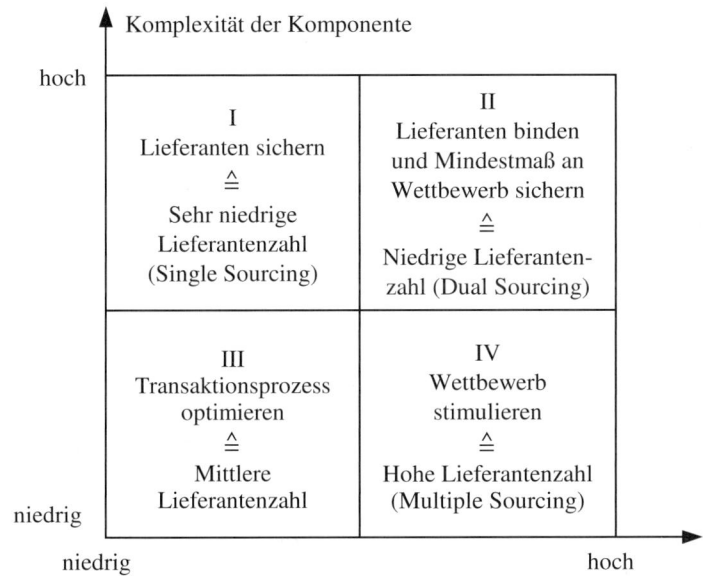

Abb. 7.6: Beschaffungsportfolio zur Entscheidung über die Lieferantenzahl

Nach diesen Hypothesen sollte bei der Beschaffung komplexer Komponenten mit einem geringen Anteil an den Kosten des Produktes nur mit sehr wenigen Lieferanten zusammengearbeitet werden. Es kann sogar möglich sein, auf das **Single Sourcing** überzugehen (Feld I). Ist bei hoher Komplexität auch die wirtschaftliche Bedeutung hoch, sollte ebenfalls bei einigen wenigen Lieferanten beschafft werden. Um den Wettbewerb aufrechtzuerhalten, wird empfohlen, auf Single Sourcing zu verzichten und eine **mittlere Lieferantenzahl** zu wählen (Feld II). Da bei der Beschaffung einfacher Produkte nur geringe Transaktionskosten anfallen, kann grundsätzlich bei mehreren Lieferanten beschafft werden. Das ist bei Komponenten hoher wirtschaftlicher Bedeutung vorteilhaft, um durch den verschärften Wettbewerb zwischen den Lieferanten günstigere Preise zu erzielen (Feld IV). Es bietet sich deshalb das **Multiple Sourcing** an. Bei wirtschaftlich weniger bedeutenden Komponenten ist der Erfolgsbeitrag einer Preissenkung geringer. Um die Beschaffungskosten niedrig zu halten, kann deshalb eine mittlere Lieferantenzahl gewählt werden (vgl. Homburg (1995), S. 828 f.).

7.2.1.3 Modular Sourcing

Beim Modular Sourcing werden Module beschafft, d. h. mehrteilige, einbaufertige Funktionsgruppen mit komplexen Strukturen. Beispiele für Module in der Automobilindustrie sind die Bremsanlage, die Auspuffanlage, die Lenkung, die Achsen, die Kraftstoffversorgung, das Heiz-/Klima-/Kühlsystem und die Türen (vgl. Wolters (1995), S. 75). Die Komplexität dieser Funktionsgruppen hat zur Folge, dass beim Modular Sourcing nicht nur Baugruppen, sondern gleichzeitig auch Integrationsleistungen fremdbezogen werden. Diese **Integrationsleistungen** umfassen die Beschaffung der Einzelteile und Baugruppen, die in die Funktionsgruppe eingehen, ihre Montage sowie die Qualitätssicherung und können auch Entwicklungsaufgaben einschließen (von Eicke/Femerling (1991), S. 31). Bei der Übertragung von Entwicklungsaufgaben wird gelegentlich auch von „System Sourcing" gesprochen (vgl. Wolters (1995), S. 72 f.).

> **Modular Sourcing** ist die Beschaffung mehrteiliger, einbaufertiger Funktionsgruppen mit komplexen Strukturen, die mit der Übertragung von Integrationsleistungen an den Lieferanten einhergeht.

Durch das Modular Sourcing werden Rohmaterial-, Einsatzstoff- und Teilelieferanten sowie Lieferanten der Baugruppen und Aggregate, die nach dem Konzept des Unit Sourcing Direktlieferanten waren, zu Sublieferanten auf der zweiten oder dritten Stufe. Die Lieferantenzahl der ersten Stufe, d. h. die Zahl der Direktlieferanten, nimmt bei diesem Konzept ab, die Zahl der Sublieferanten unterer Stufen nimmt dagegen zu. Damit entsteht ein Lieferantennetzwerk in der Form einer Pyramide (vgl. Abb. 7.7). Die Gesamtzahl der Lieferanten in dieser **Lieferantenpyramide** verändert sich zunächst nicht (vgl. Clark/Fujimoto (1992), S. 141).

Das Modular Sourcing hat Einfluss auf die Art und die Anzahl der Komponenten, die zu beschaffen, am Arbeitsplatz bereitzustellen und zu verwalten sind. Ihre Zahl sinkt bei deutlich zunehmender **Komplexität** der einzelnen Komponenten. Mit der Komplexität erhöhen sich die Transaktionskosten. Um diesem Kostenanstieg entgegenzuwirken, wird die Zahl der Modullieferanten gering gehalten. Aus diesem Grund tritt das Modular Sourcing häufig in Verbindung mit dem Single Sourcing auf. Um die Abhängigkeit vom Modullieferanten zu begrenzen, sind die Module so abzugrenzen, dass sie zur Beschaffung ausgeschrieben werden können, d. h. sich genügend Lieferanten finden lassen, die einen bedeutenden Teil des Moduls mit ihren Kernkompetenzen abdecken können (vgl. Traudt (1997), S. 316).

Unternehmung

Direktlieferanten
(1. Stufe)

Sublieferanten
(2. Stufe)

3. Stufe

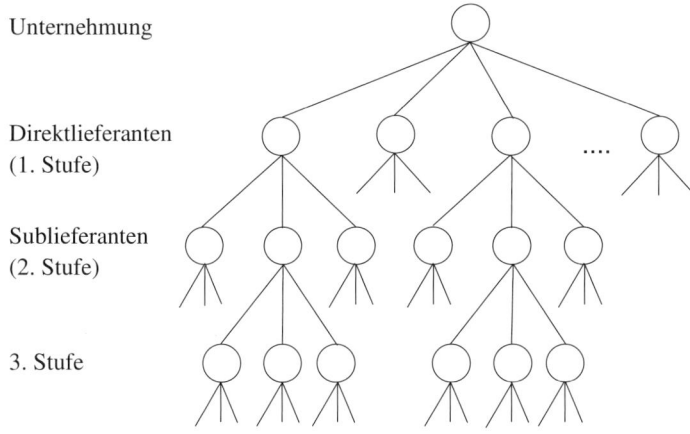

Abb. 7.7: Lieferantenpyramide beim Modular Sourcing

Nach den hierarchischen Beziehungen zwischen dem Endabnehmer und den Lieferanten werden folgende **Typen von Lieferantennetzwerken** unterschieden (vgl. Gumbleton (1999), S. 117 f.):

- – hierarchisch-pyramidale (Kingdom),
- – schwach hierarchische (Barony) und
- – polyzentrische Lieferantennetzwerke (Republic).

In einem **hierarchisch-pyramidalen** Lieferantennetzwerk gibt es einen Endabnehmer, von dem die Lieferanten auf allen Ebenen der Lieferantenpyramide wirtschaftlich abhängig sind, da er ihr Hauptabnehmer ist. Er dominiert das Lieferantennetzwerk. **Schwach hierarchische** Lieferantennetzwerke weisen einige wenige Endabnehmer auf, die das Netzwerk dominieren. Die wirtschaftliche Abhängigkeit der Lieferanten von einem einzelnen Endabnehmer ist damit geringer als im hierarchisch-pyramidalen Lieferantennetzwerk. In einem **polyzentrischen** Lieferantennetzwerk gibt es keine Unternehmung, die von anderen abhängig ist, so dass keine Unternehmung größeren Einfluss auf andere hat (vgl. Wildemann (1997), S. 423 ff.). Abb. 7.8 zeigt die Struktur dieser Typen von Lieferantennetzwerken.

7.2.1.4 Verwendung von Gleich- und Wiederverwendungsteilen

Gleichteile sind Komponenten, die in identischer Form für verschiedene Produkte der Unternehmung oder in mehreren Unternehmungen genutzt werden. Ihnen stehen die **Variantenteile** gegenüber, die jeweils in nur eine einzelne Variante eines Produktes eingehen. **Wiederverwendungsteile** sind eine spezielle Form von Gleichteilen. Es handelt sich um Komponenten, die aus Vorgängermodellen übernommen werden.

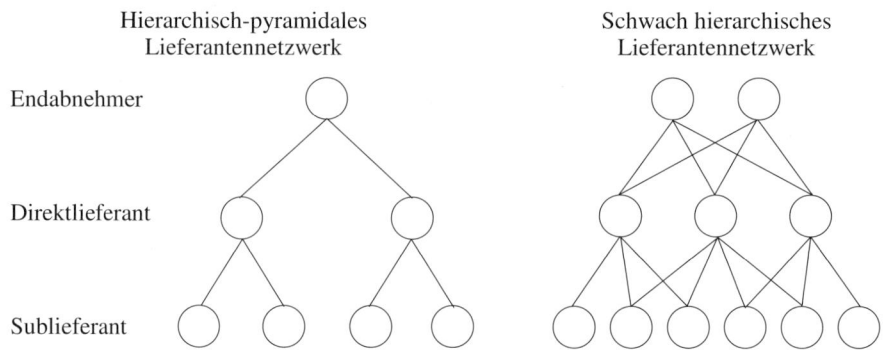

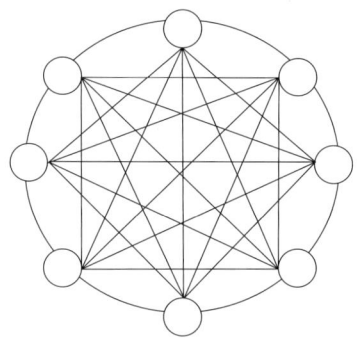

Abb. 7.8: Typen von Lieferantennetzwerken

Nach dem Geltungsbereich werden unternehmungsinterne Gleichteile, Konzernteile, Kooperationsteile und Best-practice-Teile unterschieden. Konzernteile werden in den Produkten mehrerer Unternehmungen eines Konzerns verwendet, Kooperationsteile werden gemeinsam mit Wettbewerbern entwickelt und Best-practice-Teile werden vom Markt übernommen. Um zu vermeiden, dass die Produkte zu ähnlich sind, sollten Gleichteile vor allem in den für den Kunden nicht sichtbaren bzw. funktional nicht unmittelbar erfahrbaren Bereichen verwendet werden (vgl. Traudt 1997), S. 318).

Durch Gleichteile-Programme kann die Zahl verschiedenartiger Teile verringert werden, die beschafft, verwaltet und am Arbeitsplatz bereitgestellt werden müssen. Sie können eine Verringerung der Lieferantenzahl zur Folge haben und erhöhen die Stückzahlen, die von einzelnen Teilen beschafft werden. Erfahrungswerte aus der Praxis besagen, dass eine Verdoppelung der Lebenszyklusmenge eines Teiles seine **Kosten** um 10-15 % reduziert (vgl. Traudt (1997), S. 318). Mit dem Anteil der Gleichteile sinken zudem die **Entwicklungszeiten** und die Entwicklungskosten. Durch Wiederverwendungsteile steigt zudem die Anlaufreife des Produktes, da die Zuverlässigkeit und Haltbarkeit dieser Teile bereits ausgiebig getestet worden ist. Diesen Vorteilen steht der Nachteil einer geringen **Entwicklungsflexibilität** gegenüber, die eine Realisation kostengünstiger Gestaltungsalternativen oder die Einführung einer neuen Technologie verhindern kann. Die starren Vorgaben können auch einen zusätzlichen Entwicklungsaufwand bei den anderen Komponenten des Produktes notwendig machen (vgl. Clark/Fujimoto (1992), S. 150 f.; Davila/Wouters (2004), S. 22).

In der **Entstehungsphase** werden die Entwicklungsteams zur Verwendung von Gleichteilen motiviert. Von einer japanischen Unternehmung wird berichtet, dass sie bei der Kontrolle der originären und derivativen Produktkostenvorgaben ein spezielles Kalkulationsverfahren zur Ermittlung der Wird-Produktkosten verwendet, um die Entwicklungsteams zur Verwendung von Gleichteilen zu motivieren. Mit diesem Kalkulationsverfahren werden Teile der Gemeinkosten des indirekten Leistungsbereichs über die Anzahl der Variantenteile auf die Produkte verrechnet. Dem geplanten Produkt werden also umso höhere Gemeinkosten zugerechnet, je geringer die Anzahl der Gleichteile ist (vgl. Hiromoto (1989), S. 318). Damit trägt die Verwendung von Gleichteilen sehr deutlich zur Erreichung der originären bzw. derivativen Produktkostenvorgaben bei (zur Kritik an dieser Vorgehensweise vgl. Wagenhofer/Riegler (1994), S. 464, 479 ff.).

Die Anzahl der Teilearten für Produkte der Unternehmung in der **Marktphase** zu reduzieren, ist eine Aufgabe des Potential-Kaizen (vgl. Abschnitt 4.1.1). Ein Programm zur Verringerung der Zahl der Teilearten umfasst drei aufeinanderfolgende Phasen (in Anlehnung an Cooper/Slagmulder (2005b), S. 281 f.):

- – 1. Phase: Verwenden von Gleichteilen
- – 2. Phase: Eliminieren von Teilen, die in kleinen Mengen benötigt werden
- – 3. Phase: Verstetigen der Teilezahl auf niedrigem Niveau

In der **ersten Phase** werden für jede Teileart Konsequenzen analysiert und bewertet, die mit dem Austausch durch eine andere Teileart in der Unternehmung verbunden sind. Als Instrument der **zweiten Phase** ist das Matrix-Teardown vorgeschlagen worden. Für das Matrix-Teardown wird eine Matrix mit den Produkten der Unternehmung in den Zeilen und den Komponenten dieser Produkte in den Spalten erstellt. In die Zellen der Matrix werden jeweils die Mengen eingetragen, die von der Komponente in der zugehörigen Spalte für das Produkt in der jeweiligen Zeile während eines Monats benötigt werden. Die Spaltensummen geben für jede Komponente die Gesamtmenge an, in der sie für alle Produkte in einem Monat benötigt wird (vgl. Abb. 7.9). Komponenten, die eine geringe Gesamtmenge aufweisen, werden eliminiert und mit einem Verwendungsverbot belegt. Hierzu werden die Produkte, für die diese Komponente benötigt wird, derart umgestaltet, dass eine der verbleibenden Komponenten verwendet werden kann (vgl. Cooper (1998), S. 212). Ist die **dritte Phase** des Gleichteileprogramms erreicht, muss jede Erweiterung des Teilespektrums begründet werden (vgl. Cooper/Slagmulder (2005b), S. 281 f.).

Komponenten Produkte	Komponente 1	Komponente 2	Komponente 3	...	...
Produkt 1	21.000	–	4.000	...	...
Produkt 2	8.000	2.000	–	...	...
Produkt 3	–	15.000	–	...	...
Gesamtmenge	29.000	17.000	4.000	...	...

Abb. 7.9: Matrix-Teardown

7.2.2 Gestaltung der Lieferantenbeziehungen

7.2.2.1 Einbeziehung der Lieferanten in die Produktplanung

Die frühzeitige Einbeziehung des Lieferanten in die Produktplanung ermöglicht die Anpassung der Komponente an die gegebenen Produktionsbedingungen und das Produktionsprogramm beim Lieferanten, d. h. das Design for Manufacturability and Assembly (DTMA; vgl. Seidenschwarz (1993), S. 233 f.). Hierzu zählen u. a. die Abstimmung der Toleranzvorgaben der Komponente mit den Produktionsmöglichkeiten beim Lieferanten sowie die Verwendung von Wiederholungs- und Gleichteilen des Lieferanten. Dadurch können die Produktkosten der Komponente gesenkt und ihre Qualität verbessert werden. Weiterhin kann die Entwicklungszeit verkürzt werden, da die Komponenten parallel zum Produkt entwickelt werden. Der Lieferant hat zudem die Möglichkeit, Markttrends zu antizipieren und ohne expliziten Auftrag neue Lösungen zu entwickeln, welche die Funktionalität oder Qualität der Folgeprodukte verbessern. Nutzt der Lieferant die Ergebnisse der gemeinsamen Produktplanung für andere Abnehmer, die dafür mit Teilen der Entwicklungskosten belastet werden, verringern sich für die Unternehmung auch die Entwicklungskosten. Diesen **Vorteilen** einer frühzeitigen Einbeziehung des Lieferanten in die Produktplanung stehen mehrere **Nachteile** gegenüber: Die Unternehmung verliert Entwicklungskompetenzen und ihre Abhängigkeit vom Lieferanten nimmt zu. Ihre Möglichkeiten zur Produktdifferenzierung werden eingeschränkt. Die Auftragsvergabe wird komplexer und die Abstimmungsprozesse aufwendiger, so dass die Transaktionskosten steigen.

Aufgrund der genannten Nachteile werden nicht alle Komponenten gemeinsam mit dem Lieferanten entwickelt. Einige wenige Komponenten werden weiterhin vollständig von der Unternehmung entwickelt. In den Aufgabenbereich des Lieferanten fällt lediglich die Produktion dieser Komponenten. Diese Komponenten werden als **detailkontrollierte Teile** bezeichnet. **Zulieferereigene Teile** werden vom Lieferanten selbstständig entwickelt und von einer Vielzahl von Unternehmungen nachgefragt.

Gibt die Unternehmung die Leistungsanforderungen, die Außenformen, die Schnittstellen sowie andere Merkmale des Grundentwurfs vor und überlässt die Entwicklung der Funktionsteile und Baugruppen dem Lieferanten, wird von **Black-Box-Teilen** gesprochen (vgl. Clark/Fujimoto (1992), S. 142 ff.).

Nach den Beiträgen zur Produktplanung werden folgende **Lieferantenkategorien** unterschieden (vgl. Traudt (1997), S. 319 f.):

– Katalogzulieferer,
– Teilefertiger,
– Serienentwicklungslieferanten,
– Generallieferant sowie
– Konzeptlieferanten.

Der **Katalogzulieferer** stellt unfertige Erzeugnisse (z. B. Bleche, Röhren) und von ihm selbst entwickelte Einbauteile (z. B. Reifen) bereit (zulieferereigene Teile), die von vielen Unternehmungen beschafft werden. Diese Lieferanten werden als jederzeit austauschbar betrachtet. Auf der Grundlage einer solchen Lieferantenbeziehung ist kein unternehmungsübergreifendes Kostenmanagement möglich. Die Total Cost of Ownership der von diesen Lieferanten bezogenen Einsatzgüter können nur über die Lieferantenwahl beeinflusst werden. Ein **Teilefertiger** stellt Komponenten nach Konstruktionszeichnungen des Abnehmers her, ohne einen eigenen Beitrag zur Entwicklung zu leisten (detailkontrollierte Teile). Das unternehmungsübergreifende Kostenmanagement ist auf die kostenorientierte Gestaltung der Produktions- und Vertriebsprozesse des Lieferanten begrenzt. Der **Serienentwicklungslieferant** entwickelt Einbauteile nach den Angaben des von der Unternehmung erstellten Pflichtenheftes. Er führt die Entwicklung in enger Abstimmung mit den Entwicklungsteams der Unternehmung durch, ist jedoch nicht an der Produktkonzeptplanung beteiligt. Wird nicht regelmäßig, sondern nur bei Problemen mit den Entwicklungsteams der Unternehmung zusammengearbeitet, wird auch von einem **Generallieferanten** (general supplier) gesprochen. Die Zusammenarbeit mit einem **Konzeptlieferanten** beginnt bereits in der Produktkonzeptplanung. Der Lieferant ist in das Produktplanungsteam integriert und trägt innovative Lösungen zur Produktentwicklung bei. In der Zusammenarbeit mit Serienentwicklungs-, General- und Konzeptlieferant kann das unternehmungsübergreifende Kostenmanagement durch die Zusammenarbeit bei der Produktgestaltung weitere Kostensenkungspotentiale ausschöpfen (vgl. Seidenschwarz/Niemand (1994), S. 264; Slagmulder (2002), S. 335).

Für die **Entscheidung über die Einbeziehung** der Lieferanten in die Produktplanung sind folgende Aspekte relevant:

– die Bedeutung der Komponente für die Differenzierung des Endproduktes,
– das Produkt-Know-How der Lieferanten sowie
– die Problemlösungsfähigkeiten der Lieferanten.

Die Entwicklung von Komponenten, die für die Differenzierung des Endproduktes von Bedeutung sind, sollte bei der Unternehmung verbleiben. Stellt die Technologie, die in eine Komponente eingeht, eine Kernkompetenz der Unternehmung dar, sind die Möglichkeiten zur Mitwirkung der Lieferanten an der Produktplanung begrenzt. Das gilt insbesondere dann, wenn der Lieferant auch mit den Konkurrenten der Unternehmung zusammenarbeitet (vgl. Cooper/Slagmulder (1999a), S. 254). Für die gemeinsame Produktplanung eignen sich nur Komponenten, für die es Lieferanten mit dem erforderlichen Produkt-Know-How und Problemlösungsfähigkeiten gibt. Serienentwicklungslieferanten müssen über **Produkt-Know-How** verfügen. Dieses betrifft die Fähigkeit, unter Berücksichtigung von Zeit-, Kosten- und Qualitätszielen bedarfsgerecht entwickeln zu können. Verfügen die Lieferanten auch über **Problemlösungsfähigkeiten**, eignen sie sich auch als Konzeptlieferanten. Die Problemlösungsfähigkeit beschreibt die Fähigkeit und Bereitschaft, eigene Produktinnovationen unter Übernahme des vollen Risikos zu entwickeln (vgl. Wildemann (1992), S. 398).

7.2.2.2 Auswahl der Lieferanten

Die Lieferanten der einzelnen Kategorien tragen in unterschiedlichem Ausmaß zum Erfolg des Produktes der Unternehmung bei. Um die Wirtschaftlichkeit der Bereitstellung von Produktionsfaktoren zu wahren, sollte das Vorgehen bei der Lieferantenauswahl diese Bedeutungsunterschiede widerspiegeln. Je höher die Bedeutung der vom Lieferanten geforderten Leistung für den Produkterfolg ist, desto differenzierter und detaillierter sollten die potentiellen Lieferanten zur Vorbereitung der Lieferantenauswahl analysiert werden. Erforderlich ist ein **Lieferantenauswahlsystem**, das die von den Lieferanten geforderten Leistungen nach ihrer Bedeutung in Klassen einteilt und jeder dieser Klassen ein Verfahren zur Analyse und Bewertung der Lieferanten zuordnet, dessen Differenzierungs- und Detaillierungsgrad mit der Bedeutung der geforderten Leistung abgestimmt ist.

Als **Kriterien zur Abgrenzung der Klassen** für die von den Lieferanten geforderten Leistungen werden

– die Art des Bedarfs und

– die angestrebte Abnehmer-Lieferanten-Beziehung

vorgeschlagen. Die **Art des Bedarfs** wird durch die Regelmäßigkeit und den Wert der Leistung gekennzeichnet. Unterschieden werden (1) Leistungen, die entweder einmalig bzw. nur in größeren Zeitabständen auftreten oder trotz regelmäßigen Auftretens nur einen geringen Wert aufweisen, und (2) Leistungen mit regelmäßigem Bedarf und hohem Wert. Bei den **Abnehmer-Lieferanten-Beziehungen** wird zwischen losen und kooperativen Beziehungen differenziert. Lose Beziehungen bestehen zu Kataloglieferanten und Teilefertigern, enge Beziehungen liegen bei Konzept- und Serienentwicklungslieferanten vor (vgl. Ellram (1996), S. 13).

Mit den erörterten Ausprägungen der beiden Kriterien werden die in Abb. 7.10 genannten **Klassen von Einsatzgütern** abgegrenzt (vgl. Ellram (1996), S. 14 ff.):

- **C-Leistungen**
  Leistungen mit niedrigem Kostensenkungspotential
- **Leistungen mit Hebelwirkung**
  Leistungen mit einem hohen, jedoch nur durch die Lieferantenwahl realisierbaren Kostensenkungspotential
- **Kritische Leistungen**
  Leistungen mit einem Kostensenkungspotential, das überwiegend unternehmungsintern realisierbar ist; dieser Klasse gehören vor allem Betriebsmittel an
- **Strategische Leistungen**
  Leistungen mit einem hohen Kostensenkungspotential, das unternehmungsübergreifend realisierbar ist

Angestrebte Beziehung / Art des Bedarfs	Lose Beziehung	Enge Beziehung
Einmaliger Bedarf/ regelmäßiger Bedarf bei geringem Beschaffungsumsatz	C-Leistungen ≙ Marktgerechter Preis	Kritische Leistungen ≙ Total Cost of Ownership
Regelmäßiger Bedarf	Leistungen mit Hebelwirkung ≙ Kostengerechter Preis	Strategische Leistungen ≙ Erfolgsorientierte Total Cost of Ownership während des Lebenszyklus

Abb. 7.10: Klassifikation der von den Lieferanten geforderten Leistungen

Für **C-Leistungen** wird ein marktgerechter Preis angestrebt. Gewählt wird das Angebot mit dem günstigsten Preis-Leistungs-Verhältnis. Bei der Auswahl von Lieferanten für diese Leistungen werden Ausschreibungen oder Preisvergleiche durchgeführt.

Die Lieferanten für **Leistungen mit Hebelwirkungen** werden nach dem Preis der Leistung und den Transaktionskosten ausgewählt. Dabei wird ein kostengerechter Preis angestrebt, d. h., durch Verhandlungen sollen Preise erreicht werden, die den Kosten des Lieferanten entsprechen. Die Beurteilung der Preise setzt Kenntnisse über die Kosten des Lieferanten voraus, die durch Kostenanalysen gewonnen werden müssen. Als Instrumente zur Kostenanalyse werden genannt: Verfahren der konstruktionsbegleitenden Kalkulation, Kostenschätzungen, Branchenanalysen (vgl. Conte (2007), S. 230 ff.; Maschinski (2007), S. 249 ff.) sowie Kostentabellen. Bei standardisierten Einsatzgütern mit einer großen Zahl von Anbietern kann der jeweilige Lieferant auch im Rahmen einer (Online-)Einkaufsauktion ausgewählt werden. Bei einer Einkaufsauktion (Reverse Auction) handelt es sich im Kern um einen stringenten und strukturierten Prozess der Verhandlungsführung zur Preisfindung (vgl. Göthlich (2004), S. 55 ff.). Durch sie kann der Wettbewerb intensiviert und die Markttransparenz verbessert werden, so dass niedrige Einkaufspreise erreichbar sein können (zu einer kritischen Beurteilung vgl. Göthlich/Hofer (2003), S. 11 ff.).

Für **strategische Leistungen** werden Lieferanten ausgewählt, die bereit und in der Lage sind, die Total Cost of Ownership der geforderten Leistung in Zusammenarbeit mit der Unternehmung auf das Niveau der Produktkostenvorgabe für die Komponente zu senken und dieses Kostenniveau in jedem Jahr während der Vertragslaufzeit um eine vorgegebene Kostensenkungsrate zu reduzieren. Diese Leistungen bilden den Anwendungsbereich des unternehmungsübergreifenden Kostenmanagements.

Bei der **Auswahl der Lieferanten strategischer Leistungen** werden folgende Ziele verfolgt (vgl. Cooper/Slagmulder (1997), S. 159):
- die Erweiterung der Lieferantenbasis,
- die Steigerung des Innovationsgrades der fremdbezogenen Komponenten sowie
- die Förderung kooperativer Beziehungen zu Lieferanten mit gutem Ruf.

Um die Lieferantenbasis zu erweitern und den Innovationsgrad der fremdbezogenen Komponenten zu steigern, werden nicht nur Lieferanten um Angebote gebeten, zu denen bereits kooperative Beziehungen bestehen. Es wird auch aktiv nach neuen Lieferanten gesucht. Um potentielle Lieferanten zu motivieren, eine innovative und kostengünstige Problemlösung für die Komponente zu entwickeln und anzubieten, wird ihnen ein Vertrag für die gesamte Lebenszyklusmenge der Komponente in Aussicht gestellt. In japanischen Unternehmungen werden gewöhnlich zwei bis drei potentielle Lieferanten um ein Angebot gebeten. Diesen werden die Angaben zur Funktionalität und Qualität der Komponente aus dem Pflichtenheft sowie die Komponentenkostenvorgaben mitgeteilt. Auf dieser Grundlage erstellen die Lieferanten jeweils einen Grobentwurf für die Komponente und reichen ihn zusammen mit einer Kostenschätzung ein. Ausgewählt wird der Lieferant nach den folgenden Kriterien (vgl. Cooper/Slagmulder (1997), S. 160):
- der Wettbewerbsfähigkeit hinsichtlich Qualität, Funktionalität und Kosten,
- dem Ruf des Lieferanten sowie
- dem Innovationsgrad der Komponente.

Der „gute Ruf" eines Lieferanten basiert auf früheren Beziehungen und bewiesener Leistungsfähigkeit (vgl. Womack/Jones/Roos (1992), S. 153). Um kooperative Beziehungen zu Lieferanten mit gutem Ruf zu sichern, erhalten die Lieferanten dieser Gruppe auch dann einen Vertrag über einen Teil der Lebenszyklusmenge, wenn von einem anderen Lieferanten ein besseres Angebot eingereicht worden ist. Der ausgewählte Lieferant führt die Detailentwicklung durch, erstellt die Zeichnungen, fertigt und testet die Prototypen. Die Unternehmung überprüft, ob die entwickelte Komponente den Anforderungen entspricht, indem sie in Prototypen des Endproduktes getestet wird. Anschließend wird der Entwurf des Lieferanten von der Unternehmung genehmigt. Dieses Verfahren der Lieferantenauswahl wird als Entwicklungswettbewerb oder Forward Sourcing bezeichnet (vgl. Clark/Fujimoto (1992), S. 144; Dudenhöffer (2002), S. 405 f.).

Zu den **kritischen Einsatzgütern** zählen vor allem Betriebsmittel, die für die Unternehmung entwickelt bzw. an die Bedingungen in der Unternehmung angepasst werden. Bei Betriebsmitteln liegt der Anteil der Einsatzgüterpreise an den Total Cost of Ownership zwischen 30 - 50 %. Erfolgskritisch sind hier vor allem die Nutzungskosten, d. h. die Betriebs- und Unterhaltskosten sowie die Kosten, die bei einem Ausfall des Betriebsmittels anfallen (vgl. Ellram (1996), S. 15). Da diese Kosten auch von den technischen Eigenschaften des Betriebsmittels (z-Situation) abhängen (vgl. Gutenberg (1979), S. 326 ff.), über die der Lieferant während der Entwicklung entscheidet (vgl. Hartmann (1995), S. 54 ff.), ist ein unternehmungsübergreifendes Kostenmanagement erforderlich, das jedoch auf die Entstehungsphase des Betriebsmittels begrenzt ist.

Bei der Beschaffung von Leistungen mit Hebelwirkungen, kritischen und strategischen Leistungen ist die Lieferantenauswahl nicht auf einen Preisvergleich beschränkt. Sie verlangt neben Kenntnissen über den Beschaffungsmarkt auch Kenntnisse über die zugrunde liegende Technologie, das Qualitätsmanagement und die Kostenrechnung. Die Lieferantenauswahl ist deshalb eine Aufgabe für **multidisziplinäre Teams** (vgl. Rajagopal/Bernard (1993), S. 19).

7.2.2.3 Förderung des kooperativen Verhaltens der Lieferanten

Um Lieferanten, die in den Produktplanungsprozess eingebunden werden, zur Kostensenkung, zur Verbesserung der Funktionalität und Qualität der Komponenten sowie zu zeitlich, qualitativ und quantitativ korrekten Lieferungen zu motivieren, stehen folgende Ansätze zur Verfügung:
– der Abschluss von langfristigen Verträgen und Netzwerkprotokollen,
– die direkte oder indirekte Partizipation an erzielten Kostensenkungen,
– der Entwicklungswettbewerb,
– die kontinuierliche Lieferantenbewertung sowie
– die Förderung von Zuliefererverbänden.

Über die Lieferanten der Lebenszyklusmenge einer Komponente wird bereits während der Produktplanung entschieden. Geregelt wird die Lieferbeziehung durch den **Grundvertrag**. Er ist der Ausdruck der Verpflichtung zur Zusammenarbeit und enthält Grundregeln zur Festlegung der Preise, für die Qualitätssicherung, das Bestellwesen, die Lieferung usw. Von Bedeutung ist bei diesem Grundvertrag, dass er dem Lieferanten bei ordnungsgemäßer Leistungserbringung einen angemessenen Gewinn zusichert (vgl. Womack/Jones/Roos (1992), S. 155 ff.). Empirische Untersuchungen zeigen, dass es in diesem Zusammenhang noch Verbesserungsbedarf gibt (vgl. Möller/Isbruch (2007), S. 400).

Für ein unternehmungsübergreifendes Kostenmanagement, das sich über mehrere Stufen des Lieferantennetzwerkes erstreckt, hat der Endabnehmer durchzusetzen, dass die Lieferanten der Effizienz der gesamten Lieferkette eine hohe Bedeutung beimessen. Das ist nur in hierarchisch-pyramidalen und schwach hierarchischen Lieferantennetzwerken möglich (vgl. Gumbleton (1999), S. 139 f.). In polyzentrischen Lieferantennetzwerken erstreckt sich das unternehmungsübergreifende Kostenmanagement deshalb nur auf die direkten Lieferanten. Das Instrument, mit dem dieses lieferkettenüberspannende Effizienzziel durchgesetzt wird, ist das Netzwerkprotokoll. Es regelt die Zusammenarbeit der Lieferanten verschiedener Stufen mit dem Ziel, das langfristige Überleben des Lieferantennetzwerkes zu sichern. Es soll verhindern, dass Abnehmer auf den verschiedenen Stufen der Lieferkette ihre Lieferanten einem zerstörerischen Kostensenkungsdruck aussetzen oder Lieferanten auf einer Stufe der Lieferkette Konkurrenten verdrängen. Angemessene Gewinne werden nicht nur den Lieferanten der ersten Stufe zugesichert, sondern den Lieferanten aller Stufen des Netzwerkes. In einem hierarchisch-pyramidalen Lieferantennetzwerk wird das Netzwerkprotokoll vom Endabnehmer vorgegeben, in schwach hierarchischen Lieferantennetzwerken wird es Netz übergreifend ausgehandelt (vgl. Gumbleton (1999), S. 128 ff.).

Der Lieferant **partizipiert direkt** an erzielten Kostensenkungen, wenn sie zwischen Unternehmung und Lieferant aufgeteilt werden oder nach Zusage langfristig stabiler Preise vollständig beim Lieferanten verbleiben. Werden für jedes Jahr der Vertragslaufzeit feste Kostensenkungsraten vereinbart, verbleiben alle Kostensenkungen beim Lieferanten, die über diese Vorgaben hinausgehen (vgl. Womack/Jones/Roos (1992), S. 157 f.). Eine **indirekte Form** der Beteiligung liegt vor, wenn der Preis um die vollständige Kostensenkung gekürzt wird, der Lieferant aus den Umsätzen mit anderen Kunden jedoch höhere Deckungsbeiträge (vgl. Kajüter/Lulmala (2005), S. 189) oder aus dem Auftrag, den er von der Unternehmung erhält, andere Vorteile erzielen kann.

Der **Entwicklungswettbewerb** bewirkt, dass sich ein Lieferant regelmäßig dem Vergleich mit seinen Wettbewerbern stellen muss. Die Beziehungen zu einem Lieferanten, der sich bereits bewährt hat, werden nicht abgebrochen, wenn er in diesem Vergleich einem anderen Lieferanten unterlegen ist. Er erhält einen Teilauftrag mit der Auflage, seinen Nachteil auszugleichen oder wird angehalten, mit dem überlegenen Lieferanten zusammenzuarbeiten (vgl. Laming (1994), S. 253 f.).

Jeder Lieferant wird **kontinuierlich beurteilt**. Sie erhalten Noten nach der Anzahl der entdeckten fehlerhaften Teile, dem Anteil zeitlich und quantitativ korrekter Lieferungen sowie den erreichten Kostensenkungen. Beim Dual Sourcing führen schlechter werdende Bewertungen zu einer Umverteilung der Abnahmemengen zwischen den beiden konkurrierenden Lieferanten. Auf der Grundlage der Bewertungen werden in Zusammenarbeit mit der Unternehmung, aber auch mit dem zweiten Lieferanten Problembereiche identifiziert und Problemlösungen erarbeitet. An einem Lieferanten wird festgehalten, solange eine Einstellung und Bereitschaft zur Verbesserung zu erkennen ist (vgl. Womack/Jones/Roos (1992), S. 163).

Zuliefererverbände sind von der Unternehmung initiierte Vereinigungen von Lieferanten einer Stufe. Zweck dieser Verbände ist die gemeinsame Erarbeitung von Verbesserungen der Komponenten oder Produktionsprozesse bei den Lieferanten (vgl. Lamming (1995), S. 89). Zuliefererverbände, in denen Lieferanten für verschiedene Komponenten zusammenarbeiten, können Kostensenkungspotentiale realisieren, die in der Abstimmung dieser Komponenten begründet sind. In diesen Zuliefererverbänden können aber auch direkte Konkurrenten zusammenarbeiten (Dual Sourcing). Die Motivation zur Zusammenarbeit folgt aus der Gestaltung der Grundverträge, die den Lieferanten eine Partizipation an erreichten Kostensenkungen zusichern (vgl. Clark/Fujimoto (1992), S. 161 f.).

7.2.2.4 Gegenseitiger Informationsaustausch

Zweck des gegenseitigen Informationsaustausches ist es, die Voraussetzungen für die Durchführung gemeinsamer Kostensenkungsmaßnahmen zu schaffen (vgl. McIvor (2001), S. 236). Die Identifikation von Kostensenkungspotentialen, die nur durch gemeinsame Maßnahmen ausgeschöpft werden können, die Erarbeitung von Kostensenkungsvorschlägen und die Prognose ihrer Kostenwirkungen bei beiden Vertragspartnern verlangt, dass jeder Vertragspartner die Produktionsprozesse des jeweiligen Vertragspartners kennt. Das erfordert den Austausch von Informationen über die Kosten, über das zu entwickelnde Produkt bzw. die zu entwickelnde Komponente sowie über die Produktionsprozesse. Kosteninformationen werden traditionell von jeder Vertragspartei zu Verhandlungszwecken geheimgehalten. Der Austausch solcher Informationen setzt deshalb voraus, dass sich Unternehmung und Lieferant die Optimierung der Total Cost of Ownership als Ziel zu eigen machen. Zu einem gemeinsamen Ziel wird die Minimierung der Total Cost of Ownership nur unter der Bedingung, dass die Ermittlung der Kosten und der Preise sowie die Verteilung der erreichten Kostensenkungen verlässlich geregelt sind (vgl. Womack/Jones/Roos (1992), S. 155).

Der **gegenseitige Informationsaustausch** vollzieht sich durch

– die Offenlegung von Informationen, insbesondere das Open Book Accounting,
– die Entsendung von Mitarbeitern zum jeweiligen Vertragspartner sowie
– die Durchführung von Lieferantenworkshops.

> **Open Book Accounting** ist die ein- oder gegenseitige, systematische, vollständige oder teilweise Offenlegung der Kostenrechnung zwischen Abnehmer und Lieferant (vgl. Hoffjan/Kruse (2006), S. 95).

Die Offenlegung kann auf die Weitergabe von Informationen über die Preise der Einsatzgüter begrenzt sein oder auch die Fertigungskosten des Lieferanten einschließen. Die **Offenlegung ist vollständig**, wenn auch Informationen über die Gemeinkosten weitergegeben werden. Darüber hinaus können auch Informationen über die Auslastung der Kapazitäten übermittelt werden. Werden auf jeder Stufe der Lieferkette Kostendaten offengelegt und beim Endabnehmer gesammelt, können die Kostensenkungspotentiale in der gesamten Lieferkette analysiert werden. Auf dieser Grundlage können Kostenanalysen zur Identifikation der Kostenstrukturen und der Kostensenkungspotentiale durchgeführt werden. Mit diesen Informationen können die Kostenvorgaben für die Produktentwicklung und die kontinuierliche Verbesserung beim Lieferanten geplant und der Lieferant durch Kostensenkungsvorschläge in allen Phasen des Produktlebenszyklus unterstützt werden (vgl. Cooper/Slagmulder (1999a), S. 106 f.; Kajüter/Kulmala (2005), S. 187 ff.). Zur Vertrauensbildung sollten immer nur die Kosteninformationen zur Deckung eines objektiven Informationsbedarfs verlangt und jede Anfrage begründet werden (vgl. Lamming (1994), S. 276).

Mitarbeiter werden sowohl vom Lieferanten zum Abnehmer als auch vom Abnehmer zum Lieferanten entweder dauerhaft oder zeitlich begrenzt **entsendet**. Serienentwicklungslieferanten entsenden Mitarbeiter der Produktentwicklung regelmäßig für einen begrenzten Zeitraum zur Abstimmung zwischen Endprodukt und Komponenten in den Entwicklungsbereich des Abnehmers. Mitarbeiter der Produktentwicklung von Konzeptlieferanten werden für die gesamte Dauer eines Entwicklungsprojektes zum Abnehmer entsendet und werden dort Mitglieder des multifunktionalen Produktentwicklungsteams. Um den Weiterverarbeitungsprozess des Lieferanten mit der Komponente abzustimmen, werden gelegentlich auch Fertigungsingenieure für einen begrenzten Zeitraum zum Abnehmer entsandt. Um den Lieferanten an dem Wissen über Verfahrensweisen und Ansatzpunkte zur Kostensenkung teilhaben zu lassen, entsendet der Abnehmer Führungskräfte, unternehmungsinterne Berater oder Mitarbeiter des Forschungs- und Entwicklungsbereichs. Diese führen Kostenanalysen durch, um Anregungen für Kostensenkungsmaßnahmen zu finden, wirken an Kostensenkungsprojekten mit oder erfassen bei Fehlen einer Kostenrechnung die erforderlichen Kostendaten (vgl. Cooper/Slagmulder (1999a), S. 102 ff.; Kajüter/Kulmala (2005), S. 187).

Japanische Unternehmungen bieten ihren Lieferanten der ersten Stufe **Workshops** an, die der Wissensvermittlung dienen. Vermittelt werden Methoden zur Identifikation von Kostensenkungspotentialen sowie Techniken für Verhandlungen mit den Lieferanten der zweiten Stufe (vgl. Carr/Ng (1995), S. 361).

7.2.3 Unternehmungsübergreifendes Kostenmanagement

7.2.3.1 Abgrenzung des unternehmungsübergreifenden Kostenmanagements

Die **Gestaltungsbereiche** des unternehmungsübergreifenden Kostenmanagements sind (vgl. Cooper/Slagmulder (1999a), S. 147 ff.):

- die kostenorientierte Produktplanung,
- die kostenorientierte Prozessgestaltung beim Lieferanten und
- die Steigerung der Effizienz der Schnittstelle zwischen Abnehmer und Lieferant.

Zur Einflussnahme auf den Lieferanten stehen dem unternehmungsübergreifenden Kostenmanagement in jedem Gestaltungsbereich

- disziplinierende und
- fördernde Maßnahmen

zur Verfügung. **Disziplinierende Maßnahmen** sind die Planung und Kontrolle von Kostenvorgaben für den Lieferanten. Werden die Vorgaben nicht erreicht, greifen die **fördernden Maßnahmen**. Sie zielen auf die Realisation von Kostensenkungspotentialen beim Lieferanten, die ohne Unterstützung des Abnehmers nicht ausgeschöpft werden könnten, weil dem Lieferanten das erforderliche Wissen fehlt, er nicht über die notwendige Marktmacht verfügt oder eine Kostensenkung beim Lieferanten Anpassungen beim Abnehmer voraussetzt (vgl. Cooper/Slagmulder (1999b), S. 245 f.). Abb. 7.11 gibt einen Überblick über die Maßnahmen des unternehmungsübergreifenden Kostenmanagements.

Gestaltungs-bereich \ Maßnahmen	Disziplinierende Maßnahmen	Fördernde Maßnahmen
Kostenorientierte Produktplanung	– Einstufiges Target Costing – Mehrstufiges Target Costing	– FPQ-Ausgleich – Unternehmensübergreifende Kostenanalyse – Gemeinsame kostenorientierte Produktplanung – Weitergabe von Kostensenkungswissen
Kostenorientierte Prozessgestaltung	– Kaizen Costing	– Weitergabe von Kostensenkungswissen – Stärkung der Beschaffungsmacht
Steigerung der Schnittstelleneffizienz	– Verringerung der Transaktionskosten – Verringerung der Unsicherheit des Lieferanten	– Weitergabe von Wissen über die Verkürzung von Durchlaufzeiten – Arbeitsverteilung zwischen Abnehmer und Lieferant – Art und Inhalt der Informationsübermittlung

Abb. 7.11: Maßnahmen des unternehmungsübergreifenden Kostenmanagements

7.2.3.2 Unternehmungsübergreifende kostenorientierte Produktplanung

7.2.3.2.1 Target Costing als disziplinierende Maßnahme

Für die **unternehmungsübergreifende kostenorientierte Produktplanung** werden die Produktkosten der von den Lieferanten bezogenen Teile, Baugruppen und Module nach den Regeln des Target Costing geplant. Hierzu sind die originären Produktkostenvorgaben zunächst in Funktionenkostenvorgaben und anschließend in Produktkostenvorgaben für diese Teile, Baugruppen und Module zu spalten (vgl. Abschnitt 6.2.3). Die von der Unternehmung geplante Komponentenkostenvorgabe ist der Preis, den sie dem Lieferanten für die jeweilige Komponenten zu zahlen bereit ist (vgl. Abschnitt 6.2.3.4). Durch die Vorgabe dieses Preises überträgt die Unternehmung den Wettbewerbsdruck, dem sie auf dem Absatzmarkt gegenübersteht, auf ihren Lieferanten (vgl. Cooper/Slagmulder (1999a), S. 181). Werden von einem Lieferanten mehrere Komponenten bezogen, können die vom Endabnehmer geplanten Komponentenkostenvorgaben **gebündelt** werden, d. h., sie werden zu einer Gesamtkostenvorgabe zusammengefasst, die von der Unternehmung durchgesetzt und kontrolliert wird. Der Lieferant entscheidet selbst darüber, bei welchen seiner Komponenten Maßnahmen erarbeitet und umgesetzt werden, um die Gesamtkostenvorgabe zu erreichen. Die Unternehmung überträgt damit dem Lieferanten die Entscheidung über die Kostensenkungsschwerpunkte. Um Hinweise zu geben, werden dem Lieferanten neben der Gesamtkostenvorgabe auch die Vorgaben für die einzelnen Komponenten mitgeteilt (vgl. Cooper/Slagmulder (1999a), S. 194 ff.).

Um den Lieferanten keinem zerstörerischen Kostensenkungsdruck auszusetzen, werden die geplanten Produktkosten der Komponente auf **Realisierbarkeit** geprüft. Hierzu können folgende Informationen ausgewertet werden (vgl. Cooper/Slagmulder (1999a), S. 182 ff.):

- Kostenprognosen bzw. -schätzungen des Lieferanten,
- Informationen der offengelegten Kostenrechnung des Lieferanten (Open Book Accounting),
- Schätzungen der Unternehmung aus Daten, die bei der gemeinsamen Bearbeitung früherer Entwicklungs- und Kostensenkungsprojekte gewonnen worden sind, oder
- Kostentabellen aus Daten ähnlicher Komponenten, die der Lieferant liefert bzw. geliefert hat (vgl. Abschnitt 6.2.4.2).

Für die **Durchsetzung der für die Komponenten geplanten Produktkosten** haben sich im unternehmungsübergreifenden Kostenmanagement zwei Vorgehensweisen herausgebildet. Die von der Unternehmung geplante Komponentenkostenvorgabe sowie die für die Komponente festgelegte Funktionalität und Qualität können beim Lieferanten als verbindliche Vorgabe oder in Verhandlungen durchgesetzt werden. Die Durchsetzung durch verbindliche Vorgaben gelangt bei Teilefertigern zur Anwendung. Verhandelt werden die Preise, die Qualität und Funktionalität der Komponente, wenn ein

Marktpreis existiert, es nur einen Lieferant für die Komponente gibt oder im Rahmen der Lieferbeziehung Investitionen getätigt werden, die vor allem für den jeweiligen Vertragspartner von Vorteil sind (vgl. Cooper/Slagmulder (1999a), S. 193 f.). Die **Kontrolle und Sicherung** der Komponentenkostenvorgaben kann beim Lieferanten verbleiben bzw. vom Endabnehmer übernommen werden, wenn sich andeutet, dass der Lieferant die Kostensenkungsvorgabe nicht erreichen kann. Der Endabnehmer entsendet in diesem Fall Mitarbeiter, die den Lieferant bei der Erarbeitung von Kostensenkungsmaßnahmen unterstützen (vgl. Cooper/Slagmulder (1999a), S. 193 f.).

7.2.3.2.2 Ein- und mehrstufiges Target Costing

Im unternehmungsübergreifenden Kostenmanagement wird zwischen dem einstufigen und dem mehrstufigen Target Costing unterschieden. Anwendungsbereich des **einstufigen** Target Costing ist die Zusammenarbeit der Unternehmung mit einem Direktlieferanten. In einem hierarchisch-pyramidalen oder einem schwach hierarchischen **Lieferantennetzwerk** kann der Wettbewerbsdruck auf die Lieferanten mehrerer Stufen ausgedehnt werden. Der Lieferant der ersten Stufe versteht die Komponentenkostenvorgabe der Unternehmung als Absatzpreis seines Produktes und plant auf dieser Grundlage Komponentenkostenvorgaben, die er seinen Lieferanten vorgibt, d. h. Lieferanten der zweiten Stufe. Diese verwenden ihre Vorgabe zur Planung der Komponentenkostenvorgaben ihrer Produkte, die sie den Lieferanten der dritten Stufe vorgeben. Dieser Planungsprozess setzt sich bis zu dem Lieferanten fort, der seinen Lieferanten keine Preise vorgeben kann, weil er z. B. Güter mit Marktpreisen bezieht oder nicht über die erforderliche Marktmacht verfügt (vgl. Abb. 7.12). Diese Verkettung der Planung von Produktkostenvorgaben der Lieferanten aufeinanderfolgender Stufen eines Lieferantennetzwerkes wird als mehrstufiges (chained) Target Costing bezeichnet.

> **Mehrstufiges (chained) Target Costing** ist die Verknüpfung der Produktkostenplanung der Lieferanten mehrerer Stufen eines Lieferantennetzwerkes, indem die Komponentenkostenvorgaben eines Abnehmers als Absatzpreise in die Produktkostenplanung der Lieferanten dieser Komponenten eingehen.

Im mehrstufigen Target Costing treten drei **Typen von Schnittstellen** zwischen Abnehmern und Lieferanten auf (vgl. Abb. 7.13):

– die Schnittstelle A zwischen dem Markt für das Endprodukt und der Unternehmung,

– die Schnittstelle B zwischen Lieferanten direkt aufeinander folgender Stufen in der Mitte der Target Costing Kette sowie

– die Schnittstelle C zum Lieferanten am Ende der Target Costing Kette.

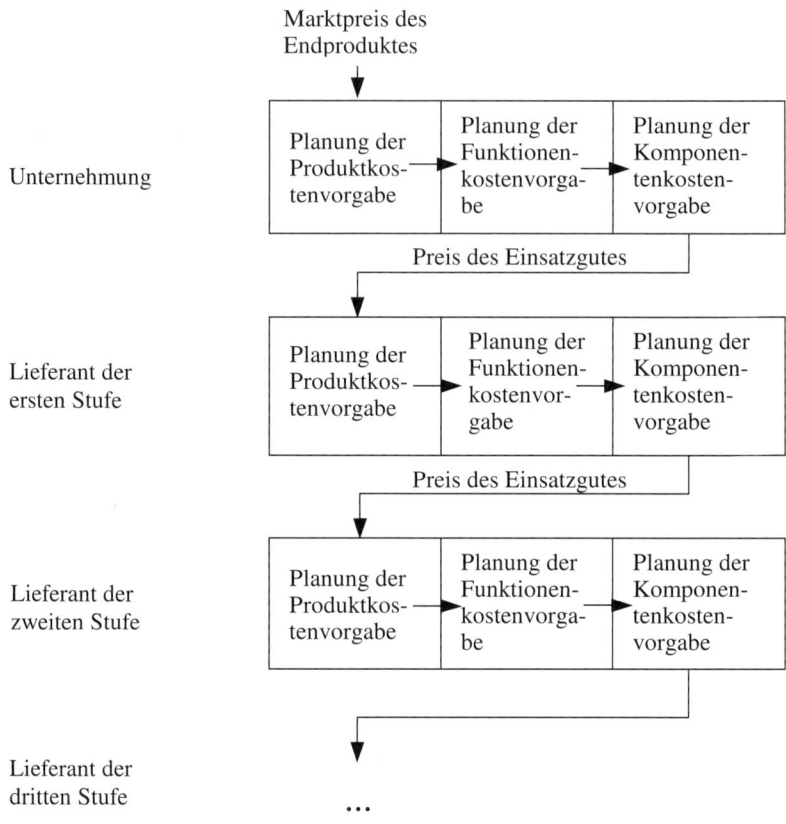

Abb. 7.12: Mehrstufiges Target Costing

An der **Schnittstelle A** wird die originäre Produktkostenvorgabe durch die Unterneh-mung nach der in Abschnitt 6.2.3 erörterten Vorgehensweise geplant. Auf der Grund-lage der originären Produktkostenvorgabe plant die Unternehmung anschließend die Produktkosten der Komponenten, die den Lieferanten der ersten Stufe an der Schnitt-stelle B als Preise für die Komponenten vorgegeben werden (vgl. Cooper/Slagmulder (1999a), S. 218 ff.).

Für Unternehmungen in der Mitte der Target Costing Kette, d. h. an den Schnittstellen vom Typ B, vereinfacht sich die Planung der originären Produktkostenvorgabe, da die Funktionalität, die Qualität und der erwartete Absatzpreis nicht durch Marktforschung ermittelt werden, sondern vom direkten Abnehmer vorgegeben werden (vgl. Coo-per/Slagmulder (1999a), S. 221 ff.). Der Lieferant am Ende der Target Costing Kette kann den Wettbewerbsdruck nicht an seine Lieferanten an der Schnittstelle C weiter-geben. Er ist deshalb einem stärkeren Kostensenkungsdruck ausgesetzt als die Unter-nehmungen in der Mitte der Target Costing Kette. An **Schnittstelle C** werden die durch den Abnehmer geplanten Komponentenkosten deshalb nicht als verpflichtende Vorgabe durchgesetzt, sondern durch Verhandlungen, in denen der Lieferant seine Kostenrechnung offen legt (vgl. Cooper/Slagmulder (1999a), S. 227 ff.).

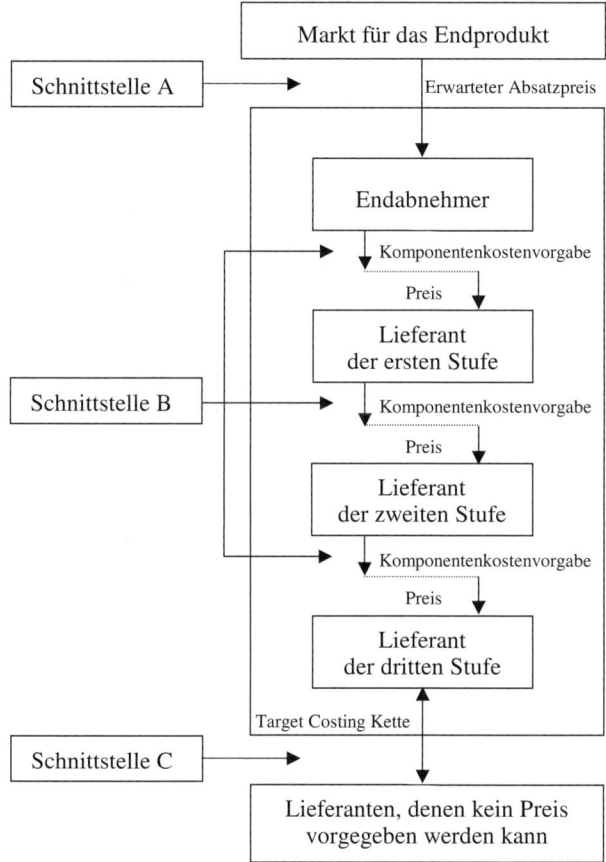

Abb. 7.13: Schnittstellen in der Target Costing Kette

7.2.3.2.3   Fördernde Maßnahmen

Durch die Zusammenarbeit von Abnehmer und Lieferant bei der Produktentwicklung können **Kostensenkungspotentiale** durch

- die Nutzung von Wissen des jeweiligen Vertragspartners,
- die Abstimmung der Komponente mit dem Produktionsprozess des Lieferanten,
- die Abstimmung der Komponenten mit dem Weiterverarbeitungsprozess beim Abnehmer sowie
- die Abstimmung der Komponente mit dem Endprodukt

realisiert werden (vgl. Abb. 7.14). Erschlossen werden diese Kostensenkungspotentiale durch folgende **fördernde Maßnahmen**:

– den Ausgleich zwischen Funktionalität, Preis und Qualität (FPQ-Ausgleich),
– die unternehmungsübergreifende Kostenanalyse sowie
– die gemeinsame Produktentwicklung.

Diese Maßnahmen unterscheiden sich primär durch die Phase des Produktplanungsprozesses, in der die Zusammenarbeit beginnt. Damit weisen diese Maßnahmen auch Unterschiede in den Kosten auf, die sie verursachen, und in den Kostensenkungspotentialen, die durch sie realisiert werden können.

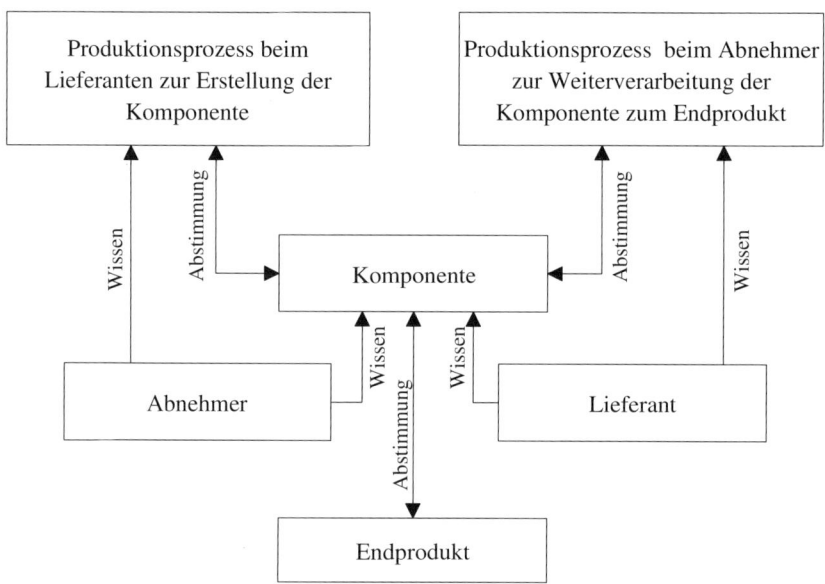

Abb. 7.14: Kostensenkungspotentiale unternehmungsübergreifender Produktentwicklung

(1) FPQ-Ausgleich

Diese Maßnahme eignet sich für **Serienentwicklungslieferanten** in der Mitte der Target Costing Kette. Diesen Lieferanten werden die Funktionalität und die Qualität der Komponente vorgegeben, d. h., sie sind nicht an der Produktkonzeptplanung beteiligt. Ein FPQ-Ausgleich kann deshalb erst in den späten Phasen des Produktplanungsprozesses durchgeführt werden.

Hat der Lieferant die durch die Produktgestaltung bei gegebener Funktionalität und Qualität erschließbaren Kostensenkungspotentiale ausgeschöpft, können die Produktkosten der Komponente und damit die Umsatzrentabilität des Lieferanten nur noch durch eine **Anpassung der Funktionalität oder der Qualität** der Komponente beeinflusst werden. Der Abnehmer wird diese Veränderungen nur akzeptieren, wenn (vgl. Cooper/Slagmulder (1999a), S. 221 ff.):

– die Veränderungen keine Auswirkungen auf die durch den Kunden wahrnehmbare Funktionalität bzw. Qualität des Endproduktes haben bzw. die abnehmende Unternehmung höhere Anforderungen an die Komponente stellt, als es für die Erfüllung der Kundenwünsche erforderlich wäre,

– die Anpassung der Funktionalität oder Qualität der Komponente beim Abnehmer zu Kosteneinsparungen führt, die er in eine Erhöhung der Produktkostenvorgabe bzw. Preisvorgabe für den Lieferanten umsetzen kann, oder

– die Verbesserung der Funktionalität oder Qualität der Komponente den Kundennutzen erhöht und damit einen höheren Preis für das Endprodukt zulässt.

Kostensenkungspotentiale werden bei diesem Ansatz nur über die Nutzung des Wissens beim Lieferanten erschlossen.

Beim **FPQ-Ausgleich** handelt es sich um eine an den Erfolgszielen des Lieferanten orientierte und mit seinem Abnehmer abgestimmte Anpassung der Funktionalität oder Qualität einer Komponente, die den Wert des Endproduktes, in das die Komponente eingeht, nicht verringert.

(2) Unternehmungsübergreifende Kostenanalyse

Der **Anwendungsbereich** der unternehmungsübergreifenden Kostenanalyse ist die Zusammenarbeit mit Serienentwicklungs- und Konzeptlieferanten. Sie setzt anders als der FPQ-Ausgleich nicht an der Funktionalität und Qualität der Komponente an, sondern an den technischen Produktmerkmalen sowie der Gestaltung der Produktionsprozesse. Identifiziert werden sollen Kostensenkungspotentiale, die durch folgende Maßnahmen ausgeschöpft werden können:

(1) Die Verlagerung von Teilprozessen zur Produktion der Komponente zum Abnehmer, sofern er diese effizienter ausführen kann.

(2) Die Anpassung des Entwurfs für die Komponente, so dass die Stärken des Lieferanten in der Produktion für eine Senkung der Produktkosten der Komponente genutzt werden können.

Unternehmungsübergreifende Kostenanalysen bestehen aus gemeinsam durchgeführten Wertanalysen und erschließen Kostensenkungspotentiale durch die Nutzung des Wissens beider Vertragspartner sowie die Abstimmung der Komponente mit den Produktions- und Weiterverarbeitungsprozessen und dem Endprodukt. Durchgeführt werden unternehmungsübergreifende Kostenanalysen parallel zum Prozess der Komponentenentwicklung (vgl. Cooper/Slagmulder (1999a), S. 233 ff.).

Die **unternehmungsübergreifende Kostenanalyse** ist die Zusammenarbeit der Entwicklungsteams des Lieferanten und des Abnehmers bei der Durchführung von Wertanalysen zur kostenorientierten Gestaltung der Komponente und ihres Produktionsprozesses bei gegebener Funktionalität und Qualität während der Entwicklung der Komponente.

(3) Gemeinsame kostenorientierte Produktplanung

Die Zusammenarbeit beginnt bei der gemeinsamen kostenorientierten Produktplanung bereits während der Konzeptplanung des Endproduktes. Damit eröffnet dieser Ansatz die Möglichkeit, Kostensenkungspotentiale durch die Nutzung des Wissens des Lieferanten über die Funktionalität und Qualität der Komponente zu erschließen. Da nur **Konzeptlieferanten** an der Produktkonzeptplanung mitwirken, kann nur mit diesen Lieferanten die kostenorientierte Produktplanung gemeinsam durchgeführt werden.

Nach dem Umfang der Zusammenarbeit zwischen Abnehmer und Lieferant bei der kostenorientierten Produktplanung werden zwei **Ansätze** der gemeinsamen kostenorientierten Produktplanung unterschieden:

- die parallele und
- die simultane Produktplanung.

Bei der **parallelen Produktplanung** werden dem Lieferanten die kundenbezogenen Funktionen der Komponente vorgegeben, die er anschließend in produktbezogene Funktionen und einen Produktentwurf umsetzt. Die Zusammenarbeit von abnehmender Unternehmung und Lieferant konzentriert sich bei dieser Maßnahme auf die Produktkonzeptplanung von Endprodukt und Komponente. Nach Abschluss dieser Phase entwickelt der Lieferant die Komponente selbstständig. Es werden nur noch unternehmungsübergreifende Kostenanalysen durchgeführt. Diese Vorgehensweise hat den Vorteil, dass der Lieferant die Planung der Komponente von der Planung des Endproduktes entkoppeln kann. Informiert die abnehmende Unternehmung den Lieferanten regelmäßig über die Produktpläne, kann dieser seine Produktentwicklung frühzeitig an die künftigen Anforderungen anpassen (vgl. Cooper/Slagmulder (1999a), S. 254 ff.).

Bei der **simultanen Produktplanung** arbeitet das Entwicklungsteam des Abnehmers während des gesamten Produktplanungsprozesses mit den Entwicklungsteams des Lieferanten zusammen. Anders als bei der parallelen Produktplanung ist die Zusammenarbeit nicht auf die Produktkonzeptplanung begrenzt. Neben der Gestaltung der Kosten der Komponenten durch ihre Abstimmung mit dem Produktionsprozess des Lieferanten eröffnet die simultane Produktentwicklung auch die Möglichkeit, die Produktkosten durch die Abstimmung zwischen Komponente und Endprodukt und die Anpassung der Komponente an den Weiterverarbeitungsprozess beim Abnehmer zu verändern (vgl. Cooper/Slagmulder (1999a), S. 257 ff.).

> Die **gemeinsame kostenorientierte Produktplanung** zeichnet sich dadurch aus, dass der Lieferant nicht nur an der Entwicklung, sondern auch an der Konzeptplanung mitwirkt.

Für die abnehmende Unternehmung hat die gemeinsame kostenorientierte Produktplanung folgende **Vorteile** (vgl. Cooper/Slagmulder (1999a), S. 254):

- die Erhöhung des Produktwertes,
- die Verkürzung der Entwicklungsdauer sowie
- die Senkung der Entwicklungskosten.

In späten Phasen sind Veränderungen des Produktentwurfs zeitaufwendig und mit hohen Entwicklungskosten verbunden, so dass nur noch kleinere Anpassungen vorgenommen werden. Je früher die Zusammenarbeit beginnt, desto umfangreicher sind die effizient realisierbaren Kostensenkungspotentiale (vgl. Cooper/Slagmulder (1999a), S. 19 f.). Durch die späte Einbeziehung der Lieferanten in die Produktplanung können beim FPQ-Ausgleich und der unternehmungsübergreifenden Kostenanalyse keine innovativen Vorschläge des Lieferanten zur Gestaltung der Komponenten berücksichtigt werden, ohne dass es zu einer Verlängerung des Entwicklungsprozesses und damit zu einer Verschiebung der Markteinführung kommt. In der Folge wird auf die Erschließung von Kostensenkungspotentialen und mögliche Steigerungen des **Wertes des Endproduktes** verzichtet. Bei der gemeinsamen kostenorientierten Produktplanung können diese Vorschläge bereits in die Konzeptplanung für das Endprodukt einbezogen und damit Anpassungen in den späten Phasen des Entwicklungsprozesses vermieden werden. Über die Erarbeitung von Vorschlägen für die innovative Gestaltung der Komponente gewinnt der Lieferant Einfluss auf den Wert des Endproduktes.

Die Verkürzung der **Entwicklungsdauer** folgt aus der Parallelisierung der Produktplanungsprozesse bei der Unternehmung und beim Lieferanten. Der Lieferant kann die Ergebnisse der Produktplanung auch anderen Kunden zugänglich machen und diese mit einem Anteil an den Entwicklungskosten belasten. Dadurch fallen für den Endabnehmer geringere **Entwicklungskosten** an. Dieser Vorteil kann durch den Verlust der Fähigkeit zur Produktdifferenzierung kompensiert werden. Um dem zu begegnen, sollte in schwach hierarchischen und polyzentrischen Lieferantennetzwerken sowie bei Komponenten, die mit den Kernkompetenzen des Abnehmers im Zusammenhang stehen, auf eine gemeinsame Produktentwicklung verzichtet werden oder der Verkauf der Komponente an andere Kunden des Lieferanten durch vertragliche Vereinbarungen ausgeschlossen werden (vgl. Cooper/Slagmulder (2005a), S. 308 f.).

Ein weiterer **Nachteil** der gemeinsamen Produktentwicklung ist die zunehmende Abhängigkeit zwischen Unternehmung und Lieferant. So hängt der Abnehmer von Innovationen des Lieferanten ab. Auf der anderen Seite ist der Lieferant vom wirtschaftlichen Erfolg des Endproduktes abhängig (vgl. Cooper/Slagmulder (2005a), S. 308). In

Abb. 7.15 werden die fördernden Maßnahmen der unternehmungsübergreifenden kostenorientierten Produktplanung zusammenfassend gegenübergestellt.

Kriterium \ Maßnahme	FPQ-Ausgleich	Unternehmungs-übergreifende Kostenanalyse	Gemeinsame kostenorientierte Produktplanung	
			Parallele	Simultane
Einsatzbereich	Entwicklung der Komponente	Entwicklung der Komponente	Produktkonzept-planung	Gesamter Produkt-planungsprozess
Gestaltungs-parameter	Funktionalität und Qualität der Komponente	Technische Merkmale des Produktes und des Produktionsprozesses beim Lieferanten	Funktionalität, Qualität, technische Produktmerkmale	Funktionalität, Qualität, technische Produktmerkmale
Ansätze zur Ausschöpfung von Kostensenkungspotentialen	Nutzung des Wissens des Lieferanten über die Funktionalität und Qualität des Produktes und ihre Kosten	Gemeinsam durchgeführte Wertanalysen	Anpassung der Komponente an den Produktionsprozess des Lieferanten	Anpassung der Komponente an den Produktionsprozess des Lieferanten, an den Weiterverarbeitungsprozess in der Unternehmung und das Endprodukt
Durchschnittliche Kostensenkung[1]	0 - 5 %	5 - 10 %	10 - 15 %	

1) vgl. Cooper/Slagmulder (2006), S. 140 f.

Abb. 7.15: Fördernde Maßnahmen bei der unternehmungsübergreifenden kostenorientierten Produktplanung

7.2.3.3 Unternehmungsübergreifendes Kaizen

Das unternehmungsübergreifende Kaizen bezweckt die an den kurzfristigen Erfolgszielen der Unternehmung ausgerichtete Gestaltung der Produktions- und Vertriebsprozesse beim Lieferanten. Als **disziplinierende Maßnahme** wird durch das Kaizen Costing der Unternehmung in jedem Jahr während der Marktphase der Komponente eine Preissenkungsrate geplant und dem Lieferanten vorgegeben. Dadurch wird der Wettbewerbsdruck, dem die Unternehmung ausgesetzt ist, auf den Lieferanten übertragen. Gelingt es dem Lieferanten nicht, die erforderliche Kostensenkung zu realisieren, greifen die **fördernden Maßnahmen**. Sie zielen auf die Kostensenkungspotentiale, die nur durch gemeinsame Aktivitäten der Unternehmung und des Abnehmers ausgeschöpft werden können (vgl. Cooper/Slagmulder (1999a), S. 148 f.).

> Das **unternehmungsübergreifende Kaizen** ist die Zusammenarbeit zwischen Unternehmung und Lieferant während der Marktphase der Komponente zur Realisation von Preissenkungsraten, welche die Unternehmung in jeder Periode aus dem Kaizen Costing ableitet und dem Lieferanten vorgibt.

Das Ausmaß der Kostensenkungspotentiale, die durch Maßnahmen während der Marktphase ausgeschöpft werden können, ist zunächst sehr viel geringer als bei der kostenorientierten Produktplanung. Die Unternehmung profitiert jedoch so lange von diesen Maßnahmen, wie sie die Produktionsprozesse des Lieferanten für die Produktion der Komponenten nutzt. Da mit einem Produktionsprozess meist mehrere Produktgenerationen realisiert werden, können auch mit den Kaizen-Maßnahmen auf lange Sicht bedeutsame Kostensenkungen erzielt werden, die den zusätzlichen Aufwand der Zusammenarbeit rechtfertigen.

Die durch das unternehmungsübergreifende Kaizen in einer Periode erreichbare Kostensenkung ist eher gering. Anders als die Kostensenkungspotentiale in den Komponenten, die nur in der Entstehungsphase grundlegend verändert werden, können die Kostensenkungspotentiale in den Prozessen des Lieferanten jederzeit gehoben werden. Zur **Planung der Kostenvorgaben** für das Kaizen können deshalb vereinfachte Verfahren verwendet werden. Vielfach wird eine pauschale Preissenkungsrate für alle Lieferanten und ihre Komponenten festgelegt, die aus den Kostensenkungszielen des periodischen Kaizen hergeleitet und jährlich angepasst wird. Eine differenziertere Planung der Preissenkungsrate wird nur für die Komponenten von Produkten durchgeführt, die dem Produkt-Kaizen (vgl. Abschnitt 6.3) unterworfen sind, sowie für Komponenten mit einem hohen Anteil an den Produktkosten des Endproduktes (vgl. Cooper/Slagmulder (1999a), S. 288 ff.).

Fördernde Maßnahmen des unternehmungsübergreifenden Kaizen sind zum einen die Weitergabe von Wissen über Kaizen-Maßnahmen und deren Wirkung an den Lieferanten oder gemeinsam durchgeführte Wertanalysen. Zum anderen kann die Unternehmung den Lieferanten bei der Erschließung kostengünstigerer Quellen für die Beschaffung seiner Einsatzgüter unterstützen. Hierfür stehen zwei Maßnahmen zur Verfügung. (1) Der Abnehmer kann den Lieferanten auf günstigere Bezugsquellen hinweisen. (2) Er kann jedoch auch Einsatzgüter identifizieren, die von mehreren Unternehmungen im Lieferantennetzwerk benötigt werden, und die Beschaffung für das gesamte Lieferantennetzwerk bei einem Lieferanten bündeln, um durch eine größere Marktmacht Preisvorteile zu erzielen (Collective Sourcing). Weitere Maßnahmen können die Anpassung der Komponente an den Produktionsprozess beim Lieferanten betreffen. Da solche Anpassungsmaßnahmen Auswirkungen auf das Endprodukt und den Prozess der Weiterverarbeitung in der Unternehmung haben können, sind diese Maßnahmen nur in Zusammenarbeit zwischen Unternehmung und Lieferant durchführbar (vgl. Cooper/Slagmulder (2005a), S. 310 f.).

7.2.3.4 Kostenorientierte Gestaltung der Schnittstelle zum Lieferanten

Bei der **Schnittstelle** zwischen Unternehmung und Lieferant handelt es sich um die Gesamtheit aller Aktivitäten und Prozesse zur Übertragung von Sach- oder Dienstleistungen vom Lieferanten zur Unternehmung, wie z. B. Bestellung, Rechnungserstellung, Bezahlung, Lagerhaltung und Transport. Maßnahmen zur Steigerung der Effizienz der Schnittstelle können von den beiden Vertragsparteien gemeinsam, von der Unternehmung oder vom Lieferanten getätigt werden und zielen auf

– die Senkung der Transaktionskosten oder
– die Reduzierung der Unsicherheit.

Die **Transaktionskosten** können durch die Beseitigung ineffizienter oder redundanter Aktivitäten gesenkt werden. Redundant sind Aktivitäten, die sowohl von der Unternehmung als auch vom Lieferanten ausgeführt werden. Weitere Maßnahmen zur Senkung der Transaktionskosten sind die Vereinfachung der Prozesse an der Schnittstelle. Schließlich tragen auch die Standardisierung und Automation von Prozessen, die sich häufig wiederholen, zur Senkung der Transaktionskosten bei (vgl. Cooper/Slagmulder (1999a), S. 305 ff.).

Der Lieferant bildet für einen unerwarteten Bedarf der Unternehmung Lagerbestände, die Unternehmung bildet Lagerbestände zur Absicherung gegen qualitative, quantitative oder zeitliche Fehllieferungen des Lieferanten. Mit der **Reduzierung der Unsicherheit** in der Unternehmung und beim Lieferanten werden diese Lagerbestände abgebaut, wodurch die Lagerkosten und die Kapitalbindung gesenkt werden können. Reduziert werden kann diese Unsicherheit durch den verstärkten Austausch von Informationen sowie die Verkürzung der Lieferzeiten. Kurze Lieferzeiten ermöglichen es dem Lieferanten, einen unerwartet auftretenden Bedarf kurzfristig decken zu können. Damit trägt auch jede Verkürzung der Durchlaufzeit und der Zeitdauer zur Bearbeitung einer Bestellung durch den Lieferanten zu einem Abbau der Unsicherheit bei (vgl. Cooper/Slagmulder (1999a), S. 305 ff.).

Maßnahmen zur Verbesserung der Effizienz an der Schnittstelle, welche die **Zusammenarbeit** von Unternehmung und Lieferant erfordern, sind
– die Abwicklung der Prozesse und Aktivitäten über elektronische Medien sowie
– die gemeinsame Bedarfsprognose.

Durch das Erzeugen, den Versand und die Archivierung papierner Dokumente sowie die Eingabe der Daten aus diesen Dokumenten in das Informationssystem der jeweiligen Unternehmung und die dabei verursachten Fehler entstehen Kosten. Diese können durch Abwicklung der Transaktionsprozesse über **elektronische Medien** eingespart werden. Die Nutzung elektronischer Medien verkürzt die Zeit für den Prozess der Auftragsabwicklung und versorgt die empfangende Unternehmung mit einem elektronisch auswertbaren Datenbestand über den jeweiligen Vertragspartner. In ausgereiften Systemen kann die Unternehmung Informationen über den Stand des Auftragsabwicklungsprozesses beim Lieferanten abrufen, wodurch Unsicherheit abgebaut werden kann (vgl. Cooper/Slagmulder (2005a), S. 293 ff.).

Bei der **gemeinsamen Bedarfsprognose** tauschen die beteiligten Unternehmungen im Lieferantennetzwerk ihre Bedarfsprognosen aus und stimmen sie unternehmungsübergreifend ab. Diese Vorgehensweise hat folgende Vorteile: (1) Jeder Engpass wird sehr viel früher sichtbar, so dass rechtzeitig Anpassungsmaßnahmen ergriffen werden können. (2) Auf den Aufbau von Sicherheitsbeständen kann weitgehend verzichtet werden. (3) Die Bedarfsprognose wird einfacher, da sie weniger häufig angepasst werden muss (vgl. Cooper/Slagmulder (2005a), S. 297).

Abb. 7.16 gibt einen Überblick über Maßnahmen, welche die **Unternehmung** zum Abbau von Unsicherheiten und zur Senkung der Transaktionskosten ergreifen kann. Maßnahmen des **Lieferanten** zum Abbau von Unsicherheiten und zur Senkung der Transaktionskosten des Lieferanten werden in Abb. 7.17 genannt (vgl. Cooper/Slagmulder (2005a), S. 297 ff.).

Abbau von Unsicherheit	Senkung der Transaktionskosten
– Präzise Bedarfsplanung: Vermeiden oder zumindest frühzeitiges Erkennen eines unerwarteten Bedarfs – Abstimmen des Zeitpunktes der Bestellung mit der Durchlaufzeit beim Lieferanten – Vermeiden nachträglicher Änderungen von Bestellungen – Vermeiden von Sonderwünschen – Offenlegen der Bedarfsprognose sowie der Produktions- und Absatzpläne, auf denen die Bedarfsprognose beruht	– Abschließen langfristiger Rahmenverträge – Bezahlen bei Eingang: Die Bezahlung der Lieferung wird mit ihrem Eingang ausgelöst, ohne dass eine Rechnung erstellt wird. – Präzise Kommunikation: Vermeiden von Fehlern und der dadurch entstehenden Kosten

Abb. 7.16: Maßnahmen der Unternehmung zur Verbesserung der Schnittstelleneffizienz

Abbau von Unsicherheit	Senkung der Transaktionskosten
– Erhöhen des Anteils planmäßiger Lieferungen – Verkürzen der Lieferzeit: Beitrag zum Abbau der Unsicherheit des Abnehmers gegenüber seinen eigenen Kunden – Verkürzen der Durchlaufzeit: Steigern der Lieferzuverlässigkeit – Offenlegen von Leistungsmerkmalen: Fehlerquoten, Durchlaufzeiten, Kennzahlen zur Lieferzuverlässigkeit – Gewähren eines Zugangs zu Informationen über den Stand des Auftragsabwicklungsprozesses sowie zu Informationen für die Beurteilung der Lieferbereitschaft	– Verbessern der Qualität: Abbau der Qualitätskontrollen beim Abnehmer und Ermöglichen einer gemeinsamen Lagerhaltung – Übernahme der Steuerung der gemeinsamen Lagerhaltung – Präzise Kommunikation: Vermeiden von Fehlern und der dadurch entstehenden Kosten

Abb. 7.17: Maßnahmen des Lieferanten zur Verbesserung der Schnittstelleneffizienz

7.3 TPM als Ansatz des Kostenmanagements während der Betriebsphase von Betriebsmitteln

7.3.1 Abgrenzung des Total Productive Maintenance (TPM)

Gestaltungsobjekt des potentialorientierten Kostenmanagements während der Betriebsphase des Betriebsmittels sind

- die Betriebs- und Unterhaltskosten,
- die Fehlerkosten sowie
- die stückbezogenen Abschreibungen.

Beispiele für **Betriebskosten** eines Betriebsmittels sind Energiekosten und Versicherungsprämien. **Unterhaltskosten** werden durch Aktivitäten zur Wahrung bzw. Wiederherstellung der Nutzungsfähigkeit eines Betriebsmittels ausgelöst (vgl. Siegwart/Senti (1995), S. 80). **Fehlerkosten** werden durch Störungen des Betriebsmittels bzw. Maßnahmen zur Minderung deren Konsequenzen verursacht. Sie setzen sich aus den Betriebsunterbrechungskosten und den Folgekosten zusammen. **Betriebsunterbrechungskosten** sind die Erlöse, die durch ungeplante oder geplante Ausfallzeiten des Betriebsmittels entgehen. **Folgekosten** entstehen durch Fehler bei den Produkten, die durch Betriebsmittel verursacht werden. Sie umfassen Kosten u. a. für Nacharbeit und Ausschuss (vgl. Hiraoka (2000), S. 246). Zu diesen Kosten treten **Lager- und Kapitalbindungskosten** für Bestände an fertigen und unfertigen Erzeugnissen, die gebildet werden, um das Risiko von Betriebsunterbrechungen oder Lieferverzögerungen zu vermindern (vgl. Nakajima (1995), S. 25). Die **stückbezogene Abschreibung** ist der Anteil der Abschreibung des Betriebsmittels, der einer Produkteinheit zugerechnet wird. Sie wird neben dem Abschreibungsbetrag der Periode vor allem durch die **Arbeitsproduktivität** des Betriebsmittels determiniert:

$$\text{Arbeitsproduktivität} = \frac{\text{Ausbringungsmenge}}{\text{Betriebszeit}}.$$

Die Fehlerkosten und die Arbeitsproduktivität von Betriebsmitteln hängen von folgenden Faktoren ab, die auch als die „**sechs großen Verlustquellen**" beim Einsatz von Betriebsmitteln bezeichnet werden (vgl. Nakajima (1995), S. 35):

- Verlustzeiten durch
  - Betriebsmittelausfall als Folge von Störungen oder
  - Rüsten und Einstellen;
- Geschwindigkeitsverluste durch
  - Leerlauf oder geringfügige Unterbrechungen, die als Folge des regelwidrigen Betriebs von Sensoren, das Blockieren von Werkstücken usw. auftreten,
  - verringerte Geschwindigkeit durch mechanische Probleme, Qualitätsmängel an den Bearbeitungsobjekten, Angst vor einer Überlastung der Anlage;

– Fehler in der Form von

- Verfahrensfehlern, die Ausschuss, Qualitätsminderung oder Nacharbeit verursachen und

- Anfangsverlusten während des Produktionsanlaufs bis zum stabilen Prozess nach einem Rüstprozess oder einer geplanten oder ungeplanten Produktionsunterbrechung.

Ein Ansatz des potentialorientierten Kostenmanagements zur Gestaltung der Arbeitsproduktivität und der Fehlerkosten durch die Einflussnahme auf die sechs großen Verlustequellen des Betriebsmitteleinsatzes ist das **Total Productive Maintenance (TPM)** bzw. die umfassende produktive Instandhaltung. Es handelt sich hierbei um ein Instandhaltungskonzept, das durch die folgenden drei Merkmale gekennzeichnet ist (in Anlehnung an Schimmelpfeng (1997), S. 314):

– die Ausweitung der Instandhaltung auf alle Phasen des Anlagenlebenszyklus,

– die Ausrichtung der Instandhaltung an allen sechs Verlustquellen sowie

– die Einbeziehung aller Mitarbeiter in die Instandhaltung.

Das **Total Productive Maintenance** (TPM) ist ein Ansatz zur kontinuierlichen Verbesserung der Betriebsmittel in allen Phasen ihres Lebenszyklus mit dem Ziel einer Erhöhung ihrer Gesamteffektivität durch Einbeziehung aller Mitarbeiter (vgl. Ikuta/Nakajima (1985), S. 89).

TPM basiert auf der japanischen Gesellschafts- und Unternehmungskultur. Nicht japanische Unternehmungen können diesen Ansatz deshalb in der Regel nicht unverändert übernehmen. TPEM (Total Productive Equipment Management) ist ein alternativer Ansatz, der für die Umsetzung des TPM-Ansatzes in nicht japanischen Unternehmungen entwickelt worden ist (vgl. Hartmann (1995), S. 43 f.; 103).

(1) Ausweitung der Instandhaltung

Das Total Productive Maintenance erstreckt sich auf **alle Phasen im Lebenszyklus** einer Anlage, d. h. den Entwurf, die Konstruktion, die Herstellung, die Installation und den Betrieb. Es schließt alle Instandhaltungsstrategien ein, die über die Instandsetzung bei Störungen hinausgehen, d. h.

– die vorbeugende Instandhaltung (Preventive Maintenance),

– die verbessernde Instandhaltung (Corrective Maintenance),

– die Instandhaltungsprävention (Maintenance Prevention) und

– die produktive Instandhaltung (Productive Maintenance).

Mit der **vorbeugenden Instandhaltung** wird eine Reduktion der Störungen eines Betriebsmittels durch planmäßig durchgeführte Wartungs- und Inspektionsaktivitäten angestrebt. Die **verbessernde Instandhaltung** zielt auf eine Verbesserung der Betriebsmittel hinsichtlich Zuverlässigkeit und Leistungsfähigkeit. Der Einsatz von Betriebsmitteln, die einfach zu bedienen und instand zu halten sind, ist das Ziel der **Instandhaltungsprävention**. Die **produktive Instandhaltung** führt die vorbeugende und die verbessernde Instandhaltung sowie die Instandhaltungsprävention unter der Verantwortung der Instandhaltungsabteilung zusammen (vgl. Hiraoka (2000), S. 245 f.). Abb. 7.18 gibt einen Überblick über die Instandhaltungsstrategien.

(2) Ausrichten an allen Verlustquellen

Die Ausrichtung an allen Verlustquellen zeigt sich in den zwei **Zielen**, die dem TPM-Konzept zugrunde liegen:

– Null-Störungen der Betriebsmittel sowie
– Null Produktfehler durch Betriebsmittel.

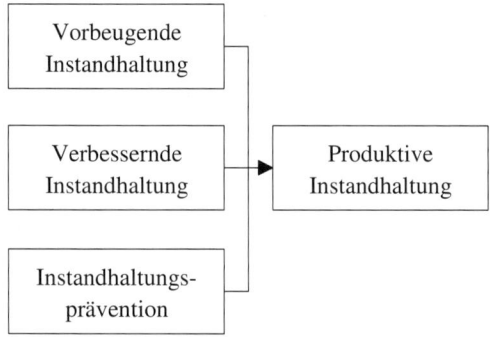

Abb. 7.18: Instandhaltungsstrategien

Werden **Betriebsmittelstörungen** vermieden, steigt die Arbeitsproduktivität der Betriebsmittel und die Bestände an unfertigen und fertigen Erzeugnissen können verringert werden. Die Verminderung der **Produktfehler** der Betriebsmittel führt zu einer Verringerung der Fehlerkosten (vgl. Nakajima (1995), S. 25). Abgebildet werden diese beiden Ziele in der **Gesamteffektivität eines Betriebsmittels** (Overall Equipment Effectiveness, OEE). Hierbei handelt es sich um eine Kennzahl, die alle Wirkungen der sechs großen Verlustquellen zusammenfasst. Berechnet wird sie durch die multiplikative Verknüpfung

– des Gesamtnutzungsgrades,
– des Leistungsgrades sowie
– des Qualitätsgrades des Betriebsmittels.

Der **Gesamtnutzungsgrad** NG ist definiert als Quotient aus der Ist-Belegzeit T_i und der geplanten Belegzeit T_p. Die Ist-Belegzeit ergibt sich als Differenz aus der geplanten Belegzeit und der Verlustfallzeit ΔT durch Störungen, Rüsten und Einstellen. Der Nutzungsgrad bildet damit den Umfang der Verlustzeiten ab.

$$NG = \frac{T_i}{T_p} = \frac{T_p - \Delta T}{T_p}$$

Der **Leistungsgrad** LG wird berechnet als Quotient aus der Soll-Belegzeit und der Ist-Belegzeit. Die Soll-Belegzeit T_s gibt die Betriebszeit des Betriebsmittels bei Bearbeitung der Ist-Menge x_i bei Produktion mit der geplanten Bearbeitungsgeschwindigkeit, die als Bearbeitungszeit pro Stück t_p definiert ist. Die Soll-Belegzeit weicht von der Ist-Belegzeit ab, wenn durch Geschwindigkeitsverluste nicht die geplante Menge realisiert werden kann.

$$LG = \frac{T_s}{T_i} = \frac{x_i \cdot t_p}{T_i}$$

Der **Qualitätsgrad** QG ist der Quotient aus den Gutteilen x_g und dem gesamten Output. Gutteile sind bearbeitete Einheiten, die den Anforderungen genügen. Im Qualitätsgrad spiegeln sich die Fehler des Betriebsmittels wider.

$$QG = \frac{x_g}{x_i} = \frac{x_i - x_n - x_a}{x_i}$$

wobei x_n = Anzahl der Produkteinheiten, die nachgearbeitet werden müssen,
$\quad\quad\ x_a$ = Anzahl der Produkteinheiten, die Ausschuss sind.

Werden die drei Kennzahlen zusammengefasst, ergibt sich für die **Gesamteffektivität** des Betriebsmittels

$$OEE = NG \cdot LG \cdot QG = \frac{t_p}{T_p} \cdot x_g = \frac{x_g}{x_p},$$

wobei x_p = Anzahl der geplanten Produkteinheiten.

Sie bringt das Verhältnis zwischen der Produktionsmenge bei Null-Störungen und Null-Produktfehler und der tatsächlich realisierten Menge an Produkten, die den Anforderungen genügen. Durch TPM kann die Gesamtanlageneffektivität auf 85 % gesteigert werden, die ansonsten bei etwa 50 % liegt (vgl. Al-Radhi/Heuer (1995), S. 34). Abb. 7.19 zeigt die Zusammensetzung der Gesamteffektivität der Betriebsmittel.

(3) Einbeziehen aller Mitarbeiter

Beim TPM beschäftigt sich nicht nur die Instandhaltungsabteilung mit Instandhaltungsaktivitäten. Es wirken vielmehr alle Mitarbeiter auf allen Ebenen der Unternehmungshierarchie an der Instandhaltung mit. Jedem Mitarbeiter wird die Verantwortung für den Zustand des Betriebsmittels übertragen, das er bedient.

Einsatzzeiten   **Verlustquellen**

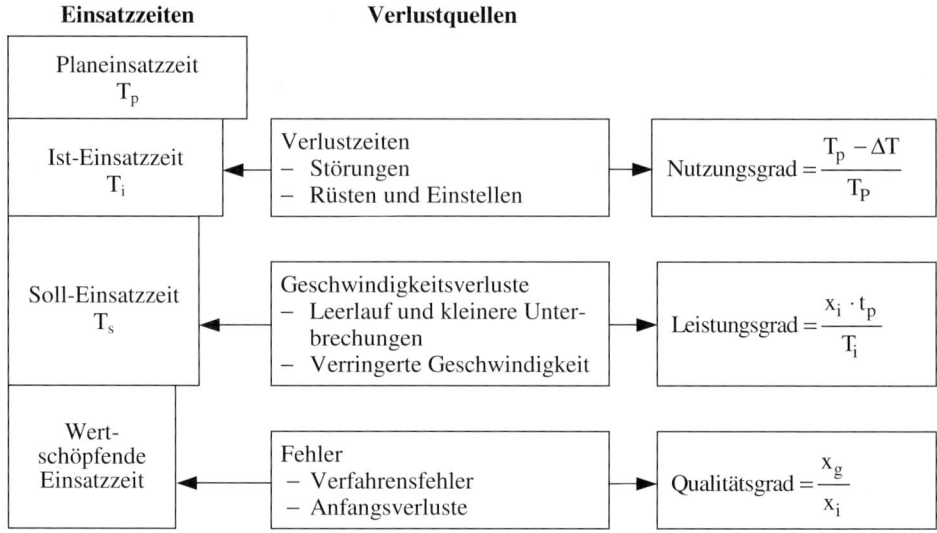

Abb. 7.19: Gesamteffektivität der Betriebsmittel

7.3.2 Elemente des TPM-Konzeptes

Umgesetzt wird das Total Productive Maintenance durch die Implementierung der folgenden **Elemente** (vgl. Willmott/McCarthy (2001), S. 65 ff.):

–   die kontinuierliche Verbesserung der Gesamteffektivität der Betriebsmittel durch die Beseitigung der sechs großen Verlustquellen,

–   die autonome Instandhaltung,

–   die präventive Instandhaltung,

–   die kontinuierliche Verbesserung der Fähigkeiten der Mitarbeiter sowie

–   die Instandhaltungsprävention.

(1) Kontinuierliche Verbesserung der Gesamteffektivität der Betriebsmittel

Dieses Element des TPM-Konzeptes wird in der Form des **managementorientierten Kaizens** (vgl. Abschnitt 4.1.1) in folgenden Schritten vollzogen (vgl. Al-Radhi/ Heuer (1995), S. 39 ff.):

–   Schritt 1: Identifizieren der Verlustquellen

–   Schritt 2: Bestimmen von Schwerpunkten

–   Schritt 3: Bilden von Verbesserungsteams

–   Schritt 4: Analysieren der Problemursachen

–   Schritt 5: Erarbeiten von Maßnahmen

–   Schritt 6: Durchführen der Maßnahmen

–   Schritt 7: Kontrolle

Im **ersten Schritt** werden während eines vorgegebenen Zeitraums für jeden Arbeitsplatz die aufgetretenen Verlustquellen (z. B. Störungen, Rüsten) und ihre Konsequenzen in der Form verlorener Stückzahlen erfasst. Aus diesen Daten wird im **zweiten Schritt** ein Pareto-Diagramm erstellt, mit den aufgetretenen Verlustquellen auf der Abszisse und den verlorenen Stückzahlen auf der Ordinate, um Schwerpunktprobleme zu identifizieren, d. h. Probleme mit einem hohen Einfluss auf die Gesamteffektivität. Zur Bearbeitung der identifizierten Schwerpunktprobleme wird im **dritten Schritt** ein bereichsübergreifendes Verbesserungsteam gebildet, das mit Mitarbeitern aus der Produktion, der Instandhaltung und des Qualitätsmanagements besetzt ist. Das Verbesserungsteam greift das Schwerpunktproblem mit der höchsten Priorität auf und analysiert im **vierten Schritt** seine Ursachen. Hierzu wird die Methode des Fünffachen Warum (vgl. Abschnitt 5.4.2) eingesetzt. Liegen den Problemen mehrere Ursachen zugrunde, wird zusätzlich ein Ursache-Wirkungs-Diagramm (vgl. Abschnitt 4.3.3.2) erstellt.

Im **fünften Schritt** werden Maßnahmen erarbeitet, um die identifizierten Problemursachen nachhaltig zu beseitigen. Für jede Maßnahme wird festgelegt, wer für ihre Realisation verantwortlich ist. Die Maßnahmen werden im **sechsten Schritt** realisiert. Ist die Realisation der Maßnahmen abgeschlossen, werden die Wirkungen in einem **siebten** Schritt kontrolliert und die Ergebnisse dokumentiert.

(3) Autonome Instandhaltung

Bei der autonomen Instandhaltung trägt der **Mitarbeiter** die Verantwortung für den Zustand des Betriebsmittels, das er bedient, indem er routinemäßige Instandhaltungsaufgaben übernimmt, die keine besonderen Instandhaltungskenntnisse voraussetzen (vgl. Al-Radhi/Heuer (1995), S. 59). In der autonomen Instandhaltung unterscheidet sich das TPEM in der Regel von der japanischen Variante des TPM. Nach dem TPEM-Ansatz werden nicht alle der genannten Instandhaltungsaufgaben auf die Mitarbeiter an den Maschinen übertragen. Der Umfang der autonomen Instandhaltung wird vielmehr an die Motivation und die Fähigkeiten der Mitarbeiter an den Maschinen angepasst (vgl. Hartmann (1995), S. 103, 114).

Eingeführt wird die autonome Instandhaltung in mehreren aufeinanderfolgenden Schritten. Der jeweils nachfolgende Schritt wird stets erst dann begonnen, wenn die Mitarbeiter die für den aktuellen Schritt notwendigen Fertigkeiten vollständig erlernt haben, was durch Audits überprüft wird. Als Schritte der **Einführung der autonomen Instandhaltung** werden vorgeschlagen (vgl. Nakajima (1995), S. 89 ff.):

– Schritt 1: Anfängliche Reinigung
– Schritt 2: Eliminieren von Quellen der Verschmutzung
– Schritt 3: Festlegen vorläufiger Reinigungs- und Schmierstandards
– Schritt 4: Inspektion und Wartung des Betriebsmittels

- Schritt 5: Autonome Inspektion
- Schritt 6: Organisieren und optimieren des Arbeitsplatzes
- Schritt 7: Gruppenorientiertes Kaizen zur Verbesserung des Betriebsmittels

Das Reinigen des Betriebsmittels wird in **Schritt 1** mit dem Ziel durchgeführt, Probleme und Anormalitäten zu entdecken, wie z. B. lockere Bauteile, Ölleckagen und durch Schmutz verdeckte Schmiernippel. Probleme werden gemeldet und zusätzlich bis zur Behebung in der Nähe des Betriebsmittels deutlich sichtbar vermerkt (Visual Management). Gegenstand des **zweiten Schrittes** ist das Vermeiden von Verschmutzungen, das Vereinfachen des Reinigungsprozesses (z. B. durch das Verbessern der Zugänglichkeit) sowie das Verkürzen der für das Reinigen und Schmieren notwendigen Zeit. Nach dem SDCA-/PDCA-Zyklus folgt einer Verbesserung immer die Standardisierung, um die verbesserten Prozesse zu stabilisieren. Im **dritten Schritt** werden deshalb auf der Grundlage der in den ersten beiden Schritten gesammelten Erfahrungen vorläufige Standardabläufe für die Reinigungs-, Inspektions- und Wartungsarbeiten entwickelt. Damit diese anschließend auch befolgt werden, sollten sie von den Mitarbeitern, die an den Betriebsmitteln tätig sind, selbst erarbeitet werden. Im **vierten Schritt** werden die Mitarbeiter unterwiesen, Inspektionen und einfache Instandhaltungsmaßnahmen durchzuführen. Darüber hinaus werden visuelle Kontrollhilfen eingerichtet, d. h. leicht wahrzunehmende Markierungen, die über das Vorliegen des geforderten Zustandes informieren. Sie bezwecken, den Zeitaufwand für die Inspektion zu reduzieren. Mit dem **fünften Schritt** beginnt die autonome Instandhaltung. Er umfasst die Überarbeitung der im dritten Schritt entwickelten Standards unter Berücksichtigung der im vierten Schritt gemachten Erfahrungen sowie die Formulierung endgültiger Standards in der Form von Prüfformularen für die selbstständige Inspektion. Der **sechste Schritt** betrifft nicht das Betriebsmittel, sondern den Arbeitsplatz. Durch den Prozess der Fünf S soll ein sauberer Arbeitsplatz als Voraussetzung eines verlustfreien Produktionsprozesses geschaffen werden. Der **siebte Schritt** vervollständigt die autonome Instandhaltung. Die Mitarbeiter werden in diesem Schritt befähigt, in Qualitätszirkeln Verlustquellen zu identifizieren und zu bewerten, ihre Ursachen zu analysieren sowie Maßnahmen zu erarbeiten und durchzuführen.

(3) Geplante präventive Instandhaltung

Instandhaltungsstrategien, die spezielles Fachwissen sowie besondere Werkzeuge oder Hilfsstoffe erfordern, werden weiterhin von der **Instandhaltungsabteilung** ausgeführt. Die Instandhaltungsaktivitäten der Instandhaltungsabteilung werden geplant und zu einem Instandhaltungsprogramm zusammengefasst. Es legt nicht nur die Aktivitäten fest, sondern auch die Zeitpunkte, zu denen sie ausgeführt werden. Das Instandhaltungsprogramm ist mit den Aktivitäten der autonomen Instandhaltung abzustimmen. Während des Prozesses der Implementierung der autonomen Instandhaltung ist das geplante Instandhaltungsprogramm deshalb regelmäßig an den zunehmenden Aufgabenumfang dieses Elements des TPM-Konzeptes anzupassen (vgl. Nakajima (1995), S. 99 ff.). Um die Effizienz der Instandhaltung zu sichern, werden für alle Aktivitäten, die im Instandhaltungsprogramm festgeschrieben sind, Standards erarbeitet (vgl. Al-Radhi/Heuer (1995), S. 84 ff.).

Das Instandhaltungsprogramm gliedert sich in drei **Bereiche** (vgl. Al-Radhi/Heuer (1995), S. 80 ff.):

- die prozessbezogene Instandhaltung,
- die verbessernde Instandhaltung sowie
- die Ablaufoptimierung.

Zweck der **prozessbezogenen Instandhaltung** ist es, Anormalitäten der Betriebsmittel zu entdecken und zu beseitigen, bevor es zu Schäden an den Bearbeitungsobjekten, Produktionsunterbrechungen oder einer Verminderung der Funktionsfähigkeit der Produktionsanlage kommt. Die **verbessernde Instandhaltung** erstreckt sich über die gesamte Betriebsphase des Betriebsmittels und zielt auf eine Steigerung seiner Arbeitsproduktivität, indem Maßnahmen erarbeitet und umgesetzt werden, welche die Zuverlässigkeit und die Leistungsfähigkeit des Betriebsmittels erhöhen. Gegenstand der **Ablaufoptimierung** ist die kontinuierliche Verbesserung der Abläufe (z. B. Ersatzteillagerung, Datenverwaltung), die zur Realisation des Instandhaltungsprogramms ausgeführt werden müssen, um z. B. Reparaturzeiten zu verkürzen oder die Kosten für die Lagerung von Ersatzteilen zu reduzieren.

Die präventive Instandhaltung wird in sieben aufeinanderfolgenden Schritten eingeführt (vgl. Al-Radhi/Heuer (1995), S. 91 ff.):

- Schritt 1: Setzen von Instandhaltungsprioritäten
- Schritt 2: Schaffen einer stabilen Ausgangsbasis
- Schritt 3: Einführen eines Informationssystems
- Schritt 4: Einführen der prozessbezogenen Instandhaltung
- Schritt 5: Ablaufoptimierung
- Schritt 6: Einführen der verbessernden Instandhaltung
- Schritt 7: Implementierung eines gruppenorientierten Kaizen zur Verbesserung der Instandhaltung durch die Instandhaltungsabteilung

Aufgabe der Instandhaltungsabteilung ist im **ersten Schritt** eine Ist-Analyse der Betriebsmittel im Produktionsbereich, um Instandhaltungsprioritäten zu setzen. Zum Schaffen einer stabilen Ausgangsbasis werden im **zweiten Schritt** die identifizierten Mängel entsprechend ihrer Prioritäten beseitigt. Gleichzeitig werden Vorkehrungen gegen das Auftreten ernster Fehler ergriffen. Das Informationssystem, das im **dritten Schritt** zu schaffen ist, soll Informationen über die Fehlerverteilung, die geplanten und realisierten Instandhaltungsmaßnahmen, die Bestände an Betriebsstoffen und Ersatzteilen sowie das Instandhaltungsbudget bereitstellen. Im **vierten Schritt** wird ein

System zur Planung der prozessbezogenen Instandhaltung geschaffen. Planungsobjekt sind die Wartungs- und Instandsetzungszyklen sowie die Ausführung der Maßnahmen. Darüber hinaus werden für die Instandhaltungsaktivitäten Standards entwickelt. Diese werden im **fünften Schritt** mit dem Ziel überarbeitet, die Instandhaltungseffizienz zu verbessern. Schwerpunkt des **sechsten Schrittes** ist das Schaffen eines Systems zur Sammlung möglicher Maßnahmen zur Verbesserung der Betriebsmittel. Um die geplante präventive Instandhaltung auf dem nach dem sechsten Schritt erreichten Niveau zu stabilisieren, wird im **siebten Schritt** in der Instandhaltungsabteilung ein gruppenorientiertes Kaizen implementiert (vgl. Al-Radhi/Heuer (1995), S. 96), um Zeitstandards und Kosten zu reduzieren und Leistung und Zuverlässigkeit der Betriebsmittel weiter zu verbessern.

(4) Kontinuierliche Verbesserung der Fähigkeiten der Mitarbeiter

Allen Mitarbeitern sind **Kenntnisse** über die Grundlagen und Werkzeuge des TPM und Kommunikationsfertigkeiten für die Teamarbeit zu vermitteln. Die Mitarbeiter, die in der Produktion Betriebsmittel bedienen, haben die Instandhaltungskenntnisse zu erwerben, die für die autonome Instandhaltung erforderlich sind, sowie Kenntnisse zur Bedienung des Betriebsmittels mit dem Ziel, die Produktionsabläufe zu optimieren. Die Kenntnisse und Fähigkeiten der Mitarbeiter in der Instandhaltungsabteilung sind an die Erfordernisse der präventiven Instandhaltung anzupassen (vgl. Al-Radhi/Heuer (1995), S. 99 ff.).

Im Rahmen des Total Productive Maintenance stehen nicht die traditionellen **Schulungen** im Vordergrund. Vermittelt wird das erforderliche Wissen vielmehr durch Learning-by-doing, Training-on-the-job und die Weitergabe innerhalb der verschiedenen Teams (vgl. Schimmelpfeng (1997), S. 318 f.).

(5) Instandhaltungsprävention

Die Instandhaltungsprävention ist die Verbesserung der Betriebsmittel hinsichtlich der Bedien- und Instandhaltbarkeit sowie der Prozesssicherheit während aller Phasen seines Lebenszyklus. Sie ist in **drei Teilbereiche** gegliedert   (vgl. Al-Radhi/Heuer (1995), S. 123 ff.):

–   das Maintenance Prevention Design (MP Design) während des Entwurfs und der Konstruktion des Betriebsmittels,

–   das Early Equipment Management während der Herstellung, der Installation und des Anlaufs des Betriebsmittels sowie

–   die Instandhaltungsprävention während der Betriebsphase, die in die verbessernde Instandhaltung der präventiven Instandhaltung übergeht.

60-70 % aller Probleme, die in der Betriebsphase eines Betriebsmittels auftreten, werden in seiner Entstehungsphase verursacht. Das **Maintenance Prevention Design** nimmt deshalb bei der Instandhaltungsprävention einen hohen Stellenwert ein. Es wird von Entwicklungsteams getragen, in denen neben Mitarbeitern der Anlagenentwicklung bzw. des Maschinenherstellers auch Mitarbeiter der Produktion und der Instandhaltung mitwirken. Das Entwicklungsteam formuliert die Anforderungen, die an das zu entwickelnde Betriebsmittel gestellt werden. Diese betreffen u. a.

– die Zuverlässigkeit, d. h. das Vermeiden von Funktionsausfällen sowie des Verschleißes von Anlagenkomponenten,

– die Instandhaltbarkeit, d. h. die Einfachheit der Verschleißmessung, der Fehlerfindung und der Instandsetzung,

– das Erleichtern der autonomen Instandhaltung sowie

– das Vereinfachen der Maschinenbedienung.

Aus diesen Anforderungen werden vom Entwicklungsteam technische Spezifikationen hergeleitet, die während der Konstruktion umzusetzen sind. Das Entwicklungsteam überprüft in der Phase der Konstruktion durch regelmäßige **Design Reviews**, ob die technischen Spezifikationen vollständig in den Entwurf eingegangen sind (vgl. Al-Radhi/Heuer (1995), S. 124 ff.).

Das **Early Equipment Management** besteht aus Maßnahmen, durch die sichergestellt wird, dass das Betriebsmittel alle technischen Spezifikationen aufweist, die im Entwurf des Betriebsmittels festgeschrieben sind. Weiterhin wird das Betriebsmittel gründlich getestet, Fehlfunktionen und Defekte analysiert und nachhaltig behoben (vgl. Al-Radhi (1995), S. 132 ff.).

Teil 4: Theoretische Grundlagen des Kostenmanagements

8 Produktions- und kostentheoretische Grundlagen des Kostenmanagements

8.1 Effizienz in der aktivitätsanalytischen Produktionstheorie

8.1.1 Grundlagen der aktivitätsanalytischen Produktionstheorie

Gegenstand der **Produktionstheorie** ist die Ermittlung und Überprüfung von Aussagen über die Regelmäßigkeiten zwischen den Einsatz- und Ausbringungsgütermengen unter verschiedenen Bedingungen (vgl. Dellmann (1980), S. 17). Produktionsfunktionen ordnen jeder Kombination von Einsatzgütermengen die jeweils maximal herstellbare Ausbringungsmenge zu (vgl. Wittmann (1993), Sp. 3496). Die neoklassische und die betriebswirtschaftliche Produktionstheorie (vgl. z. B. Steven (1998), S. 125 ff.) postulieren die Existenz von Produktionsfunktionen und deren Eigenschaften. Die **aktivitätsanalytische Produktionstheorie** leitet Produktionsfunktionen dagegen unter Anwendung von Effizienzkriterien aus den technischen Bedingungen der Leistungserstellung her (vgl. Kistner (1981), S. 46 f.).

Bestandteile der Aktivitätsanalyse sind

– die Aktivitäten und

– die Technologie.

> Eine **Aktivität** ist eine realisierbare Kombination von Einsatzgütermengen, die bei Anwendung eines gegebenen Produktionsverfahrens zu bestimmten Mengen der Ausbringungsgüter führt (vgl. Steven (1998), S. 63).

Dargestellt werden sie als **Gütermengenvektoren** (vgl. Fandel (1996), S. 36):

$$y = (r_1, r_2, ..., r_M; x_1, x_2, ..., x_N),$$

wobei y = Aktivität (Gütermengenvektor),
r_m = Menge des Einsatzgutes m (m = 1, ..., M),
x_n = Menge des Ausbringungsgutes n (n = 1, ..., N).

Abb. 8.1 zeigt jeweils drei Aktivitäten für die Produktion eines Ausbringungsgutes aus einem Einsatzgut bzw. eines Ausbringungsgutes aus zwei Einsatzgütern.

> Die Gesamtheit der Aktivitäten, die mit den in einer Unternehmung verfügbaren Produktionsverfahren realisierbar sind, wird als **Technologie** bezeichnet (vgl. Wittmann (1993), Sp. 3494).

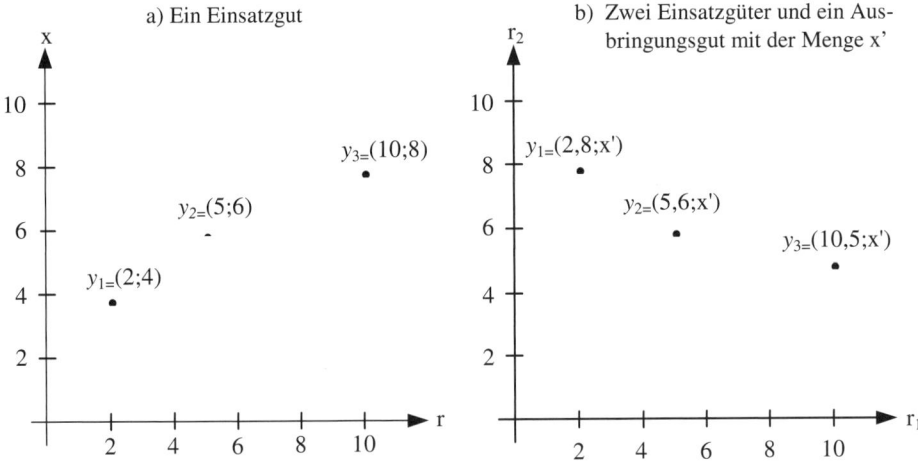

Abb. 8.1: Darstellung von Aktivitäten bei verschiedenen Produktionstypen

Es gibt verschiedene Formen von Technologien, die jeweils spezifische Eigenschaften aufweisen. Im Folgenden werden nur **lineare Technologien** betrachtet. Sie lassen sich durch folgende Eigenschaften charakterisieren (vgl. Kistner (1981), S. 47 ff.):

- Größenproportionalität,
- Additivität und
- Möglichkeit der Verschwendung.

(1) Größenproportionalität

Eine Technologie besitzt die Eigenschaft der **Größenproportionalität**, wenn für jede Aktivität y_0 der Technologie auch die Aktivität $y = \gamma \cdot y_0$ mit $\gamma \geq 0$ zur Technologie gehört, wobei

$$y = \gamma \cdot y_0 = (\gamma \cdot r_{10}, \gamma \cdot r_{20}, \ldots, \gamma \cdot r_{M0}; \gamma \cdot x_{10}, \gamma \cdot x_{20}, \ldots, \gamma \cdot x_{N0}),$$

mit γ = Ausbringungsniveau,
r_{m0} = Menge des Einsatzgutes m (m = 1, ... , M) der Aktivität y_0,
x_{n0} = Menge des Ausbringungsgutes n (n = 1, ... , N) der Aktivität y_0.

> Ein **Produktionsprozess** ist die Menge der realisierbaren Aktivitäten, die durch die proportionale Variation der Einsatz- und Ausbringungsgütermengen einer Aktivität y_0 hergeleitet werden können (vgl. Kistner/Steven (1999), S. 57).

Produktionsprozesse beschreiben alle Aktivitäten, denen dasselbe Produktionsverfahren zugrunde liegt (vgl. Steven (1998), S. 64). Abb. 8.2 zeigt die Produktionsprozesse einer linearen Technologie bei Produktion eines Ausbringungsgutes aus zwei Einsatzgütern.

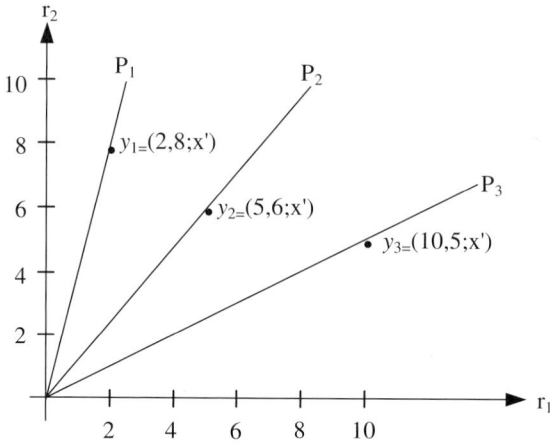

Abb. 8.2: Produktionsprozesse einer linearen Technologie

In einer linearen Technologie sind die Einsatzgüter bei jedem Produktionsprozess **limitational**. Bei Übergang zu einem anderen Produktionsprozess der Technologie wird eine vorgegebene Menge der Ausbringungsgüter mit einer anderen Einsatzgütermengenkombination produziert, d. h. Einsatzgüter werden substituiert (z. B. die Aktivitäten y_1, y_2 und y_3 in Abb. 8.1b). Diese Eigenschaft wird als **Prozesssubstitutionalität** bezeichnet (vgl. Kistner (1981), S. 61). Sie tritt z. B. auf, wenn von einem Arbeitsplatz mit einem niedrigen Automatisierungsgrad zu einem mit einem hohen Automatisierungsgrad gewechselt wird. Dieser Verfahrenswechsel wirkt sich in einer Abnahme des Arbeitskräfteeinsatzes und einer Zunahme des Betriebsmitteleinsatzes aus.

(2) Additivität

Eine Technologie ist **additiv**, wenn die Aktivität y_0, die durch Addition der Aktivitäten y_1 und y_2 dieser Technologie entsteht, ebenfalls zur Technologie zählt. Bei einem Ausbringungsgut und zwei Einsatzgütern gilt (vgl. Steven (1998), S. 68):

$$y_0 = y_1 + y_2 = (r_{11}, r_{21}; x_{11}) + (r_{12}, r_{22}; x_{12})$$
$$= (r_{11} + r_{12}, r_{21} + r_{22}; x_{11} + x_{12})$$
$$= (r_{10}, r_{20}; x_{10}).$$

Die Eigenschaft der Additivität ist gegeben, wenn zwei Aktivitäten zur Produktion der gleichen Ausbringungsgüter parallel ausgeführt werden können. Sie setzt voraus, dass die Einsatzgüter in der erforderlichen Menge verfügbar sind, d. h. keine Engpässe auftreten.

Aus den Eigenschaften der Additivität und der Größenproportionalität folgt, dass in einer linearen Technologie mit mindestens zwei Aktivitäten, die positive Ausbringungsmengen aufweisen, gemischte Aktivitäten generiert werden können, die alle zu Ausbringungsgütermengen in identischer Höhe führen. Gebildet werden diese **gemischten Aktivitäten** y_0 durch Konvexkombinationen der reinen Aktivitäten:

$$y_0 = \sum_{s=1}^{S} \lambda_s \cdot y_s \quad \text{mit} \quad \sum_{s=1}^{S} \lambda_s = 1 \ .$$

Der Konstruktion gemischter Aktivitäten liegt der Gedanke zugrunde, dass eine vorgegebene Ausbringungsmenge zu einem Teil nach einem Produktionsverfahren, der restliche Teil nach einem anderen Produktionsverfahren produziert werden kann. Aus den gemischten Aktivitäten folgen durch die proportionale Variation der Einsatz- und Ausbringungsgütermengen weitere Produktionsprozesse. Diese werden als **gemischte Produktionsprozesse** bezeichnet (vgl. Steven (1998), S. 69).

Beispiel 8.1: Gemischte Aktivitäten und Produktionsprozesse

Abb. 8.3 zeigt die reinen Produktionsprozesse P_1, P_2 und P_3 einer linearen Technologie. Die Aktivitäten A_4 und A_5 sind gemischte Aktivitäten, die aus den Aktivitäten A_1 und A_2 bzw. A_1 und A_3 für $\lambda = 0,5$ gebildet werden.

$$y_4 = 0,5 \cdot y_1 + 0,5 \cdot y_2 = 0,5 \cdot (5, 10; x') + 0,5 \cdot (10, 5; x') = (7,5, 7,5; x')$$

$$y_5 = 0,5 \cdot y_1 + 0,5 \cdot y_3 = 0,5 \cdot (5, 10; x') + 0,5 \cdot (16, 4; x') = (10,5, 7; x').$$

Aus den gemischten Aktivitäten A_4 und A_5 folgen durch proportionale Variation der Einsatz- und Ausbringungsgütermengen die gemischten Produktionsprozesse P_4 und P_5 (vgl. Abb. 8.3).

(3) Möglichkeit der Verschwendung

Diese Eigenschaft besagt, dass es Aktivitäten gibt, die Einsatzgüter verbrauchen, ohne dass Ausbringungsgüter hergestellt werden (vgl. Kistner (1981), S. 53). Mit diesen Aktivitäten kann u. a. der Betriebsstillstand bei Erhaltung der Betriebsbereitschaft abgebildet werden.

8.1.2 Kennzeichnung effizienter Aktivitäten

Eine **Aktivität ist effizient**, wenn sie die beiden folgenden Eigenschaften besitzt (vgl. Hansen/Mowen (2003), S. 696):
– technische Effizienz und
– wertmäßige Effizienz.

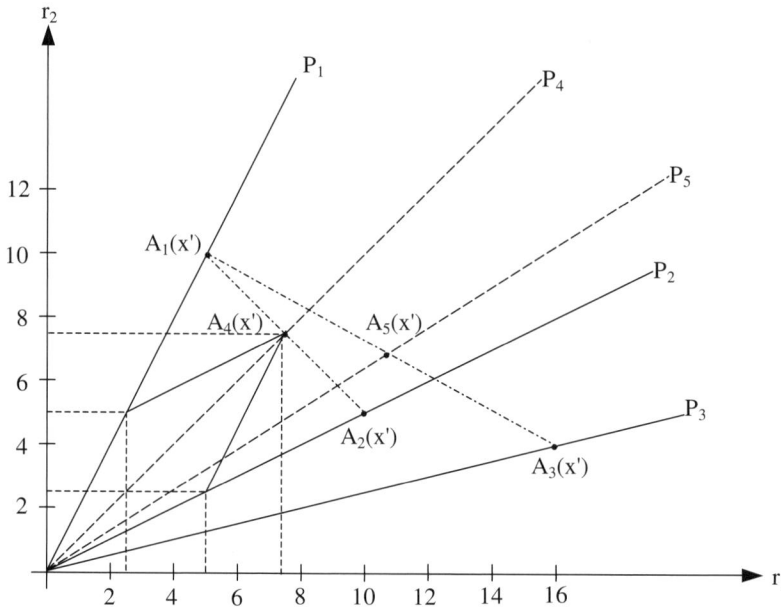

Abb. 8.3: Herleitung gemischter Produktionsprozesse

(1) Technische Effizienz

> Eine Aktivität mit **einem Einsatzgut** ist **technisch effizient**, wenn es unter den gegebenen betrieblichen Bedingungen nicht möglich ist, die Menge dieses Einsatzgutes zu reduzieren, ohne die Menge des Ausbringungsgutes zu verringern (vgl. Bohr (1993), Sp. 859).

Technische Effizienz einer Aktivität liegt damit vor, wenn die vorgegebene Menge an Ausbringungsgütern mit der minimalen Einsatzgütermenge realisiert wird bzw. bei gegebenen Einsatzgütermengen die maximale Ausbringungsgütermenge hervorgebracht wird (vgl. Fandel (1996), S. 48 ff.).

Eine Aktivität y_d **dominiert** eine Aktivität y, wenn mit ihr die identischen Mengen der Ausbringungsgüter mit einer geringeren Menge des Einsatzgutes bzw. aus der identischen Menge des Einsatzgutes eine höhere Menge mindestens eines Ausbringungsgutes und die identischen Mengen aller anderen Ausbringungsgüter produziert werden können. Eine **technisch effiziente Aktivität** wird von keiner anderen Aktivität der Technologie dominiert (vgl. Fandel (1996), S. 50).

Die Menge aller technisch effizienten Aktivitäten einer Technologie wird als **effizienter Rand der Technologie** bezeichnet. Abgebildet wird er durch eine Produktionsfunktion. Die **Produktionsfunktion** ist damit die funktionale Beschreibung des effizienten Randes einer Technologie (vgl. Schweitzer/Küpper (1997), S. 45; Fandel (1996), S. 51 f.). Sie gibt für jede realisierbare Kombination von Ausbringungsgütermengen die Einsatzgütermenge der jeweils technisch effizienten Aktivität der Technologie an.

Beispiel 8.2: Technische Effizienz eines Produktionsprozesses mit einem Einsatzgut

Abb. 8.4 zeigt eine lineare Technologie für die Produktion eines Ausbringungsgutes aus einem Einsatzgut. Sie besteht aus zwei reinen Produktionsprozessen P_1 und P_2. Durch die Konvexkombination kann jede Kombination von Einsatz- und Ausbringungsgütermengen, die zwischen den beiden Produktionsprozessen liegt, als gemischte Aktivität generiert werden. Bei Realisation der Aktivität A_1 wird gegenüber der Kombination A_2 das Einsatzgut im Umfang von 7 St. - 3 St. = 4 St. verschwendet bzw. im Vergleich zur Aktivität A_3 auf die Menge 5 St. - 2 St. = 3 St. des Ausbringungsgutes verzichtet. Die Aktivitäten A_2 und A_3 dominieren damit die Aktivität A_1. Sie werden andererseits durch keine andere Aktivität der Technologie dominiert und sind damit technisch effizient. Technisch effizient sind nur die Aktivitäten des Prozesses P_1. Sie bilden den effizienten Rand der Technologie und damit die Produktionsfunktion der betrachteten Technologie.

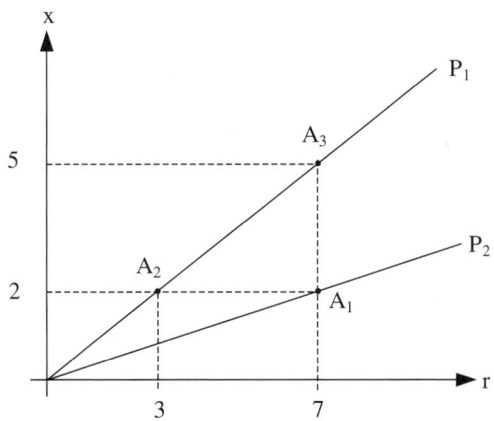

Abb. 8.4: Technische Effizienz in einer linearen Technologie

Sind für die Produktion der Ausbringungsgüter mehrere Einsatzgüter erforderlich, kann in einer linearen Technologie aufgrund der Prozesssubstitutionalität eine bestimmte Ausbringungsmenge mit verschiedenen Aktivitäten, d. h. mit verschiedenen Einsatzgüterkombinationen, realisiert werden. Bei mehreren Einsatzgütern muss deshalb die Bedingung für eine technisch effiziente Aktivität um die Bedingung der effizienten Einsatzgüterkombination erweitert werden. Die **effiziente Einsatzgüterkom-**

bination für eine Ausbringungsgütermenge ist dadurch gekennzeichnet, dass die Menge mindestens eines Einsatzgutes zur Realisation dieser Ausbringungsgütermenge nicht reduziert werden kann, ohne die Menge eines anderen Einsatzgutes zu erhöhen (vgl. Bohr (1993), Sp. 859 f.).

> Eine Aktivität mit **mehreren Einsatzgütern** ist **technisch effizient**, wenn es nicht möglich ist, die Menge eines Einsatzgutes zu reduzieren, ohne dass die Menge eines Ausbringungsgutes verringert oder die Menge eines anderen Einsatzgutes erhöht werden muss.

Eine Aktivität y_d dominiert eine andere Aktivität y, wenn mit ihr die identischen Mengen der Ausbringungsgüter mit einer geringeren Menge mindestens eines Einsatzgutes bei identischen Mengen aller anderen Einsatzgüter bzw. aus den identischen Mengen der Einsatzgüter eine höhere Menge mindestens eines Ausbringungsgutes bei identischen Mengen aller anderen Ausbringungsgüter hergestellt werden können. Bei dominierten Aktivitäten mit mehreren Einsatzgütern wird immer mindestens ein Einsatzgut verschwendet, d. h., die zur Realisation einer Ausbringungsgütermenge erforderliche Menge mindestens eines Einsatzgutes übersteigt die Menge dieses Einsatzgutes bei der effizienten Aktivität. Diese Differenz wird auch als **X-Ineffizienz** bezeichnet (vgl. Leibenstein (1978b), S. 17 f.).

Beispiel 8.3: Technische Effizienz von Aktivitäten mit mehreren Einsatzgütern

In nachfolgender Tabelle sind die Einsatzgütermengen der Aktivitäten genannt, die zur Ausbringungsgütermenge x' führen. Bei Aktivität A_5 werden zur Produktion der Menge x' des Ausbringungsgutes 0,5 Einheiten von Einsatzgut 1 und 2 Einheiten von Einsatzgut 2 mehr als bei Aktivität 2 benötigt. Die Aktivität A_2 dominiert damit die Aktivität A_5. Alle anderen Aktivitäten sind technisch effizient.

Aktivität	Menge des Einsatzgutes 1	Menge des Einsatzgutes 2	Menge des Ausbringungsgutes
1	5	10	x'
2	10	5	x'
3	16	4	x'
4	7,5	7,5	x'
5	10,5	7	x'

(2) Wertmäßige Effizienz

Durch die Prozesssubstitutionalität kann in einer linearen Technologie eine bestimmte Ausbringungsmenge mit verschiedenen technisch effizienten Aktivitäten realisiert werden (vgl. Fandel (1996), S. 55). In Beispiel 8.4 sind das die Aktivitäten A_1, A_2, A_3 und A_4. Die technisch effiziente Aktivität einer Technologie, welche die **Kosten** zur

Produktion einer vorgegebenen Menge des Ausbringungsgutes minimiert, ist auch wertmäßig effizient. Die Einsatzgüterkombination der wertmäßig effizienten Aktivität wird auch als Minimalkombination bezeichnet.

> Eine Aktivität ist **wertmäßig effizient**, wenn es nicht möglich ist, bei unveränderten Einsatzgüterpreisen die Ausbringungsmenge mit einer anderen technisch effizienten Aktivität der Technologie zu realisieren, ohne dass die Kosten steigen (vgl. Hansen/Mowen (2003), S. 696).

Beispiel 8.4: Wertmäßig Effizienz

Die Preise der beiden Einsatzgüter in Beispiel 8.3 betragen 28 €/St. und 10 €/St. Die Aktivitäten zur Produktion der Menge x´ des Ausbringungsgutes verursachen damit bei den verschiedenen Aktivitäten die folgenden Kosten:

Aktivität	Kosten
1	5 St. · 28 €/St. + 10 St. · 10 €/St. = 240 €
2	10 St. · 28 €/St. + 5 St. · 10 €/St. = 330 €
3	16 St. · 28 €/St. + 4 St. · 10 €/St. = 488 €
4	7,5 St. · 28 €/St. + 7,5 St. · 10 €/St. = 285 €

Sofern andere gemischte Aktivitäten nicht realisiert werden sollen, ist Aktivität 1 wertmäßig effizient.

Welche Aktivität einer Technologie wertmäßig effizient ist, hängt vom Preisverhältnis der Einsatzgüter ab. Steigt in Beispiel 8.4 der Preis des Einsatzgutes 2 z. B. auf 30 €, ist Aktivität 2 wertmäßig effizient.

8.2 Kostentheoretische Fundierung der Gestaltungsparameter des Kostenmanagements

8.2.1 Arten von Kosteneinflussgrößen

Die **Kostentheorie** beschäftigt sich mit den Beziehungen zwischen den Kosteneinflussgrößen und der aus ihnen resultierenden Kostenhöhe (vgl. Troßmann (1993), Sp. 2386). Die Kosteneinflussgrößen als Bestimmungsfaktoren der Kostenhöhe sind die Gestaltungsparameter, über die das Kostenmanagement Einfluss auf die Kosten nimmt. Eine Zusammenstellung von Kosteneinflussgrößen, die einem gemeinsamen Zweck dienen, ist ein Kosteneinflussgrößensystem.

Die Frage nach Kosteneinflussgrößen zum Zweck der Kostengestaltung hat in der deutschen Betriebswirtschaftslehre eine lange Tradition. Erste Systeme von Kosteneinflussgrößen sind bereits in den 30er Jahren des 20. Jahrhunderts vorgeschlagen worden (vgl. Lorentz (1932), Henzel (1936)). Nach dem verfolgten Zweck können zwei Klassen von Kosteneinflussgrößensystemen gebildet werden:

– die Systeme der Einflussgrößen auf die Stückkosten sowie
– die Systeme der Einflussgrößen auf die relative Kostenposition der Unternehmung.

8.2.2 Systeme der Einflussgrößen auf die Stückkosten

Zweck dieser Kosteneinflussgrößensysteme ist die Erklärung oder Gestaltung der Stückkosten. Aus diesem Zweck folgt, dass die Beschäftigung als Kosteneinflussgröße berücksichtigt wird.

> Unter **Beschäftigung** wird die Leistung verstanden, die von einer Unternehmung oder einem Teilbereich der Unternehmung in einer Periode erbracht wird.

Wird nur **eine Leistungsart** erstellt, lässt sich die Beschäftigung unmittelbar über die Produktionsmenge erfassen. Werden **unterschiedliche Leistungen** hervorgebracht, wird die Beschäftigung mit Hilfe einer Maßgröße gemessen, die diese Leistungen gleichnamig macht. Diese Maßgröße wird in der Kostenrechnung als Bezugsgröße bezeichnet (vgl. Kilger (1993), S. 140). Als Bezugsgröße können die Verbrauchsmenge bzw. der Verbrauchswert eines wichtigen Einsatzgutes (inputorientierte Bezugsgrößen) oder die mit einem Produktmerkmal multiplizierten Produktionsmengen (outputorientierte Bezugsgrößen) verwendet werden. Beispiele für **inputorientierte Bezugsgrößen** sind der Periodenverbrauch einer Materialart, die in alle Produkte eingeht, und die Fertigungszeit während der Periode (Arbeitsstunden der Mitarbeiter, Maschinenlaufstunden). **Outputorientierte Bezugsgrößen** sind z. B. die mit dem Gewicht, dem Volumen, der Länge oder der Fläche gewichteten Mengen der verschiedenen Produkte (vgl. Schweitzer/Troßmann (1998), S. 129 ff.). Es hängt von der Art der Produkte ab, welche Bezugsgrößen für die Messung der Beschäftigung geeignet sind (vgl. Schmalenbach (1963), S. 42 ff.).

Nach ihrer Begründung können zwei Arten von Einflussgrößensystemen auf die Stückkosten unterschieden werden:

– die traditionellen und
– die produktionstheoretisch begründeten Kosteneinflussgrößensysteme.

(1) Traditionelle Kosteneinflussgrößensysteme

Die traditionellen Kosteneinflussgrößensysteme, die auch als **synthetisch** bezeichnet werden, gehen von der Gesamtunternehmung aus. Der Zusammenhang zwischen den Kosteneinflussgrößen und den Kosten wird anhand von Beispielen begründet. Zu den traditionellen zählen die Kosteneinflussgrößensysteme nach Schmalenbach, Lorentz, Henzel, Mellerowicz und Walther (vgl. Haupt (1993), Sp. 2331 f.).

Die Systeme nach Schmalenbach, Mellerowicz und Walther enthalten ausschließlich programm-, potential- und prozessbezogene Kosteneinflussgrößen der Produktion (vgl. Abb. 8.5). Zweck dieser Systeme ist die **Erklärung des Stückkostenverhaltens** bei Beschäftigungsänderungen. Im Mittelpunkt des Interesses steht der Degressionseffekt der Kosten.

> Unter dem **Degressionseffekt** der Kosten wird das Phänomen verstanden, dass die Stückkosten bei steigender Produktionsmenge sinken.

Kosteneinflussgrößensystem nach Schmalenbach[1]
– Beschäftigung – Betriebsgröße: Maschinengröße, Dezentralisation, Spezialisierung als Ursache betriebsgrößenbedingter Kostendegression – Intensität – Auflagengröße: Standardisierung des Produktionsprogramms, Spezialisierung, Sortenfolge, Komplexität der Rüstprozesse, Fertigungsverfahren, Bestände an fertigen und unfertigen Erzeugnissen als Einflussgröße auf die Auflagendegression
Kosteneinflussgrößensystem nach Mellerowicz[2]
– Beschäftigung – Betriebsgröße: Maschinengröße, Spezialisierung – Auflagengröße: Artikelzahl
Kosteneinflussgrößensystem nach Walther[3]
– Stufe der Leistungsbereitschaft als Einflussgröße der Gesamtkosten der Beschäftigung – Beschäftigungsgrad als Einflussgröße auf die Kosten einer Beschäftigungseinheit (z. B. Kosten einer Maschinenstunde) – Intensitätsgrad als Einflussgröße auf die Betriebsleistungskosten – Nutzgrad (Quotient aus der Marktleistung und der für den Markt bestimmten Betriebsleistung) als Einflussgröße auf die Marktleistungskosten – Auflagengröße als Einflussgröße auf die Leistungseinheitskosten

1) vgl. Schmalenbach (1963), S. 41 ff.; 2) vgl. Mellerowicz (1963), S. 293 ff., S. 399; 3) vgl. Walther (1959), S. 252 f.

Abb. 8.5: Traditionelle Kosteneinflussgrößensysteme zur Erklärung des Stückkostenverhaltens bei Beschäftigungsänderungen

Nach der Ursache werden

– die Beschäftigungsdegression,

– die Größendegression und

– die Auflagendegression

unterschieden. Die **Beschäftigungsdegression** ergibt sich aus einer besseren Auslastung der Kapazität (Kapazitätsnutzung) bei einer höheren Ausbringungsmenge. Sie tritt auf, wenn die Kosten aus fixen oder degressiv verlaufenden variablen Kosten zusammengesetzt sind. Resultiert die Senkung der Kosten pro Ausbringungseinheit aus einer Kapazitätserhöhung, liegt eine **Größendegression** vor. Diese kann folgende Ursachen haben (vgl. Mellerowicz (1963), S. 319 ff.):

– Größenvorteile
  Diese treten u. a. beim Einsatz von Maschinen mit höherer Kapazität auf und können auf einen unterproportionalen Anstieg der Wartungs- und Bedienungskosten, einer relativen Senkung der Raum- und Zinskosten oder ein Sinken der Energiekosten pro Ausbringungseinheit zurückgehen.

– Spezialisierungsvorteile
  Sie entstehen beim Übergang zu einer Spezialmaschine durch eine Verringerung des Bedienungspersonals infolge von Automatisierung oder den Wegfall von Rüstkosten.

– Erhöhung der Marktmacht
  Sie ist das Ergebnis größerer Beschaffungsmengen. Die Kostensenkung ergibt sich aus einer Verbesserung der Konditionen für den Bezug der Einsatzgüter.

Unter **Auflagendegression** wird das Sinken der Kosten durch eine Erhöhung der Auflage bzw. Auftragsgröße verstanden. Eine Auflage ist die ohne Umstellung der Potentiale, Produkte oder Prozesse hergestellte Menge an Produkten (vgl. Mellerowicz (1963), S. 327). Die Menge, die bei einmaligem Vollzug eines Prozesses bereitgestellt wird, ist die Auftragsgröße. Die Senkung der Stückkosten ergibt sich durch eine Verteilung der auflagenfixen bzw. auftragsgrößenfixen Kosten auf eine größere Auflage bzw. Auftragsgröße. Beispiele für auflagenfixe Kosten sind die Rüstkosten sowie die Vorlaufkosten; die bestellmengenfixen Kosten sowie die Kosten für die Abwicklung eines Kundenauftrags können als Beispiele für auftragsgrößenfixe Kosten genannt werden. Abb. 8.6 gibt einen Überblick über die Ursachen des Degressionseffektes.

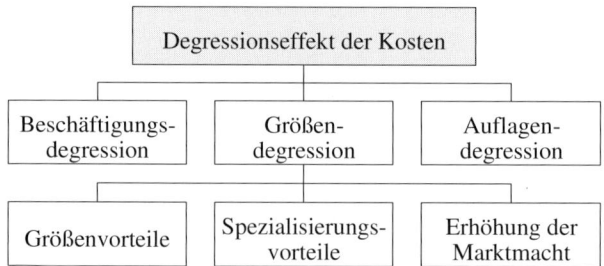

Abb. 8.6: Ursachen des Degressionseffektes der Kosten

Neben der Beschäftigung, der Betriebsgröße und der Auflagengröße nennt Schmalenbach die **Intensität** als weitere Einflussgröße auf das Verhalten der Stückkosten. Sie ist Ursache der Kostenprogression (vgl. Schmalenbach (1963), S. 117). Diesen Effekt nutzen Airlines und Fährlinien zur Einflussnahme auf die Treibstoffkosten. So führt bei einer Airline die Verlängerung der Flugzeit auf europäischen Strecken um zwei Minuten zu einer Senkung der jährlichen Kerosinkosten um 1,1 Mio. € (vgl. Wettach/Stölzel (2008), S. 18).

Bei den Kosteneinflussgrößensystemen nach Lorentz und Henzel handelt es sich um die Zusammenstellung der Variablen von Entscheidungen mit Einfluss auf die Kosten der Unternehmung (vgl. Abb. 8.7). Der Zweck dieser Kosteneinflussgrößensysteme kann in der **Gestaltung der Produktstückkosten** der Unternehmung gesehen werden. Das System nach Henzel umfasst neben den programm-, potential- und prozessbezogenen auch marktbezogene Kosteneinflussgrößen. Mit der Qualität der Beschaffung und der Kooperation werden im System nach Lorentz auch immaterielle Vermögenswerte als Kosteneinflussgrößen berücksichtigt.

Kosteneinflussgrößensystem nach Lorentz[1]

1. **Beschaffungswirtschaftliche Kosteneinflussgrößen** (Einflussgrößen auf die Einsatzgüterpreise)
   a) Direkte Einflussgrößen: Zeitpunkt der Beschaffung, Qualität der Einsatzgüter
   b) Indirekte Einflussgrößen: Qualität der Beschaffung („Geschicklichkeit der Einkäufer"), Kooperationen mit den Lieferanten, Beschaffungsweg

2. **Aufwandswirtschaftliche Kosteneinflussgrößen** (Einflussgrößen auf den Ge- und Verbrauch von Einsatzgütern)
   a) **Beanspruchungswirtschaftliche Kosteneinflussgrößen** (Einflussgrößen auf die Kosten für die Potentialgüter pro Leistungseinheit)
      – Einflussgrößen auf die Kosten der Betriebsbereitschaft: Standorte, Zeitpunkt der Bereitstellung der Potentialgüter, technische Merkmale der Einsatzgüter
      – Einflussgrößen auf die Beschäftigung: örtliche und zeitliche Konzentration der Nachfrage, der Preispolitik
      – Kapazitätsauslastung
      – Degression der Kosten: Beschäftigungsdegression, Größendegression
   b) **Verbrauchswirtschaftliche Kosteneinflussgrößen** (Einflussgrößen auf den Verbrauch von Repetiergütern): Standort (z. B. Verkehrslage), Zeitpunkt der Leistungserstellung, Qualität der Repetiergüter, Beschäftigung

3. **Risikobedingte Kosteneinflussgrößen**
   a) **Einflussgröße auf das Risiko**
      – Beschaffungswirtschaftliche Risiken
      – Aufwandswirtschaftliche Risiken
         • Beanspruchungswirtschaftliche Risiken: Beschäftigungsrisiko
         • Verbrauchswirtschaftliche Risiken
   b) **Einflussgrößen auf die Risikokosten:** Einflussgrößen auf die Kosten im Schadensfall, Einflussgrößen auf die Kosten risikopolitischer Maßnahmen

Kosteneinflussgrößensystem nach Henzel[2]

1. **Einflussgrößen auf die Gesamtkosten**
   a) Marktbezogene Kosteneinflussgrößen: Tarifpolitik, Reklame, Absatzprogramm
   b) Betriebsbezogene Kosteneinflussgrößen: Produktionsmengen, Lagerbestände, Anpassung an Beschäftigungsänderungen

2. **Einflussgrößen auf die Materialkosten:** Preispolitik des Einkaufs, Bestellmenge, Materialdimension, Materialqualität, Materialart, Verschnitt

3. **Einflussgrößen auf die Arbeitskosten:** Leistungsschwankungen, Stillstand, Arbeitsbedingungen, Arbeitsverteilung, Arbeitszeit, Bedienungsrelationen, Seriengröße, Fertigungsverfahren, Qualität und Genauigkeit der Bearbeitung, Entlohnung

4. **Einflussgrößen auf die Gemeinkosten:** Einsatzgüter, Auslastungsgrad

1) vgl. Lorentz (1932), S. 75 ff., Dlugos (1970), Sp. 899; 2) vgl. Henzel (1936), S. 139 ff., zu weiteren Kosteneinflussgrößen siehe Henzel (1967b), S. 324

Abb. 8.7: Traditionelle Kosteneinflussgrößensysteme zur Gestaltung der Produktstückkosten

(2) Produktionstheoretisch begründete Kosteneinflussgrößensysteme

Die Kosteneinflussgrößen produktionstheoretisch fundierter Systeme, die auch als analytische Systeme bezeichnet werden, beziehen sich nicht auf die Gesamtunternehmung, sondern auf Arbeitsplätze oder Kostenstellen. Als Kosteneinflussgrößen werden vor allem die unabhängigen Variablen oder Parameter betriebswirtschaftlicher Produktionsfunktionen berücksichtigt (vgl. Heinen (1983), S. 481 ff.). Produktionstheoretisch fundierte Kosteneinflussgrößensysteme sind von Gutenberg, Heinen und Kilger vorgeschlagen worden (vgl. Haupt (1993), Sp. 2331). Einen Überblick über diese Kosteneinflussgrößensysteme gibt Abb. 8.8.

Neben den Preisen der Einsatzgüter enthalten die produktionstheoretisch fundierten Systeme nur die Merkmale der Programme, der Potentialgüter und der Prozesse der Leistungserstellung als Kosteneinflussgrößen. Im Mittelpunkt stehen die Kosteneinflussgrößen, deren Ausprägung durch die Form der **Variation der Ausbringungsmenge** determiniert wird. Der Zweck der produktionstheoretisch fundierten Kosteneinflussgrößen kann vor allem in der Erklärung der Kostenhöhe in Abhängigkeit von der Beschäftigung bei den verschiedenen Formen der Ausbringungsmengenvariation gesehen werden. In der betriebswirtschaftlichen Literatur werden die folgenden Variationsformen unterschieden, die isoliert, aber auch kombiniert angewendet werden können (vgl. Kosiol (1979), S. 57):

– Unmittelbare Variation der Ausbringungsmenge
  • Zeitliche Variation: Veränderung der Fertigungszeiten der Potentialgüter (Arbeitszeiten der Mitarbeiter, Maschinenlaufstunden)
  • Intensitätsmäßige Variation: Veränderung der Arbeitsgeschwindigkeit der Potentialgüter

- Quantitative Variation: Vorübergehende Veränderung der Zahl der eingesetzten Potentialgüter (Stilllegung bzw. Wiederinbetriebnahme einer Maschine, innerbetriebliche Personalverlagerung, Leasing von Mitarbeitern oder Fahrzeugen)
– Mittelbare Variation der Ausbringungsmenge
  - Kombinative Variation: Durch technische oder organisatorische Verfahrensänderungen verursachte Anpassung der Ausbringungsmenge (z. B. Übergang von Eigenfertigung zu Fremdbezug)
  - Qualitative Variation: Änderungen in der Art oder der Qualität der Einsatzgüter sind mit einer Änderung der Ausbringungsmenge verbunden

Kosteneinflussgrößensystem nach Gutenberg[1]
– Beschäftigung und ihre Änderungen: Intensität, Fertigungszeit, Anzahl gleichartiger Potentialgüter, Anzahl verschiedener Potentialgüter – Qualität der Einsatzgüter und deren Änderungen – Preise der Einsatzgüter – Betriebsgröße und deren Änderungen – Fertigungsprogramm und seine Änderungen – Preise
Kosteneinflussgrößensystem nach Heinen[2]
– Kosteneinflussgrößen des Fertigungsprogramms: Artmäßige Zusammensetzung, mengenmäßige Zusammensetzung, zeitliche Verteilung – Kosteneinflussgrößen des produktionswirtschaftlichen Instrumentariums, Kosteneinflussgrößen der Ausstattung (artmäßige Zusammensetzung, mengenmäßige Zusammensetzung und räumliche Verteilung der Potentialgüter), Kosteneinflussgrößen der Prozesse (Arbeitsverteilung, Maschinenbelegung, Repetiergüterarten, Lohnfabrikation, Fertigungstiefe, Lagerhaltung im Fertigungsbereich, Auflagengröße, Ausbringungsmengen der Elementarkombinationen, Intensität, Einsatzmengen substituierbarer Güter, Leistungsbereitschaft) – Kostenwert als Kosteneinflussgröße
Kosteneinflussgrößensystem nach Kilger[3]
– Beschäftigung und ihre Änderungen (Produktions-, Absatz- und Beschaffungsmengen): Fertigungsverfahren, Intensitäten, Fertigungszeiten, Prozessbedingungen (z. B. Temperatur, Druck), Bedienungsrelationen, Rohstoffmischungen, Seriengrößen – Determinanten der fixen Kosten: Aufbau zeitungebundener Nutzungspotentiale, Kapazitäten betrieblicher Teilbereiche, Verfahren betrieblicher Teilbereiche – Faktorpreise

1) Gutenberg (1979), S. 338 ff.; 2) Heinen (1983), S. 567 ff.; 3) Kilger (1993), S. 133 ff.

Abb. 8.8: Produktionstheoretisch fundierte Kosteneinflussgrößensysteme

In diesen Kosteneinflussgrößensystemen dominieren die Kosteneinflussgrößen, die im Rahmen **operativer Entscheidungen** festgelegt werden. Von den Variablen der Entscheidungen über die betrieblichen Rahmenbedingungen werden in diesen Kosteneinflussgrößensystemen nur die Betriebsgröße, die Art der Potentialgüter, die Zusammensetzung des Fertigungsprogramms sowie der Aufbau zeitungebundener Nutzungspotentiale aufgeführt.

8.2.3 Systeme von Einflussgrößen auf die relative Kostenposition

Diese Systeme enthalten Einflussgrößen, mit denen die **relative Kostenposition** von Unternehmungen erklärt wird, d. h. ihre Kostenvorteile bzw. -nachteile gegenüber Konkurrenten. Der Beschäftigung wird in diesen Kosteneinflussgrößensystemen keine Bedeutung beigemessen, da sie nur Einfluss auf das kurzfristige Kostenverhalten hat, die relative Kostenposition jedoch über Einflussgrößen auf die langfristige Kostenentwicklung gestaltet werden muss (vgl. Shank/Govindarajan (1993), S. 20). Über diese Kosteneinflussgrößen wird bei der Anpassung der betrieblichen Rahmenbedingungen entschieden. Vorgeschlagen worden sind Systeme von Einflussgrößen auf die relative Kostenposition der Unternehmung von Porter sowie von Shank/Govindarajan.

(1) Kosteneinflussgrößensystem nach Porter

Abb. 8.9 gibt einen Überblick über das Kosteneinflussgrößensystem nach Porter. Der Zusammenhang zwischen den Kosten und den genannten Kosteneinflussgrößen wird in diesem Kosteneinflussgrößensystem anhand von Beispielen aus der Unternehmungspraxis begründet. Als **Kosteneinflussgrößen** werden in diesem System genannt (vgl. Porter (1992), S. 102 ff.):

– **Betriebsgröße**

Mit zunehmender Betriebsgröße sinken die Stückkosten, da der Anteil einer Produkteinheit an den Kosten für das Schaffen immaterieller Vermögenswerte (z. B. Kosten für Werbung, Forschung und Entwicklung, Ausbildung) sinkt. Als Ursache dieser Kostendegression kann auch die rationellere Durchführung von Aktivitäten und ein unterproportionaler Anstieg der Infrastruktur- und der Verwaltungsgemeinkosten genannt werden. Eine Zunahme der Betriebsgröße kann durch steigende Koordinationskosten und abnehmende Mitarbeitermotivation jedoch auch zu einem Anstieg der Stückkosten führen, d. h. zu einem progressivem Kostenverlauf.

– **Zuwachs an Wissen und seine Verbreitung**

Ein Wissenszuwachs senkt die Kosten durch Programm-, Produkt-, Potential- oder Prozessverbesserungen. Als Beispiele für diese Verbesserungen können genannt werden: die Erhöhung des Anteils der Gleichteile in der Unternehmung, die fertigungs- oder montagegerechte Produktgestaltung (Produktverbesserung), die technische Verbesserung der Maschinen, die Standardisierung von Prozessabläufen und die Verbesserung der Produktionsplanung und -steuerung zur Erhöhung der Kapazitätsauslastung.

– **Zyklische Struktur der Kapazitätsauslastung**
Die Anpassung von Kapazitäten verursacht Stilllegungs- und Wiederanlaufkosten (z. B. Kosten für die Suche, Auswahl und Einstellung von Mitarbeitern). Zur Gestaltung der Anpassungskosten sind die saisonalen bzw. konjunkturellen Schwankungen des Kapazitätsbedarfs durch die Programmwahl und Maßnahmen des Marketing zu glätten.

– **Koordination**
Unternehmungsinterne Interdependenzen bewirken, dass die Aktivitäten in einem Bereich Einfluss auf die Kosten in anderen Bereichen haben. Unternehmungsübergreifende Interdependenzen treten zwischen den Aktivitäten der Unternehmung und seiner Lieferanten und Abnehmer auf. Diese Aktivitäten finden sich vor allem in den Bereichen Produktgestaltung, Kundendienst, Qualitätssicherung, Verpackung, Auslieferung und Auftragsabwicklung. Durch die Koordination der Aktivitäten können die Gesamtkosten gesenkt werden, auch wenn für eine Aktivität höhere Kosten anfallen sollten. Porter nennt zwei Koordinationsformen, die er als Kosteneinflussgrößen berücksichtigt. Bei der **Funktionsabstimmung** werden die Aktivitäten weiterhin getrennt realisiert, sie werden jedoch kostenorientiert abgestimmt. Die **Funktionsübertragung** bzw. **-ausgliederung** sieht vor, dass die interdependenten Aktivitäten gemeinsam realisiert werden, indem sie einem bestehenden Verantwortungsbereich bzw. einer Unternehmung übertragen oder in einer gemeinsamen Einrichtung zusammengefasst werden.

– **Leistungs- und Fertigungstiefe**
Die Leistungs- und Fertigungstiefe wird durch Entscheidungen über das In- und das Outsourcing bestimmt. Durch Insourcing können Transport- und Transaktionskosten sowie Kosten an den Schnittstellen gesenkt werden. Können Lieferanten bzw. Dienstleistungsunternehmungen Aktivitäten kostengünstiger ausführen, kann das Outsourcing zu Kostensenkungen führen.

– **Zeitwahl**
Die Zeitwahl ist als Kosteneinflussgröße sowohl bei der Einführung neuer Produkte als auch bei der Beschaffung von Anlagegütern von Bedeutung. Der Vorreiter bei der Einführung eines **neuen Produktes** kann durch Erfahrungskurveneffekte Kostenvorteile erzielen und die Marke zu niedrigen Kosten einführen. Mit einem späteren Markteintritt kann der Vorteil niedriger Produktentwicklungs- und Marktentwicklungskosten verbunden sein. Da die Preise von **Anlagegütern** in Abhängigkeit von der Konjunktur und den Marktverhältnissen variieren, können auch durch die Wahl des Beschaffungszeitpunktes Kostenvorteile erzielt werden.

– **Strategie**
Zur Strategie als Kosteneinflussgröße zählen alle Entscheidungsvariable, über die bei der Entwicklung der Unternehmungs- und Geschäftsfeldstrategie entschieden wird. Zu diesen zählen der gewählte Differenzierungsvorteil (z. B. Produktmerkmale, Produktvielfalt, Niveau des Kundendienstes, Lieferzeit), die Art der Produkt-/Marktentwicklung (Intensität des Marketing, Vertriebskanal, Märkte) und die Schwerpunkte der Potentialentwicklung (Auswahl der Verfahrenstechnik, Spezifikation der Rohstoffe, Qualifikation der Mitarbeiter).

– **Standort**

Vom Standort hängen u. a. die Preise der Einsatzgüter, insbesondere der Lohn- und Gehaltskosten, die Höhe der Steuersätze und die Logistikkosten ab.

– **Externe Faktoren**

Bei den externen Faktoren handelt es sich um Kosteneinflussgrößen außerhalb des Einflussbereiches der Unternehmung, wie z. B. staatliche Vorschriften und Subventionen.

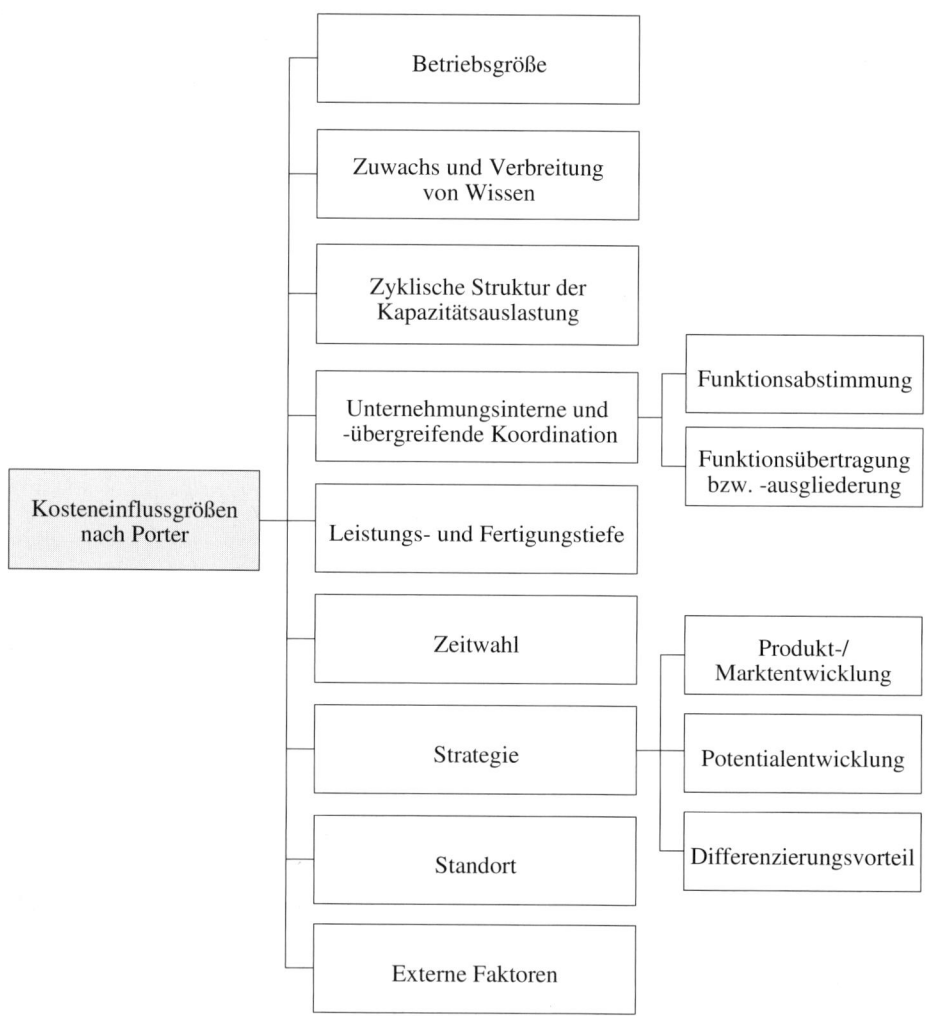

Abb. 8.9: Kosteneinflussgrößensystem nach Porter

(2) Kosteneinflussgrößensystem nach Shank/Govindarajan

Abb. 8.10 zeigt das Kosteneinflussgrößensystem nach Shank/Govindarajan, die sich auf einen Beitrag von Riley ((1987), S. 27 ff.) beziehen (vgl. Shank/Govindarajan (1993), S. 19 ff.). Es enthält zwei **Arten von Einflussgrößen** auf die relative Kostenposition der Unternehmung:

– die strukturellen und

– die ausführungsbezogenen Kosteneinflussgrößen.

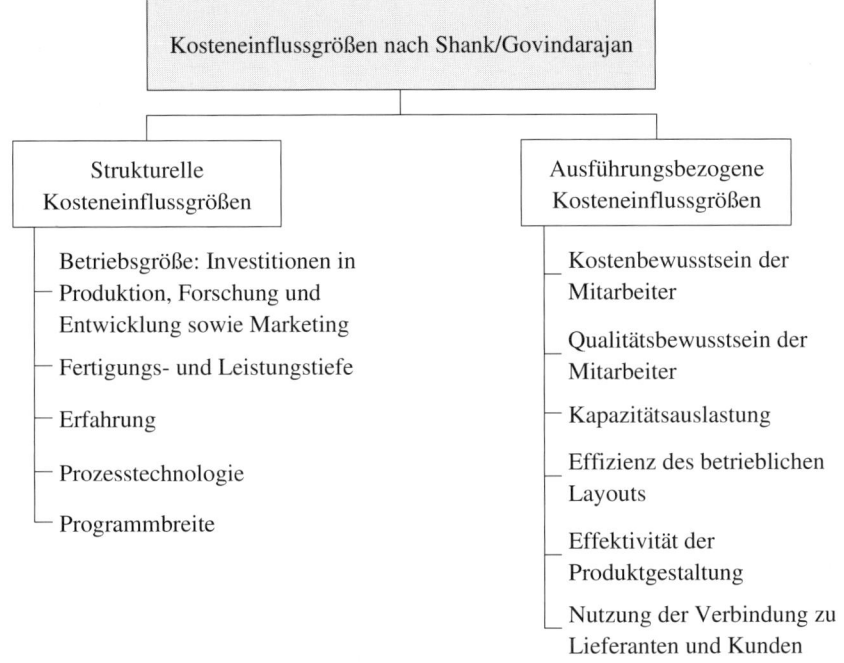

Abb. 8.10: Kosteneinflussgrößensystem nach Shank/Govindarajan

Die **strukturellen Kosteneinflussgrößen** (structural drivers) sind die strategischen Entscheidungsvariablen bei der Gestaltung der Aktivitäten im Leistungserstellungs- und -verwertungsprozess und der unterstützenden Prozesse. Eine Erhöhung der Ausprägungen dieser Kosteneinflussgrößen führt nicht zwingend zu Kostensenkungen, sie kann auch zu Kostensteigerungen führen (vgl. Shank/Govindarajan (1992), S. 12 f.). Als strukturelle Kosteneinflussgrößen werden u. a.

– die Erfahrung und

– die Programmbreite

genannt. Unter **Erfahrung** wird die Häufigkeit verstanden, mit der Aktivitäten in den vorhergehenden Perioden bereits ausgeführt worden sind (vgl. Shank/Govindarajan

(1993), S. 21). Der Zusammenhang zwischen der Erfahrung und den Kosten wird durch das Erfahrungskurvengesetz beschrieben.

Das **Erfahrungskurvengesetz** besagt, dass mit jeder Verdoppelung der Produktionsmenge eines Produktes im Zeitablauf ein Potential zur Senkung der inflationsbereinigten Stückkosten um 20-30 % entsteht (vgl. Henderson (1984), S. 19; Bauer (1986), S. 1). Mit zunehmender Erfahrung sind nur die Kosten gestaltbar, die Bestandteil der Wertschöpfung des Produktes sind. Hierzu zählen nicht die Materialeinzelkosten, die Kosten für Fremdleistungen sowie die sonstigen vorleistungsbedingten Kosten (z. B. Miet- und Leasingkosten).

Ursachen des Erfahrungskurveneffektes sind der Wissenszuwachs, der sich im Zeitablauf (technischer Fortschritt) und aus der Wiederholung derselben Aktivitäten (Lerneffekt) ergibt, und die Zunahme der Betriebsgröße, die jedoch nur bei jährlichem Wachstum der Ausbringungsmenge des Produktes auftritt (vgl. Henderson (1984), S. 26 f.). Das durch Erfahrung gewonnene Wissen sowie die erreichte günstigere Betriebsgröße begründen nur ein Kostensenkungspotential. Dieses muss durch die Gestaltung der Produkte, Programme, Potentiale, Prozesse usw. erst in eine Kostensenkung umgesetzt werden. Die durchschnittlichen jährlichen Kostensenkungsraten, die zur Realisation dieses Kostensenkungspotentials erzielt werden müssen, können wie folgt berechnet werden (vgl. Coenenberg (2003), S. 195 f.):

$$\overline{\Delta k} = 1 - \sqrt[t]{L} \quad \text{mit} \quad t = \frac{\ln\left(\dfrac{100 \cdot MWR}{x} + 1\right)}{\ln\left(1 + MWR\right)}$$

wobei
$\overline{\Delta k}$ = durchschnittliche jährliche Kostensenkungsrate,
t = Zeitraum für die Verdoppelung der Produktionsmenge,
MWR = jährliche Mengenwachstumsrate im Bezugszeitraum,
x = Produktionsmenge in der ersten Periode des Bezugszeitraumes,
L = Lernrate.

Dieser Bestimmungsgleichung liegen folgende Überlegungen zugrunde: Bei einer **kumulierten Produktionsmenge** zu Beginn des Bezugszeitraumes in Höhe von x_{kum} ist eine Verdoppelung der Produktionsmenge erreicht, wenn die Summe der jährlichen Produktionsmengen x_{kum} beträgt. Die jährlichen Produktionsmengen werden aus der jährlichen Mengenwachstumsrate und der Produktionsmenge zu Beginn des Bezugszeitraumes berechnet. Der für die Verdoppelung der kumulierten Produktionsmenge zu Beginn des Bezugszeitraumes erforderliche Zuwachs der Produktionsmenge ergibt sich bei einer konstanten Mengenwachstumsrate damit wie folgt:

$$x_{kum} = x + x \cdot \left(1 + MWR\right) + x \cdot \left(1 + MWR\right)^2 + \ldots + x \cdot \left(1 + MWR\right)^{t-1}$$

$$= x \cdot \frac{\left(1 + MWR\right)^t - 1}{MWR}$$

Durch Logarithmieren und Auflösen nach t ergibt sich die **Verdoppelungszeit** als

$$t = \frac{\ln\left(\dfrac{x_{kum} \cdot MWR}{x} + 1\right)}{\ln\left(1 + MWR\right)} .$$

Die **Lernrate** gibt das Niveau an, auf das die Stückkosten des Produktes bei einer Verdoppelung der Produktionsmenge sinken. Sinken die Stückkosten z. B. auf ein Niveau von 70 %, so ist L = 0,7, das entspricht einer Kostensenkungsrate von $\Delta k = 1 - L$ = 0,3. Nach Ablauf der Verdoppelungsperiode t ergeben sich damit Kosten in Höhe von

$$k_t = k_0 \cdot L \ \text{ mit } k_t = k(2 \cdot x_{kum}) \text{ und } k_0 = k(x_{kum}),$$

wobei k_t = Stückkosten nach Ablauf der Verdoppelungsperiode,
$\quad \ k_0$ = Stückkosten zu Beginn der Planperiode.

Die jährliche durchschnittliche Lernrate, die am Ende des Bezugszeitraumes zu Stückkosten in Höhe von k_t führt, kann wie folgt aus dieser Bestimmungsgleichung ermittelt werden:

$$k_0 \cdot \overline{L}^t = k_0 \cdot L$$
$$\overline{L} = \sqrt[t]{L}$$

wobei $\overline{L}$ = durchschnittliche jährliche Kostensenkungsrate.

Um das Kostensenkungspotential aus dem Erfahrungskurveneffekt vollständig auszuschöpfen, muss eine durchschnittliche jährliche Kostensenkungsrate von

$$\overline{\Delta k} = 1 - \sqrt[t]{L}$$

realisiert werden. Diese kann als Kostensenkungsziel vorgegeben werden.

Beispiel 8.5: Kostensenkungsrate zur Realisation des Erfahrungskurveneffektes

Von einem Produkt wurden bis zur Planperiode 1.000 Stück produziert. Während der Planungsperiode (ein Jahr) sollen 200 Stück produziert werden. Für die nächsten Jahre ist eine jährliche Mengenwachstumsrate von 18 % prognostiziert worden. Die Lernrate liegt bei 75 %.

– *Berechnung der Verdoppelungszeit*

$$t = \frac{ln\left(\dfrac{1.000 \ St. \cdot 0,18}{200 \ St.} + 1\right)}{ln\left(1 + 0,18\right)} = 3,88 \ Jahre$$

– *Berechnung der durchschnittlichen jährlichen Kostensenkungsrate*

$$\overline{\Delta k} = 1 - \sqrt[3,87]{0,75} = 0,071$$

Der Zusammenhang zwischen der **Programmbreite** und den Kosten wird auch als umgekehrtes Erfahrungskurvenkonzept bezeichnet (vgl. Wildemann (1990), S. 617). Es besagt, dass mit jeder Verdoppelung der Anzahl der Produkte bei unveränderter Produktionsmenge die programmbreitenabhängigen Kosten um 20 - 30 % steigen. Zu den programmbreitenabhängigen Kosten zählen die Kosten der Anlagen, des Materialtransportes, der Lagerbestände und Teile der Gemeinkosten (vgl. Stalk (1990), S. 49 f.). Dieser Kostenanstieg kann auf

- einen Mengeneffekt und
- die Zunahme der Komplexität

zurückgeführt werden. Der **Mengeneffekt** besteht darin, dass mit der Einführung einer neuen Variante die Absatzmengen der anderen Varianten abnehmen. Er wirkt sich ungünstig auf die Erfahrung sowie auf die Konditionen, die Transport- und Verpackungskosten bei der Beschaffung der Einsatzgüter aus. Die **Komplexität** erhöht sich durch den Anstieg der Anzahl unterschiedlicher Einsatzgüter, Teile, Baugruppen, Produktionsprozesse und Produkte. Sie bewirkt einen raschen Wechsel der Aktivitäten im Leistungserstellungsprozess. Dadurch steigen die Sortenwechselkosten und durch ständig wechselnde Engpässe auch die Leerkosten und die Bestände an Zwischenprodukten mit den damit verbundenen Lagerkosten (in Anlehnung an Lingnau (1994), S. 121 ff.).

Bei den **ausführungsbezogenen Kosteneinflussgrößen** (executional drivers) handelt es sich schließlich um die nicht monetären Wirkungen von Entscheidungen, wie z. B. Kapazitätsauslastung, Durchlaufzeiten und Lagerbestände. Sie haben die Ergebnisse von Führungsaktivitäten zum Inhalt, zu denen neben der Findung, Durchsetzung, Kontrolle und Sicherung von Entscheidungen auch personenbezogene Aktivitäten zählen (z. B. Personaleinsatz, Personalförderung, Motivation). Anders als bei den strukturellen Kosteneinflussgrößen führt bei den ausführungsbezogenen Kosteneinflussgrößen jede Verbesserung zu einer weiteren Senkung der Kosten.

9 Verhaltenstheoretische Grundlagen des Kostenmanagements

9.1 Motivationstheorien zur Herleitung von Einflussgrößen der Leistung

9.1.1 Grundlagen der Motivationstheorie

9.1.1.1 Zentrale Begriffe der Motivationstheorie

Motivationstheorien sind Aussagensysteme, die zielorientiertes Handeln erklären.

> Das zielentsprechende Ergebnis der Handlungen von Aufgabenträgern ist die **Leistung** (in Anlehnung an Nerdinger (1995), S. 16).

Eine **Handlung** setzt sich aus allen Aktivitäten zusammen, die dem gleichen Handlungsziel dienen (vgl. Heckhausen (2003), S. 13). Neben dem Zielbeitrag (Leistung) können Handlungen eine Reihe weiterer Ergebnisse haben, wie z. B. Beiträge zu Nebenzielen, Lärm, Schmutz und Ermüdung. Um auf die Ergebnisse ihrer Handlungen einzuwirken, stehen den Aufgabenträgern verschiedene Wirkungsmechanismen zur Verfügung (vgl. Kleinbeck/Quast (1992), Sp. 1421 f.).

> Bei den **Wirkungsmechanismen** handelt es sich um Merkmale des Verhaltens bei der Ausführung von Handlungen mit Einfluss auf das Handlungsergebnis. Zu den **Wirkungsmechanismen** eines Aufgabenträgers zählen (vgl. Locke u. a. (1982), S. 131; Kleinbeck/Quast (1992), Sp. 1421 f.):
> - die Richtung,
> - die Intensität (Energie- und Krafteinsatz),
> - die Dauer (Ausdauer) sowie
> - die Konzentration (Aufmerksamkeit) der Anstrengung.

Die **Determinanten menschlichen Handelns** bestimmen die Art der Handlungen, die ein Aufgabenträger ausführt, den Zeitpunkt, zu dem er mit der Ausführung beginnt, sowie die Anstrengung, die er bei der Ausführung der Handlungen aufbringt. Zu diesen Determinanten zählen (vgl. Heckhausen (2003), S. 9 ff.):
- das Motiv,
- die Motivation,
- der Anreiz und
- die Volition.

Ein **Motiv** ist eine Klasse individueller Ziele, die einen zeitlich stabil positiv bewerteten Zustand beschreiben, für deren Erreichen der Aufgabenträger zu einem bestimmten Verhalten bereit ist, z. B. zu einer bestimmten Anstrengung (nach Heckhausen

(2003), S. 9). Unter impliziten Motiven werden überdauernde Motivdispositionen verstanden, die einzelne Individuen von anderen unterscheiden. Zielsetzungen, die ein Aufgabenträger gefasst hat und verfolgt, bilden den Inhalt der expliziten Motive (vgl. Heckhausen/Heckhausen (2006), S. 3). Sie können als eigene Ziele definiert worden sein. Im Arbeitsleben werden Ziele z. B. in der Form von Budgets, Kostenvorgaben oder Kennzahlenwerten vereinbart oder fremd gesetzt. Sie müssen in einem bewussten Urteilsprozess akzeptiert und als eigene Ziele übernommen werden (vgl. Nerdinger (2005), S. 15; Kleinbeck (2006), S. 262). **Motivation** ist die momentane Ausrichtung auf ein Ziel (vgl. Heckhausen (2003), S. 3). Sie entsteht, wenn die Merkmale einer Situation ein Motiv aktivieren, d. h. die Erreichung eines der individuellen Ziele dieses Motivs ermöglichen bzw. gefährden (vgl. Nerdinger (2004), Sp. 906).

Die Merkmale einer Situation, welche ein Motiv aktivieren, werden als **Anreiz** bezeichnet (vgl. Heckhausen (2003), S. 2).

Bei **intrinsischer** Motivation liegt der Anreiz in der Handlung selbst. Besteht der Anreiz in den Folgen der Handlung, wird von **extrinsischer** Motivation gesprochen (vgl. Künzli (2008), S. 147).

Intrinsische Motivation resultiert aus der positiven Reaktion des Mitarbeiters auf die Beschaffenheit der Aufgabe selbst. Diese Reaktion kann als Interesse, Aufforderung, Neugierde, Erfüllung oder positive Herausforderung empfunden werden. **Extrinsische Motivation** folgt aus Quellen außerhalb der eigentlichen Aufgabe. Bei diesen Quellen kann es sich um eine erwartete Beurteilung, eine vertragsmäßige Belohnung, externe Weisungen oder Unternehmungskrisen handeln, die zum Verlust des Arbeitsplatzes führen können. Abb. 9.1 verdeutlicht den Zusammenhang zwischen Motiv, Motivation und Anreiz (vgl. Künzli (2008), S. 147).

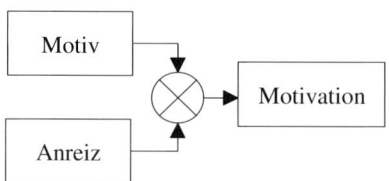

Abb. 9.1: Zusammenhang zwischen Motiv, Motivation und Anreiz

Das Zusammentreffen von Motiv und Anreiz reicht nicht immer aus, um eine Handlung zur Erreichung des aktivierten Zieles auszulösen, weil z. B. die Arbeitszeit und die Ressourcen begrenzt sind. Der Aufgabenträger entscheidet in diesen Fällen unter Abwägen der erwarteten Wirkungen über sein Handeln. Durch diese Entscheidung entsteht eine Handlungsintention, d. h. die Absicht, eine bestimmte Handlung auszuführen (vgl. Nerdinger (1995), S. 13). Diese Handlungsintention führt wiederum nicht zwangsläufig zur Handlungsrealisation. Die Umsetzung der Handlungsintention in konkretes Handeln bis zur Zielerreichung erfordert willensbestimmte Prozesse, die unter dem Begriff der **Volition** zusammengefasst werden. Zu diesen Prozessen zählen die Auswahl eines Handlungszieles, die Handlungsinitiierung, die Aufrechterhaltung der Handlungstendenz sowie die Überwindung von Handlungshemmnissen (vgl. Heckhausen (2003), S. 214).

Beispiel 9.1: Determinanten menschlichen Handelns

Durch eine Unternehmungskrise (Anreiz) wird das individuelle Ziel "Arbeitsplatzsicherheit" des Sicherheitsmotivs eines Aufgabenträgers aktiviert. Er entscheidet, in seinem Unternehmungsbereich einen Beitrag zur Krisenbewältigung zu leisten (Handlungsintention). Durch dieses Ziel lenkt der Aufgabenträger seine Anstrengungen auf die Gestaltung der Hauptkosteneinflussgrößen. Er erhöht die Intensität und die Dauer seiner Anstrengungen sowie seine Aufmerksamkeit bei der Suche und Bewertung alternativer Kostensenkungsmaßnahmen sowie bei der Durchsetzung der ausgewählten Maßnahmen (Wirkungsmechanismen).

9.1.1.2 Fragestellungen der Motivationstheorie

Der Prozess, der durch einen Anreiz ausgelöst wird und über die Handlungsintention zur Ausführung und zum Abschluss von Handlungen führt, wird durch das **Handlungsphasenmodell** beschrieben, das auch als Rubikon-Modell bezeichnet wird (vgl. Heckhausen (2003), S. 203 ff.). Es gliedert den Handlungsprozess in vier Phasen, die in Abb. 9.2 dargestellt sind (vgl. Heckhausen/Heckhausen (2006), S. 7; Nerdinger (1995), S. 75):

– das Abwägen,
– das Planen,
– das Handeln sowie
– das Bewerten.

Individuelle Ziele zu verfolgen, zeitlich zu verschieben bzw. zu verwerfen, deren Realisation durch das Zusammentreffen von Motiv und Anreiz möglich bzw. gefährdet wird, sind die Handlungsalternativen, über die in der **ersten Phase** des Handlungsprozesses entschieden wird. Ergebnis dieser ersten Phase im Handlungsprozess ist die Handlungsintention, d. h. die Absicht, zum jeweiligen Zeitpunkt ein individuelles Ziel zu verfolgen (vgl. Heckhausen (2003), S. 213). Dieses Ziel wird zum Handlungsziel und hat Verbindlichkeitscharakter, d. h., das Individuum fühlt sich verpflichtet, dieses Ziel zu realisieren (vgl. Nerdinger (1995), S. 78). Das Handlungsziel kann die konkreten Aktivitäten, das zu erreichende Ergebnis der Aktivitäten (Leistung) oder die angestrebte Folge dieses Ergebnisses (z. B. Belohnung) zum Inhalt haben. Die Wahl des Handlungszieles wird durch die Motivation bestimmt. Kriterium für die Auswahl des

Handlungszieles ist die Motivationsstärke, die durch die Wünschbarkeit und die Realisierbarkeit des Zieles bestimmt wird. Die nachfolgenden Prozesse unterliegen damit nicht mehr der Motivation, sondern dem Willen. Der Übergang vom Wählen des Handlungszieles zum Planen wird deshalb als „**Überschreiten des Rubikons**" bezeichnet (vgl. Achtziger/Gollwitzer (2006), S. 279).

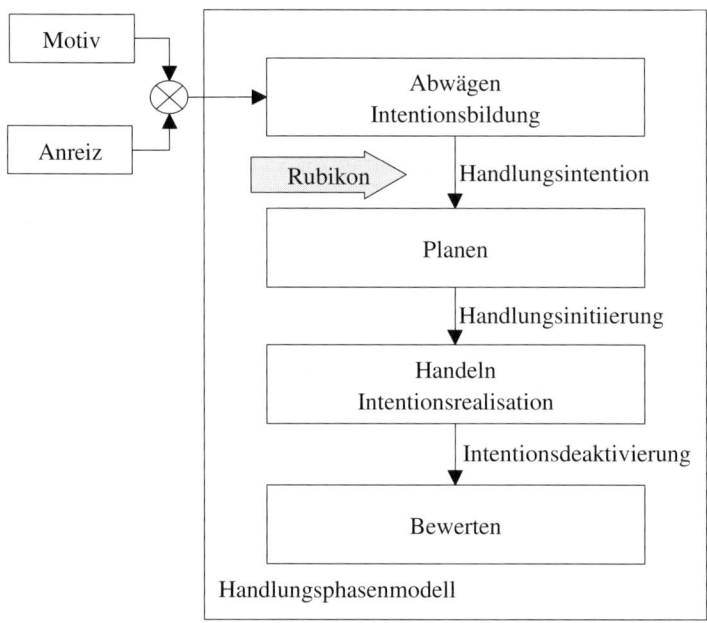

Abb. 9.2: Phasen im Handlungsprozess (Rubikon-Modell)

Gegenstand des Planens in der **zweiten Phase** ist die Realisation des in der ersten Phase gesetzten Handlungszieles. Geplant wird, wann, wo und auf welche Art und Weise (Einsatz persönlicher Fähigkeiten und Fertigkeiten, Anstrengungsbereitschaft, Einsatz von Mitteln) eine Handlung zur Erreichung des Handlungszieles durchgeführt werden soll (vgl. Achtziger/Gollwitzer (2006), S. 280).

Die **dritte Phase** des Handlungsprozesses wird durch die Handlungsinitiierung ausgelöst. In dieser Phase wird die Handlung ausgeführt. Parallel zur Handlungsrealisation werden Handlungs- und Ausführungskontrollen vorgenommen (vgl. Nerdinger (1995), S. 81 f.). Handlungskontrollen dienen dazu, die Fortsetzung der Handlung bis zur Zielerreichung sicherzustellen (vgl. Heckhausen (2003), S. 192). Die Handlungskontrolle setzt voraus, dass Zwischenziele gesetzt und Rückkopplungsinformationen bereitgestellt werden. Zweck der Ausführungskontrolle ist die Identifikation und Überwindung von Handlungshindernissen und besteht in der Anpassung der Anstrengung an die Erfordernisse der Handlungsausführung beim Auftreten interner Handlungshindernisse. Das sind Störungen, die in der Person des Aufgabenträgers oder der Aufgabe begründet sein können (vgl. Heckhausen (2003), S. 189).

In der **vierten Phase** werden Ergebniskontrollen durchgeführt. Sie umfassen den Vergleich zwischen dem angestrebten Handlungsziel und den erreichten Handlungsergebnissen. Ist das Handlungsziel erreicht worden, wird die Handlungsintention deaktiviert und eine neue ausgewählt. Abweichungen zwischen dem Handlungsziel und den Handlungsergebnissen werden hinsichtlich ihrer Ursachen analysiert. Anschließend wird entschieden, ob das ursprüngliche oder ein modifiziertes Ziel weiterverfolgt oder die Handlungsintention deaktiviert wird. Die Ergebnisse der Analysen beeinflussen die Erwartungen und Bewertungen der Ergebnisse des Handelns bei künftigen Entscheidungen über Handlungsalternativen (vgl. Heckhausen (2003), S. 216).

Aus dem Handlungsphasenmodell folgen u. a. drei für das Kostenmanagement wichtige **Fragestellungen**:

1. Welche Anreize motivieren Individuen, d. h., welche Anreize aktivieren am besten ihre Motive?
2. Welche Faktoren wirken auf die Entscheidung von Personen über ihre Handlungsziele?
3. Von welchen Faktoren wird die Realisation eines Handlungszieles beeinflusst?

Inhaltstheorien der Motivation sind Aussagensysteme über die Motive von Individuen und geben Antworten auf die erste Frage. Die zweite Frage ist Gegenstand der Erwartungs-Valenz-Theorien, die wie die Zielsetzungstheorie zu den Prozesstheorien der Motivation gehören. Beide Theorien leisten auch Beiträge zur Beantwortung der dritten Frage. Abb. 9.3 gibt einen Überblick über die Theorien, die in nachfolgenden Abschnitten erörtert werden.

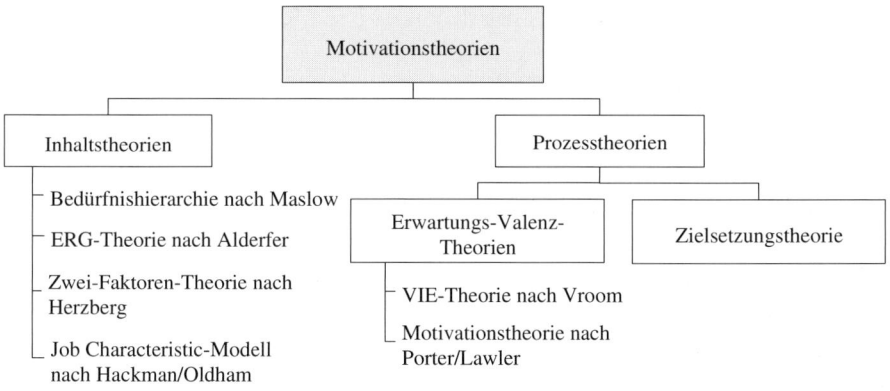

Abb. 9.3: Überblick über die Motivationstheorien

9.1.2 Inhaltstheorien der Motivation

Fragestellungen der **Inhaltstheorien** betreffen die Art der Motive von Individuen und die Gesetzmäßigkeiten, nach denen diese Motive einen verhaltenswirksamen Zustand annehmen bzw. verlieren.

(1) Bedürfnishierarchie nach Maslow

In der Inhaltstheorie nach Maslow werden fünf **Motive** abgegrenzt und nach der relativen Mächtigkeit in einer Hierarchie angeordnet (vgl. Maslow (1978), S. 74 ff.). Diese Motive werden zwei Klassen zugeordnet, den Defizit- und den Wachstumsmotiven. Abb. 9.4 zeigt die fünf Motive nach Maslow und ihre Zuordnung zu den Defizit- und Wachstumsmotiven (vgl. Rosenstiel (2003), S. 395).

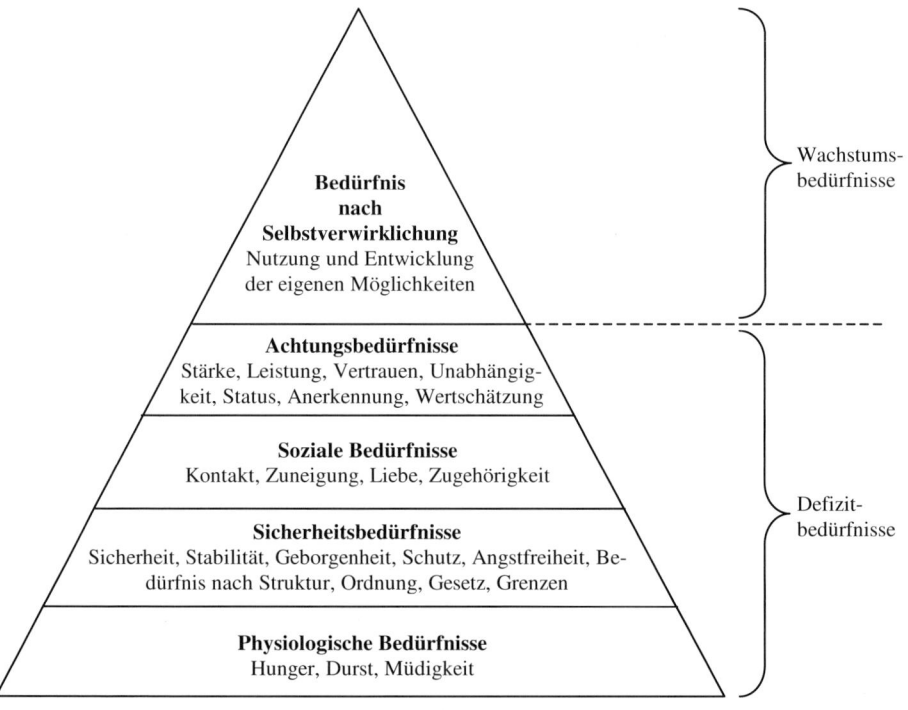

Abb. 9.4: Hierarchie der Motive nach Maslow

Die **Zustände**, die ein Motiv aufweisen kann, sind:
- die Befriedigung,
- die Relevanz bzw. Dominanz,
- die Verhaltensneutralität sowie
- die Frustration.

Ist ein Motiv relevant, wird es verfolgt. Ein dominantes Motiv wird allen anderen Motiven vorgezogen. Wird ein Motiv nicht verfolgt, ist es noch nicht aktiviert worden und damit nicht verhaltenswirksam, d. h. verhaltensneutral. Maslow erklärt den Zustand eines Motives mit folgenden **Hypothesen** (zu diesen Hypothesen vgl. Alderfer (1969), S. 151):

– der Befriedigungs-Progressions-Hypothese und
– der Frustrationshypothese.

Nach der **Befriedigungs-Progressions-Hypothese** wird ein Motiv einer höheren Hierarchieebene erst dann relevant, wenn die Motive der niedrigeren Hierarchieebenen in einem bestimmten Umfang befriedigt sind (vgl. Maslow (1978), S. 78). Für Defizitbedürfnisse wird die Gültigkeit der **Frustrationshypothese** angenommen. Sie besagt, dass ein nicht befriedigtes Motiv dominant wird. Das Wachstumsbedürfnis (Bedürfnis nach Selbstverwirklichung) ist dagegen expansiv, d. h. mit zunehmender Selbstverwirklichung steigt das Bedürfnis nach diesem Motiv (vgl. Maslow (1999), S. 31 ff.; Alderfer (1969), S. 152).

(2) ERG-Theorie nach Alderfer

An der Hierarchie der Motive nach Maslow wird kritisiert, dass die Sicherheitsbedürfnisse nicht operational zu den physiologischen und den sozialen Bedürfnissen abgegrenzt werden können und auch ein Kriterium zur Abgrenzung der Achtungsbedürfnisse zu den sozialen Bedürfnissen und dem Bedürfnis nach Selbstverwirklichung fehlt. Die ERG-Theorie nach Alderfer fasst die fünf Motive der Bedürfnispyramide nach Maslow deshalb zu drei **Motiven** zusammen (vgl. Abb. 9.5): der Befriedigung von Existenz-, Beziehungs- und Wachstumsbedürfnissen. Hierzu werden die Sicherheitsbedürfnisse, die sich auf materielle Wünsche beziehen, den Existenzbedürfnissen zugeordnet. Sicherheitsbedürfnisse, die aus zwischenmenschlichen Beziehungen resultieren, sind dagegen Bestandteil der Beziehungsbedürfnisse. Die Achtungsbedürfnisse, die nur durch Reaktionen anderer Personen befriedigt werden können, werden den Beziehungsbedürfnissen zugerechnet. Dem Bedürfnis nach Selbstverwirklichung werden sie zugeordnet, wenn sie unabhängig von anderen Personen der Selbsterfüllung dienen (vgl. Alderfer (1969), S. 145 ff.).

Die ERG-Theorie ergänzt die Hypothesen zur Erklärung des Zustandes der Motive nach Maslow um die **Frustrations-Regressions-Hypothese**. Nach dieser Hypothese wird das Motiv einer niedrigeren Hierarchieebene dominant, wenn das Motiv der höheren Hierarchieebene nicht befriedigt werden kann (vgl. Alderfer (1969), S. 151 ff.).

(3) Zwei-Faktoren-Theorie nach Herzberg

Die Zwei-Faktoren-Theorie nach Herzberg erklärt die **Arbeitszufriedenheit**, die als Folge der Befriedigung von Bedürfnissen verstanden wird (vgl. Herzberg/Mausner/Snyderman (1959), S. 114). Verfolgt der Mitarbeiter das Ziel, den Zustand der Bedürfnisbefriedigung zu bewahren, kann er zu einem bestimmten Arbeitsverhalten motiviert werden. Es werden zwei Arten von Faktoren mit Auswirkungen auf die Arbeitszufriedenheit unterschieden (vgl. Abb. 9.6):

– die Hygienefaktoren und
– die Motivatoren.

ERG-Theorie nach Alderfer	Bedürfnispyramide nach Maslow
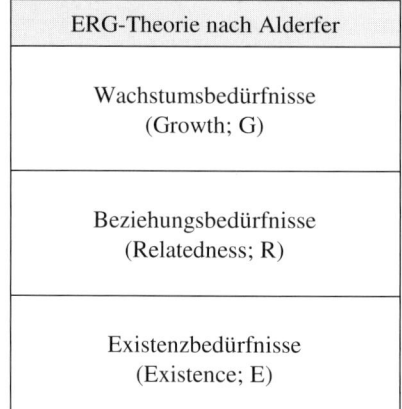	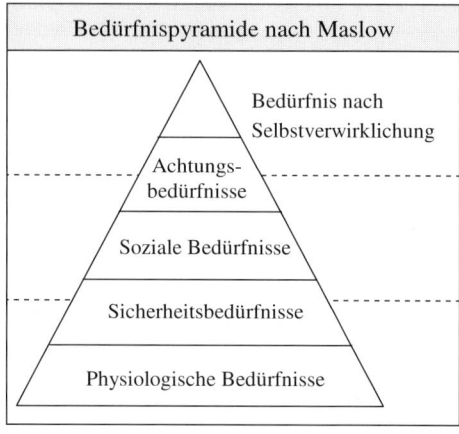

Abb. 9.5: Klassifikation der Motive nach Maslow und Alderfer

Hygienefaktoren sind Merkmale der Arbeitsumgebung und befriedigen die physiologischen und sozialen Bedürfnisse, die Sicherheits- und Achtungsbedürfnisse. Sie eignen sich nur, Unzufriedenheit zu verhindern. Sind sie hinlänglich erfüllt, führt das nicht zur Zufriedenheit, sondern nur zu einem neutralen Erlebniszustand, der mit „Nicht-Unzufriedenheit" bezeichnet wird. Zu den **Motivatoren** zählen alle Faktoren, die unmittelbar mit der Arbeit verknüpft sind. Sie bewirken Arbeitszufriedenheit, indem sie das Achtungsbedürfnis und das Bedürfnis nach Selbstverwirklichung befriedigen (vgl. Herzberg/Mausner/Snyderman (1959), S. 113 ff.).

Hygienefaktoren	Motivatoren
– Bezahlung – Interpersonelle Beziehungen mit Mitarbeitern, Vorgesetzten, Kollegen – Status und Ansehen – Unternehmungspolitik und -verwaltung – Physische Arbeitsbedingungen – Arbeitsplatzsicherheit	– Leistungserfolg – Anerkennung – Arbeitsinhalt – Verantwortung – Aufstieg – Entfaltungsmöglichkeiten

Abb. 9.6: Einflussgrößen auf die Arbeitszufriedenheit

(4) Job Characteristic-Modell nach Hackman/Oldham

Das Job Characteristic-Modell nach Hackman/Oldham erklärt das Ausmaß der intrinsischen Motivation, d. h. der Motivation, die Mitarbeiter aus ihrer Arbeit ziehen. Das Ausmaß der intrinsischen Motivation wird als **Motivationspotential** bezeichnet.

Das Modell geht von der Annahme aus, dass eine Arbeit intrinsisch motiviert, wenn sie die folgenden drei **psychischen Erlebniszustände** hervorruft (vgl. Hackman/Oldham (1980), S. 72 f.):

– Die Arbeit wird als bedeutsam erlebt.

– Der Tätige fühlt sich selbst für das Ergebnis der Arbeit verantwortlich.

– Der Tätige hat Kenntnis der aktuellen Ergebnisse, insbesondere der Qualität seiner Arbeit.

Diese psychischen Erlebniszustände werden durch folgende **Merkmale einer Aufgabe** hervorgerufen (vgl. Hackman/Oldham (1980), S. 78 ff.):

– Anforderungsvielfalt
Ausmaß, in dem die Aufgabe verschiedene Fähigkeiten und Fertigkeiten des Mitarbeiters beansprucht

– Ganzheitlichkeit
Anteil der Aufgabe an der Fertigstellung eines Teiles, einer Baugruppe, eines Produktes oder einer Dienstleistung

– Bedeutung
Wichtigkeit der Aufgabe für andere Unternehmungsbereiche, die Unternehmung oder die Unternehmungsumwelt (z. B. Kunden, Nutzer)

– Autonomie
Ausmaß, in dem der Tätige den Ablauf und das Verfahren der Aufgabenerfüllung selbst festlegen kann

– Rückmeldung
Umfang, in dem der Tätige die Ergebnisse seiner Arbeit unmittelbar erkennen kann.

Die Anforderungsvielfalt, Ganzheitlichkeit und Bedeutung sind maßgebend dafür, ob die Arbeit als bedeutend erlebt wird. Diese drei Aufgabenmerkmale können sich gegenseitig kompensieren. Beispielsweise kann eine zu geringe Anforderungsvielfalt durch eine hohe Bedeutung ausgeglichen werden (vgl. Hackman/Oldham (1980), S. 79). Die Autonomie und die Rückmeldung können nicht durch andere Merkmale kompensiert werden. Fehlt eines dieser beiden Merkmale, hat die Aufgabe kein Motivationspotential. Der Beitrag jedes dieser fünf Merkmale zur intrinsischen Motivation spiegelt sich in folgendem Ausdruck für das **Motivationspotential** wider (vgl. Hackman/Oldham (1980), S. 81):

$$\text{Motivationspotential} = \frac{\text{Vielseitigkeit} + \text{Ganzheitlichkeit} + \text{Bedeutung}}{3}$$
$$\times \text{Rückmeldung} \times \text{Autonomie}$$

Die Aufgabenmerkmale wirken nicht nur auf die intrinsische Motivation, sondern auch auf die Arbeitszufriedenheit, die qualitative und quantitative Leistung. Die Wirkungen der Aufgabenmerkmale werden von den Fähigkeiten und Fertigkeiten, der Zufriedenheit hinsichtlich der Hygienefaktoren sowie der Stärke der Wachstumsbedürfnisse des Mitarbeiters beeinflusst (vgl. Hackman/Oldham (1980), S. 82 ff.). Abb. 9.7 gibt einen zusammenfassenden Überblick über das Modell von Hackman/Oldham (vgl. Hackman/Oldham (1980), S. 90).

Aufgabenmerkmale	Psychische Zustände	Auswirkungen
Aufgabenvielseitigkeit Ganzheitlichkeit Bedeutung	Erlebte Bedeutsamkeit der Aufgabe	Intrinsische Motivation Arbeitszufriedenheit Qualitative und quantitative Leistung
Autonomie	Erlebte Verantwortung für die eigene Arbeit	
Rückmeldung	Kenntnis der Ergebnisse der eigenen Arbeit	

– Fähigkeiten und Fertigkeiten
– Zufriedenheit hinsichtlich der Hygienefaktoren
– Stärke der Wachstumsbedürfnisse

Abb. 9.7: Job Characteristic-Modell nach Hackman/Oldham

9.1.3 Prozesstheorien der Motivation

Wie nach der Aktivierung eines Motivs durch einen Anreiz die Handlung eines Aufgabenträgers ausgewählt, gelenkt, aufrechterhalten und abgebrochen wird, erklären die **Prozesstheorien** der Motivation (vgl. Landy (1989), S. 369, 379 ff):

– die Erwartungs-Valenz-Theorien und
– die Zielsetzungstheorien.

Die **Erwartungs-Valenz-Theorien** erklären die Auswahl der Handlungsalternativen in der ersten Phase des Handlungsprozesses (vgl. Heckhausen (2003), S. 203). Der Einfluss der Handlungsziele, die in der zweiten Phase des Handlungsprozesses gebildet werden, auf die Anstrengung des Aufgabenträgers bei der Handlungsrealisation und seine Leistung werden durch die **Zielsetzungstheorie** erklärt (vgl. Heckhausen (2003), S. 266).

9.1.3.1 Erwartungs-Valenz-Theorien

Handlungsalternativen, über die der Aufgabenträger in der ersten Phase des Handlungsprozesses entscheidet, sind die Handlungen zur Realisation seiner individuellen Ziele und die Anstrengung, die bei der Ausführung aufgewendet werden soll (vgl. Grimmer (1980), S. 43). Mit der Auswahl einer Handlungsalternative wird die Richtung, die Stärke, die Dauer und die Konzentration der Anstrengung bei der Ausführung der Handlung festgelegt. Die **zentrale Aussage** der Erwartungs-Valenz-Theorien zur Auswahl der Handlungsalternativen in der ersten Phase des Handlungsprozesses lautet wie folgt (vgl. Lawler (1977), S. 80):

> Steht ein Aufgabenträger vor der Wahl unterschiedlicher Handlungsalternativen, deren Konsequenzen unsicher sind, dann wird er die Handlungsalternative mit dem maximalen subjektiv erwarteten Wert wählen (vgl. Nerdinger (1995), S. 87). Der von einem Aufgabenträger subjektiv erwartete Wert einer Handlungsalternative ist die **Motivationsstärke** dieser Handlungsalternative (force; vgl. Wiswede (1980), S. 131).

(1) VIE-Theorie nach Vroom

Die VIE-Theorie geht davon aus, dass die Motivationsstärke der Handlungsalternative und damit die Richtung, die Stärke, die Dauer und die Konzentration der Anstrengung durch folgende Größen determiniert wird (vgl. Vroom (1982), S. 14 ff.):

- die Valenz der Handlungsergebnisse,
- die Instrumentalität der Handlungsergebnisse für die Folgen der Handlungsergebnisse sowie
- die Erwartung eines Handlungsergebnisses als Wirkung einer Anstrengung.

> Die **Valenz** ist der subjektive Wert eines Ergebnisses. Sie bringt die Vorziehenswürdigkeit gegenüber anderen möglichen Ergebnissen zum Ausdruck.

Ist ein Ergebnis positiv valent, wird es der Aufgabenträger anstreben (z. B. Leistung). Bei negativer Valenz wird es der Aufgabenträger vorziehen, dieses Ergebnis nicht zu erreichen (z. B. Konflikte). Der Aufgabenträger ist zwischen der Erreichung und der Nicht-Erreichung des Ergebnisses indifferent, wenn die Valenz Null ist (vgl. Vroom (1982), S. 15). In der VIE-Theorie werden zwei **Arten von Ergebnissen** unterschieden, denen Valenzen zugeordnet sind (vgl. Staehle (1999), S. 232):

- die Ergebnisse erster Ordnung und
- die Ergebnisse zweiter Ordnung.

Das Ergebnis zweiter Ordnung ist eine Folge (Zweck) des **Ergebnisses erster Ordnung** (Mittel). Vroom hat die verschiedenen Ergebnisse nicht präzisiert, so dass ihnen in der Literatur die verschiedensten Inhalte zugeordnet werden. Hier wird das Ergebnis erster Ordnung als Handlungsergebnis interpretiert. Sie sind die unmittelbare Folge der Anstrengung. Als Beispiele für Handlungsergebnisse können der Realisationsgrad der Vorgaben, aber auch Erschöpfung genannt werden. Unter dem **Ergebnis zweiter Ordnung** werden dagegen die Folgen der Handlungsergebnisse verstanden, wie z. B. Leistungsprämien, Anerkennung durch den Vorgesetzten, Verschlechterung des Betriebsklimas, Beförderungen, Gefahrenzulagen oder Erkrankungen. Abb. 9.8 verdeutlicht die Beziehungen zwischen den verschiedenen Arten von Handlungsergebnissen.

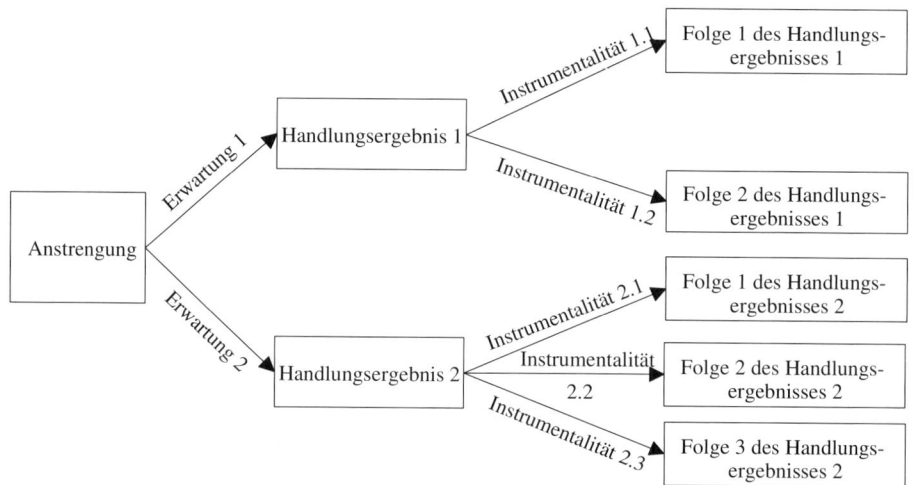

Abb. 9.8: Handlungsergebnisse in der VIE-Theorie

Instrumentalität ist die subjektive Eignung eines Handlungsergebnisses, eine bestimmte Folge hervorzubringen (vgl. Heckhausen (2003), S. 182 f.).

Die Instrumentalität bringt die Einschätzung des Aufgabenträgers zur Stärke der Mittel-Zweck-Beziehung zwischen einem Handlungsergebnis (Ergebnis erster Ordnung) und seiner Folge (Ergebnis zweiter Ordnung) zum Ausdruck, die zwischen -1 und $+1$ variieren kann. Behindert ein Handlungsergebnis das Eintreten einer bestimmten Folge, ist die Instrumentalität negativ; fördert sie das Eintreten der Folge, liegt eine positive Instrumentalität vor (vgl. Vroom (1982), S. 16 f.).

Erwartung ist die subjektive Wahrscheinlichkeit dafür, dass eine Anstrengung zu einem bestimmten Handlungsergebnis führt (vgl. Vroom (1982), S. 17 f.).

Die Erwartung ist an die Person des Aufgabenträgers gebunden und ist Ausdruck seines Vertrauens, dass aus der Anstrengung das Handlungsergebnis resultiert (vgl.

Eisenführ/Weber (1994), S. 150). Sie kann Werte zwischen 0 und +1 annehmen. Abb. 9.9 zeigt die Beziehungen zwischen den Größen der VIE-Theorie.

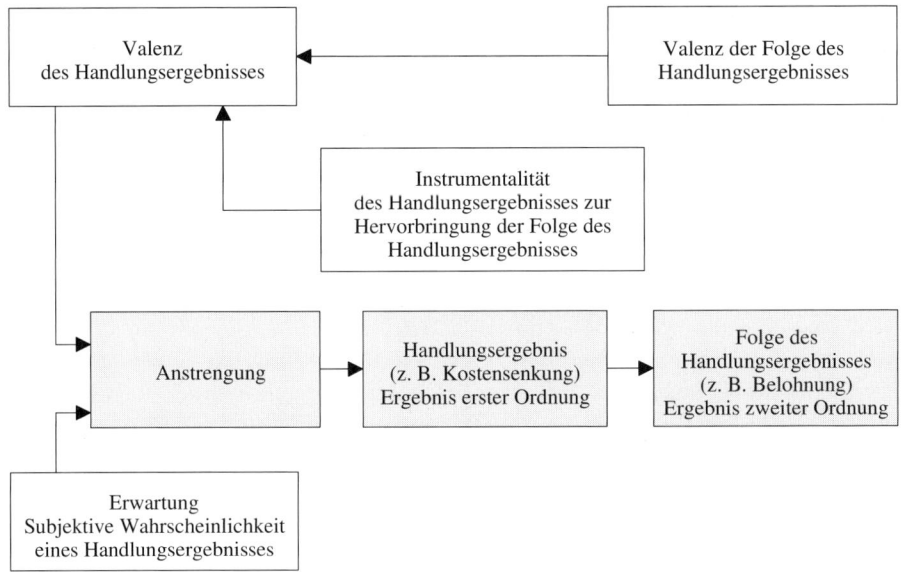

Abb. 9.9: VIE-Theorie

Die Handlungsergebnisse besitzen keine eigenständige Valenz, sondern nur eine abgeleitete Valenz, die sich aus den Valenzen ihrer Folgen und den zugehörigen Instrumentalitäten ergibt. Dabei wird davon ausgegangen, dass die (abgeleitete) **Valenz eines Handlungsergebnisses** eine streng monoton steigende Funktion der Summe über die mit der jeweiligen Instrumentalität gewichteten Valenz jeder einzelnen Folge des Handlungsergebnisses ist, d. h.

$$V_{Ej} = g_j \left(\sum_{m=1}^{M} V_{Fm} \cdot I_{jm} \right) \text{ für } j = 1, \ldots, J; \ g'_j > 0$$

wobei V_{Ej} = Valenz des Handlungsergebnisses j (j = 1, ..., J),

V_{Fm} = Valenz der Folge des Handlungsergebnisses m (m = 1, ..., M),

I_{jm} = Instrumentalität des Handlungsergebnisses j für die Folge m.

Danach hat eine Folge einen ungünstigen Einfluss auf die Valenz des Handlungsergebnisses, wenn entweder seine Valenz oder die Instrumentalität negativ ist. Sie wirkt sich nicht auf die Valenz des Handlungsergebnisses aus, wenn eine dieser beiden Größen Null ist. Eine positive Wirkung auf die Valenz des Handlungsergebnisses hat eine negativ valente Folge, wenn sie durch das Handlungsergebnis verhindert (negative Instrumentalität) wird.

Die Valenzen der Handlungsergebnisse determinieren zusammen mit den Erwartungen darüber, dass die Handlungsergebnisse folgen, die **Motivationsstärke der Handlungsalternative**. Sie ist die streng monoton steigende Funktion der Summe über die mit der jeweiligen Erwartung multiplizierten Valenz aller potentiellen Handlungsergebnisse einer Anstrengung (Handlungsalternative; vgl. Vroom (1982), S. 18):

$$F_i = f_i \left(\sum_{j=1}^{J} E_{ij} \cdot V_{Ej} \right), \text{ für } i = 1, \ldots, I; \ f_i' > 0$$

wobei F_i = Motivationsstärke der Anstrengung (Handlungsalternative) i,

   E_{ij} = Erwartung mit der Anstrengung (Handlungsalternative) i das Handlungsergebnis j (j = 1, ..., J) zu erreichen.

Durch die **multiplikative Verknüpfung** der Valenz und der Erwartung kann abgebildet werden, dass bei negativer Valenz des Handlungsergebnisses die Motivationsstärke negativ beeinflusst wird. Durch diese Form der Verknüpfung kann auch zum Ausdruck gebracht werden, dass ein Handlungsergebnis keinen Einfluss auf die Motivationsstärke hat, wenn entweder die Valenz des Handlungsergebnisses oder die Erwartung Null ist (vgl. Vroom (1982), S. 19).

(2) Motivationstheorie nach Porter/Lawler

Die Theorie nach Porter/Lawler **weicht** in folgenden Punkten von der VIE-Theorie **ab**: (1) Die Instrumentalität eines Handlungsergebnisses für eine bestimmte Folge wird durch eine Erwartung ersetzt. (2) Es werden ausschließlich positiv valente Folgen der Handlungsergebnisse berücksichtigt (vgl. Porter/Lawler (1968), S. 16). An die Stelle des Begriffes „Folge des Handlungsergebnisses" tritt deshalb die Bezeichnung „Belohnung". Es wird explizit zwischen intrinsischen und extrinsischen Belohnungen unterschieden.

Extrinsische Belohnungen werden nach erfolgreicher Realisation der Aufgabe durch eine Instanz gewährt (z. B. Prämie, Büroausstattung, Beförderung, Versetzung und Anerkennung). **Intrinsische Belohnungen** resultieren direkt aus der Aufgabe bzw. der Aufgabenerfüllung (z. B. Freude an der Arbeit, Umgang mit einer Personengruppe, Erfolgserlebnis, Erwerb von Wissen).

Die Motivationstheorie von Porter/Lawler **erweitert** die VIE-Theorie durch die Berücksichtigung von

– Einflussgrößen auf die Erwartungen sowie

– Merkmalen der Aufgabenträger als Einflussgrößen auf den Zusammenhang zwischen Anstrengung (Handlungsalternative) und Handlungsergebnis.

Abb. 9.10 zeigt die in der Motivationstheorie nach Porter/Lawler berücksichtigten Einflussgrößen und die zwischen ihnen bestehenden Beziehungen (in Anlehnung an Porter/Lawler (1968), S. 17; Lawler (1971), S. 108).

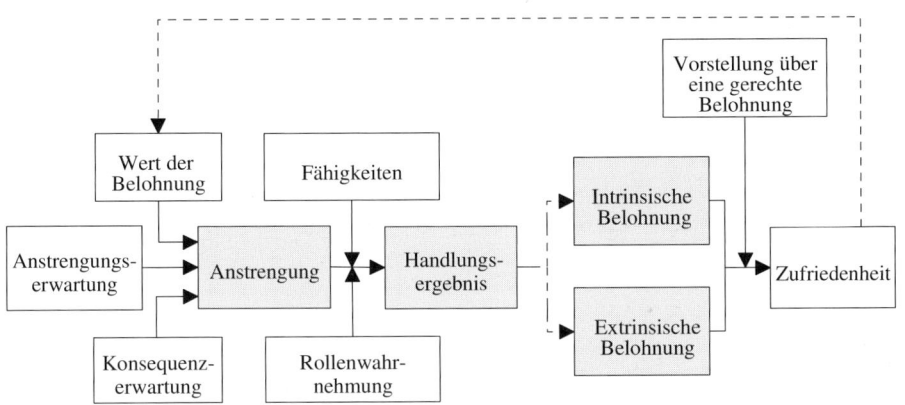

Abb. 9.10: Motivationstheorie nach Porter/Lawler

Bestimmungsgrößen der **Motivationsstärke** und damit der gewählten Anstrengung sind (vgl. Lawler (1977), S. 80):

– der Wert der Belohnung,

– die Anstrengungserwartung und

– die Konsequenzerwartung.

Der **Wert einer Belohnung** kennzeichnet die subjektive Vorziehenswürdigkeit gegenüber den anderen möglichen Belohnungen (vgl. Porter/Lawler (1968), S. 16). Die **Anstrengungserwartung** eines Aufgabenträgers drückt die subjektive Wahrscheinlichkeit aus, dass die Anstrengung zu einem bestimmten Handlungsergebnis führt. Die subjektive Wahrscheinlichkeit dafür, dass ein erzieltes Handlungsergebnis zur angestrebten Belohnung führt, ist die **Konsequenzerwartung** (vgl. Lawler (1977), S. 76). Auf die **Anstrengungs- und die Konsequenzerwartung** wirken mehrere Einflussgrößen. Abb. 9.11 gibt einen Überblick über diese Einflussgrößen und die Wirkungsbeziehungen.

Unter **Selbstwirksamkeit** wird das Vertrauen eines Aufgabenträgers in seine Fähigkeiten gefasst, eine Aufgabe unter gegebenen Bedingungen erfolgreich ausführen zu können (vgl. Luthans (2005), S. 293). Aufgabenträger mit einer geringen Selbstwirksamkeit unterschätzen allgemein die Anstrengungserwartung, während Aufgabenträger mit hoher Selbstwirksamkeit realistische Vorstellungen zur Anstrengungserwartung haben (vgl. Lawler (1971), S. 107 f.). Die **Erfahrungen in ähnlichen Situationen**, von denen die Anstrengungserwartung abhängt, beziehen sich auf die in der Vergangenheit bei vergleichbaren Anstrengungen erreichten Handlungsergebnisse (vgl. Lawler (1977), S. 82).

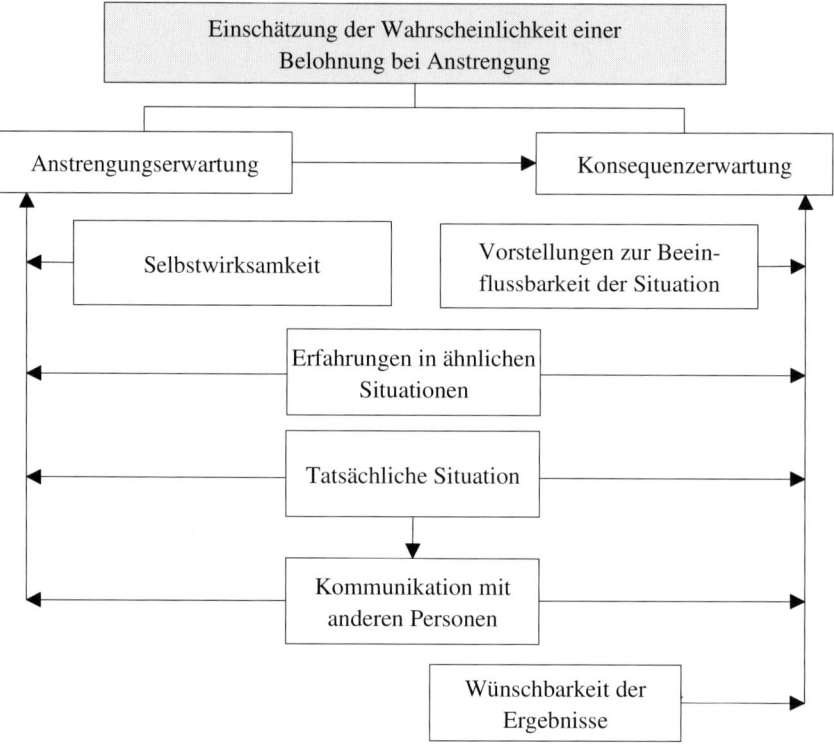

Abb. 9.11: Einflussgrößen auf die Anstrengungs- und Konsequenzerwartung

Führungsstil, Arbeitsbedingungen, Arbeitsplatzbeschreibung, Anreizsysteme usw. sind Merkmale der **tatsächlichen Situation**. Diese Merkmale beeinflussen sowohl die Anstrengungs- als auch die Konsequenzerwartung. Die **Kommunikation** des Aufgabenträgers mit anderen Personen über deren Vorstellungen zur tatsächlichen Situation hat Einfluss auf seine Wahrnehmung der tatsächlichen Situation. Durch gezielte Kommunikation über die tatsächliche Situation (z. B. Betreuung neuer Mitarbeiter durch Mentoren) kann ein korrekter Eindruck von der tatsächlichen Situation vermittelt bzw. eine verzerrte Wahrnehmung der tatsächlichen Situation korrigiert werden (vgl. Lawler (1977), S. 82, 87).

Die Konsequenzerwartung eines Aufgabenträgers hängt auch von seinen Vorstellungen über die **Beeinflussbarkeit der Situation** ab. Aufgabenträger, die davon ausgehen, dass sie die Situation gestalten und damit die Belohnung beeinflussen können, haben eine höhere Konsequenzerwartung (vgl. Locke (1971), S. 110). Individuen messen dem Eintreten positiver Ergebnisse höhere Wahrscheinlichkeiten zu als dem

Eintreten negativer Ergebnisse. Das Eintreten sehr positiver Ergebnisse wird dagegen als eher unwahrscheinlich eingeschätzt. Aus diesem Grunde wird die **Wünschbarkeit der Ergebnisse** als Einflussgröße auf die Konsequenzerwartung berücksichtigt. Der **Einfluss der Anstrengungserwartung** auf die Konsequenzerwartung geht darauf zurück, dass aus Aufgaben mit sehr hoher oder sehr niedriger Anstrengungserwartung keine intrinsische Belohnung resultiert und die Konsequenzerwartung bei sehr hoher bzw. sehr niedriger Anstrengungserwartung damit niedrig ist (vgl. Lawler (1971), S. 111). Die **Erfahrung in ähnlichen Situationen**, von der die Konsequenzerwartung abhängt, bezieht sich auf die in der Vergangenheit für vergleichbare Handlungsergebnisse gewährten Belohnungen. Durch Belohnungen, die dem erreichten Handlungsergebnis angemessen sind, kann die Konsequenzerwartung des Aufgabenträgers verbessert werden (vgl. Porter/Lawler (1968), S. 38 f.).

Die **Motivationsstärke** einer Handlungsalternative (Anstrengungsniveau) i ergibt sich, indem zunächst für alle ihre potenziellen Handlungsergebnisse die Summe über die mit der zugehörigen Konsequenzerwartung gewichteten Werte aller potentiellen Belohnungen gebildet wird. Diese Summe kann als der subjektiv erwartete Wert des Handlungsergebnisses der Handlungsalternative i interpretiert werden. Die Summe der mit den zugehörigen Anstrengungserwartungen gewichteten subjektiven Werte aller potentiellen Handlungsergebnisse der Handlungsalternative i ergibt anschließend die Motivationsstärke der Handlungsalternative (vgl. Lawler (1977), S. 79):

$$F_i = \sum_{j=1}^{J} E_{ij}^{A} \cdot \left(\sum_{m=1}^{M} E_{jm}^{K} \cdot V_m \right), \text{ für } i = 1, \ldots, I$$

mit E_{ij}^{A} = Anstrengungserwartung des Handlungsergebnisses j (j = 1,..., J) bei Handlungsalternative i (i = 1, ..., I),

E_{jm}^{K} = Konsequenzerwartung der Belohnung (m = 1, ..., M) bei Handlungsergebnis j,

V_m = Wert der Belohnung m.

Die Theorie nach Porter/Lawler postuliert weiterhin, dass die **Beziehung zwischen Anstrengung und Handlungsergebnis** von:

– den Fähigkeiten und

– der Rollenwahrnehmung des Aufgabenträgers

beeinflusst wird. Die **Fähigkeit** beschreibt die Leistung, die ein Aufgabenträger zur Zeit erbringen kann. Sie determiniert das maximal erreichbare Handlungsergebnis. Die **Rollenwahrnehmung** ist die Art und Weise, wie der Aufgabenträger seine Aufgabe definiert. Sie bestimmt, worauf sich der Aufgabenträger bei der Aufgabenerfüllung konzentriert (vgl. Berthel/Becker (2003), S. 48 ff.; Porter/Lawler (1968), S. 24 f.). Beispielsweise kann ein Entscheidungsträger den Schwerpunkt seiner Aktivitäten auf die Entwicklung der besten Alternative oder auf die Umsetzung einer guten Alternative legen. Im ersten Fall wird er sich auf die Gewinnung und den Vergleich von Alternativen konzentrieren, im zweiten dagegen auf das Management des Umsetzungsprozesses.

Die **Zufriedenheit des Aufgabenträgers** ist definiert als Abweichung zwischen der erhaltenen und der als gerecht empfundenen Belohnung (vgl. Porter/Lawler (1968), S. 30 f.). Die Vorstellungen zu einer gerechten Entlohnung werden durch die individuellen Ziele (Motiv) des Aufgabenträgers bestimmt. Die Zufriedenheit bringt die Eignung der Belohnung zur Befriedigung der individuellen Ziele des Aufgabenträgers zum Ausdruck (vgl. Lawler (1971), S. 109). Mit der Befriedigung der individuellen Ziele sinkt der Wert der Belohnung. Die Zufriedenheit des Aufgabenträgers hat deshalb einen Einfluss auf den Wert der Belohnung in künftigen Handlungsprozessen (vgl. Porter/Lawler (1968), S. 39 f.).

9.1.3.2 Zielsetzungstheorien

Das Ergebnis der ersten Phase des Handlungsmodells sind die Handlungsziele. Der Aufgabenträger kann die Handlungsziele selbst bilden. Sie können aber auch vorgegeben und in einem bewussten Urteilsprozess akzeptiert und als eigene Ziele übernommen werden.

> **Zielsetzungstheorien** erklären den Einfluss dieser Handlungsziele auf die Leistung der Aufgabenträger.

Die **zentralen Aussagen** dieser Theorien sind (vgl. Locke u. a. (1981), S. 125):
– Herausfordernde Ziele führen zu einem höheren Leistungsniveau als Ziele, die leicht zu erreichen sind, oder der Verzicht auf Ziele.
– Spezifische Ziele führen zu einem höheren Leistungsniveau als allgemeine, vage Ziele, wie z. B. Verbesserung des Ergebnisses aus dem Vorjahr.

Der **Spezifikationsgrad** eines Zieles wird durch die Definition der Zielelemente determiniert. Zu den Zielelementen zählen das Zielobjekt, das Zielkriterium, der Zielmaßstab, das Zielausmaß und der zeitliche Bezug. Mit dem Zielobjekt wird der sachliche Geltungsbereich des Zieles festgelegt, d. h. der Verantwortungsbereich, dem das Ziel vorgegeben wird. Beim Zielkriterium handelt es sich um die Größe, an der die Handlungen auszurichten sind. Der Zielmaßstab bestimmt, wie die erwartete oder realisierte Zielerreichung gemessen wird. Das Zielausmaß gibt die zu erreichende Ausprägung des Zielkriteriums an. Der Zeitraum, in dem die Zielvorgabe zu erreichen ist, wird durch den Zeitbezug bestimmt (vgl. Hauschildt (1980), Sp. 2419).

In der Zielsetzungstheorie werden vier **Arten** von Variablen unterschieden (vgl. Nerdinger/Blickle/Schaper (2008), S. 33 f.):
– die Leistung als abhängige Variable (Konsequenzvariable),

– die Zielmerkmale als unabhängige Variable (Antezedensvariable),

– die Wirkungsmechanismen (Mediatorvariable) sowie

– die Moderatoren (Moderatorenvariable).

Abb. 9.12 zeigt die Beziehungen zwischen den Variablen, die in der Zielsetzungstheorie zur Erklärung der Leistung berücksichtigt werden (vgl. Landy (1989), S. 404).

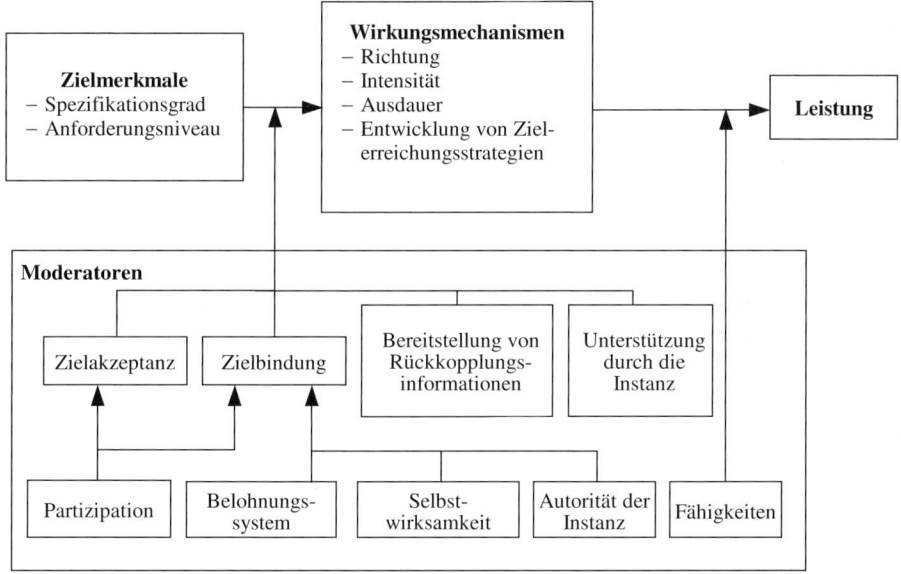

Abb. 9.12: Struktur des Modells der Zielsetzungstheorie

Das **Anforderungsniveau** ist eine Maßgröße für die Erreichbarkeit eines Zieles, d. h. für die mit der Realisation verbundenen Schwierigkeiten (vgl. Höller (1978), S. 95). Empirische Untersuchungen haben ergeben, dass zwischen dem Anforderungsniveau und der Leistung ein positiver linearer Zusammenhang besteht, d. h., schwierige, herausfordernde Ziele führen zu besseren Leistungen. Die leistungssteigernde Wirkung geht von Zielen jedoch nur dann aus, wenn das Anforderungsniveau dasjenige übersteigt, das ein Aufgabenträger wählen würde, wenn ihm kein oder ein unbestimmtes (do best-)Ziel vorgegeben wird. Hat der Aufgabenträger seine Leistungsgrenze erreicht, deren Höhe von seinen Fähigkeiten, den Unternehmungs- oder Umweltbedingungen bestimmt wird, kann ein höheres Anforderungsniveau keine weitere Leistungssteigerung bewirken (Locke/Latham (1990), S. 27 ff.). Um leistungssteigernd zu wirken, müssen Ziele ein herausforderndes Anforderungsniveau aufweisen, d. h., ihre Realisation muss eine bestimmte Anstrengung erfordern. Auf der anderen Seite müssen die Ziele erreichbar sein (vgl. Luthans (2005), S. 496 f.). Die Erreichbarkeit wird zum einen durch das Zielausmaß determiniert. Zum anderen hängt die Erreichbarkeit auch von dem Zielkriterium ab. Gewählt werden müssen Zielkriterien, die durch die Aktivitäten des jeweiligen Aufgabenträgers gestaltbar, jedoch unabhängig von den Aktivitäten anderer Aufgabenträger in der Unternehmung sowie von unternehmungsinternen und -externen Einflüssen (z. B. Preissteigerungen bei den Einsatzgütern) sind.

Stretch Targets sind Gegenstand eines modernen Management-Konzeptes, das den Aussagen der **Zielsetzungstheorie scheinbar widerspricht**. Ziel dieses Konzeptes ist es, die Aufgabenträger zu kreativer Problemlösung und hoher Leistung zu motivieren.

> Unter **Stretch Targets** werden Ziele verstanden, die nur durch die Umsetzung innovativer Problemlösungen außerhalb des bisherigen Erfahrungsbereiches realisiert werden können (vgl. Thompson/Hochwarter/Mathys (1997), S. 48).

Sie sind damit so gut wie nicht erreichbar. Entsprechend der Aussagen der Zielsetzungstheorie eignen sich Stretch Targets deshalb nicht zur Einflussnahme auf die Leistung der Aufgabenträger. Die Zielsetzungstheorie betrachtet jedoch Ziele, die im Rahmen gegebener Fähigkeiten, Unternehmungs- und Umweltbedingungen realisiert werden sollen, so dass die Aufgabenträger zwangsläufig an Leistungsgrenzen stoßen. Die Vorgabe von Stretch Targets verlangt deshalb, dass die Voraussetzungen für die Gestaltung begrenzender Unternehmungsbedingungen durch die Aufgabenträger geschaffen werden. Als **Voraussetzungen** für die Vorgabe von Stretch Targets werden genannt (vgl. Thompson/Hochwarter/Mathys (1997), S. 52 ff.):

– Autonomie der Aufgabenträger
  Alle Maßnahmen zur Zielerreichung werden von den Aufgabenträgern selbstständig erarbeitet, ohne dass Vorgaben gemacht werden, die den Gestaltungsspielraum begrenzen.

– Verfügbarkeit der erforderlichen Ressourcen
  Die Aufgabenträger verfügen über alle Ressourcen, die zur Erarbeitung und Umsetzung der Maßnahmen zur Zielerreichung erforderlich sind.

– Strukturelle Integration der Maßnahmen zur Zielerreichung
  Die Unternehmungsführung passt die Organisation, die Unternehmungspolitik und das Informationssystem an die Maßnahmen zur Zielerreichung an.

– Unterstellung unter die oberste Unternehmungsführung
  Allein die oberste Unternehmungsführung entscheidet über die Maßnahmen zur Zielerreichung. Es bedarf keiner Zustimmung anderer Instanzen.

Ziele wirken nicht unmittelbar auf die Leistung des Aufgabenträgers. Sie beeinflussen vielmehr die Anstrengungen, die ein Aufgabenträger bei der Leistungserbringung unternimmt. Diese Anstrengungen führen anschließend zu der Leistung des Aufgabenträgers. Die **Wirkungsmechanismen** sind Merkmale der Anstrengung, auf die Ziele Einfluss ausüben (vgl. Heckhausen (2003), S. 266). Folgende Wirkungsmechanismen werden in der Zielsetzungstheorie nach Locke berücksichtigt (vgl. Locke u. a. (1981), S. 131 ff.):

- die Richtung,
- die Intensität der Anstrengung,
- die Ausdauer sowie
- die Entwicklung von Zielerreichungsstrategien.

Der Handlungsprozess läuft unter einer Vielzahl von Bedingungen ab, die teilweise gestaltbar sind. Bedingungen, die auf den Zusammenhang zwischen Handlungsziel und Leistung einwirken, bilden den Inhalt der **Moderatoren**. Es sind folgende Moderatoren identifiziert worden (vgl. Locke u. a. (1981), S. 133 ff.; Locke/Latham/Erez (1988), S. 27 ff.):

- Einflussgrößen auf den Zusammenhang zwischen Ziel und Anstrengung
  - die Bereitstellung von Rückkopplungsinformationen,
  - die Unterstützung durch die Instanz,
  - die Zielakzeptanz,
  - die Zielbindung,
  - die Selbstwirksamkeit,
  - das Belohnungssystem,
  - die Autorität der Instanz und
  - die Partizipation des Aufgabenträgers bei der Bildung fremd gesetzter Ziele.
- die Fähigkeiten des Aufgabenträgers als Einflussgröße auf den Zusammenhang zwischen Anstrengung und Leistung

Rückkopplungsinformationen verstärken die Wirkungen herausfordernder Ziele auf die Anstrengung des Aufgabenträgers bei der Ausführung seiner Handlungen zur Zielerreichung. Damit Rückkopplungsinformationen diese Wirkungen haben, sollten sie während des Zielerreichungsprozesses regelmäßig bereitgestellt werden, verhaltensbezogen und konstruktiv, nicht personen-, sondern ergebnis- und prozessbezogen sein (vgl. Künzli (2008), S. 157). Sie sollten sich damit nicht auf den Zielerreichungsgrad beschränken, sondern auch Aussagen zu den Handlungen umfassen, die zur Zielerreichung notwendig sind. Rückkopplungsinformationen, die diesen Anforderungen genügen, ermöglichen dem Aufgabenträger die Korrektur seiner Anstrengungen (vgl. Luthans (2005), S. 496 ff.; Nerdinger (1995), S. 117 ff.).

Die **Unterstützung der Aufgabenträger durch die übergeordnete Instanz** hat einen positiven Einfluss auf die Beziehung zwischen dem Ziel und der Anstrengung. Als Gegenstand der Unterstützung werden die Unterweisung und die Bereitstellung von Hilfsmitteln genannt. Bei der Unterweisung werden die Aufgabenträger zunächst über Inhalt, Ausmaß, zeitlichen Bezug und Prämissen der Ziele informiert. Sie bezieht sich jedoch auch auf die Wege und Mittel zur Erreichung der Ziele (vgl. Luthans (2005), S. 497).

Zielakzeptanz und Zielbindung wirken sich positiv auf den Zusammenhang zwischen dem Ziel und den Anstrengungen des Aufgabenträgers aus (vgl. Landy (1989), S. 403 f.). Die **Zielakzeptanz** kann als Zustimmung zu einem fremd gesetzten Ziel verstanden werden. Diese Zustimmung muss u. U. erst geschaffen werden, z. B. durch die Mitwirkung des Aufgabenträgers bei der Zielbildung. Die **Zielbindung** kommt im Verhältnis der Bedeutung konkurrierender Ziele zum Ausdruck. Bei hoher Zielbindung weist das Ziel im Vergleich zu konkurrierenden Zielen eine hohe Bedeutung auf. Sie äußert sich darin, dass die Anstrengungen zur Zielerreichung auch dann aufrechterhalten werden, wenn Hindernisse bei der Zielerreichung oder neue Ziele auftreten (vgl. Locke/Latham/Erez (1988), S. 23 f.). Die Zielbindung fördert vor allem die Ausdauer der Aufgabenträger bei ihren Anstrengungen.

Selbstwirksamkeit ist die Überzeugung des Aufgabenträgers, ein spezifisches Ziel unter den gegebenen Bedingungen erfolgreich ausführen zu können (vgl. Luthans (2005), S. 293). Eine hohe Selbstwirksamkeit fördert die Zielbindung, wenn die Handlungsziele selbst gesetzt werden. Auf die Akzeptanz und die Bindung an fremd gesetzte Ziele hat die Selbstwirksamkeit dagegen keinen Einfluss (vgl. Locke/Latham/Erez (1988), S. 32 f.). Beeinflusst wird die Selbstwirksamkeit u. a. durch eigene und fremde Erfahrungen in ähnlichen Situationen (vgl. Luthans (2005), S. 296 ff.). In der Bereitstellung von Rückkopplungsinformationen kann deshalb eine Maßnahme zur Förderung der Selbstwirksamkeit gesehen werden (vgl. Nerdinger (1995), S. 119).

(Monetäre) Belohnungen, die bei der Erreichung der Handlungsziele gewährt werden, haben einen positiven Einfluss auf die Zielbindung (vgl. Landy (1989), S. 403). Dieser Einfluss wird durch eine positive Selbstwirksamkeit verstärkt (vgl. Locke/Latham/Erez (1988), S. 34). Einen positiven Einfluss auf die Zielbindung hat auch die **Autorität der Instanz**, welche die fremd gesetzten Ziele vorgibt. Entscheidend ist in diesem Zusammenhang nicht die legitimierte Autorität der Instanz, sondern die Autorität, die der Instanz von den Aufgabenträgern zuerkannt wird, z. B. aufgrund ihrer Persönlichkeit oder ihres Expertenwissens (vgl. Locke/Latham/Erez (1988), S. 33).

Partizipation ist die Beteiligung der Aufgabenträger an der Setzung der Ziele, die ihnen durch die übergeordnete Instanz vorgegeben werden. Diese Variable kann zwar nicht generell, jedoch unter bestimmten Bedingungen einen Einfluss auf die Akzeptanz herausfordernder Ziele haben (vgl. Locke u. a. (1981), S. 138 f.).

Herausfordernde Ziele wirken sich nur dann positiv auf die Leistung des Aufgabenträgers aus, wenn er über die erforderlichen **Fähigkeiten** verfügt. Diese Variable beeinflusst den Zusammenhang zwischen der Anstrengung und der Leistung. Aus dieser moderierenden Variable wird die Forderung abgeleitet, die Ziele unter Berücksichtigung der Fähigkeiten des Aufgabenträgers zur Zielerreichung zu bilden (vgl. Locke u. a. (1981), S. 146).

Die Zielsetzungstheorie nach Locke ist das Ergebnis der Durchführung und Auswertung zahlreicher Studien u. a. zu den Wirkungen von Zielen und den Einflussgrößen auf die Leistung von Aufgabenträgern. Für alle Zielmerkmale, Wirkungsmechanismen und Moderatoren, die genannt werden, liegen Befunde vor. Locke nennt weitere Variable, deren Einfluss noch nicht untersucht worden ist, wie z. B. Zielkomplexität, Zielkonflikte, Häufigkeit und Zeitpunkte der Bereitstellung von Rückkopplungsinformationen sowie Merkmale der Aufgabenträger.

9.1.4 Herleitung von Parametern der Leistungsbeeinflussung

> **Parameter der Leistungsbeeinflussung** sind Einflussgrößen auf die Leistung von Aufgabenträgern, die das Kostenmanagement nutzen kann, um die Realisation der Vorgaben zu sichern.

Die **Inhaltstheorien** besagen, dass Individuen eine Vielzahl von individuellen Zielen haben, die nur zum Teil durch monetäre Anreize aktiviert werden können. Anreize, die bei der Gestaltung betrieblicher Rahmenbedingungen und der Leistungserstellung zur Realisation der Vorgaben motivieren, da sie das Erreichen individueller Ziele ermöglichen oder gefährden, sind

– die Gestaltung des Arbeitsplatzes und der Arbeitsumgebung,

– die Gestaltung der Arbeitsaufgabe sowie

– die Gefährdung des Arbeitsplatzes.

Die **VIE-Theorie** nennt mit der Valenz der Folgen von Handlungsergebnissen, der Instrumentalität und der Erwartung drei Einflussgrößen auf die Leistung von Aufgabenträgern. Aus diesen Einflussgrößen ergeben sich folgende Parameter zur Beeinflussung der Leistung bei der Realisation von Vorgaben:

(1) das Erhöhen der Valenz der Handlungsergebnisse durch

– das Einführen von Belohnungen (Folgen der Handlungsergebnisse mit positiver Valenz),

– das Steigern der positiven Valenz von Folgen der Handlungsergebnisse,

– das Vermeiden von Folgen der Handlungsergebnisse mit negativer Valenz,

– das Verbessern der Instrumentalität der Leistung für positiv valente Folgen der Handlungsergebnisse sowie

(2) das Erhöhen der Anstrengungserwartung (z. B. Mitwirkung der Aufgabenträger an der Planung der Vorgaben).

Nach **Porter/Lawler** hängt die Leistung eines Aufgabenträgers von folgenden Einflussgrößen ab: der Anstrengungserwartung, der Konsequenzerwartung, den extrinsischen und intrinsischen Anreizen, den Fähigkeiten und der Rollenwahrnehmung. Aus diesen Einflussgrößen können folgende Parameter zur Beeinflussung der Leistung bei der Realisation von Vorgaben bei der Leistungserbringung hergeleitet werden:

(1) das Gewähren extrinsischer oder intrinsischer Anreize mit hoher Valenz;

(2) das Erhöhen der Anstrengungs- und Konsequenzerwartung durch
  – das Unterstützen der Mitarbeiter (Selbstwirksamkeit),
  – das Gestalten der Arbeitsbedingungen (tatsächliche Situation),
  – das Schaffen von Voraussetzungen für die Beeinflussbarkeit der Situation durch die Aufgabenträger (z. B. Abstimmung der Vorgaben mit der Beeinflussbarkeit und der Abbaubarkeit der Kosten) und
  – Kommunikation;

(3) das Verbessern der Fähigkeiten der Aufgabenträger.

Die **Zielsetzungstheorie** nach Locke nennt den Spezifikationsgrad und das Anspruchsniveau der Vorgabe als Einflussgrößen auf die Leistung eines Aufgabenträgers. Die Wirkung der Vorgabe auf die Leistung hängt von weiteren Einflussgrößen ab. Aus diesen Einflussgrößen lassen sich folgende Parameter zur Beeinflussung der Leistung ermitteln:

(1) die Planung präziser Vorgaben mit einem herausfordernden Anspruchsniveau,

(2) die Partizipation der Träger von Ausführungsaufgaben bei der Planung von Vorgaben,

(3) der Einsatz qualifizierter Mitarbeiter für
  – die Planung, Durchsetzung und Kontrolle der Vorgaben (Akzeptanz der Führung) und
  – die Realisation der Vorgaben (Fähigkeiten),

(4) die Unterstützung durch die Führung (z. B. Bereitstellung von Ressourcen und Informationen, Wirken als Machtpromotor),

(5) die Bereitstellung von Rückkopplungsinformationen und

(6) das Gewähren von Belohnungen.

Abb. 9.13 gibt einen zusammenfassenden Überblick über die Parameter der Leistungsbeeinflussung.

– Verbessern der Fachkenntnisse der Aufgabenträger
– Planen präziser Vorgaben mit einem hohen aber realisierbaren Anspruchsniveau
– Partizipation bei der Planung von Vorgaben
– Durchsetzen der Vorgaben
  • Unterstützen der Aufgabenträger bei der Aufgabenerfüllung
  • Nachweis der Realisierbarkeit der Vorgaben
  • Bereitstellen der erforderlichen Ressourcen und Informationen, Übertragen der notwendigen Kompetenzen
  • Aufklären über die Bedeutung einer Realisation der Vorgaben für die Unternehmung

> – Kontrolle der Vorgaben für das
>   - Bemessen von Belohnungen und das Anerkennen erbrachter Leistungen
>   - Unterstützen der Mitarbeiter durch das Bereitstellen von Rückkopplungsinformationen
> – Gestalten von Anreizen
>   - Vermeiden einer Verschlechterung der Arbeitsbedingungen oder eines Abbaus von Arbeitsplätzen
>   - Verbessern der Arbeitsbedingungen
>   - Aufwerten der Arbeitsaufgabe
>   - Gewähren von Belohnungen

Abb. 9.13: Parameter der Leistungsbeeinflussung

9.2 Theorien zur Herleitung von Einflussgrößen der Kreativität

9.2.1 Ansätze der Kreativitätsforschung

Unter Kreativität wird das Hervorbringen von Ideen verstanden, die neuartig sind (vgl. VDI-Richtlinie 2806 (2002), S. 2). Gegenüber der künstlerischen Kreativität ist die hier relevante **angewandte Kreativität** an die strenge Bedingung der Angemessenheit gebunden. Die Angemessenheit ist als Verwertbarkeit oder Nützlichkeit zu interpretieren und bildet das Kriterium zur Abgrenzung einer kreativen Leistung von einer neuartigen, jedoch unbrauchbaren Idee (vgl. Aschenbrücker (2004), Sp. 1025 f.).

> Unter **Kreativität** ist das Generieren neuartiger und für das betrachtete Problem verwertbarer Ideen durch eine einzelne Person oder eine kleine Gruppe zu verstehen (vgl. Amabile (1997), S. 40).

Um die Frage nach Maßnahmen zur Förderung der Kreativität beantworten zu können, müssen die Einflussgrößen auf die kreative Leistung bekannt sein. Diese Einflussgrößen bilden den Gegenstand der **Kreativitätsforschung**. Es werden drei Ansätze zur Erklärung der Kreativität unterschieden (vgl. Aschenbrücker (2004), Sp. 1027; Lippmann/Angstmann (2008), S. 377 ff.):

– der personenorientierte,

– der umweltorientierte und

– der prozessorientierte Ansatz.

Der **personenorientierte Ansatz** erklärt kreative Leistungen über Persönlichkeitsmerkmale und intellektuelle Fähigkeiten der Aufgabenträger. Der Einfluss von Merkmalen des Arbeitsumfeldes, insbesondere der Arbeitsbedingungen auf die kreativen Leistungen wird durch den **umweltorientierten Ansatz** abgebildet. Zu diesen Einflussgrößen der Kreativität zählen u. a. Zeit, Informationen, Ressourcen, Kooperations- und Kommunikationsstrukturen, Macht- und Hierarchieverhältnisse sowie Konkurrenz. Der **prozessorientierte Ansatz** erfasst den Ablauf des Problemlösungsprozesses, um die kreative Leistung durch kreativitätsfördernde bzw. -hemmende Bedingungsfaktoren in den verschiedenen Phasen dieses Prozesses erklären zu können.

Die **komponentenorientierte Konzeption der Kreativität** ist ein Arbeitsmodell für eine Theorie der Kreativität, das die verschiedenen Ansätze der Kreativitätsforschung integriert (vgl. Amabile (1996), S. 81 f.). Sie umfasst zum einen Aussagen zu den personenorientierten, kognitiven, motivationsbezogenen und umweltorientierten Einflussgrößen auf die kreative Leistung der Mitarbeiter und ihre Bedeutung in den verschiedenen Phasen des Problemlösungsprozesses. Zum anderen gibt sie Auskunft über den Einfluss des Arbeitsumfeldes auf die intrinsische und extrinsische Motivation der Mitarbeiter zur Aufgabenerfüllung sowie ihre Wirkungen auf die kreative Leistung.

9.2.2 Komponentenorientierte Konzeption der Kreativität

9.2.2.1 Einflussgrößen auf die Kreativität

Die komponentenorientierte Konzeption erklärt die Kreativität mit Hilfe von drei **Komponenten** (Elemente, Umstände oder Bedingungen), die für das Entstehen kreativer Leistungen von Bedeutung sind. Es wird angenommen, dass diese Komponenten multiplikativ verknüpft sind, d. h., dass kreative Leistungen bereits dann nicht generiert werden können, wenn auch nur eine dieser drei Komponenten fehlt (vgl. Amabile (1988), S. 137 f.). Diese Komponenten sind (vgl. Amabile (2007), S. 211):

– Fachkenntnisse,

– kreativitätsrelevante Fertigkeiten sowie

– Motivation zur Aufgabenerfüllung.

(1) Fachkenntnisse

Fachkenntnisse werden als die Gesamtheit der bekannten Vorgehensweisen zur Lösung eines gegebenen Problems verstanden. Je umfangreicher die Fachkenntnisse sind, d. h. die Gesamtheit der bekannten Ansätze zur Problemlösung, desto größer ist die Zahl der Alternativen, eine neue Kombination von Schritten zur Problemlösung und damit eine innovative Idee zu generieren. Fachkenntnisse bilden die Basis jeder innovativen Arbeit (vgl. Amabile (1997), S. 42).

(2) Kreativitätsrelevante Fertigkeiten

Die kreativitätsrelevanten Fertigkeiten sind maßgebend für die Vielfalt der Vorgehensweisen, auf die bei der Lösung eines konkreten Problems zurückgegriffen werden kann. Zu diesen Fertigkeiten zählen (vgl. Amabile (2007), S. 213 f.):

– die Fähigkeit zum lateralen Denken,

– Erfahrungen in der Anwendung von Heuristiken zur kreativen Ideenfindung und

– ein kreativitätsförderlicher Arbeitsstil.

Beim **lateralen Denken** werden systematisch verschiedene Denk- und Wahrnehmungsperspektiven eingenommen, um ein Problem von allen Seiten zu erschließen. Im Unterschied zum traditionellen, d. h. zum vertikalen oder logischen Denken ist laterales Denken (vgl. de Bono (1986), S. 14 ff.)

1. kein Ausrichten auf das Ergebnis, sondern kontinuierliches Suchen nach neuen Mustern und Wegen;

2. kein vorschnelles Ausschließen, sondern Weiterverfolgen unzulänglich oder nicht relevant erscheinender Ideen, um zu neuen Ideen zu gelangen;

3. kein ausschließlich schrittweises Vorgehen, sondern ein Prozess, in dem Gedankensprünge ausdrücklich erlaubt sind;

4. kein Konzentrieren auf Ideen, die Erfolg versprechend sind, sondern Vermeiden offenkundiger Lösungswege und Weiterverfolgen von Ideen ohne unmittelbare Erfolgsaussichten;

5. kein Prozess, der mit einem zumindest minimalen Ergebnis abschließt, sondern ein Prozess mit ungewissem Ausgang.

Heuristiken zur kreativen Ideenfindung können als generelle Herangehensweise an innovative Probleme verstanden werden, die eine Abkehr von vertrauten Lösungsansätzen fördern. Beispiele für diese Heuristiken sind: „Schlägt das Naheliegende fehl, dann suche Lösungen, die der Intuition widersprechen", „Verfremde Vertrautes", „Zum Generieren von Lösungsalternativen analysiere Fallstudien, gebrauche Analogien, berücksichtige Ausnahmen und durchdringe Widersprüche", „Betrachte das Problem von einer anderen Seite her", „Visualisiere das Problem, um der Starrheit der verfügbaren Begriffe auszuweichen" und „Zerlege das Problem in immer kleinere Einheiten, um durch eine veränderte Zusammensetzung zu einer neuen Lösung zu gelangen" (vgl. VDI-Richtlinie 2806 (2002), S. 5). Diese Heuristiken liegen auch den verschiedenen Kreativitätstechniken zugrunde.

Ein **kreativitätsförderlicher Arbeitsstil** umfasst u. a. die Fähigkeit, seine Bemühungen über einen längeren Zeitraum auf ein Problem konzentrieren zu können sowie zum produktiven Vergessen, das z. B. das Aufgeben ungeeigneter Suchstrategien und das zeitweilige Verdrängen hartnäckiger Probleme ermöglicht (vgl. Amabile (1988), S. 132). Kreativitätsrelevante Fertigkeiten sind häufig mit folgenden **Persönlichkeitsmerkmalen** verbunden: Unabhängigkeit, Selbstdisziplin, Geduld, Unempfindlichkeit gegenüber Rückschlägen sowie Unabhängigkeit von allgemein akzeptierten Vorstellungen. Darüber hinaus können kreativitätsrelevante Fertigkeiten durch Schulungen und die Sammlung von Erfahrungen beim Generieren von Ideen gewonnen werden (vgl. Amabile (1988), S. 131 f.).

(3) Motivation

Es ist möglich, fehlende Qualifikation zumindest teilweise durch Motivation zu ersetzen. Es ist jedoch nicht möglich, einen Mangel an Motivation durch eine hohe Qualifikation auszugleichen. Die Motivation wird deshalb als die **Hauptkomponente** der Kreativität betrachtet (vgl. Amabile (1998), S. 79), wobei es vor allem die intrinsische Motivation ist, die kreativitätsfördernd wirkt (vgl. Frey/Osterloh (2000), S. 37). Motivation setzt sich aus der Grundeinstellung (Motiv) des Mitarbeiters zur Aufgabe und aus der Wahrnehmung der Gründe zusammen, aus denen er in einem konkreten Fall eine Aufgabe erfüllt (Anreiz). Die **Grundeinstellung** folgt aus dem Ausmaß, in dem die gestellte Aufgabe mit den Interessen und Vorlieben des Mitarbeiters übereinstimmt. Sie ist relativ stabil und dauerhaft. Für die **Wahrnehmung der Gründe** für die Aufgabenerfüllung sind dagegen Merkmale des Arbeitsumfeldes maßgebend. Beeinflusst werden kann die Motivation durch die Gestaltung dieser **sozialen Umwelt** (vgl. Amabile (1996), S. 91 f.).

Einen zusammenfassenden Überblick über die Komponenten der Kreativität sowie die Einflussgrößen, von denen sie abhängen, gibt Abb. 9.14 (in Anlehnung an Amabile (1996), S. 84). Die drei Komponenten wirken in den einzelnen Phasen des **kreativen Problemlösungsprozesses** sehr unterschiedlich auf die kreative Leistung. Für eine gezielte Förderung der Kreativität sind deshalb Aussagen über die Wirkungsweise dieser Komponenten im Prozess der kreativen Problemlösung erforderlich.

Komponenten kreativer Leistung		
Fachkenntnisse	Kreativitätsrelevante Fertigkeiten	Motivation zur Aufgabenerfüllung
– Fachwissen – Technische Fertigkeiten – Spezielle Begabungen	– Fähigkeiten zum lateralen Denken – Erfahrungen in der Anwendung von Heuristiken – Kreativitätsförderlicher Arbeitsstil	– Grundeinstellung zur Aufgabe – Wahrnehmung der Gründe für die Aufgabenerfüllung
↑	↑	↑
– Geistige Fähigkeiten – Motorische Fähigkeiten – Wahrnehmungsfähigkeiten – Formale und informale Ausbildung	– Schulungen – Erfahrung – Persönlichkeitsmerkmale	– Arbeitsumfeld
Einflussgrößen auf die Komponenten kreativer Leistung		

Abb. 9.14: Einflussgrößen auf die Komponenten kreativer Leistung

9.2.2.2 Phasen im Prozess der kreativen Problemlösung

Nach der komponentenorientierten Konzeption vollzieht sich die **kreative Problemlösung** in einem Prozess, der fünf Phasen umfasst, die bis zur endgültigen Problemlösung in der Regel mehrfach ausgeführt werden. Diese Phasen sind (vgl. Amabile (1990), S. 80 ff.):

– die Problemerkenntnis,

– die Vorbereitung,

– das Generieren von Ideen,

– die Bewertung und Kommunikation der Ideen sowie

– die Entscheidung.

In der ersten Phase, der **Problemerkenntnis**, wird einem Mitarbeiter das Problem bewusst bzw. bewusst gemacht. Um den Prozess der kreativen Problemlösung in Gang zu setzen, bedarf es einer gewissen Motivation der Mitarbeiter. Während der **Vorbereitung** in der zweiten Phase wird Wissen, das für die Problemlösung relevant erscheint, neu erworben oder reaktiviert. Der in dieser Phase erforderliche Arbeitseinsatz hängt von den im Team vorhandenen Fachkenntnissen ab. Zum **Generieren von Ideen** für die Problemlösung werden in der dritten Phase die bekannten Lösungsansätze überprüft und die für die Aufgabenstellung relevanten Merkmale des Problemumfeldes analysiert. Diese Phase ist für den Neuheitsgrad der Problemlösung entscheidend. Sie verlangt, dass die bekannten Lösungsansätze aus unterschiedlichen Perspektiven betrachtet und mögliche Lösungsideen hinreichend verfolgt und nicht vorschnell verworfen werden. Das setzt kreativitätsrelevante Fertigkeiten voraus, neben die jedoch die Motivation zur Problemlösung treten muss. Diese ist für die Bereitschaft maßgebend, auch Lösungsideen zu verfolgen, die zunächst nicht Erfolg versprechend erscheinen. Die gefundenen Lösungsideen werden in der vierten Phase hinsichtlich ihrer Eignung zur Lösung des gestellten Problems **bewertet und kommuniziert**. Für die Bearbeitung dieser Aufgabe sind vor allem Fachkenntnisse erforderlich. In der fünften Phase wird über die bewerteten Lösungsvorschläge **entschieden** (vgl. Amabile (2007), S. 216 ff.).

Werden mit der gefundenen Lösung alle verfolgten Ziele erreicht, **endet der Prozess** der kreativen Problemlösung. Er endet auch dann, wenn keine geeignete Lösung gefunden werden konnte. Genügt die gefundene Lösung nicht allen Anforderungen, wird der Prozess der kreativen Problemlösung wiederholt, um geeignetere Lösungen zu finden. Möglich ist das jedoch nur, wenn die Beteiligten auf der Grundlage der im ersten Versuch erworbenen Fachkenntnisse erwarten, eine bessere Lösung zu finden. Im anderen Fall werden sie nicht motiviert sein, einen zweiten Versuch zu unternehmen (vgl. Amabile (2007), S. 220). Abb. 9.15 verdeutlicht die Bedeutung der Einflussgrößen auf die Kreativität in den verschiedenen Phasen im Prozess der kreativen Problemlösung (vgl. Amabile (1988), S. 138).

9.2.2.3 Einfluss der Motivation auf die Kreativität

Intrinsische Motivation wirkt sich positiv auf die Kreativität aus. Extrinsische Anreize verdrängen dagegen unter bestimmten Bedingungen die intrinsische Motivation (vgl.

Frey/Osterloh (2000), S. 26 ff.) und wirken dann kreativitätshemmend. Unter spezifischen Bedingungen können extrinsische Anreize die intrinsische Motivation jedoch auch verstärken. Abb. 9.16 gibt einen Überblick über die Faktoren (Anreize), die sich über die Beeinflussung der Motivation kreativitätshemmend oder kreativitätsfördernd auswirken (vgl. Amabile (1996), S. 120).

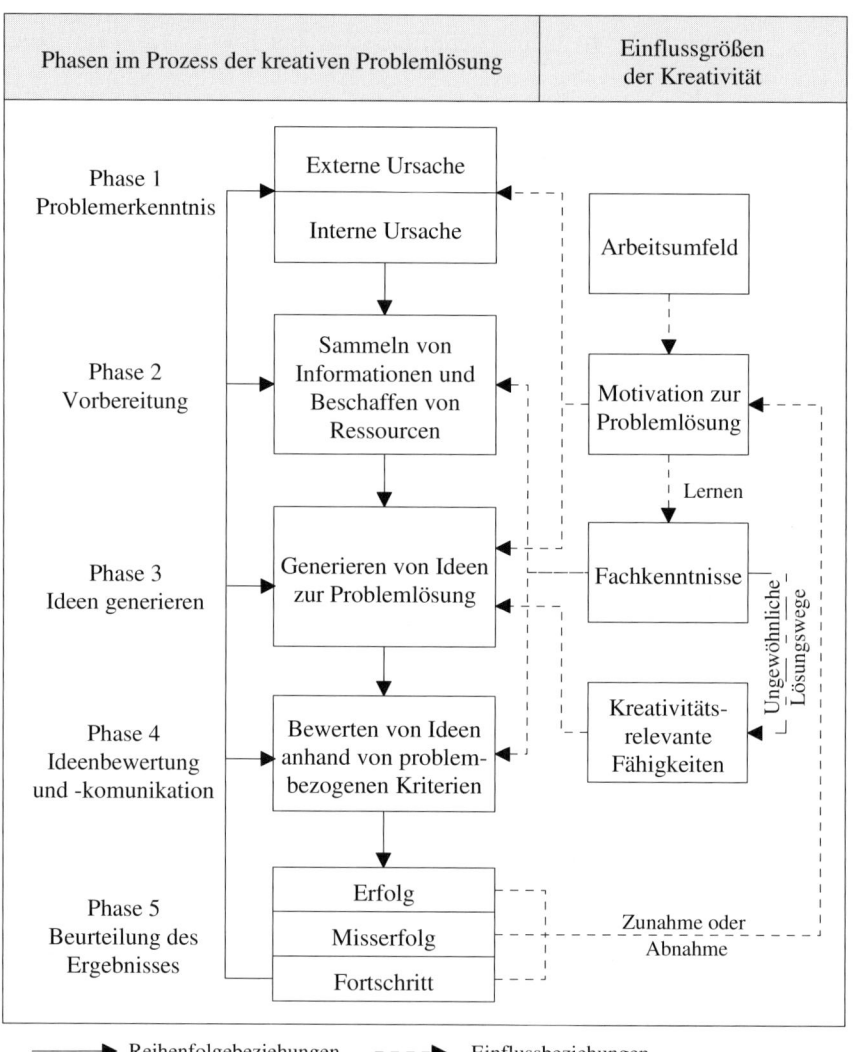

Abb. 9.15: Einflussgrößen auf die Kreativität im Problemlösungsprozess

Zur Erklärung des **Zusammenwirkens extrinsischer und intrinsischer Motivation** werden zwei Mechanismen herangezogen (vgl. Amabile (1993), S. 194 ff.):

- die Synergien zwischen extrinsischer und intrinsischer Motivation und
- der Kreativitätsbedarf im Problemlösungsprozess.

Art \ Wirkungsrichtung	Kreativitätsfördernde Faktoren	Kreativitätshemmende Faktoren
Allgemeine Faktoren	**Intrinsische Anreize** – Autonomie bzw. Gefühl der Selbststeuerung – Bedeutung bzw. Dringlichkeit der Aufgabe – Optimale Herausforderung – Übereinstimmung der Aufgabe mit den Interessen des Mitarbeiters **Synergetische extrinsische Anreize** – Ausreichende Ressourcen – Anerkennung der Problemlösungskompetenz – Intrinsisch motivierende Anreize – Leistungsfördernde Aufgabenstrukturierung	– Bedrohung durch kritische Beurteilungen, die den Eindruck von fehlender Kompetenz vermitteln – Erwartung kritischer Beurteilungen – Überwachung – Vertragliche Vereinbarung von Belohnungen – Begrenzung der Handlungsfreiheit – Willkürliche bzw. unrealistische Zeitvorgaben – Konkurrenz innerhalb des Teams
Unternehmungsbezogene Faktoren	**Intrinsische Anreize** – Institutionalisierung der Begutachtung neuer Ideen (z. B. betriebliches Vorschlagswesen) – Ermutigung durch das Topmanagement – Ermutigung durch den unmittelbaren Vorgesetzten – Hohe Bedeutung intrinsischer Anreize **Synergetische extrinsische Anreize** – Positive Einstellung zu Fehlschlägen, da aus ihnen wichtige Informationen abgeleitet werden können – Teammitglieder verfügen über verschiedenartige Fähigkeiten und Fertigkeiten – Offenheit der Teammitglieder für neue Ideen – Strenge Rangordnung – Teammitglieder stehen in einem konstruktiven Ideenwettbewerb – Wettbewerb mit anderen Unternehmungen – Eindeutige Zielvorgaben ohne Anweisungen zur Art der Zielerreichung – Kooperation – Zusammenarbeit	– Mangelnde Kommunikation – Mangelnde Zusammenarbeit – Ablehnung von Veränderungen – Betonung extrinsischer Anreize – Wettbewerb zwischen Projekten – Starre Prozesse – Fehlende Unterstützung des Projektes in der Unternehmung

Abb. 9.16: Kreativitätsrelevante Einflussfaktoren auf die Motivation

(1) Synergien zwischen extrinsischer und intrinsischer Motivation

Synergetische extrinsische Anreize fördern die Problemlösungsfähigkeit, ohne das Gefühl der Selbstbestimmung bei der Aufgabenerfüllung durch Vorgaben und Leistungskontrollen zu beeinträchtigen (vgl. Amabile (1993), S. 194 f.). Es können drei **Arten extrinsischer Anreize** unterschieden werden (vgl. Amabile (1997), S. 45):

- die informationsbezogenen,
- die unterstützenden und
- die regulierenden.

Bei den **informationsbezogenen extrinsischen Anreizen** handelt sich um Formen der Belohnung, der Anerkennung oder Rückkopplung, die für die Problemlösung wichtige Informationen übermitteln oder die Problemlösungskompetenz der Beteiligten bestätigen. Hierzu zählt auch die Bedeutung, welche die Aufgabe für die Unternehmung und damit die eigene berufliche Zukunft hat. **Unterstützende extrinsische Anreize** verbessern die Arbeitssituation der Beteiligten. Als Beispiel kann die Bereitstellung weiterer Ressourcen für den Problemlösungsprozess genannt werden. Informationsbezogene und unterstützende Anreize sind synergetische extrinsische Anreize, d. h., sie wirken positiv auf die intrinsische Motivation. Abb. 9.16 nennt in der linken Spalte der Tabelle weitere Beispiele für synergetische extrinsische Anreize.

Regulierende extrinsische Anreize tragen nicht zur Problemlösungsfähigkeit bei und wirken sich ungünstig auf das Gefühl der Selbstbestimmung aus, da sie mit Vorgaben zur Aufgabenausführung und Leistungskontrollen verbunden sind. Beispiele für diese Anreize sind Belohnungen, die im Rahmen unternehmungsinterner Wettbewerbe oder bei Einhaltung von Anweisungen zur Ausführung der Aufgaben gewährt werden, oder eine Beurteilung von Ideen. Regulierende extrinsische Anreize verdrängen die intrinsische Motivation und sind keine synergetischen extrinsischen Anreize (vgl. Amabile (1997), S. 45). Weitere Beispiele für diese nicht synergetischen extrinsischen Anreize finden sich in der rechten Spalte der Tabelle in Abb. 9.16.

Dieser erste Mechanismus zur Erklärung des Zusammenwirkens extrinsischer und intrinsischer Motivation wird durch das **intrinsische Motivationsprinzip der Kreativität** zusammenfassend beschrieben (vgl. Amabile (1996), S. 119). Es besagt, dass

- intrinsische Motivation einen positiven Einfluss auf die Kreativität hat,
- extrinsische Motivation, die aus regulierenden Anreizen resultiert, intrinsische Motivation verdrängt und sich deshalb ungünstig auf die Kreativität auswirkt,
- extrinsische Motivation, die aus informationsbezogenen oder unterstützenden Anreizen resultiert, einen günstigen Einfluss auf die Kreativität hat, insbesondere wenn das ursprüngliche Niveau der intrinsischen Motivation hoch ist.

Es sind nicht die extrinsischen Anreize, welche die intrinsische Motivation verdrängen, sondern die Begrenzung der Selbstbestimmung durch Vorgaben und Kontrollen, die Voraussetzungen für viele extrinsische Anreize sind. Extrinsische Anreize, die aus der Bedeutung der Aufgabe für die Unternehmung und damit für die eigene berufliche Zukunft resultieren, sind sogar ein wichtiges Element der Kreativitätsförderung (vgl. Forbes/Domm (2004), S. 11).

(2) Kreativitätsbedarf im Problemlösungsprozess

Eine kreative Idee zeichnet sich durch Neuartigkeit und Angemessenheit für das gestellte Problem aus. Die **Neuartigkeit der Ideen** wird vor allem in den Phasen der Problemerkenntnis sowie der Ideengenerierung determiniert. Intrinsische Motivation ist in diesen Phasen von größerer Bedeutung als in den anderen Phasen des kreativen Problemlösungsprozesses. In diesen Phasen sollten auf die Aufgabenträger deshalb ausschließlich intrinsische Anreize wirken.

Die Phasen der Vorbereitung und der Ideenbewertung und -kommunikation sind für die Angemessenheit der Ideen maßgebend. In diesen Phasen ist die intrinsische Motivation der Aufgabenträger deshalb von geringerer Bedeutung. Durch informationsbezogene oder unterstützende extrinsische Anreize kann in diesen beiden Phasen das Interesse der Aufgabenträger auch über langwierige und langweilige Abschnitte aufrechterhalten und ihre Aufmerksamkeit auf Aspekte der Vollständigkeit und Angemessenheit der Lösung oder den termingerechten Abschluss des Projektes gelenkt werden (vgl. Amabile (1993), S. 196; (1997), S. 46). In diesen Phasen bewirken synergetische extrinsische Anreize keine signifikante Verdrängung intrinsischer Motivation, insbesondere wenn das ursprüngliche Niveau der intrinsischen Motivation sehr hoch ist (vgl. Amabile (1996), S. 118). Einen Überblick über das Zusammenwirken extrinsischer und intrinsischer Motivation zeigt Abb. 9.17.

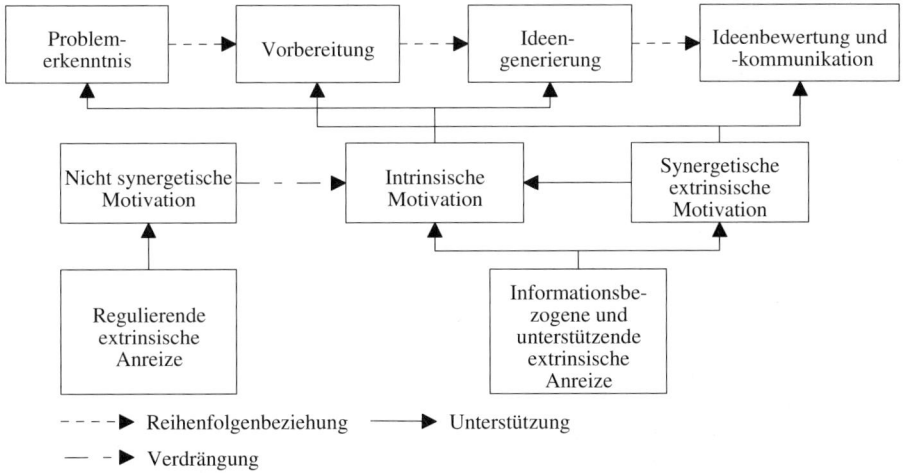

Abb. 9.17: Zusammenwirken extrinsischer und intrinsischer Motivation

Zusammenfassend kann zu diesem **Mechanismus** festgehalten werden, dass die intrinsische Motivation die Neuartigkeit der Problemlösung beeinflusst. Diese wird im Prozess der kreativen Problemlösung vor allem bei der Problemerkenntnis und der Ideengenerierung bestimmt. Bei der Vorbereitung, der Ideengenerierung und -kommunikation kann extrinsische Motivation dagegen dazu beitragen, dass eine vollständige und anwendbare Lösung gefunden wird.

Literaturverzeichnis

Aalbregtse, John R.: Target Costing. In: Handbook of Cost Management. 1994 Edition. New York 1993, S. D2-1-D2-26.

Achtziger, Anja und *Peter M. Gollwitzer:* Motivation und Volition im Handlungsverlauf. In: Motivation und Handeln. Hrsg. von Jutta Heckhausen und Heinz Heckhausen. 3. Aufl., Berlin u. a. 2006, S. 277-302.

Adam, Dietrich: Produktionsmanagement. 8. Aufl., Wiesbaden 1997.

Akao, Yoji: Hoshin Kanri. Policy Deployment for Successful TQM. Portland (Or.) 1991.

Alderfer, Clayton P.: Empirical Test of a New Theory of Human Needs. In: Organizational Behavior and Human Performance (9) 1969, Heft 4, S. 142-175.

Al-Radhi, Mehdi und *Jörg Heuer:* Total Productive Maintenance. München, Wien 1995.

Amabile, Teresa M.: A Model of Creativity and Innovation in Organizations. In: Research in Organizational Behavior (10) 1988, S. 123-167.

Amabile, Teresa M.: Motivational Synergy: Toward New Conceptualizations of Intrinsic and Extrinsic Motivation in the Workplace. In: Human Resource Management Review (3) 1993, Heft 3, S. 185-201.

Amabile, Teresa M.: Creativity in Context. Boulder (Col.) 1996.

Amabile, Teresa M.: Motivating Creativity in Organizations: On Doing what you Love and Loving what you Do. In: California Management Review (40) 1997, Heft 3, S. 39-58.

Amabile, Teresa M.: How to Kill Creativity. In: Harvard Business Review (76) 1998, Heft 1, S. 77-87.

Amabile, Teresa M.: Managing for Creativity. In: The Entrepreneurial Venture. Hrsg. von William A. Sahlman u. a., 2. Aufl., Boston (Mass.) 1999, S. 521-536.

Amabile, Teresa M.: The Social Psychology of Creativity. A Componential Conceptualization. In: Fundamentals of HRM. Band 3: HRM Practices and Procedures II. Hrsg. von Neil Anderson. Los Angeles u. a. 2007, S. 205-229.

Amabile, Teresa M. und *Regina Conti:* Changes in the Work Environment for Creativity during Downsizing. In: Academy of Management Journal (42) 1999, Heft 6, S. 630-640.

Amabile, Teresa M. und *Steven J. Kramer:* Was Mitarbeiter wirklich denken. In: Harvard Business Manager (29) 2007, Heft 9, S. 48-62.

Amabile, Teresa M., Constance N. Hadley und *Steven J. Kramer:* Creativity under the Gun. In: Harvard Business Review (80) 2002, Heft 8, S. 52-61.

Amabile, Teresa M. u. a.: Leader Behavior and the Work Environment for Creativity: Perceived Leader Support. Working Paper der Harvard Business School. Boston (Mass.) 2003.

Anić, Denis: Ideenmanagement. Baden-Baden 2001.

Anklesaria, Jimmy: Supply Chain Cost Management. New York u. a. 2008.

Anthony, Robert N. und *Vijay Govindarajan:* Management Control Systems. 12. Aufl., New York 2007.

Antoni, Claus: Konzepte der Mitarbeiterbeteiligung: Delegation und Partizipation. In: Arbeits- und Organisationspsychologie. Hrsg. von Günter Hoyos und Dieter Frey. Weinheim 1999, S. 569-583.

Antoni, Conny Herbert: Qualitätszirkel als Modell partizipativer Gruppenarbeit. Bern u. a. 1990.

APQC (American Productivity & Quality Center): The Benchmarking Code of Conduct. http://www.fit4service.de/img_gruen/downloads/code-of-conduct_german.pdf bzw. http://www.orau.gov/pbm/pbmhandbook/apqc.pdf.

Arnold, Ulli: Sourcing-Konzepte. In: Handwörterbuch der Produktionswirtschaft. Hrsg. von Werner Kern, Hans-Horst Schröder und Jürgen Weber. 2. Aufl., Stuttgart 1996, Sp. 1861-1874.

Arnold, Ulli: Beschaffungsmanagement. 2. Aufl., Stuttgart 1997.

Arogyaswamy, Kamala, Vincent L. Barker III und *Masoud Yasai-Ardekani:* Firm Turnarounds: An Integrative Two-Stage Model. In: Journal of Management Studies (32) 1995, S. 493-525.

Asaka, Tetsuichi und *Kazuo Ozeki:* Handbook of Quality Tools. Cambridge (Mass.), Norwalk (Conn.) 1990.

Aschenbrücker, Karin: Kreativitätspotentiale und deren Förderung. In: Handwörterbuch des Personalwesens. Hrsg. von Eduard Gaugler, Walter A. Oechsler und Wolfgang Weber. 3. Aufl., Stuttgart 2004, Sp. 1025-1034.

Atkinson, Anthony A.: Performance Evaluation. In: Handwörterbuch Unternehmensrechnung und Controlling. Hrsg. von Hans-Ulrich Küpper und Alfred Wagenhofer. 4. Aufl., Stuttgart 2002, Sp. 1375-1384.

Atkinson, Anthony A. u. a.: Management Accounting. 5. Aufl., Upper Saddle River (N.J.) 2007.

Bach, Norbert: Wandel individuellen und kollektiven Mitarbeiterverhaltens. In: Excellence in Change. Hrsg. von Wilfried Krüger. Wiesbaden 2000, S. 221-260.

Bach, Norbert: Einstellungen und Verhalten der betroffenen Mitarbeiter. In: Excellence in Change. Hrsg. von Wilfried Krüger. 3. Aufl., Wiesbaden 2006, S. 171-208.

Backhaus, Klaus und *Stephan Funke:* Fixkostenmanagement. In: Kostenmanagement. Hrsg. von Klaus-Peter Franz und Peter Kajüter. Stuttgart 1997, S. 29-43.

Backhaus, Klaus u. a.: Multivariate Analysemethoden. 11. Aufl., Berlin u. a. 2005.

Back-Hock, Andrea: Produktlebenszyklusorientierte Ergebnisrechnung. In: Handbuch Kostenrechnung. Hrsg. von Wolfgang Männel. Wiesbaden 1992, S. 703-714.

Baetge, Jörg u. a.: Unternehmenskultur und Unternehmenserfolg: Stand der empirischen Forschung und Konsequenzen für die Entwicklung eines Messkonzeptes. In: Journal für Betriebswirtschaft (57) 2007, S. 183-219.

Balachandran, Bala v. und *Sudhakar v. Balachandran:* Cost Culture through Cost Management Maturity Model. In: Cost Management (19) 2005, Heft 6, S. 15-26.

Ballwieser, Wolfgang: Shareholder Value. In: Handwörterbuch Unternehmensrechnung und Controlling. Hrsg. von Hans-Ulrich Küpper und Alfred Wagenhofer. 4. Aufl., Stuttgart 2002, Sp. 1745-1754.

Barker III, Vincent L. und *Irene M. Duhaime:* Strategic Chance in the Turnaround Process: Theory and Empirical Evidence. In: Strategic Management Accounting (18) 1997, S. 13-38.

Barker III, Vincent L. und *Mark A. Mone:* Retrenchment: Cause of Turnaround or Consequence of Decline? In: Strategic Management Journal (15) 1994, S. 395-405.

Bauer, Hans H.: Das Erfahrungskurvenkonzept. Möglichkeiten und Problematik der Ableitung strategischer Handlungsalternativen. In: Wirtschaftswissenschaftliches Studium (15) 1986, S. 1-10.

Bea, Franz X.: Externe Unternehmensanalyse. In: Handwörterbuch Unternehmensrechnung und Controlling. Hrsg. von Hans-Ulrich Küpper und Alfred Wagenhofer. 4. Aufl., Stuttgart 2002, Sp. 521-530.

Bea, Franz X.: Entscheidungen des Unternehmens. In: Allgemeine Betriebswirtschaftlehre. Band 1: Grundfragen. Hrsg. von Franz X. Bea, Birgit Friedl und Marcell Schweitzer. 9. Aufl., Stuttgart 2004, S. 310-420.

Bea, Franz X. und *Jürgen Haas:* Strategisches Management. 3. Aufl., Stuttgart 2001.

Becker, Jörg: Konstruktionsbegleitende Kalkulation mit Neuronalen Netzen innerhalb einer integrierten Informationssystemarchitektur. In: Neuronale Netze in der Betriebswirtschaft. Hrsg. von Hans Corsten und Constantin May. Wiesbaden 1996, S. 45-56.

Becker, Wolfgang: Entwicklungslinien der betriebswirtschaftlichen Kostenlehre. In: Kostenpolitik und Controlling. Hrsg. von Wolfgang Becker und Bernd Warnick. Wiesbaden 1993, S. 5-18.

Beischel, Mark E.: Improving Production with Process Value Analysis. The Foundation for Activity Based Costing. In: Journal of Accountancy (170) 1990, Heft 9, S. 53-57.

Bellis-Jones, Robin: Activity-Based Cost Management. In: Management Accounting Handbook. Hrsg. von Colin Drury. Oxford 1992, S. 100-127.

Berens, Wolfgang, Martin Karlowitsch und *Martin Mertes:* Die Balanced Scorecard als Controllinginstrument in Non-Profit-Organisationen. In: Controlling (12) 2000, S. 23-28.

Berthel, Jürgen und *Fred G. Becker:* Personalmanagement. 7. Aufl., Stuttgart 2003.

Betz, Stefan: Die Erfahrungskurve als Instrument der Zielkostenspaltung. In: Betriebswirtschaftliche Forschung und Praxis (47) 1995, S. 609-625.

Betz, Stefan: Operatives Erfolgscontrolling. Ein funktionaler Ansatz für industrielle Fertigungsprozesse. Wiesbaden 1996.

Bibeault, Donald B.: Corporate Turnaround. How Managers Turn Losers into Winners. New York u. a. 1982.

Biberacher, Johannes: Synergiemanagement und Synergiecontrolling. München 2003.

Bismark, Wolf-Bertram von: Das Vorschlagswesen. München, Mering 2000.

Blanchard, Benjamin S.: Design and Manage to Life Cycle Cost. Portland (Or.) 1978.

Bleicher, Knut: Aufgaben der Unternehmungsführung. In: Handbuch Unternehmungsführung. Hrsg. von Hans Corsten und Michael Reiß. Wiesbaden 1995, S. 19-32.

Bogan, Christopher E. und *Michael J. English:* Benchmarking for Best Practices. New York u. a. 1994.

Bogaschewsky, Ronald: Rationalisierungsgemeinschaften mit Lieferanten. In: Konzernlogistik und Rationalisierungsgemeinschaften mit Lieferanten. Hrsg. von Jürgen Bloech, Ronald Bogaschewsky und Werner Frank. Stuttgart 1994, S. 95-115.

Bogaschewsky, Ronald: Wertanalyse. In: Handwörterbuch Unternehmensrechnung und Controlling. Hrsg. von Hans-Ulrich Küpper und Alfred Wagenhofer. 4. Aufl., Stuttgart 2002, Sp. 2111-2120.

Bogaschewsky, Ronald und *Roland Rollberg:* Prozeßorientiertes Management. Berlin u. a. 1998.

Bohr, Kurt: Wirtschaftlichkeit. In: Handwörterbuch des Rechnungswesens. Hrsg. von Erich Kosiol, Klaus Chmielewicz und Marcell Schweitzer. 2. Aufl., Stuttgart 1981, Sp. 1795-1805.

Bohr, Kurt: Wirtschaftlichkeit. In: Handwörterbuch des Rechnungswesens. Hrsg. von Klaus Chmielewicz und Marcell Schweitzer. 3. Aufl., Stuttgart 1993, Sp. 2181-2188.

Brandau, Michael und *Heinz-Werner Ufer:* Offshoring. In: Zeitschrift für Planung und Steuerung (19) 2008, S. 371-374.

Brassard, Michael: The Memory Jogger Plus+. Salem (NH) 1996.

Brede, Hauke: Entwicklungstrends in Kostenrechnung und Kostenmanagement. In: Die Unternehmung (47) 1993, S. 333-358.

Brehm, Carsten R.: Kommunikation im Unternehmungswandel. In: Excellence in Change. Hrsg. von Wilfried Krüger. 2. Aufl., Wiesbaden 2002, S. 261-290.

Brehm, Carsten R.: Kommunikation im Wandel. In: Excellence in Change. Hrsg. von Wilfried Krüger. 3. Aufl., Wiesbaden 2006, S. 281-309.

Brehm, Carsten R., Sven Hackmann und *Dietgard Jantzen-Homp:* Projekt- und Programm-Management. In: Excellence in Change. Hrsg. von Wilfried Krüger. 3. Aufl., Wiesbaden 2006, S. 209-244.

Breisig, Thomas: Zielvereinbarungssysteme. In: Handwörterbuch des Personalwesens. Hrsg. von Eduard Gaugler, Walter A. Oechsler und Wolfgang Weber. 3. Aufl., Stuttgart 2004, Sp. 2053-2064.

Brinker, Barry J.: The State of Cost Management. In: Journal of Cost Management (5) 1992, Heft 4, S. 3-4.

Brockhoff, Klaus: Forschung und Entwicklung. 5. Aufl., München, Wien 1999.

Brokemper, Andreas: Strategieorientiertes Kostenmanagement. München 1998.

Bronner, Albert und *Stephan Herr:* Wertanalyse. 3. Aufl., Berlin u. a. 2003.

Brose, Peter und *Hans Corsten:* Verhaltenstheoretische Überlegungen zur Partizipation - Entwurf eines interaktiven Ansatzes. In: Zeitschrift für Betriebswirtschaft (53) 1983, S. 26- 44.

Buchanan, Mike: Profitable Buying Strategies. London, Philadelphia 2008.

Bucksch, Rolf und *Peter Rost:* Einsatz der Wertanalyse zur Gestaltung erfolgreicher Produkte. In: Zeitschrift für betriebswirtschaftliche Forschung (37) 1985, S. 350-361.

Budäus, Dietrich: Öffentliche Verwaltung. In: Handwörterbuch des Rechnungswesens. Hrsg. von Klaus Chmielewicz und Marcell Schweitzer. 3. Aufl., Stuttgart 1993, Sp. 1436-1447.

Bühner, Rolf: Das Management-Wert-Konzept. Stuttgart 1990a.

Bühner, Rolf: Erfolg von Unternehmenszusammenschlüssen in der Bundesrepublik Deutschland. Stuttgart 1990b.

Bühner, Rolf: Strategie und Organisation. 2. Aufl., Wiesbaden 1993.

Bühner, Rolf: Führungsaspekte im Rahmen des Total Quality Management. In: Total Quality Management I. Hrsg. von Dieter B. Preßmar. Wiesbaden 1995, S. 37-59.

Bühner, Rolf: Akquisitionsplanung. In: Handwörterbuch Unternehmungsrechnung und Controlling. Hrsg. von Hans-Ulrich Küpper und Alfred Wagenhofer. 4. Aufl., Stuttgart 2002, Sp. 40-48.

Bühner, Rolf: Personalmanagement. 3. Aufl., München, Wien 2005.

Bühner, Rolf und *Hans-Joachim Weinberger:* Cash-Flow und Shareholder Value. In: Betriebswirtschaftliche Forschung und Praxis (43) 1991, S. 187-208.

Bungard, Walter: Zur Implementierungsproblematik bei Business-Reengineering Projekten. In: Reengineering zwischen Anspruch und Wirklichkeit. Hrsg. von Manfred Perlitz u. a. Wiesbaden 1996, S. 253-273.

Burger, Anton: Kostenmanagement. 3. Aufl., München, Wien 1999.

Busse von Colbe, Walther: Kostenremanenz. In: Handwörterbuch der Betriebswirtschaft. Hrsg. von Hans Seischab und Karl Schwantag. 3. Aufl., Stuttgart 1958, Sp. 3460-3465.

Camp, Robert C.: Benchmarking. München, Wien 1994.

Carr, Chris und *Julia Ng:* Total Cost Control: Nissan and its U.K. Supplier Partnerships. In: Management Accounting Research (6) 1995, S. 347-365.

Carr, Lawrence P. und *Christopher D. Ittner:* Measuring the Cost of Ownership. In: Journal of Cost Management (6) 1992, Heft 3, S. 42-51.

Castrogiovanni, Gary J. und *Garry D. Bruton:* Business Turnaround Processes Following Acquisition: Reconsidering the Role of Retrenchment. In: Journal of Business Research (48) 2000, S. 25-34.

Chen, Chao C., Cameron M. Ford und *George F. Farris:* Do Rewards Benefit the Organization? The Effects of Reward Types and the Perceptions of Diverse R&D Professionals. In: IEEE Transactions on Engineering Management (46) 1999, Heft 1, S. 47-55.

Chwolka, Anne: Marktorientierte Zielkostenvorgaben als Instrument der Verhaltenssteuerung im Kostenmanagement. In: Zeitschrift für betriebswirtschaftliche Forschung (55) 2003, S. 135-157.

Clark, Kim B. und *Takahiro Fujimoto:* Automobilentwicklung mit System. Frankfurt, New York 1992.

Douglas Clinton, B. und *Stephan C. Del Vecchio:* Cosourcing in Manufacturing?. In: Journal of Cost Management (16) 2002, Heft 5, S. 5-12.

Coenenberg, Adolf G.: Die Bedeutung fertigungswirtschaftlicher Lernvorgänge für Kostentheorie, Kostenrechnung und Bilanz. In: Kostenrechnungspraxis 1970, S. 111-116.

Coenenberg, Adolf G.: Kostenrechnung und Kostenanalyse. 5. Aufl., Stuttgart 2003.

Coenenberg, Adolf G. und *Thomas M. Fischer:* Ansatzpunkte des Turnaround-Managements im Unternehmen. In: Turnaround-Management. Hrsg. von Adolf G. Coenenberg und Thomas M. Fischer. Stuttgart 1993, S. 1-11.

Coenenberg, Adolf G. und *Rainer Salfeld:* Wertorientierte Unternehmensführung. Stuttgart 2003.

Coenenberg, Adolf G., Thomas Fischer und *Jochen Schmitz:* Target Costing und Product Life Cycle Costing als Instrumente des Kostenmanagements. In: Zeitschrift für Planung (5) 1994, S. 1-38.

Cohen, Lou: Quality Function Deployment. Reading (Mass.) u. a. 1995.

Conte, Antonio: Strategisches Kostenmanagement im Einkauf: ein ganzheitlicher Ansatz zur Kostensteuerung. In: Praxishandbuch innovative Beschaffung. Hrsg. von Ulli Arnold und Gerhard Kasulke. Weinheim 2007, S. 229-244.

Cooper, Robin: When Lean Enterprises Collide. Boston (Mass.) 1995.

Cooper, Robin: Schlank zur Spitze. München 1998.

Cooper, Robin: Target Costing for New-Product Development. In: Journal of Cost Management (16) 2002, Heft 3, S. 5-12.

Cooper, Robin und *Regine Slagmulder:* Target Costing and Value Engineering. Portland (Or.), Montvale (N.J.) 1997.

Cooper, Robin und *Regine Slagmulder:* Supply Chain Development for the Lean Enterprise. Portland (Or.), Montvale (N.J.) 1999a.

Cooper, Robin und *Regine Slagmulder:* How to Undertake Effective Interorganizational Cost Management in Product Development. In: Controlling (11) 1999b, S. 245-252.

Cooper, Robin und *Regine Slagmulder:* Target Costing for New-Product Development: Product-Level Target Costing. In: Journal of Cost Management (16) 2002a, Heft 4, S. 5-12.

Cooper, Robin und *Regine Slagmulder:* Target Costing for New-Product Development: Component-Level Target Costing. In: Journal of Cost Management (16) 2002b, Heft 5, S. 36-43.

Cooper, Robin und *Regine Slagmulder:* Achieving Full-Cycle Cost Management. In: MIT Sloan Management Review (46) 2004, Heft 4, S. 45-52.

Cooper, Robin und *Regine Slagmulder:* Interorganizational Costing. In: Handbook of Cost Management. Hrsg. von Roman L. Weil und Michael W. Maher. 2. Aufl., Hoboken (N.J.) 2005a, S. 289-312.

Cooper, Robin und *Regine Slagmulder:* Kaizen Costing for Existing Products. In: Handbook of Cost Management. Hrsg. von Roman L. Weil und Michael W. Maher. 2. Aufl., Hoboken (N.J.) 2005b, S. 271-288.

Cooper, Robin und *Regine Slagmulder:* Target Costing for New Product Development. In: Handbook of Cost Management. Hrsg. von Roman L. Weil und Michael W. Maher. 2. Aufl., Hoboken (N.J.) 2005c, S. 243-270.

Cooper, Robin und *Regine Slagmulder:* Integrated Cost Management. In: Contemporary Issues in Management Accounting. Hrsg. von Alnoor Bhimani. Oxford 2006, S. 117-145.

Corsten, Hans: Geschäftsprozessmanagement. Grundlagen, Elemente und Konzepte. In: Management von Geschäftsprozessen. Hrsg. von Hans Corsten. Stuttgart 1997, S. 9-57.

Corsten, Hans, Hilde Corsten und *Ralf Gössinger:* Projektmanagement. 2. Aufl., München/ Wien 2008.

Corsten, Hans, Ralf Gössinger und *Herfried Schneider:* Grundlagen des Innovationsmanagements. München 2006.

Davenport, Thomas H.: Process Innovation. Boston (Mass.) 1993.

Davila, Antonio und *Marc Wouters:* Designing Cost-Competitive Technology Products through Cost Management. In: Accounting Horizons (18) 2004, Heft 1, S. 13-26.

de Bono, Edward: Laterales Denken für Führungskräfte. Hamburg 1986.

Dellmann, Klaus: Betriebswirtschaftliche Produktions- und Kostentheorie. Wiesbaden 1980.

Dellmann, Klaus und *Klaus-Peter Franz:* Von der Kostenrechnung zum Kostenmanagement. In: Neuere Entwicklungen im Kostenmanagement. Hrsg. von Klaus Dellmann und Klaus-Peter Franz. Bern u. a. 1994, S. 15-30.

Dellmann, Klaus und *Karl Ludwig Pedell* (Hrsg.): Controlling von Produktivität, Wirtschaftlichkeit und Ergebnis. Stuttgart 1994.

Deppe, Joachim: Qualitätszirkel. Bern u. a. 1986.

Deppe, Joachim: Anreizpotentiale von Qualitätszirkeln. In: Handbuch Anreizsysteme. Hrsg. von Günther Schanz. Stuttgart 1991, S. 635-666.

Deppe, Joachim: Quality Circle und Lernstatt. 2. Aufl., Wiesbaden 1992.

Deutscher Normenausschuß (Hrsg.): DIN 69910. Wertanalyse-Begriffe, Methode. Berlin u. a. 1973.

Diels, Horst: Kostenwachstumsfunktionen als Hilfsmittel zur Kostenfrüherkennung. Düsseldorf 1988.

DIN Deutsches Institut für Normung e.V. (Hrsg.): DIN 69910. Wertanalyse. Berlin u. a. 1987.

DIN Deutsches Institut für Normung e.V. (Hrsg.): DIN EN 1325-1. Value Management. Wertanalyse, Funktionenanalyse Wörterbuch. Teil 1: Wertanalyse und Funktionenanalyse. Berlin u. a. 1996.

DIN Deutsches Institut für Normung e.V. (Hrsg.): DIN EN 12973. Value Management. Berlin u. a. 2002.

Domsch, Michel: Anreizsysteme für Industrieforscher. In: Personal-Management in der industriellen Forschung und Entwicklung. Hrsg. von Michel Domsch und Eduard Jochum. Köln u. a. 1984, S. 249-270.

Domsch, Michel: Qualitätszirkel - Baustein einer mitarbeiterorientierten Führung und Zusammenarbeit. In: Zeitschrift für betriebswirtschaftliche Forschung (37) 1985, S. 428-441.

Domsch, Michel E. und *Désirée H. Ladwig:* Qualitätszirkel. In: Handwörterbuch der Produktionswirtschaft. Hrsg. von Werner Kern, Hans-Horst Schröder und Jürgen Weber. 2. Aufl., Stuttgart 1996, Sp. 1761-1770.

Doppler, Klaus und *Christoph Lauterburg:* Change Management. Frankfurt/M., New York 2000.

Dörnemann, Jörg und *Jörg Pfitzer:* Motivationsförderung durch Anreizsysteme im Target Costing. In: Kostenrechnungspraxis (44) 2000, S. 25-30.

Dressler, Sören: Shared Services, Business Process Outsourcing und Offshoring. Wiesbaden 2007.

Drumm, Hans Jürgen: Personalwirtschaft. 5. Aufl., Berlin u. a. 2005.

Drury, Colin: Management and Cost Accounting. 5. Aufl., London et al. 2000.

Dudenhöfer, Ferdinand: Kostensenkung durch Internet-Einkaufsplattformen. In: Kostenmanagement. Hrsg. von Klaus-Peter Franz und Peter Kajüter. 2. Aufl., Stuttgart 2002, S. 401-412.

Ebeling, Jürgen: Die sieben elementaren Werkzeuge der Qualität. In: Die hohe Schule des Total Quality Management. Hrsg. von Gerd F. Kamiske. Berlin u. a. 1994, S. 297-328.

Eberle, Peter und *Hans-Günter Heil:* Relativkosten-Informationen für die Konstruktion. In: Handbuch Kostenrechnung. Hrsg. von Wolfgang Männel. Wiesbaden 1992, S. 782-790.

Ebers, Mark: Organisationskultur und Führung. In: Handwörterbuch der Führung. Hrsg. von Alfred Kieser, Gerhard Reber und Rolf Wunderer. Stuttgart 1995, Sp. 1664-1682.

Ehrlenspiel, Klaus: Kostengünstig konstruieren. 1. Aufl., Berlin u. a. 1985.

Ehrlenspiel, Klaus: Konstruktion. In: Handwörterbuch der Produktionswirtschaft. Hrsg. von Werner Kern, Hans-Horst Schröder und Jürgen Weber. 2. Aufl., Stuttgart 1996, Sp. 904-922.

Ehrlenspiel, Klaus, Alfons Kiewert und *Udo Lindemann*: Kostengünstig Entwickeln und Konstruieren. 5. Aufl., Berlin u. a. 2005.

Eichhorn, Peter: Öffentliche und gemeinwirtschaftliche Unternehmungen. In: Handwörterbuch der Betriebswirtschaft. Hrsg. von Waldemar Wittmann u. a. 5. Aufl., Stuttgart 1993, Sp. 2925-2940.

Eicke, Henning von und *Christian Femerling:* Modular Sourcing. München 1991.

Eisenführ, Franz und *Martin Weber:* Rationales Entscheiden. 2. Aufl., Berlin u. a. 1994.

Ellram, Lisa M.: A Taxonomy of Total Cost of Ownership Models. In: Journal of Business Logistics (15) 1994, Heft 1, S. 171-191.

Ellram, Lisa M.: Acitivity-Based Costing and Total Cost of Ownership: A Critical Linkage. In: Journal of Cost Management (8) 1995, S. 22-30.

Ellram, Lisa M.: A Structured Method for Applying Purchasing Cost Management Tools. In: International Journal of Purchasing and Materials Management 1996, Heft 1, S. 11-19.

Ellram, Lisa M.: Total Cost of Ownership. In: Handbuch Industrielles Beschaffungsmanagement. Hrsg. von Dietger Hahn und Lutz Kaufmann. Wiesbaden 1999, S. 595-607.

Ellram, Lisa M. und *Arnold B. Maltz:* The Use of Total Cost of Ownership Concepts to Model the Outsourcing Decision. In: The International Journal of Logistics Management (6) 1995, Heft 2, S. 55-66.

Ellram, Lisa M. und *Sue P. Siferd:* Purchasing: The Cornerstone of the Total Cost of Ownership Concept. In: Journal of Business Logistics (14) 1993, Heft 1, S. 163-184.

Evans, James R.: Total Quality. 4. Aufl., Mason (Ohio) 2005.

Ewert, Ralf: Controlling, Interessenkonflikte und asymmetrische Information. In: Betriebswirtschaftliche Forschung und Praxis (44) 1992, S. 277-303.

Ewert, Ralf: Target Costing und Verhaltenssteuerung. In: Kostenmanagement. Hrsg. von Carl-Christian Freidank u. a.. Berlin u. a. 1997, S. 299-320.

Ewert, Ralf und *Alfred Wagenhofer:* Interne Unternehmensrechnung. 5. Aufl., Berlin u. a. 2003.

Fandel, Günter: Produktion I. Produktions- und Kostentheorie. 5. Aufl., Berlin u. a. 1996.

Fessler, Nicholas J. und *Joseph Fisher:* Target Costing. In: Guide to Cost Management. Hrsg. von Barry J. Brinker. New York u. a. 2000, S. 31-46.

Fischer, Thomas M.: Kosten- und Erlösmanagement. In: Handwörterbuch Unternehmensrechnung und Controlling. Hrsg. von Hans-Ulrich Küpper und Alfred Wagenhofer. 4. Aufl., Stuttgart 2002, Sp. 1089-1098.

Fischer, Thomas M. und *Jochen A. Schmitz:* Informationsgehalt und Interpretation des Zielkostendiagramms im Target Costing. In: Kostenrechnungspraxis (38) 1994, S. 427-433.

Fischer, Thomas M. und *Sven Sterzenbach:* Shared Service Center-Controlling. Ergebnisse einer empirischen Studie in deutschen Unternehmen. In: Controlling (19) 2007, S. 463-472.

Fisher, Joseph: Implementing Target Costing. In: Journal of Cost Management (9) 1995, Heft 3, S. 50-59.

Forbes, Benjamin J. und *Donald R. Domm:* Creativity and Productivity: Resolving the Conflict. In: SAM Advanced Management Journal (69) 2004, Heft 2, S. 4-11, 27.

Francis, Graham und *Jacky Holloway:* What Have we Learned? Themes from the Literature on Best-Practice Benchmarking. In: International Journal for Management Reviews (9) 2007, S. 1468-2370.

Franken, Rolf und *Erich Frese:* Kontrolle und Planung. In: Handwörterbuch der Planung. Hrsg. von Norbert Szyperski. Stuttgart 1989, Sp. 888-898.

Franz, Klaus-Peter: Target Costing. Konzept und kritische Bereiche. In: Controlling (3) 1993, S. 124-130.

Franz, Klaus-Peter: Die Gemeinkostenwertanalyse als Instrument des Kostenmanagements. In: Strategisches Personalmanagement. Hrsg. von Christian Scholz und Maryam Djarrahzadeh. Stuttgart 1995, S. 131-140.

Franz, Klaus-Peter: Wege zum Erhalt von Arbeitsplätzen im Rahmen des Kostenmanagements. In: Kostenmanagement. Hrsg. von Klaus-Peter Franz und Peter Kajüter. 2. Aufl., Stuttgart 2002, S. 415-426.

Franz, Klaus-Peter und *Peter Kajüter:* Kostenmanagement in Deutschland. Ergebnisse einer empirischen Untersuchung in deutschen Großunternehmen. In: Kostenmanagement. Hrsg. von Klaus-Peter Franz und Peter Kajüter. Stuttgart 1997, S. 481-502.

Franz, Klaus-Peter und *Peter Kajüter:* Proaktives Kostenmanagement. In: Kostenmanagement. Hrsg. von Klaus-Peter Franz und Peter Kajüter. 2. Aufl., Stuttgart 2002, S. 3-37.

Franz, Klaus-Peter und *Peter Kajüter:* Kostenmanagement. In: Handwörterbuch der Betriebswirtschaft. Hrsg. von Richard Köhler, Hans-Ulrich Küpper und Andreas Pfingsten. 6. Aufl., Stuttgart 2007, Sp. 974-983.

Freedman, Mike: Strategic Cost Management. In: Journal of Strategic Change (2) 1993, S. 261-265.

Freidank, Carl-Christian und *Philipp Zaeh:* Spezialfragen des Target Costing und des Kostenmanagements. In: Kostenmanagement. Hrsg. von Carl-Christian Freidank. Berlin u. a. 1997, S. 233-274.

Freimuth, Joachim: Varianten und Tendenzen des Gemeinkostenmanagements. In: Wirtschaftswissenschaftliches Studium (16) 1987, S. 98-103.

Frese, Erich: Grundlagen der Organisation. 9. Aufl., Wiesbaden 2005.

Frese, Erich und *Patrick Lehmann:* Profit Center. In: Handwörterbuch Unternehmungsrechnung und Controlling. Hrsg. von Hans-Ulrich Küpper und Alfred Wagenhofer. 4. Aufl., Stuttgart 2002, Sp. 1540-1551.

Frey, Bruno S. und *Margit Osterloh:* Motivation - der zwiespältige Produktionsfaktor. In: Managing Motivation. Hrsg. von Bruno S. Frey und Margit Osterloh. Wiesbaden 2000, S. 19-42.

Friedl, Birgit: Grundlagen des Beschaffungscontrolling. Berlin 1990.

Friedl, Birgit: Konstruktionsbegleitende Kostenrechnung. In: Handwörterbuch Unternehmensrechnung und Controlling. Hrsg. von Hans-Ulrich Küpper und Alfred Wagenhofer. 4. Aufl., Stuttgart 2002, Sp. 967-975.

Friedl, Birgit: Controlling. Stuttgart 2003.

Friedl, Birgit: Kostenrechnung. München, Wien 2004a.

Friedl, Birgit: Unternehmungsübergreifende Entscheidungskoordination als Problemstellung des Netzwerkcontrollings. In: Beteiligungscontrolling. Hrsg. von Jörn Littkemann und Horst Zündorf. Herne, Berlin 2004b, S. 573-601.

Friedl, Birgit: Wertanalyse nach DIN EN 12973 als Instrument des produktorientierten Kostenmanagements. Manuskripte aus den Instituten für Betriebswirtschaftslehre der Universität Kiel, Nr. 628. Kiel 2007.

Fröhling, Oliver: Dynamisches Kostenmanagement. München 1994a.

Fröhling, Oliver: Zielkostenspaltung als Schnittstelle zwischen Target Costing und Target Cost Management. In: Kostenrechnungspraxis 1994b, S. 421-425.

Fromm, Hansjörg: Benchmarking. In: Handbuch Qualitätsmanagement. Hrsg. von Walter Masing. 3. Aufl., München, Wien 1994, S. 121-128.

Frysch, Jochen: Kontrollabbau in Kreditinstituten. Berlin 1995.

Funke, Stephan: Fixkosten und Beschäftigungsrisiko. München 1995.

Gabele, Eduard: Reorganisation. In: Handwörterbuch der Organisation. Hrsg. von Erich Frese. 3. Aufl., Stuttgart 1992, Sp. 2196-2211.

Gaitanides, Michael: Prozessorganisation. In: Handwörterbuch Unternehmensführung und Organisation. Hrsg. von Georg Schreyögg und Axel von Werder. 4. Aufl., Stuttgart 2004, Sp. 1208-1218.

Gaitanides, Michael: Prozessorganisation. 2. Aufl., München 2007.

Gaitanides, Michael, Rainer Scholz und *Alwin Vrohlings:* Prozeßmanagement - Grundlagen und Zielsetzungen. In: Prozeßmanagement. Hrsg. von Michael Gaitanides u. a. München, Wien 1994, S. 1-19.

Gälweiler, Aloys: Steuerung der Kostenhöhe und der Kostenstruktur durch strategische Planung. In: Die Betriebswirtschaft (37) 1977, S. 67-75.

Gaugler, Eduard und *Matthias Mungenast:* Aus- und Weiterbildung, Organisation der. In: Handwörterbuch der Organisation. Hrsg. von Erich Frese. 3. Aufl., Stuttgart 1992, Sp. 237-252.

Gebert, Diether: Kommunikation. In: Handwörterbuch der Organisation. Hrsg. von Erich Frese. 3. Aufl., Stuttgart 1992, Sp. 1110-1121.

Gebert, Diether: Interventionen in Organisationen. In: Organisationspsychologie. Hrsg. von Hans Schuler. Bern et al. 1993, S. 481-494.

Gebert, Diether: Führung und Innovation. Stuttgart 2002.

Gebhardt, Günther: Risikocontrolling. In: Handwörterbuch Unternehmensrechnung und Controlling. Hrsg. von Hans-Ulrich Küpper und Alfred Wagenhofer. 4. Aufl., Stuttgart 2002, Sp. 1713-1726.

Gerpott, Torsten J.: Strategisches Technologie- und Innovationsmanagement. 2. Aufl., Stuttgart 2005.

Gerpott, Torsten J. und *Michel Domsch:* Anreize im Bereich der industriellen Forschung und Entwicklung. In: Handbuch Anreizsysteme in Wirtschaft und Verwaltung. Hrsg. von Günther Schanz. Stuttgart 1991, 1000-1025.

Gerybadze, Alexander und *Nuria-Julia Martin-Pérez:* Shared Service Centers. Neue Formen der Organisation und des Projektmanagements für interne Service Units. In: Controlling (19) 2007, S. 473-481.

Gierse, F. J.: Funktionen und Funktionen-Strukturen. Zentrale Werkzeuge der Wertanalyse. In: Wertanalyse - Wertgestaltung - Value Management. Hrsg. vom VDI Zentrum Wertanalyse. VDI Berichte 849. Düsseldorf 1990, S. 17-66.

Glaser, Horst: Rationalisierungsplanung. In: Handwörterbuch der Planung. Hrsg. von Norbert Szyperski und Udo Winand. Stuttgart 1989, Sp. 1697-1708.

Glaser, Horst und *Stefan Noltemeier:* Zur Verbindung von Target Costing und Value Analysis. Diskussionsbeiträge des Fachbereiches Wirtschaftswissenschaft der Universität des Saarlandes, Nr. A 0601. Saarbrücken 2006.

Glasl, Friedrich: Konflikte in Organisationen. In: Handwörterbuch Unternehmensführung und Organisation. Hrsg. von Georg Schreyögg und Axel von Werder. 4. Aufl., Stuttgart 2004, Sp. 628-635.

Gleich, Ronald: Target Costing für die montierende Industrie. München 1996.

Göbel, Elisabeth: Neue Institutionenökonomik. Stuttgart 2002.

Gogoll, Alexander: Management-Werkzeuge der Qualität. In: Die hohe Schule des Total Quality Managements. Hrsg. von Gerd F. Kamiske. Berlin u. a. 1994, S. 370-383.

Göthlich, Stephan E. und *Bernd Hoefer:* Online-Auktionen im Einkauf: ein Gewinn? In: Zeitschrift für Planung (14) 2003, S. 1-23.

Göthlich, Stephan E. und *Bernd Hoefer:* E-Procurement? Einsatzmöglichkeiten und Grenzen. In: Controlling & Management (48) 2004, S. 54-60.

Götze, Uwe: Lebenszykluskosten. In: Kosten-Controlling. Hrsg. von Thomas M. Fischer. Stuttgart 2000, S. 265-289.

Grimmer, Herbert: Budgets als Führungsinstrument in der Unternehmung. Frankfurt 1980.

Grochla, Erwin: Ursprünge und Entwicklungslinien des Betrieblichen Vorschlagswesens. In: Stand und Entwicklung des Vorschlagswesens in Wirtschaft und Verwaltung. Hrsg. von Erwin Grochla, Eberhard Brinkmann und Norbert Thom. Dortmund 1978, S. 5-13.

Grochla, Erwin und *Nobert Thom:* Das Betriebliche Vorschlagswesen als Führungs- und Personalentwicklungs-Instrument. In: Zeitschrift für betriebswirtschaftliche Forschung (32) 1980, S. 769-780.

Grün, Oskar: Industrielle Materialwirtschaft. In: Industriebetriebslehre. Hrsg. von Marcell Schweitzer. 2. Aufl., München 1994, S. 447-568.

Grundy, Tony: Cost is a Strategic Issue. In: Long Range Planning (29) 1996, S. 58-68.

Guilding, Chris, Karen S. Cravens und *Mike Tayles:* An International Comparison of Strategic Management Accounting Practices. In: Management Accounting Research (11) 2000, S. 113-135.

Gumbleton, Kathleen: Lean Supplier Networks. In: Supply Chain Development for the Lean Enterprise. Hrsg. von Robin Cooper und Regine Slagmulder. Portland (Or.), Montvale (N.J.) S. 115-141.

Günther, Thomas: Neuentwicklungen der Kostenrechnung - eine Antwort auf geänderte Fragestellungen. In: Kostenmanagement. Hrsg. von Carl-Christian Freidank. Berlin u. a. 1997, S. 97-120.

Gutenberg, Erich: Grundlagen der Betriebswirtschaftslehre. Band 1: Die Produktion. 24. Aufl., Berlin, Heidelberg, New York 1983.

Gutschelhofer, Alfred: Wertkette. In: Handwörterbuch Unternehmensrechnung und Controlling. Hrsg. von Hans-Ulrich Küpper und Alfred Wagenhofer. 4. Aufl., Stuttgart 2002, Sp. 2120-2130.

Gutzler, Eric H.: GWA - Wunderwaffe mit vielen Tücken. In: Harvard Manager (14) 1992, Heft 4, S. 120-131.

Haberfellner, Reinhard: Projektmanagement. In: Handwörterbuch der Organisation. Hrsg. von Erich Frese. 3. Aufl., Stuttgart 1992, Sp. 2090-2102.

Haberstock, Lothar: Kostensenkung. In: Handwörterbuch des Rechnungswesens. Hrsg. von Erich Kosiol, Klaus Chmielewicz und Marcell Schweitzer. 2. Aufl., Stuttgart 1981, Sp. 1078-1090.

Hachmeister, Dirk: Der Discounted Cash Flow als Maß der Unternehmenswertsteigerung. 4. Aufl., Frankfurt u. a. 2000.

Hackman, Richard J. und *Greg R. Oldham:* Work Redesign. Reading (Mass.) u. a. 1980.

Hahn, Dietger und *Harald Hungenberg:* PuK. Wertorientierte Controllingkonzepte. 6. Aufl., Wiesbaden 2001.

Hahn, Dietger und *Ulrich Krystek:* Betriebliche und überbetriebliche Frühwarnsysteme für die Industrie. In: Zeitschrift für betriebswirtschaftliche Forschung (31) 1979, S. 76-88.

Hahn, Torsten: Die Einführung von Gruppenarbeitsstrukturen, kontinuierlichem Verbesserungsprozeß und dezentralem betrieblichem Vorschlagswesen zur Förderung mitarbeitergetragener Systemoptimierungen. München, Mering 2000.

Hall, Gene, Jim Rosenthal und *Judy Wade:* Reengineering: Es braucht kein Flop zu werden. In: Harvard Business Manager (16) 1994, Heft 4, S. 82-93.

Hammer, Michael: The Supperefficient Company. In: Harvard Business Review (79) 2001, Heft 9, S. 82-91.

Hammer, Michael: Business Back to Basics. München 2002.

Hammer, Michael: Der große Prozess-Check. In: Harvard Business Manager (29) 2007, Heft 5, S. 34-52.

Hammer, Michael und *James Champy:* Business Reengineering. Frankfurt, New York 1996.

Hammer, Michael und *Steven A. Stanton:* Die Reengineering Revolution. Frankfurt, New York 1995.

Hansen, Don R. und *Maryanne M. Mowen:* Cost Management. 4. Aufl., Mason, Ohio 2003.

Harrington, H. James: Business Process Improvement. New York u. a. 1991.

Hartmann, Edward H.: Erfolgreiche Einführung von TPM in nichtjapanischen Unternehmen. Landsberg/Lech 1995.

Haupt, Reinhard: Kosteneinflußgrößen. In: Handwörterbuch der Betriebswirtschaftslehre. Hrsg. von Waldemar Wittmann u. a. 5. Aufl., Stuttgart 1993, Sp. 2330-2339.

Hauschildt, Jürgen: Initiative. In: Handwörterbuch der Organisation. Hrsg. von Erwin Grochla. Stuttgart 1969, Sp. 734-741.

Hauschildt, Jürgen: Zielsysteme. In: Handwörterbuch der Organisation. Hrsg. von Erwin Grochla. 2. Aufl., Stuttgart 1980, Sp. 2417-2430.

Hauschildt, Jürgen: Wider die Gleichmacherei der Organisation von Führungsentscheidungen. In: Wirtschaftswissenschaftliches Studium (20) 1991, S. 2-7.

Hauschildt, Jürgen: Innovationsmanagement. In: Handwörterbuch der Organisation. Hrsg. von Erich Frese, 3. Aufl., Stuttgart 1992, Sp. 1029-1041.

Hauschildt, Jürgen: Widerstand gegen Innovationen - destruktiv oder konstruktiv. In: Innovation und Absatz. ZfB-Ergänzungsheft 2/1999. Hrsg. von Horst Albach. Wiesbaden 1999, S. 1-21.

Hauschildt, Jürgen: Krisenforschung und Krisenmanagement. In: Handwörterbuch Unternehmensführung und Organisation. Hrsg. von Georg Schreyögg und Axel von Werder. 4. Aufl., Stuttgart 2004, Sp. 706-715.

Hauschildt, Jürgen und *Alok K. Chakrabarti:* In: Promotoren. Hrsg. von Jürgen Hauschildt und Hans G. Gemünden. Wiesbaden 1998, S. 67-87.

Hauschildt, Jürgen und *Edgar Kirchmann:* Zur Existenz und Effizienz von Prozeßpromotoren. In: Promotoren. Hrsg. von Jürgen Hauschildt und Hans Georg Gemünden. Wiesbaden 1998, S. 89-107.

Hauschildt, Jürgen und *Søren Salomo:* Promotoren und Opponenten im organisatorischen Umbruch. In: Veränderungen in Organisationen. Hrsg. von Rudolf Fisch. Wiesbaden 2006, S. 163-176.

Hauschildt, Jürgen und *Søren Salomo:* Innovationsmanagement. 4. Aufl., München 2007.

Hauser, John R. und *Don Clausing:* The House of Quality. In: Harvard Business Review (66) 1988, Heft 3, S. 63-73.

Heckhausen, Heinz: Motivation und Handeln. 2. Aufl., Berlin u. a. 2003.

Heckhausen, Jutta und *Heinz Heckhausen:* Motivation und Handeln. In: Motivation und Handeln. Hrsg. von Jutta Heckhausen und Heinz Heckhausen. 3. Aufl., Berlin u. a. 2006, S. 1-9.

Heidack, Clemens: Vorschlagswesen, betriebliches. In: Handwörterbuch des Personalwesens. Hrsg. von Eduard Gaugler und Wolfgang Weber. 2. Aufl., Stuttgart 1992, Sp. 2299-2316.

Heinen, Edmund: Betriebswirtschaftliche Kostenlehre. 6. Aufl., Wiesbaden 1983.

Henderson, Bruce D.: Die Erfahrungskurve in der Unternehmensstrategie. 2. Aufl., Frankfurt/ M., New York 1984.

Hentze, Joachim: Das Entscheidungsfeld Personalfreistellung im personalwirtschaftlichen Zielsystem. In: Die Personalfunktion der Unternehmung im Spannungsfeld von Humanität und wirtschaftlicher Rationalität. Hrsg. von Charles Lattmann und Bruno Staffelbach. Heidelberg 1991, S. 257-274.

Hentze, Joachim unter Mitarbeit von *Joachim Metzner:* Personalwirtschaftslehre 1. 6. Aufl., Bern u. a. 1994.

Henzel, Fritz: Der Unternehmer als Disponent seiner Kosten. In: Zeitschrift für Betriebswirtschaft (6) 1936, S. 139-167.

Henzel, Friedrich: Kosten und Leistung. 4. Aufl., Essen 1967a.

Henzel, Fritz: Die Produktions- und Kostentheorie in kritischer Betrachtung. In: Zeitschrift für betriebswirtschaftliche Forschung (19) 1967b, S. 313-349.

Herzberg, Frederick, Bernard Mausner und *Barbara B. Snyderman:* The Motivation to Work. New York u. a. 1959.

Hill, Wilhelm, Raymond Fehlbaum und *Peter Ulrich:* Organisationslehre 1. 5. Aufl., Bern u. a. 1994.

Hiraoka, Shufuku: Cost Management System Integrated into TPM. In: Japanese Cost Management. Hrsg. von Yasuhiro Monden. London 2000, S. 243-261.

Hiromoto, Toshiro: Management Accounting in Japan. Ein Vergleich zwischen japanischen und westlichen Systemen des Management Accounting. In: Controlling (1) 1989, S. 316-322.

Hofer, Charles W.: Turnaround Strategies. In: Journal of Business Strategy (1) 1980, Heft 1, S. 19-31.

Hoffjan, Andreas: Cost Benchmarking als Instrument des strategischen Kostenmanagement. In: Zeitschrift für Planung (6) 1995, S. 155-166.

Hoffjan, Andreas: Competitor Accounting. Controlling im Dienste der Konkurrenzanalyse. In: Controlling & Management (47) 2003, S. 379-390.

Hoffjan, Andreas und *Holger Kruse:* Open book accounting als Instrument im Rahmen von Supply Chains - Begriff und praktische Relevanz. In: Controlling & Management (50) 2006, S. 94-99.

Hoffmann, Heinz: Wertanalyse. 2. Aufl., Berlin 1983.

Höller, Hans: Verhaltenswirkungen betrieblicher Planungs- und Kontrollsysteme. München 1978.

Holzwarth, Jochen: Differenzrechnung zur Bewertung der Alternativen strategischer Entscheidungen. In: Zur Neuausrichtung der Kostenrechnung. Hrsg. von Jürgen Weber. Stuttgart 1993, S. 187-227.

Homburg, Carsten: Kostenbegriffe. In: Handwörterbuch Unternehmensrechnung und Controlling. Hrsg. von Hans-Ulrich Küpper und Alfred Wagenhofer. 4. Aufl., Stuttgart 2002, Sp. 1051-1060.

Homburg, Carsten und *Matthias Weiß:* Integration von wertorientierter Unternehmensführung und strategischem Kostenmanagement als zentrale Controllingaufgabe. In: Controlling als akademische Disziplin. Hrsg. von Jürgen Weber und Bernhard Hirschmann. Wiesbaden 2002, S. 221-238.

Homburg, Christian: Single Sourcing, Double Sourcing, Multiple Sourcing ...? Ein ökonomischer Erklärungsansatz. In: Zeitschrift für Betriebswirtschaft (65) 1995, S. 813-833.

Homburg, Christian und *Daniel Daum:* Marktorientiertes Kostenmanagement. Frankfurt/M. 1997.

Homburg, Christian und *Wolfgang Demmler:* Ansatzpunkte und Instrumente einer intelligenten Kostenreduktion. In: Kostenrechnungspraxis (39) 1995, S. 21-28.

Homburg, Christian, Harald Werner und *Michael Englisch:* Kennzahlengestütztes Benchmarking im Beschaffungsbereich: Konzeptionelle Aspekte und empirische Befunde. In: Die Betriebswirtschaft (57) 1997, S. 48-64.

Horngren, Charles T., George Foster und *Srikant M. Datar:* Cost Accounting. 10. Aufl., Upper Saddle River (N.J.) 2000.

Horngren, Charles T., Gary L. Sundem und *William O. Stratton:* Introduction to Management Accounting. 11. Aufl., Upper Saddle River (N.J.) 1999.

Horváth, Péter: Internes Kontrollsystem, allgemein. In: Handwörterbuch der Revision. Hrsg. von Adolf G. Coenenberg und Klaus von Wysocki. Stuttgart 1983, Sp. 628-642.

Horváth, Péter: Controlling. 11. Aufl., München 2009.

Horváth, Péter und *Andreas Brokemper:* Strategieorientiertes Kostenmanagement. Thesen zum Einsatz von Kosteninformationen im strategischen Planungsprozeß. In: Zeitschrift für Betriebswirtschaft (68) 1998, S. 581-604.

Horváth, Péter und *Ronald N. Herter:* Benchmarking. Vergleich mit den Besten der Besten. In: Controlling (4) 1992, S. 4-11.

Horváth, Péter und *Joachim Lamla:* Cost Benchmarking und Kaizen Costing. In: Handbuch Kosten- und Erfolgscontrolling. Hrsg. von Thomas Reichmann. München 1995, S. 63-88.

Horváth, Péter und *Joachim Lamla:* Kaizen Costing. In: Kostenrechnungspraxis (40) 1996, S. 335-340.

Horváth, Péter und *Werner Seidenschwarz:* Zielkostenmanagement. In: Controlling (4) 1992, S. 142-150.

Horváth, Péter, Stefan Niemand und *Markus Wolbold:* Target Costing - State of the Art. In: Target Costing. Hrsg. von Péter Horváth. Stuttgart 1993, S. 1-27.

Horváth, Péter, Werner Seidenschwarz und *Holger Sommerfeldt:* Von Genka Kikaku bis Kaizen. Wie japanische Unternehmen ihre Kosten im Griff haben. Erfahrungen einer Japanreise mit deutschen Managern und Controllern. In: Controlling (5) 1993, S. 10-18.

Huber, Rudolf: Gemeinkostenwertanalyse. 2. Aufl., Bern, Stuttgart 1987.

Hummel, Siegfried und *Wolfgang Männel:* Kostenrechnung. Band 1: Grundlagen, Aufbau und Anwendung. 4. Aufl., Wiesbaden 1986.

Hungenberg, Harald und *Torsten Wulf:* Turnaround. In: Handwörterbuch Unternehmensführung und Organisation. Hrsg. von Georg Schreyögg und Axel von Werder. 4. Aufl., Stuttgart 2004, Sp. 1468-1474.

Hus, Christoph: Sparen – aber nur bei den anderen. In: Karriere & Management. Beilage des Handelsblattes vom 21.05.2004, S. 1.

Ikuta, Seizo und *Seiichi Nakajima:* Total Productive Maintenance in Japan. In: Innovations in Management. The Japanese Corporation. Hrsg. von Yasuhiro Monden u. a. Atlanta (Ga.) 1985, S. 87-98.

Imai, Masaaki: Kaizen. 6. Aufl., Frankfurt/M. 1994.

Imai, Masaaki: Gemba Kaizen. New York u. a. 1997.

Institut für angewandte Arbeitswissenschaft e.V. (Hrsg.): Ideen für das Ideenmanagement. Köln 2005.

Institute of Management and Administration - IOMA (Hrsg.): Cost Reduction and Control Best Practices. 2. Aufl., Hoboken (N.J.) 2006.

Janz, Andreas und *Wilfried Krüger:* Topmanager als Promotoren des Wandels. In: Excellence in Change. Hrsg. von Wilfried Krüger. Wiesbaden 2000, S. 139-176.

Japan Human Relations Association (Hrsg): CIP - Kaizen - KVP. 2. Aufl., Landsberg/L. 1995.

Jarmai, Heinz: Die Rolle externer Berater im Change Management. In: Change Management. Hrsg. von Michael Reiß, Lutz von Rosenstiel und Anette Lanz. Stuttgart 1997, S. 171-185.

Jehle, Egon: Gemeinkosten-Management. In: Die Unternehmung (36) 1982, S. 59-76.

Jehle, Egon: Eine Kreativitätsstrategie für das Unternehmen. In: Technologie- und Innovationsmanagement. Hrsg. von Erich Zahn. Berlin 1986, S. 71-97.

Jehle, Egon: Gemeinkostenmanagement. In: Handbuch Kostenrechnung. Hrsg. von Wolfgang Männel. Wiesbaden 1992, S. 1506-1523.

Jehle, Egon: Wertanalyse. In: Handwörterbuch der Betriebswirtschaftslehre. Hrsg. von Waldemar Wittmann u. a. 5. Aufl., Stuttgart 1993, Sp. 4647-4659.

Jehle, Egon: Wertanalyse und Kostenmanagement. In: Handbuch Kosten- und Erfolgscontrolling. Hrsg. von Thomas Reichmann. München 1995, S. 145-165.

Jehle, Egon: Wertanalyse. In: Handwörterbuch der Produktionswirtschaft. Hrsg. von Werner Kern, Hans-Horst Schröder und Jürgen Weber. 2. Aufl., Stuttgart 1996, Sp. 2247-2256.

Johnson, Thomas H.: Acitivity-Based Information: A Blueprint for World-Class Management Accounting. In: Management Accounting (70) 1988, Heft 6, S. 23-30.

Jones, Lou: Competitor Cost Analysis at Caterpillar. The Management Accountant must Become a Change Master. In: Competitor Cost Analysis at Caterpillar (70) 1988, Heft 10, S. 32-38.

Juran, Joseph M.: The Quality Function. In: Juran's Quality Control Handbook. Hrsg. von Joseph M. Juran und Frank M. Gryna. 4. Aufl., New York u. a. 1988, S. 2.1-2.13.

Kaba, Aziz: Probleme des Interessenausgleichs. Lohmar, Köln 2001.

Kahle, Egbert: Ausschüsse. In: Handwörterbuch Unternehmensführung und Organisation. Hrsg. von Georg Schreyögg und Axel von Werder. 4. Aufl., Stuttgart 2004, Sp. 72-78.

Kajüter, Peter: Unternehmenskultur: Erfolgsfaktor für das Kostenmanagement? In: Kostenmanagement. Hrsg. von Klaus-Peter Franz und Peter Kajüter. 1. Aufl., Stuttgart 1997, S. 81-94.

Kajüter, Peter: Proaktives Kostenmanagement. Wiesbaden 2000.

Kajüter, Peter: Kostenmanagement in der deutschen Unternehmenspraxis. Empirische Befunde einer branchenübergreifenden Feldstudie. In: Zeitschrift für betriebswirtschaftliche Forschung (57) 2005, S. 79-100.

Kajüter, Peter und *Harri I. Kulmala:* Open-Book Accounting in Networks. Potential Achievements and Reasons for Failures. In: Management Accounting Research (16) 2005, S. 179-204.

Kamiske, Gerd F. und *Jörg-Peter Brauer:* Qualitätsmanagement von A bis Z. 5. Aufl., München, Wien 2006.

Karlöf, Bengt und *Svante Östblom:* Das Benchmarking-Konzept. München 1993.

Kato, Yutaka, Germain Böer und *Chee W. Chow:* Target Costing: An Integrative Management Process. In: Journal of Cost Management (9) 1995, Heft 2, S. 39-51.

Kaufmann, Lutz und *Yvonne Schneider:* Intangibles. A Synthesis of Current Research. In: Journal of Intellectual Capital (5) 2004, Heft 3, S. 366-388.

Kauther, Kai und *Thomas Weber:* Aussagekräftige Abbildung von Beschaffungsprozessen. In: Kostenrechnung für reorganisierte, schlanke Unternehmen. Sonderheft 1/98 der Kostenrechnungspraxis. Hrsg. von Wolfgang Männel. Wiesbaden 1998, S. 43-47.

Kehr, Hugo: Entwurf eines konfliktorientierten Prozessmodells von Motivation und Volition. In: Psychologische Beiträge (41) 1999, S. 20-43.

Kelber, Florian: Turnaround Management von Dotcoms. Lohmar, Köln 2004.

Kern, Werner und *Hans-Horst Schröder:* Forschung, Organisation der. In: Handwörterbuch der Organisation. Hrsg. von Erich Frese. 3. Aufl., Stuttgart 1992, Sp. 627-640.

Kern, Werner und *Hans-Horst Schröder:* Konzept, Methode und Probleme der Wertanalyse. In: Wirtschaftsstudium (7) 1978, S. 375-381, S. 427-430.

Kern, Werner: Industrielle Produktionswirtschaft. 4. Aufl., Stuttgart 1990.

Kieser, Alfred: Unternehmenskultur und Innovation. In: Das Management von Innovationen. Hrsg. von Erich Staudt. Frankfurt/M. 1986, S. 42-50.

Kieser, Alfred: Business Process Reengineering - neue Kleider für den Kaiser. In: Reengineering zwischen Anspruch und Wirklichkeit. Hrsg. von Manfred Perlitz u. a. Wiesbaden 1996, S. 235-251.

Kieser, Alfred: Schwächung der Wettbewerbsposition durch wertorientierte Verschlankung. In: Wertorientierte Unternehmensführung. Hrsg. von Klaus Macharzina und Heinz-Joachim Neubürger. Stuttgart 2002, S. 141-168.

Kieser, Alfred und *Cornelia Hegele:* Kommunikation im organisatorischen Wandel. Stuttgart 1998.

Kieser, Alfred und *Peter Walgenbach:* Organisation. 4. Aufl., Stuttgart 2003.

Kiewert, Alfons: Kostenfrüherkennung in der Konstruktion durch Kopplung von CAD und Kostenrechnung. In: Rechnungswesen und EDV. 11. Saarbrücker Arbeitstagung 1990. Hrsg. von August-Wilhelm Scheer. Heidelberg 1990, S. 350-378.

Kilger, Wolfgang: Produktions- und Kostentheorie. Wiesbaden 1958.

Kilger, Wolfgang: Flexible Plankostenrechnung und Deckungsbeitragsrechnung. 10. Aufl., Wiesbaden 1993.

Kim, Il-woon u. a.: Target Costing Practices in the United States. In: Controlling (14) 2002, S. 607-614.

Kirsch, Werner, Werner-Michael Esser und *Eduard Gabele:* Das Management des geplanten Wandels von Organisationen. Stuttgart 1979.

Kistner, Klaus-Peter: Produktions- und Kostentheorie. Würzburg, Wien 1981.

Kistner, Klaus-Peter und *Marion Steven:* Betriebswirtschaftslehre im Grundstudium 1. 3. Aufl., Heidelberg 1999.

Klein, Robert und *Armin Scholl:* Planung und Entscheidung. München 2004.

Kleinbeck, Uwe: Handlungsziele. In: Motivation und Handeln. Hrsg. von Jutta Heckhausen und Heinz Heckhausen. 3. Aufl., Berlin u. a. 2006, S. 255-276.

Kleinbeck, Uwe und *Hans-Henning Quast:* Motivation. In: Handwörterbuch der Organisation. Hrsg. von Erich Frese. 3. Aufl., Stuttgart 1992, Sp. 1420-1434.

Kleist, Sebastian und *Heike Maetz:* Widerstände im Change-Management. In: Change Management. Hrsg. von Gerhard Schewe. Hamburg 2003, S. 53-68.

Klimecki, Rüdiger G.: Motivationsorientierte Organisationsmodelle. In: Handwörterbuch Unternehmensführung und Organisation. Hrsg. von Georg Schreyögg und Axel von Werder. 4. Aufl., Stuttgart 2004, Sp. 915-922.

Klimecki, Rüdiger G. und *Markus Gmür:* Personalmanagement. 2. Aufl., Stuttgart 2001.

Kloock, Josef: Erfolgskontrolle mit der differenziert-kumulativen Abweichungsanalyse. In: Zeitschrift für Betriebswirtschaft (58) 1988, S. 423-434.

Kloock, Josef: Kosten und Kosteneinflußgrößen. In: Handwörterbuch der Produktionswirtschaft. Hrsg. von Werner Kern, Hans-Horst Schröder und Jürgen Weber. 2. Aufl., Stuttgart 1996, Sp. 935-946.

Kloock, Josef, Günter Sieben und *Thomas Schildbach:* Kosten- und Leistungsrechnung. 8. Aufl., Düsseldorf 1999.

Kocaküläh, Mehmet C., Jason F. Brown und *Joshua W. Thomson:* Lean Manufacturing Principles and their Application. In: Cost Management (22) 2008, Heft 3, S. 16-27.

Koch, Alexander: Change-Kommunikation. Marburg 2004.

Koch, Helmut: Zur Diskussion über den Kostenbegriff. In: Zeitschrift für handelswissenschaftliche Forschung (10) 1958, S. 355-399.

Konle, Matthias: Entwurf einer Konzeption für das potentialorientierte Kostenmanagement in Dienstleistungsunternehmungen. Berlin 2003.

Korte, Rolf-Jürgen: Verfahren der Wertanalyse. Berlin 1977.

Kosiol, Erich: Kostenrechnung. Wiesbaden 1964.

Kosiol, Erich: Die Unternehmung als wirtschaftliches Aktionszentrum. Reinbek bei Hamburg 1972.

Kosiol, Erich: Kostenrechnung der Unternehmung. 2. Aufl., Wiesbaden 1979.

Kotter, John P.: Chaos, Wandel, Führung - Leading Change. Düsseldorf 1997.

KPMG Deutsche Treuhand-Gesellschaft Aktiengesellschaft Wirtschaftsprüfergesellschaft (Hrsg.): Kostenstrukturen überdenken - nachhaltige Wettbewerbsvorteile schaffen. Executive Summary. o.O. 2007.

Kräkel, Matthias: Synergien. In: Handwörterbuch Unternehmungsrechnung und Controlling. Hrsg. von Hans-Ulrich Küpper und Alfred Wagenhofer. 4. Aufl., Stuttgart 2002, Sp. 1910-1918.

Kreikebaum, Hartmut: Strategische Unternehmensplanung. 5. Aufl., Stuttgart u. a. 1993.

Kreuter, Andreas und *Rudi Stegmüller:* Kontinuierlicher Verbesserungsprozess (KVP). In: Die Betriebswirtschaft (57) 1997, S. 111-114.

Kreuz, Werner: Kosten-Benchmarking: Konzept und Praxisbeispiel. In: Kostenmanagement. Hrsg. von Klaus-Peter Franz und Peter Kajüter. Stuttgart 1997, S. 277-291.

Kroy, Walter: Abbau von Kreativitätshemmungen in Organisationen. In: Personal-Management in der industriellen Forschung und Entwicklung (F&E). Hrsg. von Michel Domsch und Eduard Jochum. Köln u. a. 1984, S. 69-78.

Krüger, Wilfried: Problemangepasstes Management von Projekten. In: Zeitschrift für Organisation (56) 1987, S. 207-216.

Krüger, Wilfried: Projektmanagement. In: Handwörterbuch der Betriebswirtschaft. Hrsg. von Waldemar Wittmann u. a. 5. Aufl., Stuttgart 1993, Sp. 3359-3570.

Krüger, Wilfried: Organisation der Unternehmung. 3. Aufl., Stuttgart u. a. 1994.

Krüger, Wilfried: Projektmanagement und Führung. In: Handwörterbuch der Führung. Hrsg. von Alfred Kieser, Gerhard Reber und Rolf Wunderer. 2. Aufl., Stuttgart 1995, Sp. 1780-1793.

Krüger, Wilfried: Implementierung als Kernaufgabe des Wandlungsmanagements. In: Strategische Unternehmungsplanung, strategische Unternehmungsführung. Hrsg. von Dietger Hahn und Bernard Taylor. 8. Aufl., Heidelberg 1999, S. 863-891.

Krüger, Wilfried: Strategische Erneuerung: Probleme, Programme und Prozesse. In: Excellence in Change. Hrsg. von Wilfried Krüger. Wiesbaden 2000a, S. 31-98.

Krüger, Wilfried: Organisationsmanagement. Vom Wandel der Organisation zur Organisation des Wandels. In: Organisationsmanagement. Hrsg. von Erich Frese. Stuttgart 2000b, S. 271-304.

Krüger, Wilfried: Strategische Erneuerung: Programm, Prozesse und Probleme. In: Excellence in Change. Hrsg. von Wilfried Krüger. 2. Aufl., Wiesbaden 2002, S. 35-96.

Krüger, Wilfried: Wandel, Management des (Change Management). In: Handwörterbuch Unternehmensführung und Organisation. Hrsg. von Georg Schreyögg und Axel von Werder. 4. Aufl., Stuttgart 2004, Sp. 1605-1614.

Krüger, Wilfried: Organisation. In: Allgemeine Betriebswirtschaftslehre. Band 2: Führung. Hrsg. von Franz X. Bea, Birgit Friedl und Marcell Schweitzer. 9. Aufl., Stuttgart 2005, S. 140-234.

Krüger, Wilfried: Das 3W-Modell: Bezugsrahmen für das Wandlungsmanagement. In: Excellence in Change. Hrsg. von Wilfried Krüger. 3. Aufl., Wiesbaden 2006a, S. 21-46.

Krüger, Wilfried: Strategische Erneuerung: Programme, Prozesse, Probleme. In: Excellence in Change. Hrsg. von Wilfried Krüger. 3. Aufl., Wiesbaden 2006b, S. 47-96.

Krüger, Wilfried: Topmanager als Promotoren und Enabler des Wandels. In: Excellence in Change. Hrsg. von Wilfried Krüger. 3. Aufl., Wiesbaden 2006c, S. 125-169.

Krüger, Wilfried: Change Management. In: Handwörterbuch der Betriebswirtschaft. Hrsg. von Richard Köhler, Hans-Ulrich Küpper und Andreas Pfingsten. 6. Aufl., Stuttgart 2007, Sp. 195-203.

Künzli, Hansjörg: Motivation. In: Handbuch Angewandte Psychologie für Führungskräfte. Band II. Hrsg. von Thomas Steiger und Eric Lippmann. 3. Aufl., Berlin u. a. 2008, S. 145-158.

Küpper, Hans-Ulrich: Konzeption des Controlling aus betriebswirtschaftlicher Sicht. In: Rechnungswesen und EDV. 8. Saarbrücker Arbeitstagung. Hrsg. von August-Wilhelm Scheer. Heidelberg 1987, S. 82-116.

Küpper, Hans-Ulrich: Kostenbewertung. In: Handwörterbuch des Rechnungswesens. Hrsg. von Klaus Chmielewicz und Marcell Schweitzer. 3. Aufl., Stuttgart 1993, Sp. 1179-1188.

Küpper, Hans-Ulrich: Controlling. 5. Aufl., Stuttgart 2008.

Küting, Karlheinz und *Peter Lorson:* Benchmarking von Geschäftsprozessen als Instrument der Geschäftsprozeßanalyse. In: Kostenorientiertes Geschäftsprozeßmanagement. Hrsg. von Carsten Berkau und Petra Hirschmann. München 1996, S. 121-140.

Labro, Eva: Is a Focus on Collaborative Product Development Warranted from a Cost Commitment Perspective. In: Supply Chain Management (11) 2006, Heft 6, S. 503-509.

Läge, Karola: Ideenmanagement. Wiesbaden 2002.

Lamla, Joachim: Prozeßbenchmarking dargestellt an Unternehmen der Antriebstechnik. München 1995.

Lamming, Richard: Die Zukunft der Zulieferindustrie. Frankfurt/M. 1994.

Lamming, Richard: Supplier Relationship Management. In: Perspektiven des Supply Management. Hrsg. von Michael Eßig. Berlin u. a. 2005, S. 81-94.

Landy, Frank J.: Psychology of Work Behavior. 4. Aufl., Pacific Grove (Cal.) 1989.

Lange, Christoph: Gemeinkostenmanagement. In: Handwörterbuch Unternehmensrechnung und Controlling. Hrsg. von Hans-Ulrich Küpper und Alfred Wagenhofer. 4. Aufl., Stuttgart 2002, Sp. 617-625.

Lasch, Rainer und *Ralf Trost:* Wettbewerbs-Benchmarking: Ein empfehlenswertes Management-Instrument? In: Zeitschrift für Betriebswirtschaft (67) 1997, S. 689-712.

Laux, Helmut: Anreizsysteme, ökonomische Dimension. In: Handwörterbuch der Organisation. Hrsg. von Erich Frese. 3. Aufl., Stuttgart 1992, Sp. 112-122.

Laux, Helmut und *Felix Liermann:* Grundfragen der Erfolgskontrolle. Berlin u. a. 1986.

Laux, Helmut und *Felix Liermann:* Grundlagen der Organisation. 5. Aufl., Berlin u. a. 2003.

Lawler, Edward E.: Pay and Organizational Effectiveness. New York u. a. 1971.

Lawler, Edward E.: Motivierung in Organisationen. Bern, Stuttgart 1977.

Lawler, Edward E. und *Susan A. Mohrman:* Qualitätszirkel - nicht mehr als eine Modeerscheinung. In: Harvard Manager (7) 1985, Heft 3, S. 33-39.

Layer, Manfred: Die Kostenrechnung als Informationsinstrument der Unternehmensleitung. In: Neuere Entwicklungen in der Kostenrechnung (I). Hrsg. von Herbert Jacob. Wiesbaden 1976, 97-138.

Lechler, Thomas: Erfolgsfaktoren des Projektmanagements. Frankfurt/M. 1997.

Lechler, Thomas: Was leistet das Promotoren-Modell für das Projektmanagement? In: Promotoren. Hrsg. von Jürgen Hauschildt und Hans G. Gemünden. Wiesbaden 1998, S. 179-209.

Leibenstein, Harvey: Allocative Efficiency vs. X-Efficiency. In: Wachstumstheorie. Hrsg. von Ernst Dürr. Darmstadt 1978a, S. 331-366.

Leibenstein, Harvey: General X-Efficiency Theory & Economic Development. New York u. a. 1978b.

Leibfried, Kathleen H. J. und *Carol Jean McNair:* Benchmarking. Freiburg i. Br. 1992.

Lewin, Kurt: Frontiers in Group Dynamics: Concept, Method and Reality in Social Science; Social Equilibria and Social Change. In: Human Relations (1) 1947, S. 5-41.

Liker, Jeffrey K.: Der Toyota-Weg. München 2006.

Lingnau, Volker: Variantenmanagement. Berlin 1994.

Lippmann, Eric und *André Angstmann:* Kreativität und Kreativitätstechniken. In: Handbuch Angewandte Psychologie für Führungskräfte. Band I. Hrsg. von Thomas Steiger und Eric Lippmann. 3. Aufl., Berlin 2008, S. 376-397.

Locke, Edwin A. und *Shelley A. Kirkpatrick:* Promoting Creativity in Organizations. In: Creative Action in Organizations. Hrsg. von Cameron M. Ford und Dennis A. Gioia. Thousand Oaks u. a. 1995, S. 115-120.

Locke, Edwin A. und *Gary P. Latham:* A Theory of Goal Setting & Task Performance. Englewood Cliffs (N.J.) 1990.

Locke, Edwin A., Gary P. Latham und *Miriam Erez:* The Determinants of Goal Commitment. In: Academy of Management Review (13) 1988, Heft 1, S. 23-39.

Locke, Edwin A. u. a.: Goal Setting and Task Performance: 1969-1980. In: Psychological Bulletin (90) 1981, Heft 1, S. 125-152.

Lorange, Peter: Corporate Planning. Englewood Cliffs (N.J.) 1980.

Lorentz, St.: Grundlagen der Kostengestaltung. Berlin, Wien 1932.

Luthans, Fred: Organizational Behavior. 10. Aufl., Boston (Il.) 2005.

Macharzina, Klaus und *Joachim Wolf:* Unternehmensführung. 5. Aufl., Wiesbaden 2005.

Magnus, Karl-Hendrik u. a.: Eine Überdosis an Kooperation vermeiden! Empirische Erkenntnisse zum Erfolg der Supply-Chain-Organisation. In: Zeitschrift für betriebswirtschaftliche Forschung (60) 2008, S. 241-276.

Mandl, Gerwald und *Klaus Rabel:* Unternehmensbewertung. In: Handwörterbuch Unternehmensrechnung und Controlling. Hrsg. von Hans-Ulrich Küpper und Alfred Wagenhofer. 4. Aufl., Stuttgart 2002, Sp. 2007-2016.

Männel, Wolfgang: Kostenmanagement. Bedeutung und Aufgaben. In: Kostenrechnungspraxis 1992, S. 289-291.

Männel, Wolfgang: Ziele und Aufgabenfelder des Kostenmanagement. In: Handbuch Kosten- und Erfolgscontrolling. Hrsg. von Thomas Reichmann. München 1995, S. 25-45.

Marr, Rainer: Die Implementierung eines flexiblen Arbeitszeitsystems als Prozess organisatorischer Entwicklung. In: Arbeitszeitmanagement. Hrsg. von Rainer Marr. Berlin 1987, S. 339-355.

Marr, Rainer und *Klaus Hofmann:* Rationalisierung. In: Handwörterbuch der Organisation. Hrsg. von Erich Frese, 3. Aufl., Stuttgart 1992, Sp. 2141-2152.

Marr, Rainer und *Marcus Kötting:* Implementierung, organisatorische. In: Handwörterbuch der Organisation. Hrsg. von Erich Frese. 3. Aufl., Stuttgart 1992, Sp. 827-841.

Marr, Rainer und *Karin Steiner:* Personalabbau in deutschen Unternehmen. Wiesbaden 2003.

Marr, Rainer und *Karin Steiner:* Projektmanagement. In: Handwörterbuch Unternehmensführung und Organisation. Hrsg. von Georg Schreyögg und Axel von Werder. Stuttgart 2004, Sp. 1196-1208.

Maslow, Abraham H.: Motivation und Persönlichkeit. 2. Aufl., Freiburg (Brsg.) 1978.

Maslow, Abraham H.: Toward a psychology of Being. 3. Aufl., New York 1999.

Mast, Claudia: Kommunikation. In: Handwörterbuch Unternehmensführung und Organisation. Hrsg. von Georg Schreyögg und Axel von Werder. 4. Aufl., Stuttgart 2004, Sp. 596-606.

Matiaske, Wenzel und *Thomas Mellewigt:* Motive, Erfolge und Risiken des Outsourcings. Befunde und Defizite der empirischen Outsourcing-Forschung. In: Zeitschrift für Betriebswirtschaft (72) 2002, S. 641-659.

Maune, Rudolf: Planungskontrolle. Thun, Frankfurt/M. 1980.

Mayrhofer, Wolfgang und *Michael Meyer:* Organisationskultur. In: Handwörterbuch Unternehmensführung und Organisation. Hrsg. von Georg Schreyögg und Axel von Werder. Stuttgart 2004, Sp. 1025-1033.

McIvor, Ronan: Lean Supply: The Design and Cost Reduction Dimensions. In: European Journal of Purchasing & Supply Management (7) 2001, S. 227-242.

Mellerowicz, Konrad: Kosten und Kostenrechnung. Band 1: Theorie der Kosten. 4. Aufl., Berlin 1963.

Mellerowicz, Konrad: Voraussetzungen und Wege erfolgswirksamer Kostensenkung. In: Gegenwartsfragen der Unternehmensführung. Festschrift zum 65. Geburtstag von Wilhelm Hasenack. Hrsg. von Hans-Joachim Engeleiter. Herne, Berlin 1966, S. 465-478.

Mensel, Nils: Organisierte Initiativen für Innovationen. Wiesbaden 2004.

Meyer-Piening, Arnulf: Gemeinkosten senken - aber wie? In: Zeitschrift für Betriebswirtschaft (50) 1980, S. 686-690.

Meyer-Piening, Arnulf: Zero-Base-Budgeting. In: Handwörterbuch der Planung. Hrsg. von Norbert Szyperski. Stuttgart 1989, Sp. 2277-2296.

Meyer-Piening, Arnulf: Zero Base Planning. Köln 1990.

Meyer-Piening, Arnulf: Turnaround durch Kostenmanagement - ein Beispiel aus den neuen Bundesländern. In: Turnaround-Management. Hrsg. von Adolf G. Coenenberg und Thomas M. Fischer. Stuttgart 1993, S. 27-58.

Miles, Lawrence D.: Value Engineering. München 1964.

Mitlacher, Esther und *Lars Mitlacher:* Target Costing als Grundlage von Anreizsystemen für Mitarbeiter von F&E-Abteilungen. In: Controlling & Management (47) 2003, S. 278-283.

Mizuno, Shigeru: Management for Quality Improvement. Cambridge (Mass.), Norwalk (Conn.) 1988.

Mohr, Niko, Jens Marcus Woehe und *Diebold:* Widerstand erfolgreich managen. Frankfurt/Main, New York 1998.

Möller, Klaus und *Felix Isbruch:* Interorganisationales Kostenmanagement - Erfolgspotenzial oder Kooperationsrisiko? In: Zeitschrift für Planung und Unternehmenssteuerung (18) 2007, S. 387-406.

Monden, Yasuhiro: Total Cost Management System in Japanese Automobile Corporations. In: Japanese Management Accounting. Hrsg. von Yasuhiro Monden und Michiharu Sakurai. Cambridge, Norwalk 1989, S. 15-33.

Monden, Yasuhiro: Wege zur Kostensenkung. München 1999.

Monden, Yasuhiro und *Kazuki Hamada:* Target Costing and Kaizen Costing in Japanese Automobile Companies. In: Journal of Management Account Research (3) 1991, Heft 3, S. 16-34.

Monden, Yasuhiro und *John Y. Lee:* How a Japanese Auto Maker Reduces Costs. Kaizen Costing drives Continuous Improvement at Daihatsu. In: Management Accounting (75) 1993, Heft 8, S. 22-26.

Monden, Yasuhiro und *John Y. Lee:* Kaizen Costing: Its Function and Structure Compared to Standard Costing. In: Japanese Cost Management. Hrsg. von Yasuhiro Monden. London 2000, S. 229-242.

Müller, Heinrich: Target Costing and Kaizen Costing. Komponenten des Total Cost Management. In: Jahrbuch für Controlling und Rechnungswesen '94. Hrsg. von Gerhard Seicht. Wien 1994, S. 103-127.

Müller-Lindenberg, Hans-Herbert: Kostenpolitik. München 1976.

Müller-Merbach, Heiner: Das unzulängliche ökonomische Prinzip. In: Die Betriebswirtschaft (42) 1982, S. 633-635.

Muschinski, Willi: Preis- und Kostenmanagement in der Beschaffung. In: Praxishandbuch innovative Beschaffung. Hrsg. von Ulli Arnold und Gerhard Kasulke. Weinheim 2007, S. 245-272.

Nakajima, Seiichi: Management der Produktionseinrichtungen (Total Productive Maintenance). Frankfurt, New York 1995.

Nerdinger, Friedemann W.: Motivation und Handeln in Organisationen. Stuttgart 1995.

Nerdinger, Friedemann W.: Motivation. In: Handwörterbuch Unternehmensführung und Organisation. Hrsg. von Georg Schreyögg und Axel von Werder. 4. Aufl., Stuttgart 2004, Sp. 905-914.

Nerdinger, Friedemann E, Gerhard Blickle und *Niclas Schaper:* Arbeits- und Organisationspsychologie. Berlin u. a. 2008.

Neus, Werner: Einführung in die Betriebswirtschaftslehre. 3. Aufl., Tübingen 2003.

Nieder, Peter und *Egon Zimmermann:* Innovationshemmnisse in Unternehmen. In: Betriebswirtschaftliche Forschung und Praxis (44) 1992, S. 374-387.

Nink, Jürgen: Strategisches Fixkostenmanagement. Göttingen 2002.

Noltemeier, Stefan: Zur Konzeption monetärer Anreizsysteme für das Target Costing. Aachen 2003.

Oecking, Georg: Strategisches und operatives Fixkostenmanagement. München 1994.

Oess, Attila: Total Quality Management. Wiesbaden 1989.

Ohno, Taiichi: Das Toyota-Produktionssystem. Frankfurt/M. 1993.

Osborn, Alex F.: Applied Imagination. 3. Aufl., New York 1966.

Osterloh, Margit und *Jetta Frost:* Prozessmanagement als Kernkompetenz. 5. Aufl., Wiesbaden 2006.

Pack, Ludwig: Die Elastizität der Kosten. Wiesbaden 1966.

Pahl, Gerhard: Konstruktion. In: Handwörterbuch der Produktionswirtschaft. Hrsg. von Werner Kern. Stuttgart 1979, Sp. 918-928.

Pahl, Gerhard und *Wolfgang Beitz:* Konstruktionslehre. 3. Aufl., Berlin u. a. 1993.

Pahl, Gerhard und *Frank Rieg:* Kostenwachstumsgesetze für Baureihen. München 1984.

Palmer, Ian, Richard Dunford und *Gib Akin:* Managing Organizational Change. 2. Aufl., Boston u. a. 2009.

Pampel, Jochen: Erfassung und Kalkulation der Beschaffungskosten. In: Handbuch Kostenrechnung. Hrsg. von Wolfgang Männel. Wiesbaden 1992, S. 810-819.

Pausenberger, Ehrenfried: Unternehmenszusammenschlüsse. In: Handwörterbuch der Betriebswirtschaft. Hrsg. von Waldemar Wittmann u. a. 5. Aufl., Stuttgart 1993, Sp. 4436-4448.

Pearce II, John A. und *Keith Robbins:* Toward Improved Theory and Research on Business Turnaround. In: Journal of Management (19) 1993, S. 613-636.

Pentzek, Dieter: Irrationales Handeln im Unternehmen und die daraus entstehenden Kosten. In: Kostenrechnungspraxis (35) 1991, S. 259-263.

Pepels, Werner: Die Kreativitätstechniken. In: Wirtschaftsstudium (25) 1996, S. 871-884.

Perlitz, Manfred u. a.: Ergebnisse einer Erfolgsfaktorenstudie. In: Reengineering zwischen Anspruch und Wirklichkeit. Hrsg. von Manfred Perlitz u. a. Wiesbaden 1996, S. 181-207.

Pfeifer, Tilo: Qualitätsmanagement. 3. Aufl., München, Wien 2001.

Pfeiffer, Werner: Rationalisierung. In: Handwörterbuch der Betriebswirtschaftslehre. Hrsg. von Waldemar Wittmann u. a. 5. Aufl., Stuttgart 1993, Sp. 3639-3648.

Pflaum, Alexander: Radio Frequency Identification (RFID). In: Gabler Lexikon Logistik. Hrsg. von Peter Klaus und Winfried Krieger. 3. Aufl., Wiesbaden 2004, S. 431-437.

Pfohl, Hans-Christian und *Klaus L. Wübbenhorst:* Lebenszykluskosten. Ursprung, Begriff und Gestaltungsvariablen. In: Journal für Betriebswirtschaft (33) 1983, S. 142-155.

Pickel, Herbert: Kostenmodelle als Hilfsmittel zum kostengünstigen Konstruieren. München, Wien 1989.

Picot, Arnold: Rationalisierung im Verwaltungsbereich als betriebswirtschaftliches Problem. In: Zeitschrift für Betriebswirtschaft (49) 1979, S. 1145-1165.

Picot, Arnold: Transaktionskostenansatz. In: Handwörterbuch der Betriebswirtschaft. Hrsg. von Waldemar Wittmann u. a. 5. Aufl., Stuttgart 1993, Sp. 4194-4204.

Picot, Arnold und *Gerhard Rischmüller:* Planung und Kontrolle der Verwaltungskosten in Unternehmungen. In: Zeitschrift für Betriebswirtschaft (51) 1981, S. 331-346.

Picot, Arnold, Ralf Reichwald und *Rolf T. Wigand:* Die grenzenlose Unternehmung. 4. Aufl., Wiesbaden 2001.

Porter, Lyman W. und *Edward E. Lawler:* Managerial Attitudes and Performance. Homewood (Ill.) 1968.

Porter, Michael E.: Wettbewerbsstrategie (Competitive Strategy). 6. Aufl., Frankfurt 1990.

Porter, Michael E.: Wettbewerbsvorteile (Competitive Advantage). 3. Aufl., Frankfurt 1992.

Porter, Michael: Competitive Advantage. New York u. a. 2004.

PriceWaterhouseCoopers (Hrsg.): Kostenmanagement in der Automobilindustrie. (http://www. pwc. de/fileserver/EmbeddedItem/Download_Studie_Kostenmanagement%20Automobilin dustrie.pdf?docId=e551280b45f3a0d&componentName=pubDownload_hd) 2007.

Pryor, Lawrence S.: Benchmarking: A Self-Improvement Strategy. In: The Journal of Business Strategy (10) 1989, Heft 6, S. 28-32.

Pyhrr, Peter A.: Zero-base budgeting. In: Harvard Business (48) 1970, Heft 6, S. 111-121.

Pyhrr, Peter A.: Zero-Bae Budgeting. New York u. a. 1973.

Rajagopal, Shan und *Kenneth N. Bernard:* Cost Containment Strategies: Challenges for Strategic Purchasing in the 1990s. In: International Journal of Purchasing and Materials Management (29) 1993, Heft 4, S. 17-24.

Rappaport, Alfred: Shareholder Value. Stuttgart 1995.

Reding, Kurt und *Ernst Dogs:* Die Theorie der "X-Effizienz" - ein neues Paradigma der Wirtschaftswissenschaften? In: Jahrbuch für Sozialwissenschaft (37) 1986, S. 19-39.

Rehkugler, Heinz: Früherkennungsmodelle. In: Handwörterbuch Unternehmensrechnung und Controlling. Hrsg. von Hans-Ulrich Küpper und Alfred Wagenhofer. 4. Aufl., Stuttgart 2002, Sp. 586-597.

Reichmann, Thomas: Kosten- und Erfolgscontrolling. Neuere Entwicklungen in der Führungsunterstützung. In: Handbuch Kosten- und Erfolgscontrolling. Hrsg. von Thomas Reichmann. München 1995, S. 3-24.

Reichwald, Ralf: Kommunikation und Kommunikationsmodelle. In: Handwörterbuch der Betriebswirtschaftslehre. Hrsg. von Waldemar Wittmann u. a. 5. Aufl., Stuttgart 1993, Sp. 2174-2188.

Reiß, Michael: Die Früherkennungseffizienz des Gemeinkosten-Managements. In: Zeitaspekte in betriebswirtschaftlicher Theorie und Praxis. Hrsg. von Herbert Hax, Werner Kern und Hans-Horst Schröder. Stuttgart 1989, S. 89-102.

Reiß, Michael: Projektmanagement. In: Handwörterbuch der Produktionswirtschaft. Hrsg. von Werner Kern, Hans-Horst Schröder und Jürgen Weber. 2. Aufl., Stuttgart 1996, Sp. 1656-1668.

Reiß, Michael: Instrumente der Implementierung. In: Change Management. Hrsg. von Michael Reiß, Lutz von Rosenstiel und Anette Lanz. Stuttgart 1997, S. 91-108.

Reiß, Michael und *Hans Corsten:* Grundlagen des betriebswirtschaftlichen Kostenmanagements. In: Wirtschaftswissenschaftliches Studium (19) 1990, S. 390-396.

Reiß, Michael und *Hans Corsten:* Gestaltungsdomänen des Kostenmanagements. In: Handbuch Kostenrechnung. Hrsg. von Wolfgang Männel. Wiesbaden 1992, S. 1478-1491.

Richardson, Peter R.: Cost Containment. New York, London 1988.

Riebel, Paul: Deckungsbeitrag und Deckungsbeitragsrechnung. In: Handwörterbuch der Betriebswirtschaft. Band 1. Hrsg. von Erwin Grochla und Waldemar Wittmann. 4. Aufl., Stuttgart 1974, Sp. 1137-1155.

Riegler, Christan: Verhaltenssteuerung durch Target Costing. Stuttgart 1996.

Riegler, Christian: Verhaltenssteuerung und Kostenmanagement von Produktinnovationen. In: Kostenrechnungspraxis (41) 1997, S. 348-350.

Riegler, Christian: Zielkosten. In: Kosten-Controlling. Hrsg. von Thomas M. Fischer. Stuttgart 2000, S. 237-263.

Riegler, Christian: Benchmarking. In: Handwörterbuch Unternehmensrechnung und Controlling. Hrsg. von Hans-Ulrich Küpper und Alfred Wagenhofer. 4. Aufl., Stuttgart 2002, Sp. 126-134.

Riley, D.: Competitive Cost Based Investment Strategies for Industrial Companies. New York 1987.

Robbins, D. Keith und *John A. Pearce II:* Turnaround: Retrenchment and Recovery. In: Strategic Management Journal (13) 1992, S. 287-309.

Roever, Michael: Gemeinkosten-Wertanalyse - Erfolgreiche Antwort auf die Gemeinkosten-Problematik. In: Zeitschrift für Betriebswirtschaft (50) 1980, S. 686-690.

Roever, Michael: Gemeinkosten-Wertanalyse. In: Zeitschrift für Organisation (51) 1982, S. 249-253.

Roolfs, Gabriele: Konzeptionelle Grundlagen des Kostenmanagements. In: Branchenübergreifende Erfolgsfaktoren. Band 8. Hrsg. von Bernt R. A. Sierke und Frank Albe. Wiesbaden 1995, 417-432.

Roolfs, Gabriele: Gemeinkostenmanagement unter Berücksichtigung neuerer Entwicklungen in der Kostenlehre. Bergisch-Gladbach, Köln 1996.

Roselieb, Frank: New Crisis Communications? - Krisenkommunikation und Issues Management in der New Economy. In: Die Krise managen. Hrsg. von Frank Roselieb. Frankfurt/M. 2002, S. 104-146.

Rosenstiel, Lutz von: Die Prozessmoderation. In: Change Management. Hrsg. von Michael Reiß, Lutz von Rosenstiel und Anette Lanz. Stuttgart 1997, S. 223-235.

Rosenstiel, Lutz von: Der Widerstand gegen Veränderung. Ein vielbeschriebenes Phänomen in psychologischer Perspektive. In: Innovationsforschung und Technologiemanagement. Hrsg. von Nikolaus Franke und Christoph Friedrich von Braun. Berlin, Heidelberg 1998, S. 33-45.

Rosenstiel, Lutz von: Grundlagen der Organisationspsychologie. 5. Aufl., Stuttgart 2003.

Rotering, Christian: Forschungs- und Entwicklungskooperationen zwischen Unternehmen. Stuttgart 1990.

Saatweber, Jürgen: Quality Function Deployment (QFD). In: Handbuch Qualitätssicherung. Hrsg. von Walter Masing. 3. Aufl., München, Wien 1994, S. 445-468.

Sabisch, Helmut und *Claus Tintelnot:* Integriertes Benchmarking für Produkte und Produktentwicklungsprozesse. Berlin u. a. 1997.

Sakurai, Michiharu: Target Costing and How to Use It. In: Journal of Cost Management for the Manufacturing Industry (3) 1989, Heft 2, S. 39-50.

Sakurai, Michiharu: Einfluß der Fabrikautomatisierung auf die entscheidungsorientierte Rechnungspraxis: Eine Studie japanischer Unternehmungen. In: Spitzenleistungen in der Produktion. Hrsg. von Robert S. Kaplan. Wien 1991, S. 45-69.

Sakurai, Michiharu: Integratives Kostenmanagement. München 1997.

Schäfer, Stefan und *Dietrich Seibt:* Benchmarking - eine Methode zur Verbesserung von Unternehmensprozessen. In: Betriebswirtschaftliche Forschung und Praxis (50) 1998, S. 365-380.

Schanz, Günther: Partizipation. In: Handwörterbuch der Organisation. Hrsg. von Erich Frese, 3. Aufl., Stuttgart 1992, Sp. 1901-1914.

Schanz, Günter: Personalwirtschaftslehre. 3. Aufl., München 2000.

Schanz, Günther und *Jürgen Stange:* Wertanalyse. In: Handwörterbuch der Produktionswirtschaft. Hrsg. von Werner Kern. Stuttgart 1979, Sp. 2251-2261.

Schehl, Michael: Die Kostenrechnung der Industrieunternehmen vor dem Hintergrund unternehmensexterner und -interner Strukturwandlungen. Berlin 1994.

Schein, Edgar H.: Coming to a New Awareness of Organizational Culture. In: Sloan Management Review (25) 1984, Heft 2, S. 3-16.

Schein, Edgar H.: Unternehmenskultur. Frankfurt, New York 1995.

Schein, Edgar H.: Organizational Culture and Leadership. 3. Aufl., San Francisco 2004.

Schewe, Gerhard und *Ingo Kett:* Business Process Outsourcing. Berlin u. a. 2007.

Schewe, Gerhard, Mirco Schaecke und *Sandra Nentwig:* Personalbedingte Widerstände bei Reorganisationen. Arbeitspapiere des Lehrstuhls für Betriebswirtschaftslehre, insbesondere Organisation, Personal und Innovation der Westfälischen Wilhelms-Universität Münster. Nr. 26. Münster 2004.

Schimmelpfeng, Katja: Total Productive Maintenance. In: Zeitschrift für Planung (8) 1997, S. 813-320.

Schlicksupp, Helmut: Kreative Ideenfindung in der Unternehmung. Berlin, New York 1977.

Schlicksupp, Helmut: Anreize zur Entfaltung von Kreativität. In: Handbuch Anreizsysteme. Hrsg. von Günter Schanz. Stuttgart 1991, S. 525-545.

Schlicksupp, Helmut: Innovation, Kreativität und Ideenfindung. 6. Aufl., Würzburg, 2004.

Schmalenbach, Eugen: Buchführung und Kalkulation im Fabrikgeschäft. Unveränderter Nachdruck aus der Deutschen Metallindustriezeitung, 15. Jahrgang 1899. Leipzig 1928.

Schmalenbach, Eugen: Kostenrechnung und Preispolitik. 8. Aufl., Köln, Opladen 1963.

Schmalenbach-Gesellschaft - Deutsche Gesellschaft für Betriebswirtschaft / Arbeitskreis „Immaterielle Werte im Rechnungswesen" (Walther Busse von Colbe): Kategorisierung und bilanzielle Erfassung immaterieller Werte. In: Der Betrieb (54) 2001, S. 989-995.

Schmalenbach-Gesellschaft - Deutsche Gesellschaft für Betriebswirtschaft / Arbeitskreis „Die Unternehmung im Markt" (Arbeitskreis Hax): Synergie als Bestimmungsfaktor des Tätigkeitsbereiches (Geschäftsfelder und Funktionen der Unternehmung). In: Zeitschrift für betriebswirtschaftliche Forschung (44) 1992, S. 963-973.

Schmidt, Heino: Der Sozialplan in betriebswirtschaftlicher Sicht. Wiesbaden 1989.

Schmolke, Gernot: Projektmanagement. In: Handwörterbuch Unternehmensrechnung und Controlling. Hrsg. von Hans-Ulrich Küpper und Alfred Wagenhofer. 4. Aufl., Stuttgart 2002, Sp. 1601-1611.

Schneider, Herfried: Rationalisierung. In: Handwörterbuch der Produktionswirtschaft. Hrsg. von Werner Kern, Hans-Horst Schröder und Jürgen Weber. 2. Aufl., Stuttgart 1996, Sp. 1771-1779.

Scholl, Kai: Konstruktionsbegleitende Kalkulation. München 1998.

Scholz, Rainer und *Alwin Vrohlings:* Prozeß-Redesign und kontinuierliche Prozeßverbesserung. In: Prozeßmanagement. Hrsg. von Michael Gaitanides u. a. München, Wien 1994, S. 99-122.

Schönfeld, Hanns-Martin: Kostenbeeinflussung und Kostenpolitik. In: Handwörterbuch des Rechnungswesens. Hrsg. von Erich Kosiol. Stuttgart 1970, Sp. 934-942.

Schrader, Stephan: Innovationsmanagement. In: Handwörterbuch der Produktionswirtschaft. Hrsg. von Werner Kern, Hans-Horst Schröder und Jürgen Weber. 2. Aufl., Stuttgart 1996, Sp. 744-758.

Schreyögg, Georg: Unternehmungskultur. In: Handbuch Unternehmungsführung. Hrsg. von Hans Corsten und Michael Reiß. Wiesbaden 1995, S. 111-121.

Schreyögg, Georg und *Horst Steinmann:* Strategische Kontrolle. In: Zeitschrift für betriebswirtschaftliche Forschung (37) 1985, S. 391-410.

Schröder, Hans-Horst: Wertanalyse als Instrument optimierender Produktgestaltung. In: Handbuch Produktionsmanagement. Hrsg. von Hans Corsten. Wiesbaden 1994, S. 151-169.

Schröder, Hans-Horst und *Andreas Zenz:* QFD (Quality Function Deployment). In: Handwörterbuch der Produktionswirtschaft. Hrsg. von Werner Kern, Hans-Horst Schröder und Jürgen Weber. 2. Aufl., Stuttgart 1996, Sp. 1697-1711.

Schubert, Werner und *Karlheinz Küting:* Unternehmenszusammenschlüsse. München 1981.

Schweitzer, Marcell: Kostenkategorien. In: Handwörterbuch des Rechnungswesens. Hrsg. von Klaus Chmielewicz und Marcell Schweitzer. 3. Aufl., Stuttgart 1993, Sp. 1208-1216.

Schweitzer, Marcell: Industrielle Fertigungswirtschaft. In: Industriebetriebslehre. Hrsg. von Marcell Schweitzer. 2. Aufl., München 1994, S. 569-746.

Schweitzer, Marcell: Gegenstand und Methoden der Betriebswirtschaftslehre. In: Allgemeine Betriebswirtschaftslehre. Band 1: Grundfragen. Hrsg. von Franz X. Bea, Birgit Friedl und Marcell Schweitzer. 9. Aufl., Stuttgart 2004, S. 23-82.

Schweitzer, Marcell: Planung und Steuerung. In: Allgemeine Betriebswirtschaftslehre. Hrsg. von Franz X. Bea, Birgit Friedl und Marcell Schweitzer. 9. Aufl., Stuttgart 2005, S. 16-139.

Schweitzer, Marcell und *Birgit Friedl:* Unterstützung des Kostenmanagements durch Kennzahlen. In: Jahrbuch für Controlling und Rechnungswesen '99. Hrsg. von Gerhard Seicht. Wien 1999, S. 273-303.

Schweitzer, Marcell und *Hans-Ulrich Küpper:* Produktions- und Kostentheorie. 2. Aufl., Wiesbaden 1997.

Schweitzer, Marcell und *Ernst Troßmann:* Break-even-Analysen. 2. Aufl., Berlin 1998.

Seeger, Heinz-Georg und *Horst Goede:* Berater(n), Auswahl und Einsatz von. In: Handwörterbuch der Organisation. Hrsg. von Erich Frese. 3. Aufl., Stuttgart 1992, Sp. 318-328.

Seidel, Eberhard: Gremienorganisation. In: Handwörterbuch der Organisation. Hrsg. von Erich Frese. 3. Aufl., Stuttgart 1992, Sp. 714-724.

Seidenschwarz, Werner: Target Costing. München 1993.

Seidenschwarz, Werner und *Stefan Niemand:* Zuliefererintegration im marktorientierten Zielkostenmanagement. In: Controlling (6) 1994, S. 262-270.

Seiwert, Martin, Melanie Bergermann und *Uli Pecher:* Die neue Ära der Kreativität. Teil I: Es werde Licht! In: Wirtschaftswoche 2006, Nr. 40, S. 76-90.

Serfling, Klaus und *Ronald Schultze:* Benchmarking als Tool der Unternehmensführung und des Kostenmanagements. In: Kostenrechnungspraxis (41) 1997, S. 193-202.

Servatius, Hans-Gerd: Immaterielles Vermögen, innovative Geschäftskonzepte und nachhaltige Wertsteigerung. In: Controlling (15) 2003, S. 155-161.

Sethi, Rajesh, Daniel C. Smith und *C. Whan Park:* Wie Mitarbeiter kreativer werden. In: Harvard Business Manager (25) 2003, Heft 1, S. 8-9.

Shank, John K.: Cost Driver Analysis. In: Kostenmanagement. Hrsg. von Klaus-Peter Franz und Peter Kajüter. Stuttgart 1997, S. 45-57.

Shank, John K. und *Vijay Govindarajan:* Strategic Cost Management and the Value Chain. In: Journal of Cost Management (6) 1992, Heft 4, S. 5-21.

Shank, John K. und *Vijay Govindarajan:* Strategic Cost Management. New York u. a. 1993.

Shank, John K. und *Vijay Govindarajan:* Vorsprung durch strategisches Kostenmanagement. Landsberg/Lech 1995.

Shields, Michael D. und *S. Mark Young:* Managing Product Life Cycle Costs: An Organizational Model. In: Journal of Cost Management for the Manufacturing Industry (5) 1991, Heft 3, S. 39-52.

Shields, Michael D. und *S. Mark Young:* Effective Long-Term Cost Reduction: A Strategic Perspective. In: Journal of Cost Management (6) 1992, Heft 1, S. 16-29.

Shields, Michael D. und *S. Mark Young:* Managing Innovation Costs: A Study of Cost Conscious Behavior by R&D Professionals. In: Journal of Management Accounting Research (6) 1994, S. 175-196.

Shields, Michael D. und *S. Mark Young:* Behavioral and Organizational Issues. In: Handbook of Cost Management. Hrsg. von Barry Brinker. New York 1995, E1-1-E1-31.

Shingo, Shigeo: Das Erfolgsgeheimnis der Toyota Produktion. 2. Aufl., Landsberg/L. 1993.

Siegwart, Hans: Kontrollformen und Kontrollsysteme. In: Handwörterbuch der Betriebswirtschaft. Hrsg. von Waldemar Wittmann u. a. 6. Aufl., Stuttgart 1993, Sp. 2255-2260.

Siegwart, Hans und *Inge Menzl:* Kontrolle als Führungsaufgabe. Bern, Stuttgart 1978.

Siegwart, Hans und *Richard Senti:* Product Life Cycle Management. Stuttgart 1995.

Simmonds, Kenneth: The Accounting Assessment of Competitive Position. In: European Journal of Marketing (20) 1986, S. 206-214.

Simon, Armin: Der Kontinuierliche Verbesserungsprozeß - Konzept, Abgrenzung, Honorierung. In: REFA-Nachrichten (49) 1996, Heft 2, S. 22-33.

Skinner, Wickham: Das Produktivitätsparadoxon. In: Harvard Manager (9) 1987, S. 17-21.

Slagmulder, Regine: Interorganizational Cost Management. In: Kostenmanagement. Hrsg. von Klaus-Peter Franz und Peter Kajüter. 2. Aufl., Stuttgart 2002, S. 327-338.

Spendolini, Michael J.: The Benchmarking Book. New York 1992.

Spendolini, Michael J.: How to Build a Benchmarking Team. In: Journal of Business Strategy (14) 1993, Heft 2, S. 57.

Staehle, Wolfgang H.: Management. 8. Aufl., München 1999.

Stalk, George jr.: Zeit - die entscheidende Waffe im Wettbewerb. In: Harvard Manager. Innovationsmanagement. Band 2. Hamburg 1990, S. 48-57.

Staudt, Erich und *Peter Mühlemeyer:* Innovation und Kreativität als Führungsaufgabe. In: Handwörterbuch der Führung. Hrsg. von Alfred Kieser, Gerhard Reber und Rolf Wunderer. 2. Aufl., Stuttgart 1995, Sp. 1200-1214.

Staudt, Erich und *Wilhelm Schmeisser:* Invention, Kreativität und Erfinder. In: Das Management von Innovationen. Hrsg. von Erich Staudt. Frankfurt/M. 1986, S. 289-294.

Staudt, Erich u. a.: Anreizsysteme als Instrument des betrieblichen Innovationsmanagements. Ergebnisse einer empirischen Untersuchung im F+E-Bereich. In: Zeitschrift für Betriebswirtschaft (60) 1990, S. 1183-1204.

Steiger, Thomas: Leistung und Verhalten beeinflussen. In: Handbuch Angewandte Psychologie für Führungskräfte. Band I. Hrsg. von Thomas Steiger und Eric Lippmann. 3. Aufl., Berlin 2008a, S. 113-120.

Steiger, Thomas: Methoden der Gestaltung von Veränderungsprozessen. In: Handbuch Angewandte Psychologie für Führungskräfte. Band II. Hrsg. von Thomas Steiger und Eric Lippmann. 3. Aufl., Berlin u. a. 2008b, S. 267-284.

Steiger, Thomas und *Brigitta Hug:* Psychologische Konsequenzen von Veränderungen. In: Handbuch Angewandte Psychologie für Führungskräfte. Band II. Hrsg. von Thomas Steiger und Eric Lippmann. 3. Aufl., Berlin u. a. 2008, S. 267-284.

Steinle, Claus, Bernd Eggers und *Andrea ter Hell:* Gestaltungsmöglichkeiten und -grenzen von Unternehmungskulturen. In: Journal für Betriebswirtschaft (44) 1994, S. 129-148.

Steinmann, Horst, Ulrich Guthunz und *Frank Hasselberg:* Kostenführerschaft und Kostenrechnung. In: Handbuch Kostenrechnung. Hrsg. von Wolfgang Männel. Wiesbaden 1992, S. 1459-1477.

Stelling, Johannes N.: Kostenmanagement und Controlling. 2. Aufl., München/Wien 2005.

Steven, Marion: Produktionstheorie. Wiesbaden 1998.

Stewart, Rodney D.: Cost Estimating. 2. Aufl., New York u. a. 1991.

Stewart, Rodney D.: Fundamentals of Cost Estimating. In: Cost Estimator's Reference Manual. Hrsg. von Rodney D. Stewart, Richard M. Wyskida und James D. Johannes. 2. Aufl., New York u. a. 1995, S. 1-40.

Stoi, Roman: Controlling von Intangibles. Identifikation und Steuerung der immateriellen Werttreiber. In: Controlling (15) 2003, S. 175-183.

Streim, Hannes: Non-Profit Unternehmen. In: Handwörterbuch Unternehmensrechnung und Controlling. Hrsg. von Hans-Ulrich Küpper und Alfred Wagenhofer. 4. Aufl., Stuttgart 2002, Sp. 1299-1311.

Streitferdt, Lothar: Kostenmanagement im Produktionsbereich. In: Handbuch Produktionsmanagement. Hrsg. von Hans Corsten. Wiesbaden 1994, S. 477-495.

Sundermann, Werner: Mitbestimmung, betriebliche. In: Handwörterbuch der Organisation. Hrsg. von Erich Frese, 3. Aufl., Stuttgart 1992, Sp. 1344-1361.

Süverkrüp, Fritz: Die Abbaufähigkeit fixer Kosten. Berlin 1968.

Tanaka, Masayasu: Cost Planning and Control Systems in the Design Phase of a New Product. In: Japanese Management Accounting. Hrsg. von Yasuhiro Monden und Michiharu Sakurai. Cambridge (Mass.), Norwalk (Con.) 1989, S. 49-71.

Tanaka, Takao: Target Costing at Toyota. In: Emerging Practices in Cost Management. 1993 Edition. Hrsg. von Barry J. Brinker. Boston (Mass.) 1993, S. F1-1-F1-8.

Tani, Takeyuki und *Yutaka Kato:* Target Costing in Japan. In: Neuere Entwicklungen im Kostenmanagement. Hrsg. von Klaus Dellmann und Klaus-Peter Franz. Bern, Stuttgart 1994, S. 191-222.

Theuvsen, Ludwig: Business Reengineering - Möglichkeiten und Grenzen einer prozeßorientierten Organisationsgestaltung. In: Zeitschrift für betriebswirtschaftliche Forschung (48) 1996, S. 65-82.

Thieme, Hans-Rudolf: Verhaltensbeeinflussung durch Kontrolle. Berlin 1982.

Thom, Norbert: Anreizaspekte im Betrieblichen Vorschlagswesen. In: Handbuch Anreizsysteme. Hrsg. von Günther Schanz. Stuttgart 1991, S. 595-614.

Thom, Norbert: Betriebliches Vorschlagswesen. 5. Aufl., Bern u. a. 1996a.

Thom, Norbert: Vorschlags- und Verbesserungswesen. In: Handwörterbuch der Produktionswirtschaft. Hrsg. von Werner Kern, Hans-Horst Schröder und Jürgen Weber. 2. Aufl., Stuttgart 1996b, Sp. 2226-2238.

Thompson, Kenneth R., Wayne A. Hochwarter und *Nicholas J. Mathys:* Stretch targets: What makes them effective? In: Academy of Management Executive (11) 1997, Heft 3, S. 48-60.

Titscher, Stefan: Kommunikation als Führungsinstrument. In: Handwörterbuch der Führung. Hrsg. von Alfred Kieser, Gerhard Reber und Rolf Wunderer. 2. Aufl., Stuttgart 1995, Sp. 1309-1318.

Töpfer, Armin: Benchmarking. In: Wirtschaftswissenschaftliches Studium (26) 1997, S. 202-205.

Töpfer, Armin und *Christina Effenberger:* Verfahren des Gemeinkostenmanagements als Informationsbasis für die Geschäftsprozessoptimierung. In: Geschäftsprozesse. Hrsg. von Armin Töpfer. Neuwied u. a. 1996, S. 179-219.

Traudt, Heinz G.: Zuliefermanagement unter Kostenaspekten. In: Kostenmanagement. Hrsg. von Klaus-Peter Franz und Peter Kajüter. Stuttgart 1997, S. 311-325.

Treuz, Wolfgang: Betriebliche Kontroll-Systeme. Berlin 1974.

Troßmann, Ernst: Gemeinkosten-Budgetierung als Controlling-Instrument in Bank und Versicherung. In: Controlling. Hrsg. von Klaus Spremann und Eberhard Zur. Wiesbaden 1992, S. 511-539.

Troßmann, Ernst: Kostentheorie und Kostenrechnung. In: Handwörterbuch der Betriebswirtschaftslehre. Hrsg. von Waldemar Wittmann u. a. 5. Aufl., Stuttgart 1993, Sp. 2385-2401.

Trost, Stefan und *Stephan Wuttke:* Präventives Gemeinkostenmanagement. Arbeitsbericht 1997/2 des Lehrstuhls für Controlling am Institut für Betriebswirtschaftslehre an der Universität Hohenheim. Stuttgart 1997.

Tscheulin, Dieter K. und *Sylvia Römer:* Die Methodik des Turnaround-Management und deren Umsetzungsprobleme im Mittelständischen Unternehmen. In: Management von KMU und Gründungsunternehmen. Hrsg. von Ricarda B. Bouncken. Wiesbaden 2003, S. 69-92.

Tucker, Frances G., Seymour M. Zivian und *Robert C. Camp:* Mit Benchmarking zu mehr Effizienz. In: Harvard Manager (9) 1987, Heft 3, S. 16-18.

Ulrich, Peter: Unternehmenskultur. In: Handwörterbuch der Betriebswirtschaft. Hrsg. von Waldemar Wittmann u. a. 5. Aufl., Stuttgart 1993, Sp. 4351-4366.

Urban, Christine: Das Vorschlagswesen und seine Weiterentwicklung zum europäischen Kaizen. Konstanz 1993.

VDI Verein Deutscher Ingenieure (Hrsg.): VDI-Richtlinie 2235. Wirtschaftliche Entscheidungen beim Konstruieren. Düsseldorf 1987.

VDI Verein Deutscher Ingenieure (Hrsg.): VDI-Richtlinie 2805: Methodengestützte Projektarbeit in der Wertanalyse. Entwurf. Berlin 2004.

VDI Verein Deutscher Ingenieure (Hrsg.): VDI 2800, Blatt 1. Entwurf. Berlin 2006.

VDI-Pressemitteilung: Wertanalyse. Richtlinie VDI 2800 vom 30.05.2000. http://www.vdi.de/vdi/presse/mitteilungen_details/index.php?ID=8808.

Verein Deutscher Ingenieure (Hrsg.): VDI-Richtlinie 2220. Produktplanung. Ablauf, Begriffe und Organisation. Düsseldorf 1980.

Verein Deutscher Ingenieure, VDI-Gesellschaft Systementwicklung und Projektgestaltung (GSP) (Hrsg.): VDI 2800. Berlin u. a. 2000.

Verein Deutscher Ingenieure (Hrsg.): VDI-Richtlinie 2806. Kreativitätspotenziale und Ideenfindung. Düsseldorf 2002.

Vroom, Victor H.: Führungsentscheidungen in Organisationen. In: Zeitschrift für Betriebswirtschaft (41) 1981, S. 183-193.

Vroom, Victor H.: Work and Motivation. Malabar (Florida) 1982.

Vroom, Victor H. und *Arthur G. Jago:* Flexible Führungsentscheidungen. Stuttgart 1991.

Wagenhofer, Alfred: Kostenrechnung und Agency-Theorie. In: Zur Neuausrichtung der Kostenrechnung. Hrsg. von Jürgen Weber. Stuttgart 1993, S. 161-185.

Wagenhofer, Alfred: Unterstützung des strategischen Controlling durch die Kostenrechnung. In: Controlling und Unternehmensführung. Hrsg. von Alfred Wagenhofer und Alfred Gutschelhofer. Wien 1995, S. 117-144.

Wagenhofer, Alfred und *Christian Riegler:* Verhaltenssteuerung durch die Wahl von Bezugsgrößen. In: Neuere Entwicklungen im Kostenmanagement. Hrsg. von Klaus Dellmann und Klaus-Peter Franz. Bern, Stuttgart 1994, S. 463-494.

Wall, Friederike: Planungs- und Kontrollsysteme. Wiesbaden 1999.

Walther, Alfred: Einführung in die Wirtschaftslehre der Unternehmung. Band 1: Der Betrieb. 2. Aufl., Zürich 1959.

Ward, Keith: Accounting for Marketing Strategies. In: Management Accounting Handbook. Hrsg. von Colin Drury. Oxford 1992, S. 154-172.

Watson, Gregory H.: Benchmarking. Landsberg/Lech 1993.

Watson, Gregory H.: Strategic Benchmarking Reloaded with Six Sigma. Hoboken (N.J.) 2007.

Weber, Jürgen, Barbara E. Weißenberger und *René Aust:* Benchmarking von Kostenrechnungsprozessen: Ansatzpunkte für eine wirtschaftlichere Leistungserbringung. In: Kostenrechnungspraxis (41) 1997, S. 27-33.

Wegmann, Manfred: Gemeinkosten-Management. München 1982.

Welch, Jack: Was zählt. Berlin 2003.

Welge, Martin K. und *Andreas Al-Laham:* Planung. 4. Aufl., Wiesbaden 2003.

Wesselhöft, Philip: Achtung, Baustelle. In: McK Wissen (2) 2003, Heft 6, S. 8-11.

Weth, Michael: Reorganisation zur Prozeßorientierung. Frankfurt/M. u. a. 1997.

Wettach, Silke und *Thomas Stölzel:* Runter vom Gas. In: Wirtschaftswoche 2008, Heft 18, S. 18.

Wiendieck, Gerd: Akzeptanz. In: Handwörterbuch der Organisation. Hrsg. von Erich Frese. 3. Aufl., Stuttgart 1992, Sp. 89-98.

Wild, Jürgen: Grundlagen und Probleme der betriebswirtschaftlichen Organisationslehre. Berlin 1966.

Wild, Jürgen: Betriebswirtschaftliche Führungslehre und Führungsmodelle. In: Unternehmungsführung. Hrsg. von Jürgen Wild. Berlin 1974a, S. 141-179.

Wild, Jürgen: Budgetierung. In: Marketing Enzyklopädie. Bd. 1. o. Hrsg. München 1974b, S. 325-340.

Wild, Jürgen: Grundlagen der Unternehmungsplanung. Opladen 1981.

Wildemann, Horst: Die Fabrik als Labor. In: Zeitschrift für Betriebswirtschaft (60) 1990, S. 611-630.

Wildemann, Horst: Entwicklungsstrategien für Zulieferunternehmen. In: Zeitschrift für Betriebswirtschaft (62) 1992, S. 391-413.

Wildemann, Horst: Koordination von Unternehmensnetzwerken. In: Zeitschrift für Betriebswirtschaft (67) 1997, S. 417-439.

Wileman, Andrew: Driving Down Cost. London, Boston 2008.

Willmott, Peter und *Dennis McCarthy:* TPM. Woburn (MA) 2001.

Wiswede, Günter: Motivation und Arbeitsverhalten. München, Basel 1980.

Witte, Eberhard: Das Promotoren-Modell. In: Promotoren. Hrsg. von Jürgen Hauschildt und Hans G. Gemünden. Wiesbaden 1998, S. 9-41.

Wittmann, Waldemar: Produktionstheorie. In: Handwörterbuch der Betriebswirtschaft. Hrsg. von Waldemar Wittmann u. a. 5. Aufl., Stuttgart 1993, Sp. 3491-3518.

Wolbold, Markus: Budgetierung bei kontinuierlichen Verbesserungsprozessen. München 1995.

Wollnik, Michael: Plandurchsetzung. In: Handwörterbuch der Planung. Hrsg. von Norbert Szyperski. Stuttgart 1989, Sp. 1381-1397.

Wolters, Heiko: Modul- und Systembeschaffung in der Automobilindustrie. Wiesbaden 1995.

Womack, James P., Daniel T. Jones und *Daniel Roos:* Zweite Revolution in der Autoindustrie. Frankfurt, New York 1992.

Yoshikawa, Takeo, John Innes und *Falconer Mitchell:* Cost Tables: A Foundation of Japanese Cost Management. In: Journal of Cost Management for Manufacturing Industry (4) 1990, Heft 3, S. 30-36.

Yoshikawa, Takeo, John Innes und *Falconer Mitchell:* Prozeßorientierte Funktionsanalyse der Gemeinkostenbereiche. In: Controlling (7) 1995, S. 190-198.

Yoshikawa, Takeo u. a.: Contemporary Cost Management. London u. a. 1993.

Young, David W.: A Manager's Guide to Creative Cost Cutting. New York u. a. 2003.

Zäpfel, Günther: Taktisches Produktions-Management. Berlin, New York 1989.

Zehbold, Cornelia: Lebenszykluskostenrechnung. Wiesbaden 1996.

Zelewski, Stephan: Grundlagen. In: Betriebswirtschaftslehre. Hrsg. von Hans Corsten und Michael Reiß. 3 Aufl., München/Wien 1999, S. 1-125.

Zentrum Wertanalyse der VDI-Gesellschaft Systementwicklung und Produktgestaltung (VDI-GSP) (Hrsg.)*:* Wertanalyse. 5. Aufl., Düsseldorf 1995.

Zettelmeyer, Bernd: Strategisches Management und strategische Kontrolle. Darmstadt 1984.

Ziegler, Hans: Arbeitsplanung und CAP. In: Handwörterbuch der Produktionswirtschaft. Hrsg. von Werner Kern, Hans-Horst Schröder und Jürgen Weber. 2. Aufl., Stuttgart 1996, Sp. 115-125.

Stichwortregister

ABC-Analyse 294

Abschreibung, stückbezogene 394

Affinitätsdiagramm 182 f., 187

Aktivieren 102, 111 f.

Aktivität 203, 404
– direkt wertschöpfende 207
– indirekt wertschöpfende 207
– nicht wertschöpfende 207
– primäre 51
– unterstützende 51

Aktivitätsanalyse 404

Akzeptanz 86, 111 ff., 135

Allowable Cost → Produktkosten, zulässige

Anerkennungsprämie 163, 165

Anlagenkosten, direkte 268

Anpassungskonstruktion 272

Anreiz 426
– extrinsischer 453, 456 f.
– instrinsischer 455 ff.
– synergetisch extrinsischer 456

Anreizkompatibilität 333

Anreizsysteme 92, 332 f.

Anstrengungserwartung 439

Arbeitsgruppe 161

Arbeitsproduktivität 394

Arbeitszufriedenheit 431

Auflagendegression 414

Ausarbeiten 272

Ausschüttungsregel 92, 165, 335

Autonomation 264

Barriere 26, 111 f., 144
– personenbedingte 27 f., 49
– systembedingte 27, 49, 68

Basismerkmale 308 f.

Baumdiagramm 191

Bedürfnishierarchie 430 f.

Befriedigungs-Progressions-Hypothese 431

Begabungen 90

Begeisterungsmerkmale 308 f.

Belohnung 163 f., 332 f., 446
– extrinsische 438
– intrinsische 438

Belohnungsfunktion 334

Belohnungsregel 92, 164 f., 334

Bemessungsgleichung 332

Bemessungsgrundlage 92, 163, 334

Benchmarking 222, 245 ff.
– datenbankbezogenes 248
– einseitiges 248
– ergebnisbezogenes 245
– funktionales 248
– generisches 248
– indirektes 249
– kooperatives 249
– offenes 248
– unternehmungsinternes 248
– ursachenbezogenes 245
– verdecktes 248
– wechselseitiges 249
– wettbewerbsorientiertes 248

Berater 91, 124, 148

Bereitschaftskosten 43

Berichterstattung, nicht wahrheitsgemäße 33, 328

Beschaffungskosten 359

Beschaffungsobjektkosten 359

Beschaffungsportfolio 367

Beschäftigung 39, 412

Beschäftigungsdegression 413

Beschäftigungsrisiko 43 f.

Beteiligte 111

Beteiligungsquote 66, 155

Betriebskosten 359

Betriebsmittel 377, 394

Betriebsrat 81, 83 ff., 155

Betriebsunterbrechungskosten 394

Betroffene 111

Bewertungsmatrix 300

Beziehungsdiagramm 188, 306 f.

Bezugsgröße 412

Bildungsplanung 136

Black-Box-Teile 373

Bombenabwurfstrategie 114 f.

Bottom-up-Strategie 100

Brainstorming 180 ff.

Brainwriting 182

Budget 56

Budgetschnitt 242

Business Management Benchmarking 250

Business Process Outsourcing 209

Business Reengineering 218 ff.

BVW-Beauftragter 158, 160

BVW-Einspruchsstelle 158

BVW-Kommission 158

Casemanager 214

Caseteam 214

Caseworker 214

Change Sponsor 218

C-Leistungen 375

C-Matrix 178

Collective Sourcing 362, 391

Competitor Accounting 55

Corrective Maintenance 395

Cost Center 75

DARE-Methode 288

Degressionseffekt 209, 413

Delphi-Methode 288

Denken, laterales 451

Design to Assembly 32

Design to Manufacturing 32

Dezentralisation 32 f.

Differenzierung 32

Differenzierungsstrategie 10

Discounted Cash Flow 12

Dominanz 408, 410

Downsizing 13

Drei Mu 262

Drei-Phasen-Modell von Lewin 101

Drifting Cost → Produktkosten, geschätzte

Dual Sourcing 366, 378 f.

Early Equipment Management 402 f.

Economies of Scale 14

Economies of Scope 14

Effektivität 6, 36
 – soziale 98, 107

Effizienz 6, 204, 266, 407
 – technische 19, 408 ff.
 – wertmäßige 19, 407, 410 f.

Effizienzgestaltung, Handlungsfelder der 23

Eigenkapitalansatz 12

Eigenkapitalwert 11 f.

Einflussgrößenanalyse 50, 125 ff., 130

Einkaufsauktion 375

Einreicherdichte 66

Einreichergemeinschaft 162

Einreicherquote 66

Einsatzgüter, kritische 377

Empire Building 77, 210

Entscheidung, operative 19

Entscheidungseinheit 233 ff., 237 ff.

Entscheidungskommunikation 119

Entscheidungspaket 239 ff.

Entwerfen 272

Entwicklung, technische 271

Entwicklungsteam 273 f., 279, 289, 291, 327 ff.
 – konkurrierendes 331

Entwicklungswettbewerb 294, 377 f.

Entity Approach 12

Equity Approach 12

Erfahrungskurvengesetz 60, 419, 422 ff.

Erfahrungskurvengesetz, umgekehrtes 424

Ergebniskontrolle 62

Ergebnisniveau 237 ff.

Ergiebigkeit
 – technische 4
 – wertmäßige 5

ERG-Theorie 431

Erwartungs-Valenz-Theorien 434 ff.

Evolutionsstrategie 100, 137

Extremumprinzip, generelles 35

Fachgutachter 158

Fachkenntnisse 90

Fachpromotor 110

Fachwissen 90

Fähigkeiten 90, 446

Fehlerkosten 359, 394

Fertigungsgemeinkosten 318

Fertigungskosten 359
– direkte 268
– indirekte 268

Fertigungslöhne 268, 318

First-Look VE 338

Fischgrätendiagramm → Ishikawa Diagramm

Folgekosten 294

Fortschreibungsbudgetierung 226

Forward Sourcing 294, 377

FPQ-Ausgleich 386 f., 390

Freisetzungsmaßnahmen 135 f.

Frustrationshypothese 431

Frustrations-Regressions-Hypothese 431

Fünf C 260

Fünf S 260 f., 400

Funktion 341 ff.
– kundenbezogene 271, 300 ff.
– produktbezogene 271, 308

Funktionalität 204, 266

Funktionenanalyse 230, 346 f.

Funktionenbaum 347 f.

Funktioneneinzelkosten 349 f.

Funktionengemeinkosten 349 f.

Funktionengewichte 287 f., 306

Funktionenkosten 349 f.
– geschätzte 289
– minimale 289
– zulässige 286 f., 306

Funktionenkostenmatrix 351 f.

Funktionenkostenvorgabe 276, 285 ff., 306

Gemeinkosten, produktnahe 268, 318

Gemeinkostenbereich 225 f.

Gemeinkostenwertanalyse 227 ff.

Generallieferant 373

Gesamteffektivität des Betriebsmittels → Overall Equipment Effectiveness

Gesamtkapitalansatz 12

Gesamtnutzungsgrad 396

Geschäftsprozesse 203

Gestaltungsbereich → Kostenmanagement

Gestaltungsobjekt → Kostenmanagement

Gestaltungsparameter → Kosten-management

Gewichtskostenkalkulation 322

Gewichtungsverfahren 194

Gleichteil 369 ff.

Grenzstückzahl 315 f.

Größendegression 414

Gruppenbenchmarking 249

Gruppenvorschlagswesen 162

Handlung 425

Handlungsphasenmodell 427 f.

Herstellkosten, ideale 279

House of Gemba 260 ff.

House of Quality 178, 299 f.

Hygienefaktoren 432

Ineffizienzen 18 ff., 26 ff., 33
– ausführungsbedingte 18 ff.
– kundenbedingte 20 f., 33 f.
– strukturbedingte 21

Informationsasymmetrie 33

Inhaltstheorien 429 f., 430, 447

Initialisieren 102, 107 ff.

Initiative 24

Innovation 25

Innovationsgrenze 217

Innovationspotential 216

Instandhaltung 395
- autonome 399 f.
- präventive 400 f.
- produktive 395 f.
- prozessbezogene 401
- umfassende produktive → Total
  Productive Maintenance
- verbessernde 395, 401
- vorbeugende 395

Instandhaltungsprävention 395 f., 402

Instandhaltungsstrategie 395 f.

Instrumentalität 436

Intangibles → Vermögenswerte,
  immaterielle

Intensität 414

Interdependenzen 32 f., 419

Interessenausgleich 84

Interessenkonflikt 328

Ishikawa-Diagramm 183, 185 ff., 399

Jidoka 264

Job Characteristic-Modell 433 f.

Kaizen 142 ff., 161
- bereichsbezogenes 142 f.
- gruppenorientiertes 142 f., 147, 402
- managementorientiertes 142 f.
- personenorientiertes 142 f., 154
- unternehmungsübergreifendes 390 ff.

Kaizen Cost 167 f., 171 f.

Kaizen Cost Meetings 171

Kaizen Costing 167 ff.

Kaizen Story 258

Kalkulation
- konstruktionsbegleitende 317 ff.
- über den Marktkostenanteil 322

Kano-Modell 308

Kapazitätsabbau 41

Kapitalbindungskosten 394

Katalogzulieferer 373

Kick-off-Veranstaltung 120

KJ-Methode 182

Kommunikation 87 f., 116, 118
- massenorientierte 119
- persönliche 120

Kommunikationsinhalt 116

Kommunikationskanal 119 f.

Kommunikationsmittel 119

Kompensation 163 f.

Komponente, fremdbezogene 294

Komponentengewicht 292

Komponentenkoeffizient 292

Komponentenkosten 291 ff., 349
- geschätzte 294
- zulässige 292 f.

Komponentenkostenvorgabe 276, 291 ff.

Konfrontationsstrategie 10

Konsequenzerwartung 439

Konstruktion 271 f.
- kostenorientierte 273

Kontinuitätsstrategie, antizipative 100

Kontrolle 61, 63

Konzeption 1

Konzeptlieferant 373, 380, 387

Konzeptplanung 388

Konzipieren 102, 125 ff., 272

Kooperation 207

Koordination 32, 419

Kosten
- beschäftigungsabhängig disponierbare
  43
- der Betriebsbereitschaft 43
- budgetierte 43
- fixe 41
- variable 41

Kostenanalyse
- strategische 50
- unternehmungsübergreifende 387 f.

Kostenbewusstsein 34, 69, 74

Kosteneinflussgröße 32, 411 ff.
- ausführungsbezogene 424
- strukturelle 421

Kosteneinflussgrößensystem 411 ff.

Kostenführerschaftsstrategie 10

Kostenkultur 69, 73

Kostenmanagement 2, 5, 35, 38
- Aufgaben 47 ff.
- Begriff 38
- entscheidungsbezogene Konzeption 7, 37
- führungsbezogene Konzeption 7, 37 f.
- Gestaltungsbereich 38, 203 ff., 361
- Gestaltungsobjekt 39, 204 f., 266, 358
- gestaltungsorientierte Konzeption 4, 6
- Gestaltungsparameter 44, 203 ff., 268, 360
- informationsbezogene Konzeption 6, 37
- kostenrechnungsorientierte Konzeption 3, 7
- maßnahmenbezogene Konzeption 7, 37
- personenbezogene Aufgaben 49, 81 ff,
- potentialorientiertes 358 ff.
- Problemlösungsansatz 38
- produktorientiertes 268 ff.
- prozessorientiertes 203 ff.
- sachbezogene Aufgaben 47, 50 ff.
- strukturbezogene Aufgaben 49, 67 ff.
- unternehmungsübergreifendes 128, 363, 373, 376 ff., 382 f.
- Ziel 36

Kostenniveau 39

Kostenpolitik 37

Kostenposition, relative 418

Kostenrechnung
- offengelegte → Open Book Accounting
- traditionelle 168

Kostenremanenz 42

Kostensenkung, realisierbare 283, 290

Kostensenkungsbedarf
- des Produktes 283
- der Produktfunktion 289
- strategischer 284

Kostensenkungspotential 125 f.

Kostensituation 44

Kostenstrategie 10

Kostenstruktur 39, 43 f.

Kostentabelle 312 ff., 382

Kostentheorie 411 ff.

Kostenumlage 78

Kostenverlauf 39 f., 42

Kostenvorgabe → Vorgabe

Kostenwachstumsgesetze 323

Kostenziele → Vorgabe

Kreativität 25, 31, 93, 327, 449 ff.
- Komponenten der 450, 452
- komponentenorientierte Konzeption 450 ff.

Kreativitätsbarriere 31, 93, 327

Kreativitätsforschung 449

Kreativitätstechniken 180

Krise 15 ff.

Kulturwandel 71

Kurzkalkulation 321

Lagerkosten 394

Leader 218

Lean Supply 363 ff.

Lebenszyklus 265

Leistung 425
- interne 5, 77
- mit Hebelwirkung 375
- strategische 376

Leistungsbenchmarking 250

Leistungsbereich
- direkter 225
- indirekter 225
- primärer 225
- sekundärer 225

Leistungserbringung 65

Leistungsgrad 397

Leistungskosten 43

Leistungsmerkmal 309

Leistungspotential 357

Leistungsverhalten, Beeinflussung des 123
- Parameter der 447

Lenkungsausschuss 106, 132, 218

Lernkurvenkonzept 60

Lieferantenauswahl 374, 377

Lieferantennetzwerk 369 f.
- hierarchisch-pyramidales 369 f.

- polyzentrisches 370
- schwach hierarchisches 369 f.

Lieferantenpyramide 368

Lieferantenstruktur 364

Logistikkosten 359

L-Typ-Matrixdiagramm 178

Machbarkeits- und Risikoanalyse 108

Machtpromotor 109 f., 218

Maintenance Prevention 395

Maintenance Prevention Design 402

Management Accounting
- strategisches 55

Maßnahme
- disziplinierende 381
- flankierende 135
- fördernde 381

Maßnahmenkontrollen 64

Materialeinzelkosten 268, 318

Materialkosten 359

Matrix
- technische 300, 306 f.
- der technischen Beziehungen 300, 305

Matrixdatenanalyse 193 f., 198

Matrixdiagramm 176 ff.

Matrix-Teardown 371 f.

Maximumprinzip →
   Wirtschaftlichkeitsprinzip

Meilenstein 121

Mentor 247

Methode 635 182

Methode des Fünffachen Warum 189, 259,
   399

Mikroprofit Center, echter 76

Minimumprinzip → Wirtschaftlichkeitsprinzip

Mitbestimmung, betriebliche 80

Mitbestimmungsrecht 155

Moderator 124, 151, 340

Modular Sourcing 368

Motiv 425, 430

Motivation 34, 426 f., 451
- extrinsische 144, 426
- intrinsische 144, 426, 433, 454, 457

Motivationspotential 433

Motivationsstärke 428, 435, 439, 441

Motivationstheorie 425
- nach Porter/Lawler 438, 447

Motivatoren 432

MP Design 402

Muda 262

Multiple Sourcing 364, 367

Multiplikator 118

Mura 262

Muri 262

Netzwerkprotokoll 377 f.

Neukonstruktion 272

Null-Tarif-Denken 68, 78

OEE → Overall Equipment Effectiveness

Offshoring 209

Ökonomität 5

Open Book Accounting 385, 379, 382

Organisation 73 ff.

Outplacement 135

Outsourcing 209

Overall Equipment Effectiveness 396 f.

Overengineering 33, 328

Partizipation 88, 114, 446

Partizipationsstrategie 115

PDCA-Zyklus → SDCA-/PDCA-Zyklus

Personalausschuss 107

Personalentwicklungsprogramm 91

Personalfreisetzungsplanung 135

Personalzuweisung 91

Plan 56

Plan-Do-Check-Act-Zyklus → SDCA-/
   PDCA-Zyklus

Planfortschrittskontrolle 65

Planinhaltskontrolle 64, 132

Plankostenrechnung
– traditionelle 167

Planungskontrolle 62

Planungsmatrix 300

Planungsprozesskontrolle 63, 65

Portfolio-Analyse 366

Potentialfaktor 357

Potential-Kaizen 143, 371

Prämie 165

Prämiensystem 163

Prämissenkontrolle 50, 65

Preis
– kostengerechter 312, 375
– marktgerechter 375

Preisverhandlungen 312

Preventive Maintenance 395

Primärorganisation 147

Productive Maintenance 395

Produkteinzelkosten 268

Produktfunktion 270, 404, 409

Produktionsprozess 405

Produktionstheorie
– aktivitätsanalytische 404

Produktivität 4

Produkt-Kaizen 143, 269, 335 ff.

Produktkonzept 271

Produktkonzeptplanung 270, 373

Produktkosten 267 f.
– geschätzte 282
– minimale 283
– zulässige 280 f.

Produktkostenkontrolle 276 f., 316 f.

Produktkostenplanung 274

Produktkostensicherung 276 f.

Produktkostensteuerung 276

Produktkostenvorgabe
– bereinigte 286
– derivative 275 f.
– originäre 274, 280 ff.

Produktmanager 273, 329 ff.

Produktmerkmale 268 f.

Produktplanung 270 ff., 372 f.
– kostenorientierte 269, 273, 381, 388 ff.
– parallele 388, 390
– simultane 388, 290

Produktkostenkontrolle 276, 316

Produktkostenplanung 274 ff.

Produktkostensteuerung 276, 316

Produktwert 266 ff.

Profit Center 77

Prognoseverfahren 320

Programm 22

Projekt 103 f.

Projektablaufplanung 122

Projektdefinition 121

Projektdurchsetzung 123

Projektkontrolle 123

Projektleitung 106

Projektmanagement 104 f., 121 ff.

Projektorganisation 105, 219 f., 234 ff., 246 f., 277 f., 338 ff.

Projektplanung 122

Projektsicherung 123

Projektsteuerung 123

Projektstrukturplanung 122

Projektteam 106, 273
– interdisziplinäres 330

Promotor 109 f.

Prozess 22, 203
– der kreativen Problemlösung 452 f.

Prozessablauf 206

Prozessbenchmarking 250

Prozessgestaltung, kostenorientierte 381

Prozessinnovation 211, 213 ff.

Prozess-Kaizen 143, 212, 257 ff.

Prozesskommunikation 119

Prozesskontrolle 62 ff.,

Prozesskosten 205

Prozessmerkmal 205

Prozessoptimierung 212, 257 ff.

Prozessorganisation 213

Prozessplanungsdiagramm 200 f.

Prozesspromotor 110

Prozessrationalisierung 211
Prozess-Struktur 206
Prozesssubstitutionalität 406
Prozesstheorien 429, 434
Prozessträger 206, 214
Prozessverantwortlicher 219
Prozessverbesserung 212, 225 ff.
Prozessverlagerung 209
Prozessvision 221
Prozessvollzug 211
Prozesswert 204 f.
Prozesswirkungen 185
Pseudo-Mikroprofit Center 76
Pull-Strategie 146
Push-Strategie 145, 167

QCDMS 185
QFD → Quality Function Deployment
Qualität 204, 266
Qualitätsgrad 397
Qualitätszirkel 147 ff., 400
Qualitätszirkel-Gruppe 150 ff., 162
Quality Function Deployment 299 ff.
– produktbezogenes 299
Quick Hits 132, 204, 223, 252

Rahmenbedingungen
– betriebliche 21, 23 f., 65
– effiziente 64
Rationalisierung 24, 50, 79, 97 ff., 141
– aktiv-antizipative 50, 99, 113
– passiv-reaktive 113
– punktuelle 25
Rationalisierungspotential 25, 50
Rationalisierungsprozess 101 ff.
Rationalisierungsstrategie 98 ff.
Rationalisierungsziele 97
Realisationskontrolle 62
Reengineering-Beauftragter 219
Reengineering-Team 219
Relativkostenkatalog 314 f.
Repetierfaktor 357

Restriktion, effektivitätsbezogene 36, 49, 204, 266
Revenue Center 77
Reverse Auction 250, 375
Reverse Engineering 310 f.
– wettbewerberorientiertes 336
Risikobarriere 28 f., 145
Rollenwahrnehmung 441
Rubikon-Modell →
    Handlungsphasenmodell
Rückkopplungsinformationen 445
Rule of Ten 269

Sachinterdependenzen 32
Schätzverfahren 320
Schlüsselqualifikation 136 f.
SDCA-/PDCA-Zyklus 138, 151, 174 f., 177, 257, 400
Sechs große Verlustquellen 394 ff.
Sechs S 260
Sechs W 259
Second-Look VE 338
Sekundärorganisation 147
Selbstwirksamkeit 439, 446
Serienentwicklungslieferant 373, 386 f.
Service Center 76
Shared Service Center 210 f.
Shareholder Value → Eigenkapitalwert
Sieben M 186
Sieben neue QC-Werkzeuge 175
Sieben statistische QC-Werkzeuge 175
Single Sourcing 365, 367
Sozialplan 84
Stabilisieren 139
Standardisieren 139
Standardkosten 75
Strategie der geführten Partizipation 115
Strategiebenchmarking 250
Stretch Targets 444
Suchkalkulation 324
Synergie 14, 53
System Sourcing 368

Systematisches Diagramm 191 ff.

Systementwicklungslieferant 380

Systemrationalisierung 25

Tabelle der Kundenbedürfnisse 300 f.

Tabelle der Produktmerkmale 300, 304 f.

Tannenbaumdiagramm →Ishikawa
   Diagramm

Target Costing 277 ff., 382 ff.
– chained 383
– einstufiges 383
– Hauptregel des 329
– mehrstufiges 383

TCO → Total Cost of Ownership

Team 151
– virtuelles 214

Teardown 311
– statisches 311

Technizität 4

Technologie 404
– lineare 405

Teile
– detailkontrollierte 372
– zulieferereigene 372

Teilefertiger 373, 382

Toleranzgrenze 296

Top-down-Strategie 100

Total Cost Management 7

Total Cost of Ownership 360

Total Productive Equipment Management
   395

Total Productive Maintenance 395 ff.

TPEM → Total Productiv Equipment
   Management

TPM → Total Productive Maintenance

Transaktionskosten 359, 392

Transfergesellschaft 85

Transfermaßnahme 84 f.

Transfersozialplan 84 f.

Tree Diagramm → Ishikawa Diagramm

T-Typ-Matrixdiagramm 178

Turnaround 15 ff.

Überlastung 263

Umbruchstrategie 99

Umsetzung 102, 133 ff.

Umsetzungsquote 156

Ungleichgewicht 263

Unit Sourcing 364

Unterhaltskosten 359

Unternehmungskultur 66 ff.

Unternehmungswandel 26, 101

Unternehmungswert 12

Unternehmungszusammenschluss 13, 15

Ursache-Wirkungs-Diagramm → Ishikawa
   Diagramm

Valenz 435

Value Control Chart 296 ff.

Value Control Methode 295 ff.

Value Engineering → Wertanalyse

Variantenkonstruktion 272

Variantenteil 369

Verantwortungsbereich 32 f., 74

Verbesserung, kontinuierliche 66, 102, 139,
   141 ff., 211 f., 256 ff.

Verbesserungsvorschlag 154, 156

Verhaltensinterdependenzen 33

Verhaltenskontrolle 63

Verhandlung 289

Verluste 152, 262

Vermögenswert, immaterieller 22, 45

Verrechnungspreis 76, 78 f.

Verschwendung 262 f., 407

Verstetigen 102, 104, 137 ff., 224, 226

Verteilungsquote 66

Verwaltungsleistung 78 ff., 225 ff.

VIE-Theorie 435, 447

Visual Management 173, 263, 400

Volition 427

Vorgabe 55 ff.
- kostenbezogene 57, 97
- leistungsbezogene 57, 97
Vorgaben, Kontrolle von 61 ff.
Vorgaben, Planung von 59 ff.
- marktorientierter Ansatz 61, 274 f., 280
- theoriebasierter Ansatz 59
- unternehmungsorientierter Ansatz 60, 274 f., 280
- verhandlungsorientierter Ansatz 60, 275, 280
- wettbewerberorientierter Ansatz 60, 275
Vorgesetztenmodell 158 ff.
Vorschlagsgruppe 162
Vorschlagsverhalten 145 ff., 167
Vorschlagswesen, betriebliches 154 ff.
- traditionelles 154, 156, 158
- zentrales 158 ff.

Wertaktivität 51 ff.
Wertanalyse 230, 338 ff., 387
Wertanalyse-Arbeitsplan 343 f.
Wertanalyse-Ausschuss 339
Wertanalyse-Manager 338
Wertgestaltung 277, 338
Wertindex 295 ff.
Wertkette 51
Wertkettenanalyse 50, 52 f.
Werttreiber 12
Wertverbesserung 338
Widerstand 28, 87, 134, 243
Wiederverwendungsteil 369
Willensbarriere 30, 145, 328 ff.
Wird-Produktkosten 277
Wirkungskontrolle 64
Wirkungsmechanismus 425
Wirtschaftlichkeit 4
- technische 4
- wertmäßige 5
Wirtschaftlichkeitsprinzip 35
Wissensbarriere 30, 144, 328 f., 331

X-Ineffizienz 410
X-Typ-Matrix 178

Y-Typ-Matrixdiagramm 178

Zero-Base-Budgeting 233 ff.
Zero-Look VE 338
Ziel 32, 57
- individuelles 32 ff.
- Spezifikationsgrad 59, 442
- wertorientiertes 11, 13
Zielakzeptanz 446
Zielbindung 446
Zielkonflikt 39
Zielsetzungstheorie 434, 442, 444, 448
Zielvereinbarung 145
Zuliefererverbände 379
Zulieferung, schlanke → Lean Supply
Zwei-Faktoren-Theorie nach Herzberg 431

Grundwissen der Ökonomik BWL

Herausgegeben von Franz X. Bea und Marcell Schweitzer

Bea/Schweitzer
Allgemeine BWL
Band 1: Grundfragen
9. A. 2004. € 19,90
(UTB 1081)

Bea/Schweitzer
Allgemeine BWL
Band 2: Führung
9. A. 2005. € 23,90
(UTB 1082)

Bea/Schweitzer
Allgemeine BWL
Band 3: Leistungsprozeß
9. A. 2006. € 22,90
(UTB 1083)

Bea/Göbel
Organisation
3. A. 2006. € 28,90
(UTB 2077)

Bea/Haas
Strategisches Management
4. A. 2005. € 25,90
(UTB 1458)

Bea/Scheurer/Hesselmann
Projektmanagement
2008. € 29,90
(UTB 2388)

Brockhoff
Produktpolitik
4. A. 1999. € 7,90
(UTB 1079)

Büschgen/Börner
Bankbetriebslehre
4. A. 2003. € 24,90
(UTB 917)

Drukarczyk
Finanzierung
10. A. 2008. € 29,90
(UTB 1229)

Friedl
Controlling
2002. € 28,90
(UTB 2117)

Friedl
Kostenmanagement
2009. € 29,90
(UTB 2706)

Göbel
Neue Institutionenökonomik
2002. € 21,90
(UTB 2235)

Hansen/Neumann
Arbeitsbuch Wirtschaftsinformatik
7. A. 2007. € 23,90
(UTB 1281)

Hansen/Neumann
Wirtschaftsinformatik 1
Grundlagen und Anwendungen
10. A. 2009. € 24,90
(UTB 2669)

Hansen/Neumann
Wirtschaftsinformatik 2
Informationstechnik
9. A. 2005. € 21,90
(UTB 2670)

Heinhold
Kosten- und Erfolgsrechnung
4. Aufl. 2007. € 22,90
(UTB 1974)

 *Stuttgart*

Grundwissen der Ökonomik BWL

Herausgegeben von Franz X. Bea und Marcell Schweitzer

Helm
Marketing
8. A. 2009. € 26,90
(UTB 919)

Helm/Gierl
Marketing Arbeitsbuch
4. A. 2005. € 15,90
(UTB 1801)

Heyd
Internationale Rechnungslegung
2003. € 39,90
(UTB 2451)

Klimecki/Gmür
Personalmanagement
3. A. 2005. € 24,90
(UTB 2025)

Kuhnle
Bilanzen
2004. € 22,90
(UTB 2119)

Kuß/Tomczak
Käuferverhalten
4. A. 2007. € 19,90
(UTB 1604)

Pechtl
Preispolitik
2005. € 24,90
(UTB 2643)

Perlitz
Internationales Management
5. A. 2004. € 29,90
(UTB 1560)

Schünemann
Wirtschaftsprivatrecht
5. A. 2006. € 29,90
(UTB 1584)

Schwarz/Gebicke
Wörterbuch Wirtschaft
für Studium und Praxis
Dt.-Russ./Russ.-Dt.
2004. € 24,90
(UTB 2624)

Schweiger/Schrattenecker
Werbung
7. A. 2009. € 29,90
(UTB 1370)

Spremann/Gantenbein
Kapitalmärkte
2005. € 18,90
(UTB 2517)

Troßmann
Investition
1998. € 25,90
(UTB 2013)

Troßmann/Werkmeister
Arbeitsbuch Investition
2001. € 16,90
(UTB 2205)

Zahn/Schmid
Produktionswirtschaft I
Grundlagen und operatives
Produktionsmanagement
1996. € 31,90
(UTB 8126)

 *Stuttgart*